EDA技术与VHDL

（第6版）

黄继业　潘　松　盛庆华◎编著

清華大學出版社
北　京

内 容 简 介

本书系统地介绍了 EDA 技术和 VHDL 硬件描述语言，将 VHDL 的基础知识、编程技巧和实用方法与实际工程开发技术在 Quartus/Vivado 上很好地结合起来，使读者通过本书的学习能迅速了解并掌握 EDA 技术的基本理论和工程开发实用技术，为后续的深入学习和发展打下坚实的理论与实践基础。

依据高校课堂教学和实验操作的规律与要求，并以提高学生的实际工程设计能力和自主创新能力为目的，合理编排全书内容。全书共分为 7 个部分：EDA 技术概述、VHDL 语法知识及其实用技术、Quartus/Vivado 及 IP 模块的详细使用方法、有限状态机设计技术、16/32 位实用 CPU 设计技术及创新实践项目、基于 ModelSim 的 Test Bench 仿真技术、基于 MATLAB 和 DSP Builder 平台的 EDA 设计技术及大量实用系统设计示例。除个别章节外，大多数章节都安排了相应的习题和大量针对性强的实验与设计项目。书中列举的 VHDL 示例都经编译通过或经硬件测试通过。

本书主要面向高等院校本、专科的 EDA 技术和 VHDL 语言基础课，推荐作为电子信息类、通信、自动化、计算机类、电子对抗、仪器仪表、人工智能等学科专业和相关实验指导课的教材用书或主要参考书，同时也可作为电子设计竞赛、FPGA 开发应用的自学参考书。

图书在版编目（CIP）数据

EDA 技术与 VHDL / 黄继业，潘松，盛庆华编著.
6 版．--北京 ：清华大学出版社, 2024. 6. -- ISBN
978-7-302-66615-8

Ⅰ. TN702; TP312

中国国家版本馆 CIP 数据核字第 2024SW2067 号

责任编辑： 邓　艳
封面设计： 刘　超
版式设计： 文森时代
责任校对： 马军令
责任印制： 宋　林

出版发行： 清华大学出版社
　　网　　址： https://www.tup.com.cn，https://www.wqxuetang.com
　　地　　址： 北京清华大学学研大厦 A 座　　**邮　　编：** 100084
　　社 总 机： 010-83470000　　**邮　　购：** 010-62786544
　　投稿与读者服务： 010-62776969，c-service@tup.tsinghua.edu.cn
　　质量反馈： 010-62772015，zhiliang@tup.tsinghua.edu.cn
印 装 者： 三河市科茂嘉荣印务有限公司
经　　销： 全国新华书店
开　　本： 185mm×260mm　　**印　　张：** 24　　**字　　数：** 614 千字
版　　次： 2005 年 7 月第 1 版　　2024 年 6 月第 6 版　　**印　　次：** 2024 年 6 月第 1 次印刷
定　　价： 79.80 元

产品编号：091123-01

前　言

基于工程领域中 EDA 技术的巨大实用价值，以及对 EDA 教学中实践能力和创新意识培养的极端重视，本书的特色主要体现在如下两个方面。

1．注重实践能力和创新能力的培养

本书在绝大部分章节中都安排了针对性较强的实验与设计项目，使学生对每一章的课堂教学内容和教学效果能及时通过实验得以消化和强化，并尽可能地从一开始学习就有机会将理论知识与实践、自主设计紧密联系起来。

全书包含数十个实验及其相关的设计项目，这些项目不仅涉及的 EDA 工具软件类型较多、技术领域较宽、知识涉猎密集且针对性强，而且自主创新意识的启示性好。与书中的示例相同，所有的实验项目都通过了 EDA 工具的仿真测试及 FPGA 平台的硬件验证。每一个实验项目除给出详细的实验目的、实验原理和实验报告要求之外，都有 1～5 个子项目或子任务。其中，第一个层次的实验是与该章某个阐述内容相关的验证性实验，并通常提供详细的且通过验证的设计源程序和实验方法。学生只需将提供的设计程序输入计算机，并按要求进行编译仿真，在实验系统上实现即可，以使学生有一个初步的感性认识，这也有利于提高实验的效率。第二个层次的实验是要求在上一实验基础上做一些改进和发挥。第三个层次的实验通常是提出自主设计的要求和任务。第四、第五个层次的实验则是在仅给出一些提示的情况下提出自主创新性设计的要求。因此，教师可以根据学时数、教学实验的要求以及不同的学生对象，布置不同层次含不同任务的实验项目。

2．注重教学选材的灵活性和完整性相结合

本教材的结构特点决定了授课学时数十分灵活，即可长可短，应视具体的专业特点、课程定位及学习者的前期教育程度等因素而定，在 30～54 学时。考虑到 EDA 技术课程的特质和本教材的特色，具体教学可以是粗放型的，其中多数内容，特别是实践项目，都可放手让学生自己去查阅资料、提出问题、解决问题，乃至创新与创造；而授课教师只需做一个启蒙者、引导者、鼓励者和学生成果的检验者与评判者。授课的过程多数情况只需点到为止，大可不必拘泥于细节、面面俱到地讲解。但有一个原则，即安排的实验学时数应多多益善。

事实上，任何一门课程的学时数总是有限的，为了有效增加学生的实践和自主设计的时间，可以借鉴清华大学的一项教改措施，即其电子系本科生从一入学就每人获得一块 FPGA 实验开发板，可从本科一年级用到研究生毕业。这是因为 EDA 技术本身就是一个可把全部实验和设计带回家的课程。

杭州电子科技大学对于这门课程也基本采用了这一措施，即每个上 EDA 课程的同学都可借出一套 EDA 实验板，使他们能利用自己的计算机在课余时间完成自主设计项目，强化学习效果。实践表明，这种安排使得实验课时得到有效延长，教学成效自然显著。

我们建议积极鼓励学生利用课余时间学完本书的全部内容，掌握本书介绍的所有 EDA 工具软件和相关开发手段，并尽可能多地完成本书配置的实验和设计任务，甚至能参考教材中的要求，安排相关的创新设计竞赛，进一步调动学生的学习积极性和主动性，并强化他们的动手能力和自主创新能力。

还有一个问题有必要在此探讨，即自主创新能力的培养尽管重要，但对其有效提高绝非一朝一夕之事。多年的教学实践告诉我们，针对这一问题的教改必须从两方面入手，一是教学内容，二是设课时间。二者密切联系，不可偏废。

前者主要指建立一个内在相关性好、设课时间灵活且易于将创新能力培养寓于知识传播之中的课程体系。

后者主要指在课程安排的时段上，将这一体系的课程尽可能地提前。这一举措是自主创新能力培养成功的关键，因为我们不可能到了本科三、四年级才去关注能力培养，并期待奇迹发生，更不可能指望一两门课程就能解决问题，尤其是以卓越工程师为培养目标的工科高等教育，自主创新能力的培养本身就是一项教学双方必须投入密集实践和探索的创新活动。杭州电子科技大学的 EDA 技术国家级精品课程正是针对这一教改目标建立的课程体系，而“数字电子技术基础”是这一体系的组成部分和先导课程，它的提前设课是整个课程体系提前的必要条件。

通过数年的试点教学实践和经验总结，现已成功在部分本科学生中将数电课程的设课时间从原来的第四或第五学期提前到了第二学期。而这一体系的其他相关课程，如 EDA 技术、单片机（相关教材是清华大学出版社出版的《嵌入式系统设计——基于 Cortex-M 处理器与 FreeRTOS 构建》，曾毓、黄继业编著）、SoC 片上系统、计算机接口、嵌入式操作系统和 DSP 等也相应提前，从而使学生在本科二年级时就具备了培养工程实践和自主开发能力的条件。

另外有一个问题须在此说明，即针对本教材中的实验和实践项目所能提供的演示示例原设计文件的问题。本书中多数实验都能提供经硬件验证调试好的演示示例原设计，目的是使读者能顺利完成实验设计和验证；有的示例的设计目的是希望能启发或引导读者完成更有创意的设计，其中一些示例尽管看上去颇有创意，但都不能说是最佳或最终结果，这给读者留有许多改进和发挥的余地。此外，还有少数示例无法提供源代码（只能提供演示文件），是考虑到本书笔者以外的设计者的著作权，但这些示例仍能在设计的可行性、创意和创新方面给读者以宝贵的启示。

与第 5 版教材相比，第 6 版修订主要体现在如下几个方面。（1）EDA 开发软件主要使用 Quartus Prime Standard 18.1 版本，但也有使用 Quartus II 13.1 版本和 Quartus Prime Standard 16.1 版本的情况，后两者与 18.1 版本差异较小，不进行单独说明，仍旧保留 13.1 版本的原因是这个版本支持器件较多；（2）全新引入了 Vivado 软件；（3）合并了第 5 版中最后讲述 DSP Builder 的两章，合并简化的原因主要是考虑篇幅因素；（4）在 CPU 章节中增加了少量 32 位 RISC CPU 的内容；（5）由于 EDA 技术与 FPGA 发展较快，该版次对全书多个部分进行了小幅度更新。

第 6 版除介绍 Vivado 软件和 DSP Builder 的内容外，其余内容与已出版的《EDA 技术与 Verilog HDL（英文版）》（清华大学出版社，2019 年）基本可以一一对应，方便国内教师开展双语教学，也方便无缝对接留学生教学。

为了尽可能地降低本书的成本和售价，本书不再配置光盘。与本书相关的其他资料，包括本书的配套课件、实验示例源程序资料、相关设计项目的参考资料和附录中提到的.mif 文件编辑生成软件、HX1006A ProjectBuilder 软件等文件资料都可免费获取。此外，对于一些与本教材相关的工具软件，包括 Quartus、Vivado、ModelSim 等 EDA 软件的安装、使用等问题的咨询（包括教学课件与实验课件，实验系统的 FPGA 引脚查询及对照表等的免费索取，同时可以协助读者向 Intel-Altera 申请评估用的 license），可联系 sunliangzhu@126.com；若想与编写者探讨 EDA 技术教学和实践，可联系 hjynet@163.com；或直接与出版社联系（主要是索取教学课件等）。

与本书 VHDL 内容相对应的 Verilog HDL 教材可参考清华大学出版社出版的《EDA 技术与 Verilog HDL（第 4 版）》以及上面提到的英文版。

编 者

目　　录

第1章 概　　述

本章简要介绍 EDA 技术、EDA 工具、FPGA 结构原理及 EDA 的应用情况和发展趋势，其中重点介绍基于 EDA 的 FPGA 开发技术的概况。

考虑到本章中出现的一些基本概念和名词会涉及较多的基础知识和更深入的 EDA 基础理论，故对于本章的学习仅要求读者做一般性的了解，无须深入探讨。因为待读者学习完本教程，并经历了本教材配置的必要实践后，对许多问题就会自然而然地弄明白。不过需要强调的是，本章的重要性并不能因此而被低估。

1.1 EDA 技术

现代电子设计技术的核心已日趋转向基于计算机的电子设计自动化技术，即 EDA（electronic design automation）技术。当今的 EDA 技术已经渗透电子系统设计的各个细分领域，包括集成电路设计与制造、印制电路板设计与制造、可编程逻辑器件应用等。针对模拟电路系统、数字电路系统、射频电路系统、微波电路与天线系统等不同类型的电子系统的设计，产生了多种多样的 EDA 软件工具及其技术。本教材主要关注的是数字电路系统设计中的 EDA 技术，就是依赖功能强大的计算机，在 EDA 工具软件平台上，对以硬件描述语言（hardware description language，HDL）为系统逻辑描述手段完成的设计文件，自动地完成逻辑编译、化简、分割、综合、布局布线以及逻辑优化、时序分析和仿真测试，直至实现既定的电子线路系统功能。EDA 技术的出现使设计者的主要工作仅限于利用软件的方式来完成对系统硬件功能的实现，这是电子设计技术的一个巨大进步。

EDA 技术在硬件实现方面融合了大规模集成电路（IC）制造技术、IC 版图设计、设计仿真验证与时序优化、IC 测试和封装、印制电路板（PCB）设计制造以及 FPGA/CPLD（field programmable gate array/complex programmable logic device，现场可编程门阵列/复杂可编程逻辑器件）编程下载和自动测试等技术；在计算机辅助工程方面融合了计算机辅助设计（CAD）、计算机辅助制造（CAM）、计算机辅助测试（CAT）、计算机辅助工程（CAE）技术以及多种计算机语言的设计概念；而在现代电子学方面则容纳了更多的内容，如电子线路设计理论、数字信号处理技术、数字系统建模和优化技术等。因此，EDA 技术为现代电子理论和设计的表达与实现提供了可能性。正因为 EDA 技术丰富的内容及其与电子技术各学科领域的相关性，其发展的历程同大规模集成电路设计技术、计算机辅助工程、可编程逻辑器件以及电子设计技术和工艺是同步的。

根据过去数十年的电子技术的发展历程，可大致将 EDA 技术的发展分为 3 个阶段。

第一阶段：20 世纪 70 年代，在集成电路制造方面，双极工艺、MOS 工艺已得到广泛的应用。可编程逻辑技术及其器件已经问世，计算机作为一种运算工具已在科研领域得到广泛应用。而在后期，CAD 的概念已见雏形，这一阶段人们开始利用计算机取代手工劳动，辅助进行集成电路版图编辑、PCB 布局布线等工作，这是 EDA 技术的雏形。

第二阶段：20 世纪 80 年代，集成电路设计进入了 CMOS（complementary metal oxide semiconductor，互补金属氧化物半导体）场效应管时代。复杂可编程逻辑器件已进入商业应用，FPGA 被发明（1985 年），相应的辅助设计软件也已投入使用；在 20 世纪 80 年代末，CAE 和 CAD 技术的应用更为广泛，它们在 PCB 设计原理图输入、自动布局布线及 PCB 分析、逻辑设计、逻辑仿真、布尔代数综合和化简等方面担任了重要的角色。特别是各种硬件描述语言的出现、应用和标准化方面的重大进步，为电子设计自动化解决电子线路建模、标准文档及仿真测试等问题奠定了基础。

第三阶段：20 世纪 90 年代，计算机辅助工程、辅助分析和辅助设计在电子技术领域获得更加广泛的应用。与此同时，电子技术在通信、计算机及家电产品生产中的市场需求和技术需求，极大地推动了全新的电子设计自动化技术的应用和发展。特别是集成电路设计工艺步入了超深亚微米阶段，百万门级以上的大规模可编程逻辑器件的陆续问世，以及基于计算机技术的面向用户的低成本、大规模 ASIC 设计技术的应用，促进了 EDA 技术的形成。更为重要的是，各 EDA 公司致力于推出兼容各种硬件实现方案和支持标准硬件描述语言的 EDA 工具软件，都有效地将 EDA 技术推向成熟和实用。

EDA 技术在进入 21 世纪后得到了更大的发展，突出表现在以下几个方面。

- 在 FPGA 上实现 DSP（digital signal processing，数字信号处理）应用成为可能，用纯数字逻辑进行 DSP 模块的设计，使得高速 DSP 的实现成为现实，并有力地推动了软件无线电技术的实用化和发展。基于 FPGA 的 DSP 技术，为高速数字信号处理算法提供了实现途径。
- 集成电路向 3D IC 方向发展，FinFET、GAAFET 使亿门级电路集成在单芯片变得容易，SoC（system on a chip，系统级芯片）需要软硬件协同设计。
- 嵌入式处理器软核的成熟，使 SOPC（system on a programmable chip，可编程片上系统）技术成为可能，即可以在单片 FPGA 中实现一个完备的可随意重构的嵌入式系统。
- 在仿真和设计两方面支持标准硬件描述语言的功能强大的 EDA 软件不断推出。
- EDA 使电子领域各学科的界限更加模糊，也更加互为包容，如模拟与数字、软件与硬件、系统与器件、ASIC 与 FPGA 等。
- 基于 EDA 的用于 ASIC 设计的标准单元已涵盖大规模电子系统及复杂 IP（intellectual property，知识产权）核模块。
- 软硬 IP 核在电子行业的产业领域广泛应用。
- SoC 高效低成本设计技术走向成熟。
- 系统级、行为验证级硬件描述语言的出现（如 System C、SystemVerilog）使复杂电子系统的设计和验证趋于简单。
- C 语言综合技术开始应用于复杂 EDA 软件工具中。使用 C 或类 C 语言对数字逻辑系统进行设计已经成为可能。HLS（high-level synthesis，高级综合）工具可以实现简单 C 程序到 HDL 的转化，而 OpenCL 工具可以促进以 CPU 为核心的 C 算法加速的应用。
- 以深度学习为代表的人工智能技术在 21 世纪 10 年代获得飞速发展，也得益于芯片集成晶体管规模越来越大，基于 FPGA 或 ASIC 良好的并行计算性能，CNN（convolutional neural network，卷积神经网络）等神经网络结构被设计到 FPGA 与 ASIC 上。

1.2 EDA 技术应用对象

一般地，利用 EDA 技术进行电子系统设计的最后目标是完成专用集成电路（ASIC）或印制电路板（PCB）的设计和实现，如图 1-1 所示。其中，PCB 设计指的是电子系统的印制电路板设计，从电路原理图到 PCB 上元件的布局布线、阻抗匹配、信号完整性分析及板级仿真，到最后的电路板机械加工文件生成，这些都需要相应的计算机 EDA 工具软件辅助设计者来完成，这仅是 EDA 技术应用的一个重要方面，但本书限于篇幅不做展开。ASIC 作为最终的物理平台，在此硬件实体上用户可通过 EDA 技术将电子应用系统的既定功能和技术指标进行具体实现。

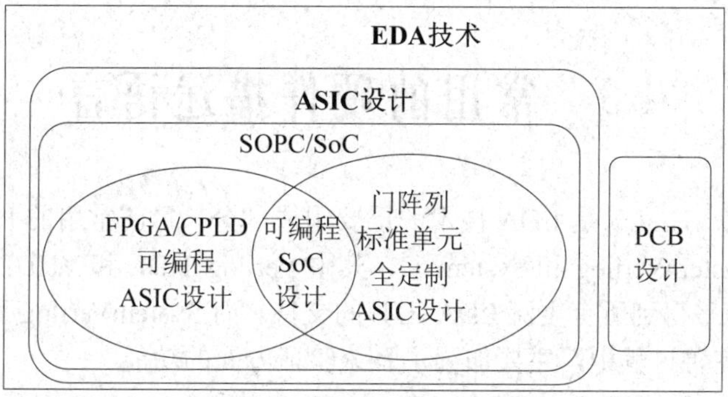

图 1-1 EDA 技术实现目标

专用集成电路就是具有专门用途和特定功能的独立集成电路器件，根据这个定义，作为 EDA 技术最终实现目标的 ASIC，可以通过 3 种途径来完成。

1．可编程逻辑器件

FPGA 和 CPLD 是实现这一途径的主流器件，它们的特点是直接面向用户、具有极大的灵活性和通用性、使用方便、硬件测试和实现快捷、开发效率高、成本低、上市时间短、技术维护简单、工作可靠性好等。FPGA 和 CPLD 的应用是 EDA 技术有机融合软硬件电子设计技术、SoC 和 ASIC 设计，以及对自动设计与自动实现最典型的诠释。由于 FPGA 和 CPLD 的开发工具、开发流程和使用方法与 ASIC 有类似之处，因此这类器件通常也被称为可编程专用 IC 或可编程 ASIC。

2．半定制或全定制 ASIC

基于 EDA 技术的半定制或全定制 ASIC，根据它们的实现工艺，可统称为掩模（mask）ASIC，或直接称 ASIC。可编程 ASIC 与掩模 ASIC 相比，不同之处在于前者具有面向用户灵活多样的可编程性，即硬件结构的可重构特性。掩模 ASIC 大致分为门阵列 ASIC、标准单元 ASIC 和全定制 ASIC。对于全定制芯片，在针对特定工艺建立的设计规则下，设计者对于电路的设计有完全的控制权，如线的间隔和晶体管大小的确定。该领域的一个例外是混合信号设计，使用通信电路的 ASIC 可以定制设计其模拟部分。

目前大部分 ASIC 是采用标准单元法（即使用库中不同大小的标准单元）设计的。在设计者一级，库（library）包括不同复杂性的逻辑元件：SSI 逻辑块、MSI 逻辑块、数据通道模块、存储器、IP乃至系统级模块等。库包含每个逻辑单元在硅片级的完整布局，使用者只需利用 EDA 软件工具与逻辑块描述打交道即可，完全不必关心深层次电路布局的细节。标准单元布局中，所有扩散、接触点、过孔、多晶通道及金属通道都已完全确定。当该单元用于设计时，通过EDA软件产生的网表文件将单元布局块“粘贴”到芯片布局之上的单元行上。标准单元ASIC设计与FPGA设计的开发流程相近。

3．可编程 SoC

可编程SoC主要指既含有面向用户的FPGA可编程功能和逻辑资源，同时也含有可方便调用和配置的硬件标准单元模块，如 CPU、RAM、ROM、硬件加法器、乘法器、锁相环等。不同厂家对可编程SoC的称谓并不统一，有各自的产品名称，如SoC FPGA、MPSoC、RFSoC、自适应SoC、FPGA SoC、PSoC等，但有共同的特征，即均有可编程逻辑资源与处理器单元。

1.3　常用的硬件描述语言

硬件描述语言（HDL）是EDA技术的重要组成部分，目前常用的HDL主要有Verilog HDL、VHDL、SystemVerilog和System C。其中Verilog HDL和VHDL在现在的EDA设计中使用最多，几乎得到所有主流EDA工具的支持。而SystemVerilog和System C这两种HDL还处于不断完善过程中，主要加强了系统验证方面的功能。

以下分别对Verilog HDL、VHDL、SystemVerilog和System C做简要介绍，同时说明了一些有关Chisel的知识。

1．Verilog HDL

Verilog HDL是电子设计主流硬件的描述语言之一，本书将重点介绍它的编程方法和使用技术。Verilog HDL（以下简称Verilog）最初由Gateway Design Automation（以下简称GDA）公司的Phil Moorby在1983年创建。起初，Verilog仅作为GDA公司的Verilog-XL仿真器的内部语言，用于数字逻辑的建模、仿真和验证。Verilog-XL 推出后获得了成功和认可，从而促进了Verilog HDL的发展。1989年，GDA公司被Cadence公司收购，Verilog语言成了 Cadence 公司的私有财产。1990 年，Cadence 公司成立了 OVI（Open Verilog International）组织，公开了Verilog语言，并由OVI负责促进Verilog语言的发展。在OVI的努力下，IEEE（Institute of Electrical and Electronics Engineers）于1995年制定了Verilog HDL的第一个国际标准—— IEEE Std 1364-1995，即Verilog 1.0。

2001年，IEEE发布了Verilog HDL的第二个标准版本（Verilog 2.0），即IEEE Std 1364-2001，简称Verilog-2001标准。由于Cadence公司在集成电路设计领域的影响力和Verilog的易用性，Verilog成为基层电路建模与设计中最流行的硬件描述语言。

2005年，IEEE再次对Verilog HDL标准进行少量修改，发布了Verilog-2005标准，基本与Verilog-2001标准是一致的。

Verilog的部分语法是参照C语言的语法设立的（但与C语言有本质区别），因此具有很多C语言的优点，从形式表述上来看，其代码简明扼要，使用灵活，且语法规定不是很严谨，很容易上手。Verilog具有很强的电路描述和建模能力，能从多个层次对数字系统进行建模和描述，从而大大简化硬件设计任务，提高设计效率和可靠性。Verilog 在语言易读性、层次化和结构化设计方面表现出了强大的生命力和应用潜力。因此，其支持各种模式的设计方法：自顶向下与自底向上或混合方法。在面对当今许多电子产品生命周期缩短，需要多次重新设计以融入最新技术、改变工艺等方面，Verilog 具有良好的适应性。

用 Verilog 进行电子系统设计的一个很大的优点是当设计逻辑功能时，设计者可以专心致力于其功能的实现，而不需要对不影响功能的、与工艺有关的因素花费过多的时间和精力；当需要仿真验证时，可以很方便地从电路物理级、晶体管级、寄存器传输级乃至行为级等多个层次来做描述的验证。

2．VHDL

VHDL 的英文全名是 VHSIC（very high speed integrated circuit）hardware description language，于 1983 年由美国国防部（DOD）发起创建，由 IEEE 进一步发展并在 1987 年作为“IEEE 标准 1076”（IEEE Std 1076）发布。从此，VHDL 成为硬件描述语言的业界标准之一。自 IEEE 公布了 VHDL 的标准版本之后，各 EDA 公司相继推出了自己的 VHDL 设计环境，或宣布自己的设计工具支持 VHDL。此后 VHDL 在电子设计领域得到了广泛应用，并与 Verilog 一起逐步取代了其他的非标准硬件描述语言。

VHDL 作为一种规范语言和建模语言，随着它的标准化，出现了一些支持该语言的行为仿真器。创建 VHDL 的最初目标是用于标准文档的建立和电路功能模拟，其基本想法是在高层次上描述系统和元件的行为。但到了 20 世纪 90 年代初，人们发现，VHDL 不仅可以作为系统模拟的建模工具，而且可以作为电路系统的设计工具，可以利用软件工具将 VHDL 源码自动转化为文本方式表达的基本逻辑元件连接图，即网表文件。这种方法对于电路自动设计来说显然是一个极大的推进。很快，电子设计领域出现了第一个软件设计工具，即 VHDL 逻辑综合器，它把标准 VHDL 的部分语句描述转化为具体电路实现的网表文件。

1993 年，IEEE 对 VHDL 进行了修订，从更高的抽象层次和系统描述能力上扩展了 VHDL 的内容，公布了新版本 VHDL，即 IEEE 1076-1993。现在，VHDL 与 Verilog 一样作为 IEEE 的工业标准硬件描述语言，得到了众多 EDA 公司的支持，在电子工程领域已成为事实上的通用硬件描述语言。2008 年，VHDL 标准再次进行修订，即 IEEE 1076-2008，做了非常多的语法简化，大大提高了设计者的工作效率。

VHDL 具有与具体硬件电路无关和与设计平台无关的特性，并且具有良好的电路行为描述和系统描述的能力。按照设计目的，VHDL 程序可以划分为面向仿真和面向综合两类，而面向综合的 VHDL 程序分别面向 FPGA 和 ASIC 开发两个领域。

3．SystemVerilog

SystemVerilog 是一种较新的硬件描述语言，是由 Accellera（Accellera 的前身就是 OVI）开发的。SystemVerilog 在 Verilog-2001 的基础上做了扩展，将 Verilog 语言推向了系统级空间和验证级空间，极大地改进了高密度、基于 IP 的、总线敏感的芯片设计效率。SystemVerilog 主要定位于集成电路的实现和验证流程，并为系统级设计流程提供了强大的链接能力。SystemVerilog 改进了 Verilog 代码的生产率、可读性以及可重用性。SystemVerilog 提供了更简约的硬件描述，还为随机约束的测试平台开发、覆盖驱动的验证以及基于断言的验证提供了广泛的支持。

2005 年，IEEE 批准了 SystemVerilog 的语法标准，即 IEEE Std1800 标准。

4．System C

System C 是 C++语言的硬件描述扩展，主要用于 ESL（电子系统级）建模与验证。由 OSCI（Open System C Initiative）组织进行发展。System C 并非好的 RTL 语言（即可综合的、硬件可实现描述性质的语言），而是一种系统级建模语言。将 System C 和 SystemVerilog 组合起来，能够提供一套从 ESL 至 RTL 验证的完整解决方案。

System C 源代码可以使用任何标准 C++编译环境进行编译，生成可执行文件；运行可执行文件，可生成 VCD 格式的波形文件。System C 的综合还不完善，但已经有工具支持。

5．Chisel

Chisel 是一种基于 Scala 语言的敏捷开发型硬件描述语言。Scala 是一种基于 JVM（Java Virtual Machine）的面向对象的函数式语言，常见于网络编程应用，是一种比较小众的语言。Chisel（constructing hardware in a Scala embedded language）由加州大学伯克利分校的研究团队发布，是 Scala 在电路描述上的一个扩展，编译后生成 Verilog/VHDL 代码，再交由 EDA 软件生成电路网表。该语言还在发展阶段，有待成熟。Chisel 继承了 Scala 的各种高级语法特性，大大简化了硬件电路描述的代码，有助于提高开发效率。

1.4　EDA 技术的优势

在传统的数字电子系统或 IC 设计中，手工设计占了很大的比例。设计流程中，一般先按电子系统的具体功能要求进行功能划分，然后对每个子模块画出真值表，用卡诺图进行手工逻辑简化，并写出布尔表达式，画出相应的逻辑线路图，再据此选择元器件，设计电路板，最后进行实测与调试。传统数字技术的手工设计方法的缺点如下。

（1）电路设计复杂、调试十分困难。

（2）由于无法进行硬件系统仿真，如果某一过程存在错误，查找和修改十分不便。

（3）设计过程中产生大量文档，不易管理。

（4）对于 IC 设计而言，设计实现过程与具体生产工艺直接相关，因此可移植性差。

（5）只有在设计出样机或生产出芯片后才能进行实测。

（6）所能设计完成的系统规模通常很小，抗干扰能力差，工作速度也很低。

相比之下，EDA 技术有很大的不同，其具体优势描述如下。

（1）用 HDL 对数字系统进行抽象的行为与功能描述以及具体的内部线路结构描述，从而可以在电子设计的各个阶段、各个层次进行计算机模拟验证，这不仅可以保证设计过程的正确性，而且可以大大降低设计成本，缩短设计周期。

（2）EDA 工具之所以能够完成各种自动设计过程，关键是具有各类库的支持，如逻辑仿真时的模拟库、逻辑综合时的综合库、版图综合时的版图库、测试综合时的测试库等。这些库都是 EDA 公司与半导体生产厂商紧密合作、共同开发的。

（3）一些 HDL 本身也是文档型的语言（如 VHDL），极大地简化了设计文档的管理。

（4）EDA 技术中最为瞩目的功能，即最具现代电子设计技术特征的功能是日益强大的逻辑设计仿真测试技术。EDA 仿真测试技术只需通过计算机，就能针对所设计的电子系统各个层次性能特点，完成一系列准确的测试与仿真操作。在完成实际系统的安装后，还能对系统上的目标器件进行所谓“边界扫描测试”及嵌入式逻辑分析仪的应用。这一切都极大地提高了大规模系统电子设计的自动化程度。

（5）无论传统的应用电子系统设计得如何完美、使用了多么先进的功能器件，都掩盖不了一个无情的事实，即设计者对该系统没有任何自主知识产权，因为系统中关键性的器件往往并非出自设计者之手，这将导致该系统在许多情况下的应用直接受到限制。基于EDA 技术的设计规则不同，又由于用 HDL 表达的成功的专用功能设计在实现目标方面有很大的可选性，它既可以用不同来源的通用 FPGA 实现，也可以直接以 ASIC 来实现，设计者拥有完全的自主权，再无受制于人之虞。

（6）传统的电子设计方法至今没有任何标准规范加以约束，因此设计效率低、系统性能差、规模小、开发成本高、市场竞争能力弱。相比之下，EDA 技术的设计语言是标准化的，不会由于设计对象的不同而改变；它的开发工具是规范化的，EDA 软件平台支持任何标准化的设计语言；它的设计成果是通用性的，IP 核具有规范的接口协议；它具有良好的可移植与可测试性，为系统开发提供了可靠的保证。

（7）从电子设计方法学来看，EDA 技术最大的优势就是能将所有设计环节纳入统一的自顶向下的设计方案中。

（8）EDA 不但在整个设计流程上充分利用计算机的自动设计能力、在各个设计层次上利用计算机完成不同内容的仿真模拟，而且在系统板设计结束后仍可利用计算机对硬件系统进行完整的测试。

1.5 面向 FPGA 的开发流程

完整地了解利用 EDA 技术进行设计开发的流程，对于正确地选择和使用 EDA 软件、优化设计项目、提高设计效率十分有益。一个完整的、典型的 EDA 设计流程既是自顶向下设计方法的具体实施途径，也是 EDA 工具软件本身的组成结构。

1.5.1 设计输入

图 1-2 是基于 EDA 软件的 FPGA 开发流程框图。以下将分别介绍各设计模块的功能特点。对于目前流行的用于 FPGA 开发的 EDA 软件，图 1-2 的设计流程具有一般性。

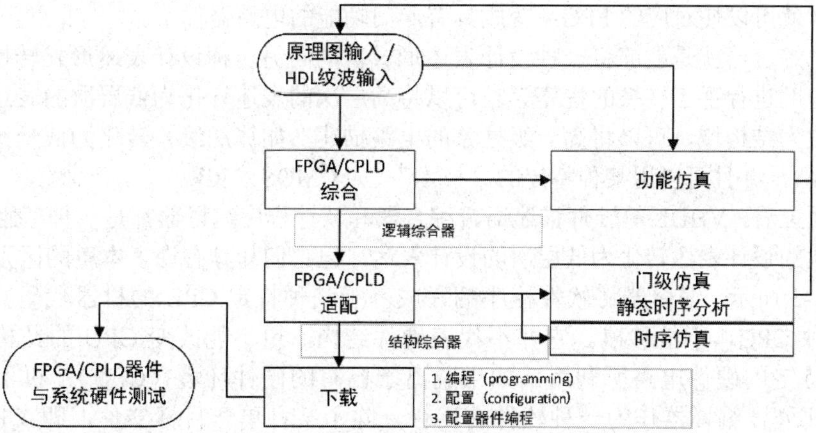

图 1-2 基于 EDA 的 FPGA 开发流程

将电路系统以一定的表达方式输入计算机，是在 EDA 软件平台上对 FPGA/CPLD 开发的最初步骤。通常，使用 EDA 工具的设计输入可分为两种类型。

1．图形输入

图形输入通常包括状态图输入和电路原理图输入。

状态图输入方法就是根据电路的控制条件和不同的转换方式，使用绘图的方法在 EDA 软件的状态图编辑器上绘出状态图，然后由 EDA 编译器和综合器将此状态变化流程图编译综合成电路网表。

电路原理图输入方法是一种类似于传统电子设计方法的原理图编辑输入方式，即在 EDA 软件的图形编辑界面上绘制能完成特定功能的电路原理图。原理图由逻辑器件（符号）和连接线构成，原理图中的逻辑器件可以是 EDA 软件库中预制的功能模块，如与门、非门、或门、触发器以及各种含 74 系列器件功能的宏功能块，甚至还有一些类似于 IP 的宏功能块。

2．硬件描述语言代码文本输入

这种方式与传统的计算机软件语言编辑输入基本一致，就是将使用了某种硬件描述语言的电路设计代码，如 Verilog 或 VHDL 的源程序，进行编辑输入。

1.5.2　综合

综合（synthesis）的字面含义应该是把抽象的实体结合成单个或统一的实体。因此，综合就是把某些东西结合到一起，把设计抽象层次中的一种表述转化成另一种表述的过程。在电子设计领域，综合的概念可以表述如下：将用行为和功能层次表达的电子系统转换为低层次的、便于具体实现的模块组合装配的过程。事实上，自上而下的设计过程中的每一步都可称为一个综合环节。现代电子设计过程通常从高层次的行为描述开始，以底层的结构甚至更低层次描述结束，每个综合步骤都是上一层次的转换。

（1）从自然语言转换到 VHDL 语言算法表述，即自然语言综合。

（2）从算法表述转换到寄存器传输级（register transport level，RTL）表述，即从行为域到结构域的综合，也称行为综合。

（3）从 RTL 级表述转换到逻辑门（包括触发器）表述，即逻辑综合。

（4）从逻辑门表述转换到版图级表述（如 ASIC 设计），或转换到 FPGA 的配置网表文件，可称为版图综合或结构综合。有了版图信息就可以把芯片生产出来了。有了对应的配置文件，就可以使对应的 FPGA 变成具有专门功能的电路器件了。

显然，综合器就是能够将一种设计表述形式自动向另一种设计表述形式转换的计算机程序，或协助进行手工转换的程序。它可以将高层次的表述转化为低层次的表述，可以将行为域转化为结构域，可以将高一级抽象的电路描述（如算法级）转化为低一级的电路描述（如门级），并且可以用某种特定的“技术”（如 CMOS）实现。

从表面上看，VHDL 等硬件描述语言综合器和软件程序编译器都是一种“翻译器”，都能将高层次的设计表达转化为低层次的设计表达，但它们却具有许多本质的区别。

如图 1-3 所示，编译器将软件程序翻译成基于某种特定 CPU 的机器代码，这种代码仅限于这种 CPU，不能移植。它并不代表硬件结构，更不能改变 CPU 的结构，只能被动地为其特定的硬件电路所利用。如果脱离了已有的硬件环境（CPU），机器代码将失去意义。此外，编译器作为一种软件的运行，除了某种单一目标器件，即 CPU 的硬件结构，不需要任何与硬件相关的器件库和工艺库参与编译。因而，编译器的工作单纯得多，编译过程基本属于一种一一对应式的、机械转换式的“翻译”行为。

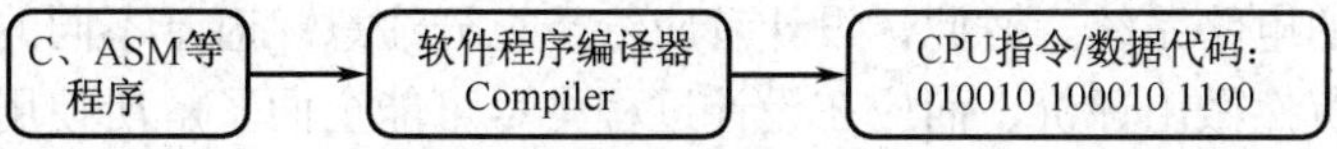

（a）软件语言设计目标流程

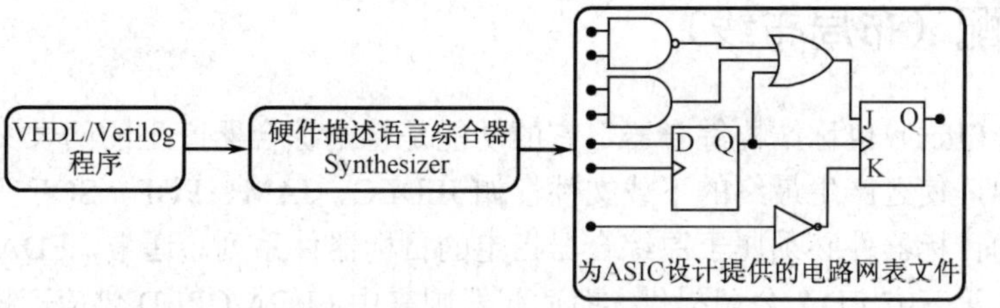

（b）硬件语言设计目标流程

图 1-3 编译器和综合的功能比较

综合器则不同，同样是类似的软件代码（如 VHDL 程序代码），综合器转化的目标是底层的电路结构网表文件，这种满足原设计程序功能描述的电路结构不依赖于任何特定硬件环境，因此可以独立地存在，并能轻易地被移植到任何通用硬件环境中，如 ASIC、FPGA 等。换言之，电路网表代表了特定的且可独立存在和具有实际功能的硬件结构，因此具备了随时改变硬件结构的依据，综合的结果具有相对独立性。

另一方面，综合器在将使用硬件描述语言表达的电路功能转化成具体的电路结构网表过程中，具有明显的能动性（如状态机的优化），它不是机械的一一对应式的“翻译”，而是根据设计库、工艺库以及预先设置的各类约束条件，“自主”地选择最优的方式完成电路设计。即对于相同的 VHDL 表述，综合器可以用不同的电路结构实现相同的功能。

如图 1-4 所示，与编译器相比，综合器具有更复杂的工作环境。综合器在接收 VHDL 程序并准备对其综合前，必须获得与最终实现设计电路硬件特征相关的工艺库的信息，以及获得优化综合的诸多约束条件。一般地，约束条件有多种，如设计规则、时间约束（包括速度约束）、面积约束等。通常，时间约束的优先级高于面积约束。设计优化要求当综合器把 VHDL 源码翻译成通用原理图时，将识别状态机、加法器、乘法器、多路选择器和寄存器等。这些运算功能根据 VHDL 源码中的符号（如加、减、乘、除），都可用多种方法实现。例如，加法可实现的方案有多种，有的面积小，速度慢；有的速度快，面积大。VHDL 行为描述强调的是电路的行为和功能，而不是电路如何实现。而选择电路的实现方案正是综合器的任务，即综合器选择一种能充分满足各项约束条件且成本最低的实现方案。

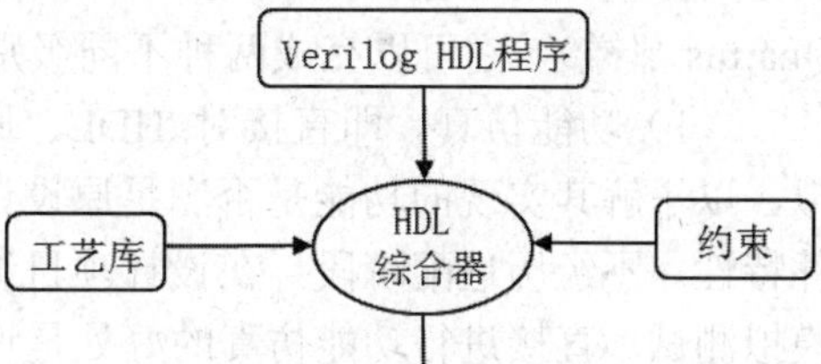

图 1-4 HDL 综合器运行流程

注意，VHDL（也包括 Verilog、SystemVerilog）方面的 IEEE 标准主要指的是文档的表述、行为建模及其仿真，至于在电子线路的设计方面，VHDL 并没有得到全面的标准化支持。也就是说，HDL 综合器并不能支持 IEEE 标准的 VHDL 的全集（全部语句程序），而只能支持其子集，即部分语句，并且不同的 HDL 综合器所支持的 VHDL 子集也不完全相同。这样一来，对于相同的 VHDL 源代码，不同的 HDL 综合器可能综合出在结构和功能上并不完全相同的电路系统。对此，设计者应给予充分注意：对于不同的综合结果，不应对综合器的特性贸然做出评价，而应在设计过程中尽可能全面了解所使用的综合工具的特性。当然，随着 EDA 技术的不断进步，可综合的 VHDL 正逐渐走向标准化。

1.5.3 适配（布局布线）

适配器（fitter）也称结构综合器，它的功能是将由综合器产生的网表文件配置于指定的目标器件中，使之产生最终的下载文件，如 JEDEC、JAM、POF、SOF 等格式的文件。适配所选定的目标器件必须属于原综合器指定的目标器件系列。通常，EDA 软件中的综合器可由专业的第三方 EDA 公司提供，而适配器则需由 FPGA/CPLD 供应商提供。因为适配器的适配对象直接与器件的结构细节相对应。

适配器就是将综合后的网表文件针对某一具体的目标器件进行逻辑映射操作，其中包括底层器件配置、逻辑分割、优化、布局布线等操作。适配完成后可以利用适配所产生的仿真文件做精确的时序仿真，同时产生可用于对目标器件进行编程的文件。

1.5.4 仿真与时序分析

在编程下载前必须利用 EDA 工具对适配生成的结果进行模拟测试，就是所谓的仿真（simulation）。仿真就是让计算机根据一定的算法和一定的仿真库对 EDA 设计进行模拟，验证设计的正确性，以便排除错误，它是 EDA 设计过程中的重要步骤。

图 1-2 所示的功能仿真与门级仿真通常由 FPGA 公司的 EDA 开发工具直接提供，也可以选用第三方的专业仿真工具（也可将第三方仿真器软件集成在 EDA 开发工具中，就如 Quartus 那样），它可以完成两种不同级别的仿真测试。

（1）功能仿真。即直接对 HDL、原理图描述或其他描述形式的逻辑功能进行测试模拟，以了解其实现的功能是否满足原设计要求的过程。仿真过程不涉及任何具体器件的硬件特性。不经历适配阶段，在设计项目编辑、编译（或综合）后即可进入门级仿真器进行模拟测试。直接进行功能仿真的好处是设计耗时短，对硬件库、综合器等没有任何要求。

（2）时序仿真。即接近真实器件时序性能运行特性的仿真。仿真文件已包含了器件硬件特性参数，因而仿真精度高，但时序仿真的仿真文件必须来自针对具体器件的适配器。综合后所得的 EDIF 等网表文件通常作为 FPGA 适配器的输入文件，产生的仿真网表文件中包含了精确的硬件延迟信息。时序仿真往往耗时较长。

（3）门级仿真。一般指综合适配后在门级网表上进行的仿真。仿真文件已包含了器件硬件特性参数，因而仿真更符合实际器件运行行为。在进行门级仿真时可以选择是否使用时延信息（时延文件），若使用即为时序仿真或称为时序门级仿真。

（4）静态时序分析。时序仿真和功能仿真都是基于有系统激励输入的仿真验证，属于动态时序分析范畴。若纯粹分析电路各个部分的延迟，那么就需要进行静态时序分析（static timing analysis，STA）。STA 是对设计进行时序估计、设计优化的重要手段，在现代 EDA 设计中占据重要地位。现在越来越多的设计验证采用静态时序分析加不带延迟文件的门级仿真来代替时序仿真，以提高验证覆盖率，缩短验证时间。

1.5.5 RTL 描述

RTL（register transport level，寄存器传输级）的概念会经常出现，这里对它做一些说明。

RTL 的概念最初产生于对某类电路的描述。RTL 描述是以规定设计中的各种寄存器形式为特征，然后在寄存器之间插入组合逻辑。这类寄存器或者显式地通过元件具体装配，或者通过推论进行隐含的描述。传统概念下的 RTL 电路的构建特色是由一系列组合电路模块和寄存器模块相间级联而成，即组合电路与时序电路各自独立且级联，而信号的通过具有逐级传输的特征，故称此类电路为寄存器传输级电路。

此后，这个概念进一步泛化，便引申为一切用各种独立的组合电路模块和独立的寄存器模块，但不涉及低层具体逻辑门结构或触发器电路细节（所谓技术级，英文全称为 technology level）来构建描述数字电路的形式都称为 RTL 描述，而且即使不包含时序模块，或只有寄存器模块的同类描述形式也都泛称为 RTL 描述。所以现在所谓的 RTL 仿真，即功能仿真，就是指不涉及电路细节（如门级细节）的 RTL 模块级构建的系统的仿真；而涉及电路细节和时序性能的时序仿真则称为门级仿真。

1.6 可编程逻辑器件

可编程逻辑器件（programmable logic devices，PLD）是 20 世纪 70 年代发展起来的一种新的集成器件。PLD 是大规模集成电路技术发展的产物，是一种半定制的集成电路，结合 EDA 技术可以快速、方便地构建数字系统。

数字电子技术基础知识表明，数字电路系统都是由基本门来构成的，如与门、或门、非门、传输门等。由基本门可构成两类数字电路：一类是组合电路；另一类是时序电路，它含有存储元件。事实上，不是所有的基本门都是必需的，如用与非门单一基本门就可以构成其他的基本门。任何的组合逻辑函数都可以转化为“与-或”表达式，即任何的组合电路可以用“与门-或门”二级电路实现。同样，任何时序电路都可由组合电路加上存储元件（即锁存器、触发器）来构成。由此，人们提出了一种可编程电路结构，即可重构的电路结构。

1.6.1 PLD 的分类

可编程逻辑器件的种类有很多，几乎每个大的可编程逻辑器件供应商都能提供具有自身结构特点的 PLD 器件。由于历史的原因，可编程逻辑器件的命名各异，在详细介绍可编程逻辑器件之前，有必要介绍几种 PLD 的分类方法。

1. 按集成度分类

按集成度划分，一般可分为两大类器件。

（1）低集成度芯片。早期出现的 PROM（programmable read only memory，可编程只读存储器）、PAL（programmable array logic，可编程阵列逻辑）、可重复编程的 GAL（generic array logic，能用阵列逻辑）都属于这类。一般而言，可重构使用的逻辑门数在 500 门以下，称为简单 PLD（简称 SPLD）。

（2）高集成度芯片。如现在大量使用的 CPLD、FPGA 器件，称为复杂 PLD（简称 CPLD）。

2. 按结构分类

从结构上可分为两大类器件。

（1）乘积项结构器件。其基本结构为“与-或”阵列的器件，大部分 SPLD 和 CPLD 都属于这个范畴。

（2）查找表结构器件。由简单的查找表组成可编程门，再构成阵列形式。大多数 FPGA 属于此类器件。

3. 按编程工艺分类

从编程工艺上划分，可分为如下几种类型。

（1）熔丝（fuse）型。早期的 PROM 器件就是采用熔丝结构的，编程过程就是根据设计的熔丝图文件来烧断对应的熔丝，以达到编程的目的。

（2）反熔丝（anti-fuse）型。是对熔丝技术的改进，在编程过程中通过击穿漏层使两点之间获得导通，这与熔丝烧断获得开路正好相反。

（3）EPROM 型。称为紫外线擦除电可编程逻辑器件，是用较高的编程电压进行编程的，当需要再次编程时，用紫外线进行擦除。Atmel 公司曾经有过此类 PLD，目前已淘汰使用。

（4）EEPROM 型。即电可擦写编程器件，现有部分 CPLD 及 GAL 器件采用此类结构。它是对 EPROM 工艺的改进，不需要紫外线擦除，而是直接用电擦除。

（5）SRAM 型。即 SRAM 查找表结构的器件。大部分的 FPGA 器件都是采用此种编程工艺，如 AMD-Xilinx 和 Intel-Altera 的 FPGA 器件采用的就是 SRAM 编程方式。这种方式在编程速度、编程要求上要优于前 4 种器件，不过 SRAM 型器件的编程信息存放在 RAM 中，在断电后就丢失了，再次上电需要再次编程（配置），因而需要专用器件来完成这类自动配置操作。

（6）Flash 型。Actel 公司为了解决上述反熔丝器件的不足之处，推出了采用 Flash 工艺的 FPGA，可以实现多次可编程，同时做到掉电后不需要重新配置。现在 AMD-Xilinx 和 Intel-Altera 的多个系列 CPLD 也采用 Flash 型。

在习惯上，还有另外一种分类方法，即掉电后是否需要重新配置器件。CPLD 不需要重新配置，而 FPGA（大多数）需要重新配置。

1.6.2　PROM 可编程原理

介绍 PLD 器件的可编程原理之前，在此首先介绍结构上具有典型性的 PROM 结构。但在此之前需熟悉一些常用逻辑电路符号及描述 PLD 内部结构的专用电路符号。

目前流行于国内高校数字电路教材中的“国标”逻辑符号原本是全盘照搬 ANSI/IEEE Std 91a-1984 版的 IEC 国际标准符号，且至今并没有升级。然而由于此类符号表达形式过于复杂，即用矩形图型逻辑符号来标志逻辑功能，故被公认为不适合表述 PLD 中复杂的逻辑结构。因此数年后，IEEE 又推出了 ANSI/IEEE Std 91a-1991 标准，于是国际上几乎所有技术资料和相关教材很快就废弃了原标准（1984 版本）的应用，继而普遍采用了 1991 版本的国际标准逻辑符号。该版本符号的优势和特点是用图形的不同形状来标志逻辑模块的功能，即使图形画面很小，也能十分容易地辨认出模块的逻辑功能。

本书全部采用 ANSI/IEEE Std 91a-1991 标准符号，故在图 1-5 中做了比较。图 1-5 即 ANSI/IEEE Std 91a-1991 版与 ANSI/IEEE Std 91a-1984 版（与中国国标相同）的 IEC 国际标准逻辑门符号对照表。

	非门	与门	或门	异或门
IEEE 1991 版标准逻辑符号	A —▷o— $\overline{A}$	A, B — F	A, B — F	A, B — F
IEEE 1984 版标准逻辑符号	A —[1]o— $\overline{A}$	A, B —[&]— F	A, B —[≥1]— F	A, B —[=1]— F
逻辑表达式	$\overline{A}$=NOT A	F=A • B	F=A+B	F=A⊕B

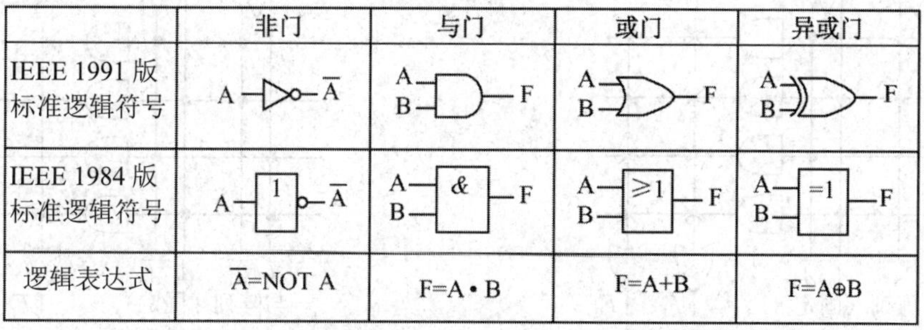

图 1-5 两种不同版本的国际标准逻辑门符号对照表

在流行的 EDA 软件中，逻辑符号采用的是 ANSI/IEEE Std 91a-1991 标准。由于 PLD 的复杂结构，用 1991 版本符号的好处是能十分容易地衍生出一套用于描述 PLD 复杂逻辑结构的简化符号。如图 1-6 所示，接入 PLD 内部的“与-或”阵列输入缓冲器电路，一般采用互补结构，它等效于图 1-7 的逻辑结构，即当信号输入 PLD 后，分别以其同相和反相信号接入。图 1-8 是 PLD 中“与”阵列的简化图形，表示可以选择 A、B、C 和 D 四个信号中的任一组或全部输入与门。在这里用以形象地表示“与”阵列，这是在原理上的等效。当采用某种硬件实现方法时（如 NMOS 电路），图中的与门可能根本不存在，但 NMOS 构成的连接阵列中却含有了“与”的逻辑。同样的道理，“或”阵列也用类似的方式表示。图 1-9 是 PLD 中“或”阵列的简化图形表示。图 1-10 是在阵列中连接关系的表示。十字交叉线表示两条线未连接；交叉线的交点上打黑点，表示固定连接，即在 PLD 出厂时已连接；交叉线的交点上打叉，表示该点可编程，即在 PLD 出厂后通过编程，其连接可随时改变。

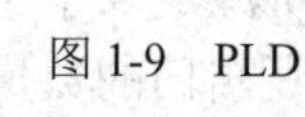

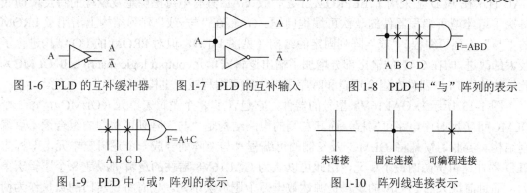

图 1-6 PLD 的互补缓冲器

图 1-7 PLD 的互补输入

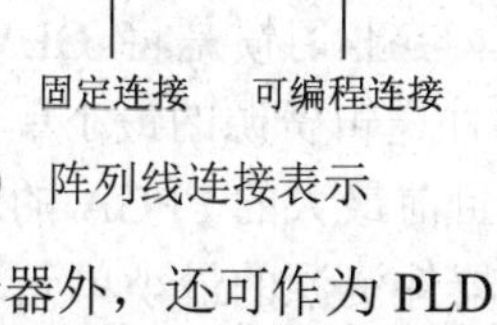

图 1-8 PLD 中“与”阵列的表示

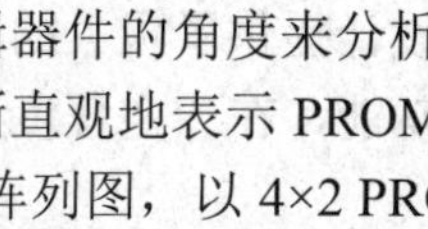

图 1-9 PLD 中“或”阵列的表示

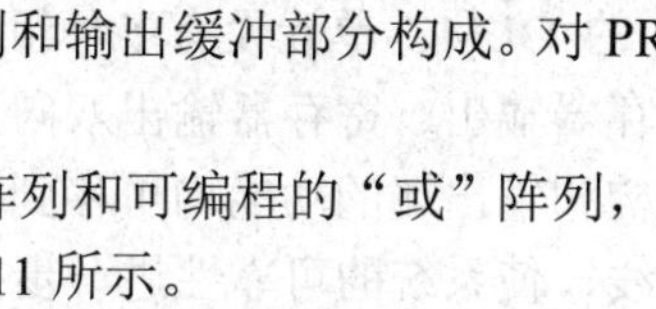

图 1-10 阵列线连接表示

PROM 作为可编程只读存储器，其 ROM 除作为只读存储器外，还可作为 PLD 使用。一个 ROM 器件主要由地址译码部分、ROM 单元阵列和输出缓冲部分构成。对 PROM 也可以从可编程逻辑器件的角度来分析其基本结构。

为了更清晰直观地表示 PROM 中固定的“与”阵列和可编程的“或”阵列，PROM 可以表示为 PLD 阵列图，以 4×2 PROM 为例，如图 1-11 所示。

式（1-1）是已知半加器的逻辑表达式，可用 4×2 PROM 编程实现。

$$S = A_0 \oplus A_1,\quad C = A_0 A_1 \tag{1-1}$$

图 1-12 的连接结构表达的是半加器逻辑阵列。

$$F_0 = A_0\overline{A}_1 + \overline{A}_0 A_1, \quad F_1 = A_1 A_0 \tag{1-2}$$

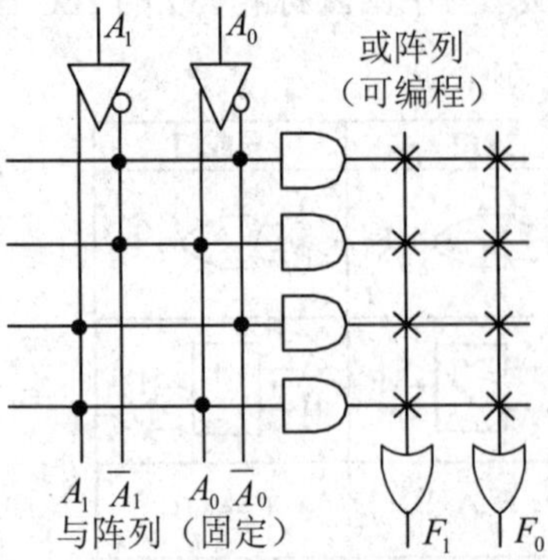

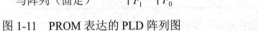

图 1-11　PROM 表达的 PLD 阵列图

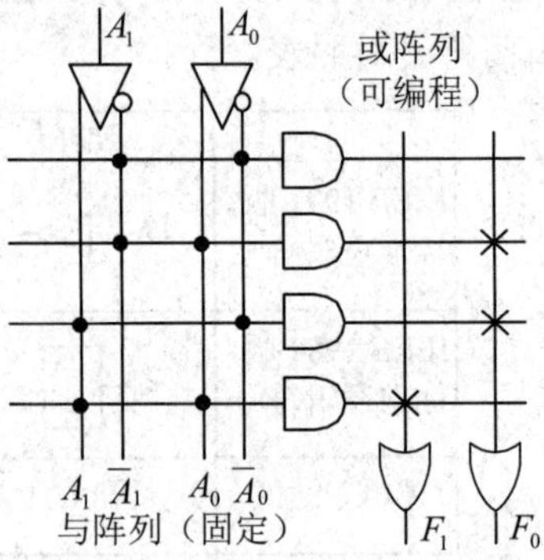

图 1-12　用 PROM 完成半加器逻辑阵列图

式（1-2）是图 1-12 结构的布尔表达式，即所谓的“乘积项”方式。式中的 A_1 和 A_0 分别是加数和被加数，F_0 为和，F_1 为进位。反之，根据半加器的逻辑关系，也可以得到图 1-12 的阵列点连接关系，从而可以形成阵列点文件，这个文件对于一般的 PLD 器件称为熔丝图（fuse map）文件。对于 PROM，则为存储单元的编程数据文件。

显然，PROM 只能用于组合电路的可编程上。输入变量的增加会引起存储容量的增加，这种增加是按 2 的幂次增加的，多输入变量的组合电路函数是不适合用单个 PROM 来编程表达的。

1.6.3　GAL

1985 年，美国 Lattice 公司在 PAL 的基础上推出了 GAL 器件，即通用阵列逻辑器件。GAL 首次在 PLD 上采用了 EEPROM 工艺，使 GAL 具有电可擦除重复编程的特点，彻底解决了熔丝型可编程器件的一次可编程问题。GAL 在“与-或”阵列结构上沿用了 PROM 的“与”阵列可编程、“或”阵列固定的结构（见图 1-13），但对 PROM 的 I/O 结构进行了较大的改进，即在 GAL 的输出部分增加了输出逻辑宏单元（output logic macro cell，OLMC），此结构使得 PLD 器件在组合逻辑和时序逻辑中的可编程或可重构性能都成为可能。

图 1-13 所示为 GAL16V8 型号的器件，它包含了 8 个逻辑宏单元（OLMC），每一个 OLMC 可实现时序电路可编程，而其左侧的电路结构是“与”阵列可编程的组合逻辑可编程结构。专业习惯是将 OLMC 及左侧的可编程“与”阵列合成一个逻辑宏单元，即标志 PLD 器件逻辑资源的最小单元，由此可以认为 GAL16V8 器件的逻辑资源是 8 个逻辑宏单元，而目前最大的 FPGA 的逻辑资源达数十万个逻辑宏单元。也有将逻辑门的数量作为衡量逻辑器件资源的最小单元，如某 CPLD 的资源约 2000 门等，但此类划分方法误差较大。

GAL 的 OLMC 单元设有多种组态，可配置成专用组合输出、专用输入、组合输出双向口、寄存器输出、寄存器输出双向口等，为逻辑电路设计提供了极大的灵活性。由于具有结构重构和输出端的功能均可移到另一输出引脚上的功能，在一定程度上简化了电路板的布局布线，使系统的可靠性进一步提高。

在图 1-13 中，GAL 的输出逻辑宏单元（OLMC）中含有 4 个多路选择器，通过不同的选择方式可以产生多种输出结构，分别属于 3 种模式，一旦确定了某种模式，所有的 OLMC

都将工作在同一种模式下。图 1-14 所示为其中一种输出模式对应的结构。

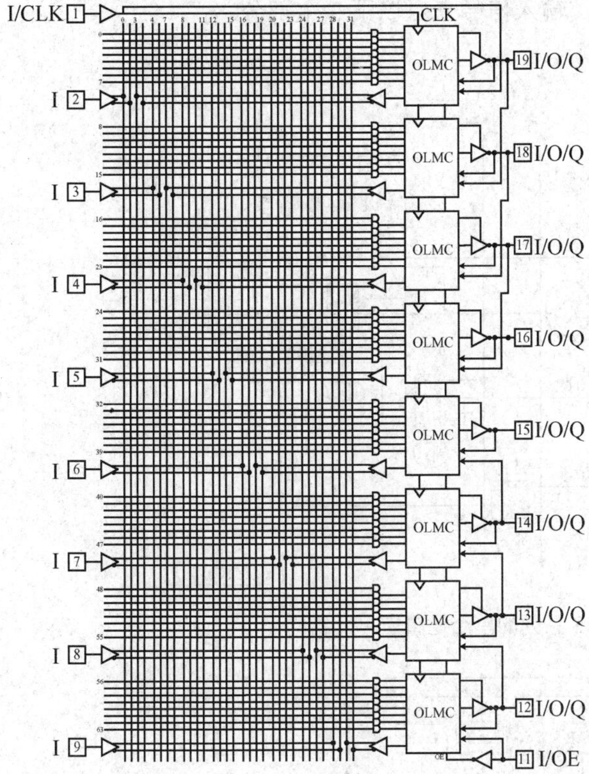

图 1-13　GAL16V8 的结构

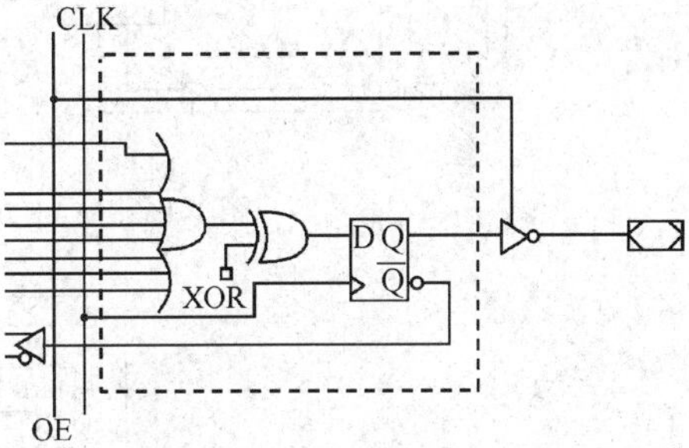

图 1-14　寄存器输出结构

1.7　CPLD 的结构与可编程原理

CPLD 即复杂可编程逻辑器件（complex programmable logic device）。早期 CPLD 是从 GAL 的结构扩展而来，但针对 GAL 的缺点进行了改进。在流行的 CPLD 中，Altera 的 MAX7000S 系列器件具有一定典型性，在这里以此为例介绍 CPLD 的结构和工作原理，其中的许多结构（如 I/O 结构）与 FPGA 也类似，望读者关注，并注意比较。

相比于 FPGA，CPLD 的逻辑资源要小得多。MAX7000S 系列器件包含 32～256 个逻辑宏单元（logic cell，LC），其单个逻辑宏单元结构如图 1-15 所示。每 16 个逻辑宏单元组成一个逻辑阵列块（logic array block，LAB）。与 GAL 类似，每个逻辑宏单元含有一个可编程的“与”阵列和固定的“或”阵列，以及一个可配置寄存器，每个逻辑宏单元共享扩展乘积项和高速并联扩展乘积项，它们可向每个逻辑宏单元提供多达 32 个乘积项，以构成复杂的逻辑函数。MAX7000S 结构包含 5 个主要部分，即逻辑阵列块、逻辑宏单元、扩展乘积项（共享和并联）、可编程连线阵列、I/O 控制块。以下简要介绍相关模块。

1．逻辑阵列块

一个 LAB 由 16 个逻辑宏单元的阵列组成。MAX7000S 结构主要是由多个 LAB 组成的阵列以及它们之间的连线构成。多个 LAB 通过可编程连线阵列（programmable interconnect array，PIA）和全局总线连接在一起（见图 1-16），全局总线从所有的专用输入、I/O 引脚和逻辑宏单元输入信号。对于每个 LAB，输入信号来自以下 3 个部分。

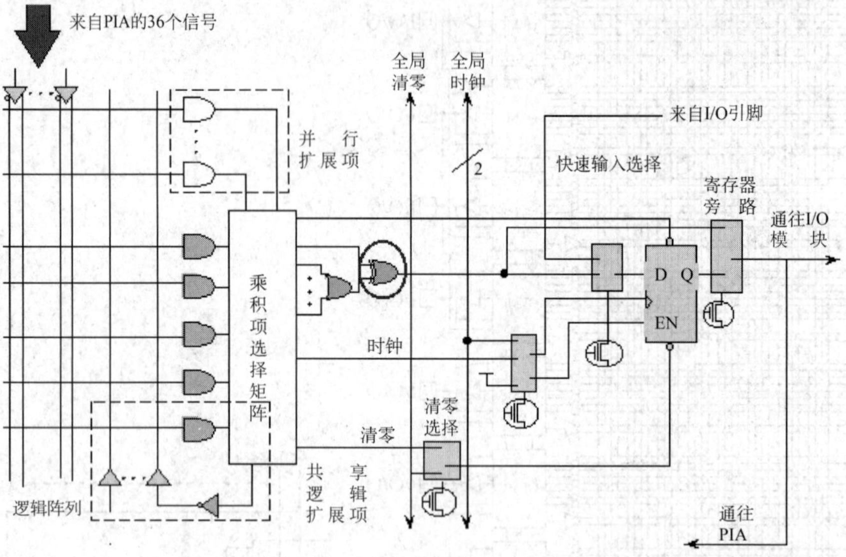

图 1-15　MAX7000S 系列的单个逻辑宏单元结构

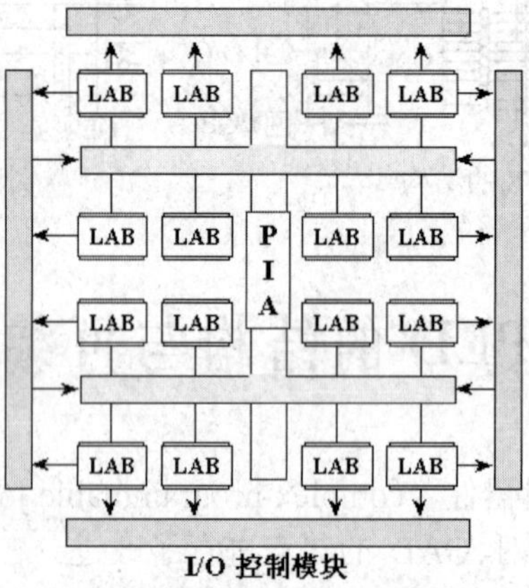

图 1-16　MAX7000S 的结构

（1）来自作为通用逻辑输入的 PIA 的 36 个信号。

（2）来自全局控制信号，用于寄存器辅助功能。

（3）从 I/O 引脚到寄存器的直接输入通道。

2. 逻辑宏单元

MAX7000S 系列中的逻辑宏单元由 3 个功能块组成：逻辑阵列、乘积项选择矩阵和可编程寄存器，它们可以被单独地配置为时序逻辑和组合逻辑工作方式。其中逻辑阵列实现组合逻辑，可以给每个逻辑宏单元提供 5 个乘积项。“乘积项选择矩阵”分配这些乘积项作为到“或门”和“异或门”的主要逻辑输入，以实现组合逻辑函数；或者把这些乘积项作为逻辑宏单元中寄存器的辅助输入：清零（clear）、置位（preset）、时钟（clock）和时钟使能控制（clock enable）。

每个逻辑宏单元中有一个“共享扩展”乘积项经“非门”后回馈到逻辑阵列中，逻辑宏单元中还存在“并行扩展”乘积项，从邻近逻辑宏单元借位而来。

逻辑宏单元中的可配置寄存器可以单独地被配置为带有可编程时钟控制的 D、T、JK 或 SR 触发器工作方式，也可以将寄存器旁路掉，以实现组合逻辑工作方式。

每个可编程寄存器可以按 3 种时钟输入模式工作。

- 全局时钟信号。该模式能实现最快的时钟到输出（clock to output）性能，这时全局时钟输入直接连向每一个寄存器的 CLK 端。
- 全局时钟信号由高电平有效的时钟信号使能。这种模式提供每个触发器的时钟使能信号，由于仍使用全局时钟，输出速度较快。
- 用乘积项实现一个阵列时钟。在这种模式下，触发器由来自隐埋的逻辑宏单元或 I/O 引脚的信号进行钟控，其速度稍慢。

每个寄存器都支持异步清零和异步置位功能。乘积项选择矩阵负责分配和控制这些操作。虽然乘积项驱动寄存器的置位和复位信号是高电平有效，但在逻辑阵列中将信号取反可得到低电平有效的效果。此外，每一个寄存器的复位端可以由低电平有效的全局复位专用引脚 GCLRn 信号来驱动。

3．扩展乘积项

虽然大部分逻辑函数能够由在每个宏单元中的 5 个乘积项实现，但更复杂的逻辑函数需要附加乘积项。可以利用其他宏单元以提供所需的逻辑资源，对于 MAX7000S 系列，还可以利用其结构中具有的共享和并联扩展乘积项，即“扩展项”。这两种扩展项作为附加的乘积项直接送到该 LAB 的任意一个宏单元中。利用扩展项可保证在实现逻辑综合时，用尽可能少的逻辑资源，得到尽可能快的工作速度。

4．可编程连线阵列

不同的 LAB 通过在可编程连线阵列（PIA）上布线，以相互连接构成所需的逻辑。这个全局总线是一种可编程的通道，可以把器件中任何信号连接到用户希望的目的地。所有 MAX7000S 器件的专用输入、I/O 引脚和逻辑宏单元输出都连接到 PIA，而 PIA 可把这些信号送到整个器件内的各个地方。只有每个 LAB 需要的信号才布置从 PIA 到该 LAB 的连线。图 1-17 所示为 PIA 信号布线到 LAB 的方式。

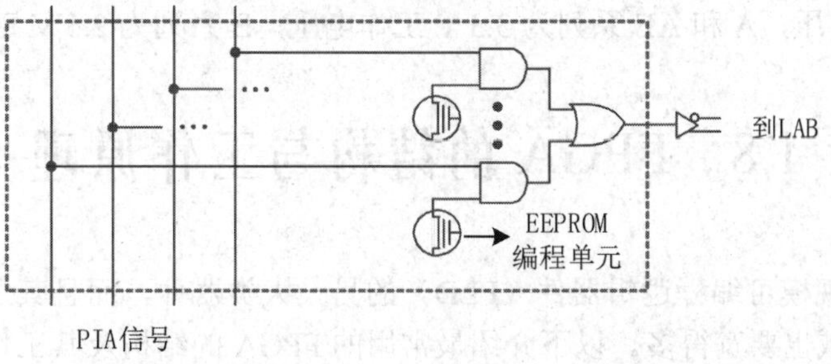

图 1-17　PIA 信号布线到 LAB 的方式

图 1-17 显示，通过 EEPROM 单元控制“与门”的一个输入端，以便选择驱动 LAB 的 PIA 信号。由于 MAX7000S 的 PIA 有固定的延时，因此使器件延时性能容易预测。

5. I/O 控制块

I/O 控制块允许每个 I/O 引脚被单独配置为输入、输出和双向 3 种工作方式。所有 I/O 引脚都有一个三态缓冲器，它的控制端信号来自一个多路选择器，可以选择用全局输出使能信号其中之一进行控制，或者直接连到地（GND）或电源（VCC）上。图 1-18 所示是 EPM7128S 器件的 I/O 控制块，它共有 6 个全局输出使能信号。这 6 个使能信号可来自两个输出使能信号（OE1、OE2）、I/O 引脚的子集或 I/O 宏单元的子集，并且也可以是这些信号取反后的信号。当三态缓冲器的控制端接地（GND）时，其输出为高阻态，这时 I/O 引脚可作为专用输入引脚使用。当三态缓冲器控制端接电源 VCC 时，输出被一直使能，作为普通输出引脚。MAX7000S 结构提供双 I/O 反馈，其逻辑宏单元和 I/O 引脚的反馈是独立的。当 I/O 引脚被配置成输入引脚时，与其相关联的宏单元可以作为隐埋逻辑使用。

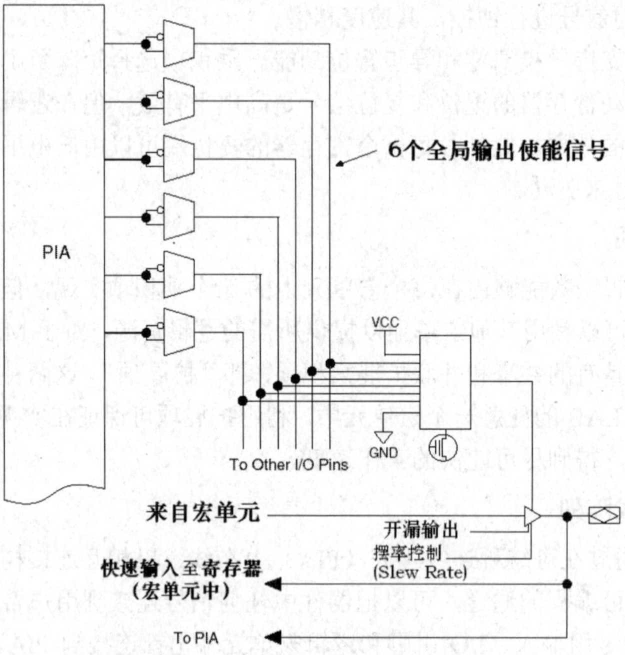

图 1-18 EPM7128S 器件的 I/O 控制块

对于 I/O 工作电压，MAX7000S（S 系列）器件有多种不同特性的系列。其中 E、S 系列为 5.0 V 工作电压，A 和 AE 系列为 3.3 V 工作电压，B 系列为 2.5 V 工作电压。

1.8 FPGA 的结构与工作原理

FPGA 是大规模可编程逻辑器件（PLD）的另一大类器件，而且其逻辑规模比 CPLD 大得多，应用领域也要宽得多。以下介绍最常用的 FPGA 的结构及其工作原理。

1.8.1 查找表逻辑结构

前面提到的可编程逻辑器件，诸如 GAL、CPLD 之类都是基于乘积项（“与或” 阵列）

的可编程结构，即由可编程的“与”阵列和固定的“或”阵列组成。而在本节中将要介绍的 FPGA，使用了另一种可编程逻辑的形成方法，即可编程的查找表（look up table，LUT）结构，LUT 是可编程的最小逻辑构成单元。大部分 FPGA 采用基于 SRAM（静态随机存储器）的查找表逻辑形成结构，即用 SRAM 来构成逻辑函数发生器。一个 N 输入 LUT 可以实现 N 个输入变量的任何逻辑功能，如 N 输入“与”、N 输入“异或”等。图 1-19 是 4 输入 LUT，其内部结构如图 1-20 所示。

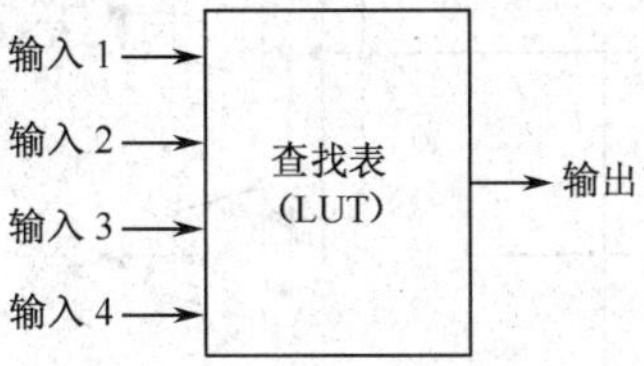

图 1-19 FPGA 查找表单元

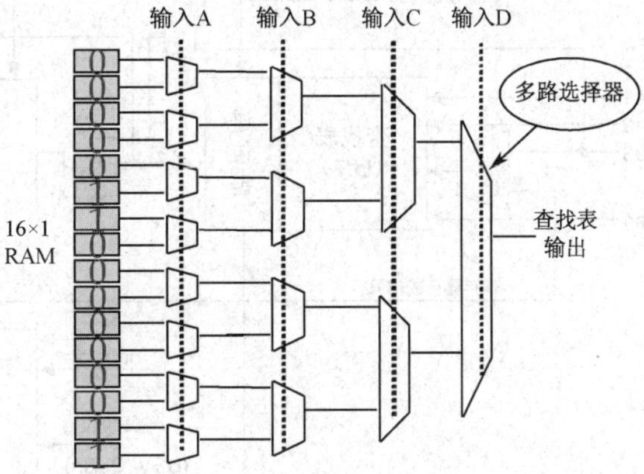

图 1-20 FPGA 查找表单元内部结构

一个 N 输入的查找表，需要 SRAM 存储 N 个输入构成的真值表，需要用 2^N 个位的 SRAM 单元。显然 N 不可能很大，否则 LUT 的利用率会很低，若需要输入多于 N 个的逻辑函数，则必须用数个查找表分开实现。AMD-Xilinx 的 Virtex UltraScale+、Kintex-7、Artix-7、Spartan-7 等系列和 Intel-Altera 的 Cyclone 2/3/4/5/10、Arria-10、Stratix-5/10、Agilex 等系列都采用 SRAM 查找表形式构成，是典型的 FPGA 器件。这些器件中的 LUT 有 N=4 的，即 LUT4，也有 $N \geqslant 4$ 的。一般来说，高端器件的 N 会大些，对应的 LUT 的结构也较为复杂。

1.8.2 Cyclone 4E/10 LP 系列器件的结构原理

Cyclone 10 LP 系列器件是 Intel-Altera 公司近年推出的一款低功耗、高性价比的 FPGA。事实上，Cyclone 3、Cyclone 4E、Cyclone 10 LP 这 3 个系列的 FPGA 器件的内部结构几乎相同，只是生产工艺有所区别。下面将针对 Cyclone 4E 器件展开详细描述，这些描述也同样适用于 Cyclone 3/10 LP 系列器件。

Cyclone 4E 的内部结构主要由逻辑阵列块、嵌入式存储器块、嵌入式硬件乘法器、I/O 单元和嵌入式 PLL 等模块构成，在各个模块之间存在着丰富的互连线和时钟网络。它的可编程资源主要来自逻辑阵列块（LAB），而每个 LAB 都由多个逻辑宏单元（logic element，LE）构成。LE 是 Cyclone 3 系列 FPGA 器件中最基本的可编程单元，图 1-21 显示了 Cyclone 4E FPGA 的 LE 内部结构。观察图 1-21 可以发现，LE 主要由一个 4 输入的查找表（LUT）、进位链逻辑、寄存器链逻辑和一个可编程的寄存器构成。4 输入的 LUT 可以完成所有的 4 输入 1 输出的组合逻辑功能。每一个 LE 的输出都可以连接到行、列、直连通路、进位链、寄存器链等布线资源。

每个 LE 中的可编程寄存器可以被配置成 D 触发器、T 触发器、JK 触发器和 RS 寄存器模式。每个可编程寄存器都具有数据、时钟、时钟使能、清零等输入信号。全局时钟网络、通用 I/O 口以及内部逻辑可以灵活配置寄存器的时钟和清零信号。任何一个通用 I/O 和内部逻辑都可以驱动时钟使能信号。在一些只需要组合电路的应用中，对于组合逻辑的实现，可将该可配置寄存器旁路，LUT 的输出可作为 LE 的输出。

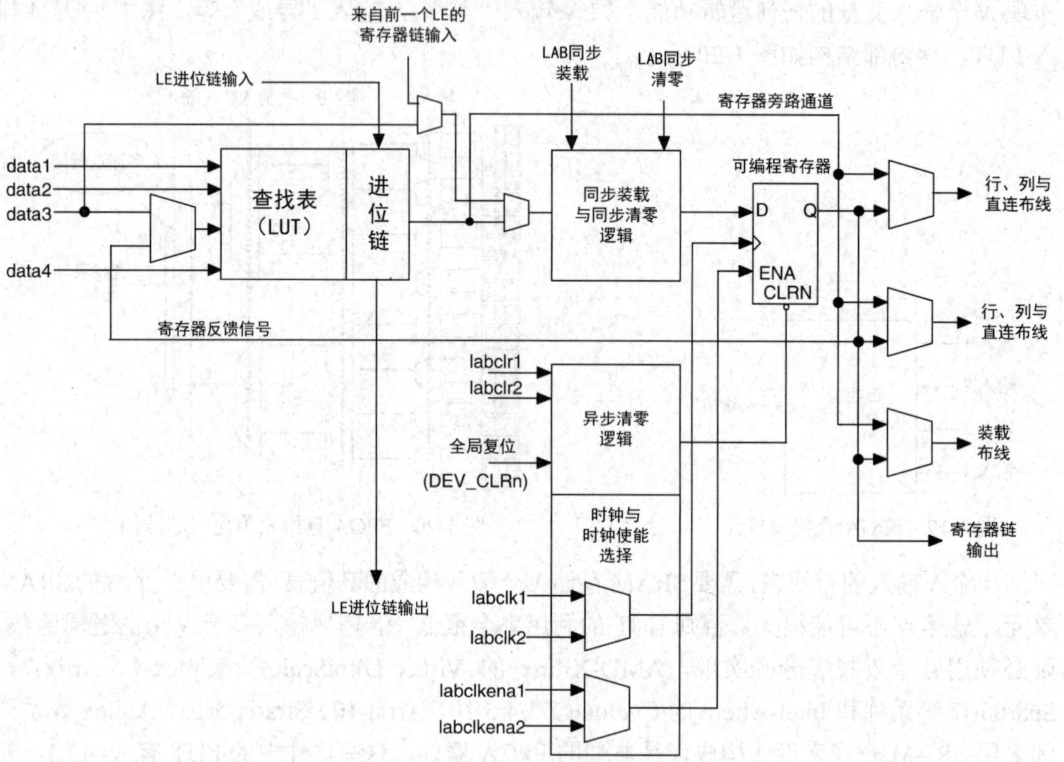

图 1-21　Cyclone 4E 的 LE 结构

LE 有 3 个输出驱动内部互联，一个驱动局部互联，另两个驱动行或列的互联资源。LUT 和寄存器的输出可以单独控制，也可以在一个 LE 中实现，LUT 驱动一个输出，而寄存器驱动另一个输出（这种技术称为寄存器打包）。因而在一个 LE 中的寄存器和 LUT 能够用来完成不相关的功能，从而提高 LE 的资源利用率。

寄存器反馈模式允许在一个 LE 中寄存器的输出作为反馈信号，加到 LUT 的一个输入上，在一个 LE 中就完成反馈。

除上述的 3 个输出之外，在一个逻辑阵列块中的 LE 还可以通过寄存器链进行级联。在同一个 LAB 中，LE 中的寄存器可以通过寄存器链级联在一起，构成一个移位寄存器，那些 LE 中的 LUT 资源可以单独实现组合逻辑功能，两者互不相关。

Cyclone 4E 的 LE 可以工作在两种操作模式下，即普通模式和算术模式。

普通模式下的 LE 适合通用逻辑应用和组合逻辑的实现。在该模式下，来自 LAB 局部互连的 4 个输入将作为一个 4 输入 1 输出的 LUT 的输入端口。可以选择进位输入（CIN）信号或者 data 3 信号作为 LUT 中的一个输入信号。每一个 LE 都可以通过 LUT 链直接连接到下一个 LE（在同一个 LAB 中的）。在普通模式下，LE 的输入信号可以作为 LE 中寄存器的异步装载信号。普通模式下的 LE 也支持寄存器打包与寄存器反馈。

在 Cyclone 4E 器件中的 LE 还可以工作在算术模式下。在这种模式下，可以更好地实现加法器、计数器、累加器和比较器。在算术模式下的单个 LE 内有两个 3 输入 LUT，可被配置成一位全加器和基本进位链结构。其中一个 3 输入 LUT 用于计算，另外一个 3 输入 LUT 用于生成进位输出信号 COUT。在算术模式下，LE 支持寄存器打包与寄存器反馈。逻辑阵列块（LAB）是由一系列相邻的 LE 构成的。每个 Cyclone 4E 的 LAB 包含 16 个 LE，在 LAB 中、LAB 之间存在着行互连、列互连、直连通路互连、LAB 局部互连、LE 进位链和寄存器链。

Cyclone 4E FPGA 器件中所包含的嵌入式存储器（embedded memory）由数十个 M9K 的存储器块构成。每个 M9K 存储器块具有很强的伸缩性，可以实现的功能有 8192 位 RAM（单端口、双端口、带校验、字节使能）、ROM、移位寄存器、FIFO 等。Cyclone 4E FPGA 中的嵌入式存储器可以通过多种连线与可编程资源实现连接，这大大增强了 FPGA 的性能，扩大了 FPGA 的应用范围。

在 Cyclone 4E 系列器件中还有嵌入式乘法器（embedded multiplier），这种硬件乘法器的存在可以大大提高 FPGA 在完成 DSP（数字信号处理）任务时的能力。嵌入式乘法器可以实现 9×9 乘法器或者 18×18 乘法器，乘法器的输入与输出可以选择是寄存的还是非寄存的（即组合输入输出）；可以与 FPGA 中的其他资源灵活地构成适合 DSP 算法的 MAC（乘加单元）。

在数字逻辑电路的设计中，时钟、复位信号往往需要同步作用于系统中的每个时序逻辑单元，因此在 Cyclone 4E 器件中设置有全局控制信号。由于系统的时钟延时会严重影响系统的性能，故在 Cyclone 4E 中设置了复杂的全局时钟网络，以减少时钟信号的传输延迟。另外，在 Cyclone 4E FPGA 中还含有 2～4 个独立的嵌入式锁相环（PLL），可以用来调整时钟信号的波形、频率和相位。PLL 的使用方法将在第 6 章中介绍。

Cyclone 4E 的 I/O 支持多种 I/O 接口，符合多种 I/O 标准。其可以支持差分的 I/O 标准，如 LVDS（低压差分串行）、RSDS（去抖动差分信号）、SSTL-2、SSTL-18、HSTL-18、HSTL-15、HSTL-12、PPDS、差分 LVPECL，当然也支持普通单端的 I/O 标准，如 LVTTL、LVCMOS、PCI 和 PCI-X I/O 等，通过这些常用的端口与板上的其他芯片沟通。

Cyclone 4E 器件还可以支持多个通道的 LVDS 和 RSDS。Cyclone 4E 器件内的 LVDS 缓冲器可以支持高达 875 Mbit/s 的数据传输速度。与单端的 I/O 标准相比，这些内置于 Cyclone 4E 器件内部的 LVDS 缓冲器保持了信号的完整性，并且具有更低的电磁干扰、更好的电磁兼容性（EMI）及更低的电源功耗。

图 1-22 为 Cyclone 4E 器件内部的 LVDS 接口电路示意图，Cyclone 10 LP 器件内部的 LVDS 接口电路与其一致。

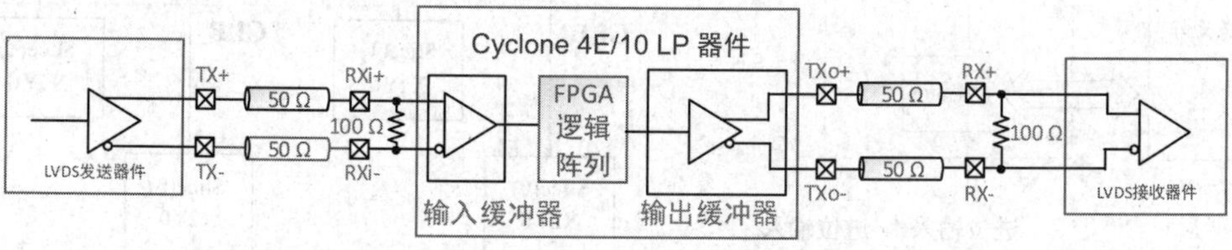

图 1-22 LVDS 接口电路

Cyclone 4E 系列器件除了片上的嵌入式存储器资源，还可以外接多种外部存储器，如

SRAM、NAND、SDRAM、DDR SDRAM、DDR2 SDRAM 等。

Cyclone 4E 的电源支持采用内核电压和 I/O 电压（3.3 V）分开供电的方式，I/O 电压取决于使用时需要的 I/O 标准，而内核电压使用 1.2 V 供电，内部 PLL 使用 2.5 V 供电。

1.8.3　内嵌 Flash 的 FPGA 器件

Intel-Altera 公司的 MAX 10 系列 FPGA 器件在结构原理上非常接近 Cyclone 4E/10 LP 器件，但增加了内嵌 Flash 模块，该 Flash 模块可以作为 FPGA 配置数据存放的非易失单元，在器件上电时自动完成 FPGA 配置，也可以作为用户数据存放的地方。这种改良后的 FPGA 结构结合了 FPGA 和 CPLD 的优点，正逐渐取代 CPLD。为了更易于使用，MAX 10 的子系列中还有集成 LDO 和 ADC 的版本。

1.8.4　Artix-7 系列 FPGA 的基本结构

AMD-Xilinx Artix-7 系列 FPGA 是 AMD-Xilinx 7 系列中最高性能功耗比的 FPGA，主要由可配置逻辑块（configure logic block，CLB）、IO 单元、嵌入式存储器块，以及 DCM、PCMD、DSP、PLL、SerDes 等内嵌专用硬核模块构成，在各个模块之间存在着丰富的互连线和时钟网络。

Artix-7 系列 FPGA 的可编程资源主要来自可配置逻辑块（CLB），而每个 CLB 都由一对 Slice 构成，并且 Slice 都可以通过互连线连到可编程开关矩阵，其中左下角的 Slice 标记为 Slice(0)，右上角的标记为 Slice(1)，如图 1-23 所示。Slice 是 Artix-7 系列 FPGA 最基本的可编程单元，功能类似于 Cyclone 系列的 LE 或 Agilex 的 ALM。

观察图 1-23 可以发现，同属于一个 CLB 内的两个 Slice 是独立的，无进位链相连，只有同一列的 Slice 之间才会通过进位链进行相连（见图 1-24）。每个 Slice 有一个坐标 X*i*Y*j*，其中 *i* 为列序号，*j* 为行序号，从左下角的 CLB 开始计数。另外，同一个 CLB 的 Slice 行序号是相同的。

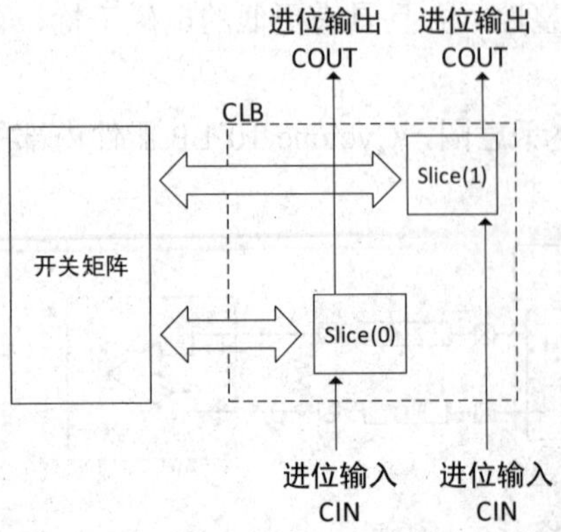

图 1-23　Artix-7 系列 FPGA 的 CLB 结构图

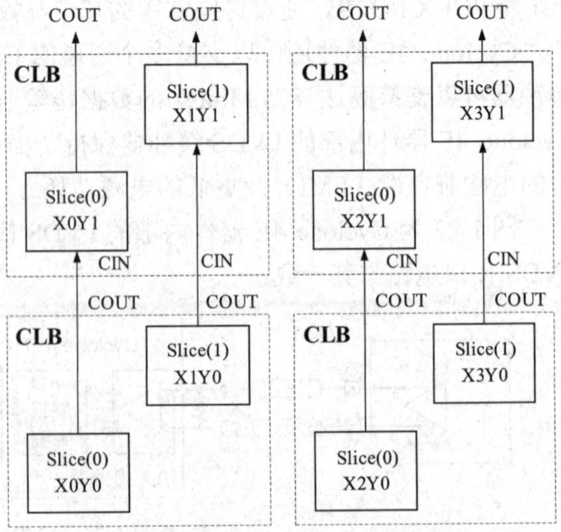

图 1-24　相邻 CLBs 和 Slices 的排列关系

每个 Slice 由 4 个 6 输入 LUT，8 个 FF 和 MUX，以及进位链逻辑组成。Slice 又可分为 SliceL 和 SliceM 两种类型，SliceM 可配置为分布式 RAM 和移位寄存器，而 SliceL 则不行。在 Artix-7 系列 FPGA 中，大约三分之二的 Slice 为 SliceL，其余的为 SliceM。

每个 CLB 可以包含 2 个 SliceL 或者 1 个 SliceL 和 1 个 SliceM，其中 SliceM 的结构框图如图 1-25 所示。SliceL 的结构也类似，如图 1-26 所示，但比起 SliceM，每个 LUT6 的输入少了 DI 信号、CK 信号和 WEN 信号，正是这一差异使得 SliceM 可以将 LUT6 配置成分布式 RAM 和移位寄存器。

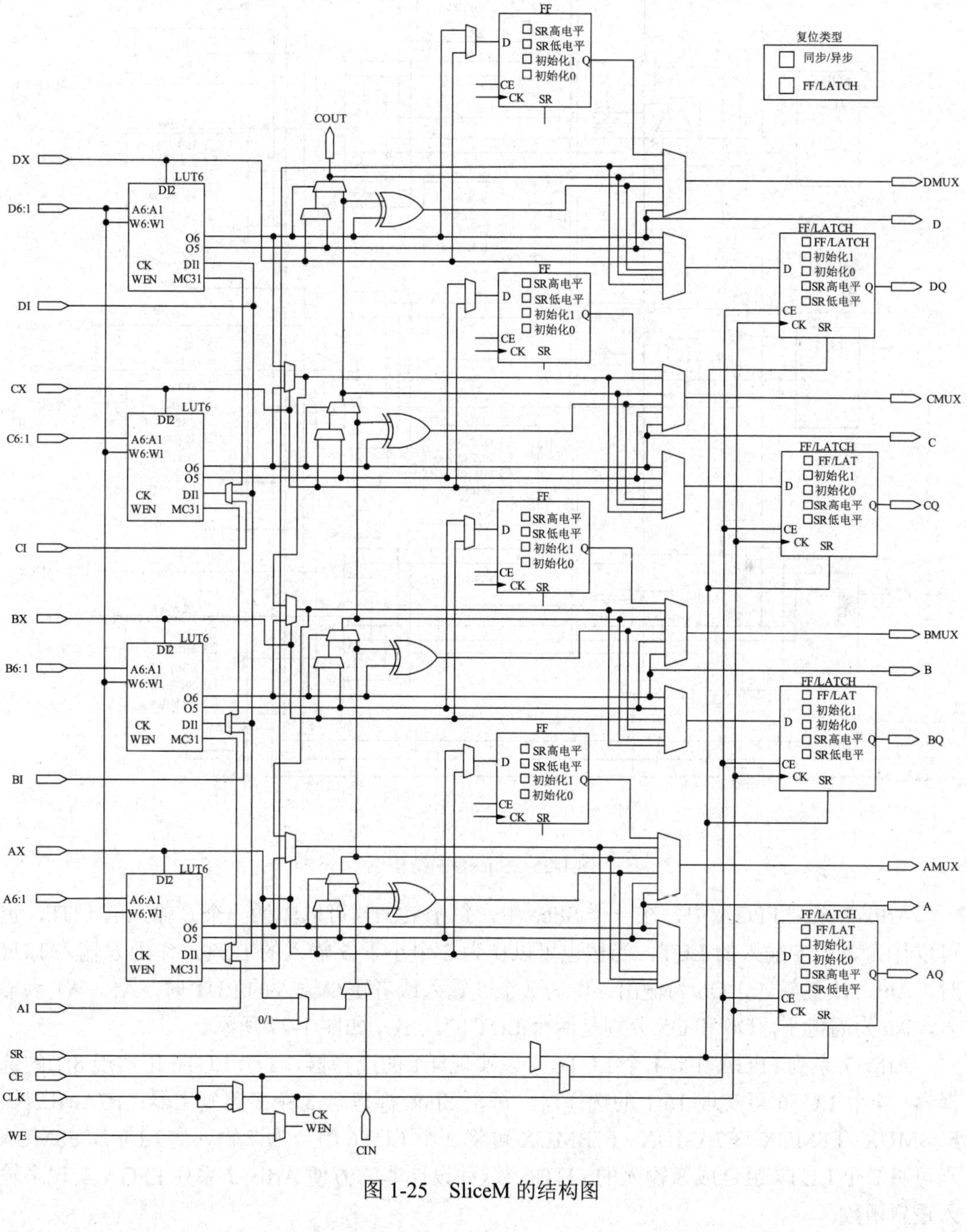

图 1-25　SliceM 的结构图

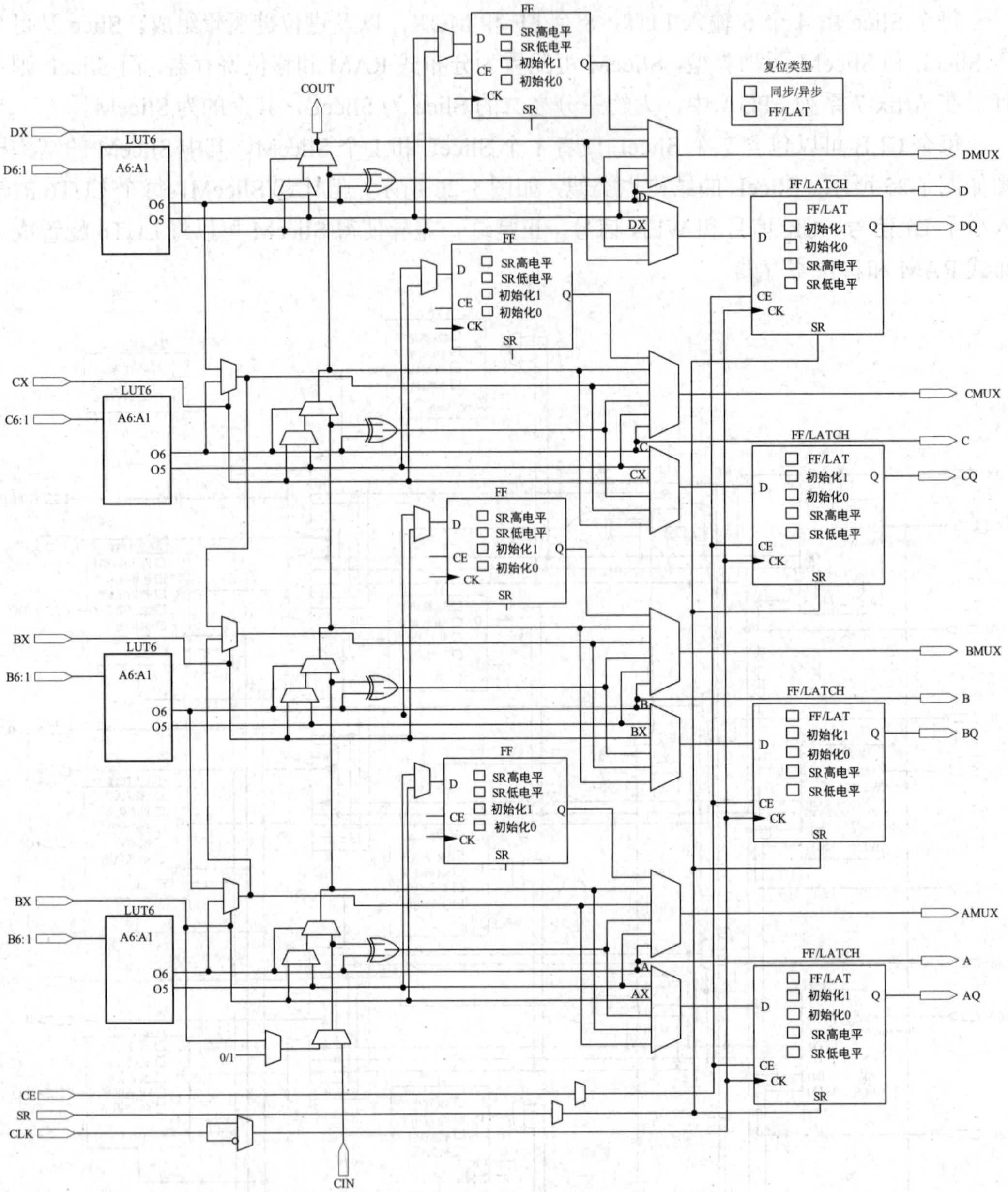

图 1-26　SliceL 的结构图

Artix-7 系列 FPGA 中，在一个 Slice 中，每个 LUT6 可以作为一个 6 输入的 LUT，也可以作为 2 个 5 输入的 LUT，当然也可以作为 2 个小于 5 输入的 LUT。作为 6 输入 LUT 时，A6～A1 为输入，O6 为输出；作为 2 个 5 输入或者更少输入的 LUT 时，A5～A1 为输入，A6 为高电平，O6 和 O5 分别是两个 LUT 的输出，如图 1-27 所示。

Artix-7 系列 FPGA 中，1 个 LUT6 可以实现 4:1 的选择器，2 个 LUT6 可实现 8:1 的选择器，4 个 LUT6 可实现 16:1 的选择器。每个 Slice 都包含 3 个多路复用器：F7AMUX、F7BMUX、F8MUX。F7AMUX、F7BMUX 可将 2 个 LUT6 组合为 7 输入的 LUT7，F8MUX 则可将 2 个 LUT7 组合成 8 输入的 LUT8。这种设计非常方便 Artix-7 系列 FPGA 实现多输入逻辑函数。

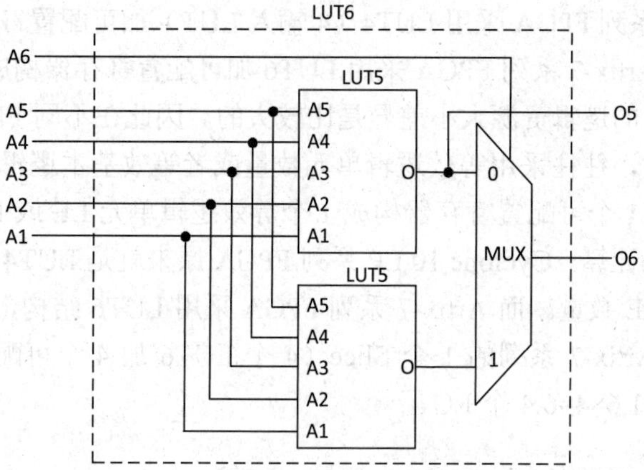

图 1-27　LUT6 拆分为 2 个 LUT

从图 1-25 和图 1-26 中可知，每个 Slice 包含 8 个触发器，左侧 4 个只能配置为边沿触发的 D 触发器，右侧 4 个可配置为 D 触发器或电平触发的锁存器。但当右侧 4 个配置为锁存器时，左侧 4 个将不能被使用。同时，8 个触发器共用 SR、CE、CLK 信号，若两个触发器存在不同的控制信号，则不能放置在同一个 Slice 中。当然，这 8 个触发器都可以配置为不使用置位、复位功能的触发器。

Carry 进位逻辑可以快速实现算术加减法运算，一个 Slice 包含一条进位链，同一列的 Slice 可以进行级联，进而实现更多位的加减逻辑。

SliceM 可以配置为分布式 RAM，即将 LUT 构成 RAM，根据 RAM 的深度、宽度以及端口类型，可以配置成 11 种类型的分布式 RAM，设计时可通过不同的原语进行例化使用。

SliceM 也可以配置为移位寄存器，可用于延时补偿，实现同步 FIFO，实现跨时钟域设计。在 SliceM 中可以只使用 LUT 而不使用触发器 FF 来配置成 32 bits 移位寄存器，单个 LUT 可实现 1～32 个时钟周期的延时。也可将 SliceM 中的 4 个 LUT 进行级联，就可实现最大 128 个时钟周期的延时。若还需更大的延时，则可将不同 CLB 内的 SliceM 级联。

如图 1-28 所示，将 SliceM 中的 1 个 LUT 配置成为 32 bits 移位寄存器。使能信号 CE 与 CLK 同步，Q31 为移位寄存器的输出端，LUT 的 A[6:2]为 5 位的地址，而 A[1]未被使用，软件将自动将其值设为高电平。LUT 的 O6 为数据 Q 的输出端，若要进行同步读取数据，可将输出 O6 连接到一个触发器中。配置的移位寄存器不支持置位或复位功能，但在配置时可将其初始化为任何值。

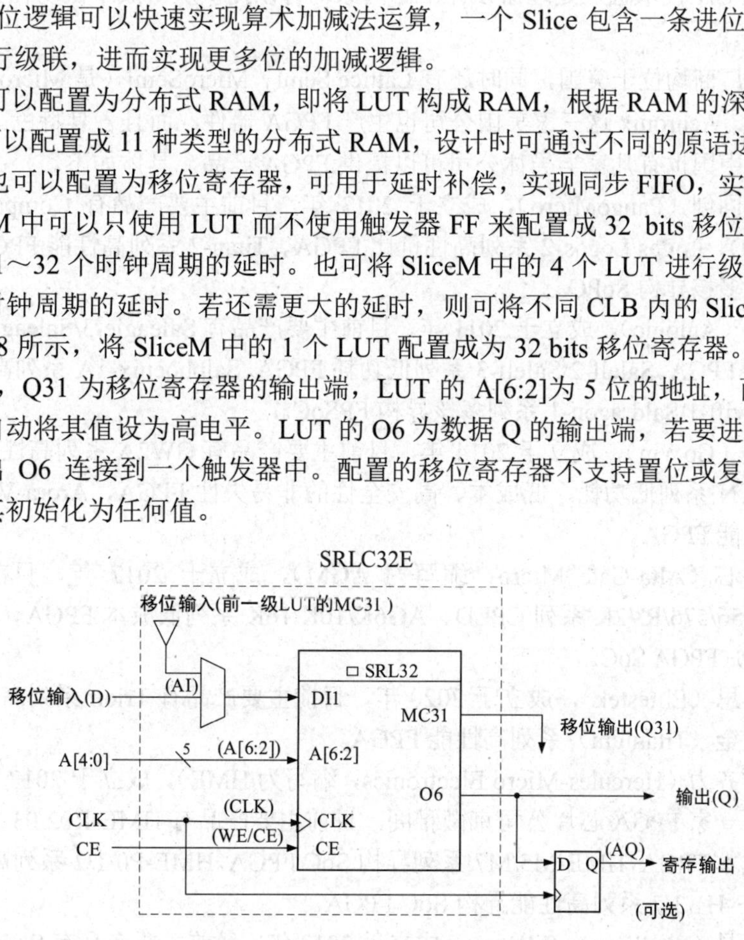

图 1-28　配置为 32 bits 移位寄存器

Cyclone 10 LP 系列 FPGA 采用 LUT4（4 输入 LUT）加可配置寄存器构成最小的可编程逻辑单元 LE，而 Artix-7 系列 FPGA 采用 LUT6 加可配置寄存器构成 Slice 来作为最小可编程单元，两者之间的逻辑资源大小差异是比较大的。因此在不同 FPGA 系列器件进行可编程逻辑资源比较时，往往采用等效逻辑单元数量或者等效基本逻辑门数量来衡量。一般来说，1 个 LUT4 加 1 个可配置寄存器构成 1 个等效逻辑单元 LE 或 LC，而等效基本逻辑门用 2 输入与非门来计算。Cyclone 10 LP 系列 FPGA 原来就是 LUT4 结构的，所以逻辑单元数量即为真实的 LE 数量。而 Artix-7 系列 FPGA 采用 LUT6 结构，一般可等效为 1.6 个 LUT4。也就是说，Artix-7 系列的 1 个 Slice（4 个 LUT6 加 4 个可配置 FF 加 4 个可配置 FF/LATCH）等效为 1.6×4=6.4 个 LC。

1.8.5　主要 FPGA 生产厂商

AMD-Xilinx 与 Intel-Altera 是世界上最大的两家 FPGA 生产商，占据了中高端 FPGA 市场的绝大部分份额。其中，AMD-Xilinx 是 FPGA 的发明者，一直致力于 FPGA 产品的快速迭代更新，并且在 FPGA 中配置嵌入式 ARM 内核，构建新一代的可编程系统。Intel 原来没有 FPGA 产品线，通过收购 Altera 成为第二大 FPGA 生产商，并结合自身的处理器技术优势，把 FPGA 技术融入处理器设计中。两家均可以提供从低成本低功耗到高性能全系列 FPGA 器件。

上述两家厂商均位于美国，同时还有 Lattice Semi、MicroSemi（是 MicroChip 子公司，收购了 Actel）、Achronix 这三家美国公司也生产 FPGA 器件，而且各具特色。

近年来，中国也有几家半导体公司可以提供 FPGA 产品，具体如下。

- 紫光同创（PangoMicro），成立于 2013 年，目前主要产品有 Compa 系列低功耗 CPLD、Logos/Logos-2 系列高性价比 FPGA、Titan-2 系列高性能 FPGA、Kosmo-2 系列多核异构 SoPC。
- 安路（Anlogic），成立于 2011 年，目前主要产品有 Saleagle-3/Saleagle-4 系列高性价比 FPGA、Salelf-2\Salelf-3 系列低功耗 FPGA、Salphoenix-1A 系列高性能 FPGA、Salswift-1\Saldragon-1 系列多核异构 FPSoC。
- 高云（GoWin），成立于 2014 年，目前主要产品有 GW2A 系列高性价比 FPGA，GW1N 系列低功耗、低成本、高安全性的非易失性 FPGA，Arora-V GW5A 系列高性能 FPGA。
- 遨格芯（Alta-Gate Micro，缩写为 AGM），成立于 2017 年，目前主要产品有 AG256/576/RV2K 系列 CPLD、AG6K/10K/16K 系列低成本 FPGA、AG 系列异构 MCU+FPGA SoC。
- 易灵思（Elitestek），成立于 2020 年，目前主要产品有 Trion 系列高性价比 FPGA 和钛金（Titanium）系列高性能 FPGA。
- 京微齐力（Hercules-Micro Electronics，缩写为 HME），成立于 2017 年，前身为国内第一家 FPGA 芯片公司京微雅阁，目前主要产品有 HME-R02/03 系列低功耗、低成本 FPGA，HME-M5/M7 系列异构 SoC FPGA，HME-P0/1/2 系列高性能 FPGA，HME-H1/3/7 系列高性能异构 SoC FPGA。
- 智多晶（Intelligence Silicon），成立于 2012 年，目前主要产品有 Seagull 1000 系列

低成本 FPGA、Sealion 2000 系列高性价比 FPGA、Seal 5000 系列高性能 FPGA。

- 复旦微，成立于 1998 年，目前主要产品有千万门级 FPGA 芯片、亿门级 FPGA 芯片以及嵌入式可编程器件（PSoC）3 个系列，部分产品 Pin-to-Pin 兼容 AMD-Xilinx 中大规模 FPGA。
- 中科亿海微，成立于 2017 年，目前主要产品有 ER2 系列低成本 FPGA、EQ6 系列高性能 FPGA、EQ6S 系列集成 Flash 的系统级 FPGA。

1.9 硬件测试技术

进入 21 世纪以来，集成电路技术飞速发展，推动了半导体存储、微处理器等相关技术的飞速发展，FPGA/CPLD 也在其列。CPLD、FPGA 和 ASIC 的规模和复杂程度同步增加。在 FPGA/CPLD 应用中，测试显得越来越重要。由于其本身技术的复杂性，测试也分多个部分：在“软”的方面，逻辑设计的正确性需要验证，这不仅体现在功能这一级上，对于具体的 CPLD/FPGA，还要考虑种种内部或 I/O 上的时延特性；在“硬”的方面，首先是 PCB 板级引脚的连接需要测试，其次是 I/O 的功能也需要专门的测试。

1.9.1 内部逻辑测试

对 FPGA/CPLD 的内部逻辑测试是应用设计可靠性的重要保证。由于设计的复杂性，内部逻辑测试面临越来越多的问题。设计者通常无法考虑周全，这就需要在设计时加入用于测试的部分逻辑，即进行可测性设计（design for test，DFT），在设计完成后用来测试关键逻辑。

在 ASIC 设计中的扫描寄存器就是可测性设计的一种，其原理是把 ASIC 中关键逻辑部分的普通寄存器用测试扫描寄存器来代替，在测试中可以动态地测试、分析设计其中寄存器所处的状态，甚至对某个寄存器添加激励信号，以改变该寄存器的状态。

有的 FPGA/CPLD 厂商提供了一种技术，即在可编程逻辑器件中嵌入某种逻辑功能模块，与 EDA 工具软件相配合可以构成一种嵌入式逻辑分析仪，以帮助测试工程师发现内部逻辑问题。本书将要介绍的基于 JTAG 端口的嵌入式逻辑分析仪 Signal Tap、存储器内容在系统编辑器（in-system memory content editor）以及源和探测端口在系统编辑器（in-system sources and probes editor）等都是这方面的代表。

在内部逻辑测试时，还会涉及测试的覆盖率问题。对于小型逻辑电路，逻辑测试的覆盖率可以很高，甚至达到 100%；可是对于一个复杂数字系统设计，内部逻辑覆盖率不可能达到 100%，这就必须寻求更有效的方法来解决。

1.9.2 JTAG 边界扫描测试

20 世纪 80 年代，联合测试行动组（Joint Test Action Group，JTAG）开发了 IEEE 1149.1-1990，即边界扫描测试技术规范。该规范提供了有效的测试引线间隔致密的电路板上集成电路芯片的能力。大多数 FPGA/CPLD 厂家的器件遵守 IEEE 规范，并为输入引脚和输出引脚以及专用配置引脚提供了边界扫描测试（board scan test，BST）的能力。

边界扫描测试标准(IEEE 1149.1-1990)规定了 BST 的结构，即当器件工作在 JTAG BST 模式时，使用 4 个 I/O 引脚和 1 个可选引脚 TRST 作为 JTAG 引脚。4 个 I/O 引脚是 TDI、TDO、TMS 和 TCK。表 1-1 概括了这些引脚的功能。

表 1-1　边界扫描 I/O 引脚功能

引　脚	描　述	功　能
TDI	测试数据输入（test data input）	测试指令和编程数据的串行输入引脚，数据在 TCK 的上升沿移入
TDO	测试数据输出（test data output）	测试指令和编程数据的串行输出引脚，数据在 TCK 的下降沿移出。数据没有被移出时，该引脚处于高阻态
TMS	测试模式选择（test mode select）	控制信号输入引脚，负责 TAP 控制器的转换。TMS 必须在 TCK 的上升沿到来之前稳定
TCK	测试时钟输入（test clock input）	时钟输入 BST 电路，一些操作发生在上升沿，而另一些发生在下降沿
TRST	测试复位输入（test reset input）	低电平有效，异步复位边界扫描电路（在 IEEE 规范中，该引脚可选）

其实，现在 FPGA 和 CPLD 上的 JTAG 端口多数情况下是作为编程下载口或其他信息通信口，如以上提到的内部存储器通信口或嵌入式逻辑分析仪的数据通信口等。

1.10　编程与配置

在大规模可编程逻辑器件出现以前，人们在设计数字系统时，把器件焊接在电路板上是设计的最后一个步骤。当设计存在问题并得到解决后，设计者往往不得不重新设计印制电路板。设计周期被无谓地延长了，设计效率变得很低。CPLD 和 FPGA 的出现改变了这一切。现在，人们在未设计具体电路时，就把 CPLD 或 FPGA 焊接在印制电路板上，然后在设计调试时可以一次又一次随心所欲地改变整个电路的硬件逻辑关系，而不必改变电路板的结构。这一切都有赖于 FPGA 和 CPLD 的在系统下载或重新配置功能。

目前常见的大规模可编程逻辑器件的编程工艺有 3 种。

第一种是基于电可擦除存储单元的 EEPROM 或 Flash 技术。CPLD 一般使用此技术进行编程（program）。CPLD 被编程后改变了电可擦除存储单元中的信息，掉电后可保持。某些 FPGA 也采用 Flash 工艺，如 Actel 的 ProASIC plus 系列 FPGA、Lattice 的 Lattice XP 系列 FPGA。

第二种是基于 SRAM 查找表的编程单元。对于该类器件，编程信息是保存在 SRAM 中的，掉电后编程信息立即丢失，在下次上电后还需要重新载入编程信息。大部分 FPGA 采用该种编程工艺。所以对于 SRAM 型 FPGA，在实用中必须利用专用配置器件来存储编程信息，以便在上电后该器件能对 FPGA 自动编程配置。

第三种是基于反熔丝编程单元。MicroChip（Actel）的 FPGA 和 AMD-Xilinx 的部分早期的 FPGA 均采用此种结构。

相比之下，电可擦除编程工艺的优点是编程后信息不会因掉电而丢失，但编程次数有限，编程的速度不快。对于 SRAM 型 FPGA 来说，配置次数为无限，在加电时可随时更改逻辑，但掉电后芯片中的信息立即丢失，每次上电时必须重新载入信息。

原 Altera（Intel 子公司）的 FPGA 器件有两类配置下载方式：主动配置方式和被动配置方式。主动配置方式由 FPGA 器件引导配置操作过程，它控制着外部存储器和初始化过程，而被动配置方式则由外部计算机或控制器控制配置过程。在正常工作时，FPGA 的配置数据（下载进去的逻辑信息）存储在 SRAM 中。由于 SRAM 的易失性，每次加电时，配置数据都必须重新下载。在实验系统中，通常用计算机或控制器进行调试，因此可以使用被动配置方式。而在实用系统中，多数情况下必须由 FPGA 主动引导配置操作过程，这时 FPGA 将主动从外围专用存储芯片中获得配置数据，而此芯片中的 FPGA 配置信息是用普通编程器将设计所得的 POF 或 JIC 等格式的文件烧录进去的。

EPC 器件中 EPC2 型号的器件是采用 Flash 存储工艺制作的具有可多次编程特性的配置器件。EPC2 器件通过符合 IEEE 标准的 JTAG 接口可以提供 3.3 V 或 5 V 的在系统编程能力；具有内置的 JTAG 边界扫描测试（BST）电路可通过 USB-Blaster 或 ByteBlasterMV 等下载电缆，使用串行矢量格式文件 pof 或 Jam Byte-Code（.jbc）等对其进行编程。EPC1/1441 等器件属于 OTP 器件。对于 Cyclone、Cyclone 2/3/4/5 等系列器件，Altera 还提供 AS 方式的配置器件、EPCS 系列专用配置器件。EPCS 系列（如 EPCS 1/4/16 等）配置器件也是串行编程的。此外，Altera 并入 Intel 后，又推出了 EPCQ 系列配置器件，在配置速度上高于 EPCS 系列，但只支持较新的 FPGA 器件。

1.11　Quartus

本书涉及 Quartus 的两个版本，即 Quartus Prime Standard 18.1 和 Quartus II 13.1 版本（有使用 Quartus Prime Standard 16.1 的情况，该版本的界面与 18.1 版本差异较小，不进行单独说明）。其中 13.1 版本支持的早期器件系列较多，如 Cyclone 3 系列，而 18.1 版本只支持 Cyclone 4 系列及以后的器件系列，两者都没有内置的仿真器，需要借助 ModelSim ASE 或 ModelSim AE 来进行仿真。为了方便初学者使用，上述两个版本均提供了用于大学计划的 VWF 波形仿真器接口来调用 ModelSim 的仿真方式。

由于本书给出的实验和设计多是基于 Quartus 的，其应用方法和设计流程对于其他流行的 EDA 工具而言具有一定的典型性和一般性，因此在此对它做一些介绍。

Quartus 是原 Altera（Intel 子公司）提供的 FPGA/CPLD 开发集成环境。原 Altera 是世界上最大的可编程逻辑器件供应商之一。Quartus 在 21 世纪初被推出，是原 Altera 前一代 FPGA/CPLD 集成开发环境 MAX+plus II 的更新换代产品，其界面友好、使用便捷。在 Quartus 上可以完成 1.5 节所述的整个流程，它提供了一种与结构无关的设计环境，使设计者能方便地进行设计输入、快速处理和器件编程。

Intel-Altera 的 Quartus 提供了完整的多平台设计环境，能满足各种特定设计的需要，也是单芯片可编程系统（SOPC）设计的综合性环境和 SOPC 开发的基本设计工具，并为基于 Intel-Altera FPGA 的 DSP 开发包进行系统模型设计提供了集成综合环境。

Quartus 设计工具完全支持 Verilog、VHDL、SystemVerilog 的设计流程，其内部嵌有 Verilog、VHDL 和 SystemVerilog 逻辑综合器。Quartus 也可以利用第三方的综合工具，如 Leonardo Spectrum、Synplify Pro、DC-FPGA，并能直接调用这些工具。同样，Quartus 具备仿真功能，同时也支持第三方的仿真工具，如 ModelSim。此外，Quartus 与 MATLAB 中

的 DSP Builder 结合，可以进行基于 FPGA 的 DSP 系统开发，是 DSP 硬件系统实现的关键 EDA 工具。Quartus Prime Standard 18.1 还提供了 HLS 编译器，支持 C 语言综合。

Quartus 包括模块化的编译器。编译器包括的功能模块有分析/综合器（analysis & synthesis）、适配器（fitter）、装配器（assembler）、时序分析器（timing analyzer）、设计辅助模块（design assistant）、EDA 网表文件生成器（EDA netlist writer）、编辑数据接口（compiler database interface）等。可以通过选择 Start Compilation 来运行所有的编译器模块，也可以通过选择 Start 单独运行各个模块，还可以通过选择 Compiler Tool（Tools 菜单）命令，在 Compiler Tool 窗口中运行相应的功能模块。在 Compiler Tool 窗口中，可以打开相应的功能模块所包含的设置文件或报告文件，或打开其他相关窗口。

此外，Quartus 还包含许多十分有用的 LPM（library of parameterized modules，参数化模块库）模块，它们是复杂或高级系统构建的重要组成部分，也可在 Quartus 中与普通设计文件一起使用。Intel-Altera 提供的 LPM 函数均基于 Intel-Altera FPGA 器件的结构做了优化设计。

图 1-29 所示为 Quartus 编译设计主控界面，它显示了 Quartus 自动设计的各主要处理环节和设计流程，包括设计输入编辑、设计分析与综合、适配、编程文件汇编（装配）、时序参数提取以及编程下载等几个步骤；图 1-29 下面的流程框图是与上面的 Quartus 设计流程相对照的标准的 EDA 开发流程。

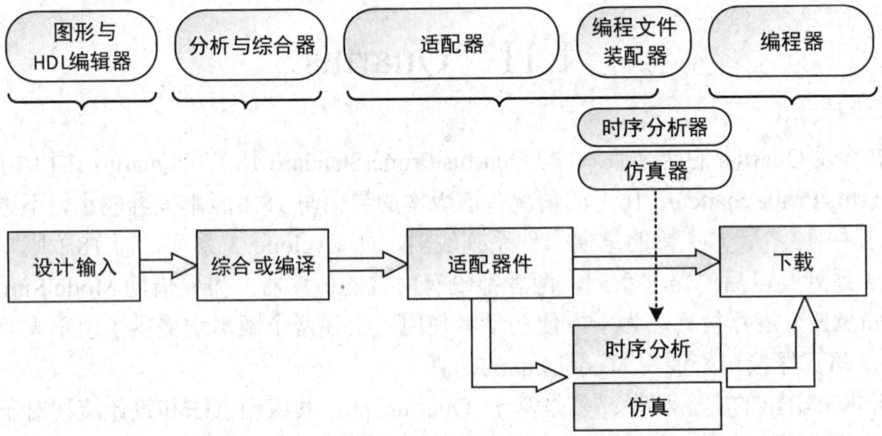

图 1-29　Quartus 设计流程

Quartus 编译器支持的硬件描述语言有 VHDL、Verilog、SystemVerilog 及 AHDL。AHDL 是原 Altera 公司自己设计、制定的硬件描述语言，是一种以结构描述方式为主的硬件描述语言，只有企业标准。

Quartus 允许第三方的 EDIF、VQM 文件输入，并提供了很多 EDA 软件的接口。Quartus 支持层次化设计，可以在一个新的编辑输入环境中对使用不同输入设计方式完成的模块（元件）进行调用，从而解决了原理图与 HDL 混合输入设计的问题。在设计输入之后，Quartus 的编译器将给出设计输入的错误报告。Quartus 拥有性能良好的设计错误定位器，用于确定文本或图形设计中的错误。对于使用 HDL 的设计，可以使用 Quartus 带有的 RTL Viewer 观察综合后的 RTL 图。在进行编译后，可对设计进行时序仿真。在仿真前，需要利用波形编辑器编辑一个波形激励文件。编译和仿真经检测无误后，便可以将下载信息通过 Quartus 提供的编程器下载到目标器件中。

1.12 IP 核

IP 核就是知识产权核或知识产权模块的意思，在 EDA 技术开发中具有十分重要的地位。美国著名的 Dataquest 咨询公司将半导体产业的 IP 定义为“用于 ASIC 或 FPGA 中的预先设计好的电路功能模块”。IP 分软 IP、固 IP 和硬 IP。

（1）软 IP 是用 HDL 等硬件描述语言描述的功能块，但是并不涉及用什么具体电路元件实现这些功能。软 IP 通常是以 HDL 源文件（或其他格式文件）的形式出现，应用开发过程与普通的 HDL 设计也十分相似，只是所需的开发软硬件环境比较昂贵。软 IP 的设计周期短，设计投入少；由于不涉及物理实现，为后续设计留有很大的发挥空间，增大了 IP 的灵活性和适应性。软 IP 的缺点是在一定程度上使后续工序无法适应整体设计，从而需要一定程度的软 IP 修正，在性能上也不可能获得全面的优化。用于 Intel-Altera 的 Stratix 与 Cyclone 等系列器件中的 32 位 Nios II 处理器就是一个典型的软核。

（2）固 IP 是完成了综合的功能块。它有较大的设计深度，以网表文件的形式提交给客户使用。如果客户与固 IP 使用同一个 IC 生产线的单元库，IP 应用的成功率会高得多。

（3）硬 IP 提供设计的最终阶段产品——掩模。随着设计深度的提高，后续工序所需要做的事情就越少；当然，灵活性也就越小。不同的客户可以根据自己的需要订购不同的 IP 产品。由于通信系统越来越复杂，PLD 的设计也更加庞大，这增加了市场对 IP 核的需求。各大 FPGA 厂家继续开发新的商品 IP，并且开始提供“硬件”IP，即将一些功能在出厂时就固化在芯片中。Cyclone 5 系列中的双核 ARM Cortex-A9 处理器就是一种硬核的应用。

1.13 主要 EDA 软件公司

EDA 技术领域是高度依赖于 EDA 专业软件工具的，针对各种 EDA 的应用对象和 EDA 的各个流程环节均有对应的软件工具，种类繁多又往往缺一不可。按应用对象可分为 3 个大类：ASIC 设计工具套件、FPGA 设计工具、PCB 设计套件。按流程环节可分几个大类：设计输入工具、验证工具、综合工具、适配器或布局布线器、下载器、硬件回环测试软件等。按工具所处流程的次序，也可分为前端工具与后端工具。每个大类针对不同应用又可以细分为各个小类。为了便于理解，下面将举例说明。

对于设计输入工具，在 PCB 设计中是原理图编辑器、原理图元件库管理器、PCB 编辑器、PCB 封装库管理器；而在 FPGA 或 ASIC 设计中，是 HDL 代码编辑器、IP 使用向导、状态图输入工具。

对于验证工具，在 ASIC 设计中是模拟电路仿真工具、门级仿真工具、RTL 仿真工具、时序仿真工具、静态时序分析工具、形式验证工具、LVS 工具、DRC 工具等；在 PCB 设计中是板级数字模拟仿真工具、信号完整性分析工具、电源完整性工具、RF 设计分析工具等。

对于综合工具，可具体划分为 HDL 综合器、ESL 综合工具、HLS 工具、物理综合工具。

对于适配器或布局布线器，在 FPGA 设计中是 FPGA 器件适配器；在 ASIC 设计中是自动版图生成工具、手工版图设计工具等。

总而言之，EDA 设计各个流程环节的软件工具种类繁多，限于篇幅，不再一一列举。但这些软件工具的提供商却比较集中，主要有三大 EDA 软件公司，分别为 Synopsys、Cadence、Mentor Graphics。这三家公司均可以提供 ASIC 设计全流程工具套件，同时也是 IP 提供商，均位于美国，但最后一家公司 Mentor 已被西门子收购，成为西门子的一个事业部。

除了嵌套 ASIC 工具，三个公司的 EDA 各有特色：Cadence 有最优秀的 PCB 设计工具 Allegro、仿真验证工具 NC-Sim，版图设计工具等；Synopsys 有出色的 HDL 综合器 DC、FPGA 综合器 Synplify Pro、模拟仿真工具 HSpice、HDL 仿真器 VCS 等；Mentor 有 PCB 设计工具 PADS、用于 FPGA 的 HDL 仿真器 ModelSim 以及 C 综合器 Catapult C 等。

1.14 EDA 的发展趋势

EDA 随着市场需求快速增长，集成工艺水平及计算机自动设计技术也不断提高，这促使单片系统（或称系统集成芯片）成为 IC 设计的发展方向，这一发展趋势表现在如下几个方面。

超大规模集成电路的集成度和工艺水平不断提高，深亚微米（deep-submicron）及 3D MOS 工艺，如 10 nm、7 nm 已经走向成熟，在一个芯片上完成系统级的集成已成为可能。

由于工艺线宽的不断减小，在半导体材料上的许多寄生效应已经不能简单地被忽略。这就对 EDA 工具提出了更高的要求，同时也使 IC 生产线的投资更为巨大。可编程逻辑器件开始进入传统的 ASIC 市场。

市场对电子产品提出了更高的要求，如必须降低电子系统的成本、减小系统的体积等，从而对系统的集成度不断提出更高的要求。同时，设计的效率也成了一个产品能否成功的关键因素，促使 EDA 工具和 IP 核应用更为广泛。

高性能的 EDA 工具得到长足的发展，其自动化和智能化程度不断提高，为嵌入式系统设计提供了功能强大的开发环境。

计算机硬件平台性能大幅度提高，为复杂的 SOC 设计提供了物理基础。

但现有的 HDL 只提供行为级或功能级的描述，尚无法完成对复杂系统级的抽象描述。人们正尝试开发一种新的系统级设计语言来完成这一工作，现在已开发出一些更趋于电路行为级的硬件描述语言，如 System C、SystemVerilog 及系统级混合仿真工具，可以在同一个开发平台上完成高级语言（如 C/C++等）与标准 HDL 语言（Verilog HDL、VHDL）或其他更低层次描述模块的混合仿真。虽然用户用高级语言编写的模块尚不能自动转化成 HDL 描述，但作为一种针对特定应用领域的开发工具，软件供应商已经为常用的功能模块提供了丰富的宏单元库支持，可以方便地构建应用系统，并通过仿真加以优化，最后自动产生 HDL 代码，进入下一阶段的 ASIC 实现。

此外，随着系统开发对 EDA 技术的目标器件各种性能要求的提高，ASIC 和 FPGA 将更大程度地相互融合。这是因为虽然标准逻辑 ASIC 芯片尺寸小、功能强大、耗电量低，但设计复杂，并且有批量生产要求；而可编程逻辑器件开发费用低廉，能在现场进行编程，但体积大、功能有限，而且功耗较大。因此，FPGA 和 ASIC 正在走到一起，互相融合，取长补短。由于一些 ASIC 制造商提供具有可编程逻辑的标准单元，导致可编程器件制造商重新对标准逻辑单元产生兴趣，而有些公司采取两头并进的方法，从而使市场开始发生变化，在 FPGA 和 ASIC 之间正在诞生一种“杂交”产品，以满足成本和上市速度的要求。

例如，将可编程逻辑器件嵌入标准单元。

尽管将标准单元核与可编程器件集成在一起并不意味着使ASIC更加便宜，或使FPGA更加省电。但是可使设计人员将两者的优点结合在一起，通过去掉FPGA的一些功能，可减少成本和开发时间并增加灵活性。当然，现今也在进行将ASIC嵌入可编程逻辑单元的工作。目前，许多PLD公司开始为ASIC提供FPGA内核。PLD厂商与ASIC制造商结盟，为SoC设计提供嵌入式FPGA模块，使未来的ASIC供应商有机会更快地进入市场，利用嵌入式内核获得更长的市场生命期，Altera并入Intel就是一个明证。

例如，在实际应用中使用所谓可编程系统级集成电路（FPSLIC），即将嵌入式FPGA内核与RISC微控制器组合在一起形成新的IC，广泛用于电信、网络、仪器仪表和汽车中的低功耗应用系统中。当然，也有PLD厂商不把CPU的硬核直接嵌入在FPGA中，而是使用软IP核，并称之为SOPC（可编程片上系统），SOPC也可以完成复杂电子系统的设计，只是代价将相应提高。

现在，传统ASIC和FPGA之间的界限正变得模糊。系统级芯片不仅集成RAM和微处理器，也集成FPGA。整个EDA和IC设计工业都朝着这个方向发展，这并非FPGA与ASIC制造商竞争的产物，但对于用户来说，意味着有了更多的选择。

习　题

1-1　EDA技术与ASIC设计和FPGA开发有什么关系？FPGA在ASIC设计中有什么用途？

1-2　与软件描述语言相比，VHDL有什么特点？

1-3　什么是综合？有哪些类型？综合在电子设计自动化中的地位如何？

1-4　IP在EDA技术的应用和发展中的意义是什么？

1-5　叙述EDA的FPGA/CPLD设计流程，以及涉及的EDA工具及其在整个流程中的作用。

1-6　OLMC有何功能？说明GAL是怎样实现可编程组合电路与时序电路的。

1-7　什么是基于乘积项的可编程逻辑结构？什么是基于查找表的可编程逻辑结构？

1-8　就逻辑宏单元而言，GAL中的OLMC、CPLD中的LC、FPGA中的LUT和LE的含义和结构特点是什么？它们有何异同点？

1-9　为什么说用逻辑门作为衡量逻辑资源大小的最小单元不准确？

1-10　标志FPGA/CPLD逻辑资源的逻辑宏单元包含哪些结构？

1-11　解释编程与配置这两个概念。

1-12　列举国内主要FPGA厂家。

第 2 章　程序结构与数据对象

面向电路设计的每一个 VHDL 程序本身就是对不同功能和性能的电路模块的完整描述。一般而言，一个完整的 VHDL 程序对应一片硬件电路功能模块，比如对应一片 74LS190、一片译码器，甚至一片 8051 单片机。与普通软件程序不同，VHDL 程序具有鲜明的特色及较固定的结构。为使读者从一开始就能从整体构架上认识 VHDL，本章首先介绍 VHDL 程序的基本结构和相关的语法知识，然后再介绍一些 VHDL 编程中经常用到的重要的语言要素以及与编程相关的文字规则，最后介绍 VHDL 数据对象。

2.1　VHDL 程序结构

面向电路系统设计的完整的 VHDL 程序代码结构可以用图 2-1 来表示。图 2-1 显示，VHDL 程序由 4 个模块构成，而更常用的程序结构由图中靠上方的 3 个模块构成：库和程序包调用声明语句构成的模块、描述电路信号端口和参数通道的实体模块以及具体描述电路功能的结构体模块。显然，为了描述各种不同功能的电路结构，结构体部分包含的内容最为丰富，涉及 VHDL 不同的语句也最多，图 2-2 是对结构体模块内部结构的细化描述。图 2-1 中的最后一个模块是配置模块，通常用于选择结构体。

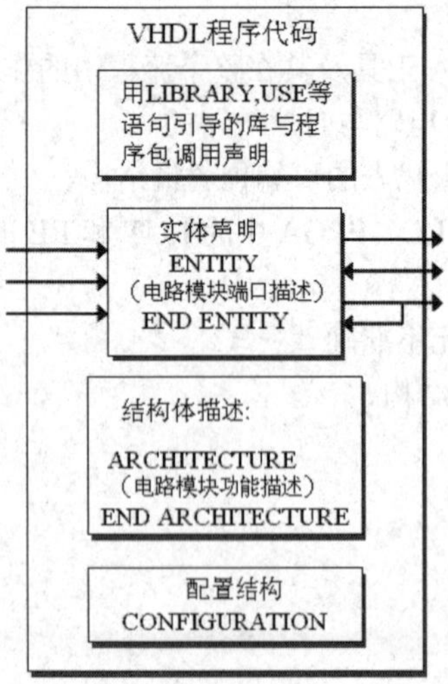

图 2-1　VHDL 程序结构模型图

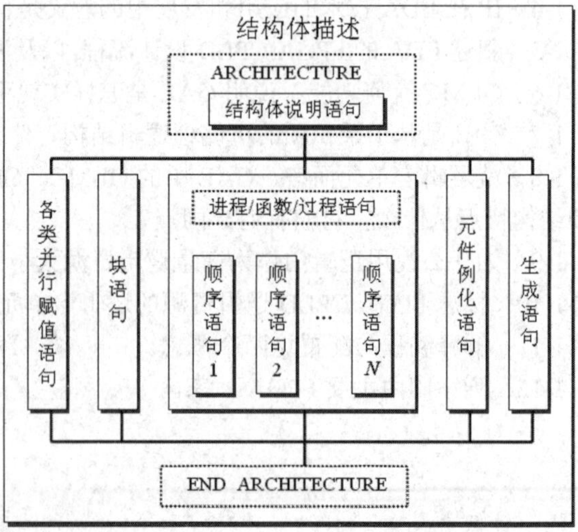

图 2-2　VHDL 结构体细化模型图

并非所有 VHDL 程序的结构体中都必须包含图 2-2 中所列的语句，图 2-2 只是表示，为了描述不同功能的电路，图中所列的语句模块都有可能被用到，它们的语句结构、语法内容及具体用法都将在后续章节中给予说明。

为了区别 VHDL 实体模块与其内部的实体描述，此后将图 2-1 所示的一个完整的 VHDL

程序代码称作设计实体，因为它对应了一个具体的电路功能模块。

例 2-1 给出一个具体的 VHDL 设计实例，这是一个描述“四选一”多路选择器电路的 VHDL 程序。从总体结构上看，它与图 2-1 描述的 VHDL 程序结构吻合得较好。

【例 2-1】

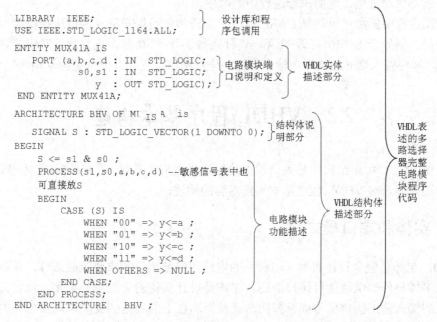

```
LIBRARY  IEEE;                                      } 设计库和程
USE IEEE.STD_LOGIC_1164.ALL;                        } 序包调用
ENTITY MUX41A IS
   PORT (a,b,c,d : IN  STD_LOGIC;   } 电路模块端    } VHDL实体
         s0,s1 : IN  STD_LOGIC;     } 口说明和定义  } 描述部分
             y  : OUT STD_LOGIC);
END ENTITY MUX41A;
ARCHITECTURE BHV OF MU IS A  is
   SIGNAL S : STD_LOGIC_VECTOR(1 DOWNTO 0);  } 结构体说明部分
BEGIN
    S <= s1 & s0 ;
    PROCESS(s1,s0,a,b,c,d) --敏感信号表中也
    可直接放S
    BEGIN
        CASE (S) IS
            WHEN "00" => y<=a ;                     } 电路模块
            WHEN "01" => y<=b ;                     } 功能描述
            WHEN "10" => y<=c ;
            WHEN "11" => y<=d ;
            WHEN OTHERS => NULL ;
        END CASE;
    END PROCESS;
END ARCHITECTURE   BHV ;
```

（右侧标注：ARCHITECTURE 至 END ARCHITECTURE 为“VHDL结构体描述部分”；全部程序为“VHDL表述的多路选择器完整电路模块程序代码”）

程序中由 LIBRARY 和 USE 分别引导出打开库和使用程序包的语句，这对应了图 2-1 的第一个模块；由 ENTITY 和 PORT 语句构建了整个电路对外通信端口的说明模块，这对应了图 2-1 中第二个模块显示的不同形式和不同箭头方向的端口示意图。例 2-1 最下方的程序结构是由结构体语句 ARCHITECTURE 引导的，它包含了 PROCESS 进程语句和 CASE 语句，用于描述多路选择器的逻辑行为及其对应的电路功能。

作为一个设计实体，例 2-1 所示的程序对应的电路模块的外部端口结构如图 2-3 所示。图中的 a、b、c、d 是 4 个输入端口，s1 和 s0 为通道选择控制信号端，y 为输出端。当 s1 和 s0 取值分别为 00、01、10 和 11 时，输出端 y 将分别输出来自输入口 a、b、c、d 的数据。图 2-4 是此模块的时序波形，它直接反映了例 2-1 程序所描述的电路模块的功能。波形图显示，当 a、b、c、d 这 4 个输入口分别输入不同频率信号时，针对选通控制端 s1、s0 的不同电平选择，输出端 y 有对应的信号输出。图中的 s1、s0 是选通信号 s1 和 s0 的矢量或总线表达信号，它可以在仿真激励文件中由设计者设置。

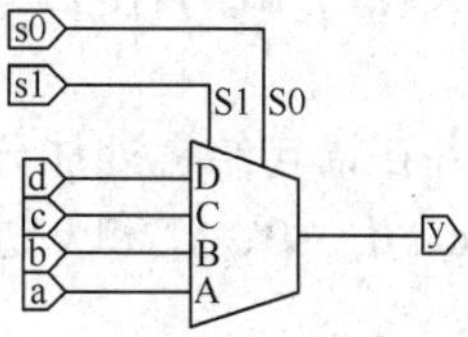

图 2-3　四选一多路选择器

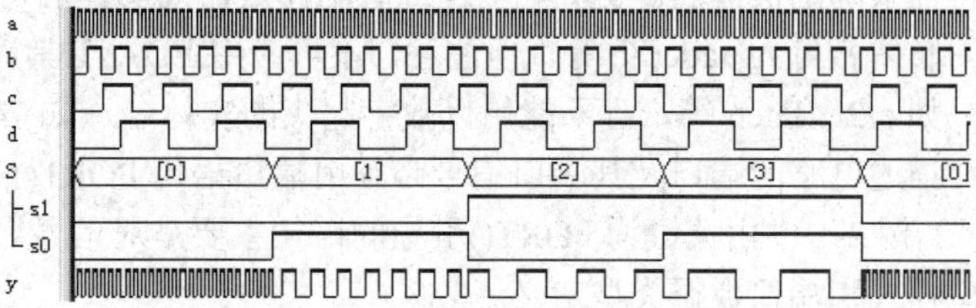

图 2-4　四选一多路选择器 MUX41A 的时序波形

这里对例 2-1 程序中结构体内的语句进行简要介绍。

结构体中首先定义了一个变量 S，令其数据类型是一个两元素矢量，即 S 由元素 S(1)

和 S(0)构成。然后赋值语句“S<=s1 & s0;”，即令 S(1)=s1, S(0)=s0。在这条赋值语句的下方是进程语句 PROCESS。进程语句由 PROCESS 和 END PROCESS 构成，它像一个括号，在这个“括号”内的语句都是顺序语句，PROCESS 旁括号内的信号 S 即为进程语句的敏感信号。一旦 S 发生变化，即输入信号 s1 和 s0 发生任何改变，如输入值 s1 从原来的 1 变为 0，或反之，就将启动进程，进而执行进程中的顺序语句。

此时在进程中的顺序语句是 CASE 语句，此语句将根据变量 S 的值选择执行以下所列的赋值语句。例如当 S="10"，即 s1 和 s0 分别等于 1 和 0 时，选择执行对应的赋值语句“y<=c;”，即将输入端 c 的数据向输出端口 y 进行赋值，使得 c 的数据向 y 输出。

2.2　VHDL 程序基本构建

为了使 VHDL 程序结构和相关语句语法的说明更形象具体、更容易理解，本节以例 2-1 为对象，逐段展开对 VHDL 程序基本构建内容的阐述。

2.2.1　实体和端口模式

VHDL 实体是整个设计实体（即独立的电路功能结构）的重要组成部分，其功能是对这个设计实体与外部电路进行接口描述。实体是设计实体的表层设计单元，将定义或规定设计单元的输入输出接口信号或引脚的形式及流动在上的数据的类型，以及相关的参数及参数通道，实体是设计实体对外的一个通信界面。

实体说明单元的一般语句结构如下：

```
ENTITY  实体名  IS
   [GENERIC ( 参数名: 数据类型 );]
   [PORT ( 端口表: 数据类型);]
END  ENTITY 实体名;
```

实体应以语句“ENTITY 实体名 IS”开始，以语句“END ENTITY 实体名;”结束，其中的实体名可以由设计者自己添加。中间在方括号内的语句描述在某些情况下并非是必需的。与例 2-1 一样，其中的 ENTITY、IS、PORT 和 END ENTITY 都是描述实体的关键词，在实体描述中必须包含在内。“数据类型”是定义端口上流动信号的数据类型名，即数据的性质。实体名属于标识符，具体取名由设计者自定。由于实体名通常就是程序的文件名，而一个 VHDL 程序描述的是一个特定功能的电路模块，所以最好根据所描述电路的功能特性来确定实体名。例如，4 位二进制计数器的实体名可为 counter4b；8 位二进制加法器的实体名可为 adder8b 等。但注意，不可应用 EDA 工具库中已定义好的元件名作为实体名，如 or2、latch 等，且不能用以数字起头的实体名，如 74LS160。

描述电路的端口及其端口信号必须用端口语句 PORT()来引导，并在语句结尾处加分号“;”。例 2-1 中由关键词 PORT()引导的语句主要是对信号名 a、b、c、d、s0、s1 和 y 进行端口模式和端口数据类型定义。

在例 2-1 的实体描述中，用 IN 和 OUT 分别定义端口 a、b、c、d、s0 和 s1 为信号输入端口，y 为信号输出端口。一般地，用于定义端口上数据的流动方向和方式的、可综合的电路端口模式有如下 4 种。

- IN：输入端口。定义的通道为单向只读模式，即规定数据只能由此端口被读入实体中。逻辑电路模块的端口模型如图 2-5 所示，以下端口情况也可参考此图。

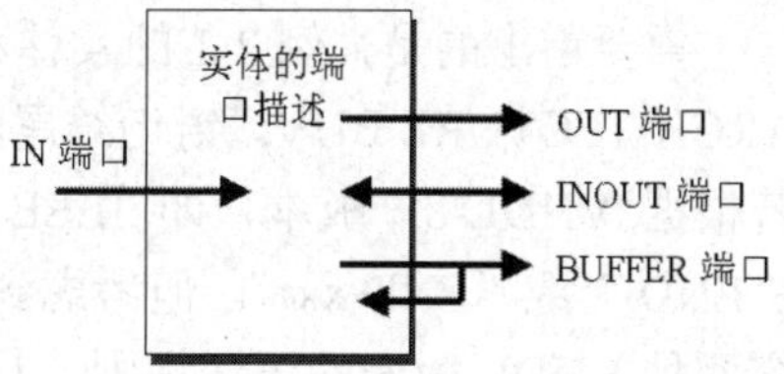

图 2-5　实体中 4 种类型的端口模型图

- OUT：输出端口。定义的通道为单向输出模式，即规定数据只能通过此端口从实体向外流出，或者说可以将实体中的数据向此端口赋值。
- INOUT：双向端口。定义的通道确定为输入输出双向端口，即从端口的内部看，可以对此端口进行赋值，或通过此端口读入外部的数据信息；而从端口的外部看，信号既可由此端口流出，也可向此端口输入信号，如 RAM 的数据口、单片机的 I/O 口等。
- BUFFER：缓冲端口。其功能与 INOUT 类似，区别在于当需要输入数据时，只允许内部回读输出的信号，即允许反馈。如图 2-5 所示，BUFFER 端口有一个回读的通道。如计数器设计，可将计数器输出的计数信号回读，以作为下一计数值的初值。与 INOUT 模式相比，BUFFER 回读的信号不是由外部输入的，而是由内部产生、向外输出的信号。

2.2.2　结构体

结构体是实体所定义的设计实体中的一个组成部分。结构体描述设计实体的内部结构和外部端口间的逻辑关系。结构体的组成部分如下。

- 对数据类型、常数、信号、子程序和元件等元素的说明语句。
- 描述实体逻辑行为的、以各种不同的描述风格表达的功能描述语句。
- 以元件例化语句为特征的外部元件（设计实体）端口间的连接。

一般地，每个实体可以有多个结构体（通过配置语句，综合器只选择并接受一个结构体）。结构体的语句格式如下：

```
ARCHITECTURE 结构体名 OF 实体名 IS
    [说明语句]
BEGIN
    [功能描述语句]
END ARCHITECTURE 结构体名;
```

结构体名由设计者自己选择，但当一个实体具有多个结构体时，结构体的取名不可相重。结构体的说明语句部分必须放在关键词 ARCHITECTURE 和 BEGIN 之间。

结构体中的说明语句是对结构体的功能描述语句中将要用到的信号、数据类型、常数、元件、函数和过程等加以说明。在例 2-1 中对应的语句就是定义标识符 S 的数据对象为信号 SIGNAL，数据类型为标准逻辑位矢量 STD_LOGIC_VECTOR。

在一个结构体中说明和定义的数据类型、常数、元件、函数和过程只能用于这个结构体中。如果希望这些定义也能用于其他的实体或结构体中，需要将其作为程序包来处理。由图 2-2 可知，结构体中包含了多种类型的功能描述语句，如并行赋值语句、进程语句、例化语句等。

在结构体中，ARCHITECTURE、OF、IS、BEGIN 和 END ARCHITECTURE 都是描述结构体的关键词，在描述中必须包含它们。

需要指出的是，例 2-1 的实体和结构体分别是以“END ENTITY MUX41A;”和“END ARCHITECTURE BHV;”语句结尾的，这符合 VHDL 的 IEEE Std 1076-1993 版的语法要求。若根据 VHDL-87 版本，即 IEEE Std 1076-1987 的语法要求，这两条结尾语句只需写成“END;”或“END xx;”。但考虑到目前绝大多数常用的 EDA 工具中的 VHDL 综合器都兼容两种 VHDL 版本的语法规则，且许多最新的 VHDL 方面的设计资料仍然使用 VHDL-87 版本语言规则，因此，出于实用的目的，对于以后出现的示例，不再特意指出 VHDL 两种版本的语法差异处。但对于不同的 EDA 工具，仍需根据设计程序不同的 VHDL 版本来表述，在综合前对 EDA 软件或综合器软件做相应的设置。

2.2.3　库和库的种类

在利用 VHDL 进行工程设计时，为了提高设计效率以及使设计遵循某些统一的语言标准或数据格式，有必要将一些有用的信息汇集在一个或几个库中以供调用。这些信息可以是预先定义好的（即预定义）数据类型、子程序等设计单元的集合体（即程序包），或预先设计好的各种设计实体（如元件库程序包）。因此，可以把库看成是一种用来存储预先完成的程序包、数据集合体和元件的仓库。如果要在一项 VHDL 设计中用到某一程序包，就必须在这项设计程序中预先打开这个程序包所在的库及这个程序包，从而使此设计能随时使用这一程序包中的内容。在综合过程中，每当综合器在较高层次的 VHDL 源文件中遇到库语言，就将随库指定的源文件读入，并参与综合。这就是说，在综合过程中，所要调用的库必须以 VHDL 源文件的方式存在，同时综合器能随时读入使用。为此必须在这一设计实体前使用 LIBRARY 库语句和 USE 语句。

通常，库中放置不同数量的程序包，而程序包中又可放置不同数量的子程序，子程序中又含有函数、过程、设计实体（元件）等基础设计单元。

VHDL 语言的库分为两类：一类是设计库，如在具体设计项目中用户设定的文件目录所对应的 WORK 库；另一类是资源库，资源库是常规元件和标准模块存放的库。VHDL 程序设计中常用的库有 IEEE 库、STD 库、WORK 库及 VITAL 库。

1. IEEE 库

有些库被 IEEE 认可，便成为 IEEE 库。IEEE 库存放了 IEEE Std 1076 中标准设计单元。IEEE 库是 VHDL 设计中最为常用的库，它包含 IEEE 标准的程序包和其他一些支持工业标准的程序包。IEEE 库中的标准程序包主要包括 STD_LOGIC_1164、NUMERIC_BIT 和 NUMERIC_STD 等。其中的 STD_LOGIC_1164 是最重要和最常用的程序包，大部分基于数字系统设计的程序包都是以此程序包中设定的标准为基础的。例 2-1 中也调用了 IEEE 库和此库中的 STD_LOGIC_1164 程序包。

此外，还有一些程序包虽非 IEEE 标准，但由于其已成为事实上的工业标准，因此也都并入了 IEEE 库。其中，最常用的是 Synopsys 公司的 STD_LOGIC_ARITH、STD_LOGIC_SIGNED 和 STD_LOGIC_UNSIGNED 程序包。

一般基于 FPGA 的开发，IEEE 库中的 4 个程序包 STD_LOGIC_1164、STD_LOGIC_ARITH、STD_LOGIC_SIGNED 和 STD_LOGIC_UNSIGNED 已足够使用。

需要注意的是，在 IEEE 库中符合 IEEE 标准的程序包并非符合 VHDL 语言标准，如 STD_LOGIC_1164 程序包。因此在使用 VHDL 设计实体的前面必须显式表达出来。

IEEE 库也是按 IEEE 组织制定的工业标准进行编写的，是内容丰富的标准资源库。对于所属的程序包的内容，可直接打开 IEEE 库文件进行查阅。通过查阅这些标准文档，读者可以进一步了解 VHDL 的库、程序包和数据类型的内涵，学习其中硬件描述语言标准的表述形式和编程风格，从而获得更多的编程启示和 VHDL 设计经验。

2．STD 库

VHDL 定义了两个标准程序包，即 STANDARD 和 TEXTIO 程序包（文件输入/输出程序包），它们都被收入在 STD 库中。只要在 VHDL 应用环境中，就可随时调用这两个程序包中的所有内容。即在综合过程中，VHDL 的每一项设计都自动地将其包含进去了。由于 STD 库符合 VHDL 语言标准，因此，在应用中不必如 IEEE 库那样显式表达出来，如在例 2-1 程序中，以下使用库的语句表达的功能是必需的，但却不必写出来。

```
LIBRARY  WORK;
LIBRARY STD;                    --打开 STD 库
USE STD.STANDARD.ALL;           --能够使用 STD 库中的所有内容
```

3．WORK 库

WORK 库是用户的 VHDL 设计的现行工作库，用于存放用户设计和定义的一些设计单元和程序包，因而是用户自己的仓库，用户设计项目的成品、半成品模块，以及前期已设计好的元件都放在其中。VHDL 标准规定 WORK 库总是可见的，WORK 库自动满足 VHDL 语言标准，因此在实际调用中不必以显式方式预先说明，即不需要诸如 LIBRARY WORK 语句。基于 VHDL 所要求的 WORK 库的基本概念，在 PC 或工作站上利用 VHDL 进行项目设计时，不允许在根目录下进行，而是必须在某路径上为此设定一个文件夹，用于保存此项目所有的设计文件。VHDL 综合器将此文件夹默认为 WORK 库。但必须注意，工作库并不是这个文件夹的名字，而是一个逻辑名。综合器将指示器指向该文件夹的路径。

4．VITAL 库

使用 VITAL 库可以提高 VHDL 门级时序模拟的精度，因而只在 VHDL 仿真器中使用。库中包含时序程序包 VITAL_TIMING 和 VITAL_PRIMITIVES。VITAL 程序包已经成为 IEEE 标准，在当前的 VHDL 仿真器的库中，VITAL 库中的程序包都已经并到 IEEE 库中。实际上，由于各 FPGA 生产厂商的适配工具都能为各自的芯片生成带时序信息的 VHDL 门级网表，用 VHDL 仿真器仿真该网表可以得到精确的时序仿真结果，因此在 FPGA 设计开发过程中，一般并不需要 VITAL 库中的程序包，特别是当直接使用 FPGA 厂商提供的 EDA 开发工具（如 Quartus 等）时，不需要 VITAL 库。

此外，用户还可以自己定义一些库，将自己的设计内容或通过交流获得的程序包设计实体并入这些库中。

2.2.4　库和程序包的调用方法

在 VHDL 语言中，库的使用语句总是放在实体单元前面。这样，在处理实体内和结构体内的语句时就可以使用库中的数据和文件了。由此可见，库的用处在于使设计者可以共享已经完成的设计成果。VHDL 允许在一个设计实体中同时打开多个不同的库，但库之间必须是相互独立的。

必须显式表达的库及其程序包的语言表达式应放在每一项设计实体最前面，成为这项设计中最高层次的设计单元。库语句一般必须与 USE 语句同用。库语句关键词 LIBRARY 指明所使用的库名，USE 语句指明库中的程序包。一旦说明了库和程序包，整个设计实体都可进入访问或调用，但其作用范围仅限于所说明的设计实体。

VHDL 要求每项含有多个设计实体的更大的系统中，每一个设计实体都必须有自己完整的库说明语句和 USE 语句。使用库和程序包的常用定义表达式如下：

```
LIBRARY  库名;
USE  库名.程序包名.ALL;
```

对于例 2-1，由于在实体中定义了端口 a、b 等的数据类型是标准逻辑位 STD_LOGIC 数据类型，而 STD_LOGIC 类型已被预定义在被称为 STD_LOGIC_1164 的程序包中，此包由 IEEE 库定义，而且此程序包所在的程序库的库名被取名为 IEEE，并且 IEEE 库不属于 VHDL 标准库，因此在使用其库中内容前，必须预先声明。正是出于此需要，即定义端口信号的数据类型为 STD_LOGIC，例 2-1 使用了以下语句：

```
LIBRARY  IEEE;
USE  IEEE.STD_LOGIC_1164.ALL;
```

即利用 LIBRARY 语句和 USE 语句，打开 IEEE 库的程序包 STD_LOGIC_1164。

当然，在 VHDL 程序中根据实际情况也可以定义为其他数据类型，但一般应用中推荐使用 STD_LOGIC 类型。在此要注意语句 USE 和 ALL 的含义。

USE 语句的使用将使所说明的程序包对本设计实体部分或全部开放，即所谓的“可视的”。USE 语句的使用有如下两种常用格式：

```
USE 库名.程序包名.项目名;
USE 库名.程序包名.ALL;
```

第一条语句的作用是向本设计实体开放指定库中的特定程序包内所选定的项目；第二条语句的作用是向本设计实体开放指定库中的特定程序包内所有的内容。

合法的 USE 语句的使用方法是将 USE 语句说明中所要开放的设计实体对象紧跟在 USE 语句之后，如 USE IEEE.STD_LOGIC_1164.ALL，表明打开 IEEE 库中的 STD_LOGIC_1164 程序包，并使程序包中所有的公共资源对于本语句后面的 VHDL 设计程序全部开放，即该语句后的程序可任意使用程序包中的公共资源。这里用到了关键词 ALL，代表程序包中的所有资源。

以下语句向当前设计实体开放了 STD_LOGIC_1164 程序包中的 RISING_EDGE 函数，但由于此函数需要用到数据类型 STD_ULOGIC，因此在上一条 USE 语句中开放了同一程序包中的这一数据类型。在这种情况下就不需要“.ALL”了。

```
LIBRARY IEEE;
USE IEEE.STD_LOGIC_1164.STD_ULOGIC;
USE IEEE.STD_LOGIC_1164.RISING_EDGE;
```

较好的库设置方法是自定义一个资源库，把过去的设计资料分类装入自建资源库中备用，而 WORK 库只作为当前的设计库，每次设计前把找到的与本设计有关的资料装入 WORK 库，包括标准库的有用资料。WORK 库是预定义标准库，无须用库语句指定，因此在设计时可节省输入时间。清理 WORK 库中与本次设计无关的资料，可节省查找文件的时间。

把其他资料装入 WORK 库的方法：把资料的源程序复制存入 WORK 库，经过编译便可使用。例如，把 IEEE 库 STD_LOGIC_1164 程序包的源程序复制存入 WORK 库，经过编译便可使用，方法如下：

```
USE WORK.STD_LOGIC_1164.ALL;
```

即用 USE 语句打开 WORK 库中的 STD_LOGIC_1164 程序包的所有资源。

把 IEEE 库 STD_LOGIC_1164 整个程序包复制到 WORK 库中使用，操作比较简单。但 STD_LOGIC_1164 程序包内容较多，调用其中的子程序时，查找需要费些时间，若能把与本设计有关子程序的源程序从 STD_LOGIC_1164 程序包中分离出来，存入 WORK 库后进行编译备用，则更节省时间，也能提高设计效率。可见，在实际设计中，不要滥用 USE 语句的.ALL 指定。例如，一个元件包中有 10 个元件，设计时只用其中最后一个元件，用 ALL 打开所有资源，编译须从第一个元件名开始查找，找 10 次才能找到所用的元件名。若用 USE 语句直接指定该元件名，可节省综合器大量查找时间。

2.2.5　配置

图 2-1 所示的 VHDL 程序结构模型图中含有一个配置结构，或者说配置语句。配置可以把特定的结构体关联到（即指定给）一个确定的实体。正如“配置”一词本身的含义一样，配置语句就是用来为较大的系统设计提供管理和工程组织的。通常在大而复杂的 VHDL 工程设计中，配置语句可以为实体指定或配置一个结构体，如可以利用配置使仿真器为同一实体配置不同的结构体，以使设计者比较不同结构体的仿真差别，或者为例化的各元件实体配置指定的结构体，从而形成一个所希望的例化元件层次构成的设计实体。

配置也是 VHDL 设计实体中的一个基本单元，在综合或仿真中，可以利用配置语句为整个设计提供许多有用的信息（但配置语句 CONFIGURATION 主要用在仿真中）。例如，针对以元件例化的层次方式构成的 VHDL 设计实体，就可以把配置语句的设置看成是一个元件表，以配置语句指定在顶层设计中的某一元件与一特定结构体相衔接，或赋予特定属性。配置语句还能用于对元件的端口连接进行重新安排等。

2.3　VHDL 文字规则

VHDL 除了具有类似于计算机高级语言所具备的一般文字规则外，还包含许多特有的文字规则和表达方式，在编程中需认真遵循。除了 VHDL 的一般文字规则外，本节还将提到 VHDL 程序的书写规范和存盘形式。

2.3.1　数字

例 2-1 中的“WHEN　"01" => y <=b;”，表示当 S=01（即 s1=0，s0=1）时，输入端 b 的数据向输出口 y 赋值。其中符号“=>”有“于是”的意思，而“<=”是信号赋值符号。语句中出现的数字 01 是带有双引号的，它表示二进制数 01。

在 VHDL 程序的数值表述中，VHDL 规定多于 1 位的二进制数必须加双引号括起来，如"01100010"、"1001"、"01"等。

而单个位的二进制数 1、0，或逻辑位的 1、0，或标志高低电平的 1、0，或标志判断是非结果的 1、0，都必须用单引号括起来，如'1'、'0'。否则 VHDL 综合器会把它们解释为整数数据类型 INTEGER 的 1 或 0，即理解为十进制整数 0 和 1。

VHDL 中的数字有多种表达方式，以下列举它们的类型和表达规则。

（1）整数：整数都是十进制的数，例如：

```
5,   678,   0,   156E2(=15600),   45_234_287(=45234287)
```

数字间的下画线仅仅是为了提高文字的可读性，相当于一个空的间隔符。

（2）实数：实数也都是十进制的数，但必须带有小数点，例如：

```
1.335，88_670_551.453_909(=88670551.453909)，1.0，44.99E-2(=0.4499)
```

（3）以下是以数制基数表示的文字示例，用这种方式表示的数由 5 个部分组成：

```
SIGNAL d1,d2,d3,d4,d5 : INTEGER RANGE 0 TO 255;--全部定义为整数类型
d1 <= 10#170#;                  --向 d1 赋值 10#170#(十进制表示，等于 170)
d2 <= 16#FE#;                   -- (十六进制表示，等于 254)
d3 <= 2#1111_1110#;             -- (二进制表示，等于 254)，也是整数类型
d4 <= 8#376#;                   -- (八进制表示，等于 254)
d5 <= 16#A#E3;                  -- (十六进制表示，等于 16#A000#)
```

针对整数 d5 的赋值 16#A#E3 展开说明：第一部分是用十进制数标明数制进位的基数，如 16；第二部分是数制隔离符号“#”；第三部分是表达的数，如十六进制数 A；第四部分是指数隔离符号“#”；第五部分是用十进制数表示的指数部分，如 3，这一部分的数如果为 0，则可以省去不写。于是，d5=16#A000# =2#1010_0000_0000_0000#。

（4）物理量文字（VHDL 综合器不接受此类文字，只能用于仿真语言），例如：

```
60s (60 秒)，   100m (100 米)，   kΩ (千欧)，   177A (177 安)
```

2.3.2　字符串

字符是用单引号括起来的 ASCII 字符，可以是数值，也可以是符号或字母，例如：

```
'R' ， 'a' ， '*' ， 'Z' ， 'U' ， '0' ， '11' ，'-' ，'L' …
```

例如，可用字符来定义一个新的数据类型：

```
TYPE STD_ULOGIC IS ( 'U','X','0','1','W','L','H','-' )
```

字符串是一维的字符数组，需放在双引号中。有两种类型的字符串：文字字符串和数位字符串。

（1）文字字符串是用双引号括起的一串文字，例如：

```
"ERROR"  ，  "Both S and Q equal to 1" ，  "X"  ，  "BB$CC"
```

（2）数位字符串也称位矢量，是预定义的数据类型 BIT 的一位数组。数位字符串与文字字符串相似，但所代表的是二进制、八进制或十六进制的数组。它们所代表的位矢量的长度即为等值的二进制数的位数。字符串数值的数据类型是一维的枚举型数组。与文字字符串表示不同，数位字符串的表示首先要有计算基数，然后将该基数表示的值放在双引号中，基数符以“B”“O”“X”表示，并放在字符串的前面。

基数符的含义如下所述。

- B：二进制基数符号，表示二进制位 0 或 1，在字符串中的每位表示一个 bit。

- O：八进制基数符号，在字符串中的每一个数代表一个八进制数，即代表一个 3 位（bit）的二进制数。
- X：十六进制基数符号（0～F），代表一个十六进制数，即一个 4 位的二进制数。

例如：

```
data1 <= B"1_1101_1110"          --二进制数数组，位矢数组长度是 9 位
data2 <= O"15"                   --八进制数数组，位矢数组长度是 6 位
data3 <= X"AD0"                  --十六进制数数组，位矢数组长度是 12 位
data4 <= B"101_010_101_010"      --二进制数数组，位矢数组长度是 12 位
data5 <= "101_010_101_010"       --表达错误，缺 B
data6 <= "101010101010"          --表达正确。这里可以略去 B，但不可加下画线
data6 <= "0AD0"                  --表达错误，缺 X
```

2.3.3 关键词

关键词（keyword，又称关键字）是指 VHDL 中预定义的有特殊含义的英文词语。VHDL 程序设计者是不能用关键词命名自用的对象的，如用作标识符等。如例 2-1 中出现的 ENTITY、ARCHITECTURE、END、OUT 和 IN 等，还有 AND、OR 等逻辑操作符，都属于关键词。由于现在的多数 VHDL 文本编辑器，包括 Quartus 的编辑器，都是关键词敏感型的（当遇到关键词时会以特定颜色显示），因此在编辑程序时通常不会误用关键词。但要注意，也不要误将 EDA 软件工具库中已定义好的关键词或元件名当作标识符来用。此外，VHDL 的关键词是大小写不敏感的，即在同一程序中，关键词大小写可以混用。

2.3.4 标识符及其表述规则

标识符（identifier）是最常用的操作符，标识符可以是常数、变量、信号、端口、子程序或参数的名字。标识符是设计者在 VHDL 程序中自定义的，用于标识某个实体的一个符号，如用作实体名、结构体名、端口名或信号名等。如例 2-1 中出现过的 MUX41A、a、b、BHV 等。与关键词一样，标识符也不分大小写。例如，在同一 VHDL 程序中，标识符 A 和 a、y 和 Y 分别表示同一信号。注意标识符不应用数字、数字起头的文字或中文来表述。VHDL 基本标识符的书写遵守如下规则。

- 有效的字符包括 26 个英文字母的大小写，数字（包括 0～9）以及下画线“_”。
- 任何标识符必须以英文字母开头。
- 必须是单一下画线“_”，且其前后都必须有英文字母或数字。
- 标识符中的英语字母不分大小写。
- 允许包含图形符号（如回车符、换行符等），也允许包含空格符。

以下是几种标识符的示例。如合法的标识符如下：

```
Decoder_1,  FFT,  Sig_N,  Not_Ack,  State0,  Idle
```

非法的标识符如下：

```
_Decoder_1             -- 起始为非英文字母
74LS164                -- 起始为数字
Sig_#N                 -- 符号“#”不能成为标识符的构成
Not-Ack                -- 符号“-”不能成为标识符的构成
```

```
RyY_RST_                      -- 标识符的最后不能是下画线“_”
data_ _BUS                    -- 标识符中不能有双下画线
return                        -- 关键词
```

2.3.5 文件取名和存盘

当编辑好 VHDL 程序后，需要保存文件时，必须赋给其一个正确的文件名。对于多数综合器，文件名可以由设计者任意给定，但文件后缀扩展名必须是“.vhd”，如 h_adder.vhd。但考虑到某些 EDA 软件的限制、VHDL 程序的特点以及调用的方便性，建议程序的文件名与该程序的模块名一致。对于 Quartus，则必须满足这一规定。如例 2-1 程序的存盘文件名必须是 mux41a.vhd。与 Verilog 不同，VHDL 文件取名大小写不敏感，即存盘的文件名与此文件程序中的模块名的大小写不必一致。

此外还应注意，VHDL 程序必须存入某文件夹中（要求为非中文文件夹名），不要存在根目录内或桌面上，因为这不符合 WORK 库的建立要求。

2.3.6 规范的程序书写格式

尽管 VHDL 程序书写格式要求十分宽松，可以在一行写多条语句（只要能写下），也可分行书写。但良好的、规范的 VHDL 源程序书写习惯是高效的电路设计者所必备的。规范的书写格式能使自己或别人更容易阅读和检查错误。例 2-1 给出了近似规范的书写格式：最顶层的 LIBRARY、ENTITY、END ENTITY 实体描述语句放在最左侧；比它低一层次的描述语句，如 PORT 语句，向右靠一个 Tab 键的距离，即 4 个小写字母的间隔。同一语句的关键词要对齐，如 ENTITY 和 END ENTITY、PROCESS 和 END PROCESS、CASE 和 END CASE、ARCHITECTURE 和 END ARCHITECTURE 等。需要说明的是，为了节省篇幅，此后的多数程序都未能严格按照此规范书写。

顺便提一下，例 2-1 中出现的注释符号“--”是用于隔离程序，添加程序说明文字的。因此注释符号“--”后的文字仅仅是为了使对应的数据或语句易懂，它们本身没有功能含义，也不参加逻辑综合。

2.4 VHDL 数据对象

数据对象（data objects）是指用来保存数据的客体单元，它类似于一种容器，能接受不同数据类型的赋值。这可以用一瓶葡萄酒来做比喻：特定形状的酒瓶就是其特定的数据对象类别，瓶中的葡萄酒（而非其他酒）就是其数据类型。在 VHDL 中，数据对象有 3 类，即变量（VARIABLE）、常数（CONSTANT）和信号（SIGNAL）。变量和常数可以从软件语言中找到对应的类型，然而信号的表现较特殊，它具有更多的硬件特征，是 VHDL 中最有特色的语言要素之一，以下分别给予讨论。

2.4.1 常数

通常，常数（或常量）的定义和设置主要是为了使程序更容易阅读和修改。例如，将逻辑位的宽度定义为一个常数，只要修改这个常数就能很容易地改变宽度，从而改变硬件结构。在程序中，常数是一个恒定不变的值，一旦进行数据类型和赋值定义后，在程序中就不能再改变，因而具有全局性意义。常数定义的一般表述如下：

```
CONSTANT  常数名:数据类型 := 表达式;
```

例如：

```
CONSTANT  FBT : STD_LOGIC_VECTOR := "010110";--定义常数为标准逻辑位矢量类型
CONSTANT  DATAIN : INTEGER := 15;              --定义常数为整数类型
```

第 1 句定义常数 FBT 的数据类型是标准逻辑位矢量 STD_LOGIC_VECTOR，它等于“010110”；第 2 句定义常数 DATAIN 的数据类型是整数 INTEGER，它等于 15。

VHDL 要求所定义的常数数据类型必须与表达式的数据类型一致。常数定义语句所允许的设计单元有实体、结构体、程序包、块、进程和子程序。

常数的可视性，即常数的使用范围，取决于它被定义的位置。如果在程序包中定义，常数具有最大的全局化特征，可以用在调用此程序包的所有设计实体中；如果常数定义在设计实体中，其有效范围为这个实体定义的所有结构体（如含多结构体时）；如果常数定义在某一结构体中，则只能用于此结构体中；如果常数定义在结构体的某一单元，如一个进程中，则这个常数只能用在这一进程中。这就是常数的可视性规则。这一规则与信号的可视性规则是完全一致的。

2.4.2 变量

在 VHDL 语法规则中，变量是一个局部量，只能在进程（结构）和子程序中使用。变量不能将信息带出对它做出定义的当前结构。变量的赋值是一种理想化的数据传输，是立即发生的，不存在任何延时行为。变量的主要作用是在进程中作为临时的数据存储单元。

定义变量的一般表述如下：

```
VARIABLE 变量名 : 数据类型 := 初始值;
```

例如，以下两句表述分别定义了 a 是取值范围为 0～15 的整数型变量；d 为标准逻辑位类型的变量，初始值是 1。

```
VARIABLE  a : INTEGER RANGE 0 TO 15;   --变量 a 定义为整数类型，取值范围是 0~15
VARIABLE  d : STD_LOGIC := '1';     --变量 d 定义为标准逻辑位数据类型，初始值是 1
```

变量作为局部量，其适用范围仅限于定义了变量的进程或子程序的顺序语句。在这些语句结构中，同一变量的值将随变量赋值语句前后顺序的运算而改变。因此，变量赋值语句的执行与软件描述语言中完全顺序执行的赋值操作有相似处。

在变量定义语句中可以定义初始值，这是一个与变量具有相同数据类型的常数值，这个表达式的数据类型必须与所赋值的变量一致，初始值的定义不是必需的。由于硬件电路上电后的随机性，综合器并不支持设置初始值。定义的初始值仅对 HDL 仿真器是有效的。变量赋值的一般表述如下：

```
目标变量名 := 表达式;
```

由此式可见，变量赋值符号是“:=”，变量数值的改变是通过变量赋值来实现的。赋值语句右方的“表达式”必须是一个与“目标变量名”具有相同数据类型的数值。这个表达式可以是一个运算表达式，也可以是一个数值。通过赋值操作，新的变量值的获得是立刻发生的。变量赋值语句左边的目标变量可以是单值变量，也可以是一个变量的集合，如位矢量类型的变量。请看以下变量赋值示例：

```
VARIABLE  x,y : INTEGER RANGE 15 DOWNTO 0;     --分别定义变量 x 和 y 为整数类型
VARIABLE  a,b : STD_LOGIC_VECTOR(7 DOWNTO 0);
x := 11;                                       --整数直接赋值，这是因为 x 的类型是整数类型
y := 2 + x;                                    --运算表达式赋值，y 也是整数变量
a := b;                                        --b 向 a 赋值
a(5 DOWNTO 0) := b(7 DOWNTO 2);               --位矢量类型赋值
```

2.4.3　信号

信号是描述硬件系统的基本数据对象，可以作为设计实体中并行语句模块间的信息交流通道。信号作为一种数值的容器，不但可以容纳当前值，也可以保持历史值（这取决于语句的表达方式）。这一属性与触发器的记忆功能有了对应关系。

信号定义的语句格式与变量相似，信号定义也可以设置初始值，定义格式如下：

```
SIGNAL 信号名： 数据类型 := 初始值;
```

同样，信号初始值的设置也不是必需的，而且初始值仅在 VHDL 的行为仿真中有效。与变量相比，信号的硬件特征更为明显，它具有全局性特征。例如，在实体中定义的信号（如端口），在其对应的结构体中都是可见的，即在整个结构体中的任何位置、任何语句结构中都能获得同一信号的赋值。

事实上，除了没有方向说明，信号与实体的端口（port）概念是一致的。对于端口来说，其区别只是输出端口不能读入数据，输入端口不能被赋值。信号可以看成是实体内部（设计芯片内部）的端口；反之，实体的端口只是一种隐形的信号，在实体中对端口的定义实质上是做了隐式的信号定义，并附加了数据流动的方向，而信号本身的定义是一种显式的定义。因此，在实体中定义的端口，在其结构体中都可以看成是一个信号，并加以使用，而不必另作定义。

还需要注意的是，信号的使用和定义范围是实体、结构体和程序包。在进程和子程序的顺序语句中不允许定义信号，且在进程中只能将信号列入敏感表(变量不能列入敏感表)。可见进程只对信号敏感，而对变量不敏感。这是因为只有信号才能把进程外的信息带入进程内部，或将进程内的信息带出进程。

当对信号定义了数据类型和表达方式后，在 VHDL 设计中就能对信号进行赋值了。信号的赋值语句表达式如下：

```
目标信号名 <= 表达式  AFTER 时间量;   -- AFTER 是关键词
```

这里的“表达式”可以是一个运算表达式，也可以是数据对象（变量、信号或常量）。数据信息的传入可以设置延时量（即时间量），如“AFTER 3 ns”。因此目标信号获得传入的数据并不是即时的。即使是零延时（等效于“AFTER 0 ns”，即不做任何显式的延时设置）也要经历一个特定的延时，称为δ延时。因此，符号“<=”两边的数值并不总是一致的，这与实际器件的传播延迟特性是吻合的，由此可知信号赋值与变量的赋值过程有很大差别，务必注意这两种赋值间的不同之处。与初始值的设置一样，“AFTER x ns”语句也仅对 VHDL 仿真有效，因而无法综合出任何对应的硬件电路。

信号的赋值可以出现在一个进程中，也可以直接出现在结构体的并行语句结构中，但

它们赋值的含义是不一样的。前者属于顺序信号赋值，这时的信号赋值操作要视进程是否已被启动，并且进程中的赋值语句允许对同一目标信号进行多次赋值；后者属于并行信号赋值，其赋值操作是各自独立并行发生的，且不允许对同一目标信号进行多次赋值。

在进程中，可以允许同一信号有多个驱动源（赋值源），即在同一进程中存在多个同名的信号被赋值，其结果是只有最后的赋值语句被有效赋值。例如：

```
PROCESS (a, b, c)  BEGIN
  y <= a + b;
  z <= c - a;
  y <= b;
END PROCESS;
```

上例中，a、b、c 被列入进程敏感表，当进程被启动后，信号赋值将按自上而下的顺序执行，但第一项赋值操作并不会发生，这是因为 y 的最后一项驱动源是 b，因此 y 被赋值为 b。由于并行语句中不允许对同一信号进行多次赋值（禁止多驱动源赋值），因此不同进程中不允许同时存在对同一信号赋值的情况出现（对于同一结构体），因为结构体中的所有进程都是并行运行关系，在并行语句中对同一信号赋值表现在电路上就意味着“线与”。

如以下的语句安排是错误的：

```
PROCESS (a, b)  BEGIN
  y <= a + b;
END PROCESS;
PROCESS (c, d ) BEGIN
  z <= c - d;
  y <= d;
END PROCESS;
```

例 2-1 中第 9 行的语句表示定义标识符 S 的数据对象为信号 SIGNAL，其数据类型为 STD_LOGIC_VECTOR(1 DOWNTO 0)，即两元素是标准逻辑矢量，其中元素 S(1)和 S(0)都为标准逻辑位类型 STD_LOGIC。

若要定义标识符 e 的数据对象为信号，数据类型为标准逻辑位，则可表示为如下形式：

```
SIGNAL e : STD_LOGIC;
```

其中的 SIGNAL 是定义某标识符为信号的关键词。这里对 e 规定的数据对象是信号 SIGNAL，而数据类型是 STD_LOGIC；前者规定了 e 的行为方式和功能特点，后者限定了 e 的取值范围。VHDL 规定，e 作为信号，可以如同一根导线那样在整个结构体中传递信息，但 e 传递或存储的数据类型（取值范围）只能包含在 STD_LOGIC 的定义中。对于端口信号也一样，所有端口的数据对象都默认为信号 SIGNAL，其数据类型则根据需要另作显式定义。例如，例 2-1 中所有端口（如 a、b、y 等）的数据对象都默认定义为信号 SIGNAL，而数据类型则在程序中被显式定义为 STD_LOGIC，其取值类型最多可达 9 种，如'1'、'0'、'Z'或'X'等。

习 题

2-1 说明端口模式 INOUT 和 BUFFER 有何异同点。

2-2 画出与以下实体描述对应的原理图符号元件：

```
ENTITY buf3s IS                              -- 实体 1： 三态缓冲器
   PORT (input : IN STD_LOGIC;               -- 输入端
       enable : IN STD_LOGIC;                -- 使能端
       output : OUT STD_LOGIC);              -- 输出端
END buf3x;
ENTITY mux21 IS                              --实体 2：二选一多路选择器
   PORT (in0,  in1, sel :  IN STD_LOGIC;
        output : OUT STD_LOGIC);
END mux21;
```

2-3　VHDL 中有哪三种数据对象？详细说明它们的功能特点以及使用方法，举例说明数据对象与数据类型的关系。

2-4　数据类型 BIT、INTEGER 和 BOOLEAN 分别定义在哪个库中？哪些库和程序包总是可见的？

2-5　说明信号和变量的功能特点，以及应用上的异同点。

2-6　判断下列 VHDL 标识符是否合法，如果有误则指出原因：

```
16#0FA#， 10#12F#，  8#789#， 8#356#，      2#0101010#
74HC245， \74HC574\， CLR/RESET， \IN 4/SCLK\，   D100%
```

第3章　数据类型与顺序语句

本章将接触到部分 VHDL 程序设计技术，主要方法是通过一些典型电路模块的 VHDL 描述，逐步认识和学习常用的 VHDL 语句语法和相关的 VHDL 编程技术，为下一章 EDA 工具软件的使用和 FPGA 硬件开发的学习做好准备，以便尽快将学到的书本知识在 EDA 软件和 FPGA 平台上加以验证和自主发挥，巩固学习效果、强化理论与工程实际的结合。在这之前首先介绍 VHDL 中十分重要的数据类型的知识。

3.1　VHDL 数据类型

在第 2 章中已多次出现数据类型的概念，VHDL 的数据类型（主要指预定义数据类型）有多种，它们各自为数据对象定义了一组取值的集合，以及针对这些取值所允许的操作。VHDL 对运算关系与赋值关系中各量（操作数）的数据类型有严格要求。VHDL 要求设计实体中每一个常数、信号、变量、函数以及设定的各种参量都必须具有确定的数据类型，只有相同数据类型的量才能互相传递和作用。

在一般计算机语言中也有数据类型的概念，但不同的是，VHDL 尤其强调在数据对象应用中关于数据类型的限定，因而是一种强类型语言。

VHDL 作为一种强类型语言，主要表现在以下两方面。

（1）VHDL 程序中的任何数据对象都必须定义一个确定的数据类型，并由此限定此数据对象的取值范围。

（2）VHDL 要求在信号赋值、算术运算、逻辑操作和数据比较等操作中，数据对象的数据类型是相同的，即所谓数据类型匹配。

与 Verilog 相比，VHDL 的这种强类型特性在编程的便利性和灵活性方面确实逊色不少，但却使设计者能容易地在设计初期查找出程序存在的错误，提高程序设计的效率。因此对数据类型的理解、掌握和灵活运用，在 VHDL 的学习和使用中十分重要。

VHDL 中的大多数预定义数据类型体现了硬件电路的不同特性。VHDL 中的数据类型可以分成四大类。

- 标量类型（scalar type）：包括实数类型、整数类型、枚举类型、时间类型。
- 复合类型（composite type）：可以由小的数据类型复合而成，如可由标量型复合而成。复合类型主要有数组型（ARRAY）和记录型（RECORD）。
- 存取类型（access type）：为给定数据类型的数据对象提供存取方式。
- 文件类型（files type）：用于提供多值存取类型。

这些数据类型又可分成在现成程序包中可以随时获得的预定义数据类型和用户自定义数据类型两大类别。预定义的 VHDL 数据类型是 VHDL 最常用、最基本的数据类型。这些数据类型都已在 VHDL 的标准程序包 STANDARD 和 STD_LOGIC_1164 及其他的标准程序包中做了定义，并可在设计中随时调用。

如前文所述，除了标准的预定义数据类型外，VHDL 还允许用户自己定义其他的数据类型以及子类型。通常，新定义的数据类型和子类型的基本元素仍属于 VHDL 的预定义类型。VHDL 综合器只支持部分可综合的预定义或用户自定义的数据类型，对于其他类型不予支持，如 TIME、FILE 等类型。

本节将介绍一些常用数据类型及其用法，最后介绍数据类型转换方法。

3.1.1 BIT 和 BIT_VECTOR 类型

位数据类型 BIT 的信号规定的取值范围是逻辑位 '1' 和 '0'。与其所对应的位矢量类型 BIT_VECTOR 是 BIT 的数组类型，用于限定矢量型数据类型的取值。VHDL 的数据类型 BIT 和 BIT_VECTOR 在程序包 STANDARD 中定义的源代码分别如下：

```
TYPE BIT IS('0','1');
TYPE BIT_VECTOR IS ARRAY(NATURAL RANGE<>) OF BIT;--属于非限制类数组类型
```

其中的 TYPE 是数据类型定义语句，第一句定义类型 BIT 限制于两种取值范围，即'1' 和 '0'；BIT_VECTOR 类型定义中的(NATURAL RANGE<>)表示元素的个数未定，其中的 NATURAL 表示自然数 0, 1, 2, 3…。

BIT 和 BIT_VECTOR 数据类型可以参与多种运算操作，如逻辑运算、关系运算、算术运算。若为逻辑运算，其结果仍是逻辑位的数据类型。

VHDL 综合器用一个二进制位来表示逻辑位 BIT 类型或布尔 BOOLEAN 类型。

若将例 2-1 中的端口信号 a、b、c、d 的数据类型都定义为 BIT，则表达式应改为：

```
a, b, c, d  IN  BIT;
```

这时，它们的取值范围，或者说数据范围即被限定在逻辑位 '1' 和 '0 '两个值的范围内。

以下是 BIT 和 BIT_VECTOR 类型的定义和使用示例：

```
SIGNAL X,Y : BIT;
SIGNAL A,B : STD_LOGIC_VECTOR(3 DOWNTO 0);
...
X <= '1';                                 --对 BIT 类型的信号 X 赋值'1'
A <= "1101";   --赋值后，A(3)、A(2)、A(1)、A(0)分别等于 '1'、'1'、'0'、'1'
B(2 DOWNTO 1)<= A(3 DOWNTO 2);     --赋值后，B(2)=A(3)，B(1)=A(2)
B(2 DOWNTO 0)<= X & Y & '1';       --赋值后，B(2)=X、B(1)=Y，B(0)='1'
```

以上的符号&是并位算符，可用于将单个位并置成一个位矢量。

上面已经提到，BIT 和 BIT_VECTOR 类型的定义是包含在 VHDL 标准程序包 STANDARD 中的，而程序包 STANDARD 包含于 VHDL 标准库 STD 中。第 2 章中已经提到，由于 STD 库符合 VHDL 语言标准，因此在定义 BIT 或 BIT_VECTOR 类型的程序中不必像使用 IEEE 库那样必须显式打开 STD 库和 STANDARD 程序包。

3.1.2 STD_LOGIC 和 STD_LOGIC_VECTOR 类型

在第 2 章中已提到，标准逻辑位数据类型 STD_LOGIC 被定义在 STD_LOGIC_ 1164 程序包中，而此程序包属于 IEEE 库。这就是在例 2-1 的实体中将端口定义为 STD_LOGIC 类型前打开了 IEEE 库和 STD_LOGIC_1164 程序包的原因。

标准逻辑位类型 STD_LOGIC 是 BIT 数据类型的扩展，共定义了 9 种值，这意味着，对于定义为数据类型是 STD_LOGIC 的数据对象，其可能的取值已非传统的 BIT 那样只有'0'和'1'两种。标准逻辑位数据类型的多值性，使描述的程序与实际电路有更好的对应关系。然而在编程时也应当特别注意，在某些条件语句中，如果未考虑到 STD_LOGIC 所有可能的取值情况，一些综合器可能会插入不必要的锁存器。这个问题将在后文展开讨论。

试将 BIT 类型与以下 STD_LOGIC 类型的程序包定义表达式进行比较，显然，VHDL 的 STD_LOGIC 数据类型包含了 BIT 类型，其定义语句如下：

```
TYPE STD_LOGIC IS ('U','X','0','1','Z','W','L','H','-'); --有 9 种取值
```

STD_LOGIC 所定义的 9 种数据的含义如下：'U'表示未初始化的；'X'表示强未知的；'0'表示强逻辑 0；'1'表示强逻辑 1；'Z'表示高阻态；'W'表示弱未知的；'L'表示弱逻辑 0；‘H’表示弱逻辑 1；'-'表示忽略。它们完整地概括了数字系统中所有可能的数据表现形式。

在仿真和综合中，将端口信号或其他数据对象定义为 STD_LOGIC 数据类型是非常重要且最为常用的，它可以使设计者精确地模拟一些未知的和具有高阻态的线路情况。对于综合器，高阻态'Z'和忽略态'-'（有的综合器接受为'X'）可用于三态的描述。STD_LOGIC 型数据在数字器件中可实现的（即综合器可接受的）只有其中的 4～5 种值（依综合器不同而稍有差异），即'X'（或/和'-'）、'0'、'1'和'Z'。其他类型不可综合，只能用于 VHDL 仿真，即第 10 章将要介绍的 Test Bench 仿真。

STD_LOGIC 数据类型中的取值多数可在现实电路中找到对应现象。如由 74LS04 某反相器输出高电平，则此端口对应强逻辑'1'；若此端口串接一 100 kΩ 电阻，其输出则对应弱逻辑'H'；若此端口串接一大于 1 MΩ 电阻的输出，则基本对应高阻态逻辑'Z'；而'X'或'-'与数字电路教材中卡诺图中的任意值有对应关系。

预定义标准逻辑矢量类型 STD_LOGIC_VECTOR 的定义源代码有如下形式：

```
TYPE STD_LOGIC_VECTOR IS ARRAY (NATURAL RANGE <>)OF STD_LOGIC;
```

STD_LOGIC_VECTOR 是定义在 STD_LOGIC_1164 程序包中的标准一维数组，数组中每一个元素的数据类型都是以上定义的 STD_LOGIC 类型。

在使用中，向 STD_LOGIC_VECTOR 数据类型的数据对象赋值的方式与普通的一维数组 ARRAY（如 BIT_VECTOR 等）相同，即必须严格考虑位矢的宽度。同位宽、同数据类型的矢量间才能进行赋值。

预定义标准逻辑位矢量 STD_LOGIC_VECTOR 数据类型与 STD_LOGIC 一样，都定义在 STD_LOGIC_1164 程序包中。使用 STD_LOGIC_VECTOR 可以表达电路中并列的多通道端口、节点或者总线。在使用 STD_LOGIC_VECTOR 时，必须注明其数组宽度，即位宽，例如：

```
B : OUT  STD_LOGIC_VECTOR(7 DOWNTO 0);--元素排序从高到低
    SIGNAL A : STD_LOGIC_VECTOR(1 TO 4);
```

第一条语句表明标识符 B 的数据类型被定义为一个具有 8 位位宽的矢量或总线端口信号，它的最左位，即最高位是 B(7)，通过数组元素排列指示关键词“DOWNTO”向右依次递减为 B(6)、B(5)、…、B(0)；第二条语句定义 A 的数据类型为 4 位位宽总线，数据对象是信号 SIGNAL，其最左位是 A(1)，通过关键词“TO”向右依次递增为 A(2)、A(3)和 A(4)。于是根据以上两式的定义，对 B 的赋值方式如下：

```
B <= "01100010";                  -- 可以对 B 赋值 8 位二进制数"01100010"
B(4 DOWNTO 1)<= "1101";           -- 赋值后，其中的 B(4)为 '1'
B(7 DOWNTO 4)<= A;                -- 其中 B(6)等于 A(2)，B(7)等于 A(1)
```

在例 2-1 中被指定为信号的标识符 S 被定义为二元的 STD_LOGIC_VECTOR 数据类型，高位是 S(1)，低位是 S(0)。

3.1.3　整数类型 INTEGER

定义为整数类型 INTEGER 的数包括正整数、负整数和零。整数类型与算术整数相似，可以使用预定义的运算操作符，如加“+”、减“-”、乘“*”、除“/”等进行算术运算。在 VHDL 中，整数的取值范围是-2147483647～+2147483647，即可用 32 位有符号的二进制数表示。

在实际应用中，VHDL 仿真器通常将整数类型作为有符号数处理，而 VHDL 综合器则将整数作为无符号数处理。在使用整数时，VHDL 综合器要求用 RANGE 子句为所定义的数限定范围，然后根据所限定的范围来决定表示此信号或变量的二进制数的位数，VHDL 综合器无法综合未限定范围的整数类型的信号或变量。例如以下的定义表述：

```
SIGNAL Q : INTEGER RANGE 15 DOWNTO 0;
```

即定义 Q 的数据对象是信号，数据类型是整数，并限定 Q 的取值范围是 0～15，共 16 个值，可用 4 位二进制数来表示。因此，VHDL 综合器自动将 Q 综合成由 4 条信号线构成的总线方式信号：Q(3)、Q(2)、Q(1)和 Q(0)。

整数常量的书写方式示例如下：

```
1                         --十进制整数
35                        --十进制整数
10E3                      --十进制整数，等于十进制数 1000
16#D9#                    --十六进制整数，等于十六进制数 D9H
8#720#                    --八进制整数，等于八进制数 720O
2#11010010#               --二进制整数，等于二进制数 11010010B
```

注意在语句中，整数的表达不加引号，如 1、0、25 等；而逻辑位或二进制的数据必须加引号，如 '1'、'0'、"10"、"100111"。

自然数类型 NATURAL 是整数类型的一个子类型，它包含 0 和所有正整数。

若将 Q 定义为 NATURAL 类型，综合结果与定义为 INTEGER 相同，示例如下：

```
Q : BUFFER NATURAL RANGE 15 DOWNTO 0;
```

即将 Q 定义为 NATURAL 类型的 BUFFER 端口，取值范围是整数 0～15。

正整数类型 POSITIVE 也是整数类型的一个子类型，它只比 NATURAL 类型少一个 0。尽管如此，对于许多综合器来说，如果定义上例的 Q 为 POSITIVE RANGE 15 DOWNTO 0，仍然能综合出相同的电路来。

与 BIT、BIT_VECTOR 一样，数据类型 INTEGER、NATURAL 和 POSITIVE 都定义在 VHDL 标准程序包 STANDARD 中。由于此程序包是默认打开的，因此不必为定义整数类型而显式打开 STD 库和程序包 STANDARD。

3.1.4　布尔数据类型 BOOLEAN

布尔数据类型 BOOLEAN 在标准程序包 STANDARD 中定义的源代码如下：

```
TYPE BOOLEAN IS(FALSE,TRUE);
```

布尔数据类型 BOOLEAN 实际上是一个二值枚举型数据类型。它的取值如上述定义所示，即 FALSE（伪）和 TRUE（真）两种。综合器将用一个二进制位表示布尔型变量或信号。布尔量不属于数值，因此不能用于运算，它只能通过关系运算符获得。布尔量只用于比较或判断，不能用作运算操作数，而且布尔类型是在数据比较中默认产生的，因此，通常在实用程序中不必特定显式地定义布尔类型的数据或数据对象。

3.1.5　SIGNED 和 UNSIGNED 类型

VHDL 综合工具配备的扩展程序包中定义了一些有用的类型，如 Synopsys 公司在 IEEE 库中加入的程序包 STD_LOGIC_ARITH 中定义的数据类型有无符号数据类型（UNSIGNED）、有符号数据类型（SIGNED）以及小整型（SMALL_INT）。如果将信号或变量等数据对象定义为这几种数据类型，就可以使用此程序包中定义的运算符。

在使用这些数据类型之前，请注意必须加入下面的语句：

```
LIBRARY IEEE;
USE IEEE.STD_LOIGC_ARITH.ALL;
```

在 STD_LOGIC_ARITH 中定义的 UNSIGNED 和 SIGNED 类型的源代码如下：

```
TYPE UNSIGNED IS ARRAY (NATURAL RANGE <>)OF STD_LOGIC;
TYPE SIGNED IS ARRAY (NATURAL RANGE <>)OF STD_LOGIC;
```

从定义代码看，似乎 UNSIGNED 和 SIGNED 类型属于 STD_LOGIC 类型，其实，只是其表述形式类似 STD_LOGIC，而运算操作却是按整数类型进行的。

这是因为 STD_LOGIC 类型（包括 STD_LOGIC_VECTOR 类型）的数据可进行逻辑运算和关系运算，却不能直接进行算术运算；而 UNSIGNED 和 SIGNED 类型的数据可进行算术运算和关系运算，但不能进行逻辑运算。显然，这和整数类型相同。

UNSIGNED 和 SIGNED 类型是用来设计可综合的数学运算程序的重要类型，UNSIGNED 用于无符号数的运算，SIGNED 用于有符号数的运算。

在 IEEE 库中，NUMERIC_STD 和 NUMERIC_BIT 程序包中也定义了 UNSIGNED 型及 SIGNED 型，NUMERIC_STD 是针对 STD_LOGIC 型定义的，而 NUMERIC_BIT 是针对 BIT 型定义的。在程序包中还定义了相应的运算符重载函数。

有些综合器没有附带 STD_LOGIC_ARITH 程序包，此时只能使用 NUMBER_STD 和 NUMERIC_BIT 程序包。且由于在 STANDARD 程序包中没有定义 STD_LOGIC 类型的运算符，而整数类型一般只在仿真的时候用来描述算法，或作为数组下标进行运算，因此这时 UNSIGNED 和 SIGNED 类型的使用率就很高。

UNSIGNED 数据类型代表一个无符号的数值，在综合器中，这个数值被解释为一个二进制数，这个二进制数的最左位是其最高位。例如，十进制数 8 可以表示如下：

```
UNSIGNED'("1000")
```

如果要定义一个变量或信号的数据类型为 UNSIGNED，则其位矢长度越长，所能代表的数值就越大。如一个 4 位变量的最大值为 15，一个 8 位变量的最大值则为 255，0 是其最小值，不能用 UNSIGNED 定义负数。以下是两个无符号数据定义的示例：

```
VARIABLE var : UNSIGNED(0 TO 10);
SIGNAL sig : UNSIGNED(5 DOWNTO 0);
```

其中变量 var 有 11 位数值，最高位是 var(0)，而非 var(10)；信号 sig 有 6 位数值，最高位是 sig(5)。

SIGNED 数据类型表示一个有符号的数值，综合器将其解释为补码，此数的最高位是符号位，例如：

```
SIGNED'("0101")        --代表+5
SIGNED'("1011")        --代表-5
```

若将上例的 var 定义为 SIGNED 数据类型，则数值意义就不同了，例如：

```
VARIABLE var : SIGNED(0 TO 10);
```

其中变量 var 有 11 位，最左位 var(0)是符号位。

【例 3-1】

```
LIBRARY IEEE;
USE IEEE.STD_LOGIC_1164.ALL;
USE IEEE.STD_LOGIC_ARITH.ALL;
ENTITY COMP IS
PORT(C,D : IN UNSIGNED(3 DOWNTO 0);
   A,B : IN  SIGNED(3 DOWNTO 0);
   RCD : OUT UNSIGNED(3 DOWNTO 0);
   RAB : OUT SIGNED(3 DOWNTO 0);
   RM1 : OUT UNSIGNED(7 DOWNTO 0);
   RM2 : OUT SIGNED(7 DOWNTO 0);
 R1,R2 : OUT BOOLEAN);
END ENTITY  COMP;
ARCHITECTURE ONE OF COMP IS
BEGIN
 R1  <= (C>D) ;  R2 <= (A>B);  RCD <= C+D ;
RAB <= A+B;    RM1 <= C*D ;   RM2 <= A*B;
END ARCHITECTURE  ONE;
```

例 3-1 显示，在其中对端口定义为 UNSIGNED 或 SIGNED 类型，并对输入信号进行关系运算和算术运算后，将结果输出。例 3-1 的仿真波形图是综合后的门级仿真结果，如图 3-1 所示，其中的输入数据以二进制形式表示，输出数据则以十六进制形式表示。

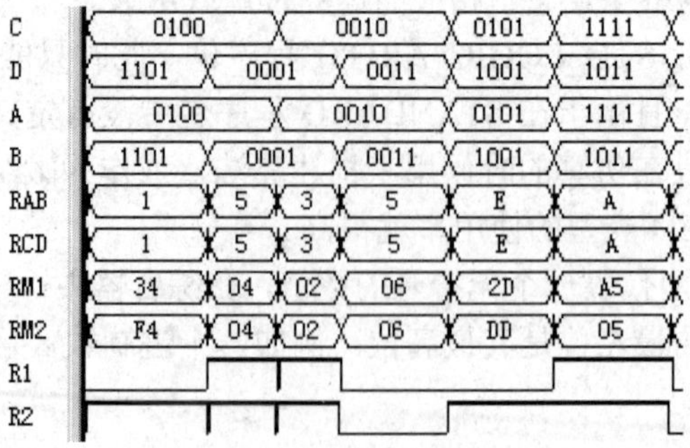

图 3-1　例 3-1 的仿真波形图

从图 3-1 可见，输入的无符号数 C、D 和有符号数 A、B 是两组相同的数据，这样容易比较操作后的输出数据。波形显示，两组数据的加法结果相同。这说明在加法操作中综合器并不理会操作数是否有符号；然而对于关系运算和乘法算术运算，有符号类型和无符号类型的运算结果是不同的。

例如，波形显示无符号类型时"0101"<"1001"，有符号类型时则"0101">"1001"，因为有符号数“1001”是负数，等于-7；而这两个数相乘时，若为无符号类型，则"0101" * "1001" = 5*9 = 45 = X"2D"；而若为有符号类型，"0101" * "1001" = 5*(-7)= -35 = -X"23"= "10100011"（原码）="11011101"（补码）=X "DD"。

3.1.6　其他预定义类型

VHDL 中还有一些其他的类型，在综合中不对应任何电路结构，主要用于 VHDL 仿真，如字符类型、时间类型、文件类型等。

1. 字符类型

字符（CHARACTER）类型通常用单引号括起来，如'A'。字符类型区分大小写，如'B'不同于'b'。其已在 STANDARD 程序包中做了定义，在 VHDL 程序设计中，标识符的大小写一般是不区分的，但用了单引号的字符的大小写是有区分的。

2. 实数类型

VHDL 的实数类型 REAL 也类似于数学上的实数，或称浮点数。实数的取值范围为-1.0E38～+1.0E38。通常情况下，实数类型仅能在 VHDL 仿真器中使用，VHDL 综合器则不支持实数，因为直接的实数类型的表达和实现相当复杂，目前的电路规模难以承受。实数常量的书写方式举例如下：

```
1.0                          --十进制浮点数
0.0                          --十进制浮点数
65971.333333                 --十进制浮点数
65_971.333_3333              --与上一行等价
8#43.6#e+4                   --八进制浮点数
43.6E-4                      --十进制浮点数
```

3. 字符串类型

字符串类型 STRING 是字符数据类型的一个非约束型数组，或称为字符串数组。字符串必须用双引号标明，VHDL 综合器支持字符串数据类型，但不对应具体电路。

字符串数据类型示例如下：

```
VARIABLE string_var : STRING (1 TO 7);
  string_var := "a b c d";
```

4. 时间类型

VHDL 中唯一的预定义物理类型是时间。完整的时间（TIME）类型包括整数和物理量单位两部分。表达上，整数和单位之间至少留一个空格，如 55 ms、20 ns。STANDARD 程序包中也定义了时间。VHDL 综合器也不支持时间类型。此类型定义如下：

```
TYPE time IS RANGE -2147483647 TO 2147483647
    units
      fs;                     -- 飞秒，VHDL 中的最小时间单位
      ps = 1000 fs;           -- 皮秒
      ns = 1000 ps;           -- 纳秒
      us = 1000 ns;           -- 微秒
      ms = 1000 us;           -- 毫秒
```

```
        sec = 1000 ms;          -- 秒
        min = 60 sec;           -- 分
        hr = 60 min;            -- 时
    end units;
```

5. 文件类型

文件是传输大量数据的载体，包括各种数据类型的数据。用 VHDL 描述时序仿真的激励信号和仿真波形输出，一般都要用文件（FILES）类型。在 IEEE 1076 标准中，TEXIO 程序包中定义了下面几种文件 I/O 传输方法，调用这些过程就能完成数据的传输。例如：

```
PROCEDUER Readline (F: IN TEXT; L: OUT LINE);
PROCEDUER Writeline (F: OUT TEXT; L: IN LINE);
PROCEDUER Read (L: INOUT LINE; Value: OUT std_logic;
Good: OUT BOOLEAN);
PROCEDUER Read (L: INOUT LINE; Value: OUT std_logic);
PROCEDUER Read (L: INOUT LINE; Value: OUT std_logic_ vector;
Good: OUT BOOLEAN);
PROCEDUER Read (L: INOUT LINE; Value: OUT std_logic_ vector;
PROCEDUER Write (L: INOUT LINE; Value: IN std_logic;
Justiaied: IN SIDE :=Right;field; IN WIDTH :=0);
PROCEDUER Write (L: INOUT LINE; Value: IN std_logic _ vector;
Justiaied: IN SIDE :=Right;field; IN WIDTH :=0);
```

上述第一行为读入测试矢量文件的一行，第二行为向测试文件写一行测试矢量。

常量、变量、信号、文件都是可以赋值的客体，掌握这些客体的规范书写及使用方法，灵活地用在 VHDL 的程序设计中，对 VHDL 程序设计进行编译、综合、仿真、时序分析、故障测试都很重要。

3.1.7 数据类型转换函数

鉴于 VHDL 是一种强类型语言，当数据类型不一致时，要求转换一致后才能给信号赋值或完成各种运算操作。VHDL 的转换函数中，数据类型转换函数最为常用，用于实现 VHDL 中各种数据类型互相转换。由于 VHDL 的数据类型较多，除了有多种预定义数据类型外，还有用户自定义的数据类型。表 3-1 列出了常用的可综合数据类型，供查阅之用。

表 3-1 可综合的数据类型归纳

数 据 类 型	可综合的取值范围
bit，bit_vector	'1'，'0'
std_logic，std_logic_vector	'X'，'0'，'1'，'Z'
boolean	true，false
natural	0～2 147 483 647
integer	−2 147 483 647～+2 147 483 647
signed	−2 147 483 647～+2 147 483 647
unsigned	0～2 147 483 647
用户自定义类型	用户自定义数组或元素
数组类型（array）	可综合数据类型的组合
子类型（subtype）	数据类型的子集

VHDL 综合器的 IEEE 标准库里的程序包中定义了许多类型转换函数，如表 3-2 所示，设计者可以直接调用进行类型转换，否则需要自己来编写转换函数。

表 3-2　IEEE 库类型转换函数表

函　数　名	功　　能
所在程序包：STD_LOGIC_1164	
to_stdlogicvector(A)	由 bit_vector 类型转换为 std_logic_vector
to_bitvector(A)	由 std_logic _vector 转换为 bit_vector
to_stdlogic (A)	由 bit 转换成 std_logic
to_bit(A)	由 std_logic 类型转换成 bit 类型
所在程序包：STD_LOGIC_ARITH	
conv_std_logic_vector(A, 位长)	将 integer 转换成 std_logic_vector 类型，A 是整数
conv_integer(A)	将 std_logic_vector 转换成 integer
conv_unsigned(A, 位长)	将 unsigned、signed、integer 类型转换为指定位长的 unsigned 类型
conv_signed(A, 位长)	将 unsigned、signed、integer 类型转换为指定位长的 signed 类型
所在程序包：STD_LOGIC_UNSIGNED	
conv_integer(A)	由 std_logic_vector 转换成 integer

例 3-2 是一个利用程序包 STD_LOGIC_1164 转换函数的示例。

【例 3-2】

```
LIBRARY IEEE;
USE IEEE. STD_LOGIC_1164.ALL; --为使用转换函数 to_stdlogicvector(A)调用此程序包
ENTITY exg IS
PORT (a,b : in bit_vector(3 downto 0); --注意定义 a、b 的数据类型
      q   : out std_logic_vector(3 downto 0));
END;
ARCHITECTURE rtl OF exg IS
BEGIN
q<= to_stdlogicvector(a and b);  --将位矢量数据类型转换成标准逻辑位矢量数据
END;
```

例 3-3 中利用了程序包 STD_LOGIC_ARITH 中的两个转换函数：conv_std_logic_vector 和 conv_integer。

【例 3-3】

```
LIBRARY IEEE;
USE IEEE.STD_LOGIC_1164.ALL;
USE IEEE.STD_LOGIC_ARITH.ALL;  --注意本例中的两个转换函数定义于此程序包
ENTITY  axamp IS
PORT(a,b,c : IN integer range 0 to 15;
   q   : OUT std_logic_vector(3 downto 0));
END;
ARCHITECTURE bhv OF axamp IS
   BEGIN
   q <=  conv_std_logic_vector(a,4) when conv_integer(c)=8
else  conv_std_logic_vector(b,4);
END;
```

3.2 常用顺序语句

本节主要介绍最常用的 VHDL 顺序语句。在逻辑系统的设计中，这些语句使用频繁，从多个侧面描述了数字系统的硬件结构和基本逻辑功能，特别是对于时序电路的描述。顺序语句（seguential statements）是相对于并行语句而言的。顺序语句的特点是每一条顺序语句的执行顺序与它们的书写顺序基本一致。

许多资料习惯上将 VHDL 顺序语句归类为行为描述语句，而用这些语句表述的程序即为行为描述程序。在 Verilog 传统语法中，直接将同类语句统称为行为描述语句。

顺序语句只能出现在进程和子程序中，子程序包括函数和过程。VHDL 有 6 类基本顺序语句：赋值语句、流程控制语句、等待语句、子程序调用语句、返回语句和空操作语句。本节主要介绍赋值语句、CASE 语句、PROCESS 进程语句和 IF 语句。

3.2.1 赋值语句

一般而言，赋值语句的功能就是将一个值或一个表达式的运算结果传递给某一数据对象，如信号、变量或由此组成的数组。VHDL 设计实体内的数据传递以及对端口界面外部数据的读写都必须通过赋值语句来实现。

赋值语句及其用法已在第 2 章中做了部分介绍。赋值语句有两种，即信号赋值语句和变量赋值语句。每一种赋值语句都由 3 个基本部分组成，即赋值目标、赋值符号和赋值源。赋值目标是所赋值的受体，它的基本元素只能是信号或变量，但表现形式可以有多种，如文字、标识符、数组等；赋值符号有信号赋值符号和变量赋值符号；赋值源是赋值的主体，它可以是一个数值，也可以是一个逻辑或运算表达式。

VHDL 规定，赋值目标与赋值源的数据类型必须严格一致。变量赋值与信号赋值的区别在于，变量具有局部特征，它的有效性只局限在所定义的一个进程或一个子程序中，它是一个局部的、暂时性数据对象（在某些情况下），对于它的赋值是立即发生的（假设进程已启动），即是一种时间延迟为零的赋值行为。信号则不同，信号具有全局性特征，它不但可以作为一个设计实体内部各单元之间数据传送的载体，而且可通过信号与其他的实体进行通信。

3.2.2 CASE 语句

在例 2-1 中用于描述多路选择器逻辑功能的语句就是 CASE 语句。CASE 语句属于顺序语句，因此必须放在进程语句 PROCESS 中使用。CASE 语句的一般表述如下：

```
CASE <表达式> IS
  WHEN <选择值或标识符> => <顺序语句>; ...; <顺序语句>;
  WHEN <选择值或标识符> => <顺序语句>; ...; <顺序语句>;
  ...
  WHEN OTHERS => <顺序语句>;
END CASE;
```

当执行到 CASE 语句时，首先计算<表达式>的值，然后根据 WHEN 条件句中与之相同的<选择值或标识符>，执行对应的<顺序语句>，最后结束 CASE 语句。条件句中的=>不是操作符，它的含义相当于 THEN（或“于是”）。

CASE 语句使用中应该注意以下几点。

- WHEN 条件句中的选择值或标识符所代表的值必须在 CASE 的<表达式>的取值范围内，且数据类型也必须匹配。
- 除非所有条件句中的选择值都能完整覆盖 CASE 语句中表达式的取值，否则最末一个条件句中的选择必须加上最后一句“WHEN OTHERS => <顺序语句>;”。关键词 OTHERS 表示以上所有条件句中未能列出的其他可能的取值。OTHERS 只能出现一次，且只能作为最后一种条件取值。关键词 NULL 表示不做任何操作。
- CASE 语句中的选择值只能出现一次，不允许有相同选择值的条件语句出现。
- CASE 语句执行中必须选中且只能选中所列条件语句中的一条。

例 2-1 中的 CASE 语句的功能是，当 CASE 语句的表达式 S 由输入信号 s1 和 s0 分别获得'0'和'0'时，即当 S="00"时，执行赋值语句 y<=a，即 y 输出来自 a 的数据；当 S="01"时，执行赋值语句 y<=b，即 y 输出来自 b 的数据；以此类推。

CASE 语句多条件选择值的一般表达式如下：

```
选择值 [ |选择值 ]
```

选择值可以有 4 种不同的表达方式。

- 单个普通数值，如 6。
- 数值选择范围，如（2 TO 4），表示取值为 2、3 或 4。
- 并列数值，如 3|5，表示取值为 3 或者 5。
- 混合方式，以上 3 种方式的混合。

例 3-4 给出了此种用法的示例。

【例 3-4】

```
sel : IN INTEGER RANGE 0 TO 15;
...
CASE sel IS
 WHEN  0       => z1 <= "010";          --当 sel=0 时选中，并执行对 z1 的赋值
 WHEN  1|3     => z2 <= "110";          --当 sel 为 1 或 3 时选中
 WHEN 4 To 7|2 => z3 <="011";           --当 sel 为 2、4、5、6 或 7 时选中
 WHEN OTHERS => z4<= "111";             --当 sel 为 8～15 中任一值时选中
END CASE;
```

例 3-5 给出了 CASE 语句使用中几种容易发生的错误。

【例 3-5】

```
SIGNAL value : INTEGER RANGE 0 TO 15;
SIGNAL  out1 : STD_LOGIC;
   ...
 CASE value IS
   WHEN 0 => out1<= '1';               --选择值中 2～15 的值未包括进去
   WHEN 1 => out1<= '0';               --除非加了 WHEN OTHERS 语句
 END CASE;
   ...
 CASE value IS
   WHEN 0 TO 10 => out1<= '1';         --选择值中 5～10 的值有重叠
```

```
    WHEN 5 TO 15 => out1<= '0';
  END CASE;
```

条件句中的选择值未能完整覆盖 CASE 语句中表达式的取值时，例如例 3-5 中第一个 CASE 语句示例，未列全 2～15 的值的情况，有 3 点要注意。

（1）如果不加 OTHERS 语句，综合器通常将其判为错。

（2）如果加了“WHEN OTHERS => NULL;”语句，则将在输出口综合出并不需要的时序模块（锁存器），这是应该避免的。

（3）在这种情况下，只能在 WHEN OTHERS =>的语句后加上确定的顺序语句，如 out1<= '0'，而不是 NULL 语句，这时才能综合出纯组合电路。

与 IF 语句相比，CASE 语句组的程序可读性比较好，这是因为它把条件中所有可能出现的情况全部列出来了，可执行条件一目了然，而且 CASE 语句的执行过程（即条件性）是独立的、排他的，而不像 IF 语句那样有一个逐项条件顺序比较的过程（向上相与的逻辑过程）。CASE 语句中条件句的次序是不重要的，它的执行过程更接近于并行方式。

一般地，综合后对相同的逻辑功能，CASE 语句比 IF 语句的描述耗用更多的硬件资源。不但如此，对于有的逻辑，CASE 语句无法描述，只能用 IF 语句来描述，这是因为 IF 语句具有条件相与和自动将逻辑值“－”包括进去的功能（逻辑值“－”有利于逻辑的化简），而 CASE 语句只有条件相或的功能。

3.2.3　PROCESS 语句

例 2-1 中引导 CASE 语句的是进程语句 PROCESS，此语句的一般表达格式如下：

```
[进程标号: ] PROCESS [ ( 敏感信号参数表 ) ] [IS]
[进程说明部分]
 BEGIN
   顺序描述语句
END PROCESS [进程标号];
```

每一个 PROCESS 语句结构可以赋予一个进程标号；进程说明部分定义该进程所需的局部数据环境，如定义一些变量及数据类型；顺序描述语句部分是一段顺序执行的语句，描述该进程的行为。PROCESS 中规定了每个进程语句在当它的某个敏感信号（由敏感信号参量表列出）的值改变时都必须立即完成某一功能行为，这个行为由进程语句中的顺序语句定义，行为的结果可以赋给信号，并通过信号被其他的 PROCESS 或并行赋值语句读取或赋值。

一个结构体中可以含有多个 PROCESS 结构，每个 PROCESS 结构对于其敏感信号参数表中定义的任一敏感参量的变化，可以在任何时刻被激活（或者称为启动）。而在一结构体中，所有被激活的进程都是并行运行的，这就是 PROCESS 结构本身是并行语句的原因。PROCESS 语句必须以语句“END PROCESS [进程标号];”结尾。进程标号通常不是必需的，敏感信号参数表旁的[IS]也不是必需的。

由例 2-1 可见，CASE 顺序语句是放在由“PROCESS…END PROCESS”引导的语句结构中的。在 VHDL 中，所有顺序描述语句都必须放在进程语句中（也包括放在过程语句中）。PROCESS 旁的（S）即进程的敏感信号表，通常要求将进程中所有的输入信号都放在敏感信号表中。由于 PROCESS 语句的执行依赖于敏感信号的变化（或称发生事件），即当某一敏感信号，如 s0 或 s1，从原来的'1'跳变到'0'，或者从原来的'0'跳变到'1'时，就将启动此进程语句，于是此 PROCESS 至 END PROCESS 引导的顺序语句即被执行一遍，然后返回进程的起始端，进入等待状态，直到下一次敏感信号表中某一信号或某些信号发生事件后才再次进入这种“启动-运行”状态。

3.2.4　并置操作符&

在例 2-1 中的操作符&表示将信号或数组合并起来形成新的数组矢量。例如，“VH” & “DL” 的结果为“VHDL”，'0'&'1'&'1'的结果为"011"。

显然，语句“S <= s1 & s0;”的作用：S(1) <= s1，S(0) <= s0。

利用并置符可以有多种方式来建立新的数组，如可以将一个单元素并置于一个数的左端或右端，形成更长的数组，或将两个数组并置成一个新数组等。在实际运算过程中，要注意并置操作前后的数组长度应一致。以下是一些并置操作示例：

```
SIGNAL a : STD_LOGIC_VECTOR(3 DOWNTO 0); --定义 a 为 4 元素标准矢量
SIGNAL d : STD_LOGIC_VECTOR(1 DOWNTO 0); --定义 d 为 2 元素标准矢量
...
a  <= '1' & '0' & d(1)& '1';          --元素与数值并置，并置后的数组长度为 4
...
IF (a & d = "101011") THEN ...        --在 IF 条件句中可以使用并置符
```

3.2.5　IF 语句

IF 语句是 VHDL 设计中最重要和最常用的顺序条件语句。这里将对 IF 语句的用法及表述做一下概述。IF 语句作为一种条件语句，它根据语句中所设置的一种或多种条件，选择性地执行指定的顺序语句。IF 语句的结构大致可归纳成以下 4 种。

```
IF   条件句  Then                      --类型 1 语句
顺序语句
END IF;

IF  条件句 Then                        --类型 2 语句
顺序语句
ELSE
顺序语句
END IF;

IF  条件句 Then                        --类型 3 语句
IF  条件句 Then
...
END IF
END IF

IF  条件句 Then                        --类型 4 语句
顺序语句
ELSIF  条件句 Then
顺序语句
...
ELSE
顺序语句
END IF
```

IF 语句中至少应有一个条件句，“条件句”可以是一个 BOOLEAN 类型的标识符，如“IF a2 THEN…;”；或者是一个判别表达式，如“IF (a<b+1) THEN…;”。判别表达式输出的值，即判断结果的数据类型是 BOOLEAN。IF 语句根据条件句产生的判断结果是 TRUE 或是 FALSE，有条件地选择执行其后的顺序语句。下面简要介绍此 4 类条件语句。

类型 1 条件语句的执行情况：当执行到此句时，首先检测关键词 IF 后的条件句的布尔值是否为真，如果条件为真，则将顺序执行顺序语句中列出的各条语句，直到 END IF，即完成全部 IF 语句的执行；如果条件检测为伪，则跳过以下的顺序语句不予执行，直接结束 IF 语句的执行。这种语句形式是一种非完整性顺序语语句，常用于产生时序电路。这是因为语句没有指出当未能满足条件句，即条件句的判断为 FALSE 时，应如何对待其中的顺序语句，此时隐含保留其中赋值原值的含义。

与类型 1 语句相比，类型 2 的 IF 语句的差异仅在于当所测条件为 FALSE 时，并不直接跳到 END IF 结束条件句的执行，而是转向 ELSE 以下的另一段顺序语句进行执行。所以类型 2 的 IF 语句具有条件分支的功能，就是通过测定所设条件的真假以决定执行哪一组顺序语句，在执行完其中一组语句后，再结束 IF 语句的执行。这是一种完整性条件语句，它给出了条件句所有可能的条件，因此常用于产生组合电路。

类型 3 的 IF 语句是一种多重 IF 语句嵌套式条件句，可以产生比较丰富的条件描述。既可以产生时序电路，也可以产生组合电路，或是二者的混合。该语句在使用中应注意，END IF 结束句应该与嵌入的条件句数量一致。

类型 4 的 IF 语句与类型 3 的语句一样，也可以实现不同类型电路的描述。该语句通过关键词 ELSIF 设定多个判定条件，以使顺序语句的执行分支可以超过两个。这一类型的语句有一个重要特点，就是其任一分支顺序语句的执行条件是以上各分支所确定条件的相与（即相关条件同时成立），即语句中顺序语句的执行条件具有向上逻辑相与的功能。有的逻辑设计恰好需要这种功能（如例 3-22 的优先编码器设计）。

3.3　IF 语句使用示例

以下将给出 IF 语句不同用法的示例，读者可重点关注使用进程语句 PROCESS 和 IF 语句构建不同形式的时序电路的方法。

3.3.1　D 触发器的 VHDL 描述

最简单、最常用且最具代表性的时序元件是 D 触发器，它是现代数字系统设计中最基本的底层时序单元，甚至是 ASIC 设计的标准单元。JK 和 T 等触发器都可由 D 触发器构建而来。D 触发器的描述包含了 VHDL 对时序电路最基本和典型的表达方式，同时也包含了 VHDL 许多独具特色的语言现象。

例 3-6 给出了 VHDL 对 D 触发器的一种常用描述形式，该程序使用了类型 1 的 IF 语句，综合结果是一个具有边沿触发性能的 D 触发器，如图 3-2 所示，其工作时序如图 3-3 所示。波形显示，只有当时钟上升沿到来时，其输出 Q 的数值才会随输入口 D 的数据而改变，在这里称之为更新。以下对例 3-6 的 VHDL 描述进行分析，使读者可深入认识类型 1 的 IF 语句的功能特点和用法。

【例 3-6】

```
LIBRARY IEEE;
USE IEEE.STD_LOGIC_1164.ALL;
ENTITY DFF1 IS
  PORT (CLK,D : IN STD_LOGIC;
             Q : OUT STD_LOGIC );
 END;
 ARCHITECTURE bhv OF DFF1 IS
  SIGNAL Q1 : STD_LOGIC;
  BEGIN
   PROCESS (CLK,Q1)    BEGIN
    IF  CLK'EVENT AND CLK='1'
         THEN  Q1<=D;  END IF;
    END PROCESS;
Q <= Q1;
    END bhv;
```

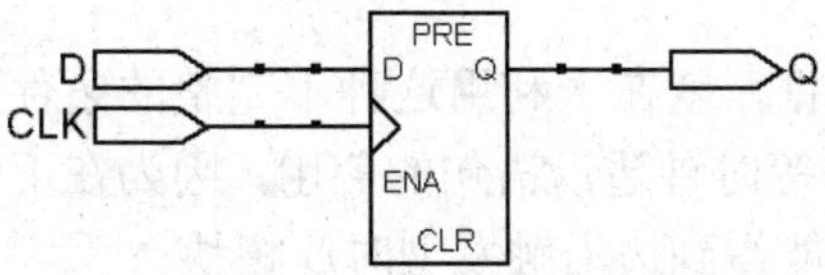

图 3-2　D 触发器模块图

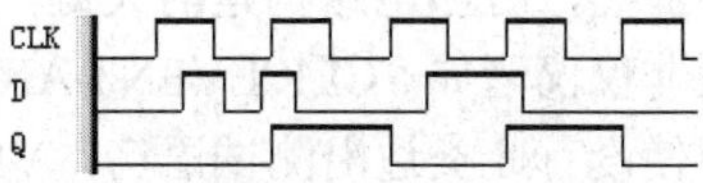

图 3-3　D 触发器时序波形

1．上升沿检测表达式和信号属性函数 EVENT

例 3-6 中的条件表达式"CLK'EVENT AND CLK='1'"是用于检测时钟信号 CLK 的上升沿的，即如果检测到 CLK 的上升沿，此表达式将输出 TRUE，因此这也可称为边沿敏感表述。用来获得信号行为信息的函数称为信号属性函数。关键词 EVENT 是信号属性函数，也包含在 IEEE 库的 STD_LOGIC_1164 程序包中。VHDL 通过以下表达式来测定某信号的跳变（变化）情况：

<信号名>'EVENT

短语"CLK'EVENT"就是对 CLK 标识符的信号在当前一个极小的时间段δ内发生事件的情况进行检测。所谓发生事件，就是 CLK 在其数据类型的取值范围内发生变化，从一种取值转变到另一种取值（或电平方式）。如果 CLK 的数据类型定义为 STD_LOGIC，则在δ时间段内，CLK 从其数据类型允许的 9 种值中的任何一个值向另一值跳变，如由'0'变成'1'、由'1'变成'0'或由'Z'变成'0'，都认为发生了事件，于是此表达式将输出一个布尔值 TRUE，否则为 FALSE。

如果将以上短语"CLK 'EVENT"改成语句"CLK 'EVENT AND CLK ='1'"，则表示一旦"CLK 'EVENT"在δ时间内测得 CLK 有一个跳变，而此小时间段δ之后又测得 CLK 为高电平'1'，即满足此语句右侧的 CLK ='1'的条件，于是二者逻辑相与（AND 是逻辑与操作符）后输出为 TRUE（对应数值为'1'），从而 IF 语句推断 CLK 在此刻有一个上升沿。

因此，以上的表达式就可以用来对信号 CLK 的上升沿进行检测，于是例 3-6 中的语句"CLK 'EVENT AND CLK = '1'"就成了 CLK 是否有上升沿变化的测试短语。

2．不完整条件语句与时序电路

现在来分析例 3-6 中对 D 触发器功能的描述。首先考查时钟信号 CLK 上升沿出现的情况（即满足 IF 语句条件的情况）。当 CLK 发生变化时，PROCESS 语句被启动，IF 语句将测定表达式“CLK'EVENT AND CLK='1'”是否满足条件，如果 CLK 的确出现了上升沿信号，则满足条件表达式对上升沿的检测，于是执行语句 Q1<=D，将 D 的数据向内部信号 Q1 赋值，即更新 Q1，并结束 IF 语句。最后将 Q1 的值向端口信号 Q 输出。

其次考查 CLK 没有发生变化，或者说 CLK 没有出现上升沿方式的跳变时 IF 语句的行为。这时由于 IF 语句不满足条件，即条件表达式给出 FALSE，于是将跳过赋值表达式 Q1<=D，不执行此赋值表达式而结束 IF 语句。由于在此 IF 语句中没有明确指出当 IF 语句不满足条件时做何操作，显然这是一种不完整的条件语句处理方式，即在条件语句中，没有将所有可能发生的条件给出对应的处理方式。

对于这种语言现象，VHDL 综合器的解释如下：不满足条件时，跳过赋值语句 Q1<=D 不予执行，这意味着保持 Q1 的原值不变，即保持前一次时钟上升沿后 Q1 被更新的值。对于数字电路来说，当输入改变后仍能保持原值不变，这就意味着使用了具有存储功能的元件，这必须引进时序元件来保存 Q1 中的原值，直到满足 IF 语句的判断条件后才能更新 Q1 中的值。

显然，时序电路构建的关键，或者说是依据，就在于利用这种不完整的条件语句的描述而非仅仅诸如“CLK'EVENT AND CLK='1'”等时钟边沿语句的应用，因为在下一节将介绍即使没有此类边沿测试语句，VHDL 也同样能得到边沿触发型时序模块。

这种构成时序电路的方式是 VHDL 描述时序电路最重要的途径。通常，完整的条件语句只能构成组合逻辑电路。

然而必须注意，虽然在构成时序电路方面，可以利用不完整的条件语句所具有的独特功能构成时序电路，但在利用条件语句进行组合电路设计时，如果没有充分考虑电路中所有可能出现的问题（条件），即没有列全所有的条件及其对应的处理方法，将导致不完整的条件语句的出现，从而综合出设计者并不希望存在的时序模块。

【例 3-7】

```
ENTITY COMP_BAD IS
  PORT(a,b  : IN BIT;   q  : OUT BIT);
END;
ARCHITECTURE one OF COMP_BAD IS
  BEGIN
CMP:  PROCESS (a,b)  BEGIN            -- CMP 是当前进程的标号或名称，不参与综合
          IF  a>b  THEN  q<='1';
       ELSIF a<b  THEN  q<='0'; END IF;-- 注意未提及当 a=b 时，q 做何操作
     END PROCESS;
END;
```

【例 3-8】

```
IF  a>b  THEN  q<='1';   ELSE  q<='0';   END IF;
```

在此，不妨比较例 3-7 和例 3-8 的综合结果。可以认为例 3-7 的原意是要设计一个纯组合电路的数据比较器，它使用了类型 4 的 IF 语句。在此程序中由于在条件句中忽视了给出当 a=b 时 q 做何操作的表述，导致出现了一个不完整的条件语句。这时，综合器对例 3-7 的语句解释如下：当条件 a=b 时，对 q 不做任何赋值操作，即在此情况下保持 q 的原值。这意味着必须为 q 配置一个寄存器，以便保存它的原值。例 3-7 的综合结果如图 3-4 所示，不难发现综合器为电路配置了一个锁存器。q 的输出是电路直接控制锁存器的置位与复位

端实现的。通常，在对这类电路进行测试仿真时很难发现在电路中已被插入了不必要的时序元件，这样就浪费了逻辑资源，降低了电路的工作速度，影响了电路的可靠性。因此，设计者应该尽量避免此类电路的出现。

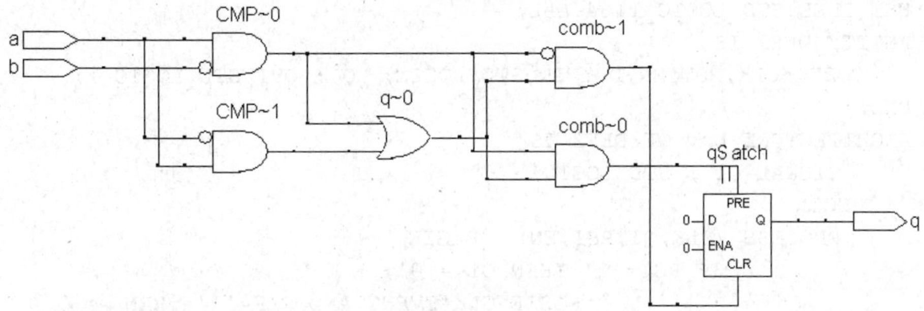

图 3-4　例 3-7 综合后的 RTL 电路图

例 3-8 是对例 3-7 的改进，它使用了类型 2 的 IF 语句，其中的“ELSE q<='0';”语句即已交代了当 a 小于等于 b 情况下 q 做何赋值行为，从而能产生图 3-5 所示的简洁的组合电路。

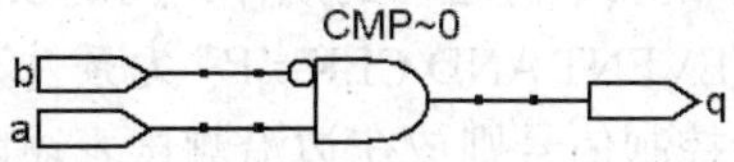

图 3-5　例 3-8 的 RTL 电路图

注意在例 3-6 中定义信号 Q1 的目的是在设计更大的电路时使用由此引入的信号，这是一种十分常用的时序电路设计的表述方式。事实上，如果在此例中不做 Q1 的信号定义，而将其中的赋值语句“Q1<=D;”改为“Q<=D;”，同样能综合出相同的结果，但不推荐这种设计方式或 VHDL 编码方式。

3.3.2　含异步复位和时钟使能 D 触发器的描述

实用的 D 触发器标准模块应该如图 3-6 所示，其时序波形图如图 3-7 所示。

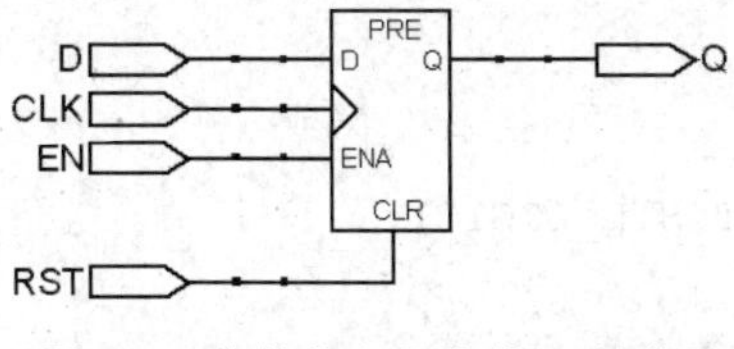

图 3-6　含使能和复位的 D 触发器

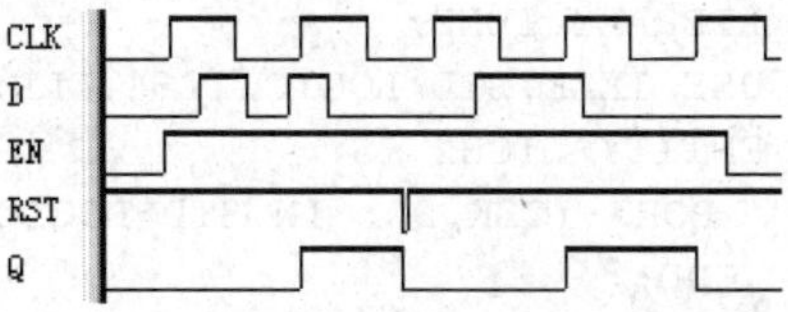

图 3-7　例 3-9 的时序图

此类 D 触发器，除了数据端 D、时钟端 CLK 和输出端 Q 外还有两个控制端，即异步复位端 RST 和时钟使能端 EN。这里所谓的“异步”是指独立于时钟控制的复位控制端，即在任何时刻，只要 RST='1'（有的 D 触发器基本模块是低电平清零有效），此 D 触发器的输出端即刻被清零，与时钟的状态无关。而时钟使能 EN 的功能是，只有当 EN=1 时，时钟上升沿才能导致触发器输出数据的更新。因此，接于图 3-6 所示的 D 触发器 ENA 的 EN 信号的功能是对时钟 CLK 有效性进行控制。当然也可以认为，EN 是时钟的同步信号。这种含有异步复位和时钟使能控制的 D 触发器的 VHDL 描述如例 3-9 所示，此程序使用了类型 3 的 IF 语句，而嵌套于内层的 IF 语句是不完整的条件语句。

【例 3-9】

```
LIBRARY IEEE;
USE IEEE.STD_LOGIC_1164.ALL;
ENTITY DFF2 IS
    PORT (CLK,RST,EN,D : IN STD_LOGIC;  Q : OUT STD_LOGIC );
END;
ARCHITECTURE bhv OF DFF2 IS
      SIGNAL Q1 : STD_LOGIC;
    BEGIN
      PROCESS (CLK,Q1,RST,EN)   BEGIN
                IF RST='1' THEN Q1<='0';
                            ELSIF CLK'EVENT AND CLK='1' THEN
                                  IF EN='1' THEN  Q1<=D; END IF;
                END IF;
      END PROCESS;
        Q <= Q1;
END bhv;
```

注意在 VHDL 表述的时序模块中有这样的规律：凡是独立于时钟的异步控制信号都放在以时钟边沿测试表述"CLK'EVENT AND CLK='1'"为条件语句的 IF 语句以外（或以上），凡是依赖于时钟有效性的同步控制信号则放在边沿测试表述以内（或以下）。

3.3.3　基本锁存器的描述

对基本锁存器的 VHDL 描述如例 3-10 所示。图 3-8 从左至右分别是综合例 3-10 后获得的锁存器 RTL 模块、内部电路结构以及此锁存器的时序波形图。时序波形显示，此锁存器是一个电平触发型时序模块。当时钟 CLK 为高电平时，输出 Q 的数值才会随 D 输入的数据而改变，即更新；而当 CLK 为低电平时，将保存其在高电平时锁入的数据。图 3-8 中，Q 输出的打叉图形表示此时的状态未知，这是因为之前的时钟情况未知。

【例 3-10】

```
LIBRARY IEEE;
USE IEEE.STD_LOGIC_1164.ALL;
ENTITY LTCH2 IS
  PORT (CLK,D : IN STD_LOGIC;   Q : OUT STD_LOGIC);
 END;
 ARCHITECTURE bhv OF LTCH2 IS
   BEGIN
   PROCESS (CLK, D)    BEGIN
       IF  CLK='1'  THEN  Q <= D;  END IF;
   END PROCESS;
END  bhv;
```

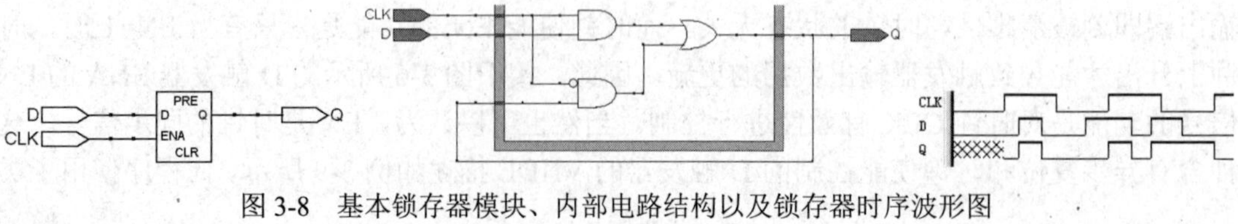

图 3-8　基本锁存器模块、内部电路结构以及锁存器时序波形图

下面来分析例 3-10 对锁存器功能的描述。

与对 D 触发器的描述不同，此例中没有使用时钟边沿敏感表述“CLK'EVENT AND CLK='1'”。首先考查时钟信号 CLK。假设某个时刻，CLK 由低电平'0'变为高电平'1'，这时过程语句被启动，于是顺序执行以下的类型 1 的 IF 语句，而此时恰好满足 IF 语句的条件（即 CLK='1'），于是执行赋值语句 Q<=D，将 D 的数据向 Q 赋值（即更新 Q），并结束 IF 语句。其实至此还不能认为综合器即可借此构建时序电路。必须再来考察问题的另一面才能决定，即考察以下两种情况。

（1）当 CLK 发生了电平变化，是从'1'变到'0'，这时无论 D 是否变化，都将启动过程，去执行 IF 语句，但这时 CLK='0'，不满足 IF 语句的条件，故直接跳过 IF 语句，从而无法执行赋值语句 Q<=D，于是 Q 只能保持原值不变，这就意味着设计模块中需要引入存储元件，因为只有存储元件才能满足输入改变而 Q 保持不变的条件。

（2）当 CLK 没有发生任何变化，且 CLK 一直为'0'（结果与以上讨论相同），而敏感信号 D 发生了变化时，这时也能启动过程，但由于 CLK='0'，将直接跳过 IF 语句，从而同样无法执行赋值语句 Q<=D，导致 Q 只能保持原值，这也意味着设计模块中需要引入存储元件。

在以上两种情况中，由于 IF 语句不满足条件，于是将跳过赋值表达式 Q<=D，不执行此赋值表达式而结束 IF 语句和过程。对于这种语言现象，VHDL 综合器解释如下：对于不满足的条件，跳过赋值语句 Q<=D 不予执行，这意味着保持 Q 的原值不变，即保持前一次满足 IF 条件时 Q 被更新的值。

那么为什么综合出的时序元件是电平触发型锁存器而不是边沿型触发器呢？

这里不妨再考察例 3-10 中另一种可能的情况。假设例 3-10 中 CLK 一直为'1'，而当 D 发生变化时，必定启动过程，执行 IF 语句中的 Q<=D，从而更新 Q。而且在这个过程中，只要 D 有所变化，输出 Q 就将随之变化，这就是所谓的锁存器的“透明”。因此锁存器也称为透明寄存器。反之，如前文讨论的情况，当 CLK='0'时，D 即使有所变化，也不可能执行 IF 语句（满足 IF 语句的条件表述），从而保持了 Q 的原值。

和 D 触发器不同，在 FPGA 中，综合器引入的锁存器在许多情况下（不同的综合器、不同的 FPGA 结构或不同的 ASIC 标准模块等）不属于现成的基本时序模块，所以需要用含反馈的组合电路来构建，其电路结构通常如图 3-8 所示。显然，这比直接调用 D 触发器要额外耗费组合逻辑资源。

需要注意的是，图 3-8 与图 3-6 电路元件的端口 ENA 的功能是完全不同的，前者的 ENA 的功能类似于时钟 CLK，是数据锁存允许控制端，而后者则是时钟使能端。

其实对例 3-10 的进程敏感表中的敏感信号稍作变动，就能使例 3-10 综合出边沿敏感时序模块（即 D 触发器）来。例 3-11 就是改动后的程序，即将例 3-10 中进程敏感信号表中的两个敏感信号改成只有 CLK 一个敏感信号。于是其综合结果变成了图 3-2 的 D 触发器，而时序波形与图 3-3 完全相同。

【例 3-11】

```
PROCESS (CLK)     BEGIN
   IF  CLK='1'  THEN  Q <= D;  END IF;
END PROCESS;
```

显然，与 Verilog 不同，VHDL 在没有特定的边沿敏感语句条件下，仅靠语句对行为的描述同样能综合出 D 触发器来，这充分证明了 VHDL 强大的行为描述能力。

例 3-11 描述的 D 触发器的 CLK 边沿检测是由 PROCESS 语句和 IF 语句的功能特性相

结合实现的。其原理是：当 CLK 为'0'时，PROCESS 语句处于等待状态，直到发生一次由'0'到'1'的跳变才启动进程语句。而在进入进程执行 IF 语句时，又满足了 CLK 为'1'的条件，于是对 Q 进行赋值更新。而此前 Q 一直保持原值不变，直到下一次上跳时钟边沿的到来。

必须指出，例 3-11 中，通过在进程中只保留 CLK 作为敏感信号，从而导致边沿型触发的时序元件的综合结果，并非具有一般意义。即通过在敏感信号表中安排和选择不同敏感信号来改变电路的功能只对少数 VHDL 综合器有效（如 Quartus 等），而多数综合器都默认要求在进程的敏感信号表中必须列出所有可能导致本进程启动的输入信号。所以，对于构建边沿触发型时序模块，推荐尽量使用例 3-6 的形式来完成。

3.3.4　含清零控制锁存器的描述

例 3-12 给出了含清零控制锁存器的 VHDL 描述，图 3-9 是综合后的 RTL 模块，图 3-10 是此电路的仿真波形。此类锁存器多数也由含反馈电路的组合逻辑元件构建而成。

【例 3-12】

```
LIBRARY IEEE;
USE IEEE.STD_LOGIC_1164.ALL;
ENTITY LTCH3 IS
    PORT (CLK,D,RST : IN STD_LOGIC;
       Q : OUT STD_LOGIC );
END;
     ARCHITECTURE bhv OF LTCH3 IS
    BEGIN
    PROCESS (CLK,D,RST)    BEGIN
      IF RST='1' THEN Q<='0';
      ELSIF  CLK = '1'  THEN  Q <= D;
    END IF;
    END PROCESS;
END bhv;
```

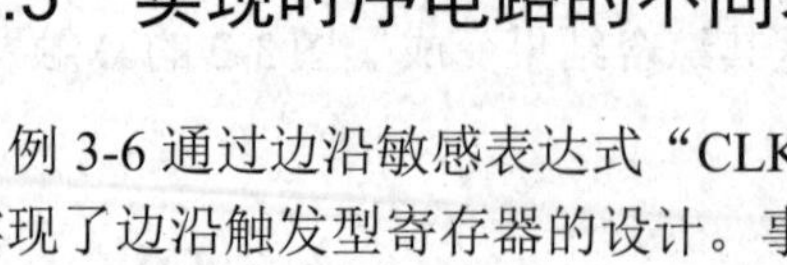

图 3-9　含异步清零的锁存器

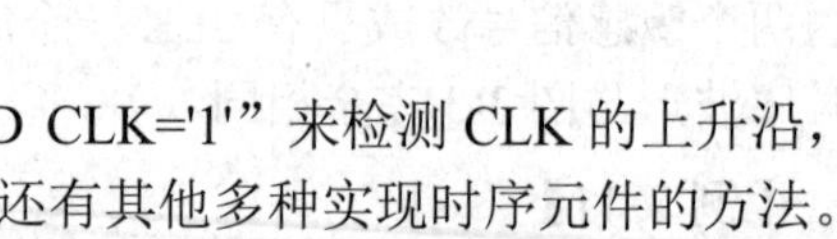

图 3-10　锁存器的仿真波形

3.3.5　实现时序电路的不同表述方式

例 3-6 通过边沿敏感表达式“CLK'EVENT AND CLK='1'”来检测 CLK 的上升沿，从而实现了边沿触发型寄存器的设计。事实上 VHDL 还有其他多种实现时序元件的方法。

严格地说，如果信号 CLK 的数据类型是 STD_LOGIC，则它可能的取值有 9 种，而 CLK'EVENT 为真的条件是 CLK 在 9 种数据中的任何两种间的跳变，因而当表达式“CLK'EVENT AND CLK='1'”为真时，并不能推定 CLK 在 δ时刻前一定是'0'（例如，它可以从'Z'变到'1'），因此即使 CLK 有事件发生，也不能肯定 CLK 发生了一次由'0'到'1'的上升沿的跳变。为了确保此 CLK 发生的是一次上升沿的跳变，例 3-6 可采用如下表达式：

```
CLK'EVENT AND (CLK='1') AND (CLK'LAST_VALUE='0')
```

与'EVENT 一样，'LAST_VALUE 也属于信号属性函数，它表示最近一次事件发生前的值。CLK'LAST_VALUE='0'为 TRUE，表示 CLK 在δ时刻前必为'0' 。

如果“CLK'EVENT AND CLK='1'”和“CLK'LAST_VALUE='0'”逻辑相与的结果为真，则保证了 CLK 在 δ时刻内的跳变是从'0'变到'1'的。例 3-13、例 3-14 和例 3-15 都有相同的用意，只是例 3-15 调用了一个测定 CLK 上升沿的函数 RISING_EDGE()。

【例 3-13】

```
IF  (CLK'EVENT AND CLK='1') AND (CLK'LAST_VALUE='0')
    THEN  Q <= D;           --确保 CLK 的变化是一次上升沿的跳变
END IF;
```

【例 3-14】

```
IF  CLK='1' AND CLK'LAST_VALUE ='0'  THEN  Q <= D;  END IF;
```

【例 3-15】

```
IF  RISING_EDGE(CLK)         --注意使用此函数时必须打开 STD_LOGIC_1164 程序包
    THEN  Q1 <= D;
END IF;
```

RISING_EDGE()是 VHDL 在 IEEE 库中标准程序包 STD_LOGIC_1164 内的预定义函数，这条语句只能用于标准逻辑位数据类型 STD_LOGIC 的信号。因此必须打开 IEEE 库和程序包 STD_LOGIC_1164，然后定义相关信号（如 CLK）的数据类型为 STD_LOGIC。

此外，检测下降沿可用的语句有：CLK='0' AND CLK'LAST_VALUE='1'、falling_edge()、CLK'EVENT AND (CLK='0')等。

下面的例 3-16 则是利用了一条 wait until 语句实现时序电路设计的，含义是如果 CLK 当前的值不是'1'，就等待并保持 Q 的原值不变，直到 CLK 变为'1'时才对 Q 进行赋值更新。VHDL 要求当进程语句中使用 wait 语句后，就不必列出敏感信号。

【例 3-16】

```
WREG: PROCESS    BEGIN
      WAIT UNTIL CLK = '1';      --利用 WAIT 语句
       Q <= D;
END PROCESS;
```

其实并行语句也能产生时序电路模块，以下的 D 触发器描述程序是利用所谓卫士块语句（GUARDED BLOCK）来完成的。

```
G1 : BLOCK (CLK'EVENT AND CLK='1')   BEGIN
     q<=GUARDED d;    END BLOCK G1;
```

考虑到多数综合器并不理会边沿检测语句中信号的 STD_LOGIC 的其他数据类型（即除了'1'和'0'以外的其他 7 种值)，因此最常用和通用的边沿检测表达式通常是 CLK'EVENT AND CLK='1'表达式或函数 RISING_EDGE()。

3.3.6　4 位二进制加法计数器设计

在了解了 D 触发器的 VHDL 基本语言现象和设计方法后，对于计数器的设计就比较容易理解了，以下给出几则 VHDL 不同表述方式的计数器程序。

例 3-17 所示的是一个 4 位二进制加法计数器的 VHDL 描述。

【例 3-17】

```
ENTITY CNT4 IS
  PORT (CLK : IN BIT;  Q  : BUFFER INTEGER RANGE 15 DOWNTO 0);
  END;
ARCHITECTURE bhv OF CNT4 IS
  BEGIN
  PROCESS (CLK) BEGIN
     IF  CLK'EVENT AND CLK = '1'  THEN   Q<=Q+1;   END IF;
  END PROCESS;
END bhv;
```

例 3-17 电路的输入端口只有一个：计数时钟信号 CLK。数据类型是二进制逻辑位 BIT；输出端口 Q 的端口模式定义为 BUFFER，其数据类型定义为整数类型 INTEGER，并用关键词 RANGE 限定了 Q 的取数范围是 0～15，综合器会将 Q 自动处理成 4 位位宽矢量。

由例 3-17 中的计数器累加表达式 Q<=Q+1 可知，在符号"<="的两边都出现了 Q，表明 Q 应当具有输入和输出两种端口模式特性，同时它的输入特性应该是反馈方式，即赋值符"<="右边的 Q 来自左边的 Q（输出信号）的反馈。显然，Q 的端口模式与 BUFFER 的功能定义最吻合，因而在此定义 Q 为 BUFFER 模式。不过，需要再次提醒，表面上 BUFFER 具有双向端口 INOUT 的功能，但实际上其输入功能是不完整的，它只能将自己输出的信号再反馈回来，这并不意味它含有端口 IN 的功能。

前文曾提到，VHDL 规定加、减等算术操作符对应的操作数（如式 a+b 中的 a 和 b）的数据类型只能是 INTEGER（除非对算术操作符有一些特殊的说明，如重载函数的利用等）。因此如果定义 Q 为 INTEGER，表达式 Q<=Q+1 的运算和数据传输（赋值）都能满足 VHDL 对算术操作的基本要求，即式中的 Q 和 1 都是整数类型，且满足符号"<="两边都是整数类型，加号"+"两边也都是整数类型的条件。

例 3-17 中的时序电路描述与例 3-6 中的 D 触发器描述方式是基本一致的，也使用了 IF 语句的不完整描述，使得当不满足时钟上升沿条件（即"CLK'EVENT AND CLK='1'"的返回值是"false"）时，不执行语句 Q<=Q+1，即将上一时钟上升沿的赋值 Q+1 仍保留在左边的 Q 中，直到检测到 CLK 的新的上升沿才更新数据。这里，表达式 Q<=Q+1 的右项与左项并非处于相同的时刻。对于时序电路，除了传输延时外，前者的结果出现于当前时钟周期；后者，即左项要获得当前的 Q+1，需等待下一个时钟周期。

3.3.7 计数器更常用的 VHDL 表达方式

例 3-18 是一种更为常见的计数器 VHDL 表达方式，在表述形式上比例 3-17 更接近例 3-6。主要表现在电路所有端口的数据类型都定义为标准逻辑位或位矢量，且定义了中间节点信号。这种设计方式的好处是比较容易与其他电路模块接口。

【例 3-18】

```
LIBRARY IEEE;
USE IEEE.STD_LOGIC_1164.ALL;
USE IEEE.STD_LOGIC_UNSIGNED.ALL;
ENTITY CNT4 IS
PORT (CLK : IN STD_LOGIC;  Q : OUT STD_LOGIC_VECTOR(3 DOWNTO 0));
END;
ARCHITECTURE bhv OF CNT4 IS
```

```
            SIGNAL Q1 : STD_LOGIC_VECTOR(3 DOWNTO 0);
    BEGIN
      PROCESS(CLK)   BEGIN
         IF CLK'EVENT AND CLK = '1' THEN  Q1<=Q1+1;
            END IF;
      END PROCESS;
         Q <= Q1;
    END bhv;
```

与例 3-17 相比，此例有如下一些新的语法内容。

（1）输入信号 CLK 被定义为标准逻辑位 STD_LOGIC，输出信号 Q 的数据类型明确定义为 4 位标准逻辑位矢量 STD_LOGIC_VECTOR(3 DOWNTO 0)，因此，必须利用 LIBRARY 语句和 USE 语句打开 IEEE 库的程序包 STD_LOGIC_1164。

（2）Q 的端口模式是 OUT，由于 Q 没有输入的端口特性，因此 Q 不能如例 3-17 那样直接用在表达式 Q<=Q+1 中，但考虑到计数器必须建立一个用于计数累加的寄存器，因此在计数器内部先定义一个信号 Q1，与例 3-6 中对 Q1 的定义相同。

由于 Q1 是内部的信号，不必像端口信号那样需要定义它们的端口模式，即 Q1 的数据流动是不受方向限制的。因此可以在 Q1<=Q1+1 中用信号 Q1 来完成累加的任务，然后将累加的结果用语句 Q<=Q1 向端口 Q 输出。于是在例 3-18 的不完整的 IF 条件语句中，Q1 变成了内部加法计数器。

（3）考虑到 VHDL 不允许在不同数据类型的操作数之间进行直接操作或运算，而 Q1<=Q1+1 中数据赋值传输符“<=”右边加号“+”的两个操作数分属不同的数据类型：Q1 为逻辑矢量、1 为整数。它们不满足算术符“+”对应的操作数必须是整数类型，且相加之和也为整数类型的要求。因此必须对 Q1<=Q1+1 中的加号“+”赋予新的功能，使之也可以允许不同数据类型的数据相加，且相加之和必须为标准逻辑矢量。

方法之一就是调用一个函数，以便赋予加号“+”具备新的数据类型的操作功能，这就是所谓的运算符重载，即为算符赋予新的功能，这个函数称为运算符重载函数。

为了方便各种不同数据类型间的运算操作，VHDL 允许用户对原有的基本操作符重新定义，赋予新的含义和功能，从而建立一种新的操作符。事实上，VHDL 的 IEEE 库中的 STD_LOGIC_UNSIGNED 程序包中预定义的操作符，如加（+）、减（-）、乘（*）、等于（=）、大于等于（>=）、小于等于（<=）、大于（>）、小于（<）、不等于（/=）、逻辑与（AND）等，对相应的数据类型 INTEGRE、STD_LOGIC 和 STD_LOGIC_VECTOR 的操作做了重载，赋予了新的数据类型操作功能，即通过重新定义运算符的方式允许被重载的运算符能够对新的数据类型进行操作，或者允许不同的数据类型之间用此运算符进行运算。例 3-18 中第 3 行使用语句“USE IEEE.STD_LOGIC_UNSIGNED.ALL;”的目的就在于此，即当遇到例 3-18 中的“+”符号时，调用“+”符号的运算符重载函数，完成整数与标准矢量间的加法运算，并使计算结果自动转换为位矢量类型。

例 3-17 和例 3-18 的综合结果是相同的，其 RTL 电路如图 3-11 所示，其工作时序如图 3-12 所示，图中的 Q 显示的波形是以总线方式表达的，其数据格式是十六进制，是 Q(3)、Q(2)、Q(1)和 Q(0)波形的叠加，如十六进制数值“A”即为“1010”。

由图 3-11 可知，4 位加法计数器由两大部分组成。

（1）完成加 1 操作的纯组合电路加法器。它右端输出的数始终比左端给的数多 1，如输入为“1001”，则输出为“1010”。因此换一种角度看，此加法器等同于一个译码器，它完成的是一个二进制码的转换功能，其转换的时间即为此加法器的运算延迟时间。

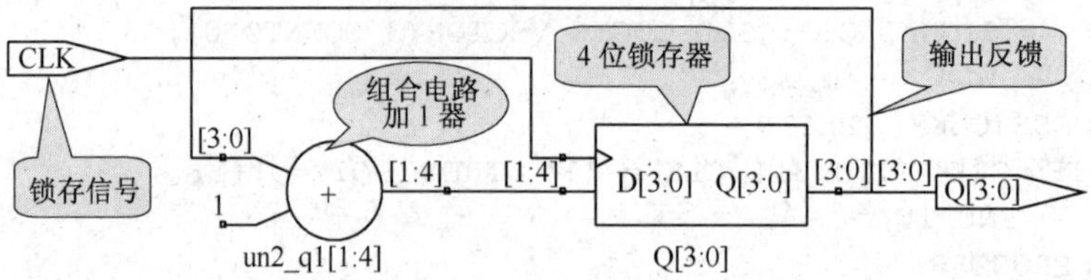

图 3-11　4 位加法计数器 RTL 电路

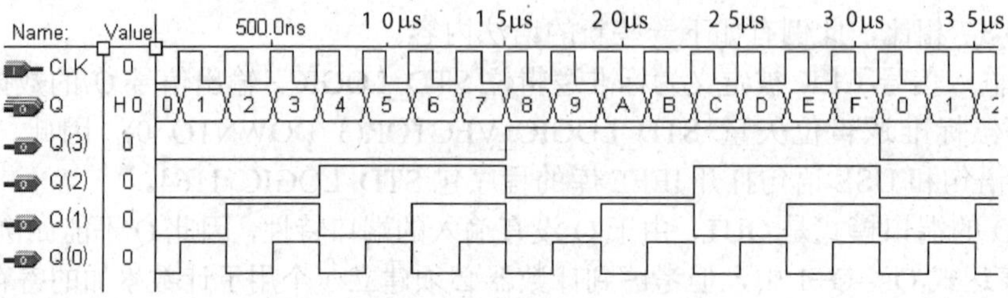

图 3-12　4 位加法计数器工作时序

（2）4 位边沿触发方式锁存器。这是一个纯时序电路，计数信号 CLK 实际上是其锁存允许信号。

图 3-12 显示，在输出端还有一个反馈通道，它一方面将锁存器中的数据向外输出，另一方面将此数反馈回加 1 器，以作为下一次累加的基数。不难发现，尽管例 3-17 和例 3-18 中设定的输出信号的端口模式不同，前者是 BUFFER，而后者是 OUT，但综合后的输出电路结构是相同的。这表明缓冲模式 BUFFER 并非某种特定端口电路结构，它只是对端口具有某种特定工作方式的描述，事实上 BUFFER 端口模式并非是必需的，Verilog 就没有此类端口模式。

从表面上看，计数器仅对 CLK 的脉冲进行计数，但电路结构却显示了 CLK 的真实功能只是锁存数据，而真正完成加法操作的是组合电路加 1 器（其实是一个译码器）。

3.3.8　设计一个实用计数器

这里将给出更具实用意义的计数器的设计示例，并同步给出相关的 VHDL 语法知识。例 3-19 主要利用类型 3 的 IF 语句描述了一个带有异步复位和同步加载功能的十进制加法计数器。以下对此计数器的功能和设计原理做简要说明。

【例 3-19】

```
LIBRARY IEEE;
USE IEEE.STD_LOGIC_1164.ALL;
USE IEEE.STD_LOGIC_UNSIGNED.ALL;
ENTITY CNT10 IS
PORT (CLK,RST,EN,LOAD : IN STD_LOGIC;
 DATA : IN STD_LOGIC_VECTOR(3 DOWNTO 0);       --4 位预置数
 DOUT : OUT STD_LOGIC_VECTOR(3 DOWNTO 0);      --计数值输出
 COUT : OUT STD_LOGIC);                        --计数进位输出
END CNT10;
ARCHITECTURE behav OF CNT10 IS
BEGIN
PROCESS(CLK, RST, EN, LOAD)
   VARIABLE  Q : STD_LOGIC_VECTOR(3 DOWNTO 0);
BEGIN
```

```
        IF RST='0' THEN   Q := (OTHERS=>'0');            --复位低电平时，计数寄存器清零
        ELSIF CLK'EVENT AND CLK='1' THEN                 --测试时钟上升沿
          IF EN='1' THEN                                 --计数使能高电平，允许计数
            IF (LOAD='0') THEN  Q := DATA; ELSE          --预置控制低电平，允许加载
              IF Q<9 THEN   Q := Q + 1;                  --计数小于9，继续累加
                ELSE   Q := (OTHERS=>'0'); END IF;       --否则计数清零
            END IF;
          END IF;
      END IF;
      IF Q="1001" THEN COUT<='1'; ELSE   COUT<='0'; END IF;
      DOUT <= Q;                                         --计数寄存器的值输出端口
      END PROCESS;
      END behav;
```

例3-19的进程语句中含有两个独立的IF语句。第一个IF语句属于类型3，嵌套了多个IF语句，其中含有非完整性条件语句，因而将产生计数器时序电路；第二个IF语句条件叙述完整，属于类型2，故产生一个纯组合逻辑的多路选择器。

例3-19的程序功能是这样的：时钟信号CLK、复位信号RST、时钟使能信号EN或加载信号LOAD中任一信号发生变化，都将启动进程语句PROCESS。此时如果RST为'0'，将对计数器清零，即复位。这项操作是独立于CLK的异步行为，如果RST为'1'，则判断是否有时钟信号的上升沿；如果此时有CLK信号，且又测得EN='1'，接下去判断加载控制信号LOAD的电平。如果LOAD为低电平，则允许将输入口的4位加载数据置入计数寄存器中，以便计数器在此数基础上累加计数。而若LOAD为高电平，则允许计数器计数，此时若满足计数值小于9，即Q<9，计数器将进行正常计数，即执行语句“Q := Q+1;”，否则对计数器清零。但如果测得EN ='0'，则跳出IF语句，使Q保持原值，并将计数值向端口输出“DOUT<=Q;”。

第2个IF语句的功能是当计数器Q的计数值达到9时，由端口COUT输出高电平'1'，作为十进制计数溢出的进位信号；而当Q为其他值时，输出低电平'0'。

此外，为了形成内部的寄存器时序电路，将Q定义为变量，而没有按通常的方法定义成信号。虽然变量的一般功能是作为进程中数据的暂存单元（这主要是针对VHDL仿真而言的，对于VHDL综合不完全是这样），但不完整的IF条件语句中，变量赋值语句Q:=Q+1同样能综合出时序电路。

例3-19中的语句“Q := (OTHERS=>'0');”等效于向变量Q赋值“0000”。

读者可能已从此例注意到，在IF的条件语句“Q<9”的比较符号（“<”是小于的比较符号）两边都出现了数据类型不相同的现象，这显然只能通过自动调用程序包STD_LOGIC_UNSIGNED中的运算符重载函数才能解决。

图3-13是例3-19的工作时序波形图。由分析可知，程序所描述的功能与图3-13的波形是完全一致的。

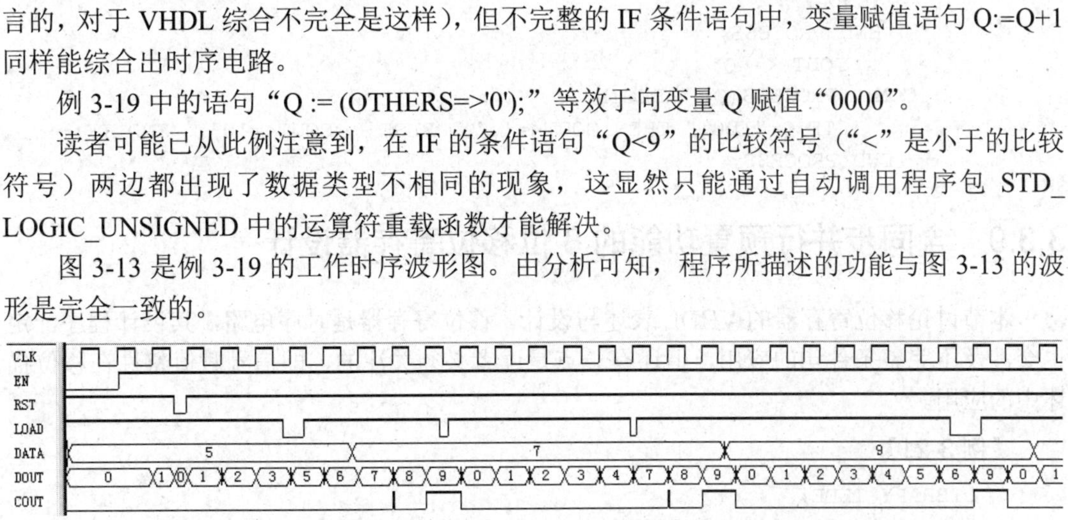

图3-13 例3-19的工作时序（目标器件是Cyclone系列EP1C3）

（1）当计数使能 EN 为高电平时允许计数，RST 为低电平时计数器被清零。

（2）由于图中出现的加载信号 LOAD 是同步加载控制信号，其第一个负脉冲恰好在 CLK 的上升沿处，故将 5 加载于计数器，此后由 5 计数到 9，出现了第一个进位脉冲。由于 LOAD 第 2 个负脉冲未在 CLK 上升沿处，故没有发生加载操作，而第 3、第 4 个负脉冲都出现了加载操作，这是因为它们都处于 CLK 的上升边沿处。

（3）从图中还能发现，凡当计数从 7 计到 8 时都有一毛刺信号，这是因为 7（0111）到 8（1000）的逻辑变化最大，每一位都发生了改变，导致各位信号传输路径不一致性增大。当然，毛刺在此处出现不是绝对的。如果器件速度高，且系统优化恰当，遇到同样情况不一定会出现毛刺。实践证明，如果选用较高速的 Cyclone 3 或 Cyclone 4E 系列的 FPGA，就不会出现此毛刺。这是因为在高速条件下，即使是相同的电路结构，其通道上的分布电容将体现更大的时间常数，从而更容易吸收在相同条件下生成的毛刺。

前文谈到，例 3-19 的进程语句中含有两个独立的 IF 语句，第一个 IF 语句产生了计数器时序电路；第二个 IF 语句产生一个纯组合逻辑的多路选择器。实际上，从程序的结构上讲，一般更常用的表述是将这两个独立的 IF 语句分别用两个独立的进程语句来表达，一个为时序进程，或称为时钟进程；另一个为组合进程。对应的程序如例 3-20 所示。注意在例 3-20 表述的结构中，必须定义 Q 为信号，这是因为在结构体中信号具有全局性，它能将一个进程中的数据带入另一个进程。

【例 3-20】

```
SIGNAL  Q : STD_LOGIC_VECTOR(3 DOWNTO 0);
...
REG:  PROCESS(CLK, RST, EN,Q,LOAD)   BEGIN
     IF RST='0' THEN   Q <= (OTHERS=>'0');
       ELSIF CLK'EVENT AND CLK='1' THEN
         IF EN='1' THEN
           IF (LOAD='0') THEN  Q<=DATA;    ELSE
             IF Q<9 THEN   Q<=Q+1;  ELSE   Q<=(OTHERS=>'0');  END IF;
           END IF;
         END IF;
       END IF;
      END PROCESS;
         DOUT <= Q;
    COM:  PROCESS(Q)   BEGIN
           IF Q="1001" THEN COUT<='1';  ELSE   COUT<='0';  END IF;
      END PROCESS;
```

3.3.9　含同步并行预置功能的 8 位移位寄存器设计

本节讨论移位寄存器的 VHDL 表述与设计。移位寄存器是时序电路，其设计程序一定也会涉及不完整条件句的应用，但还有一点是读者必须关注的，即信号赋值特性在移位描述中的应用。

【例 3-21】

```
LIBRARY IEEE;
USE IEEE.STD_LOGIC_1164.ALL;
ENTITY SHFT IS
```

```
      PORT (CLK, LOAD : IN STD_LOGIC;  QB : OUT STD_LOGIC;
                DIN  : IN STD_LOGIC_VECTOR(7 DOWNTO 0);
                DOUT : OUT STD_LOGIC_VECTOR(7 DOWNTO 0));
   END SHFT;
   ARCHITECTURE behav OF SHFT IS
    SIGNAL REG8 : STD_LOGIC_VECTOR(7 DOWNTO 0);
      BEGIN
      PROCESS (CLK, LOAD)   BEGIN
        IF CLK'EVENT AND CLK = '1' THEN
          IF LOAD = '1' THEN  REG8 <= DIN;--由（LOAD='1'）装载新数据
            ELSE  REG8(6 DOWNTO 0) <= REG8(7 DOWNTO 1);   END IF;
        END IF;
       END PROCESS;
         QB <= REG8(0);     DOUT<=REG8;
   END behav;
```

例 3-21 是一个带有同步预置控制功能的 8 位右移移位寄存器的设计。CLK 是移位时钟信号，DIN 是 8 位并行预置数据端口，LOAD 是并行数据预置使能信号，QB 是串行输出端口，DOUT 是移位并行输出。此电路的工作原理如下：当 CLK 的上升沿到来时，进程被启动，如果这时预置使能 LOAD 为高电平，则将输入端口的 8 位二进制数并行置入移位寄存器中，作为串行右移输出的初始值；如果 LOAD 为低电平，则执行语句：

```
REG8(6 DOWNTO 0)<= REG8(7 DOWNTO 1);
```

此语句表明的功能如下。

（1）一个时钟周期后将上一时钟周期移位寄存器中的高 7 位二进制数，即当前值 REG8(7 downto 1)赋给此寄存器的低 7 位 REG8(6 downto 0)。于是其串行移空的最高位始终由最初并行预置数的最高位填补。

（2）将上一时钟周期移位寄存器中的最低位，即当前值 REG8(0)向 QB 输出。

随着 CLK 脉冲的到来，就完成了将并行预置输入的数据逐位向右串行输出的功能，即将寄存器中的最低位首先输出。此例利用进程中的非完整条件语句构成了时序电路，同时又利用了信号赋值的“并行”特性实现了移位。

例 3-21 的工作时序如图 3-14 所示。由时序波形可见，由于第一个加载信号没有出现在时钟的上升沿处，数据未被载入；并行输入的数据“10011011”直到第 2 个加载信号出现才于第 2 个时钟上升沿处被载入。此时 DIN 口上的 8 位数据被锁入 REG8 中。第 3 个时钟以及以后的时钟信号都是移位时钟。但应该注意的是，由于程序中赋值语句 QB<=REG8(0)在 IF 语句结构的外面，因此它的执行并非需要当前的时钟信号，属于异步方式，即最低位的串行输出要早于移位时钟一个周期。这一点可以从波形图中清楚地看出：在第 2 个执行并行数据加载的时钟后，QB 输出了被加载的第 1 位右移数 '1'，而此时的 REG8 内仍然是“10011011”。

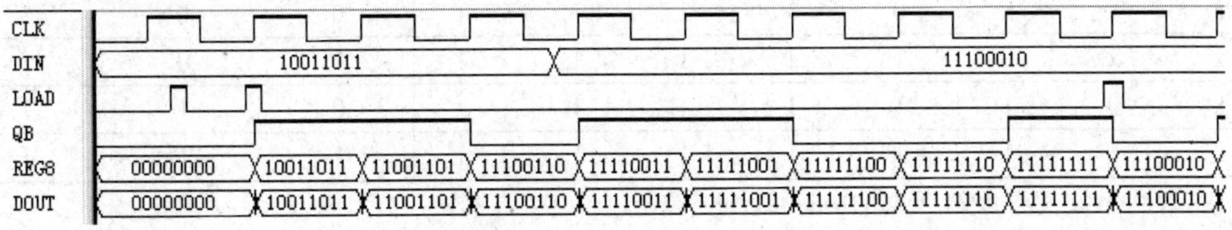

图 3-14　例 3-21 的工作时序

第 3 个时钟后，QB 输出了右移出的第 2 个位'1'，此时的 REG8 内变为 CD（11001101），其最高位被填为'1'。如此进行下去，直到第 8 个 CLK 后，右移出了所有 8 位二进制数，最后一位是'1'。此时 REG8 内是 FF，即全部被 DIN 的最高位'1'填满。

3.3.10 优先编码器设计

例 3-22 正是利用了类型 4 的 IF 语句中各条件向上逻辑相与这一功能，以十分简洁的描述完成了一个 8 线-3 线优先编码器的设计，表 3-3 是此编码器的真值表。显然，程序的最后一项赋值语句“output<="111"”的执行条件（相与条件）是：(din(7)='1') AND (din(6)='1') AND (din(5)='1') AND (din(4)='1') AND (din(3)='1') AND (din(2)='1') AND (din(1)='1') AND (din(0)='0')。这恰好与表 3-3 最后一行吻合。

【例 3-22】

```
LIBRARY IEEE;
USE IEEE.STD_LOGIC_1164.ALL;
ENTITY coder IS
  PORT (din : IN STD_LOGIC_VECTOR(0 TO 7);
         output : OUT STD_LOGIC_VECTOR(0 TO 2));
END coder;
ARCHITECTURE behav OF coder IS
 BEGIN
    PROCESS (din)  BEGIN
       IF (din(7)='0') THEN  output <= "000";
    ELS IF (din(6)='0') THEN  output <= "100";
    ELS IF (din(5)='0') THEN  output <= "010";
    ELS IF (din(4)='0') THEN  output <= "110";
    ELS IF (din(3)='0') THEN  output <= "001";
    ELS IF (din(2)='0') THEN  output <= "101";
    ELS IF (din(1)='0') THEN  output <= "011";
                        ELSE  output <= "111";
     END IF;
    END PROCESS;
END behav;
```

表 3-3　8 线-3 线优先编码器真值表

输入								输出		
din(0)	din(1)	din(2)	din(3)	din(4)	din(5)	(din6)	din(7)	output(0)	output(1)	output(2)
x	x	x	x	x	x	x	0	0	0	0
x	x	x	x	x	x	0	1	1	0	0
x	x	x	x	x	0	1	1	0	1	0
x	x	x	x	0	1	1	1	1	1	0
x	x	x	0	1	1	1	1	0	0	1
x	x	0	1	1	1	1	1	1	0	1
x	0	1	1	1	1	1	1	0	1	1
0	1	1	1	1	1	1	1	1	1	1

注：表中的“x”为任意值，类似 VHDL 中的“-”值。

3.4　VHDL 其他顺序语句

本节下面介绍的顺序语句也都属于可综合语句，尽管在 VHDL 编程中的使用频率略低，但仍属于常用语句。最后再介绍一些典型应用示例，使读者能更好地掌握这些语句的使用方法，并由此了解更多的 VHDL 语法知识。

3.4.1　LOOP 循环语句

LOOP 语句属于可综合的循环语句，它可以使所包含的一组顺序语句被循环执行，其执行次数可由设定的循环参数决定。LOOP 语句最为常用的表达方式有以下两种。

（1）单个 LOOP 语句，其语句格式如下：

```
[ LOOP 标号： ] LOOP
    顺序语句
END LOOP [ LOOP 标号 ];
```

这种循环方式是一种最简单的语句形式，它的循环方式需引入其他控制语句（如 EXIT 语句）后才能确定；“LOOP 标号”可任选。用法示例如下：

```
...
L2 : LOOP
      a := a+1;
     EXIT L2 WHEN a >10;              -- 当 a 大于 10 时跳出循环
END LOOP L2;
...
```

此程序的循环方式由 EXIT 语句确定，即当 a >10 时结束执行“a := a+1”的循环。

（2）FOR-LOOP 语句，语法格式如下：

```
[LOOP 标号： ] FOR 循环变量  IN  循环次数范围  LOOP
       顺序语句
END LOOP [LOOP 标号];
```

FOR 后的“循环变量”是一个临时变量，如 n，属于 LOOP 语句的局部变量，不必事先定义。这个变量只能作为赋值源，不能被赋值，它由 LOOP 语句自动定义。使用时应当注意，在 LOOP 语句范围内不要再使用其他与此循环变量同名的标识符。

“循环次数范围”规定 LOOP 语句中的顺序语句被执行的次数。循环变量从循环次数范围的初值开始，每执行完一次顺序语句后递增 1，直至达到循环次数范围指定的最大值。此外，LOOP 循环的范围应以常数表示，否则在 LOOP 循环体内的逻辑可以重复任何可能的范围，这将导致过大的硬件资源耗费，综合器不支持没有约束条件的循环。

除了 FOR-LOOP 等语句结构外，还有 WHILE-LOOP 语句，其格式如下：

```
WHILE  条件  LOOP
   顺序语句
END  LOOP;
```

在此语句中，若条件为真则对其中的顺序语句循环执行，否则结束循环。

3.4.2 NEXT 语句

NEXT 语句主要用在 LOOP 语句执行中进行有条件的或无条件的转向控制。它的语句格式有以下 3 种：

```
NEXT;                                -- 语句格式 1
NEXT LOOP 标号;                      -- 语句格式 2
NEXT LOOP 标号 WHEN 条件表达式;      -- 语句格式 3
```

对于语句格式 1，当 LOOP 内的顺序语句执行到 NEXT 语句时，即刻无条件终止当前的循环，跳回到本次循环 LOOP 语句处，开始下一次循环。

对于语句格式 2，在 NEXT 旁加“LOOP 标号”后的语句功能与未加“LOOP 标号”的语句功能是基本相同的，只是当有多重 LOOP 语句嵌套时，前者可以跳转到指定标号的 LOOP 语句处，重新开始执行循环操作。

对于语句格式 3，分句“WHEN 条件表达式”是执行 NEXT 语句的条件，如果条件表达式的值为 TRUE，则执行 NEXT，进入跳转操作，否则继续向下执行。但当只有单层 LOOP 循环语句时，关键词 NEXT 与 WHEN 之间的“LOOP 标号”可以如例 3-23 那样省去。

【例 3-23】

```
...
L1 : FOR cnt_value IN 1 TO 8 LOOP
s1 : a(cnt_value) := '0';
      NEXT WHEN (b=c);
s2 : a(cnt_value + 8):= '0';
END LOOP L1;
```

上例中，当程序执行到 NEXT 时，如果条件判断式 b=c 的结果为 TRUE，将执行 NEXT 语句，并返回到 L1，使 cnt_value 加 1 后执行 s1 开始的赋值语句，否则将执行 s2 开始的赋值语句。对于多重循环，NEXT 语句必须如例 3-24 那样加上跳转标号。

【例 3-24】

```
...
L_x : FOR cnt_value IN 1 TO 8 LOOP
 s1 :  a(cnt_value):= '0';
     k := 0;
L_y : LOOP
  s2 : b(k) := '0';
     NEXT L_x WHEN (e>f);
  s3 : b(k+8) := '0';
     k := k+1;
     NEXT LOOP L_y;
     NEXT LOOP L_x;
...
```

当 e >f 为 TRUE 时，执行语句 NEXT L_x，跳转到 L_x，使 cnt_value 加 1，从 s1 处开始执行语句；若为 FALSE，则执行 s3 开始的语句后使 k 加 1。

3.4.3 EXIT 语句

EXIT 语句与 NEXT 语句具有十分相似的语句格式和跳转功能，它们都是 LOOP 语句的内部循环控制语句。EXIT 的语句格式也有 3 种：

```
EXIT;                                   -- 语句格式 1
EXIT LOOP 标号;                         -- 语句格式 2
EXIT LOOP 标号 WHEN 条件表达式;         -- 语句格式 3
```

在这里，每一种语句格式与对应的 NEXT 语句的格式和操作功能非常相似，唯一的区别是 NEXT 语句跳转的方向是 LOOP 标号指定的 LOOP 语句处。当没有 LOOP 标号时，NEXT 语句跳转到当前 LOOP 语句的循环起始点，而 EXIT 语句的跳转方向是 LOOP 标号指定的 LOOP 循环语句的结束处，即完全跳出指定的循环，并开始执行此循环外的语句。这就是说，NEXT 语句是转向 LOOP 语句的起始点，而 EXIT 语句则是转向 LOOP 语句的终点。只要清晰地把握这一点，就不会混淆这两种语句的用法。

例 3-25 是一个两元素位矢量值比较程序。在程序中，当发现比较值 a 与 b 不同时，由 EXIT 语句跳出循环比较程序，并报告比较结果。

【例 3-25】

```
SIGNAL a, b : STD_LOGIC_VECTOR (1 DOWNTO 0);
SIGNAL a_less_then_b : Boolean;
...
 a_less_then_b <= FALSE;                --设初始值
 FOR i IN 1 DOWNTO 0 LOOP
 IF (a(i)='1' AND b(i)='0') THEN
 a_less_then_b <= FALSE;                --a > b
 EXIT;
 ELSIF (a(i)='0' AND b(i)='1') THEN
 a_less_then_b <= TRUE;                 --a < b
   EXIT;
   ELSE   NULL; --NULL 的加入仅仅是为了 ELSE 语句的应用，没有别的语法功能
   END IF;
 END LOOP;          --当 i=1 时返回 LOOP 语句继续比较
```

此程序先比较 a 和 b 的高位，高位是 1 者为大，输出判断结果 TRUE 或 FALSE 后中断比较程序；当高位相等时，继续比较低位，这里假设 a 不等于 b。

3.4.4 WAIT 语句

在 3.3.5 节中已介绍过 WAIT 语句的作用。在进程中（包括过程中），当执行到 WAIT 语句时，运行程序将被挂起（suspension），直到满足此语句设置的结束挂起条件后，才重新开始执行进程或过程中的程序。对于不同的结束挂起条件的设置，WAIT 语句有以下 3 种不同的语句格式：

```
WAIT ON 信号表;                         --语句格式 1
WAIT UNTIL 条件表达式;                  --语句格式 2
WAIT FOR 时间表达式;                    --语句格式 3，超时等待语句
```

语句格式 1 称为敏感信号等待语句，在信号表中列出的信号是等待语句的敏感信号，当处于等待状态时，敏感信号的任何变化（如从 0 到 1 或从 1 到 0 的变化）都将结束挂起，再次启动进程。如例 3-26 所示，在其进程中使用了 WAIT 语句。

【例 3-26】

```
SIGNAL s1,s2 : STD_LOGIC;
```

```
...
PROCESS   BEGIN
...
WAIT ON s1,s2;
END PROCESS;
```

在执行了此例中所有的语句后，进程将在 WAIT 语句处被挂起，直到 s1 或 s2 中任一信号发生改变时，进程才重新开始。读者可以注意到，此例中的 PROCESS 语句未列出任何敏感量。VHDL 规定，已列出敏感量的进程中不能使用任何形式的 WAIT 语句。一般地，WAIT 语句可用于进程中的任何位置。

语句格式 2 称为条件等待语句，相对于语句格式 1，条件等待语句格式中又多了一种重新启动进程的条件，即被此语句挂起的进程需顺序满足如下两个条件，进程才能脱离挂起状态，而且这两个条件缺一不可，并且必须依照这个顺序来完成。

（1）条件表达式中所含的信号发生了改变。

（2）此信号发生改变，且满足 WAIT 语句所设的条件。

例 3-27 中的（a）、（b）两种表达方式是等效的。由此例脱离挂起状态、重新启动进程的两个条件可知，此例结束挂起所需满足的条件实际上是一个信号的上跳沿。因为当满足所有条件后，enable 为 1，可推知 enable 一定是由 0 变化来的。因此，此例中进程的启动条件是 enable 出现一个信号上跳沿。

【例 3-27】

（a）WAIT UNTIL 结构

```
...
WAIT UNTIL enable ='1';
...
```

（b）WAIT ON 结构

```
LOOP
    WAIT ON enable;
EXIT WHEN enable ='1';
END LOOP;
```

一般地，只有 WAIT UNTIL 格式的等待语句可以被综合器所接受（其余语句格式只能在 VHDL 仿真器中使用），WAIT UNTIL 语句有以下 3 种表达方式：

```
WAIT UNTIL  信号=Value;                           --表达方式 1
WAIT UNTIL  信号'EVENT AND 信号=Value;             --表达方式 2
WAIT UNTIL  NOT 信号'STABLE AND 信号=Value;        --表达方式 3
```

如果设 clock 为时钟信号输入端，以下 4 条 WAIT 语句所设的进程启动条件都是时钟上跳沿，所以它们对应的硬件结构是一样的：

```
WAIT UNTIL clock ='1';
WAIT UNTIL rising_edge(clock);
WAIT UNTIL NOT clock'STABLE AND clock ='1';
WAIT UNTIL clock ='1' AND clock'EVENT;
```

例 3-28 中的进程将完成一个硬件求平均的功能，每一个时钟脉冲由 a 输入一个数值，4 个时钟脉冲后将获得这 4 个数值的平均值。

【例 3-28】

```
PROCESS   BEGIN
WAIT UNTIL clk ='1'; ave <= a;
WAIT UNTIL clk ='1'; ave <= ave + a;
WAIT UNTIL clk ='1'; ave <= ave + a;
WAIT UNTIL clk ='1'; ave <= (ave + a)/4;
END PROCESS;
```

例 3-29 所描述的进程中有一无限循环的 LOOP 语句，其中用 WAIT 语句描述了一个具有同步复位功能的电路。

【例 3-29】

```
PROCESS    BEGIN
  rst_loop :  LOOP
  WAIT UNTIL clock ='1' AND clock'EVENT;        -- 等待时钟信号
  NEXT rst_loop WHEN (rst='1');                 -- 检测复位信号 rst
  x <= a;                                       -- 无复位信号，执行赋值操作
  WAIT UNTIL clock ='1' AND clock'EVENT;        -- 等待时钟信号
  NEXT rst_loop When (rst='1');                 -- 检测复位信号 rst
  y <= b;                                       -- 无复位信号，执行赋值操作
  END LOOP rst_loop;
 END PROCESS;
```

例 3-29 中每一时钟上升沿的到来都将结束进程的挂起，继而检测电路的复位信号 rst 是否为高电平。如果是高电平，则返回循环的起始点；如果是低电平，则执行正常的顺序语句操作，如示例中的赋值操作。

例 3-30 是一个描述具有右移、左移、并行加载和同步复位的完整的 VHDL 设计，其中使用了以上介绍的几项语句结构，其综合后所得的逻辑电路主控部分是组合电路，而时序电路主要是一个用于保存输出数据的 8 位锁存器。

【例 3-30】

```
LIBRARY IEEE;
USE IEEE.STD_LOGIC_1164.ALL;
ENTITY shifter IS
    PORT (data : IN STD_LOGIC_VECTOR (7 DOWNTO 0);
          shift_left, shift_right: IN STD_LOGIC;
          clk, reset : IN STD_LOGIC;
          mode : IN STD_LOGIC_VECTOR (1 DOWNTO 0);
          qout : BUFFER STD_LOGIC_VECTOR (7 DOWNTO 0));
END shifter;
ARCHITECTURE behave OF shifter IS
  SIGNAL enable: STD_LOGIC;
  BEGIN
  PROCESS    BEGIN
   WAIT UNTIL (RISING_EDGE(clk));                   --等待时钟上升沿
    IF (reset = '1') THEN    qout <= "00000000";
      ELSE   CASE mode IS
      WHEN "01" => qout<=shift_right & qout(7 DOWNTO 1); --右移
      WHEN "10" => qout<=qout(6 DOWNTO 0) & shift_left;  --左移
      WHEN "11" => qout <= data;                         --并行加载
      WHEN OTHERS => NULL;
      END CASE;
    END IF;
  END PROCESS;
END behave;
```

语句格式 3 称为超时等待语句，在此语句中定义了一个时间段或时间值（time 类型数据，默认单位是 ns），从执行到 WAIT 语句开始，在此时间段内，进程处于挂起状态，当超过这一时间段后，进程自动恢复执行。如以下语句：

```
PROCESS BEGIN
  CLK<='0';
  WAIT FOR 10 ns;
  CLK<='1';
  WAIT FOR 10 ns;
  END PROCESS;
```

此进程中使用 WAIT FOR 语句描述周期变化的时钟信号 CLK。进程执行过程中，CLK 首先为低电平，经过半周期 10 ns 后变为高电平，再经过半周期后进程结束。由于进程的敏感信号列表为空，因此进程处于无条件激活状态，即进程结束后立刻重新执行。如此循环，就产生了周期性的时钟信号。此语句常用于 VHDL 仿真。

3.4.5　GENERIC 参数定义语句

在实体中定义的端口是连接设计实体与外部电路信号和数据的通道。对于一个实际器件来说，它的端口是有形的通道，然而为了方便电路的构建和测试，还能定义另一种类似端口的通道，即参数的通道，这是一种无形的通道，但却能像普通端口一样，在综合或仿真编译中接受外部的数据，以改变电路的规模和时序性质。

第 2.2.1 节关于实体的定义格式中就包含了这样的语句说明，即参数传递说明语句 GENERIC。GENERIC 语句构建了一种常数参数的端口界面，是以一种说明的形式放在实体或块结构体前的说明部分。参数传递说明语句为所说明的环境提供了一种静态信息通道。被传递的参数，或称类属参量（类属值或类属变量）与普通常数不同，常数只能从设计实体的内部得到赋值，且不能再改变；而作为参数传递的类属值可以由设计实体外部提供。因此，设计者可以从外面通过参数传递说明语句中的类属参量的重新设定，十分方便地改变一个设计实体或一个元件的内部电路结构和规模。

参数传递说明语句的一般书写格式如下：

```
GENERIC(常数名 : 数据类型 [ : 设定值 ]
  {;常数名 : 数据类型 [ : 设定值 ] } );
```

第 5 章的 5.1.8 节，通过示例，对此语句有更详细的说明。

3.4.6　REPORT 语句

VHDL 仿真中，REPORT 语句是报告有关信息的语句，本身不可综合（综合中不能生成电路），主要用以提高人机对话的可读性，监视某些电路的状态。REPORT 语句本身虽不带任何条件，但需根据描述的条件给出状态报告。REPORT 语句是 IEEE 1076—1993 版新增加的语句，只定义了一个报告信息的子句，由条件语句的布尔表达式判断是否给出信息报告，比断言语句更简单。其书写格式如下：

```
REPORT <字符串>;
```

字符串要加双引号。例 3-31 是一个 R-S 触发器的描述。例中由 IF 语句的布尔条件给出信息报告，当 R 与 S 同时为高电平时，报告出错信息“BOTHR AND S IS '1'”。

【例 3-31】

```
LIBRARY IEEE;
USE IEEE.std_logic_1164.ALL;
```

```
ENTITY RSFF2 IS
    PORT (S, R : IN std_logic;  Q, QF : OUT std_logic);
  END RSFF2;
  ARCHITECTURE BHV OF RSFF2 IS
  BEGIN
   P1: PROCESS(S,R)
    VARIABLE D : std_logic;
  BEGIN
    IF (R='1' and S='1') THEN
      REPORT " BOTH R AND S IS '1'"; --报告出错信息
    ELSIF (R='1' and S='0') THEN  D := '0';
    ELSIF (R='0' and S='1') THEN  D := '1';     END IF;
      Q  <= D;  QF <= NOT D;
    END PROCESS;
  END BHV;
```

3.4.7 断言语句

VHDL 中的断言语句主要用于程序调试、时序仿真时的人机对话，也属于不可综合语句。综合中其被忽略而不会生成逻辑电路，只用于监测某些电路模型是否正常工作等。例如，R-S 触发器要求 R 与 S 两输入端不能同时为'1'，若在电路仿真时遇到 R 与 S 输入同时为'1'，则提示出错。所以 R-S 触发器设计仿真中可用断言语句进行监测。

断言语句的书写格式如下：

```
ASSERT<条件表达式>
REPORT<出错信息>
SEVERITY<错误级别>;
```

断言语句 ASSERT 后的<条件表达式>是布尔表达式，当模拟执行到该断言语句时，首先对条件表达式进行求值运算。若布尔量为真，表示一切正常，则跳过以下两个子句；若布尔量为假，则表示出错，于是首先执行报告错误信息的子句 REPORT，由 SEVERITY 子句根据出错情况指出错误级别。断言语句对错误的判断给出错误报告和错误等级，这都由设计者在编写 VHDL 程序时预先安排，VHDL 不自动生成这些错误信息。

断言语句的使用规则如下。

- ASSERT 后判断出错的条件表达式必须由设计人员给出，没有默认格式。
- REPORT 后的出错报告信息必须是用双引号括起来的字符串，如"…"。若 REPORT 后缺少出错信息报告，则默认输出错误信息报告“Assertion Violation”。
- SEVERITY 后的错误等级必须是预定义的 4 种错误之一。若缺少错误等级，则默认等级为“Error”。

断言语句可以在实体、结构体或进程中使用。VHDL 预定义错误等级如表 3-4 所示。

表 3-4　预定义错误等级

Note（通报）	报告出错信息，可以通过编译
Warning（警告）	报告出错信息，可以通过编译
Error（错误）	报告出错信息，暂停编译
Failure（失败）	报告出错信息，暂停编译

VHDL 把断言语句分为顺序断言语句和并行断言语句两种类型。

1. 顺序断言语句

放在进程内的断言语句称为顺序断言语句。顺序断言语句和其他语句一样在进程内按顺序执行。例 3-32 是此类语句使用的一个示例。该例中，当模拟仿真进行到进程 P1 时，若检测到 R、S 输入同时为'1'，则断言条件为假，在输出显示设备上显示报告出错信息“both R and S equal to '1'”，同时暂停编译，因为错误等级为 Error。

【例 3-32】

```
  P1: PROCESS(S,R)
     VARIABLE D : std_logic;
  BEGIN
ASSERT not (R='1'and S='1')
        REPORT "both R and S equal to ' 1 '"
        SEVERITY Error;
    IF  R = '1' and S = '0' THEN  D := '0';
      ELSIF (R='0' and S='1') THEN  D := '1';   END IF;
     Q  <= D;  QF <= NOT D;
    END PROCESS;
```

2. 并行断言语句

放在进程外部的断言语句称为并行断言语句。并行断言语句等价于一个只对断言语句中条件表达式给出的所有信号都敏感的进程。断言语句可以放在实体中说明。

把断言语句放在一个单独进程中描述叫作断言进程。作为并行断言语句的断言进程，其与结构体内的其他进程是并列的，但断言语句或断言进程不对任何信号进行赋值操作，所以也称为被动进程。断言进程只能放在结构体中描述。例 3-33 是含有单独断言语句进程（并行断言语句）的 R-S 触发器的 VHDL 描述。

【例 3-33】

```
LIBRARY IEEE;
USE IEEE.std_logic_1164.ALL;
ENTITY RSFF2 IS
  PORT(S, R : IN std_logic;   Q,  QF : OUT std_logic);
  END  RSFF2;
   ARCHITECTURE BHV OF RSFF2 IS
     BEGIN
  PROCESS(R,S)    BEGIN
      ASSERT not (R='1'and S='1')
      REPORT "both R and S equal to ' 1 '"
         SEVERITY Error;
    END PROCESS;
    PROCESS(R,S)
      VARIABLE D : std_logic := '0';
    BEGIN
      IF (R='1' and S='0')  THEN D :='0';
          ELSIF (R='0' and S='1')THEN D :='1'; END IF;
           Q <= D; QF <= NOT D;
      END PROCESS;
 END;
```

3.4.8　端口数据含“1”个数的统计电路模块设计

以下通过一则实用电路设计示例的介绍，进一步熟悉本章相关的语法知识。

例 3-34 所描述的电路模块是一个统计输入 8 位位矢中含“1”个数的程序，其仿真波形如图 3-15 所示。

【例 3-34】

```
LIBRARY IEEE;
USE IEEE.STD_LOGIC_1164.ALL;
USE IEEE.STD_LOGIC_UNSIGNED.ALL;
ENTITY CNTC IS
PORT (DIN  : IN STD_LOGIC_VECTOR(7 downto 0);
    CNTH : OUT STD_LOGIC_VECTOR(3 downto 0));
END CNTC;
ARCHITECTURE BHV OF CNTC IS
BEGIN
PROCESS(DIN)
VARIABLE Q : STD_LOGIC_VECTOR(3 downto 0);
BEGIN
   Q := "0000";
   FOR n IN 0 TO 7 LOOP    --n 是 LOOP 的循环变量
      IF (DIN(n)='1')  THEN  Q:=Q+1;   END IF;
   END LOOP;
   CNTH<=Q;
END PROCESS;
END BHV;
```

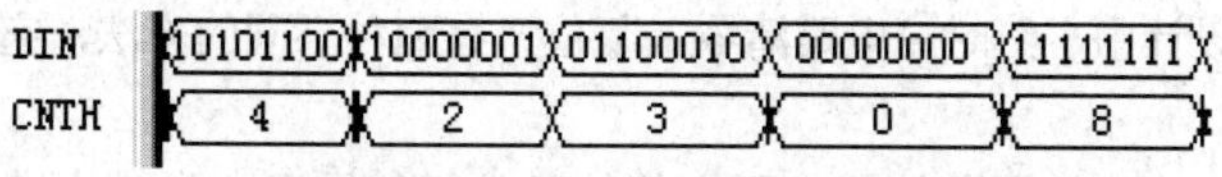

图 3-15　例 3-34 的仿真波形

对于此程序，应该特别关注以下 4 点。

（1）变量的应用。在例 3-34 中对于用作累加统计数据的 Q 只能定义为变量，而非信号的原因很明显，即在进入 FOR-LOOP 循环语句前，设 Q 的初值为 0 的语句必须有效执行。试想，如果定义 Q 为信号，则此进程中存在两条对同一信号 Q 进行赋值的语句。根据信号赋值的特点，必不会通过语句“Q <= "0000";”更新 Q 为 0。

（2）由于 Q 是变量，且只能在进程中定义，因此变量无法将数据传递出进程。例 3-34 中的语句“CNTH<=Q;”就能帮助变量 Q 将数据传出去，并在端口输出。

（3）注意尽管程序使用了类型 1 的 IF 语句，却并不会综合出时序模块。这是因为在循环语句中，测到 DIN 的某一个位为'1'时，则通过赋值语句“Q:=Q+1;”做累加，由于这 8 次判断和累加是在循环语句中进行的，直到最后才跳出进程，因此无须对累加值进行寄存，从而使此设计仍然保持为组合逻辑。

（4）VHDL 中的循环语句与 C 等软件描述语言中的循环语句有很大的不同。前者每一次循环都将产生一个硬件模块，随着循环次数的增加，硬件资源将大幅耗用，但工作时间的耗用未必增加；后者的每一次循环实际损失的只是 CPU 的运行时间。

习　题

3-1　回答下面有关 BIT 和 BOOLEAN 数据类型的问题。

（1）解释 BIT 和 BOOLEAN 类型的区别。

（2）对于逻辑操作应使用哪种类型？

（3）关系操作的结果为哪种类型？

（4）IF 语句测试的表达式是哪种类型？

3-2　设计一个求补码的程序，输入数据是一个有符号的 8 位二进制数。

3-3　设计一个格雷码至二进制数的转换器。

3-4　表达式 C<= A + B 中，A、B 和 C 的数据类型都是 STD_LOGIC_VECTOR，是否能直接进行加法运算？说明原因和解决方法。

3-5　根据图 3-16，用两种不同描述方式设计一个 4 选 1 多路选择器。

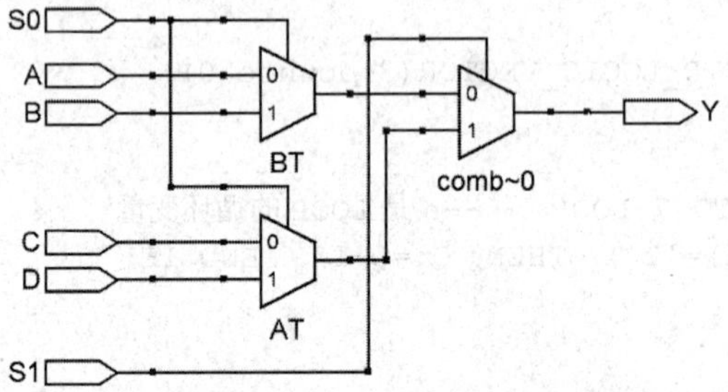

图 3-16　4 选 1 多路选择器 RTL 图

3-6　在 VHDL 设计中，给时序电路清零（复位）有两种不同的方法，它们分别是什么？如何实现？

3-7　举例说明为什么使用条件叙述不完整的条件句能导致产生时序模块的综合结果。

3-8　设计一个具有同步置 1、异步清零的 D 触发器。

3-9　把例 3-19 改写成一个异步清零、同步时钟使能和异步数据加载型 8 位二进制加法计数器。

3-10　试对习题 3-9 的设计稍做修改，将其进位输出 COUT 与异步加载控制 LOAD 连在一起，构成一个自动加载型 16 位二进制数计数器，也即一个 16 位可控的分频器，并说明工作原理。设输入频率 f_i=4 MHz，输出频率 f_o=516.5 Hz±1 Hz（允许误差±0.1 Hz），16 位加载数值是多少？

3-11　用 VHDL 设计一个功能类似于 74LS160 的计数器。

3-12　给出含有异步清零和计数使能的 16 位二进制加减可控计数器的 VHDL 描述。

3-13　用 D 触发器构成按循环码（000→001→011→111→101→100→000）规律工作的六进制同步计数器。

第 4 章 仿真与硬件实现

为尽快将学到的 VHDL 编程知识付诸实践，使设计程序能在硬件电路上得到验证，通过结合工程实际来检验学习效果，本章将进入硬件设计技术的学习阶段。以下将通过示例详细介绍基于 Quartus Prime Standard Edition 的 VHDL 代码文本输入设计流程，包括设计输入、综合、适配、仿真测试、编程下载和硬件电路测试等重要方法；之后介绍对初学者来说比较重要的原理图的输入设计流程；最后介绍硬件系统实时测试工具、嵌入式逻辑分析仪的使用方法。

4.1 代码编辑输入和系统编译

在 EDA 工具的设计环境中，可借助多种方法来完成目标电路系统的表达和输入，如 HDL 的文本输入方式、原理图输入方式、状态图输入方式以及混合输入方式等。相比之下，HDL 文本代码输入方式最基本、最直接，也最常用。以下将基于第 3 章的示例，通过其实现流程详细介绍基于 Quartus 的一般设计。

为了使内容更接近工程实际，本节选择了目前工程上较为常用的 Cyclone 10 LP 系列的 FPGA 作为硬件平台（相关情况可参考附录 A）。EDA 工具是 Quartus Prime Standard 18.1 版本，波形仿真软件是第三方的 ModelSim ASE。

4.1.1 编辑和输入设计文件

任何一项设计都是一项工程（project），都必须首先为此工程建立一个文件夹用于放置与此工程相关的所有设计文件。此文件夹将被 EDA 软件默认为工作库（work library）。一般地，不同的设计项目最好放在不同的文件夹中，而同一工程的所有文件都放在同一文件夹中。注意不要将工程文件夹设置在已有的安装目录中，也不要建立在桌面上。在建立了文件夹后，就可以将设计文件通过 Quartus 的文本编辑器编辑并存盘了，步骤如下。

（1）设本项设计的文件夹名为 MY_PROJECT，保存在 D 盘中，路径为 D:\MY_PROJECT。

（2）输入源程序。打开 Quartus，选择 File→New 命令。在 New 窗口中的 Design Files 栏选择编译文件的语言类型，这里选择 VHDL File 选项，如图 4-1 所示。然后在 VHDL 文本编译窗口中输入例 3-19 程序，完成后如图 4-2 所示。

（3）文件存盘。选择 File→Save As 命令，找到已设立的文件夹 D:\MY_PROJECT，存盘文件名应该与实体名一致，即 CNT10.vhd（见图 4-2）。单击“保存”按钮后将出现提示“Do you want to create a new project with this file?”，若单击 Yes 按钮，则直接进入创建工程的流程；若单击 No 按钮，可按以下方法进入创建工程流程。这里不妨单击 No 按钮。

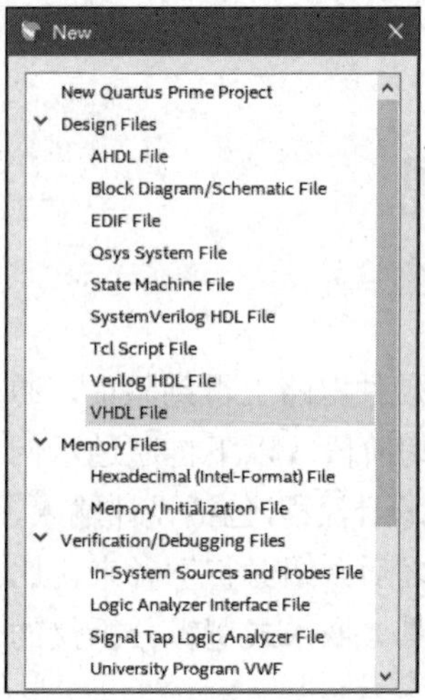

图 4-1　选择编辑文件类型

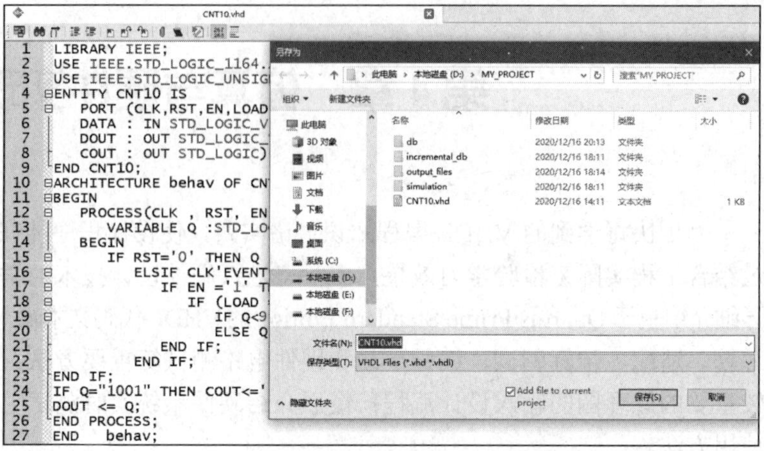

图 4-2　编辑输入源程序并存盘

4.1.2　创建工程

在此要利用 New Project Wizard 工具选项创建此设计工程，即令 CNT10.vhd 为工程，并设定此工程的一些相关信息，如工程名、目标器件、综合器、仿真器等。步骤如下。

（1）打开并建立新工程管理窗口。选择 File→New Preject Wizard 命令，即弹出设置窗口，如图 4-3 所示。单击此对话框第 2 栏右侧的“...”按钮，找到文件夹 D:\MY_PROJECT，选中已存盘的文件 CNT10.vhd，再单击“打开”按钮，即出现如图 4-3 所示的设置情况。其中第 1 栏中的 D:\MY_PROJECT 表示工程所在的工作库文件夹；第 2 栏中的 CNT10 表示此项工程的工程名，工程名可以取任何其他的名，也可直接用顶层文件的模块名作为工程名。在此就是按这种方式取的名；第 3 栏中显示的内容是当前工程顶层文件的实体名，这里即为 CNT10。

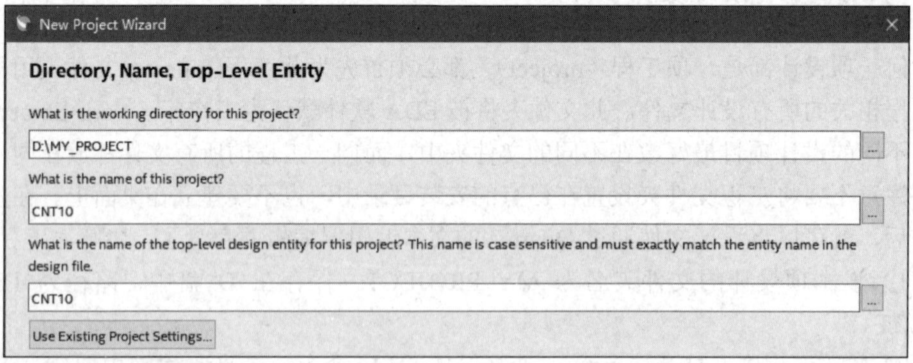

图 4-3　利用 New Project Wizard 创建工程 CNT10

（2）将设计文件加入工程中。单击 Next 按钮，在弹出的对话框中单击 File 栏后的按钮，将与工程相关的所有 VHDL 文件都加入此工程。

（3）选择目标芯片。单击 Next 按钮，选择目标器件。首先在 Device family 下拉列表框中选择芯片系列，在此选择 Cyclone 10 LP 系列。设选择此系列的具体芯片名是 10CL055YF484I7G。这里 10CL055 表示 Cyclone 10 LP 系列及此器件的逻辑规模，Y 表示芯片的内核电压是 1.2 V，F 表示芯片是 FBGA 封装，I 表示芯片是工业级（-40～100 ℃），7 表示芯片架构速度等级。便捷的方法是通过如图 4-4 所示的窗口右边的 3 个下拉列表框选择过滤条件，分别选择 Package 为 FBGA、Pin count 为 484（即此芯片的引脚数量是 484 只）和 Core speed grade 为 7。

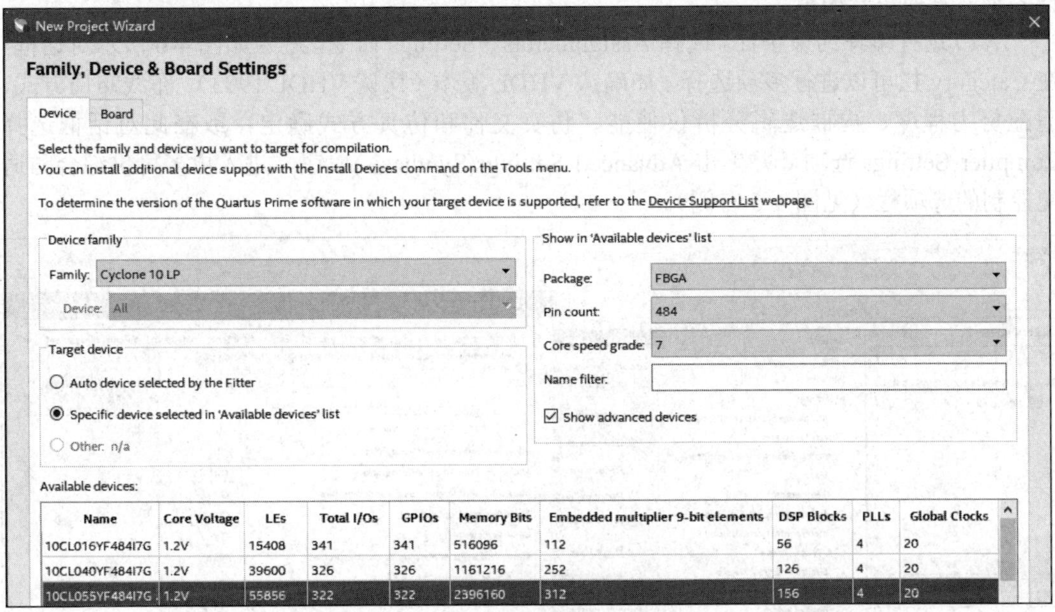

图 4-4　选择目标器件 10CL055YF484I7G

（4）工具设置。单击 Next 按钮后，弹出的窗口是 EDA 工具设置窗口—— EDA Tool Settings（见图 4-5）。此窗口有 3 项选择，其他选项保持默认，即选择自带的工具，而在 Simulation 栏中，选择仿真工具 ModelSim-Altera，并设置对应的 Format(s)（格式）为 VHDL。

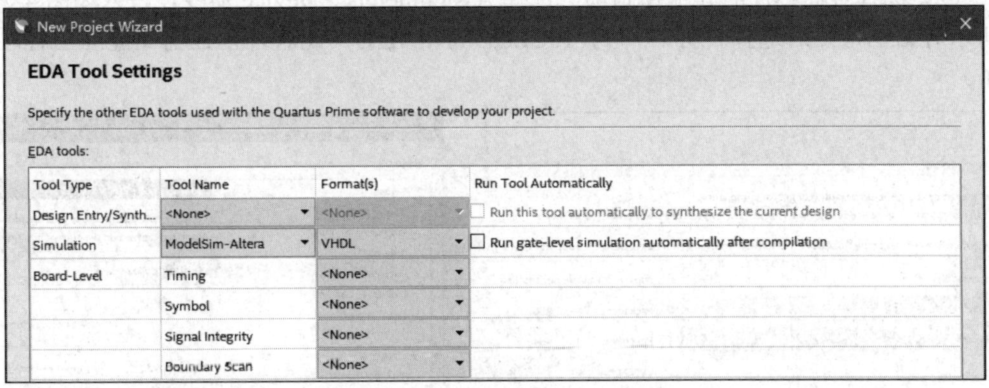

图 4-5　设计与验证工具软件选择

（5）结束设置。单击 Next 按钮后即弹出工程设置统计窗口，上面列出了此项工程相关设置情况。最后单击 Finish 按钮，即已设定好此工程，并出现 CNT10 的工程管理窗口，或称 Compilation Hierarchies 窗口，主要显示本工程项目的层次结构和实体名。

Quartus 将工程信息存储在工程配置文件（quartus）中。它包含有关 Quartus 工程的所有信息，包括设计文件、波形文件、内部存储器初始化文件等，以及构成工程的编译器、仿真器和软件构建设置。

4.1.3　约束项目设置

在对工程进行编译处理前，必须给予必要的设置和约束条件，以便使设计结果满足工程要求。主要步骤如下。

（1）选择编译约束条件。选择 Assignmemts→Settings 命令，进入如图 4-6 所示对话框。在 Category 栏可以进行多项选择，如确认 VHDL 版本（默认 VHDL 1993）、布线布局方式、适配努力程度、内嵌逻辑分析仪使能、仿真文件和仿真方式确定；或在此对话框选择 Compiler Settings 选项，并单击 Advanced Settings(Synthesis)按钮，进入更多可供综合与适配控制的选项栏（见图 4-6 右侧）。

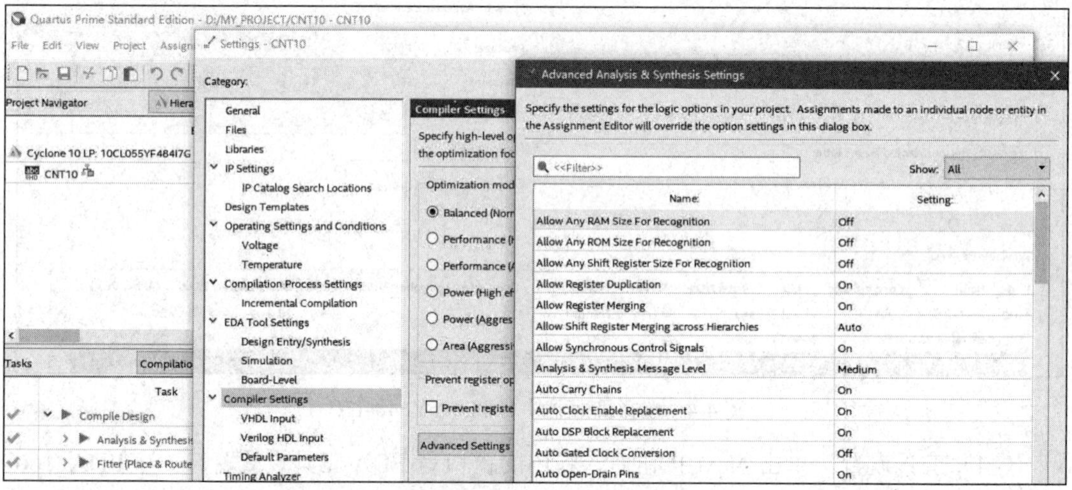

图 4-6　选择编译综合的工作方式

（2）选择目标芯片的其他控制项。选择 Assignmemts→Device 命令，进入如图 4-7 左侧所示对话框，然后选择目标芯片为 10CL055YF484I7G（此芯片已在前文建立工程时选定了）。

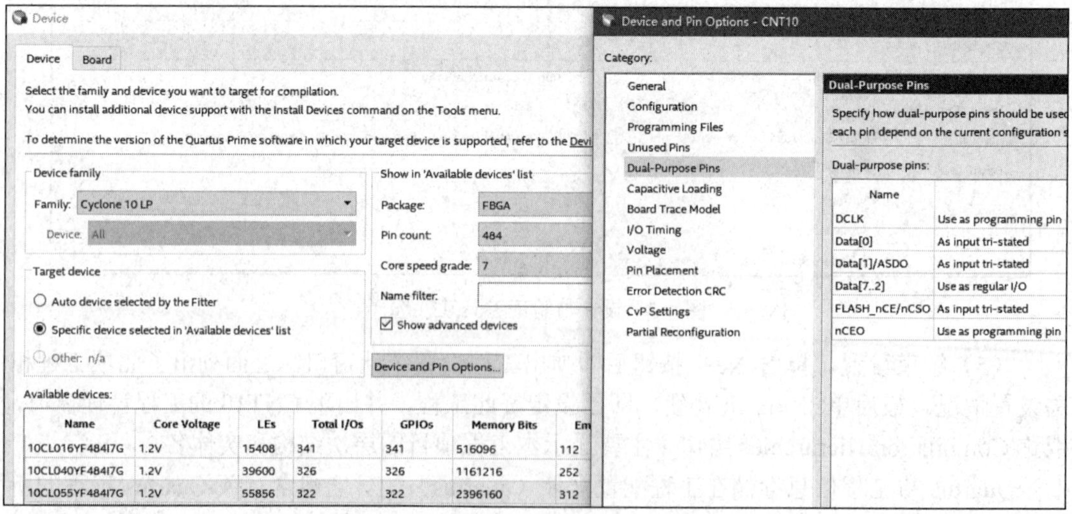

图 4-7　选择目标器件和工作方式

（3）选择配置器件的工作方式。在如图 4-7 所示的 Device 对话框中，单击 Device and Pin Options 按钮后，在弹出的窗口中选择配置器件、编程方式和工作方式等。如果希望编程配置文件能在压缩后下载进配置器件中，可在编译前做好设置。这对 FPGA 的专用 Flash 配置存储器的编程设置很重要，它将确保基于 FPGA 的数字系统在脱离计算机后能稳定独立地工作。注意，窗口下方将随项目名而显示对应的帮助说明文字，用户可随时参考。

（4）选择目标器件引脚端口状态。例如，选择图 4-7 所示窗口中的 Unused Pins（无用引脚）选项，可根据实际需要选择目标器件闲置引脚的状态，如可选择为输入状态呈高阻态（推荐此项选择），或输出状态（呈低电平），或输出不定状态，或不做任何选择。在其他选项中也可做一些选择，各选项的功能可参考窗口下的 Description 说明。

例如对双功能引脚进行设置。选择图 4-7 所示窗口中的 Dual-Purpose Pins 选项，需要对必要的引脚进行选择；如选择 nCEO 为 Use as regular I/O，即选择 nCEO 脚当作普通 I/O 脚来使用（引脚不够用时可以这样选，通常不动它）。

4.1.4　全程综合与编译

Quartus 编译器是由一系列处理工具模块构成的，这些模块负责对设计项目的检错、逻辑综合、结构综合、输出结果的编辑配置以及时序分析等。在这一过程中，将设计项目适配到 FPGA 目标器件中，同时产生多种用途的输出文件，如功能和时序信息文件、器件编程的目标文件等。编译器首先检查出工程设计文件中可能的错误信息，以供设计者排除，然后产生一个结构化的以网表文件表达的文件。

在编译前，设计者可以通过各种不同的设置和约束选择，指导编译器使用各种不同的综合和适配技术（如时序驱动技术、增量编译技术、逻辑锁定技术等），以便提高设计项目的工作速度，优化器件的资源利用率。而且在编译过程中及编译完成后，可以从编译报告窗口中获得所有相关的详细编译信息，以利于设计者及时调整设计方案。

在完成设计文件的编辑输入、创建工程和约束设置后，就要在 Quartus 平台上进行编译了。开始编译前首先选择 Processing→Start Compilation 命令，启动全程编译，如图 4-8 所示。这里所谓的全程编译（Compilation）包括前文提到的 Quartus 对设计输入的多项处理操作，其中包括输入文件的排错、数据网表文件提取、逻辑综合、适配、装配文件（仿真文件与编程配置文件）生成，以及基于目标器件的工程时序分析等。

编译过程中要注意工程管理窗口下方的 Processing 处理栏中的编译信息。如果工程中的文件有错误，启动编译后，在下方的 Processing 栏中会显示出来。对于 Processing 栏显示出的语句格式错误，可双击此条文，即弹出对应的 VHDL 文件，在深色标记条附近有文件错误所在，改错后再次进行编译直至排除所有错误。

如果发现报出多条错误信息，每次只需要检查和纠正最上面报出的错误即可。因为许多情况下，是由于某一种错误导致了多条错误信息报告。

若编译成功，图 4-8 所示的工程管理窗口的左栏上方将显示工程 CNT10 的层次结构和其中结构模块耗用的逻辑宏单元数；在此栏中间是编译处理流程，包括数据网表建立、逻辑综合、适配、配置文件装配和时序分析等；左栏下方是编译处理信息；中栏（Table of Contents 栏）是编译报告项目选择菜单，单击其中各项可以详细了解编译与分析结果。例如，选择 Flow Summary 选项，将在右栏显示硬件耗用统计报告，其中报告了当前工程耗用了 9 个逻辑宏单元（Total logic elements）、4 个专用寄存器（Total register）、0 个内部 RAM 位（Total memory bits）等。

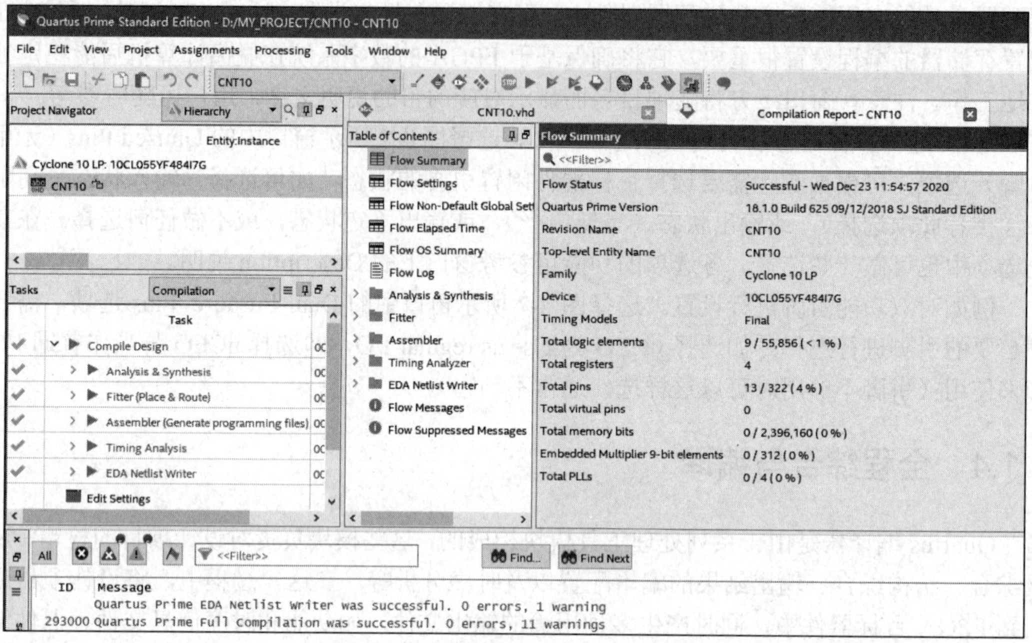

图 4-8　全程编译无错后的报告信息

如果单击 TimeQuest Timing Analyzer 选项的“+”图标，则能通过单击其下列出的各项目，看到当前工程所有相关时序特性报告。

如果单击 Fitter 选项的“+”图标，则能通过单击其下列出的各项标题，看到当前工程所有相关硬件特性适配报告，如其中的 Floorplan View，可观察此项工程在 FPGA 器件中逻辑单元的分布情况和使用情况。需要特别提醒如下两点。

（1）应该时刻关注图 4-8 所示的工程管理窗口左上角的路径指示和工程名。它指示的是当前处理的一切内容皆为此路径文件夹中的工程，而不是其他任何文件。

（2）若编译能无错通过，甚至也有 RTL 电路产生，但仿真波形有误，硬件功能也出不来。对此，不能一味地靠软件排错，必须仔细检查 Quartus 中各项设置的正确性；此外，对 Processing 栏中显示的编译处理信息中的 Warning 和 Critical Warning 警告信息要仔细阅读，不要放过，问题可能就出在此处。

4.1.5　RTL 图观察器应用

Quartus 可实现硬件描述语言或网表文件（Quartus 网表文件格式包括 VHDL、Verilog、BDF、TDF、EDIF、VQM）对应的 RTL 电路图的生成。方法如下。

选择 Tools→Netlist Viewers 命令，在出现的下拉菜单中有 3 个选项：RTL Viewer，即 HDL 的 RTL 级图形观察器；Technology Map Viewer，即 HDL 对应的 FPGA 底层门级布局观察器；State Machine Viewer，即 HDL 对应状态机的状态图观察器。

选择 RTL Viewer 选项，可以打开 CNT10 工程的 RTL 电路图，如图 4-9 所示。再双击图形中有关模块或选择左侧各项，还可逐层了解各层次的电路结构。

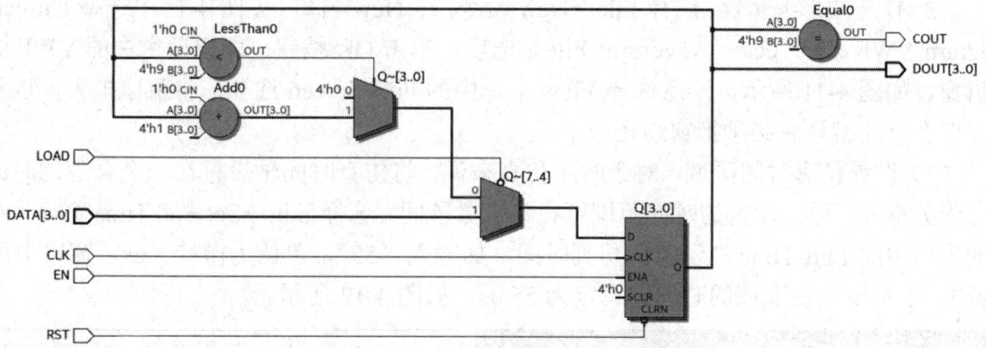

图 4-9　CNT10 工程的 RTL 图

4.2　波 形 仿 真

当前的工程编译通过后，必须对其功能和时序性质进行仿真测试，以了解设计结果是否满足原设计要求。这可以用针对逻辑电路的仿真软件来完成，仿真软件主要有如下两类。

第一类是由 FPGA 供应商自己推出的仿真软件，如 Intel-Altera 公司的 Quartus 中自带的门级波形仿真软件，此类软件针对性强，易学易用，缺点是只适用于小规模设计。Quartus Ⅱ 10.0 版本后都已撤除了此类软件，此后只能直接使用第三方仿真软件 ModelSim 了。

另一类是EDA专业仿真软件商提供的所谓第三方仿真工具软件，如前文提到的ModelSim。在 Quartus 的平台上使用第三方仿真软件 ModelSim 有两种方式，一种是直接使用，其详细用法将在后续小节介绍；另一种是面向初学者的间接形式的使用，即在新版 Quartus（Quartus Ⅱ 10.0 版本开始）中将 ModelSim 整合成旧版门级波形仿真器那样，保持了原有的直观易用的特性，使用户几乎可以使用原来早已熟悉的操作流程进行便利的仿真。

以下即给出基于 ModelSim 的波形仿真器的仿真流程详细步骤。

（1）确认 Quartus 中的仿真工具是否指向 ModelSim 所在路径。选择 Tools→Options 命令，在 General 栏下选择 EDA Tool Options 选项，即出现如图 4-10 所示窗口。在此窗口最下方的 ModelSim-Altera 栏中可以指定 ModelSim ASE 的安装路径。此路径需要手动加上去：D:\intelFPGA\18.1\modelsim_ase\win32aloem。

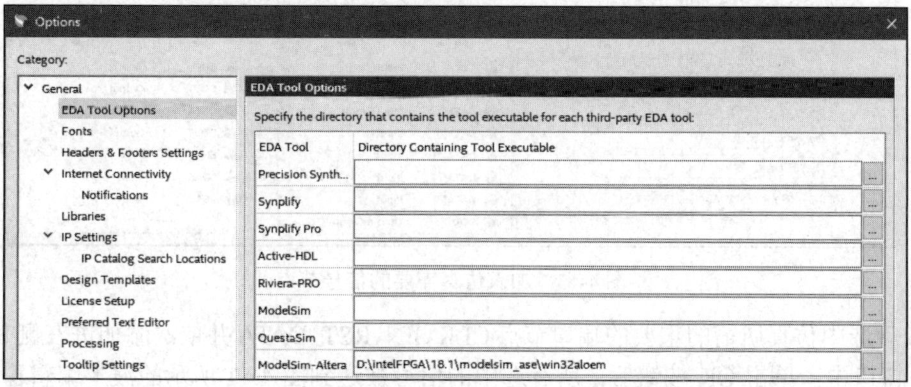

图 4-10　查看 Quartus 仿真工具指向 ModelSim 仿真软件的路径

（2）打开波形编辑器。选择 File→New 命令，在 New 窗口（见图 4-1）中选择 University Program VWF（即 Vector Waveform File）选项。单击 OK 按钮，即出现空白的 VWF 波形编辑窗，如图 4-11 所示，注意选择 View 菜单中的 Full Screen 选项，将窗口扩大，以利观察。但在启动编译时必须把窗口还原。

（3）设置仿真时间区域。对于时序仿真来说，将仿真时间轴设置在一个合理的时间区域上十分重要。通常设置的时间范围可在数十微秒间。选择 Edit→Set End Time 命令，在弹出的窗口中的 End Time 栏可输入仿真时间，如输入“55”，单位为微秒（μs，窗口中用 us 代替）。于是整个仿真域的时间即设定为 55 μs，如图 4-12 所示。

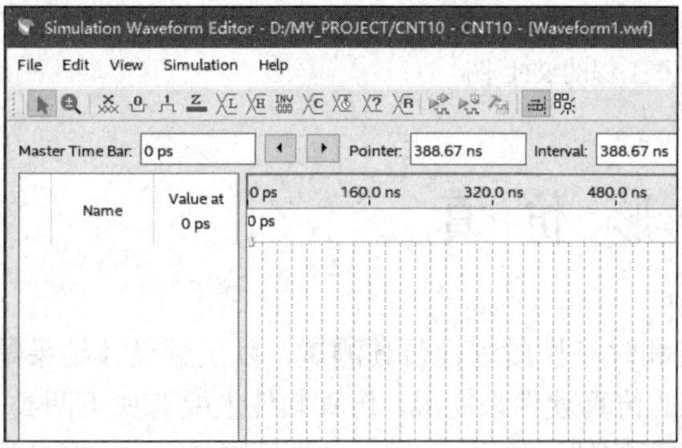

图 4-11　Vector Waveform File 文件编辑窗

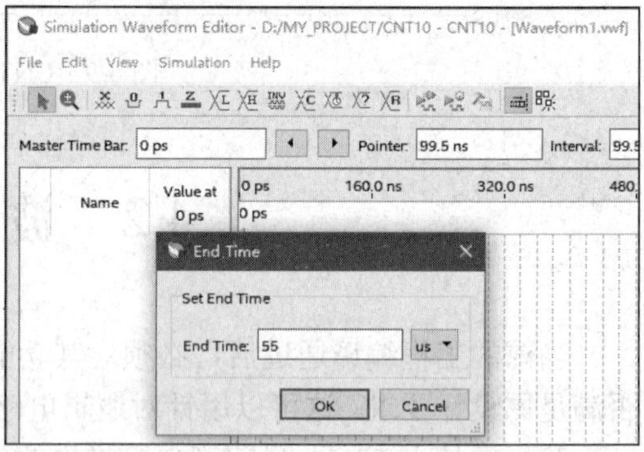

图 4-12　设置仿真时间长度

（4）波形文件存盘。选择 File→Save As 命令，将波形文件存盘于 D:\MY_PROJECT 中。同时，文件名可取为 CNT10.vwf。

（5）将工程 CNT10 的端口信号节点选入波形编辑器中。方法是首先选择 Edit→Insert 命令，将弹出 Insert Node or Bus 窗口，如图 4-13 所示。在此窗口单击 Node Finder 按钮，进入 Node Finder 窗口，如图 4-13 右图所示。在 Filter 下拉列表框中选择 Pins:all 选项，然后单击 List 按钮，于是在左侧的 Nodes Found 窗口中出现设计中 CNT10 工程的所有端口引脚名。注意，如果此对话框中不显示工程的端口引脚名，需重新编译一次，即选择 Processing→Start Compilation 命令，然后再重复以上操作过程。

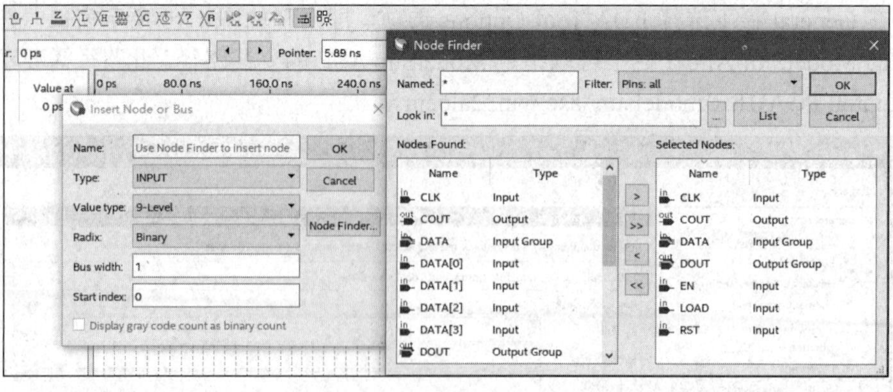

图 4-13　加入仿真需要的信号节点

最后选中仿真所需的重要的端口节点 CLK、EN、RST、DATA 并依次添加进右侧 Selected Nodes 窗口中。单击 OK 按钮后，所有选中的信号被送到图 4-11 所示的波形编辑窗中。单击波形窗口左侧的“全屏显示”按钮，使全屏显示，并单击“放大缩小”按钮后，再于波形编辑区域右击，使仿真坐标处于适当位置。这时仿真时间横坐标设定在数十微秒数量级。

（6）设置激励信号波形。获得选中的信号节点的波形编辑窗如图 4-14 所示。可以首先选择总线数据格式。例如，DOUT 的数据格式设置是这样的：若单击如图 4-14 所示的输入数据信号 DOUT 旁边的小三角，则能展开此总线中的所有信号；如果双击左边引脚符号，将弹出对该信号数据格式设置的 Node Properties 对话框（见图 4-14）。在该对话框的 Radix 下拉列表框中有 4 种选择，这里可选择十六进制 Hexadecimal 表达方式。

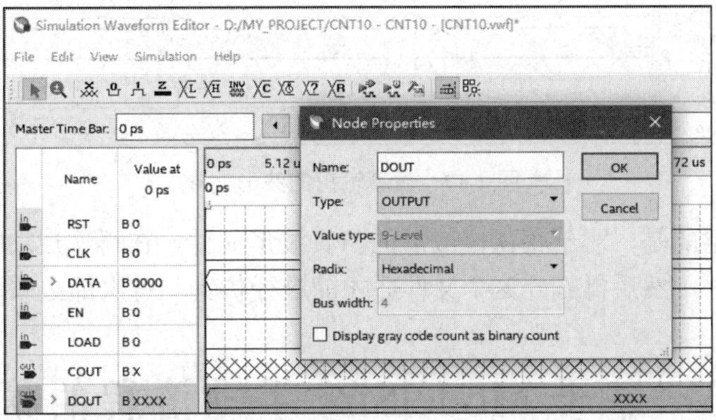

图 4-14　设置总线数据格式

时钟参数的设置方法：单击图 4-15 所示窗口的时钟信号名 CLK，使之变成蓝色条，再单击左上行中的时钟设置按钮（小钟形按钮），在 Clock 对话框中设置 CLK 的时钟周期为 900 ns（见图 4-15）；Clock 窗口中的 Duty cycle 是占空比，默认为 50，即 50%占空比。同时还要设置一系列输入信号（如 EN、LOAD、RST）的电平。

然后是编辑输入数据。由于 DATA 是 4 位待加载的输入数据，需要预先进行设置。用鼠标在图 4-16 所示信号名为 DATA 的某一数据区拖拉出来一块蓝色区域，然后单击左侧工具栏中的“?”按钮，在弹出的窗口输入数据，如 5。继而在不同区域设置不同数据。

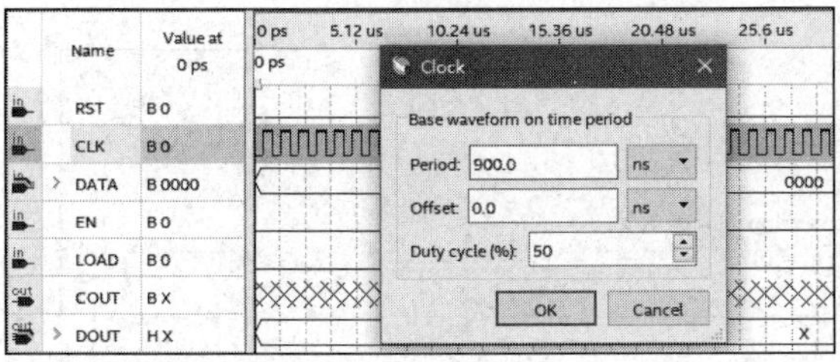

图 4-15　设置时钟参数

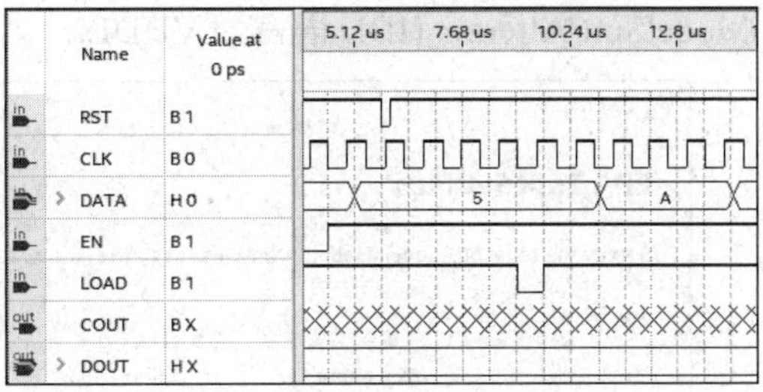

图 4-16　编辑激励波形

（7）图 4-16 是最后设置好的.vwf 仿真激励波形文件图。最后对波形文件再次存盘。

（8）启动仿真器。现在所有设置进行完毕，在如图 4-16 所示窗口上方选择 Simulation→Run Function（Timing）Simulation 命令，即启动仿真运算。

（9）观察仿真结果。仿真波形文件 Simulation Report 通常会自动弹出，如图 4-17 所示。Quartus 的仿真波形文件中，波形编辑文件（.vwf）与波形仿真报告文件（Simulation Report）是分开的，故有利于 Quartus 从外部获得独立的仿真激励文件。

分析图 4-17 所示文件可以看出，其输入输出波形完全符合设计要求。波形图显示，当 EN 为高电平时允许计数；而 RST 有一个低电平脉冲后计数器被清零；初始值加载控制信号 LOAD 为高电平时允许计数，而当其为低电平时，在第一个时钟上升沿后，初始值 5 被加载于计数器，而当 LOAD 处于高电平后，计数器即以加载进的 5 开始计数。当计数到 9 时，进位输出信号 COUT 输出一个高电平信号，脉宽等于一个 CLK 周期。

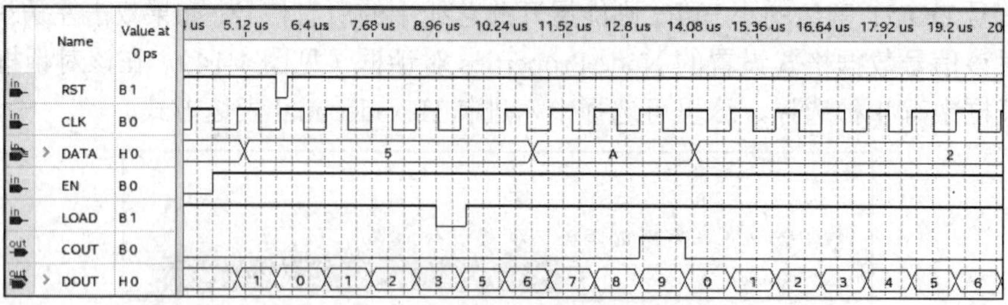

图 4-17　仿真输出的波形文件

需要特别指出的是，对于每次修改后的仿真波形文件，在再次启动时序仿真前必须先关闭修改好的文件，然后再打开这个文件后才能进行仿真，每次都必须这样做！

4.3　基于 ModelSim 手动流程的仿真

上节中使用 Quartus 的波形观察器 VWF 文件进行仿真是有几个局限的，比如仿真时间比较短、仿真激励复杂度受限等，并不适合复杂数字系统的仿真。而基于 ModelSim 的仿真是可以适应超大规模复杂数字系统的仿真验证。一般来说，基于 ModelSim 的 VHDL 仿真可以分为手动流程和基于 Test Bench 的自动流程。本节主要介绍的是手动流程，若对自动流程感兴趣，请查看第 10 章内容。

在开始之前，先确保图 4-10 所示各选项是否被正确设置，然后选择 File→New Project Wizard 命令建立工程，按提示单击 Next 按钮直至图 4-18 所示界面，选择 Simulation 为 ModelSim-Altera，HDL 语言为 VHDL。

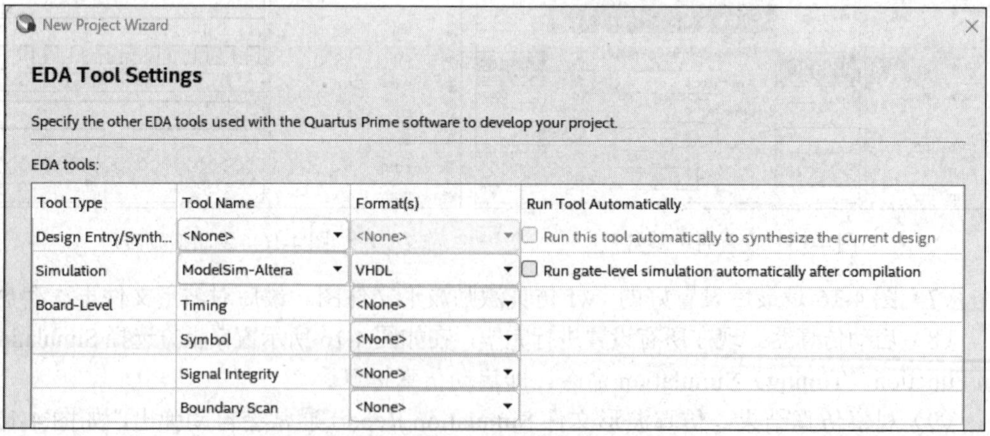
New Project Wizard
EDA Tool Settings
Specify the other EDA tools used with the Quartus Prime software to develop your project.
EDA tools:
Tool Type | Tool Name | Format(s) | Run Tool Automatically
Design Entry/Synth... | <None> | <None> | Run this tool automatically to synthesize the current design
Simulation | ModelSim-Altera | VHDL | Run gate-level simulation automatically after compilation
Board-Level | Timing | <None>
Symbol | <None>
Signal Integrity | <None>
Boundary Scan | <None>

图 4-18　建立工程时的仿真设置

若工程已经建立，则选择 Assignment→Settings 命令，选择左栏中的 Simulation 选项，设置 Tool name（工具名）为 ModelSim-Altera、Format for output netlist（输出网表格式）为 VHDL，同时设置 NativeLink settings 为 None（无），如图 4-19 所示。

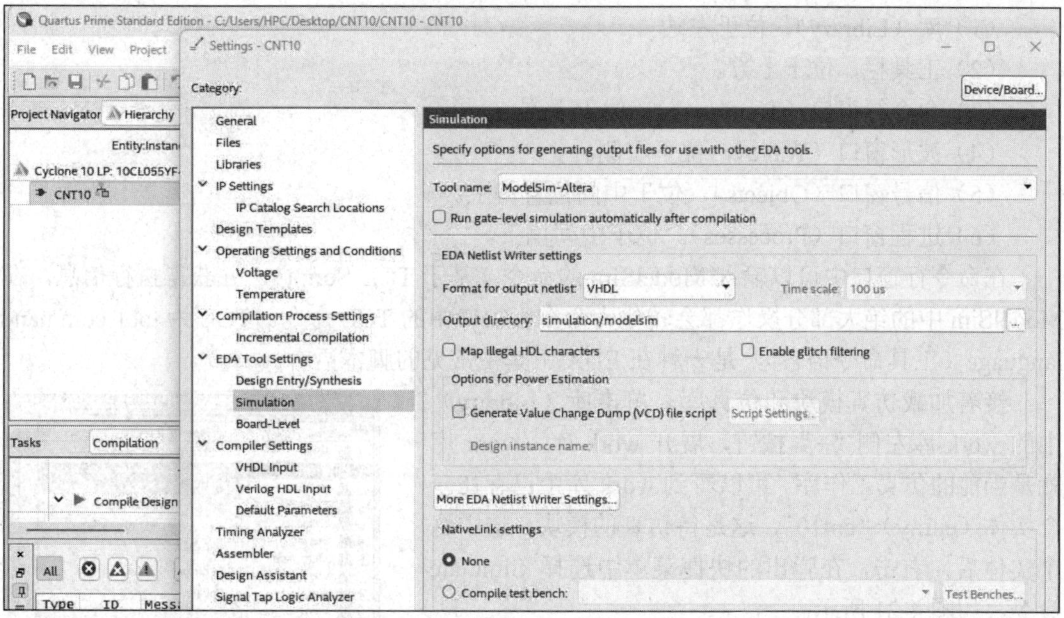

图 4-19　Settings 窗口中的仿真设置

在完成 VHDL 设计输入后，进行编译即可完成 Quartus 与 ModelSim 的连接配置，选择 Tools→Run Simulation Tool→RTL Simulation 命令开启基于 ModelSim 的 RTL 仿真。打开的 ModelSim 界面如图 4-20 所示。ModelSim 的主窗口（main windows）主要由下列几部分构成。

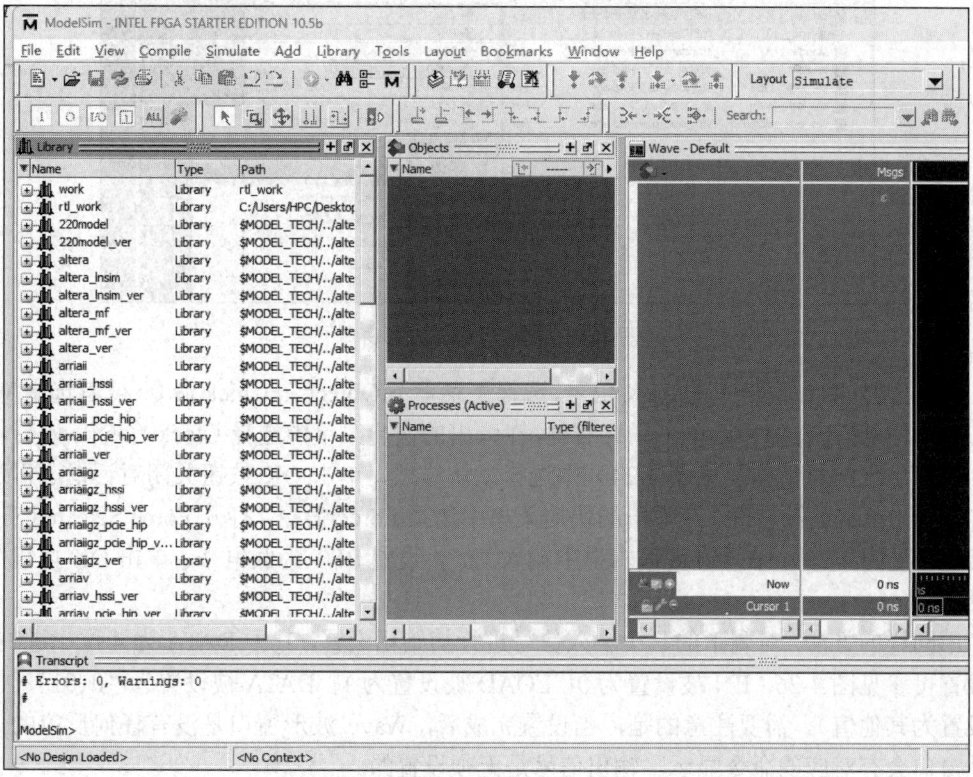

图 4-20　ModelSim 开启界面

（1）库（Library），位于左边。

（2）工具栏，位于上方。

（3）命令行窗口（Transcript），位于下方。

（4）波形窗口（Wave），位于右侧。

（5）信号窗口（Objects），位于中间位置偏上。

（6）进程窗口（Processes）。位于中间偏下。

在命令行窗口中可以输入 ModelSim 的命令（基于 TCL Script），并获得执行信息，在 ModelSim 中的绝大部分操作都会转化为命令行窗口中的 TCL 命令。TCL 为 tool command language（工具命令语言），是一种在 EDA 工具中常见的脚本语言。

接着加载仿真模块和仿真库，单击库（Library）中的 work 库左侧“+”按钮，展开 work 库。work 库就是当前的仿真工作库。可以看到 work 库中已存在一个实体（entity）“cnt10”，这是待仿真的模块。选中这个实体后，右击，在弹出的快捷菜单中选择 Simulate 命令，如图 4-21 所示。

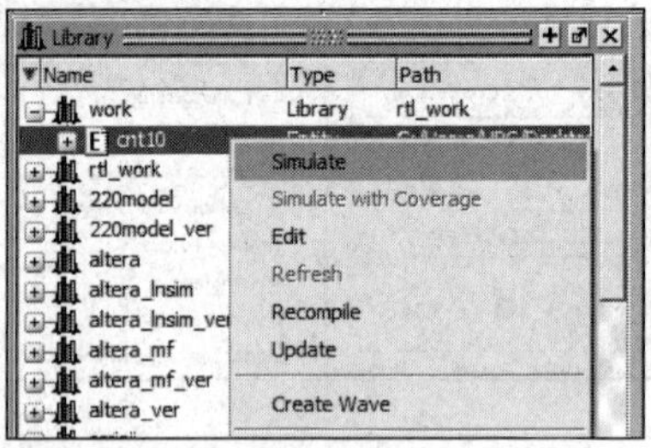

图 4-21　装载仿真模块启动仿真

当主窗口的左侧出现 sim 标签时，说明设计已装载成功，如图 4-22 所示。在 Objects 窗口按住 Ctrl 或 Shift 键，用鼠标左键选中所有信号，再打开鼠标右键菜单，选择 Add Wave 命令，把所有信号加入 Wave 波形窗口中。

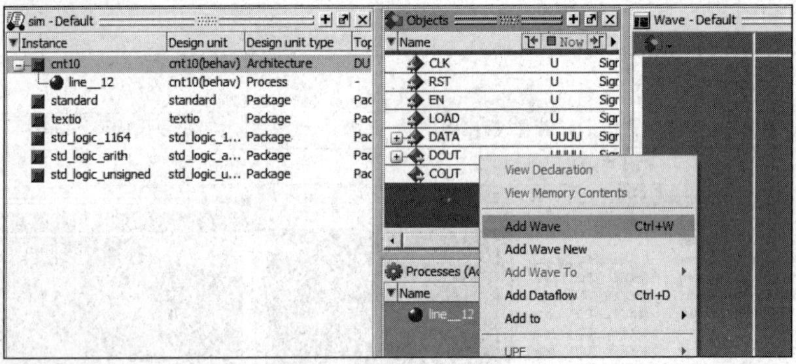

图 4-22　把信号加入波形窗口

先选中 Objects 窗口中的 CLK 信号，选择主菜单下 Objects→Clock 命令（或者选中 Wave 波形窗口中的 CLK 信号后单击鼠标右键，在弹出的快捷菜单中选择 Clock 命令），如图 4-23 所示。在出现的对话框（见图 4-24）中选择默认选项，单击 OK 按钮关闭对话框。再选中 RST 信号，单击鼠标右键，在弹出的快捷菜单中选择 Force 命令，打开 Force Selected Signal 对话框（见图 4-25），在 Value 编辑框中输入“0”，设置 RST 为低电平，单击 OK 按钮关闭对话框。

用同样的方法，对剩下的几个输入信号进行初始化设置，其中 DATA 为 4 位二进制值，其设置可参见图 4-26。EN 被设置为 0；LOAD 被设置为 1；DATA 被设置为“0101”（也可以设置为其他值）。需要注意的是，当设置完成后，Wave 波形窗口是没有任何反应的，但命令窗口会有对应的命令显示。输出信号是无须设置的。

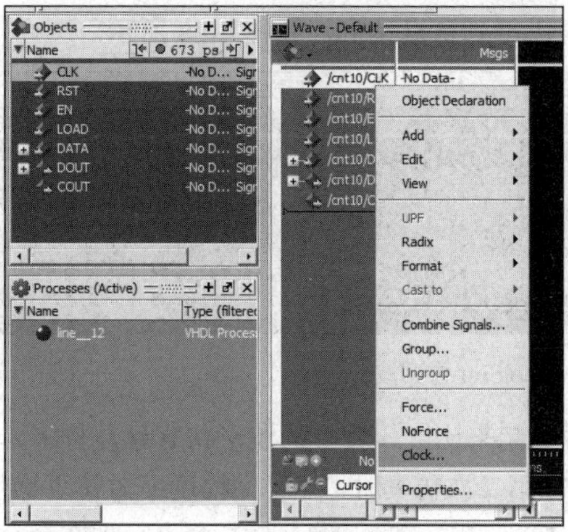

图 4-23　打开 Clock 设置

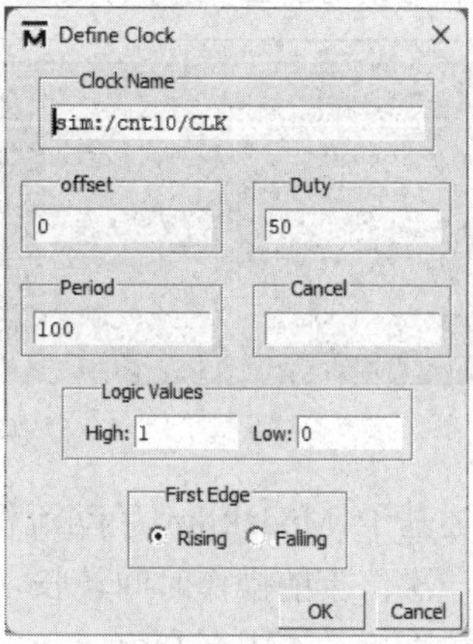

图 4-24　设置时钟信号

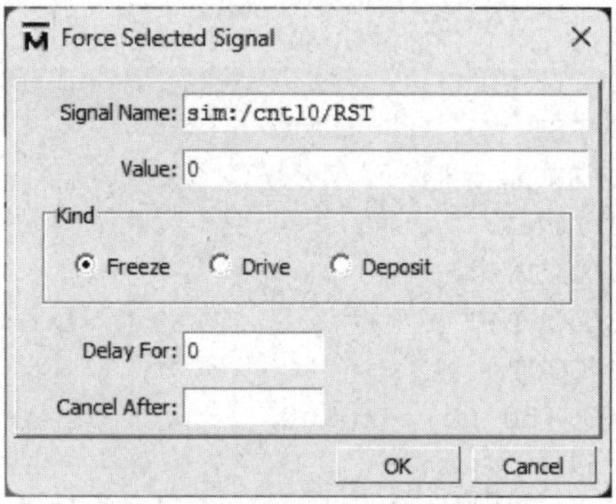

图 4-25　设置 RST 为低电平

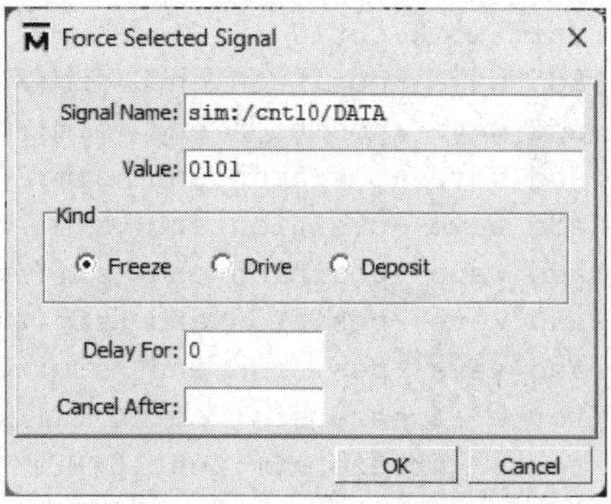

图 4-26　设置二进制值

接下来执行一步仿真。选择菜单 Simulate→Run→Run 100 命令，然后 Wave 窗口中出现了波形的变化，并运行了一个时钟周期，同时在命令窗口中显示了一条命令：

```
run
```

继续在命令窗口输入命令：

```
run 50
```

波形窗口中运行了半个时钟周期。

使用 Force 命令设置 RST 为高电平，再输入命令：

```
run 100
```

使用 Force 命令设置 EN 为高电平，输入命令：

```
run 1500
```

当波形窗口中输出 DOUT 信号时，开始计数，计数值为 4 位二进制，可以在 Wave 波形窗口中选择对应信号，单击鼠标右键，在弹出的快捷菜单中选择 Radix→Hexadecimal 命令（见图 4-27），修改为十六进制显示。

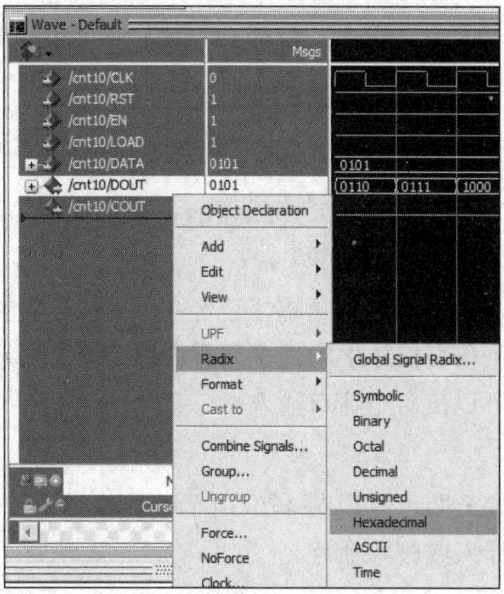

图 4-27　设置波形信号显示格式

最后修改 LOAD 信号的激励波形，可以得到仿真波形，如图 4-28 所示。

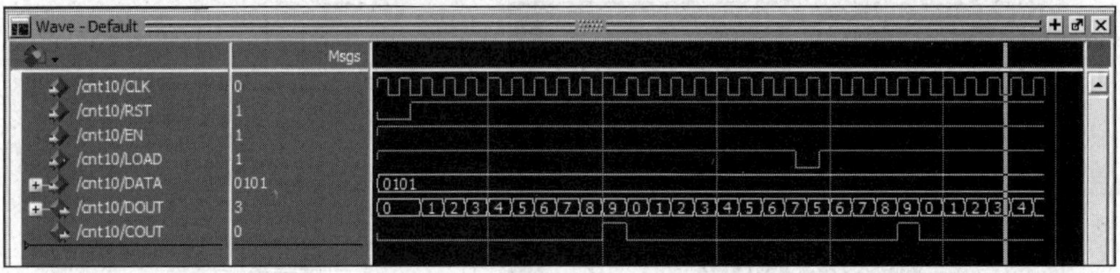

图 4-28　ModelSim 仿真波形

上述基于 ModelSim 手动流程的仿真看起来比上一节中的波形仿真繁复许多，新建工程的第一次仿真的操作时间较长，但当进行第二次仿真时，却可大幅度缩短仿真操作时间。在完成仿真后，选中命令窗口，选择菜单 File→Save TransScript As 命令，把在命令窗口中执行过的命令存入文本文件，比如存入“x.do”（文件名可以任意取），其内容如下：

```
vsim work.cnt10
add wave -position end  sim:/cnt10/CLK
add wave -position end  sim:/cnt10/RST
add wave -position end  sim:/cnt10/EN
add wave -position end  sim:/cnt10/LOAD
add wave -position end  sim:/cnt10/DATA
add wave -position end  sim:/cnt10/DOUT
add wave -position end  sim:/cnt10/COUT
force -freeze sim:/cnt10/CLK 1 0, 0 {50 ps} -r 100
force -freeze sim:/cnt10/RST 0 0
force -freeze sim:/cnt10/EN 1 0
force -freeze sim:/cnt10/LOAD 1 0
force -freeze sim:/cnt10/DATA 0101 0
run
run 50
force -freeze sim:/cnt10/RST 1 0
run
force -freeze sim:/cnt10/EN 1 0
run
run 1500
force -freeze sim:/cnt10/LOAD 0 0
run
force -freeze sim:/cnt10/LOAD 1 0
run 1000
```

为了节省篇幅，已经把“#”开头的注释行都去掉了。从上述内容上看，“x.do”复现了仿真操作中的几乎所有命令（除了显示格式修改外）。当重新开始启动 ModelSim 仿真后，可以在命令窗口输入：

```
Source x.do
```

即可复现图 4-28 所示的仿真波形。如果需要修改仿真操作过程，可以直接修改文本，计入或删除命令。

4.4 硬 件 测 试

为了能对此计数器进行硬件验证，应将其输入输出信号锁定在芯片确定的引脚上，编译下载。当硬件测试完成后，还必须对 FPGA 的配置芯片进行编程。

4.4.1 引脚锁定

在此假定选择附录 A 的 KX 系列教学实验平台系统完成此项示例实验，于是可以选择系统上的多功能重配置电路系统。当按动系统左侧的模式键选择电路模式时，将出现一系列实验电路，可以根据当前设计电路的具体情况选择一个实验电路。在此选择模式 0，对应的电路如图 4-29 所示，电路中的键 3 至键 8 是电平控制键（参考附录 A）。设本次实验的核心板（插在 KX 系列教学实验平台系统上）是如附录 A 的图 A-4（d）所示的 KXC-10CL055 板，它上面的 FPGA 是 Cyclone 10 LP 型的 10CL055YF484C8G。所以可以用键 8 至键 5 分别控制信号 CLK、EN、LOAD 和 RST 的输入。对于 CLK，每按键 8 两次可以输入一个时钟脉冲。

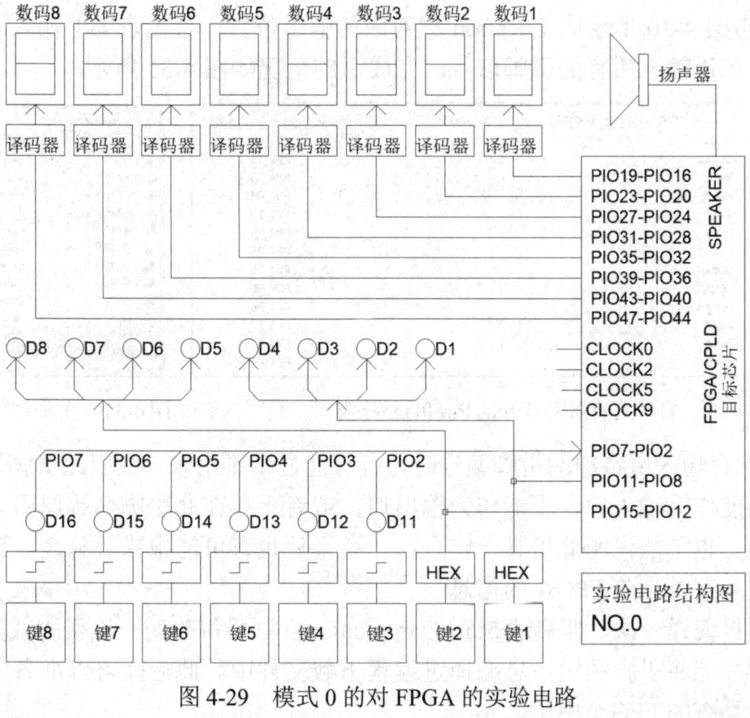

图 4-29　模式 0 的对 FPGA 的实验电路

计数器的 4 位输入数据 DATA[3..0]可以利用键 1（键 2 也有相同功能，参考附录 A）来输入。此键 1 控制一个输入 FPGA 的 4 位二进制数，图中显示，从高位到低位分别是 PIO11～PIO8。每按一次键 1，输出的 4 位二进制数加 1，具体数字由对应的数码管 D4～D1 显示。而 FPGA 的输出可以选择 8 个数码中的一个来显示，例如用数码 1 显示输出，那么 FPGA 输出端对应的 4 位端口名分别是 PIO19～PIO16。通过查表（参考附录 A）就能获得它们对应于 10CL055 的具体引脚。

将以上讨论归纳后可得表 4-1。确定了锁定引脚编号后就可以完成以下引脚锁定了。

表 4-1　基于 KX-10CL055（10CL055YF484）的引脚锁定情况（可通过附录 A 的引脚分配表获得）

计数器信号名	CLK	EN	LOAD	RST	DATA(3)	DATA(2)	DATA(1)
模式 0 电路控制	键 8	键 7	键 6	键 5	键 1:D4	键 1:D3	键 1:D2
模式 0 电路信号	PI[13]	PI[12]	PI[11]	PI[10]	PI[3]	PI[2]	PI[1]
对应 FPGA 引脚	G22	G21	T22	AA12	T2	T1	G2
计数器信号名	DATA(0)	COUT	DOUT(3)	DOUT(2)	DOUT(1)	DOUT(0)	
模式 0 电路控制	键 1:D1	数码 2:a 段	数码 1	数码 1	数码 1	数码 1	
模式 0 电路信号	PI[0]	PO[4]	PO[3]	PO[2]	PO[1]	PO[0]	
对应 FPGA 引脚	G1	M3	M5	K7	J7	H6	

（1）假设现在已打开了 CNT10 工程。如果刚打开 Quartus，应选择 File→Open Preject 命令，并单击选中工程文件 CNT10，打开此前已设计好的工程。

（2）选择 Assignments→Pin Planner 命令，即进入如图 4-30 所示的引脚锁定编辑窗。此图显示，在 Fitter Location 列已经有了锁定好的引脚。只是在 Quartus 对工程编译后自动对电路信号给出的引脚锁定，并不是设计者给出引脚情况。

（3）双击图 4-30 所示的 Location 栏对应的信号位置，根据表 4-1 输入对应的引脚，再按回车键，依次输入所有的引脚信号。完成后的情况如图 4-31 所示。

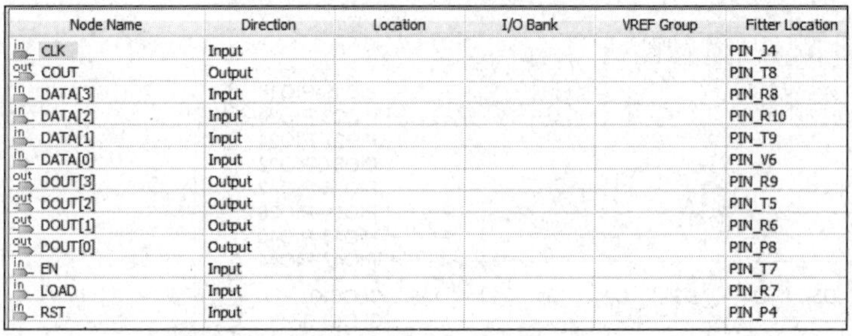

图 4-30　编译完成后刚打开的 Pin Planner 窗口

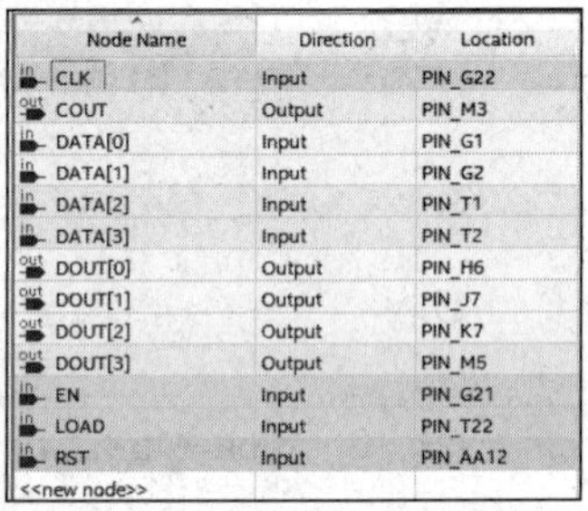

图 4-31　引脚锁定完成后的情况

（4）注意在输入所希望的引脚编号时，有可能显示不出来，说明此引脚不正确，或是因为此引脚只能作为输入口，不能作为输出口；或者不存在此引脚名等原因。当然，即使接受此引脚名，也不能说明此引脚一定合法，编译后也有可能报错。总之，读者在设计前还应该了解更多有关当前 FPGA 的信息。

最后必须再编译一次，即启动 Start Compilation。以后每改变一次引脚或其他设置，都要重新编译后才能将引脚锁定信息编译进编程下载文件中。此后就可以准备将编译好的文件下载到实验系统的 FPGA 中了。

4.4.2　编译文件下载

将编译产生的 SOF 格式配置文件下载进 FPGA 中，进行硬件测试的步骤如下。

（1）打开编程窗口和配置文件。首先连接好 USB 下载线，打开电源。在工程管理窗口（见图 4-8）中选择 Tools→Programmer 命令，弹出如图 4-32 所示的编程窗口。在 Mode

下拉列表框中有 4 种编程模式可以选择：JTAG、Passive Serial、Active Serial Programming 和 In-Socket Programming。

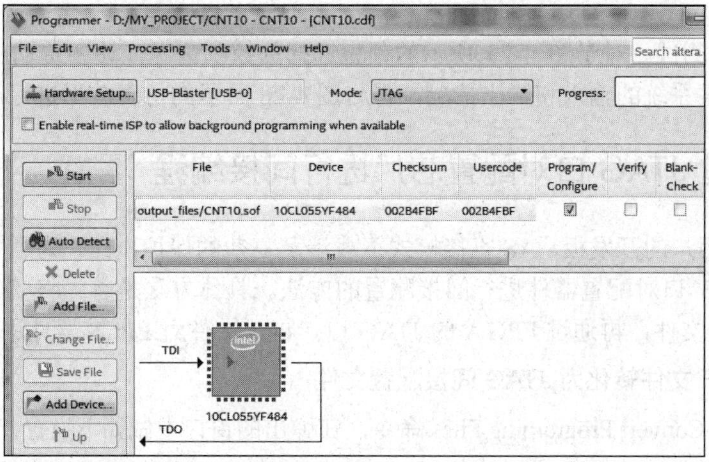

图 4-32　选择 JTAG 编程模式，将 SOF 文件载入 FPGA

为了直接对 FPGA 进行下载（配置），在编程窗口的编程模式 Mode 中选择 JTAG（默认）选项，并选中下载文件右侧的 Program/Configure 复选框。注意要仔细核对下载文件路径与文件名，确定就是当前工程生成的编程文件（注意此文件所在路径的文件夹是 output_files）。如果此文件没有出现，可单击左侧的 Add File 按钮，手动选择配置文件 CNT10.sof。

（2）设置编程器。若是初次安装的 Quartus，在编程前必须进行编程器选择操作。这里准备选择 USB-Blaster 编程器。单击图 4-32 左上角的 Hardware Setup 按钮，在弹出的窗口中设置下载接口方式，如图 4-33 所示。在 Hardware Setup 对话框中，双击下方选项卡中的 USB-Blaster 选项之后，单击 Close 按钮，关闭对话框即可。这时应该在编程窗口左上方显示出编程方式：USB-Blaster，如图 4-32 所示。

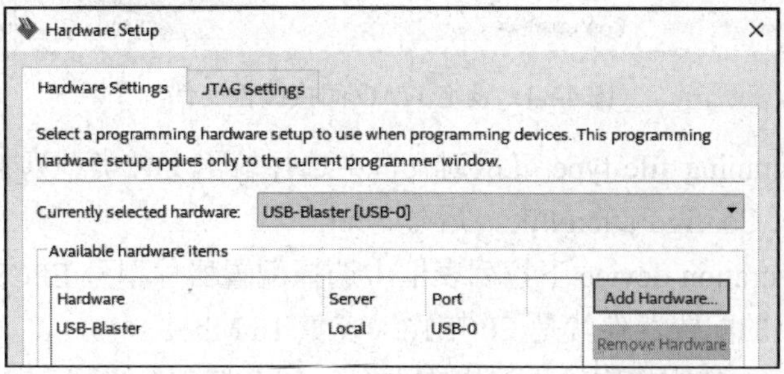

图 4-33　加入编程下载方式

如果在如图 4-33 所示的窗口中的 Currently selected hardware 右侧下拉列表框中显示 No Hardware，则必须加入下载方式。即单击 Add Hardware 按钮，在弹出的窗口中单击 OK 按钮，再双击 USB-Blaster 选项，使 Currently selected hardware 右侧下拉列表框中显示 USB-Blaster。

设定好下载模式后可以先删去图 4-32 所示的 SOF 文件，再单击 Auto Detect 按钮。如果 JTAG 口的设置以及开发板的连接没有问题，应该测出板上的 FPGA 型号。

如图 4-32 所示，向 FPGA 下载 SOF 文件前，要选中 Program/Configure 复选框。最后单击 Start 按钮，即进入对目标器件 FPGA 的配置下载操作。当 Progress 显示出 100%时，表示编程成功。

（3）硬件测试。对于图 4-29 所示的预先选择的控制情况，让各键输出对应功能的电平或脉冲，观察系统的输入和输出情况，再与图 4-28 所示的仿真波形进行对照。

4.4.3　通过 JTAG 口对配置芯片进行间接编程

对于一般用户的开发板，AS 直接模式下载涉及复杂的保护电路，为了简化电路，下面介绍利用 JTAG 口对配置器件进行间接配置的方法。具体方法是首先将 SOF 文件转化为 JTAG 间接配置文件，再通过 FPG A 的 JTAG 口，将此文件对 EPCS 器件进行编程。

1. 将 SOF 文件转化为 JTAG 间接配置文件

选择 File→Convert Programing Files 命令，在弹出的窗口中做如下设置，如图 4-34 所示。

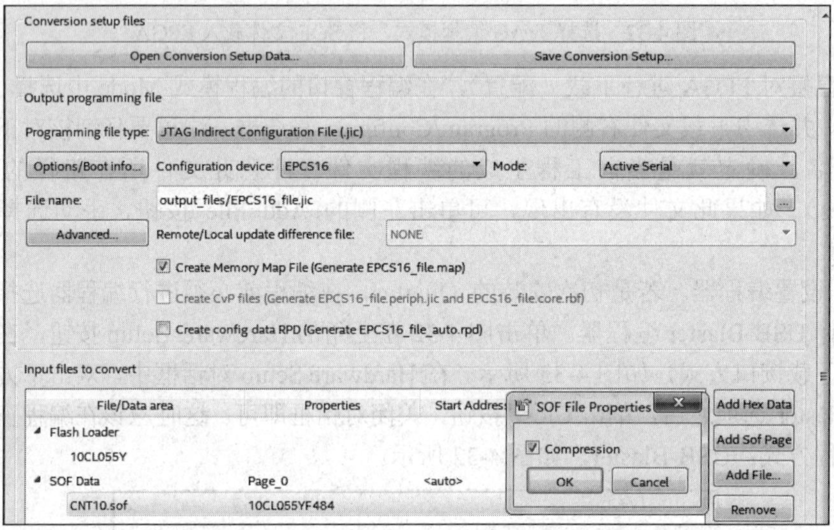

图 4-34　设定 JTAG 间接编程文件

（1）在 Programming file type 下拉列表框中选择输出文件类型为 JTAG 间接配置文件类型：JTAG Indirect Configuration File，后缀为.jic。

（2）在 Configuration device 下拉列表框中选择配置器件型号 EPCS16，这是由于核心板 KXC-10CL055 上的配置器件就是 EPCS16（容量 16 Mb）。

（3）在 File name 文本框中输入输出文件名，如 EPCS16_file.jic。

（4）单击最下方 Input files to convert 栏中的 Flash Loader 选项，然后单击右侧的 Add Device 按钮，这时将弹出 Select Devices 器件选择窗口。在此窗口左栏中选定目标器件的系列 Cyclone 10 LP，再在右栏中选择具体器件 10CL055Y；继续单击 Input files to convert 栏中的 SOF Data 选项，然后单击右侧的 Add File 按钮，选择 SOF 文件 CNT10.sof。

（5）选择压缩模式。单击选中加入的 SOF 文件名，再单击右侧的 Properties 按钮，选中 Compression 复选框（见图 4-34 下侧小窗），单击 OK 按钮完成。最后单击 Generate 按钮，即生成所需要的 JIC 编程文件。

2. 下载 JTAG 间接配置文件

选择 Tool→Programmer 命令（JTAG 模式），加入 JTAG 间接配置文件 EPCS16_file.jic，如图 4-35 所示进行必要的选择（注意可选择的复选框选项），单击 Start 按钮后进行编程下载。为了证实下载后系统能正常工作，在下载完成后必须关闭系统电源，然后再打开电源，以便启动 EPCS 器件对 FPGA 的配置。然后观察计数器的工作情况。

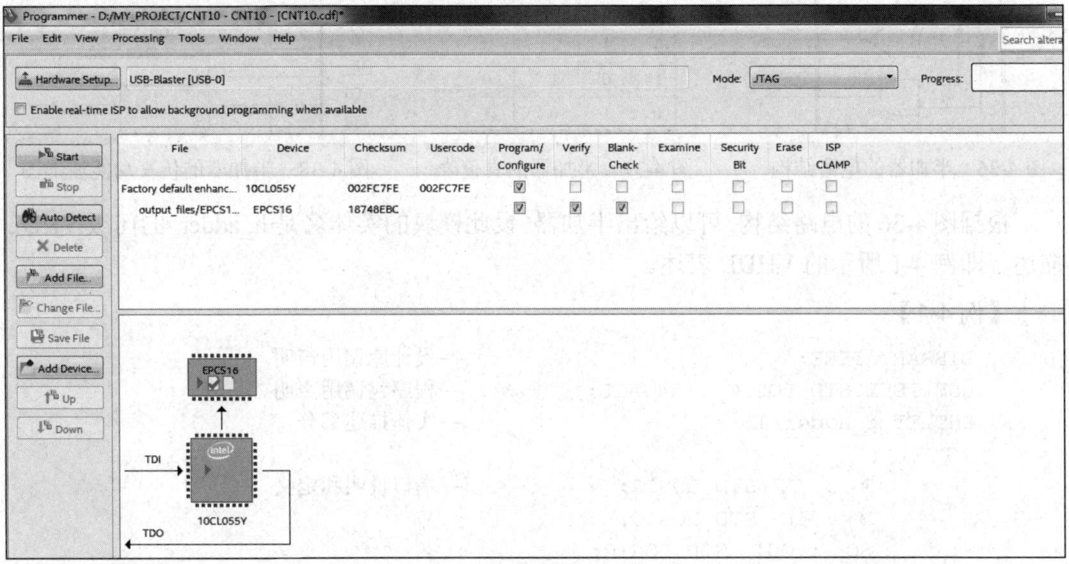

图 4-35　用 JTAG 模式将间接配置文件烧入配置器件 EPCS16 中

4.4.4　USB-Blaster 驱动程序安装方法

对于有的核心板，在初次使用 USB-Blaster 编程器前，需首先安装 USB 驱动程序。

将 USB Blaster 编程器一端插入 PC 的 USB 口，这时会弹出一个 USB 驱动程序对话框，根据对话框的引导，选择用户自己搜索驱动程序，这里假定 Quartus 安装在 D 盘，则驱动程序的路径为 D:\intelFPGA\18.1\quartus\drivers\usb-blaster。

安装完毕后，打开 Quartus，选择编程器，单击图 4-32 左上角的 Hardware Setup 按钮，在弹出的窗口中双击 USB-Blaster 选项。此后就能如同前面介绍的编程器一样使用了。

如果使用 Windows 11 情况下不能正确安装 USB-Blaster 的驱动，可以尝试关闭系统设置中“内核隔离”相关选项。

4.5　层次化设计流程

本节先使用 VHDL 设计一个半加器，然后再采用层次化设计流程实现一位全加器。

4.5.1　设计一个半加器

半加器的电路原理如图 4-36 所示。半加器对应的逻辑真值表如图 4-37 所示。此电路模块由两个基本逻辑门元件构成，即与门和异或门。图中的 A 和 B 是加数和被加数的数据输入端口，SO 是和值的数据输出端口，CO 则是进位数据的输出端口。根据图 4-36 的电路结构，很容易获得半加器的逻辑表述：SO=A⊕B；CO=A·B。

图 4-38 是此半加器电路的时序波形，它反映了此模块的逻辑功能。

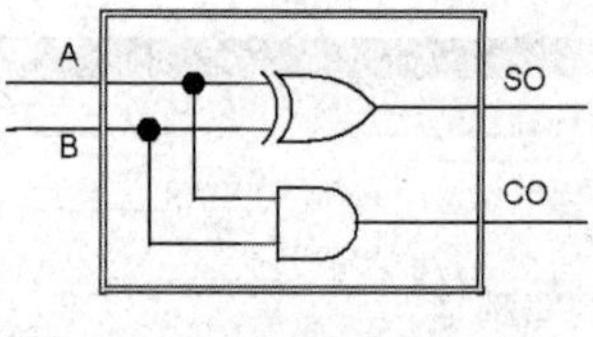

图 4-36　半加器的电路结构

A	B	SO	CO
0	0	0	0
0	1	1	0
1	0	1	0
1	1	0	1

图 4-37　半加器的真值表

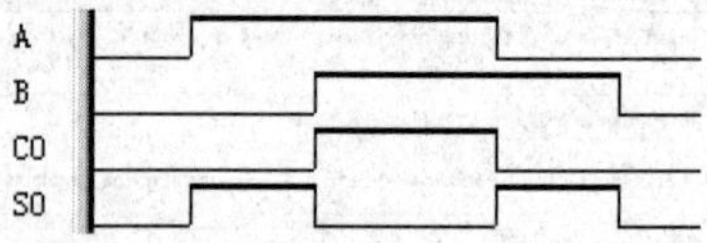

图 4-38　半加器的仿真功能波形图

根据图 4-36 的电路结构，可以给出半加器（设此模块的实体名是 h_adder）的门级 VHDL 描述，即例 4-1 所示的 VHDL 表述。

【例 4-1】

```
LIBRARY IEEE;                                --设计库调用声明
USE IEEE.STD_LOGIC_1164.ALL;                 --程序包调用声明
ENTITY h_adder IS                            --实体描述部分
  PORT (
        A  : IN  STD_LOGIC;                  --端口说明和定义
        B  : IN  STD_LOGIC;
        SO  : OUT  STD_LOGIC;
        CO  : OUT  STD_LOGIC
        );
END ENTITY h_adder;
ARCHITECTURE one OF h_adder IS               --结构体描述部分
  BEGIN
        SO <= A XOR B;                       --电路功能门级描述
        CO <= A AND B;
END ARCHITECTURE one;
```

也可以根据图 4-37 的真值表，给出半加器（设此模块的实体名是 h_adder）的行为级 VHDL 描述，即例 4-2 所示的 VHDL 表述。

【例 4-2】

```
LIBRARY IEEE;                                --设计库调用声明
USE IEEE.STD_LOGIC_1164.ALL;                 --程序包调用声明
ENTITY h_adder IS                            --实体描述部分
  PORT (
          A  : IN  STD_LOGIC;                --端口说明和定义
          B  : IN  STD_LOGIC;
          SO : OUT  STD_LOGIC;
          CO : OUT  STD_LOGIC
          );
END ENTITY h_adder;
ARCHITECTURE two OF h_adder IS               --结构体描述部分
SIGNAL S : STD_LOGIC_VECTOR(1 DOWNTO 0);
BEGIN
S <= A & B;                    --&为并置操作符，即将位连接合并成一个位矢量
PROCESS(A,B)                   --敏感信号表中可以放A、B，也可以直接放S，如(S)
```

```
BEGIN
    CASE  (S)  IS
WHEN "00" =>  SO <= '0'; CO <= '0';
WHEN "01" =>  SO <= '1'; CO <= '0';
WHEN "10" =>  SO <= '1'; CO <= '0';
WHEN "11" =>  SO <= '0'; CO <= '1';
    END CASE;
END PROCESS;
END ARCHITECTURE two;
```

按照 4.1 节的流程建立此半加器工程。全程编译后，按照 4.2 节的流程对此半加器工程进行仿真测试，仿真结果应该类似于图 4-38 所示波形。至此，半加器设计成功。

此外，可以将以上设计的半加器 h_adder 设置成可调用的底层元件。方法如图 4-39 所示，在半加器原理图文件 h_adder.vhd 处于打开的状态下，选择 File→Create/Update→Create Symbol Files for Current File 命令，即可将当前 VHD 文件变成一个元件符号存盘（元件文件名是 h_adder.bsf），以便在高层次设计中调用。

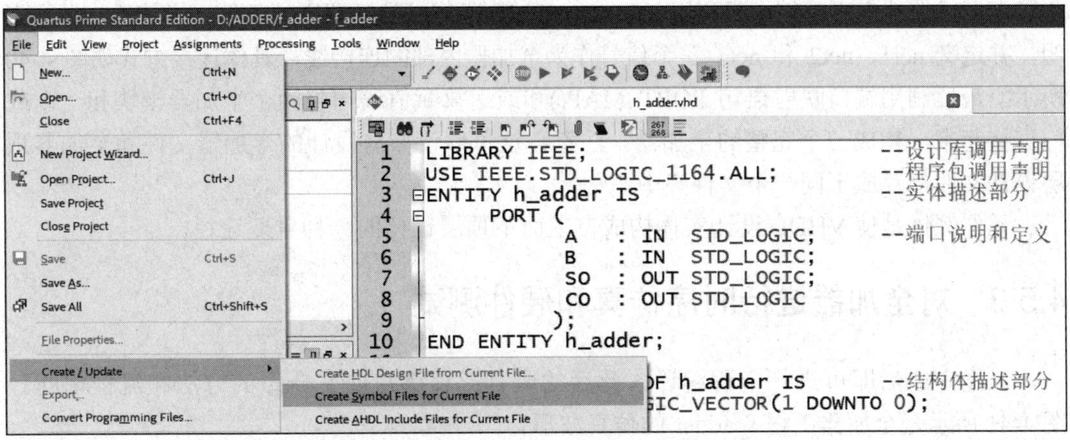

图 4-39　完成设计并将半加器封装成一个元件

4.5.2　完成全加器顶层设计

全加器可以由两个半加器和一个或门连接而成，其经典的电路拓扑如图 4-40 所示。根据前面设计好的半加器，利用层次化设计流程，采用 VHDL 例化语句，来完成全加器的 VHDL 顶层描述，即例 4-3 所示。

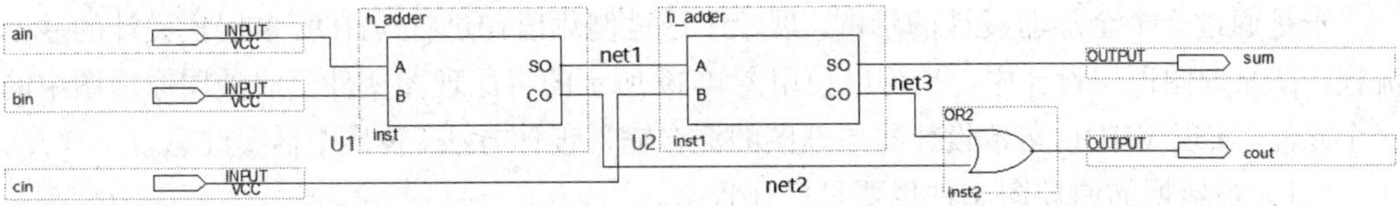

图 4-40　全加器 f_adder 电路图

【例 4-3】

```
LIBRARY IEEE;                          --全加器顶层设计描述
USE IEEE.STD_LOGIC_1164.ALL;
```

```
ENTITY f_adder IS
   PORT(ain,bin,cin : IN STD_LOGIC;
         cout,sum : OUT STD_LOGIC);
END ENTITY f_adder;
ARCHITECTURE fd1 OF f_adder IS
   COMPONENT h_adder                        --调用半加器声明语句
      PORT (A, B : IN STD_LOGIC; CO, SO : OUT STD_LOGIC);
   END COMPONENT;
SIGNAL net1,net2,net3 : STD_LOGIC;          --定义3个信号作为内部的连接线
   BEGIN
   U1 : h_adder PORT MAP(A=>ain,B=>bin,CO=>net2,SO=>net1); --例化语句
   U2 : h_adder PORT MAP(net1, cin, net3, sum);
   cout <= net2 or net3;
END ARCHITECTURE fd1;
```

为了连接底层元件形成更高层次的电路设计结构，例 4-3 中使用了例化语句。首先在实体中定义了全加器顶层设计元件的端口信号，然后在 ARCHITECTURE 和 BEGIN 之间加入了调用元件的声明语句，即利用 COMPONENT 语句对准备调用的元件（半加器）做了声明，并定义 net1、net2 和 net3 三个信号作为全加器内部的连接线，具体连接方式如图 4-40 所示。最后利用端口映射语句 PORT MAP()和或运算赋值语句将两个半加器模块和一个或门连接起来，构成一个完整的全加器。注意，这里假设参与设计的半加器文件和全加器顶层设计文件都存放于同一个文件夹中。

元件例化是使 VHDL 设计实体构成自上而下顶层设计的一种重要途径。

4.5.3　对全加器进行时序仿真和硬件测试

工程完成后即可进行全程编译。此后的所有流程都与前文介绍的方法和流程相同。图 4-41 所示是全加器工程 f_adder 的仿真波形。

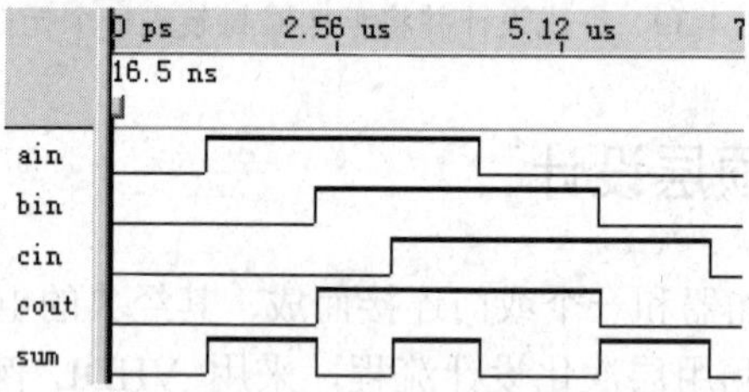

图 4-41　全加器的仿真波形

于是通过一个全加器设计的示例，展示了通过例化语句进行 VHDL 多层次设计的基本流程。在原理图顶层设计中，也可以使用图 4-39 所示的将原理图文件变成顶层原理图中的一个元件，实现 VHDL 文本设计与原理图的混合输入设计方法。转换中需要注意以下 3 点。

（1）被转换的原理图文件也要呈打开状态。

（2）转换好的元件必须存在当前工程的路径文件夹中，文件后缀也默认为.bsf。

（3）按图 4-39 所示的方式进行转换，选择 Create Symbol Files for Current File 选项。

在本项设计示例中，假设将此全加器仍然下载于 KXC-10CL055 核心板（附录 A）上的 FPGA 中进行硬件测试。为此可以根据 4.4.1 节的方法进行引脚锁定和测试。

对于全加器的硬件测试不妨选择模式 6（对应的实验电路如图 4-42 所示），可以用键 3、键 4、键 5 分别控制全加器的输入信号 ain、bin、cin；发光管 D1 和 D2 分别显示 sum 和 cout 的输出情况。于是输入信号 ain、bin、cin 分别对应图 4-42 所示电路中 FPGA 的 PIO8、PIO9、PIO10；sum 和 cout 分别对应图 4-42 所示电路中 FPGA 的 PIO16、PIO17，查表后可以得到具体的引脚号（查表参考附录 A）。

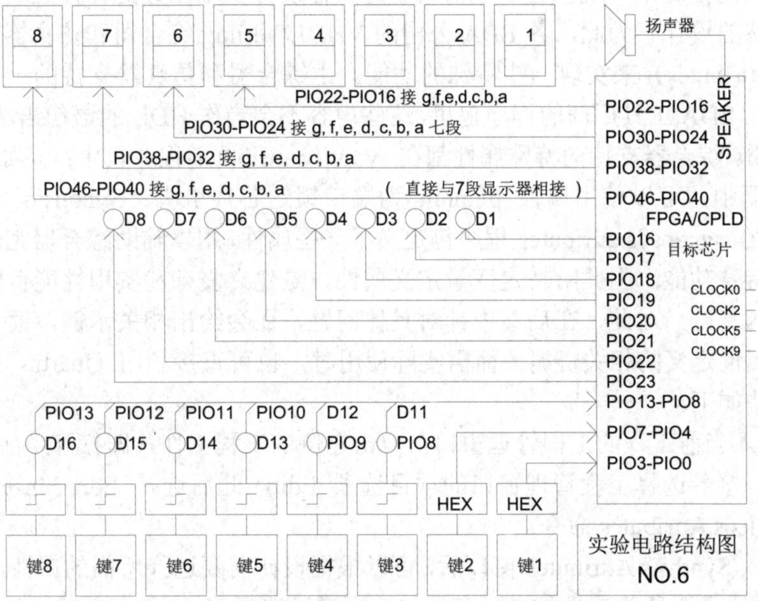

图 4-42　对应模式 6 的对 FPGA 的实验电路

4.6 利用属性表述实现引脚锁定

引脚锁定的设置也能直接写在程序文件中，这就是利用所谓的引脚属性定义来完成引脚锁定。引脚属性定义的格式随各厂家的综合器和适配器的不同而不同。

Intel-Altera 在其 Quartus 中也提供了多种可用于规定信号或综合后电路功能的属性语句及定义方法。以下的例 4-4 是 4.1 节引用的示例中用引脚属性表述在程序文本上定义引脚的程序。此程序编译下载后进行硬件测试的结果与 4.1 节所述相同。请注意其属性表述方式和表述放置的位置。

这种对于引脚属性的定义应该注意两点：必须对应确定的目标器件，且本书中出现的属性语句仅适用于 Quartus；只能在顶层设计文件中定义。

此文件编译后可通过选择 Assignments→Pins 命令来查看。

【例 4-4】

```
ARCHITECTURE ONE OF CNT10 IS
   attribute chip_pin : string;  -- chip_pin被定义为字符串数据类型string
   attribute chip_pin of CLK  : signal is "AB6";
   attribute chip_pin of EN   : signal is "Y7";
   attribute chip_pin of DATA : signal is "AB5,AA3,W2,U2";
```

```
  ...
BEGIN
```

例 4-4 是例 3-19 中的部分内容，其中给出了针对总线的引脚锁定的属性描述。

单纯的硬件语言都可以脱离具体硬件来描述系统，但就 EDA 工程而言，与 HDL 代码设计很大的不同之处在于：一个性能优良、工作稳定、性价比高的数字系统不可能仅凭计算机描述语言的描述来实现，它必须借助于与具体硬件实现相关的各种控制信息和控制指令来完成最终的设计。为此，各 EDA 公司的 VHDL/Verilog 综合器和仿真器通常使用自定义的属性（attributes）来实现一些特殊的功能。由综合器和仿真器支持的一些特殊的属性一般都包含在 EDA 工具厂商的程序包里，这些内容不会当作 HDL 的语句语法内容来介绍。例如，Synplify 综合器支持的特殊属性都在 synplify.attributes 程序包中；又如在 DATA I/O 公司的综合器中，可以使用属性 pinnum 为端口锁定芯片引脚；Synopsys 公司的 FPGA Express 中也在 synopsys.attributes 程序包定义了一些属性，用以辅助综合器完成一些与硬件直接相关的特殊功能。因此给特定变量定义属性，是建立复杂和实用性能良好的数据类型和数字系统的基础。对此，在后文中针对具体问题，还会给出相关示例。读者在设计中也应积极查阅属性定义的相关资料。而需实际使用时，也可直接利用 Quartus 提供的模板表述。具体方法如下。

（1）进入当前工程的工程管理窗口，双击左侧的工程文件，即打开当前的 VHDL 文件编辑窗口。接着选择工程管理窗口的项目选项 Edit，此后选择 Edit→Insert Template→VHDL→Synthsis Attributes 命令。

（2）进入 Synthsis Attributes 窗口后，可以根据设计需要选择所需的属性，如选择 Keep Attribute 属性。至于所列属性的含义和用法，可通过选择 Help 命令参考。

4.7 Signal Tap 逻辑分析仪的用法

随着逻辑设计复杂性的不断增加，仅依赖于软件方式的仿真测试来了解设计系统的硬件功能和存在的问题已远远不够，而需要重复进行的硬件系统的测试也变得更为困难。设计者可以将一种高效的硬件测试手段和传统的系统测试方法相结合以解决这些问题，这就是嵌入式逻辑分析仪的使用。它的采样部件可以随设计文件一并下载到目标芯片中，用以捕捉目标芯片内部系统信号节点处的信息或总线上的数据流，却又不影响原硬件系统的正常工作。这就是 Quartus 中嵌入式逻辑分析仪 Signal Tap 的目的。在实际监测中，Signal Tap 将测得的样本信号数据暂存于目标器件中的嵌入式 RAM 中，然后通过器件的 JTAG 端口将采得的信息传出，送入 Quartus 软件进行显示和分析。

Signal Tap 允许对设计中所有层次的模块信号节点进行测试，可以使用多时钟驱动，而且还能通过设置确定前后触发捕捉信号信息的比例。

本节将以图 4-43 的设计为示例，介绍 Signal Tap 逻辑分析仪最基本的使用方法。

示例是一个原理图与 VHDL 代码程序混合的设计，顶层设计是原理图，取名为 CNT2LED，如图 4-43 所示。此图中有两个元件模块，即 CNT10 和 DECL7S；一个是十进制计数器，另一个是十六进制 7 段数码管显示译码器，它们的内部程序分别是例 3-19 和例 4-2。参考 4.5 节的图 4-39，将这两个程序变成原理图可调用的元件。

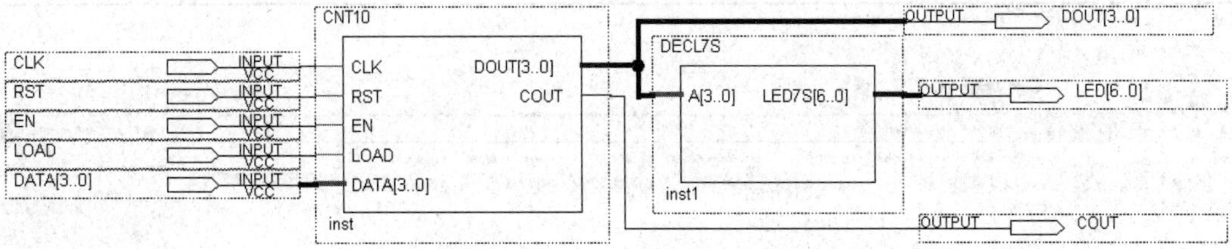

图 4-43　十进制计数器设计示例电路

首先设定图 4-43 为工程，工程名设为 CNT2LED。假定开发系统仍然用附录 A 的 KX 系列教学实验平台系统以及 KXC-10CL055 核心板，于是引脚锁定可参考表 4-1（图 4-43 中的 LED[6..0]可以不用锁定），只是将 CLK 的引脚改为 G22，使此引脚恰好与核心板上的 20 MHz 时钟相接，于是可利用 CLK 作为逻辑分析仪的采样时钟。使用 Signal Tap 的流程如下。

1. 打开 Signal Tap 编辑窗口

选择 File→New 命令，如图 4-1 所示，在弹出的 New 窗口中选择 Signal Tap Logic Analyzer File 选项（也可选择 Tools 选项），单击 OK 按钮，即出现 Signal Tap 编辑窗口。

2. 调入待测信号

在图 4-44 中，首先单击左上角的 Instance 栏内的 auto_signaltap_0，更改此名，如改为 CNTS，这是其中一组待测信号名。为了调入待测信号名，在 CNTS 栏下方的空白处双击，即弹出 Node Finder 窗口，再于 Filter 栏选择 Pins: all 选项，单击 List 按钮，即在左栏出现此工程相关的所有信号。选择需要观察的信号：总线 DATA、DOUT 和 LED，以及进位输出 COUT。单击 OK 按钮后即可将这些信号调入 Signal Tap 信号观察窗口，如图 4-45 所示。注意，不要将工程的主频时钟信号 CLK 调入观察窗口，因为在本项设计中打算调用本工程的时钟信号 CLK 兼作逻辑分析仪的采样时钟，而采样时钟信号是不允许进入此窗口的。

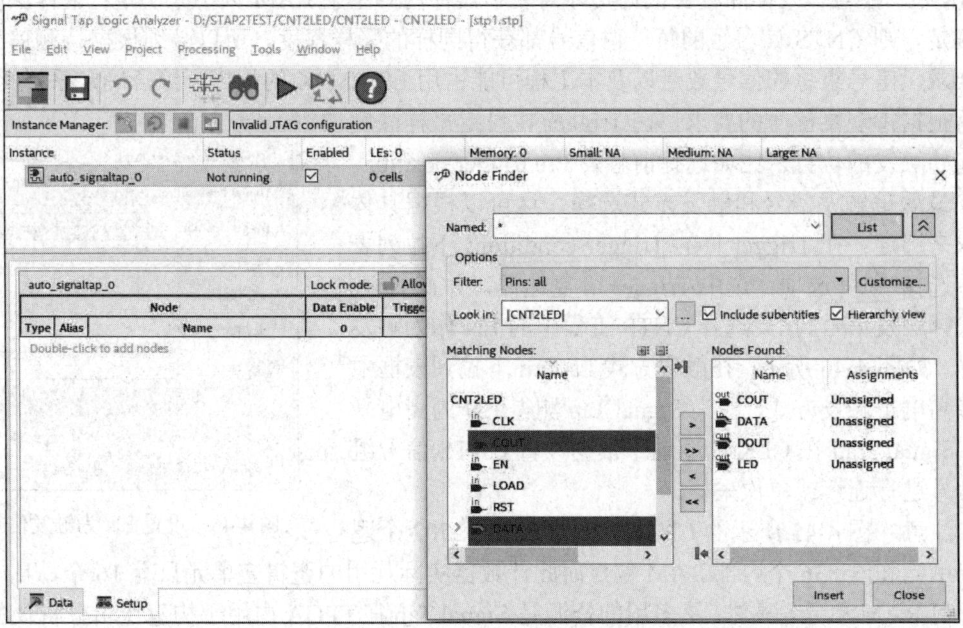

图 4-44　输入逻辑分析仪测试信号

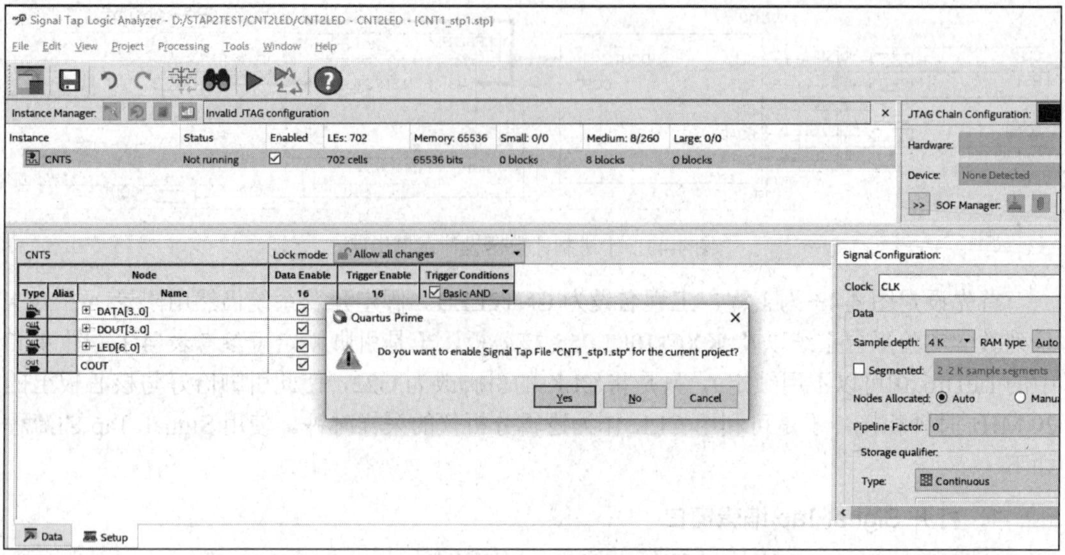

图 4-45　Signal Tap 编辑窗口

此外，如果有总线信号，只需调入总线信号名即可；慢速信号可不调入；调入信号的数量应根据实际需要来决定，不可随意调入过多的或没有实际意义的信号，这会导致 Signal Tap 无谓占用芯片内过多的 RAM 资源。

3．Signal Tap 参数设置

单击“全屏”按钮和窗口左下角的 Setup 标签，即出现如图 4-45 所示的全屏编辑窗口，然后按此图进行设置。首先输入逻辑分析仪的工作时钟信号 Clock。单击 Clock 栏右侧的“…”按钮，即出现 Node Finder 对话框，为了说明和演示方便，选择计数器工程的主频时钟信号 CLK 作为逻辑分析仪的采样时钟；接着在 Data 框的 Sample depth 栏选择采样深度为 4K 位。注意，采样深度应根据实际需要和器件内部空余 RAM 大小来决定；采样深度一旦确定，则 CNTS 信号组的每一位信号都获得同样的采样深度，所以必须根据待测信号采样要求、信号组总的信号数量以及本工程可能占用 ESB/M9K 的规模，综合确定采样深度。然后根据待观察信号的要求，在 Trigger 栏设定采样深度中起始触发的位置，比如选择前触发 Pre trigger position。

最后是触发信号和触发方式选择，这可以根据具体需求来选定。在 Trigger 栏的 Trigger conditions 下拉列表框中选择“1”选项；选中 Trigger in 复选框，并在 Node 框选择触发信号。在此选择 CNTS 工程中的 EN 作为触发信号，如图 4-46 所示；在触发方式 Pattern 下拉列表框中选择高电平触发方式，即当 Signal Tap 测得 EN 为高电平时，Signal Tap 在 CLK 的驱动下根据设置 CNTS 信号组的信号进行连续或单次采样。

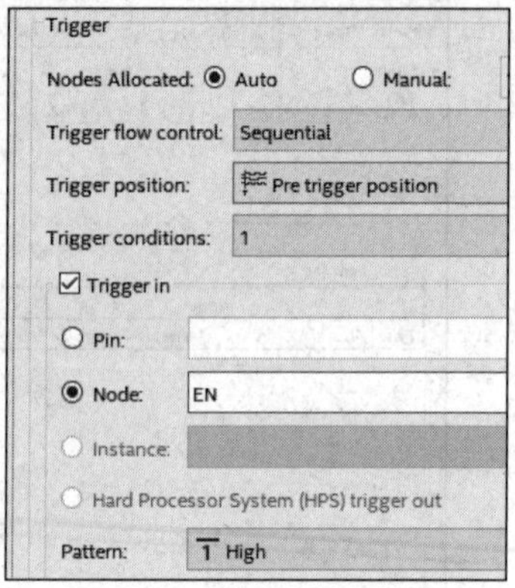

图 4-46　设置 EN 为触发信号

注意，图 4-45 所示的 CNTS 栏显示使用了 702 个逻辑宏单元和 65536 个内部 RAM 位，而此计数器实际耗用的逻辑宏单元只有 16 个，且未使用任何 RAM 单元。显然，这多用的资源是 Signal Tap 在 FPGA 内用于构建逻辑分析仪的采样逻辑及信号存储单元。

4．文件存盘

选择 File→Save As 命令，输入 Signal Tap 文件名为 stp1.stp（默认文件名和后缀），不妨改名为 CNT_stp1.stp。单击“保存”按钮后，将出现一个提示“Do you want to enable Signal Tap File ‘CNT_stp1.stp’ for the current project?”，如图 4-45 所示，应该单击 Yes 按钮，表示同意再次编译时将此 Signal Tap 文件与工程（CNT2LED）捆绑在一起综合/适配，以便一同被下载进 FPGA 芯片中去完成实时测试任务。如果单击 No 按钮，则必须自己去设置。方法是选择 Assignments→Settings 命令，在其 Category 栏中选择 Signal Tap Logic Analyzer 选项，即弹出一个窗口，如图 4-47 所示；在此窗口的 Signal Tap File name 中选中已存盘的 Signal Tap 文件名，如 CNT_stp1.stp，并选中 Enable Signal Tap Logic Analyzer 复选框，单击 OK 按钮即可。

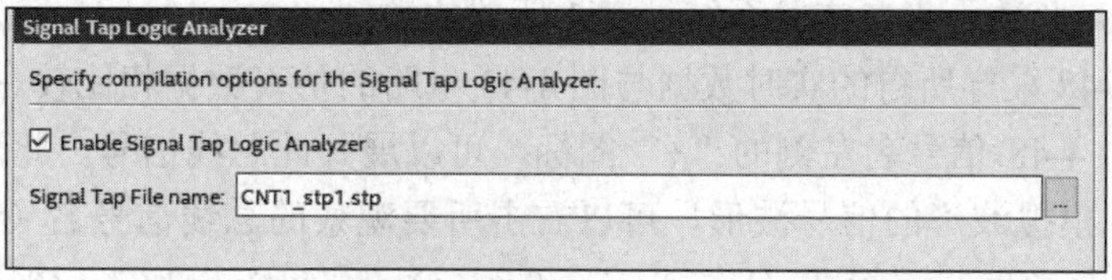

图 4-47　选择或删除 Signal Tap 文件加入综合编译

注意，当利用 Signal Tap 将芯片中的信号全部测试结束后，如在实现开发完成后的产品前，不要忘了将 Signal Tap 的部件从芯片中除去，方法是在上述窗口中取消选中 Enable Signal Tap Logic Analyzer 复选框，再编译、编程一次即可。

5．编译下载

首先选择 Processing→Start Compilation 命令，启动全程编译。

编译结束后，选择 Tools→Signal Tap Logic Analyzer 命令，打开 Signal Tap 编辑窗口，或单击 Open 按钮打开。接着用 USB-Blaster 连接 JTAG 口，设定通信模式；打开编程窗口准备下载 SOF 文件，最后下载文件 CNT2LED.sof。也可以直接利用 Signal Tap Logic Analyzer 窗口来下载 SOF 文件。如图 4-48 所示，单击右侧的 Setup 按钮，确定编程器模式，如 USB-Blaster。然后单击 Scan Chain 按钮，对开发板进行扫描。如果在栏中出现板上 FPGA 的型号名，表示系统 JTAG 通信情况正常，可以进行下载。

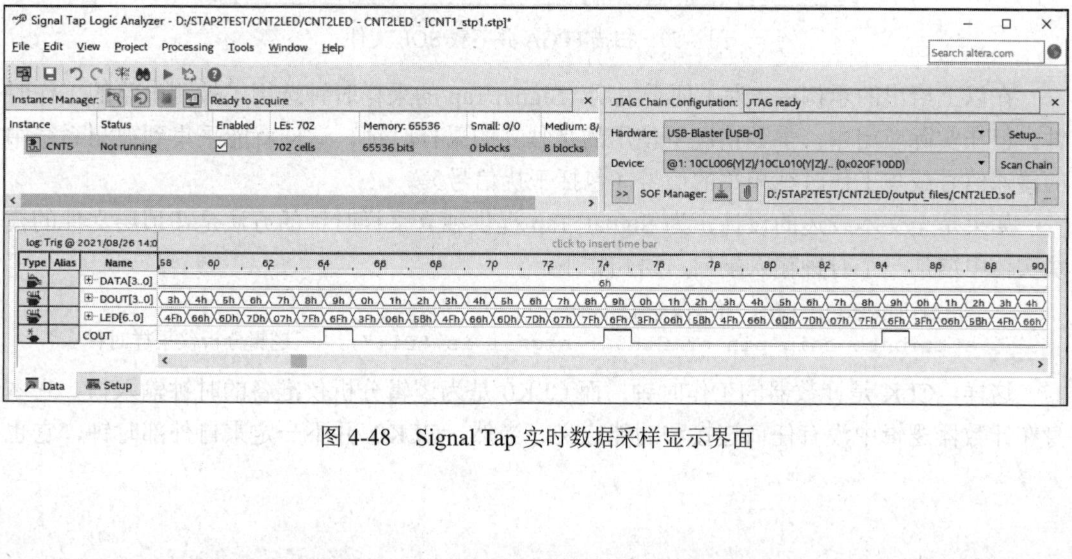

图 4-48　Signal Tap 实时数据采样显示界面

单击“…”按钮，选择 SOF 文件，再单击左侧的下载图标，观察左下角下载信息。下载成功后，设定控制信号（注意使控制 EN 的键输出 1），使计数器和逻辑分析仪工作。

6．启动 Signal Tap 进行采样与分析

如图 4-48 所示，单击选中 Instance 栏中的 CNTS，再选择 Processing 菜单中的 Autorun Analysis 选项，启动 Signal Tap 连续采样。单击左下角的 Data 标签和“全屏”按钮。由于按键对应的 EN 为高电平，作为 Signal Tap 的采样触发信号，这时就能在 Signal Tap 数据窗口观察到通过 JTAG 口来自开发板上 FPGA 内部的实时信号，如图 4-48 所示。用鼠标的左/右键放大或缩小波形。数据窗口的上沿坐标是采样深度的二进制位数，全程是 4096 位（前位触发在 12%深度处）。

图 4-48 所示的 LED 和 DOUT 的数据显示格式都选择为十六进制数，DATA 输入显示的数据是“6H”，此数是来自实验系统上键 1 所置的数。

建议将图 4-48 采样所得的实时数据与图 4-43 电路的仿真数据相比较。

如果单击图 4-48 信号名左侧的“+”图标，可以展开此总线信号。此外，如果希望观察到可形成类似模拟波形的信号波形，可以右击所要观察的总线信号名（如 DOUT），在弹出的菜单中选择总线显示模式（bus display format）为 Unsigned Line Chart，即可获得如图 4-49 所示的“模拟”信号波形—— 锯齿波。图 4-50 所示的部分是负责扫描 FPGA 的。

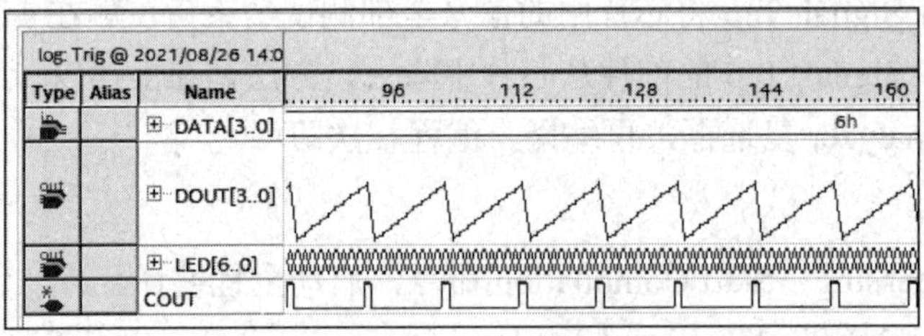

图 4-49　改变 DOUT 数据显示的方式

图 4-50　扫描 FPGA 并下载 SOF 文件

在以上给出的示例中，为了便于说明，Signal Tap 的采样时钟选用了被测电路的工作时钟。但在实际应用中，多数情况下使用的是独立的采样时钟，这样就能采集到被测系统中的慢速信号或与工作时钟相关的信号（包括干扰信号）。

如果是全文本表述的设计，为 Signal Tap 提供独立采样时钟的方法是在顶层文件的模块实体中增加一个时钟输入端口，语句如下：

```
ARCHITECTURE ONE OF xxx IS
attribute chip_pin of CLK0 : signal is "B11"; -- 逻辑分析仪采样时钟
```

这样，CLK 是计数器的工作时钟；而 CLK0 是为逻辑分析仪准备的时钟输入口，它本身在计数器逻辑中没有任何连接和功能定义。当然，CLK0 并不一定来自外部时钟，它也

可来自 FPGA 的内部逻辑或内部的锁相环等，但它必须与 CLK 没有任何相关性，如来自另一晶体振荡器驱动下的另一锁相环。

如果顶层设计是原理图，为了给 Signal Tap 提供独立采样时钟，可以在原理图编辑窗口中增加一个 input 端口，此端口名可取为 CLK0 等。在 FPGA 外部可以向 CLK0 提供独立时钟，而在设计电路中不必与其他任何电路连接。工程编译后可以在 Signal Tap 参数设置窗口中找到此 CLK0，并设置它为采样时钟。

实际上，对于触发信号的设置或建立，也可以采用这种方法。

7. Signal Tap 的其他设置和控制方法

以上示例仅设置了单一嵌入式测试模块 CNTS，其采样时钟是 CLK。事实上可以设置多个嵌入式测试模块（Instance）。可以使用此功能为器件中的每个时钟域建立单独且唯一的逻辑分析仪测试模块，并在多个测试模块中应用不同的时钟和不同的设置。

Instance 管理器允许在多个测试模块上建立并执行 Signal Tap 逻辑分析，可以使用它在 Signal Tap 文件中建立、删除和重命名测试模块。Instance 管理器显示当前 Signal Tap 文件中的所有测试模块、每个相关测试模块的当前状态以及相关实例中使用的逻辑元素和存储器耗用量。测试模块管理器可以协助检查每个逻辑分析仪在器件上要求的资源使用量，可以选择多个逻辑分析仪及选择 Processing→Run Analysis 命令来同时启动多个独立的数据采样模块。此外，Signal Tap 的采样触发器采用逻辑级别或逻辑边缘方面的逻辑事件模式，支持多级触发、多个触发位置、多个段以及外部触发事件。

可以使用 Signal Tap 窗口中的 Signal Configuration 面板设置触发器选项。可以给逻辑分析仪配置最多 10 个触发器级别，使用户可以只查看最重要的数据；可以指定 4 个单独的触发位置：前、中、后和连续。触发位置允许指定在选定测试模块中、触发之前和触发之后应采集的数据量。分段的模式允许通过将存储器分为密集的时间段，为定期事件捕获数据，而无须分配大采样深度，从而节省硬件资源。

4.8　编辑 Signal Tap 的触发信号

Signal Tap 的触发信号也可单独设置或编辑，其触发控制逻辑也可根据实际需要由用户自行编辑。在特殊情况下，仅利用直接获得的基本的 Basic 触发层次的信号，是无法从采得的数据波形中观察到所希望的信息或找到问题脉冲所在的。这时必须选择好特定的触发条件、触发时间和触发位置，才能采集到希望观察到的信息。

Quartus 中的 Signal Tap 提供了编辑具有特定逻辑条件触发信号的功能，即具有编辑触发信号逻辑函数的功能，而且可以用原理图方法编辑。具体方法是在图 4-45 所示的 Trigger Conditions 选项（默认为 Basic AND）中选择 Advanced（高级）触发层次。原来的 Basic 触发层次设定的采样触发信号直接采用外部或设计模块内部的信号产生，4.7 节中即采用了 EN 担任触发信号。

当选择 Advanced 触发层次后，即出现触发条件函数编辑窗口，然后将此窗口左侧的信号名以及下方的逻辑元件和数据元件拖入右侧的图形编辑窗口。对从 Inputs Objects 栏拖入的 Bus Value 元件双击后，可以输入数据，如输入整数 12。触发函数的编辑情况将实时出现在编辑窗口中，其上方的“Result:”给出触发函数关系，下方给出出错报告。

4.9 Vivado 平台仿真与硬件实现

本节将通过示例详细介绍基于 Xilinx 公司 Vivado ML 2022.2 的 VHDL 代码文本输入设计流程，包括设计输入、综合、适配、仿真测试、编程下载和硬件电路测试等重要方法。将基于第 3 章的示例，通过其实现流程详细介绍基于 Vivado ML 2022.2 的一般设计。

为了使内容更接近工程实际，本节选择了目前工程上更为常用的 Artix-7 系列的 FPGA 作为硬件平台（相关情况可参考附录 A）。EDA 工具是 Vivado ML 2022.2 版本，波形仿真软件为内置的 Vivado Simulator。

4.9.1 创建工程

在此要利用选择 File→Project→New 命令创建此设计工程，并设定此工程的一些相关信息，如工程名、目标器件、综合器、仿真器等。步骤如下。

（1）打开并建立新工程管理窗口。选择 File→Project→New 命令，在弹出的 Create a New Vivado Project 窗口中单击 Next 按钮，即弹出设置窗口，如图 4-51 所示。单击此对话框第 2 栏右侧的“…”按钮，找到文件夹 D:\MY_PROJECT，其中第 2 栏的 D:/MY_PROJECT/表示工程所在的工作库文件夹；第 1 栏的 CNT10 表示此项工程的工程名，工程名可以取任何其他的名，也可直接用顶层文件的模块名作为工程名。在此就是按这种方式取的名。

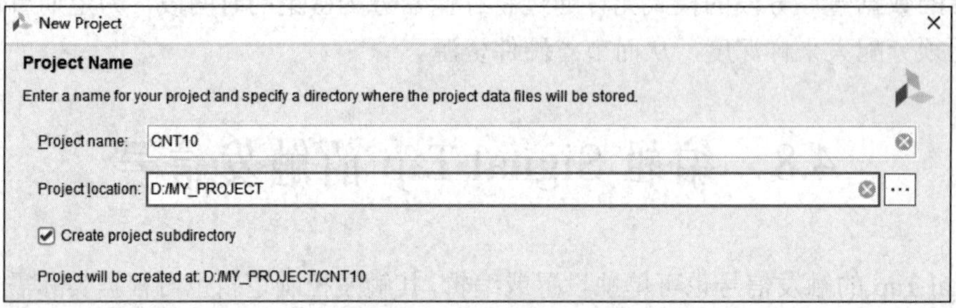

图 4-51　创建工程 CNT10

（2）选择工程类型。单击 Next 按钮，在弹出的对话框中选中 RTL Project 单选按钮，如图 4-52 所示。

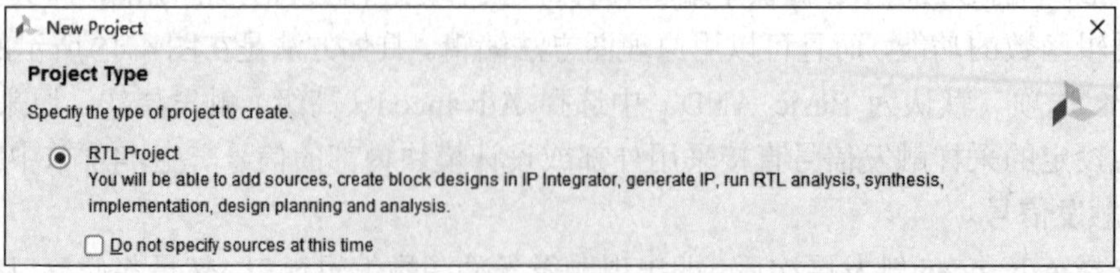

图 4-52　选择创建 RTL Project

（3）将设计文件加入工程中。单击 Next 按钮，在弹出的窗口中单击 Add Files 按钮，将与工程相关的已有 VHDL 文件都加入此工程，如图 4-53 所示。再单击 Next 按钮，通过同样的方法可以将与工程相关的约束文件（xdc 文件）加入此工程，如图 4-54 所示。当然也可以从空工程开始，直接单击 Next 按钮跳过添加文件的步骤。

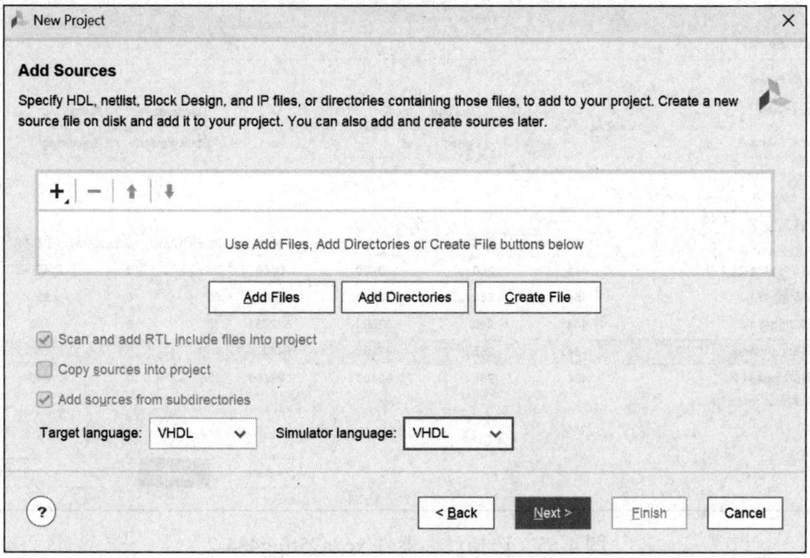

图 4-53　添加已有 VHDL 文件

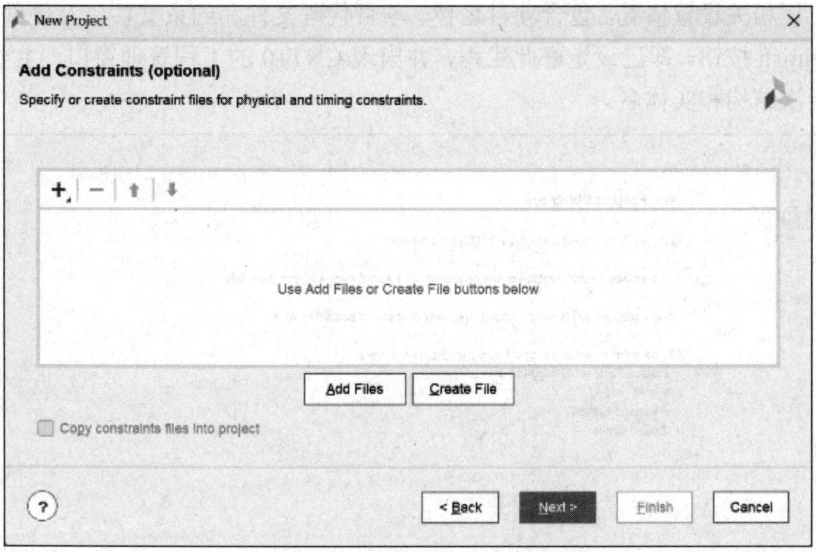

图 4-54　添加已有约束文件

（4）选择目标芯片。单击 Next 按钮，选择目标器件。首先在 Family 下拉列表框中选择芯片系列，在此选择 Artix-7 系列。设选择此系列的具体芯片名是 xc7a75tfgg484-2。这里 xc7a75t 表示 Artix-7 系列及此器件的逻辑规模，fgg 表示芯片是 1 mm 球间距的 FBGA 封装，-2 表示芯片架构速度等级。便捷的方法是通过如图 4-55 所示的窗口中间的下拉列表框选择过滤条件，分别选择 Package 为 fgg484（即此芯片的引脚数量是 484 只），Speed 为-2（中等速度）。当然也可以在图 4-55 所示的 Search 搜索框内输入“xc7a75t”，在展示的搜索结果中选择后缀为 fgg484-2 的芯片。

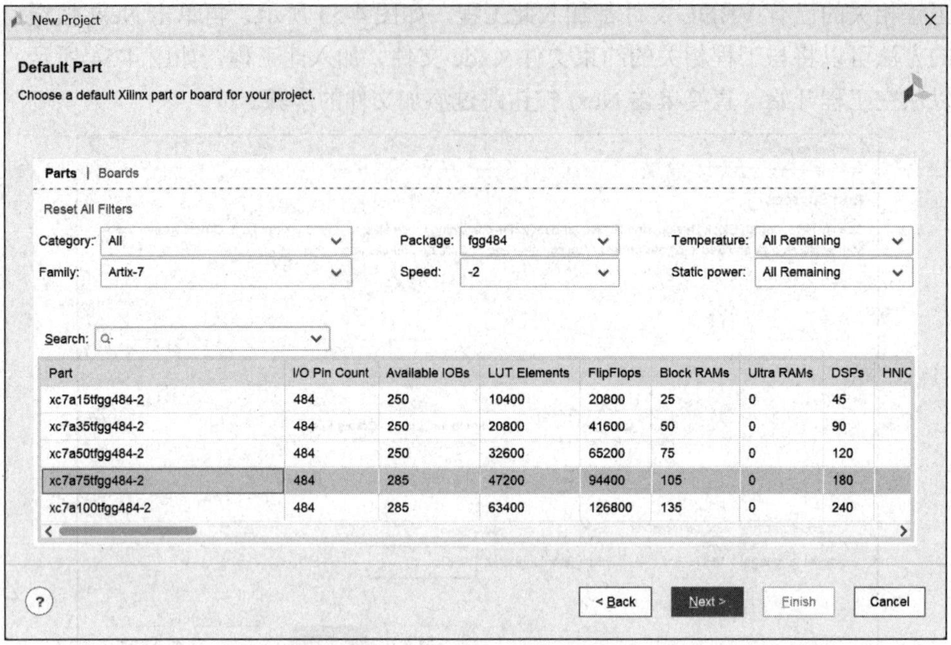

图 4-55　选择目标器件 xc7a75tfgg484-2

（5）结束设置。单击 Next 按钮后即弹出工程设置统计窗口，如图 4-56 所示。上面列出了此项工程相关设置情况，包含项目名称、项目代码文件和约束文件以及硬件芯片平台。最后单击 Finish 按钮，即已设定好此工程，并出现 CNT10 的工程管理窗口，主要显示本工程项目的层次结构和实体名。

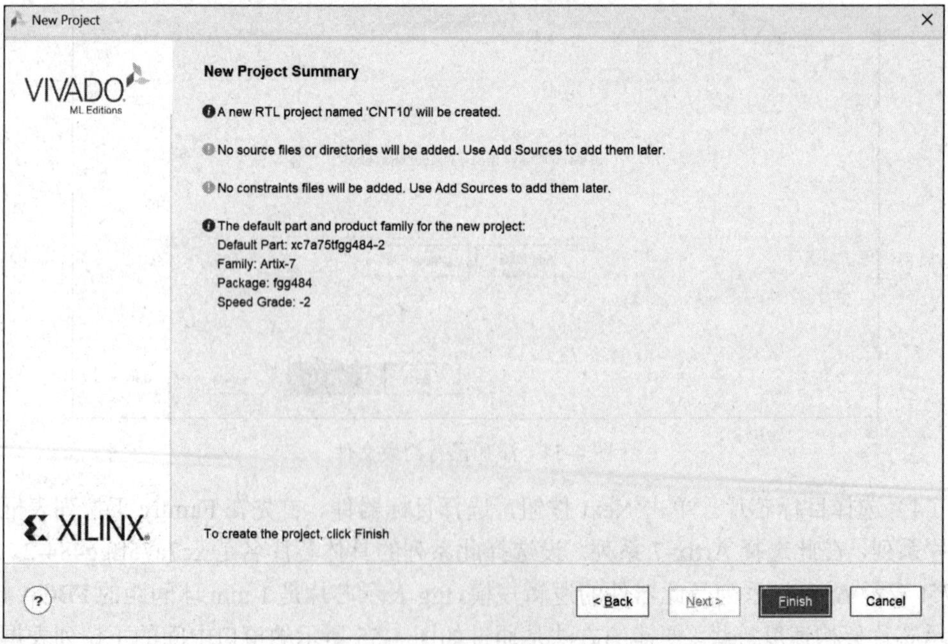

图 4-56　工程设置总览

4.9.2　编辑和输入设计文件

任何一项设计都是一项工程（project），都必须首先为此工程建立一个文件夹来放置与此工程相关的所有设计文件。此文件夹将被 EDA 软件默认为工作库（work library）。一般地，不同的设计项目最好放在不同的文件夹中，而同一工程的所有文件都放在同一文件夹中。注意不要将工程文件夹设在已有的安装目录中，也不要建立在桌面上。在建立了文件夹后就可以将设计文件通过 Vivado ML 2022.2 的文本编辑器编辑并存盘，步骤如下。

（1）创建文件。在 Sources 窗口可以看到本工程的所有文件，然后在 Design Sources 文件夹上右击并选择 Add Sources 选项，在弹出的窗口中选择第 2 个选项，如图 4-57 所示，创建一个设计文件到 Design Sources 文件夹中。

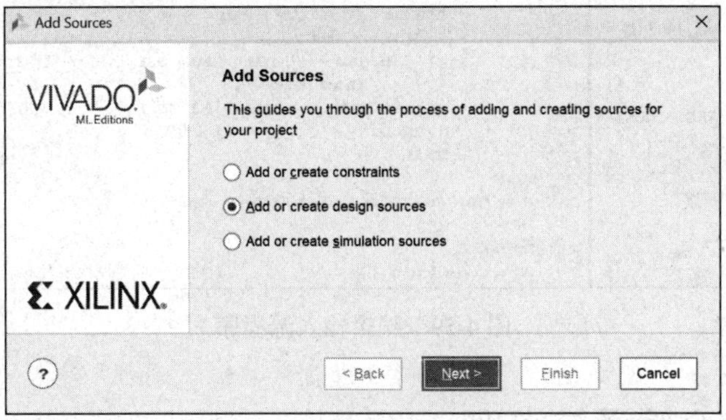

图 4-57　选择新建文件类型

（2）编辑属性。单击 Next 按钮后在弹出的窗口内单击 Create File 按钮，然后选择 VHDL 类型，并命名为 CNT10，如图 4-58 所示。单击 OK 按钮，再单击 Finish 按钮。在弹出的 Define Module 窗口中直接单击 OK 按钮。

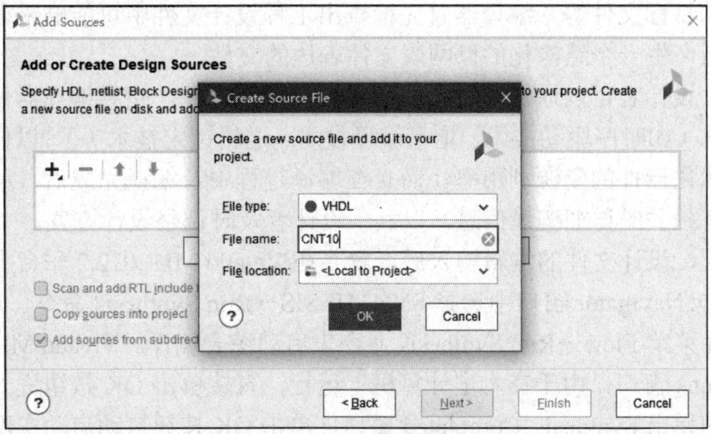

图 4-58　创建 VHDL 设计文件

（3）输入源程序并存盘。在图 4-59 所示的 Sources 窗口双击打开刚刚创建的 CNT10.vhd 文件，输入例 3-19 程序，完成后单击“保存”按钮，这时可以发现代码窗口上部“CNT10.vhd*”中的“*”号消失了，表示文件已保存，同时左边 Sources 窗口也会进行实时文件更新（updating）。

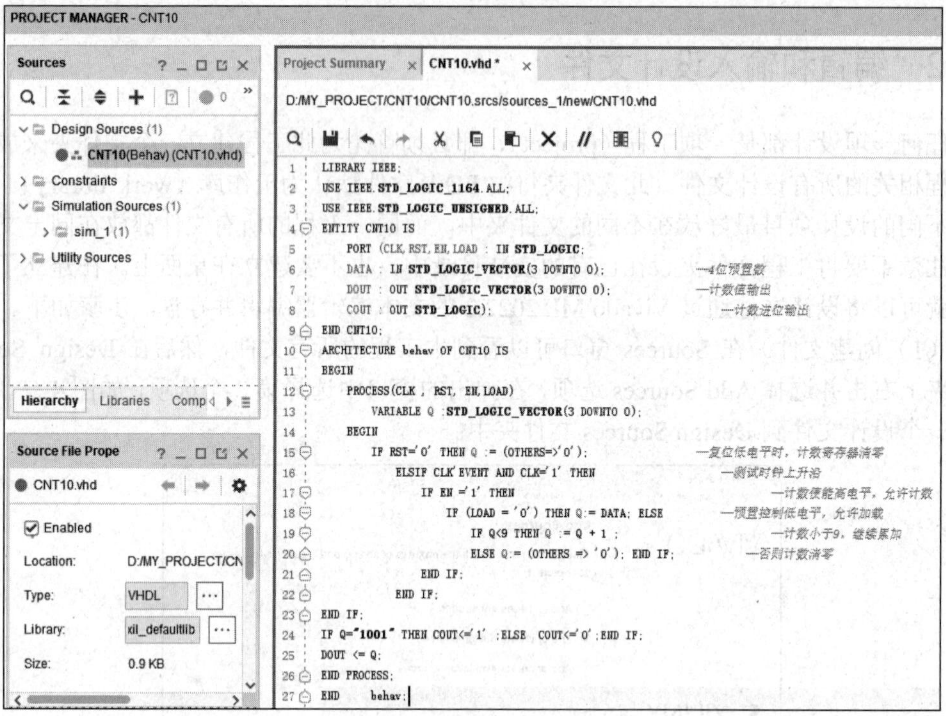

图 4-59　编辑输入源程序

4.9.3　全程综合编译与实现

Vivado ML 2022.2 编译器是由一系列处理工具模块构成的，这些模块负责对设计项目的检错、逻辑综合、结构综合、输出结果的编辑配置以及时序分析等。在这一过程中，将设计项目适配到 FPGA 目标器件中，同时产生多种用途的输出文件，如功能和时序信息文件、器件编程的目标文件等。编译器首先检查出工程设计文件中可能的错误信息，以供设计者排除，然后产生一个结构化的以网表文件表达的文件。

在编译前，设计者可以通过各种不同的设置和约束选择，指导编译器使用各种不同的综合和适配技术（如时序驱动技术、增量编译技术、逻辑锁定技术等），以便提高设计项目的工作速度，优化器件的资源利用率。而且在编译过程中及编译完成后，可以从编译报告窗口中获得所有相关的详细编译信息，以利于设计者及时调整设计方案。

在创建工程、设计文件的编辑输入后，就要在 Vivado ML 2022.2 平台上进行编译了。首先在左侧 Flow Navigator 窗口中选择 SYNTHESIS→Run Synthesis 命令，启动综合编译，也可以通过选择菜单 Flow→Run Synthesis 命令来启动综合编译。Vivado ML 2022.2 会自动弹出 Launch Runs 窗口，由于在本地计算机上运行，直接单击 OK 按钮进入下一步。综合编译完成后自动弹出 Synthesis Completed 窗口，单击 OK 按钮自动启动实现编译，这里选择单击 Cancel 按钮。

在左侧 Flow Navigator 窗口选择 IMPLEMENTATION→Run Implementation 命令，启动实现编译，也可以通过选择菜单 Flow→Run Implementation 命令来启动实现编译。实现编译完成后自动弹出 Implementation successfully completed 窗口，单击 OK 按钮自动启动 Open Implemented Design，通过选择菜单 Window→Package 命令打开 IO 视图，选择菜单 Window

→I/O Ports 命令，然后弹出图形界面配置管脚窗口，如图 4-60 所示。在下方的列表中根据实际板卡，在 Package Pin 列中选择引脚，在 I/O Std 列选择逻辑电平，并在 Fixed 列中选中对应复选框。完成后进行保存，自动弹出 Save Constraints 窗口，如图 4-61 所示，即保存为 CNT10.xdc 约束文件。单击 OK 按钮后，自动重新启动综合和实现编译。

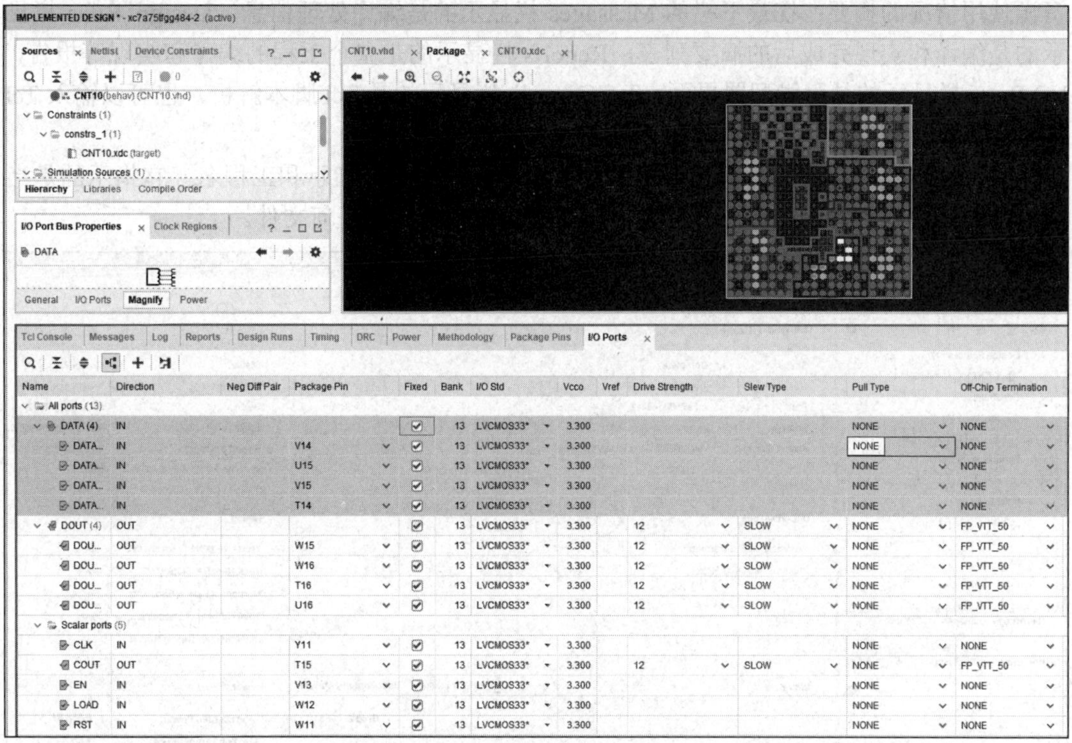

图 4-60　图形界面配置引脚

在 Flow Navigator 窗口选择 PROGRAM AND DEBUG→Generate Bitstream 命令，启动生成比特流文件，成功后会弹出 Bitstream Generation Completed 对话框，如图 4-62 所示。

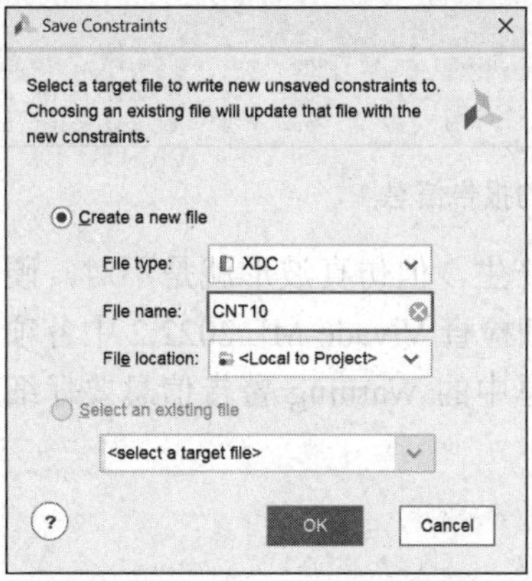

图 4-61　保存 xdc 约束文件

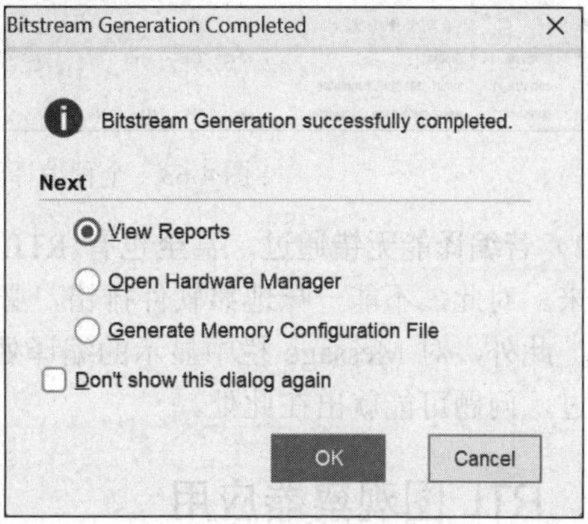

图 4-62　生成比特流文件

编译过程中要注意工程管理窗口下方的 Message 处理栏中的编译信息。如果工程中的文件有错误，启动编译后，在下方的 Vivado ML 2022.2 栏中会显示出来。对于 Vivado ML 2022.2 栏显示出的语句格式错误，可双击此条文，即弹出对应的 VHDL 文件，在红色波浪线附近有文件错误所在，改错后再次进行编译直至排除所有错误。

如果发现报出多条错误信息，每次只需要检查和纠正最上面报出的错误即可。因为许多情况下，是由于某一种错误导致了多条错误信息报告。

若全程编译成功，Project Summary 窗口如图 4-63 所示，可以看到工程的时序、功耗及资源使用情况的摘要；在最下栏的 Messages 栏显示的是编译处理信息，Design Runs 栏显示的是编译和实现完成后的摘要列表，Reports 栏显示的是整个工程的编译和实现等报告，I/O Ports 栏显示的是引脚配置界面，Tcl Console 栏显示的是 Tcl 脚本解析，也可以输入 Tcl 脚本。需要特别提醒两点，具体如下。

（1）应该时刻关注图 4-63 所示的工程管理窗口的路径指示和工程名。它指示的是当前处理的一切内容皆为此路径文件夹中的工程，而不是其他任何文件。

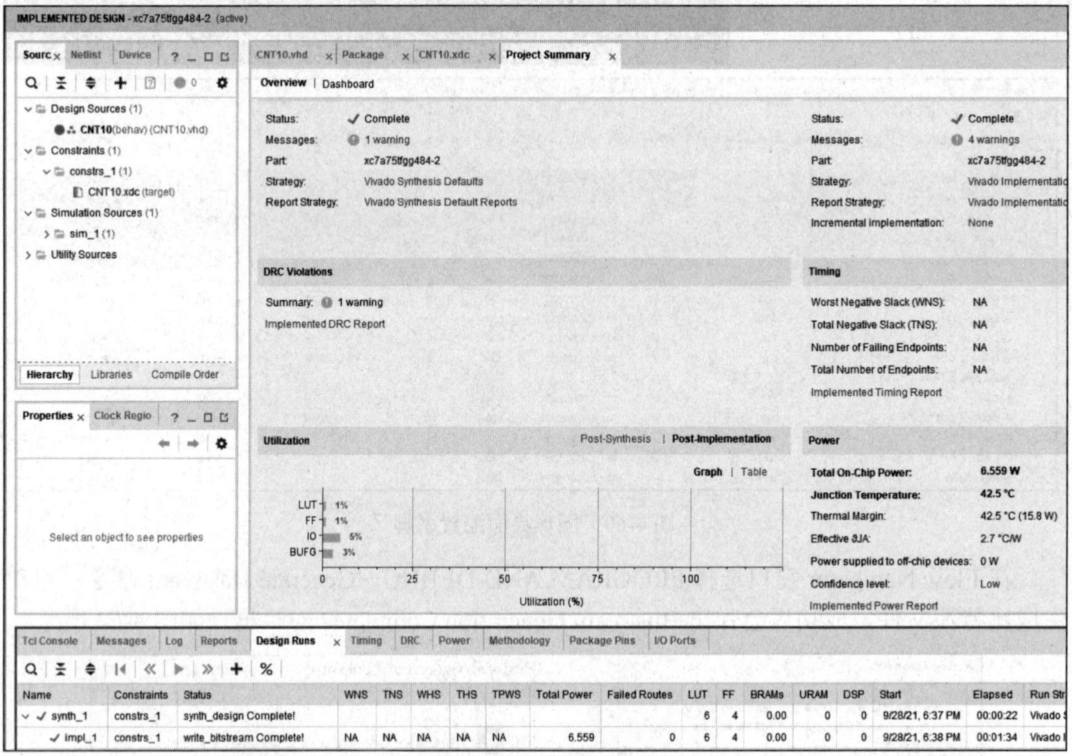

图 4-63　全程编译无错后的报告信息

（2）若编译能无错通过，甚至也有 RTL 电路产生，但仿真波形就是不对，硬件功能也出不来。对此，不能一味地靠软件排错，必须仔细检查 Vivado ML 2022.2 中各项设置的正确性；此外，对 Message 栏中显示的编译处理信息中的 Warning 警告信息要仔细阅读，不要放过，问题可能就出在此处。

4.9.4　RTL 图观察器应用

Vivado ML 2022.2 可实现硬件描述语言或网表文件（Vivado ML 2022.2 网表文件格式包括 VHDL、Verilog、BDF、TDF、EDIF、VQM）对应的 RTL 电路图的生成。方法如下。

在 Flow Navigator 窗口选择 RTL ANALYSIS→Open Elaborated Design 命令，可以打开

CNT10 工程的 RTL 电路图，如图 4-64 所示。再双击图形中有关模块或选择左侧各项，还可逐层了解各层次的电路结构。

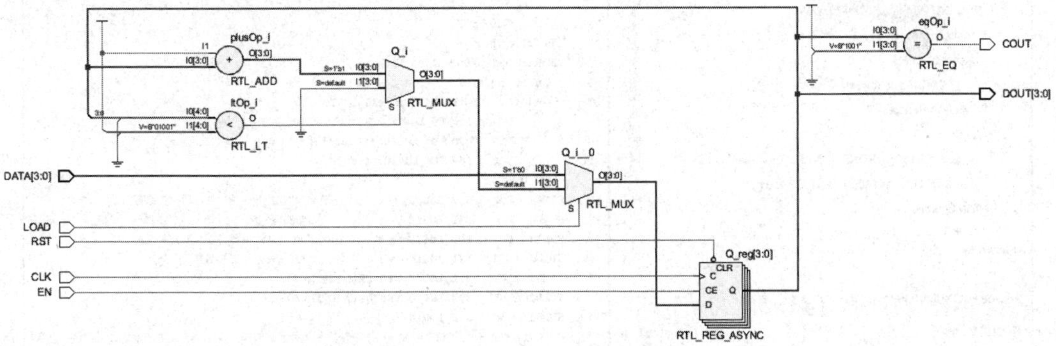

图 4-64　CNT10 工程的 RTL 图

4.9.5　仿真

当前的工程编译通过后，必须对其功能和时序性质进行仿真测试，以了解设计结果是否满足原设计要求。仿真软件采用 Vivado 中自带的 Vivado Simulator 门级波形仿真软件，此类软件针对性强，易学易用，缺点是只适用于小规模设计。

下面即给出基于 Vivado 自带的 Vivado Simulator 的波形仿真器的仿真流程详细步骤。

（1）在 Sources 窗口的 Simulation Sources 文件夹上右击并选择 Add Sources 选项，按照 4.9.2 节中步骤在图 4-65 和图 4-66 所示窗口中设置，以创建一个新的 VHDL Testbench 仿真文件，命名为 CNT10_TB。

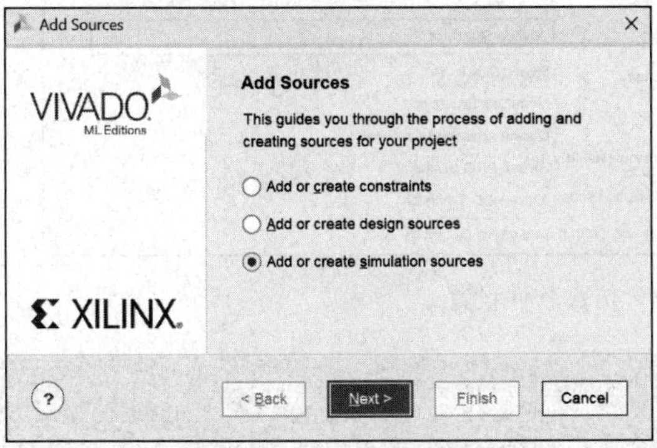

图 4-65　选择文件类型

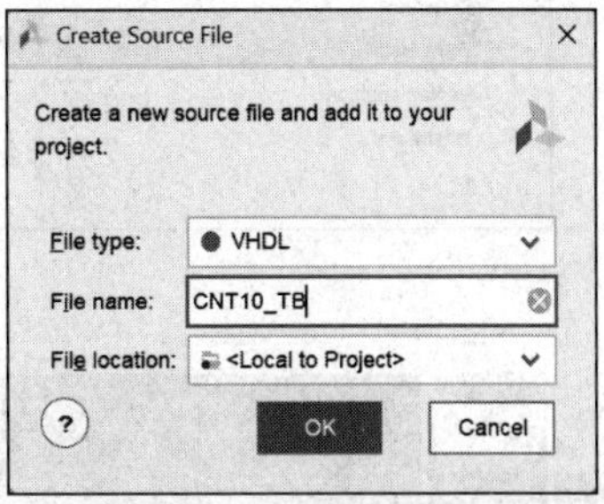

图 4-66　创建 Testbench 文件

（2）在 Sources 窗口下双击 CNT10_TB.vhd 文件，在自动弹出的代码输入框内输入例 10-1 的 VHDL Testbench 代码并保存，如图 4-67 所示。

（3）在左侧 Flow Navigator 窗口选择 PROJECT MANAGER→Settings 命令，在弹出的窗口中选择 Simluation 选项，可以进行仿真软件设置，如图 4-68 所示。在这个对话框内包含了仿真工具、仿真工具语言、仿真顶层文件等仿真设置。

（4）在左侧 Flow Navigator 窗口中选择 SIMULATION→Run Simulation→Run Behavior Simulation 命令，Vivado ML 2022.2 会自动启动 Vivado Simulator 软件。等待仿真工作完成后，弹出图 4-69 所示仿真结果，调节显示窗口大小，查看并分析数据。

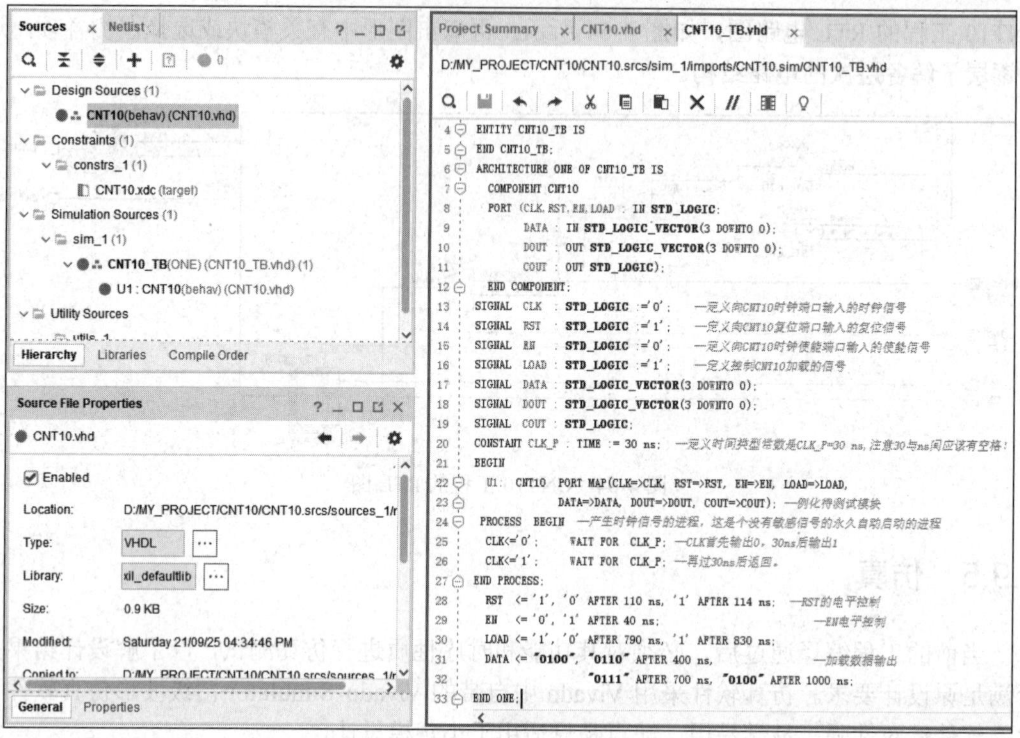

图 4-67　输入仿真代码文件

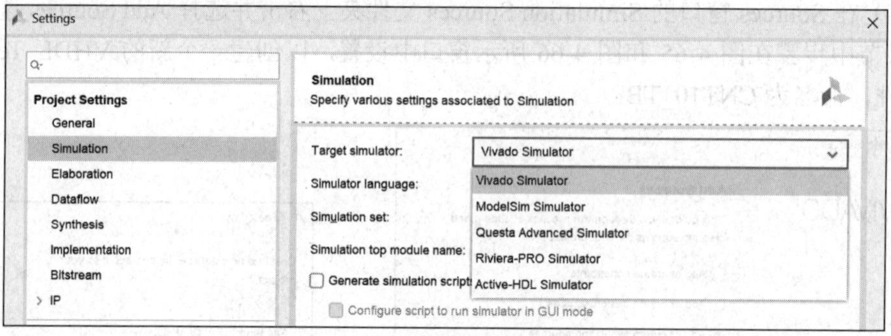

图 4-68　仿真软件设置

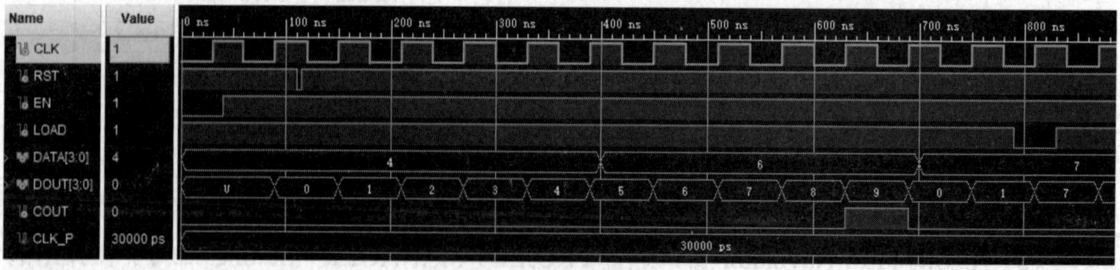

图 4-69　查看仿真结果

4.9.6　硬件测试

在左侧 Flow Navigator 窗口选择 PROGRAM AND DEBUG→Open Hardware Manager

命令，打开硬件程序和调试管理窗口，如图 4-70 所示，选择 Open target→Auto Connet 命令识别芯片。

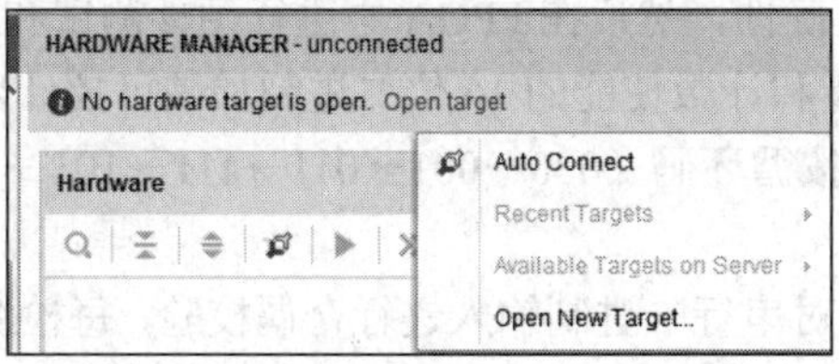

图 4-70　识别硬件芯片

随后弹出如图 4-71 所示窗口，单击 Program device 按钮，弹出 Program Device 窗口，选择比特流文件路径，最后单击 Program 按钮进行程序烧录。

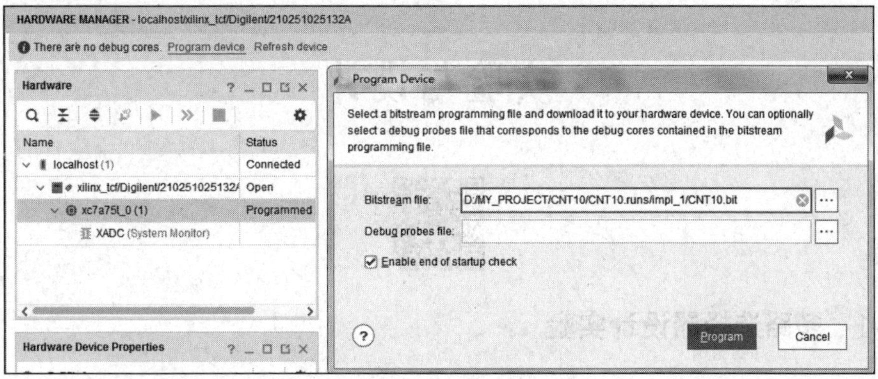

图 4-71　烧录比特流文件

习　题

4-1　归纳 Quartus Prime Standard 进行 VHDL 时序电路代码文本输入设计的流程：从文件输入一直到 Signal Tap 测试。

4-2　参考 Quartus Prime Standard 的 Help，详细说明 Assignments 菜单中 Settings 对话框的功能。

（1）说明其中 Timing Requirements & Qptions 的功能、使用方法和检测途径。

（2）说明其中 Compilation Process 的功能和使用方法。

（3）说明 Analysis & Synthesis Setting 和 Synthesis Netlist Optimization 的功能和使用方法。

4-3　全程编译主要包括哪几个功能模块？这些功能模块各有什么作用？

4-4　对一个设计项目进行全程编译，编译后发现 Quartus Prime Standard 给出编译报错“Can’t place multiple pins assigned to pin Location Pin_XX”，试问，问题出在哪里？如何解决？提示：要考虑这些引脚可能具有双功能。选择图 4-6 所示窗口中的双目标端口设置页，如将 nCEO 原来的“Use as programming pin”改为“Use as regular I/O”。这样也可以将此端口用作普通 I/O 口。

4-5　使用 VHDL 设计 8421BCD 优先编码器。

4-6　使用 VHDL 设计实现一位 8421BCD 码加法器电路，输入输出均是 BCD 码，CI 为低位的进位信号，CO 为高位的进位输出信号，输入为两个 1 位十进制数 A。

4-7　使用 VHDL 设计一个 5 人表决电路，参加表决者 5 人，同意为 1，不同意为 0。同意者过半则表决通过，绿指示灯亮；表决不通过则红指示灯亮。在 Quartus Prime Standard 上进行编辑输入、仿真并验证其正确性，然后在 FPGA 中进行硬件测试和验证，以下习题相同。

4-8　给出含有异步清零和计数使能的 16 位二进制加减可控计数器的 VHDL 描述。

4-9　使用 VHDL 描述按循环码（000→001→011→111→101→100→000）规律工作的六进制同步计数器。

4-10　用同步时序电路对串行二进制输入进行奇偶校验，每检测 5 位输入，输出一个结果。当 5 位输入中“1”的数目为奇数时，在最后一位的时刻输出 1。

4-11　设计模为 872 的计数器，且输出的个位、十位、百位都应符合 8421 码权重。

4-12　设计 8 位串入并出的转换电路，要求在转换过程中数据不变，只有当 8 位一组数据全部转换结束后，输出才变化一次。

实验与设计

实验 4-1　多路选择器设计实验

实验目的： 进一步熟悉 Quartus 的 VHDL 文本设计流程，以及组合电路的设计仿真和硬件测试。

实验任务 1： 根据 4.1 节的流程，利用 Quartus 完成 4 选 1 多路选择器（例 2-1）的文本代码编辑输入（MUX41A.vhd）和仿真测试等步骤，给出图 2-4 所示的仿真波形。

实验任务 2： 在实验系统上进行硬件测试，验证此设计的功能。对于引脚锁定以及硬件下载测试，a、b、c 和 d 分别连接来自不同的时钟或键；输出信号连接蜂鸣器。最后进行编译、下载和硬件测试实验（若用附录 A 的系统，建议选择模式 5。通过选择键 1、键 2 来控制 s0、s1，可使蜂鸣器输出不同音调）。

实验报告： 根据以上的实验内容写出实验报告，包括程序设计、软件编译、仿真分析、硬件测试和详细实验过程；给出程序分析报告、仿真波形图及其分析报告。

实验 4-2　十六进制 7 段数码显示译码器设计

实验目的： 学习 7 段数码显示译码器的 VHDL 硬件设计。

实验原理： 7 段数码是纯组合电路。通常的小规模专用 IC，如 74 或 4000 系列的器件只能作为十进制 BCD 码译码，然而数字系统中的数据处理和运算都是二进制的，所以输出表达都是十六进制的。为了满足十六进制数的译码显示，最方便的方法就是利用 VHDL 译码程序在 FPGA 中来实现。所以首先要设计一段程序（根据表 4-2 所得的参考程序如例 4-5 所示）。设输入的 4 位码为 A[3:0]，输出控制 7 段共阴数码管（见图 4-72）的 7 位数据为 LED7S[6:0]。输出信号 LED7S 的 7 位分别连接图 4-72 的共阴数码管的 7 个段，高位在左，

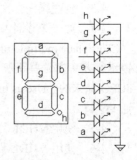

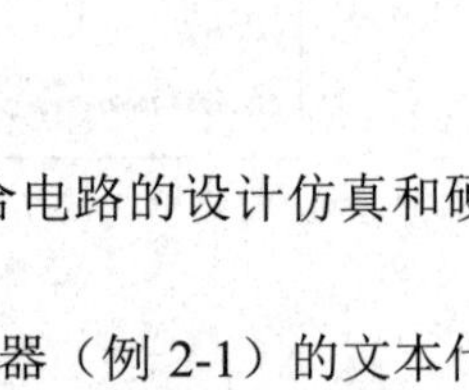

图 4-72　共阴数码管

低位在右。例如当 LED7S 输出为“1101101”时，数码管的 7 个段 g、f、e、d、c、b、a 分别连接 1、1、0、1、1、0、1；接有高电平的段发亮，于是数码管显示“5”。这里没有考虑表示小数点的发光管，如果要考虑，需要增加段 h，然后将 LED7S 改为 8 位输出。

表 4-2　7 段译码器真值表

输 入 码	输 出 码	代 表 数 据
0000	0111111	0
0001	0000110	1
0010	1011011	2
0011	1001111	3
0100	1100110	4
0101	1101101	5
0110	1111101	6
0111	0000111	7
1000	1111111	8
1001	1101111	9
1010	1110111	A
1011	1111100	B
1100	0111001	C
1101	1011110	D
1110	1111001	E
1111	1110001	F

【例 4-5】

```
LIBRARY IEEE;
  USE IEEE.STD_LOGIC_1164.ALL;
  ENTITY DECL7S IS
    PORT (A  : IN  STD_LOGIC_VECTOR(3 DOWNTO 0);
      LED7S : OUT STD_LOGIC_VECTOR(6 DOWNTO 0));
  END;
  ARCHITECTURE one OF DECL7S IS
    BEGIN
PROCESS(A)   BEGIN
CASE  A  IS
WHEN "0000" =>  LED7S <= "0111111";
WHEN "0001" =>  LED7S <= "0000110";
WHEN "0010" =>  LED7S <= "1011011";
WHEN "0011" =>  LED7S <= "1001111";
WHEN "0100" =>  LED7S <= "1100110";
WHEN "0101" =>  LED7S <= "1101101";
WHEN "0110" =>  LED7S <= "1111101";
WHEN "0111" =>  LED7S <= "0000111";
WHEN "1000" =>  LED7S <= "1111111";
WHEN "1001" =>  LED7S <= "1101111";
WHEN "1010" =>  LED7S <= "1110111";
WHEN "1011" =>  LED7S <= "1111100";
WHEN "1100" =>  LED7S <= "0111001";
WHEN "1101" =>  LED7S <= "1011110";
WHEN "1110" =>  LED7S <= "1111001";
WHEN "1111" =>  LED7S <= "1110001";
```

```
WHEN OTHERS =>  NULL;
END CASE;
END PROCESS;
 END;
```

实验任务：将设计好的 VHDL 译码器程序在 Quartus 上进行编辑、编译、综合、适配、仿真，并给出其所有信号的时序仿真波形（注意，设定仿真激励信号时用输入总线的方式给出输入信号仿真数据）。

实验 4-3　简易数字频率计设计

实验目的：熟悉 VHDL 文本输入法的使用，掌握 VHDL 层次化设计技术和数字系统设计方法。完成 6 位十进制频率计的设计。

实验原理：以下将首先从一个 2 位十进制频率计的设计流程开始，介绍用原理图输入法设计频率计的流程。

1．2 位十进制计数器设计

（1）参考图 4-73 进行 VHDL 设计。频率计的核心元件之一是含有时钟使能及进位扩展输出的十进制计数器。

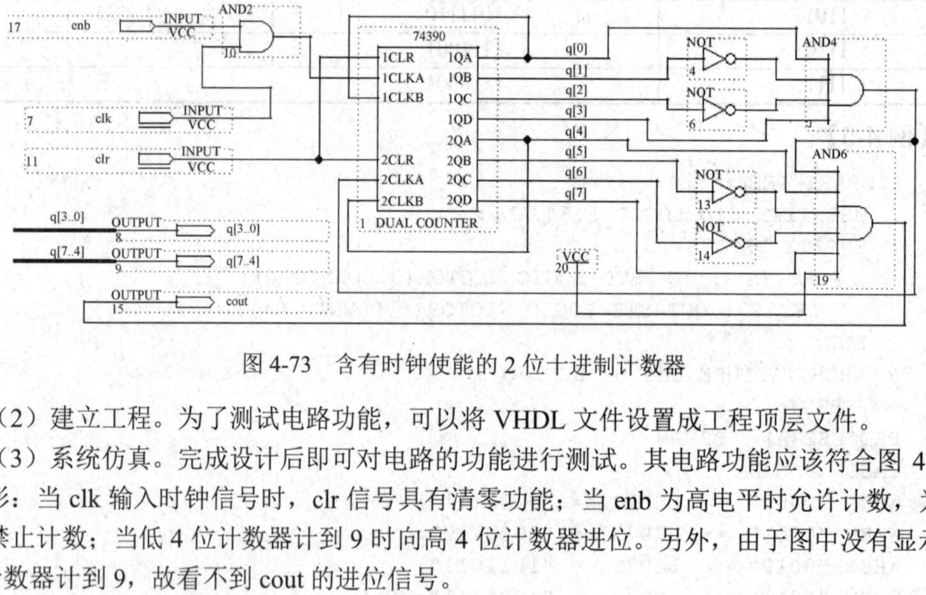

图 4-73　含有时钟使能的 2 位十进制计数器

（2）建立工程。为了测试电路功能，可以将 VHDL 文件设置成工程顶层文件。

（3）系统仿真。完成设计后即可对电路的功能进行测试。其电路功能应该符合图 4-74 所示波形：当 clk 输入时钟信号时，clr 信号具有清零功能；当 enb 为高电平时允许计数，为低电平时禁止计数；当低 4 位计数器计到 9 时向高 4 位计数器进位。另外，由于图中没有显示出高 4 位计数器计到 9，故看不到 cout 的进位信号。

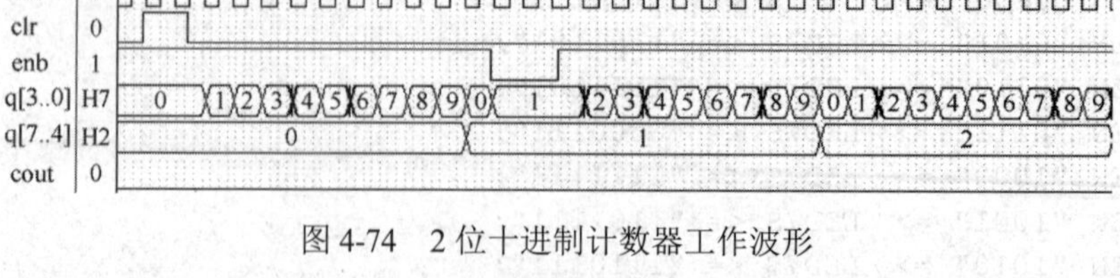

图 4-74　2 位十进制计数器工作波形

（4）选择左上侧菜单 File 中的 Create/Update 中相关选项，将当前文件 conter8.vhd 生成 conter8.cmp（VHDL Component Declaration Files），以待在高层次设计中被调用。

2．频率计主结构电路设计

根据测频原理，使用 VHDL 完成如图 4-75 所示的频率计主体结构的电路设计。首先关闭原来的工程，再打开一个新的 VHDL 文本编辑窗口，并将此 VHDL 文件设为顶层文件，文件名可取为 ft_top.vhd。然后参考图 4-75 所示电路功能，完成 VHDL 描述。

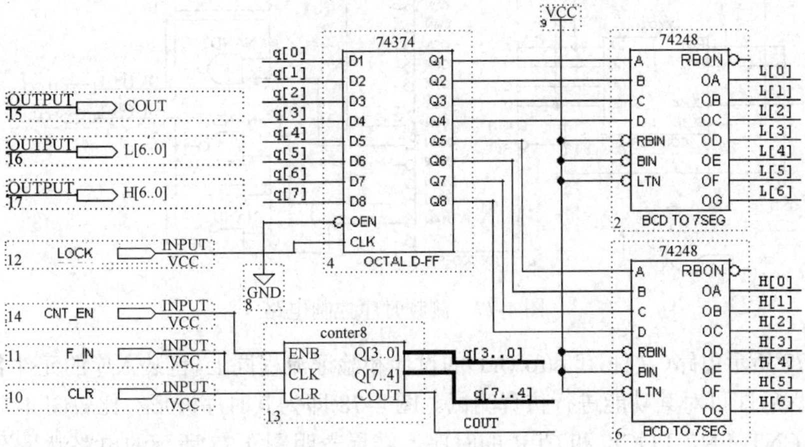

图 4-75　2 位十进制频率计顶层设计原理图文件

此电路的工作时序波形如图 4-76 所示，由该波形可以清楚地了解电路的工作原理。

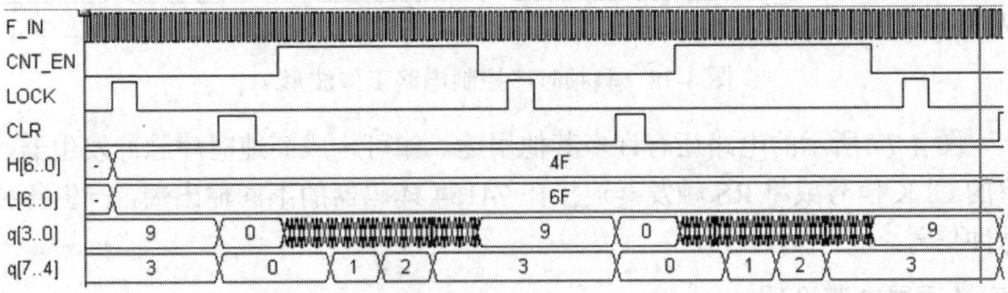

图 4-76　2 位十进制频率计测频仿真波形

根据仿真需求，在图 4-76 所示的激励波形的设置中要注意元件 conter8 的输入信号的设置：其中 F_IN 是待测频率信号（设周期为 410 ns）；CNT_EN 是对待测频率脉冲计数允许信号（设周期为 32 s）；当 CNT_EN 为高电平时允许计数，为低电平时禁止计数。

仿真波形显示，当 CNT_EN 为高电平时允许 conter8 对 F_IN 计数，为低电平时则使 conter8 停止计数，由锁存信号 LOCK 发出的脉冲，将 conter8 中的两个 4 位二进制数表述的十进制数“39”锁存进寄存器中，并由寄存器分高低位通过总线 H[6..0]和 L[6..0]输给“3-8”译码器译码输出显示，这就是测得的频率值。十进制显示值“39”的 7 段译码值分别是“6F”和“4F”。此后由清零信号 CLR 对计数器 conter8 清零，以备下一周期计数之用。图 4-75 中的进位信号 COUT 是留待频率计扩展用的。

在实际测频中，由于 CNT_EN 是输入的测频控制信号，如果此输入频率选定为 0.5 Hz，则其允许计数的脉宽为 1 s，这样，数码管就能直接显示 F_IN 的频率值了。

3．时序控制电路设计

欲使电路能自动测频工作，还需增加一个测频时序控制电路，要求它能按照图 4-76 所示的时序关系，产生 3 个控制信号：CNT_EN、LOCK 和 CLR，以便使频率计能自动完成计数、锁存和清零 3 个重要的功能步骤。根据控制信号 CNT_EN、LOCK 和 CLR 的时序要求，图 4-77 给出了相应的电路，设该电路的文件名取为 tf_ctro.vhd。该电路由 3 个部分组成：4 位二进制计数器、“4-16”译码器和两个由双与非门构成的 RS 触发器。

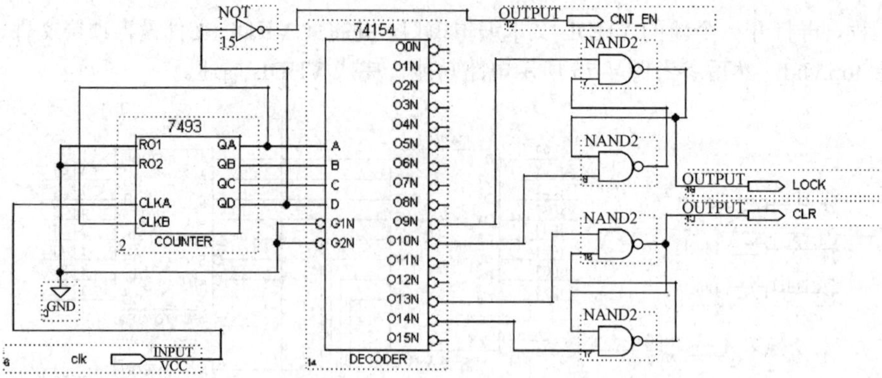

图 4-77　测频时序控制电路

对图 4-77 所示电路（文件：tf_ctro.vhd）的设计和验证流程同上，包装入库的元件名为 tf_ctro。对其建立工程后即可对其功能进行仿真测试。图 4-78 即为其时序波形。比较图 4-78 和图 4-76 中控制信号 CNT_EN、LOCK 和 CLR 的时序，结果表明图 4-77 所示的电路满足设计要求。

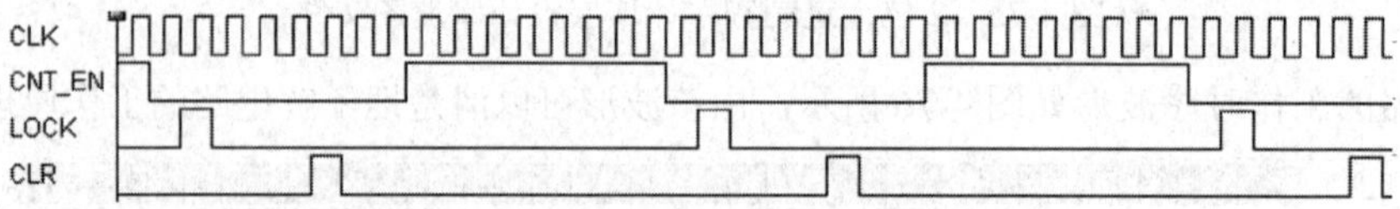

图 4-78　测频时序控制电路工作波形

事实上，图 4-77 所示的电路还有许多其他用途。如可构成高速时序脉冲发生器，可通过输入不同频率的 CLK 信号或将 RS 触发器连接在 74154 译码器的不同输出端，产生各种不同脉宽和频率的脉冲信号。

4．频率计顶层电路设计

有了图 4-77 所示的电路元件 tf_ctro，就可以改造图 4-75 所示的电路，使其成为能自动测频和数据显示的实用频率计。改造后的电路如图 4-79 所示，其中含有新调入的元件 tf_ctro。电路中只有两个输入信号：待测频率输入信号 F_IN 和测频控制时钟 CLK。根据电路图（见图 4-77）和波形图（见图 4-78）可以算出，如果从 CLK 输入的控制时钟的频率是 8 Hz，则计数使能信号 CNT_EN 的脉宽即为 1 s，从而可使数码管直接显示 F_IN 的频率值。

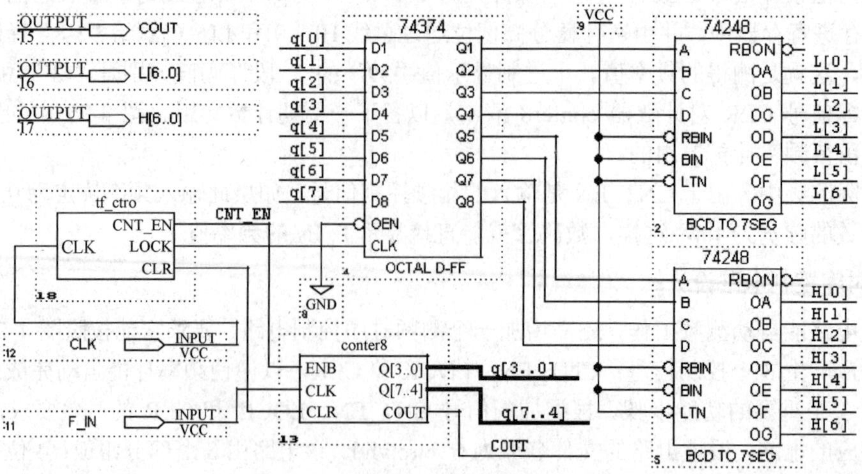

图 4-79　频率计顶层电路原理图

图 4-79 所示电路的保存文件名不变，仍为 ft_top.gdf，它的仿真波形如图 4-80 所示。图中，待测信号 F_IN 的周期取 410 ns，测频控制信号 CLK 的周期取 2 s。根据测频电路原理，不难算出测频显示应该为“39”。这个结果与图 4-76 给出的数值完全一致。由图 4-80 可见，测频计数器中的计数值 q[3..0]和 q[7..4]随着 F_IN 脉冲的输入而不断发生变化，但由于后续电路的锁存功能，测频结果 L[6..0]和 H[6..0]始终分别稳定在“6F”和“4F”上（通过 7 段显示数码管，这两个数将分别被译码显示为 3 和 9）。图 4-79 所示的电路模块能很容易地扩展为任意位数的频率计。

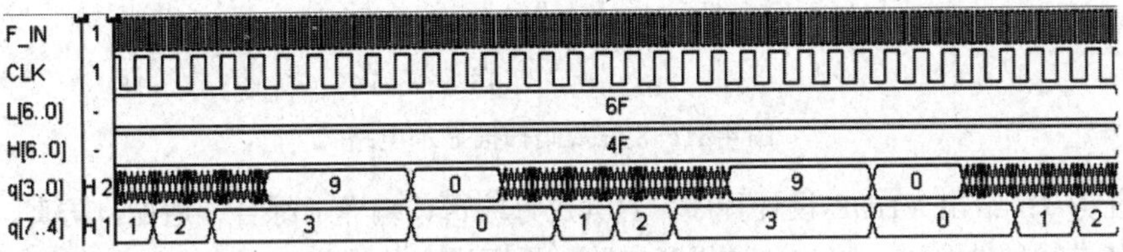

图 4-80　频率计工作时序波形

实验任务 1：首先根据以上的原理说明，完成 2 位频率计的设计，包括各模块和顶层系统的仿真测试，然后进行硬件测试。对于附录 A 的系统，建议用模式 5（见附录 A）实验。

实验任务 2：设计一个全新的电路，能取代图 4-77 所示电路的功能，并进行仿真和硬件测试。

实验任务 3：建立一个新的原理图设计层次，在此基础上将其扩展为 6 位频率计，仿真测试该频率计待测信号的最高频率，并与硬件实测的结果进行比较。

实验报告：给出各层次的原理图、工作原理及仿真波形，详述硬件实验过程和实验结果。

实验 4-4　计数器设计实验

实验目的：熟悉 Quartus 的 VHDL 文本设计流程全过程，学习计数器的设计、仿真和硬件测试；掌握原理图与文本混合设计方法。

实验原理：参考 4.1 节。实验电路如图 4-9 所示，设计流程也参考本章。

实验任务 1：在 Quartus 上对基于图 4-9 所示的工程进行编辑、编译、仿真。说明模块中各语句的作用。测试各模块和所有信号的时序仿真波形，根据波形详细描述此设计的功能特点。从时序仿真图和编译报告中了解计数时钟输入至计数数据输出的延时情况，包括设定不同优化约束后的改善情况以及当选择不同 FPGA 目标器件后的延时差距及毛刺情况，给出分析报告。

实验任务 2：用不同方式锁定引脚并进行硬件下载测试。引脚锁定后进行编译、下载和硬件测试实验。将实验过程和实验结果写进实验报告。硬件实验中，注意测试所有控制信号和显示信号。时钟 CLK 换不同输入，如 1 Hz 或 4 Hz 时钟脉冲输入。

实验任务 3：要求全程编译后，将生成的 SOF 文件转变成用于配置器件 EPCS16 的间接配置文件*. jic，并使用 USB-Blaster 对核心板上的 EPCS16 进行编程，最后进行硬件验证。

实验任务 4：为图 4-9 所示的设计加入 Signal Tap，实时了解其输出信号和数据。

实验 4-5　数码扫描显示电路设计

实验目的：学习硬件扫描显示电路的设计。

实验原理：图 4-81 所示的是 8 位数码扫描显示电路，其中每个数码管的 8 个段 h、g、f、e、d、c、b、a（h 是小数点）都分别连接在一起，8 个数码管分别由 8 个选通信号 k1～k8 来选择。被选通的数码管显示数据，其余呈关闭状态。如在某一时刻，k3 为高电平，其余选通信号为低电平，这时仅 k3 对应的数码管显示来自段信号端的数据，而其他 7 个数码管呈现关闭状态。根据这种电路状况，如果希望 8 个数码管显示希望的数据，就必须使 8 个选通信号 k1～k8 分别被单独选通，同时在段信号输入口加上希望该对应数码管上显示的数据，于是，随着选通信号的扫变，就能实现扫描显示的目的。

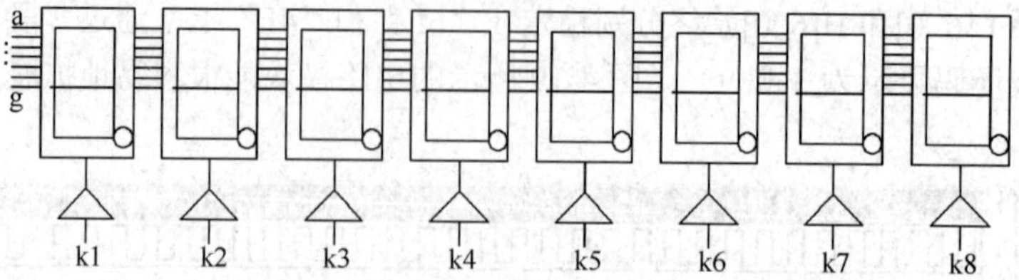

图 4-81　8 位数码扫描显示电路

实验任务 1：给出 VHDL 设计程序。对其进行编辑、编译、综合、适配、仿真，给出仿真波形，并且进行硬件测试。将实验过程和实验结果写进实验报告。

实验任务 2：以同样的设计思路和设计方法设计一个 VHDL 程序，通过 FPGA 控制单 8×8 发光管点阵显示器，或双 8×8 发光管点阵显示器，分别显示十六进制数及英语字母。

实验 4-6　硬件消抖动电路设计

实验原理：例 4-6 给出了一个去除双边抖动或毛刺的电路设计。它的主要原理是分别用两个计数器去对输入信号的高电平和低电平的持续时间（脉宽）进行计数（在时间上是同时但独立计数）。只有当高电平的计数时间大于某值，才判定为遇到正常信号，输出 1；若低电平的计数时间大于某值，则输出 0。此例的仿真波形如图 4-82 所示。

【例 4-6】

```
LIBRARY IEEE;
USE IEEE.STD_LOGIC_1164.ALL;
USE IEEE.STD_LOGIC_UNSIGNED.ALL;
ENTITY ERZP IS
   PORT (CLK,KIN  : IN STD_LOGIC;              --工作时钟和输入信号
             KOUT : OUT STD_LOGIC);            --消抖动后的输出信号
END;
ARCHITECTURE BHV OF ERZP IS
  SIGNAL KL,KH : STD_LOGIC_VECTOR (3 DOWNTO 0);
 BEGIN
PROCESS(CLK,KIN,KL,KH)  BEGIN
  IF CLK'EVENT AND CLK = '1' THEN
     IF (KIN='0') THEN KL<=KL+1;                 --对键输入的低电平KL脉宽计数
ELSE KL<="0000";  END IF;                        --若出现高电平，则计数器清零
     IF (KIN='1') THEN KH<=KH+1;                 --同时对键输入的高电平KH脉宽计数
ELSE KH<="0000";  END IF;                        --若出现高电平，则计数器清零
     IF (KH>"1100") THEN  KOUT<='1';             --对高电平脉宽计数一旦大于12,则输出1
      ELSIF (KL>"0111") THEN  KOUT<='0';         --对低电平脉宽计数若大于7，则输出0
 END IF;   END IF;
 END PROCESS;
END;
```

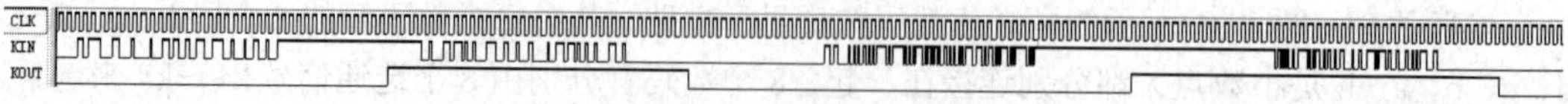

图 4-82　例 4-6 消抖动电路仿真波形

由波形图可见，其输出信号脉宽比逻辑方式输出的信号要宽得多。此例的输出脉宽由正常信号高电平 KH 的位宽和工作时钟频率共同决定，不单纯由时钟决定。此电路同样能用于消除来自不同情况的干扰、毛刺和电平抖动。其中的工作时钟 CLK 的频率大小要视干扰信号和正常信号的宽度而定。对于类似键抖动产生的干扰信号，频率可以低一些，数十千赫兹即可；若为比较高速的时钟信号，则可利用 FPGA 内的锁相环，使 CLK 能到达 400 MHz 以上。此外，KH 和 KL 的计数位宽和计数值都可以根据具体情况进行调节。

实验任务：FPGA 中的去抖动电路十分常用。较方便的方法是用原理图作为顶层设计，调入不同的消抖动模块进行比较测试。核心板上安置的键都有抖动，可以利用它们进入一个计数器，按键后观察其计数情况，即能容易地了解去抖动效果。

实验 4-7　串行静态显示控制电路设计

实验原理：通过扫描方式实现多数码管显示电路的缺点是占用控制端口较多。如果使用串并转换器件 74LS164，则仅用两根控制口线就能实现多个数码显示的目的。对于此类显示电路，FPGA 一旦将数据串出进入 74LS164，驱动 LED 显示后，就无须给出其他信号，如扫描信号。故称静态显示控制。图 4-83 所示是两个 74LS164 构成的静态串行显示电路，此电路可以十分容易地扩展到多个数码管。图 4-83 中，第 9 脚清零接高电平，第 8 脚的 CP 进入同步时钟，第 1、2 脚连接在一起，用移位方式输入各数据位。8 个时钟后，一个 8 位字节的数据被移入 74LS164，并锁存于输出口。由于此口有一定的驱动能力，可以在每一片 74LS164 的输出口直接接上 7 段共阴数码管。注意，如果要在数码管上显示一个数据，如 5，则必须首先在 FPGA 内部通过 7 段译码器电路译码成 8 位数值（包括小数点）后才能串出显示。此外还应注意，如果串接的 74LS164 较多，CP 的同步时钟频率要适当，频率太高则会使显示不清晰，太低则会有闪烁感。

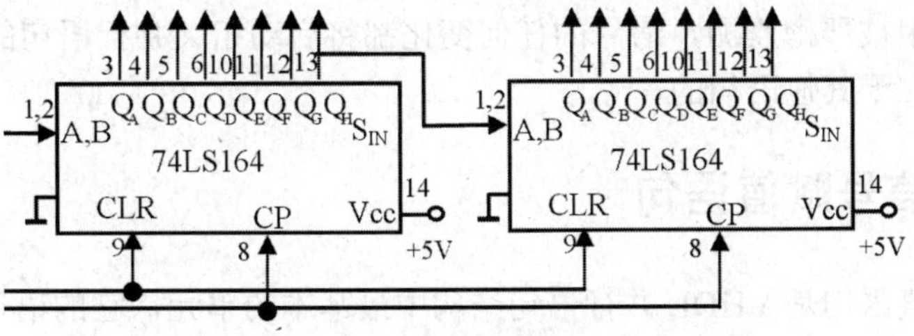

图 4-83　串/并转换数码管静态显示电路

实验任务：基于原理图输入方式及调用 74 系列宏模块，在 FPGA 中设计一个能控制由 4 个 74LS164 组成的串行静态 4 数码管的显示模块。要求数据显示清晰，且无闪烁感。此电路可用于以后的实验，如频率计测频数据显示等。针对此实验，可以先完成一个数码管的显示，再推广至多个。

第5章 并行语句

如图 2-2 所示，结构体中的 VHDL 并行语句有多种类型，并行语句在结构体中的执行是同步进行的，或者说，并行语句在执行顺序的地位上是平等的，其执行顺序与书写的顺序无关。在执行中，并行语句之间可以有信息往来，也可以是互为独立、互不相关的。有的并行语句内部的语句运行有两种不同的方式，即并行执行方式和顺序执行方式（如进程语句）。本章主要介绍并行语句的语法格式、用法和示例，最后介绍 VHDL 的运算操作符及其使用方法。

5.1 并行信号赋值语句

并行信号赋值语句有 3 种形式，即简单信号赋值语句、条件信号赋值语句和选择信号赋值语句。这 3 种信号赋值语句的共同点是赋值目标必须都是信号，所有赋值语句与其他并行语句一样，在结构体内的执行是同时发生的。事实上，每一信号赋值语句都相当于一条缩写的进程语句，而这条语句的所有输入（或读入）信号都被隐性地列入此缩写进程的敏感信号表中。这意味着在每一条并行信号赋值语句中，所有的输入、输出和计算表达式的值都在结构体中被严密监测，信号的任何变化都将启动相关并行语句的赋值操作，而这种启动是完全独立于其他语句的。

5.1.1 简单信号赋值语句

简单信号赋值语句是 VHDL 并行语句结构中最基本的单元，它的语句格式如下：

```
赋值目标 <= 表达式;
```

语句格式中赋值目标的数据对象必须是信号，它的数据类型必须与赋值符号右边表达式的数据类型一致。例 5-1 是一个半加器的 VHDL 描述。如图 4-36 所示，半加器由两个基本逻辑门元件构成，即与门和异或门，对应的逻辑表述如下：$SO=A \oplus B$ 和 $CO=A \cdot B$。此二式在例 5-1 中用两个并行的简单赋值语句来描述。

【例 5-1】

```
LIBRARY IEEE;
USE IEEE.STD_LOGIC_1164.ALL;
ENTITY  h_adder  IS
    PORT (A, B  : IN   STD_LOGIC;  SO,CO : OUT  STD_LOGIC);
END ENTITY  h_adder;
ARCHITECTURE  fh1 OF h_adder IS
    BEGIN                       --XOR是异或逻辑操作符，AND是与逻辑操作符
     SO <= A XOR B;    CO <= A AND B;
END ARCHITECTURE fh1;
```

用于仿真的 VHDL 程序中，常用 AFTER 语句来描述延迟信息，因而常与 Time 类型一起使用。于是，用 AFTER 语句描述其赋值延迟的赋值语句的语法格式如下：

```
赋值目标 <= v0, v1 AFTER T1, v2 AFTER T2,..., vn AFTER Tn;
```

通过 AFTER 给信号赋值，可以描述信号在确定延迟时间后取值的变化。这种形式适用于非循环的有限变化的信号赋值。特别注意，此语句中对“赋值目标”进行赋值的 v0、v1、v2 等是按顺序进行的，然而 AFTER 后指定的时间却是同时开始计时的。

例如对复位信号的描述可以表述如下：

```
reset<= '1', '0' AFTER reset_period;
```

其中的 reset_period 是 Time 类型，信号 reset 初始值为 1（有效），经过一个复位时长为 reset_period 后变为 0（无效），从而实现异步复位。以下例句在仿真中很常用：

```
DATA <= "01", "10" AFTER 40 ns, "11" AFTER 60 ns, "00" AFTER 65 ns;
```

此语句表示，当时刻 0 时，DATA 被赋值"01"；40ns 后被赋值"10"；再过 20ns 后被赋值"11"；再过 5ns 后被赋值"00"。显然，AFTER 后的时间值必须比前一时间值大。

5.1.2 条件信号赋值语句

条件信号赋值语句是另一种并行赋值语句，其表达方式如下：

```
赋值目标 <= 表达式 WHEN 赋值条件 ELSE
           表达式 WHEN 赋值条件 ELSE
                  ...
           表达式;
```

在结构体中的条件信号赋值语句的功能与在进程中的 IF 语句相同，在执行条件信号语句时，每一赋值条件是按书写的先后关系逐项测定的，一旦发现赋值条件为 True，立即将表达式的值赋给赋值目标变量。从这个意义上讲，条件赋值语句与 IF 语句具有十分相似的顺序性。这意味着，条件信号赋值语句将第一个满足关键词 WHEN 后的赋值条件所对应的表达式中的值，赋给赋值目标信号。这里的赋值条件的数据类型是布尔量，当它为真时表示满足赋值条件。最后一项表达式可以不跟条件子句，用于表示以上各条件都不满足时，则将此表达式赋予赋值目标信号（注意，条件赋值语句中的 ELSE 不可省）。由此可知，条件信号语句允许有重叠现象，这与 CASE 语句有很大的不同。

例 5-2 描述的 RTL 电路如图 5-1 所示。它是由两个 2 选 1 多路选择器构成的 3 选 1 多路选择器。程序显示，由于条件测试的顺序性，第 1 子句具有最高赋值优先级，第 2 句其次，第 3 句再次，以此类推。即如果当 p1 和 p2 同时为 1 时，z 获得的赋值是 a。

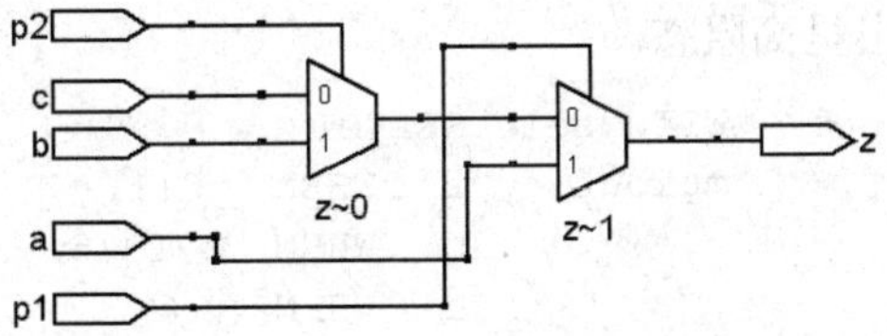

图 5-1 例 5-2 的 RTL 电路图

【例 5-2】

```
ENTITY  mux IS
  PORT(a,b,c : IN BIT;   p1,p2 : IN BIT;  z  : OUT BIT);
END;
ARCHITECTURE behv OF mux IS
 BEGIN
```

```
    z  <= a WHEN p1 = '1' ELSE
          b WHEN p2 = '1' ELSE
          c;
END;
```

5.1.3 选择信号赋值语句

选择信号赋值语句的语句格式如下：

```
WITH 选择表达式 SELECT
   赋值目标信号 <= 表达式 WHEN 选择值,
                   表达式 WHEN 选择值,
                   ...
                   表达式 WHEN 选择值;
```

选择信号赋值语句本身不能在进程中应用，但其功能却与进程中的 CASE 语句的功能十分相似。CASE 语句的执行依赖于进程中敏感信号的改变而启动进程，而且要求 CASE 语句中各子句的条件不能有重叠，必须包容所有的条件。

选择信号赋值语句中也有敏感量，即关键词 WITH 旁的选择表达式。每当选择表达式的值发生变化时，就将启动此语句对各子句的选择值进行测试对比，当发现有满足条件的子句时，就将此子句表达式中的值赋给赋值目标信号。与 CASE 语句相类似，选择赋值语句对子句条件选择值的测试具有同期性，不像条件信号赋值语句那样是按照子句的书写顺序从上至下逐条测试的。因此，与 CASE 语句一样，选择赋值语句不允许有条件重叠的现象，也不允许存在条件涵盖不全的情况。

与 CASE 语句一样，如果在条件句中未能覆盖所有条件选择，则必须在末尾加上 OTHERS 语句：... WHEN OTHERS;。而且，选择信号语句甚至还有与 CASE 语句中的 NULL 同类的语句或关键词可用，这就是关键词 UNAFFECTED，用法如下：

```
UNAFFECTED  WHEN OTHERS;
```

它也表示在其他条件时不采取任何操作。因此，此语句也会像 CASE 语句使用 NULL 一样，当条件句中未能覆盖所有条件选择，而使用关键词 UNAFFECTED 时会导致锁存器的出现。另外，特别注意选择信号赋值语句的每一子句结尾是逗号，最后一句是分号，而条件赋值语句每一子句的结尾没有任何标点，只有最后一句有分号。

下例是一个列出选择条件为不同取值范围的 4 选 1 多路选择器，当不满足条件时，输出呈高阻态。

```
WITH selt SELECT
muxout <= a   WHEN   0|1,          -- 0 或 1
          b   WHEN  2 TO 5,        -- 2 或 3，或 4 或 5
          c   WHEN    6,
          d   WHEN    7,
        'Z'  WHEN OTHERS;
```

5.1.4 块语句

块（BLOCK）的应用类似于利用 PROTEL 画电路原理图，可将一个总的原理图分成多个子模块，则这个总的原理图成为一个由多个子模块原理图连接而成的顶层模块图，而每一个子模块可以是一个具体的电路原理图。但是，如果子模块的原理图仍然太大，还可将它变成更低层次的原理图模块的连接图（BLOCK 嵌套）。显然，按照这种方式划分结构体仅是形式上的，而非功能上的改变。事实上，将结构体以模块方式划分的方法有多种，后面将介绍的元件例化语句也是一种将结构体的并行描述分成多个层次的方法，其区别只是后者涉及多个实体和结构体，且综合后硬件结构的逻辑层次有所增加。

实际上，结构体本身就等价于一个 BLOCK，或者说是一个功能块。BLOCK 是 VHDL 中具有的一种划分机制，这种机制允许设计者合理地将一个模块分为数个区域，在每个块中都能对其局部信号、数据类型和常量加以描述和定义。任何能在结构体的说明部分进行说明的对象都能在 BLOCK 说明部分中进行说明。BLOCK 语句应用只是一种将结构体中的并行描述语句进行组合的方法，它的主要目的是改善并行语句及其结构的可读性，或是利用 BLOCK 的保护表达式关闭某些信号。

BLOCK 语句的表述格式如下：

```
块标号 : BLOCK [(块保护表达式)]
        接口说明
            类属说明
            BEGIN
        并行语句
END BLOCK 块标号;
```

作为一个 BLOCK 语句结构，在关键词 BLOCK 的前面必须设置一个块标号，并在结尾语句 END BLOCK 右侧也写上此标号（此处的块标号不是必需的）。

接口说明部分有点类似于实体的定义部分，它可包含由关键词 PORT、GENERIC、PORT MAP 和 GENERIC MAP 引导的接口说明等语句，对 BLOCK 的接口设置以及与外界信号的连接状况加以说明。这类似于 PROTEL 原理图间的图示接口说明。

从综合的角度看，BLOCK 语句的存在也是毫无实际意义的，因为无论是否存在 BLOCK 语句结构，对于同一设计实体，综合后的逻辑功能是不会有任何变化的。在综合过程中，VHDL 综合器将略去所有的块语句。在实用中，块语句较少被用到。

5.1.5 元件例化语句

元件例化就意味着在当前结构体内定义了一个新的设计层次，这个设计层次的总称叫元件，但它可以以不同的形式出现。这个元件可以是已设计好的一个 VHDL 设计实体，可以是来自 FPGA 元件库中的元件；它们可能是以别的硬件描述语言（如 Verilog）设计的实体；元件还可以是 IP 核，或者是 LPM 模块、FPGA 中的嵌入式硬 IP 核等。

元件例化语句由两部分组成，前一部分是将一个现成的设计实体定义为一个元件，第二部分则是此元件与当前设计实体中的相关端口连接的说明，语句格式如下：

```
COMPONENT 元件名 IS
   GENERIC (类属表);                          -- 元件定义语句
   PORT  (端口名表);
END COMPONENT 元件名;
... --其他语句
例化名 : 元件名 PORT MAP(                      -- 元件例化语句
        [端口名 =>] 连接端口名,...);
```

以上两部分语句在元件例化中都是必须存在的。第一部分语句是元件定义语句，相当于对一个现成的设计实体进行封装，使其只留出对外的接口界面。这就像一个集成芯片只留几个引脚在外一样；类属表可列出端口的数据类型和参数，端口名表可列出对外通信的各端口名。元件例化的第二部分语句即为元件例化语句，其中，例化名是必须存在的，它类似于标在当前系统（电路板）中的一个插座名。元件名则是准备在此插座上插入的、已定义好的元件名。PORT MAP 是端口映射的意思，其中的端口名是在元件定义语句中的端口名表中已定义好的元件端口的名字，连接端口名则是当前系统与准备接入的元件对应端口相连的通信端口，相当于插座上各插针的引脚名。

元件例化语句中所定义的元件的端口名与当前系统的连接端口名的接口表达有两种方式。一种是名字关联方式，在这种关联方式下，例化元件的端口名和关联（连接）符号“=>”都是必须存在的。这时，端口名与连接端口名的对应式在 PORT MAP 句中的位置可以是任意的。另一种是位置关联方式，若使用这种方式，端口名和关联连接符号都可省去，在 PORT MAP 子句中，只要列出当前系统中的连接端口名就行了，但要求连接端口名的排列方式与所需例化的元件端口定义中的端口名一一对应。

5.1.6　例化语句应用示例

如第 4 章的图 4-40 所示，全加器可以由两个半加器和一个或门连接而成。显然，设计全加器之前，必须首先设计好半加器和或门电路，把它们作为全加器内的元件，再按照全加器的电路结构连接起来。最后获得的全加器电路可称为顶层设计。

其实整个设计过程和表述方式都可以用 VHDL 来描述。半加器元件的 VHDL 表述是例 5-1，文件名即其实体名：h_adder.vhd；或门元件的 VHDL 表述如例 5-3 所示，文件名是 or2a.vhd。注意这里只是为了说明 VHDL 的用法，实际工程中没有必要为一个简单的或逻辑操作专门设计一个程序或元件。

【例 5-3】

```
LIBRARY  IEEE;
 USE IEEE.STD_LOGIC_1164.ALL;
 ENTITY or2a IS
   PORT (a, b :IN STD_LOGIC;   c : OUT STD_LOGIC);
 END ENTITY or2a;
 ARCHITECTURE one OF or2a IS
   BEGIN
   c <= a OR b;
     END ARCHITECTURE one;
```

然后根据图 4-40 所示电路，用 VHDL 语句将这两个元件连接起来，构成全加器的 VHDL 顶层描述，即例 5-4。以下将通过一个全加器的设计，介绍含有层次结构的 VHDL 程序设计方法，从而引出例化语句的使用方法。

【例 5-4】

```
LIBRARY  IEEE;                                    --全加器顶层设计描述
 USE IEEE.STD_LOGIC_1164.ALL;
 ENTITY f_adder IS
   PORT (ain,bin,cin : IN STD_LOGIC;
              cout,sum : OUT STD_LOGIC);
```

```
END ENTITY f_adder;
ARCHITECTURE fd1 OF f_adder IS
  COMPONENT h_adder                    --调用半加器声明语句
    PORT (A,  B :  IN STD_LOGIC;   CO, SO :  OUT STD_LOGIC);
  END COMPONENT;
  COMPONENT or2a                       --调用或门元件声明语句
     PORT (a, b : IN STD_LOGIC;   c : OUT STD_LOGIC);
  END COMPONENT;
 SIGNAL net1,net2,net3  :  STD_LOGIC;  --定义 3 个信号作为内部的连接线
 BEGIN
  u1 : h_adder PORT MAP(A=>ain,B=>bin,CO=>net2,SO=>net1);
  u2 : h_adder PORT MAP(net1, cin, net3, sum);
  u3 :   or2a   PORT MAP(a=>net2, b=>net3, c=>cout);
END ARCHITECTURE fd1;
```

为了达到连接底层元件形成更高层次的电路设计结构的目的，文件中使用了例化语句。例 5-4 在实体中首先定义了全加器顶层设计元件的端口信号，然后在 ARCHITECTURE 和 BEGIN 之间加入了调用元件的声明语句，即利用 COMPONENT 语句对准备调用的元件（或门和半加器）做了声明，并定义 net1、net2 和 net3 三个信号作为全加器内部的连接线，具体连接方式见图 4-40。最后利用端口映射语句 PORT MAP()将两个半加器模块和一个或门模块连接起来构成一个完整的全加器。注意，这里假设参与设计的半加器文件、或门文件和全加器顶层设计文件都分别存放于同一个文件夹中。

显然，元件例化就是引入一种连接关系，将预先设计好的设计实体定义为一个元件，然后利用特定的语句将此元件与当前设计实体中的指定端口相连接，从而为当前设计实体引进一个新的低一级的设计层次。在这里，当前设计实体（如例 5-4 描述的全加器）相当于一个较大的电路系统，所定义的例化元件相当于一个要插在这个电路系统板上的芯片，而当前设计实体中指定的端口则相当于这块电路板上准备接受此芯片的一个插座。

元件例化是使 VHDL 设计实体构成自上而下层次化设计的一种重要途径。

以下针对例 5-4，对例化语句应用需要注意的一些细节加以说明。

尽管例 5-4 中对或门和半加器的调用声明的端口说明中使用了与原来元件（VHDL 描述）相同的端口符号，但这并非唯一的表达方式，如可以做如下表述：

```
COMPONENT h_adder
    PORT (c,d :  IN STD_LOGIC;  e, f :  OUT STD_LOGIC);
```

但应注意端口信号的数据类型的定义必须与原设计实体文件一致，而且信号的排列方式也要与原来的一致，包括端口模式、数据类型、功能定义等。

例化名是必须存在的，例如，一块 PCB 板上可能插有 3 片相同的 74LS161，必须标注能分辨它们的名字，如 ic1、ic2、ic3，这就是它们的例化名，而元件名都是 74LS161。

对应于例 5-4 中的元件名有 h_adder 和 or2a，其例化名可分别取为 u1、u2 和 u3。

例 5-4 中例化名为 u1 的语句使用了端口映射语句，其中 A=>ain 表示元件 h_adder 的内部端口信号 A（端口名）与系统的外部端口名（或称端口的外部连线名）ain 相连；CO=>net2 表示元件 h_adder 的内部端口信号 CO（端口名）与元件外部的连接线 net2（定义在内部的信号线）相连，如此等等。注意这里的符号“=>”是连接符号，其左面放置内部元件的端口名，右面放置内部元件与外边需要连接的端口名或信号名，这种位置排列方式是固定的。然而，连接表达式在 PORT MAP 语句中的位置是任意的，如可以将连接表达式 CO=>net2

放在 PORT MAP 括号中的任何位置。此外还应注意符号“=>”仅代表连接关系，不代表信号流动的方向，即符号“=>”不限制信号数据的流动方向。

另一种对应的连接表述方法是位置关联法。所谓位置关联，就是以位置的对应关系连接相应的端口。例 5-4 中关于 u2 元件的连接表述就采用了位置关联法。由于在例 5-1 及在例 5-4 的元件调用声明语句中，端口信号排列顺序都是（A, B, SO, CO）；当它作为元件 u2 在图 4-40 中连接时，其对应的连接信号就是（net1, cin, net3, sum）。于是与此半加器 u2 的端口按顺序对应起来，就得到了例 5-4 中关于 u2 的位置关联法例化表述。

对于位置关联法（或称位置映射法），读者不难发现，关联表述的信号位置十分重要，不能放错；而且，一旦位置关联例化语句确定后，连接元件的源文件中的端口表内的信号排列位置就不能再变动了。如这时就不能把例 5-1 中的端口语句改成以下形式：

```
PORT (A, B : IN STD_LOGIC;  CO,SO :  OUT  STD_LOGIC);
```

因此，通常情况下不推荐使用此类关联表述来编程。

5.1.7 生成语句

生成语句可以简化有规则设计结构的逻辑描述，并有一种复制作用。在设计中，只要根据某些条件，设定好某一元件或设计单位，就可以利用生成语句复制一组完全相同的并行元件或设计单元电路结构。生成语句的语句格式有如下两种形式：

```
[标号：] FOR 循环变量 IN 取值范围 GENERATE
    说明
    BEGIN
    并行语句
      END GENERATE [标号];
[标号：] IF 条件 GENERATE
    说明
    BEGIN
    并行语句
      END GENERATE [标号];
```

这两种语句格式都是由如下 4 个部分组成的。

（1）生成方式：有 FOR 语句或 IF 语句结构，用于规定并行语句的复制方式。

（2）说明部分：这部分包括对元件数据类型、子程序、数据对象做一些局部说明。

（3）并行语句：生成语句结构中的并行语句是用来“复制”的基本单元，主要包括元件、进程语句、块语句、并行过程调用语句、并行信号赋值语句，甚至包括生成语句。这表示生成语句允许存在嵌套结构，因而可用于生成元件的多维阵列结构。

（4）标号：标号并非必需，但在嵌套式生成语句结构中就是十分重要的。对于 FOR 语句结构，主要是用来描述设计中一些有规律的单元结构，并且其生成参数及其取值范围的含义和运行方式与 LOOP 语句相似。需注意，从软件运行的角度上看，FOR 语句格式中生成参数（循环变量）的递增方式具有顺序的性质，但从最后生成的设计结构上看却是完全并行的，这就是必须用并行语句来作为生成设计单元的缘故。

生成参数（循环变量）是自动产生的，它是一个局部变量，根据取值范围自动递增或递减。取值范围的语句格式与 LOOP 语句是相同的，有以下两种形式：

```
表达式  TO  表达式;          --递增方式，如 1 TO 5
```

```
表达式 DOWNTO 表达式;              --递减方式，如5 DOWNTO 1
```

其中的表达式必须是整数。

例 5-5 利用了数组属性语句 ATTRIBUTE'RANGE 作为生成语句的取值范围，进行重复元件例化过程，从而产生了一组并列的电路结构，如图 5-2 所示。

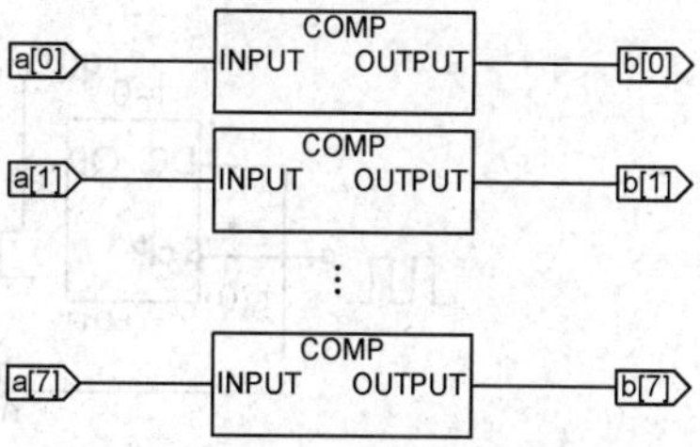

图 5-2 生成语句产生的 8 个相同的电路模块

【例 5-5】

```
COMPONENT comp
PORT (x : IN STD_LOGIC;
        y : OUT STD_LOGIC);
END COMPONENT;
SIGNAL a :STD_LOGIC_VECTOR(0 TO 7);
SIGNAL b :STD_LOGIC_VECTOR(0 TO 7);
...
gen : FOR i IN a'RANGE GENERATE
 u1: comp PORT MA (x=>a(i), y=>b(i));
END GENERATE gen;
```

例 5-6 是 D 触发器，可作为一个待调用的原件。例 5-7 描述了一个 *n* 位（*n*=6）二进制计数器，电路中间部分的结构是规则的，但在两端是不规则的，而由 *n* 个 D 触发器构成的 *n* 位二进制计数器的位数是一个待定值。对此，利用 FOR-GENERATE 语句或 IF-GENERATE 语句来描述最为方便。图 5-3 是此例的电路原理图。

【例 5-6】

```
LIBRARY IEEE;
USE IEEE.STD_LOGIC_1164.ALL;
ENTITY d_ff IS
PORT (d, clk_s : IN STD_LOGIC;  q,  nq : OUT STD_LOGIC);
END ENTITY d_ff;
ARCHITECTURE a_rs_ff OF d_ff IS
BEGIN
PROCESS(CLK_S)  BEGIN
IF clk_s='1' AND clk_s'EVENT  THEN q<=d; nq<=NOT d;  END IF;
   END PROCESS;
END ARCHITECTURE a_rs_ff;
```

【例 5-7】

```
LIBRARY IEEE;
USE IEEE.STD_LOGIC_1164.ALL;
ENTITY cnt_bin_n is
GENERIC (n : INTEGER := 6);
PORT(q : OUT STD_LOGIC_VECTOR (0 TO n-1);  in_1 : IN  STD_LOGIC);
END ENTITY cnt_bin_n;
ARCHITECTURE behv OF cnt_bin_n IS
COMPONENT d_ff
  PORT(d, clk_s :  IN STD_LOGIC;  Q, NQ : OUT STD_LOGIC);
END COMPONENT d_ff;
SIGNAL s : STD_LOGIC_VECTOR(0 TO n);
BEGIN
```

```
    s(0) <= in_1;
     q_1 : FOR i IN 0 TO n-1 GENERATE
     dff : d_ff PORT MAP (s(i+1), s(I), q(i), s(i+1));
    END GENERATE;
  END ARCHITECTURE behv;
```

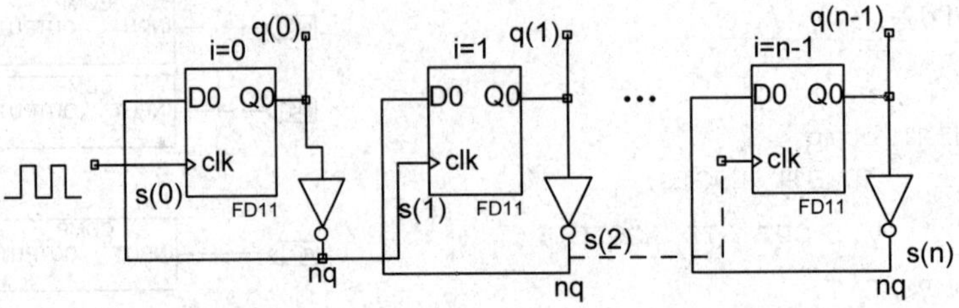

图 5-3　6 位二进制计数器原理图

5.1.8　GENERIC 参数传递映射语句及其使用方法

在之前的许多内容中已出现多次有关 GENERIC 语句的概念和应用，在此以一个 8×8 位乘法器设计为例，完整地说明 GENERIC 语句的使用方法。

例 5-8 是基于移位相加原理的 4×4 位乘法器的 VHDL 程序，其仿真波形如图 5-4 所示（注意图中所有变量的数据类型都被设置成十进制类型）。此例的程序结构与例 3-31 基本相同，主要不同之处是这个乘法器仅仅通过改变其中的参数 S 就能增加此乘法器的位数。不但如此，这个参数 S 的数值可以从外部（即顶层设计中）传送进入，从而能在顶层设计中通过例化语句轻易改变此乘法器的尺寸。

【例 5-8】

```
LIBRARY IEEE;
USE IEEE.STD_LOGIC_1164.ALL;
USE IEEE.STD_LOGIC_UNSIGNED.ALL;
USE IEEE.STD_LOGIC_ARITH.ALL;
ENTITY MULT4B IS
GENERIC (S  : INTEGER := 4);       --定义参数 S 为整数类型，且等于 4
  PORT (R  : OUT STD_LOGIC_VECTOR(2*S DOWNTO 1);
       A, B  : IN STD_LOGIC_VECTOR (S DOWNTO 1));
END ENTITY MULT4B;
ARCHITECTURE ONE OF MULT4B IS
  SIGNAL A0 :  STD_LOGIC_VECTOR(2*S DOWNTO 1);
BEGIN
  A0 <= CONV_STD_LOGIC_VECTOR(0,S) & A; --若 S=4，则此句等效于
A0<="0000"&A
  PROCESS (A, B)
   VARIABLE R1 : STD_LOGIC_VECTOR(2*S DOWNTO 1);
   BEGIN
     R1 := (others => '0');          --若 S=4，则此句等效于 R1:="00000000"
     FOR i IN 1 TO S LOOP
       IF (B(i) = '1') THEN
         R1 := R1 + TO_STDLOGICVECTOR(TO_BITVECTOR(A0) SLL (i-1));
       END IF;
     END LOOP;
```

```
      R <= R1;
    END PROCESS;
  END ARCHITECTURE ONE;
```

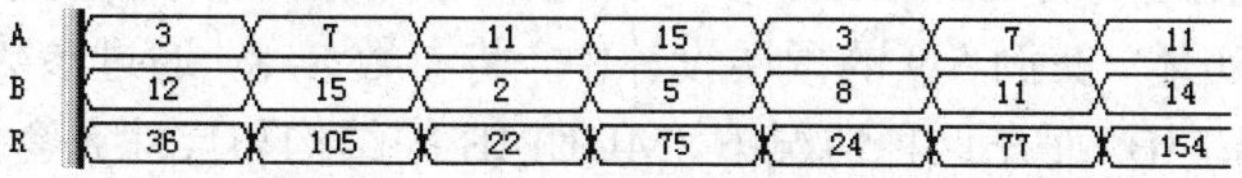

图 5-4 例 5-8 乘法器的仿真波形

注意例 5-8 中在多处使用了类型转换函数，同时注意为使用这些函数而打开的相关程序包。详细情况可参考表 3-2。以下对相关语句做一些简要解释。

例 5-8 的语句 CONV_STD_LOGIC_VECTOR(0,S)的含义是将整数 S 转换成 S 位宽的 0 值，即"0000"；语句 TO_BITVECTOR(A0) SLL (i-1)中的 SLL 是左移操作符，其右侧的值是移位位数，左侧是被移位初值。SLL 只能对 BIT_VECTOR 类型进行移位操作，所以要将 STD_LOGIC 矢量类型的 A0 转换为 BIT 矢量类型后才能进行移位运算，然后还要将移位运算结果转换回 STD_LOGIC 矢量类型。

以下根据例 5-9 讨论 GENERIC 的完整用法。

【例 5-9】

```
LIBRARY IEEE;
USE IEEE.STD_LOGIC_1164.ALL;
ENTITY MULT8B IS
 PORT(D1,D2 : IN  STD_LOGIC_VECTOR(7 DOWNTO 0);
      Q  : OUT STD_LOGIC_VECTOR(15 DOWNTO 0));
END;
 ARCHITECTURE BHV OF MULT8B IS
   COMPONENT MULT4B              --MULT4B 模块的调用声明
    GENERIC (S  : integer); --照抄 MULT4B 实体中关于参数“端口”定义的语句
         PORT (R  : OUT std_logic_vector(2*S DOWNTO 1);
                A, B  : IN std_logic_vector(S DOWNTO 1));
  END COMPONENT;
BEGIN

     u1: MULT4B GENERIC MAP(S=>8)
               PORT MAP (R =>Q, A=>D1, B=>D2);
END;
```

除了 GENERIC 语句，例 5-9 中还有我们熟悉的调用 MULT4B 的例化语句，并且采用的是端口关联法。GENERIC 语句的介入就好像又多了一个端口，而这个端口也要定义数据类型（将例 5-8 中对应的语句照搬过来），且在 u1 的例化结构中同样要使用关联符号=>，将 S 与整数 8“相连”，由此将 8 传递给了 MULT4B 中的参数 S。

例 5-9 中的 GENERIC MAP()即参数传递映射语句，此语句通常与端口映射语句 PORT MAP()联合使用，描述元件间端口的衔接方式。参数传递映射语句具有相似的功能，它描述相应元件类属参数间的衔接和传送方式。

一般地，参数传递映射语句可用于设计从外部端口改变元件内部参数或结构规模的元件（或称类属元件），这些元件在例化中特别方便，在改变电路结构或元件硬件升级方面显得尤为便捷，其语句格式如下：

```
例化名 : 元件名  GENERIC MAP(类属表)
```

使用此语句的条件是所例化的模块必须有 GENERIC 语句定义的参量端口描述，如例 5-8 中的语句 GENERIC (S : INTEGER)和 COMPONENT 语句中的对应表述。

例 5-9 通过例化语句和 GENERIC 参数传递语句调用了含有参数 S 的乘法器元件，即例 5-8 所示的设计实体。在例 5-9 的顶层设计中，将参数 S=8，通过参数传递映射语句传输进了例化元件 MULT4B。而在这种情况下，MULT4B 的结构与尺寸完全由顶层设计来控制，在其内部，例 5-8 中曾经设定的 S 等于 4 的设置已经失效，所以可以将这条语句改为：

```
GENERIC (S: integer)
```

5.1.9 数据类型定义语句

此前曾介绍过一些标准的预定义数据类型，如整数类型 INTEGER、布尔类型 BOOLEAN、标准逻辑位类型 STD_LOGIC 等。其实 VHDL 也允许用户自行定义新的数据类型。由用户定义的数据类型可以有多种，以下分别介绍相关的常用语句。

用户自定义数据类型是用类型定义语句 TYPE 和子类型定义语句 SUBTYPE 实现的。TYPE 语句的常用用法有如下两种：第一种属于数组型数据类型定义语句；第二种属于枚举型数据类型定义语句。数组类型又分限定性数组和非限定性数组两种，VHDL 允许定义这两种不同类型的数组。它们的区别是，限定性数组下标的取值范围在数组定义时就被确定了，而非限定性数组下标的取值范围需留待随后确定。

1. 限定性数组型数据类型定义

数组类型属复合类型，是将一组具有相同数据类型的元素集合在一起，作为一个数据对象来处理的数据类型。数组可以是一维（每个元素只有一个下标）数组或多维数组（每个元素有多个下标）。VHDL 仿真器支持多维数组，VHDL 综合器通常只支持一维和二维数组。数组的元素可以是任何一种数据类型，用以定义数组元素的下标范围子句决定了数组中元素的个数，以及元素的排序方向，即下标数是由低到高或是由高到低。如子句“0 TO 7”是由低到高排序的 8 个元素；“15 DOWNTO 0”是由高到低排序的 16 个元素。

限定性数组定义语句格式如下：

```
TYPE 数组名 IS ARRAY(数组范围)OF 基本数据类型;
```

其中，“数组名”是新定义的限定性数组类型的名称，可以是任何标识符，由设计者自定，此名将作为定义的新数据类型之用，而使用方法则与曾经提到的预定义数据类型的用法一样，数据类型与数组元素的数据类型相同。“数组范围”明确指出数组元素的定义数量和排序方式，以整数来表示其数组的下标。关键词 OF 后的“基本数据类型”指数据类型定义中所定义的元素的基本数据类型，一般都是取已有的预定义数据类型，如 BIT、STD_LOGIC 或 INTEGER 等，但要求一个数组的所有数据都是相同类型。

以下是一维数组型数据类型定义示例，所定义的属于限定性数组类型：

```
TYPE stb IS ARRAY (7 DOWNTO 0) OF STD_LOGIC;
```

此数组类型的名称是 stb，它有 8 个元素，它的下标排序是 7、6、5、4、3、2、1、0。各元素的排序是 stb(7)、stb(6)、…、stb(0)；数组中的每一个元素的数据类型都是标准逻辑位 STD_LOGIC 类型。

其实对于以上的定义方式稍加扩展即成为二维数组类型的定义表述。二维数组类型的定义方法有多种，但不是所有综合器都能综合。以下是两句对二维数组类型的定义：

```
TYPE TD IS ARRAY (7 DOWNTO 0, 3 TO 0)OF STD_LOGIC;
TYPE MATRIX IS ARRAY (127 DOWNTO 0)OF STD_LOGIC_VECTOR(7 DOWNTO 0);
```

第一句的类型名是 TD，定义类型与以上的 stb 类型相似。它有 8×4 个元素，是一个矩阵类型，包括 TD(7,3)、TD(7,2)、TD(7,1)、TD(7,0)、TD(6,3)等。

第二句的 TYPE 语句实际上定义了一个 128×8 的矩阵数组类型 MATRIX，每个元素的数据类型都是类型 STD_LOGIC。此句的定义方式是原来的 STD_LOGIC 类型改为 STD_LOGIC_VECTOR 类型，即成为二维数组类型的定义语句。

2．非限定性数组型数据类型定义

数组的另一种定义方式就是不说明所定义的数组下标的取值范围，而是定义某一数据对象为此数组类型时，再确定该数组下标取值范围。这样就可以通过不同的定义取值，使相同的数据对象具有不同下标取值的数组类型，这就是非限定性数组类型。非限定性数组的定义语句格式如下：

```
TYPE 数组名 IS ARRAY (数组下标名 RANGE <>)OF 数据类型;
```

其中，“数组名”是定义的非限定性数组类型的取名。“数组下标名”是以整数类型设定的一个数组下标名称，其中符号“<>”是下标范围待定符号，用到该数组类型时，再自动填入具体的数值范围。“数据类型”是数组中每一元素的数据类型。

如在 STD 库的 STANDARD 程序包中定义 BIT 类型的语句如下：

```
TYPE bit IS ('0','1');
TYPE bit_vector IS ARRAY(natural RANG<>) OF bit;
```

在 bit_vector 类型的定义中，natural RANG<>表示元素的个数未定。natural 是基本预定义类型自然数类型，取值范围是自然数 0,1,2,3…

3．枚举型数据类型定义

枚举类型的应用将在第 8 章的状态机设计与应用中详细给出。VHDL 的枚举数据类型是一种特殊的数据类型，它用文字符号来表示一组二进制数。实际上，VHDL 中许多常用的预定义的数据类型如位(BIT)、布尔量(BOOLEAN)、字符(CHARACTER)及 STD_LOGIC 等都是程序包中已定义的枚举型数据类型。例如，布尔数据类型的定义语句是：

```
TYPE BOOLEAN  IS (FALSE,TRUE);
```

其中 FALSE 和 TRUE 都是可枚举的符号。综合后它们分别用逻辑值'0'和'1'表示，这就是所谓的编码。对于此类枚举数据，在综合过程中都将转化成二进制代码。当然，枚举类型也可以直接用数值来定义，但必须使用单引号，例如：

```
TYPE my_logic IS  ('1' ,'Z' ,'U' ,'0');
SIGNAL s1 : my_logic;
    s1 <=  'Z';
```

枚举数据类型的一般定义格式如下：

```
TYPE  数据类型名  IS  数据类型定义表述
```

其中的“数据类型名”就是用户用标识符命名的枚举型数据类型名，其用法同预定义数据类型相同；而“数据类型定义表述”就是具体列出所定义的类型的表述方法与形式。

以下的枚举类型定义示例中的 week 即是数据类型名，此后定义了此类型的取值内容和范围，即一个含有 7 元素的数据类型。类型的元素由一组文字符号表示，而在综合后，其中的每一文字都代表一个具体的数值，如可令 sun ="1010"。

```
TYPE week IS (sun,mon,tue,wed,thu,fri,sat);
```

又如下例首先定义 x 为两元素的枚举数据类型，然后将 data_bus 定义为一个 9 元素的数组类型，其中每一元素的数据类型都是预定义类型 BIT。

```
TYPE x IS (low,high);
TYPE data_bus IS ARRAY (0 TO 7, x)OF BIT;
```

对于状态机，其每一状态在实际电路中是以一组触发器的当前二进制数位的组合来表示的。但在状态机的设计中，为了便于阅读、编译和 VHDL 综合器的优化，往往将表征每一状态的二进制数组用文字符号来代表，例如：

```
TYPE m_state IS  (st0,st1,st2,st3,st4,st5);
SIGNAL present_state,next_state  :  m_state;
```

在以上表达式中，信号 present_state 和 next_state 的数据类型被定义为 m_state，它们的取值范围或元素是可枚举的，即从 st0～st5 共 6 种，这些元素代表状态机可能的 6 种状态，而在综合后这 6 种状态代表 6 组唯一的二进制数值。

在综合过程中，枚举类型文字元素的编码通常是自动设置的，综合器根据优化情况、优化控制的设置或设计者的特殊设定，确定各元素具体编码的二进制位数、数值及元素间编码的顺序。一般情况下，编码顺序是默认的。将第一个枚举量（最左边的量）编码为'0'或"0000"等，以后的依次加 1。综合器在编码过程中自动将每一枚举元素转变成标准位矢量，而位矢量的长度根据实际情况决定。如上例中用于表达 6 个状态的位矢量长度可以为 3，编码默认值如下：st0="000"，st1="001"，st2="010"，st3="011"，st4="100"，st5="101"。

用 Type 语句来定义符号化的枚举类型，并将状态机中的现态 present_state 和次态 next_state 的类型定义为枚举类型，将有助于综合器对状态机设计程序设计的优化。

4. 枚举型子类型数据类型定义

枚举类型的子类型定义语句 SUBTYPE 只是由 TYPE 语句所定义的原数据类型的一个子集，它满足原数据类型的所有约束条件，原数据类型称为基本数据类型。

子类型 SUBTYPE 的语句格式如下：

```
SUBTYPE  子类型名 IS 基本数据类型 RANGE 约束范围;
```

子类型的定义只在基本数据类型上做一些约束，并没有定义新的数据类型，这是与 TYPE 最大的不同之处。子类型定义中的“基本数据类型”必须是已有过 TYPE 定义的类型，包括已在 VHDL 预定义程序包中用 TYPE 定义过的类型，如：

```
SUBTYPE digits IS INTEGER RANGE 0 to 9;
```

例中，INTEGER 是标准程序包中已定义过的数据类型，子类型 digits 只是把 INTEGER 约束到只含 10 个值。

事实上，在程序包 STANDARD 中，已有两个预定义子类型，即自然数类型（natural type）和正整数类型（positive type），它们的基本数据类型都是 INTEGER。

由于子类型与其基本数据类型属同一数据类型，因此属于子类型的和属于基本数据类型的数据对象间的赋值和被赋值可以直接进行，不必进行数据类型的转换。

利用子类型定义数据对象的好处是，除了提高程序可读性和易处理性外，还有利于提高综合的优化效率，这是因为综合器可以根据子类型所设的约束范围，有效地推出参与综合的寄存器最合适的数目等优化措施。

5.1.10 VHDL 的存储器描述

利用 VHDL 语言可以直接描述 RAM/ROM 等存储器。例 5-10 是 RAM 模块的纯 VHDL 代码描述，即在程序中没有调用或例化任何现成的实体模块。

【例 5-10】

```
LIBRARY IEEE;
USE IEEE.STD_LOGIC_1164.ALL;
USE IEEE.STD_LOGIC_ARITH.ALL;    --此程序包包含转换函数 CONV_INTEGER(A)
USE IEEE.STD_LOGIC_UNSIGNED.ALL; --此程序包包含算符重载函数
ENTITY RAM78 IS
PORT (CLK,WREN : IN STD_LOGIC;                              --定义时钟和写允许控制
      A : IN STD_LOGIC_VECTOR(6 DOWNTO 0); --定义 RAM 的 7 位地址输入端口
    DIN  : IN STD_LOGIC_VECTOR(7 DOWNTO 0); --定义 RAM 的 8 位数据输入端口
     Q : OUT STD_LOGIC_VECTOR(7 DOWNTO 0)); --定义 RAM 的 8 位数据输出端口
END;
ARCHITECTURE bhv OF RAM78 IS
TYPE G_ARRAY IS ARRAY(0 TO 127) OF STD_LOGIC_VECTOR(7 DOWNTO 0);
SIGNAL MEM : G_ARRAY;  --定义信号 MEM 的数据类型是用户新定义的类型 G_ARRAY
BEGIN
  PROCESS (CLK)       BEGIN
    IF RISING_EDGE(CLK) THEN
    --下句IF语句含义：如果时钟有上升沿出现，且写使能为高电平，则RAM数据口的数据被写
入指定地址单元
      IF WREN='1' THEN  MEM(CONV_INTEGER(A))<= DIN;  END IF;
     END IF;
 IF (FALLING_EDGE(CLK)) THEN  Q<=MEM(CONV_INTEGER(A));--读出存储器中的数据
     END IF;
  END PROCESS;
 END BHV;
```

以下将通过此例介绍类型定义语句在存储器描述中的应用。

例 5-10 是一个利用时钟的双边沿控制数据读写的 VHDL 存储器描述程序。注意，此程序在同一进程中，在时钟的上升沿将数据写入存储器，而在同一时钟的下降沿将数据从存储器中读出。此程序之所以可综合，是因为在进程中程序并没有用时钟的两个边沿对同一信号进行赋值操作。显然，程序在时钟的上升沿是对信号 MEM 赋值，而在下降沿是对 Q 赋值。例 5-10 是利用数据类型定义语句来实现存储器描述的，其中还用到了数据类型转换函数 CONV_INTEGER(A)。以下将对这些语句做一般性的说明。

在例 5-10 中的结构体说明部分的两条语句是数据类型定义语句。第一句定义了一个二维的数据类型 G_ARRAY，其元素有 128×8 个；第二条语句定义了信号 MEM，规定此信号的数据类型是 G_ARRAY。于是信号 MEM 有 128 个单元：MEM(0)、MEM(1)、…、MEM(127)；每一个单元有 8 个基本元素：MEM(0)(7)、MEM(0)(6)、…、MEM(0)(0)，其中每一个基本单元的数据类型都是标准逻辑位 STD_LOGIC。于是，MEM 的取值范围是 128×8（=1024 个单元）。这实际上就是一个存储器，其存储深度是 128，对应地址口线宽度为 7；每一单元的数据宽度是 8，对应存储器的数据口线宽度是 8。因此这两句语句是 VHDL 定义存储

器的典型语句。

语句 MEM(CONV_INTEGER(A))<=DIN 很好理解，这是存储器数据口的数据写入存储器的操作。DIN 和 MEN(x)的数据类型相同，x 是整数类型。

其中的 CONV_INTEGER(A)是类型转换函数，它能将 UNSIGNED、SIGNED 和 STD_LOGIC_VECTOR 类型转换为整数类型 INTEGER，此函数包含于程序包 STD_LOGIC_ARITH 中，故在例 5-10 中要打开此程序包。

例 5-10 中的语句 Q<=MEM(CONV_INTEGER(A))是读数据语句，即将 MEM 中对应地址 A 的 8 位数据向存储器端口输出。如果对例 5-10 不做任何约束，直接综合，尽管也能得出相应的存储器 RAM，其 RTL 图如图 5-5 所示，但这项设计无疑将耗用大量的逻辑资源。

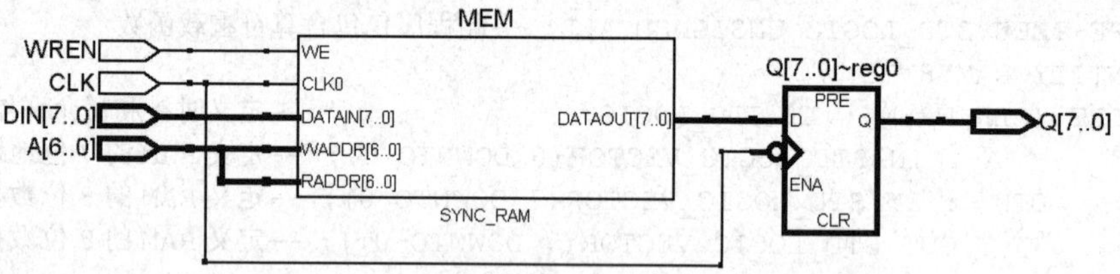

图 5-5　例 5-10 的 RAM78 的 RTL 图

5.1.11　信号属性及属性函数

在之前的 VHDL 设计程序中已多次用到了属性定义语句或属性函数，如 EVENT、LAST_VALUE 等。此节对属性语句（或属性函数）的应用做一些补充。

VHDL 中预定义属性语句有许多实际的应用，如用于对信号或其他项目的多种属性检测或统计。VHDL 中具有属性的项目很多，主要有类型、子类型、过程、函数、信号、变量、常量、实体、结构体、配置、程序包、元件和语句标号等，属性是这些项目的特性。某一项目的特定属性或特征通常可以用一个值或一个表达式来表示，通过 VHDL 的预定义属性描述语句就可以加以访问。属性的值与数据对象（信号、变量和常量）的值完全不同：在任一给定的时刻，一个数据对象只能具有一个值，但却可以具有多个属性。VHDL 还允许设计者自己定义属性（即用户定义的属性）。

综合器支持的属性有 LEFT、RIGHT、HIGH、LOW、RANGE、REVERS RANGE、LENGTH、EVENT 及 STABLE 等。

预定义属性描述语句实际上是一个内部预定义函数，其语句格式如下：

```
属性测试项目名'属性标识符
```

属性测试项目即属性对象，可由相应的标识符表示，属性标识符即属性名。以下就可综合的属性项目使用方法做简要说明。

1. 信号类属性

信号类属性中最常用的当属 EVENT，这在上文中已做了说明。属性 STABLE 的测试功能恰与 EVENT 相反，它是信号在 δ 时间段内无事件发生，则返还 TRUE 值。以下两个语句的功能是一样的。

```
NOT(clock'STABLE AND clock ='1')
(clock'EVENT AND clock ='1')
```

其实，语句“NOT(clock'STABLE AND clock ='1')”的表达方式是不可综合的。因为对于 VHDL 综合器来说，括号中的语句等效于一条时钟信号边沿测试专用语句，它已不是普通的操作数，所以不能以操作数的方式来对待。

在实际使用中，'EVENT 比'STABLE 更常用。对于目前常用的 VHDL 综合器来说，EVENT 只能用于 IF 和 WAIT 语句中。

2. 数据区间类属性

数据区间类属性有'RANGE[(n)]和'REVERSE_RANGE[(n)]。这类属性函数主要是对属性项目取值区间进行测试，返回的内容不是一个具体值，而是一个区间。对于同一属性项目，'RANGE 和'REVERSE_RANGE 返回的区间次序相反，前者与原项目次序相同，后者则相反，应用示例如下：

```
SIGNAL range1 : IN STD_LOGIC_VECTOR (0 TO 7);
...
FOR i IN range1'RANGE LOOP
...
```

此例中的 FOR-LOOP 语句与语句“FOR i IN 0 TO 7 LOOP”的功能是一样的，这说明 range1'RANGE 返回的区间即为位矢量 range1 定义的元素范围。如果用'REVERSE_RANGE，则返回的区间正好相反，是(7 DOWNTO 0)。

3. 数值类属性

VHDL 中的数值类属性测试函数主要有'LEFT、'RIGHT、'HIGH 及'LOW。这些属性函数主要用于对属性测试目标的一些数值特性进行测试。示例如下：

```
PROCESS (clock, a, b);
TYPE obj IS ARRAY (0 TO 15) OF BIT;
SIGNAL ele1, ele2, ele3, ele4    : INTEGER;
BEGIN
 ele1 <= obj'RIGHT;  --测得数据类型obj的最右侧位是第15位
 ele2 <= obj'LEFT;   --测得数据类型obj的最左侧位是第0位
 ele3 <= obj'HIGH;   --测得数据类型obj的最高位是第15位
 ele4 <= obj'LOW;    --测得数据类型obj的最低位是第0位
...
```

其中信号 ele1、ele2、ele3 和 ele4 获得的赋值分别为 15、0、15 和 0。

下例描述的是一个奇偶校验判别信号发生器，程序利用了属性函数'LOW 和'HIGH。

【例 5-11】

```
LIBRARY IEEE;
USE IEEE.STD_LOGIC_1164.ALL;
ENTITY parity IS
   GENERIC (bus_size : INTEGER := 8);
   PORT (input_bus : IN STD_LOGIC_VECTOR(bus_size-1 DOWNTO 0);
         even_numbits, odd_numbits : OUT STD_LOGIC);
END parity;
ARCHITECTURE behave OF parity IS
BEGIN
PROCESS (input_bus)
   VARIABLE temp: STD_LOGIC;
```

```
BEGIN
   temp := '0';
   FOR i IN input_bus'LOW TO input_bus'HIGH LOOP
temp := temp XOR input_bus(i);
   END LOOP;
   odd_numbits <= temp;    even_numbits <= NOT temp;
END PROCESS;
END behave;
```

4. 数组类属性'LENGTH

数组类属性函数的用法同前文，只是对数组的宽度或元素的个数进行测定，例如：

```
TYPE arry1 ARRAY (0 TO 7) OF BIT;
VARIABLE wth1 : INTEGER;
...
wth1: =arry1'LENGTH; -- wth1 = 8
```

5. 用户定义属性

通常，属性与属性值的定义格式如下：

```
ATTRIBUTE 属性名 : 数据类型;
ATTRIBUTE 属性名 OF 对象名 : 对象类型 IS 值;
```

其实在第 4 章中就已使用过 Quartus 综合器特有的（或者说是 Quartus 自定义的）引脚锁定属性语句。VHDL 综合器和仿真器通常使用自定义的属性实现一些特殊的功能，由综合器和仿真器支持的一些特殊的属性一般都包含在 EDA 工具厂商的程序包里。例如，Synplify 综合器支持的特殊属性都在 synplify.attributes 程序包中，使用前加入以下语句即可：

```
LIBRARY synplify;
USE synplicity.attributes.all;
```

给数据对象定义属性，是建立复杂数据类型的基础，但定义一些 VHDL 综合器和仿真器所不支持的属性是没有意义的。

5.2 VHDL 运算操作符

与传统的程序设计语言一样，VHDL 各种表达式中的基本元素也是由不同类型的运算符相连而成的。这里所说的基本元素称为操作数（operand），运算符称为操作符（operator）。操作数和操作符相结合就成了描述 VHDL 算术、逻辑或比较运算的表达式。其中操作数是各种运算的对象，而操作符用于规定运算的方式。

在 VHDL 中有 4 类操作符，即逻辑操作符（logical operator）、关系操作符（relational operator）、算术操作符（arithmetic operator）和符号操作符（sign operator），此外还有重载操作符（overloading operator）。前 4 类操作符是完成逻辑和算术运算的最基本的操作符单元，重载操作符是对基本操作符做了重新定义的函数型操作符。

5.2.1 逻辑操作符

逻辑运算符 AND、OR、NAND、NOR、XOR、XNOR 及 NOT 对 BIT 或 BOOLEAN

型的值进行运算。由于 STD_LOGIC_1164 程序包中重载了这些算符，因此这些算符也可用于 STD_LOGIC 型数值。

如果逻辑操作符左边和右边值的类型为数组，则这两个数组的尺寸（即位宽）要相等。通常，一个表达式中有两个以上的算符时，需要使用括号将这些运算分组。如果一串运算中的算符相同，且是 AND、OR、XOR 这 3 个算符中的一种，则不需使用括号；如果一串运算中的算符不同或有除这 3 种算符之外的算符，则必须使用括号，例如：

```
A AND B AND C AND D
(A OR B)XOR C
```

表 5-1 列出了各种操作符所要求的数据类型。

表 5-1 VHDL 操作符列表

类　型	操 作 符	功　能	操作数数据类型
算术操作符	+	加	整数
	—	减	整数
	&	并置	一维数组
	*	乘	整数和实数（包括浮点数）
	/	除	整数和实数（包括浮点数）
	MOD	取模	整数
	REM	取余	整数
	SLL	逻辑左移	BIT 或布尔型一维数组
	SRL	逻辑右移	BIT 或布尔型一维数组
	SLA	算术左移	BIT 或布尔型一维数组
	SRA	算术右移	BIT 或布尔型一维数组
	ROL	逻辑循环左移	BIT 或布尔型一维数组
	ROR	逻辑循环右移	BIT 或布尔型一维数组
	**	乘方	整数
	ABS	取绝对值	整数
关系操作符	=	等于	任何数据类型
	/=	不等于	任何数据类型
	<	小于	枚举与整数类型，以及对应的一维数组
	>	大于	枚举与整数类型，以及对应的一维数组
	<=	小于等于	枚举与整数类型，以及对应的一维数组
	>=	大于等于	枚举与整数类型，以及对应的一维数组
逻辑操作符	AND	与	BIT，BOOLEAN，STD_LOGIC
	OR	或	BIT，BOOLEAN，STD_LOGIC
	NAND	与非	BIT，BOOLEAN，STD_LOGIC
	NOR	或非	BIT，BOOLEAN，STD_LOGIC
	XOR	异或	BIT，BOOLEAN，STD_LOGIC
	XNOR	异或非	BIT，BOOLEAN，STD_LOGIC
	NOT	非	BIT，BOOLEAN，STD_LOGIC
符号操作符	+	正	整数
	—	负	整数

对于 VHDL 中的操作符与操作数间的运算有如下两点需要特别注意。

- 严格遵循基本操作符间操作数是相同数据类型的规则。
- 严格遵循操作数的数据类型必须与操作符所要求的数据类型完全一致的规则。

首先，这意味着设计者不仅要了解所用的操作符的操作功能，而且还要了解此操作符所要求的操作数的数据类型。例如，参与加减运算的操作数的数据类型必须是整数，而 BIT 或 STD_LOGIC 类型的数是不能直接进行加减操作的。

其次，需注意操作符之间是有优先级别的，它们的优先级如表 5-2 所示。操作符**、ABS 和 NOT 运算级别最高，在算式中被最先执行。除 NOT 以外的逻辑操作符的优先级别最低，所以在编程中应注意括号的正确应用。

表 5-2　VHDL 操作符优先级

运　算　符	优　先　级
NOT，ABS，**	最高优先级
*，/，MOD，REM	↑
+（正号），－（负号）	
+，－，&	
SLL，SLA，SRL，SRA，ROL，ROR	
=，/=，<，<=，>，>=	
AND，OR，NAND，NOR，XOR，XNOR	最低优先级

VHDL 共有 7 种基本逻辑操作符，它们是 AND（与）、OR（或）、NAND（与非）、NOR（或非）、XOR（异或）、XNOR（同或）和 NOT（取反）。信号或变量在这些操作符的直接作用下，可构成组合电路。逻辑操作符所要求的操作数（如变量或信号）的基本数据类型有 3 种，即 BIT、BOOLEAN 和 STD_LOGIC。操作数的数据类型也可以是一维数组，其数据类型则必须为 BIT_VECTOR 或 STD_LOGIC_VECTOR。

以下是一组逻辑运算操作示例，请注意它们的运算表达方式和不加括号的条件。

【例 5-12】

```
SIGNAL a,b,c : STD_LOGIC_VECTOR (3 DOWNTO 0);
SIGNAL d,e,f,g : STD_LOGIC_VECTOR (1 DOWNTO 0);
SIGNAL h,i,j,k : STD_LOGIC;
SIGNAL l,m,n,o,p : BOOLEAN;
...
a<=b AND c;        --b、c 相与后向 a 赋值，a、b、c 的数据类型同属 4 位长的位矢量
d<=e OR f OR g;              --两个操作符 OR 优先级别相同，不需要加括号
h<=(i NAND j)NAND k;         --NAND 不属于上述 3 种算符中的一种，必须加括号
l<=(m XOR n)AND(o XOR p);    --操作符优先级别不同，必须加括号
h<=i AND j OR k;             --两个操作符优先级别不同，未加括号，表达错误
a<=b AND e;                  --操作数 b 与 e 的位矢长度不一致，表达错误
h<=i OR l;         --i 的数据类型是 STD_LOGIC，而 l 的数据类型是布尔量，表达错误
```

5.2.2　关系操作符

关系操作符的作用是将相同数据类型的数据对象进行数值比较或关系排序判断，并将结果以布尔类型的数据表示出来，即 TRUE 或 FALSE 两种。VHDL 提供了如表 5-1 所示

的 6 种关系运算操作符：=（等于）、/=（不等于）、>（大于）、<（小于）、>=（大于等于）和<=（小于等于）。

VHDL 规定，=和/=操作符的操作对象可以是 VHDL 中的任何数据类型构成的操作数。例如，对于标量型数据 a 和 b，如果它们的数据类型相同，且数值也相同，则 a=b 的运算结果是 TRUE，a/=b 的运算结果是 FALSE。对于数组类型（复合型，或称非标量型）的操作数，VHDL 编译器将逐位比较对应位置各位数值的大小。只有当等号两边数据中的每一对应位全部相等时才返回结果 TRUE。对于不等号的比较，不等号两边数据中的任一元素不等则判为不等，返回值为 TRUE。

余下的关系操作符<、<=、>和>=称为排序操作符，它们对操作对象的数据类型有一定限制。允许的数据类型包括所有枚举数据类型、整数数据类型以及由枚举型或整数型元素构成的一维数组。不同长度的数组也可进行排序。VHDL 的排序判断规则：整数值的大小排序方式是从正无限到负无限，枚举型数据的大小排序方式与它们的定义方式一致，例如，'1' >'0'；TRUE > FALSE；a > b（若 a=1，b=0）。

两个数组的排序是通过从左至右逐一对元素进行比较来决定的，在比较过程中，并不管原数组的下标定义顺序，即不管用 TO 还是用 DOWNTO。在比较过程中，若发现有一对元素不等，便确定了这对数组的排序情况，即最后所测元素具有较大值的确定为大值数组。例如，位矢“1011”判定为大于“101011”，这是因为排序判断是从左至右的，“101011”左起第四位是 0，故而判定为小。在下例的关系操作符中，VHDL 都判定为 TRUE：

```
'1' = '1';   "101" = "101";   "1" > "011";   "101" < "110";
```

对于以上的一些明显的判断错误可以利用 STD_LOGIC_ARITH 程序包中定义的 UNSIGNED 数据类型来解决，可将这些进行比较的数据的数据类型定义为 UNSIGNED，例如，UNSIGNED'("01") < UNSIGNED'("011")的比较结果将判定为 TRUE。

5.2.3 算术操作符

在表 5-2 中所列的 15 种算术操作符和 2 种符号操作符可以分成如表 5-3 所示 5 类操作符。

表 5-3 算术操作符分类表

	类 别	算术操作符分类
1	求和操作符（adding operator）	+（加），－（减），&（并置）
2	求积操作符（multiplying operator）	*，/，MOD，REM
3	符号操作符（sign operator）	+（正），－（负）
4	混合操作符（miscellaneous operator）	**，ABS
5	移位操作符（shift operator）	SLL，SRL，SLA，SRA，ROL，ROR

下面将分别介绍这 5 类算术操作符的具体功能和使用规则。

1. 求和操作符

VHDL 中的求和操作符包括加减操作符和并置操作符。加减操作符的运算规则与常规的加减法是一致的，VHDL 规定它们的操作数的数据类型是整数。对于位宽大于 4 的加法器和减法器，多数 VHDL 综合器将调用库元件进行综合。

在综合后，由加减运算符（+，-）产生的组合逻辑门所耗费的硬件资源的规模都比较大，例 5-13 说明了一个 3 位加法运算的逻辑电路。如果加减运算符中的一个操作数或两个操作数都为整型常数，则只需很少的电路资源。

【例 5-13】

```
PACKAGE example_arithmetic IS
  TYPE small_INt IS RANGE 0 TO 7;
END example_arithmetic;
USE WORK.example_arithmetic.ALL;
ENTITY arithmetic IS
  PORT (a, b : IN SMALL_INT;   c : OUT SMALL_INT);
END arithmetic;
ARCHITECTURE example OF arithmetic IS
BEGIN
  c <= a + b;
END example;
```

例 5-14 是直接利用加法算术操作符“+”完成的 8 位加法器的 VHDL 设计程序。此例的仿真波形如图 5-6 所示。从它的 RTL 图（见图 5-7）中可以清晰地看到 8 位数相加的和再加进位值的硬件方式。另外需注意，由于图 5-7 所示的一类 RTL 图直接来自 Netlist Viewers 的 RTL Viewers 生成器，主要用来了解 VHDL 描述电路的大致结构，不拘泥于细节，因此即使其中的小字不清楚都无关紧要。因为详细功能主要是通过仿真来了解的。

【例 5-14】

```
LIBRARY IEEE;
USE IEEE.STD_LOGIC_1164.ALL;
USE IEEE.STD_LOGIC_UNSIGNED.ALL;--此程序包中包含算术操作符的重载函数
ENTITY ADDER8B  IS
   PORT (A, B  :   IN  STD_LOGIC_VECTOR(7 DOWNTO 0);
           CIN :  IN  STD_LOGIC;      COUT  :  OUT  STD_LOGIC;
          DOUT  :  OUT  STD_LOGIC_VECTOR(7 DOWNTO 0));
END ENTITY  ADDER8B;
ARCHITECTURE  BHV OF  ADDER8B  IS
SIGNAL DATA  :  STD_LOGIC_VECTOR(8 DOWNTO 0);
   BEGIN
 DATA <= ('0'& A)  + ('0'& B)  + ("00000000"  & CIN);
 COUT <= DATA(8);     DOUT <= DATA(7 DOWNTO 0);
END ARCHITECTURE BHV;
```

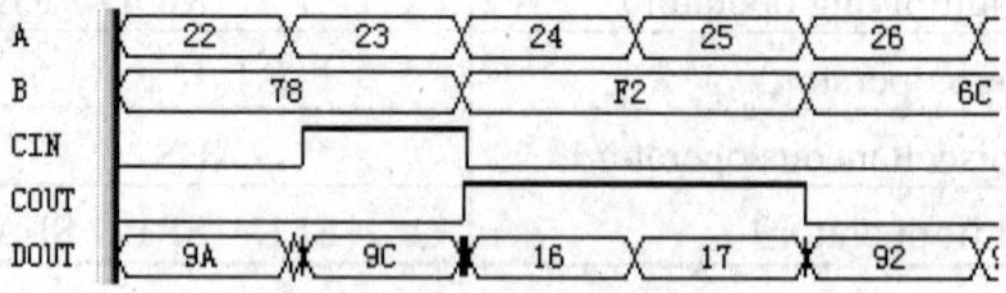

图 5-6　8 位加法器仿真波形

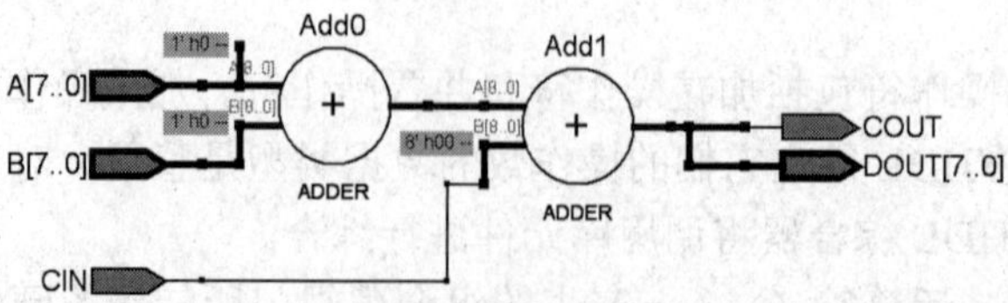

图 5-7　8 位加法器 Quartus 综合之 RTL 电路

例 5-14 的设计思想是这样的：为了方便获得两个 8 位数据 A 和 B 相加后的进位值，首先定义了一个 9 位信号 DATA；然后将 A 和 B 也都扩充为 9 位，即用并位符&在它们的高位并位一个'0'。这主要是为了符合 VHDL 的语法要求。

此外，在算式中直接使用并位操作符“&”时需要注意，必须对并位式加上括号，如("00000000" & CIN)。这是因为不同的操作符的优先级别是不同的，例如，乘除的优先级别一定高于加减，而加减与并位操作的级别相等。对于平级的情况，在前的操作符具有较高的优先级，其运算将优先进行。于是在例 5-14 中对 DATA 赋值的语句中，后两个加数，即('0'& B)和("00000000"&CIN)，若没有加括号则会出错。

例如，若('0'& B)项不加括号，则赋值语句右边最后的运算结果有 17 位（为什么？），与左边的 DATA 数据类型不符；而若("00000000"&CIN)项不加括号，则运算结果有 10 位，因为在最后并位 CIN 前的运算结果已经有 9 位了。

2．求积操作符

求积操作符包括*（乘）、/（除）、MOD（取模）和 RED（取余）4 种。VHDL 规定，乘与除的数据类型是整数或实数（包括浮点数）。在一定条件下，还可对物理类型的数据对象进行运算操作。操作符 MOD 和 RED 的本质与除法操作符是一样的，因此，可综合的取模和取余的操作数也必须是以 2 为底数的幂。MOD 和 RED 的操作数数据类型只能是整数，运算操作结果也是整数。乘法运算符的逻辑实现要求它的操作数是常数或是 2 的乘方时才能被综合；对于除法，除数必须是底数为 2 的幂（综合中可以通过右移来实现除法）。

注意，虽然通常情况下，乘法和除法运算是可综合的，但从优化综合、节省芯片资源的角度出发，最好不要轻易直接使用乘除操作符，除非在编译前做好某些约束设置。乘除运算可以用其他变通的方法来实现，如移位相加的方式、查表方式，或使用 LPM 模块或 DSP 模块等。

Quartus 限制“*”和“/”操作符右边操作数必须为 2 的乘方，如 x*8。如果使用 LPM 库中的子程序则无此限制，此外也不支持 MOD 和 REM 算符的综合。

3．符号操作符

符号操作符“+”和“−”的操作数只有一个，操作数的数据类型是整数，操作符“+”对操作数不做任何改变，操作符“−”作用于操作数后的返回值是对原操作数取负，在实际使用中，取负操作数需加括号，如“z := x * (−y);”。

4．混合操作符

混合操作符（综合器通常不支持）包括乘方操作符**和取绝对值操作符 ABS 两种。VHDL 规定，它们的操作数数据类型一般为整数类型。乘方运算的左边可以是整数或浮点数，但右边必须为整数，而且只有在左边为浮点时，其右边才可以为负数。

5．移位操作符

6 种移位操作符 SLL、SRL、SLA、SRA、ROL 和 ROR 都是 VHDL-1993 标准新增的运算符，在 VHDL-1987 标准中没有，有的综合器尚不支持此类操作（Quartus 支持）。

VHDL-1993 标准规定移位操作符作用的操作数的数据类型应是一维数组，并要求数组中的元素必须是 BIT 或 BOOLEAN 数据类型，移位的位数则是整数。在 EDA 工具所附的程序包中，重载的移位操作符已支持 STD_LOGIC_VECTOR 及 INTEGER 等类型。移位操作符左边可以是支持的类型，右边则必定是整数类型。如果操作符右边是整数类型常数，则移位操作符实现起来就比较节省硬件资源。

SLL 是将位矢向左移，右边跟进的位补零，SRL 的功能恰好与 SLL 相反；ROL 和 ROR 的移位方式稍有不同，它们移出的位将用于依次填补移空的位，执行的是自循环式移位方式；SLA 和 SRA 是算术移位操作符，其移空位用最初的首位来填补。

移位操作符的语句格式如下：

```
标识符  移位操作符  移位位数;    --如 "10110001" SRL 3，结果是"00010110"
```

例 5-15 利用移位操作符 SLL 和程序包 STD_LOGIC_UNSIGNED 中的数据类型转换函数 CONV_INTEGER 十分简洁地完成了“3-8”译码器的设计。程序中，由于 SLL 右侧的移位位数的数据类型要求是整数类型，而 DIN 已被定义为标准逻辑矢量类型 STD_LOGIC_VECTOR，因此必须将其转换为整数类型，这就需要使用将标准逻辑矢量类型 STD_LOGIC_VECTOR 向整数类型 INTEGER 转换的函数，此函数名是 CONV_INTEGER，包含在程序包 STD_LOGIC_UNSIGNED 中。

【例 5-15】

```
LIBRARY IEEE;
USE IEEE.STD_LOGIC_1164.ALL;
USE IEEE.STD_LOGIC_UNSIGNED.ALL;
ENTITY DC3to8 IS
    port (DIN  : IN STD_LOGIC_VECTOR (2 DOWNTO 0);
          DOUT : OUT BIT_VECTOR (7 DOWNTO 0));
END DC3to8;
ARCHITECTURE behave OF DC3to8 IS
BEGIN
DOUT <=  "00000001" SLL CONV_INTEGER(DIN);   --被移位部分是常数
END behave;
```

通常，如果组合表达式的一个操作数为常数，就能减少电路资源的耗用。

5.2.4 省略赋值操作符

一般地，为了简化表达和位数不定情况下的赋值，可使用短语(OTHERS=>X)，这是一个省略赋值操作符，它可以在较多位的位矢量赋值中做省略化的赋值，示例如下：

```
SIGNAL   d1  : STD_LOGIC_VECTOR(4 DOWNTO 0);
VARIABLE a1 : STD_LOGIC_VECTOR(15 DOWNTO 0);
...
d1 <= (OTHERS=>'1');  a1 := (OTHERS=>'0');
```

最后一行语句则等同于：d1<="11111"; a1:="0000000000000000"。其优点是在给大的位矢量赋值时简化了表述，明确了含义，同时这种表述与位矢量长度无关。

利用(OTHERS=>X)还可以给位矢量的某一部分位赋值之后再使用 OTHERS 给剩余的位赋值，如 d2 <= (1=>'1',4=>'1',OTHERS =>'0')。此句的意义是将位矢量 d2 的第 1 位和第 4 位赋值为'1'，而其余位赋值为'0'。

下例是用省略赋值操作符(OTHERS=>X)给 d1 赋其他信号的值：

```
d1 <= (1=>e(3),3=>e(5), OTHERS=>e(1) );
```

上式的 1 和 3 分别表示 d1 的第 1 位 d1(1)和 d1 的第 3 位 d1(3)。此式的含义是用 e(3)

的值取代 d1(1)的值，用 e(5)的值取代 d1(3)的值，d1 余下的 3 个位的值都用 e(1)取代。这个矢量赋值语句也可以改写为下面的使用并位符的语句（d1 的长度为 5 位）：

```
d1 <= e(1) &  e(5) & e(1) & e(3)  & e(1);
```

显然，利用(OTHERS=>X)的描述方法有时要优于用并位符“&”的描述方法，因为后者的缺点是赋值依赖于矢量的长度，当长度改变时必须重新排序。

例 5-16 所描述的“3-8”译码器比例 5-15 更为巧妙。例 5-16 的电路描述中使用了省略操作符(OTHERS=>X)和转换函数 CONV_INTEGER( )，但最关键的是利用了进程中对同一信号进行赋值的特性。例如，当 DIN=010（整数为 2）时，表面上对 DOUT 的赋值是 00000000，实际上 DOUT(2)这一位并没有被赋值为'0'；因为有了第二句赋值语句 DOUT(2)<= '1'。

【例 5-16】

```
... --其他部分同例 5-15
    PROCESS (DIN)     BEGIN
      DOUT<=(OTHERS =>'0');   DOUT(CONV_INTEGER(DIN))<='1';
    END PROCESS;
END behave;
```

5.3 keep 属性应用

以下两节介绍用于仿真中或 FPGA 硬件测试时的实用方法。

有时设计者希望在不增加与设计无关的信号连线的条件下，在仿真中也能详细了解定义在模块内部的某数据通道上的信号变化情况，如例 5-4 中的信号 net3。但往往由于此信号是模块内部临时性信号或数据通道，在经逻辑综合和优化后被精简除名了，于是在仿真信号中便无法找到此信号，也就无法在仿真波形中观察到此信号。为解决这个问题，可以使用 keep 属性，通过对关心的信号定义 keep 属性，告诉综合器把此信号保护起来，不要删除或优化掉，从而使此信号能完整地出现在仿真信号中。

这里以例 5-4 来说明 keep 属性的应用。以下的例 5-17 即为例 5-4 改变后的部分程序。为了在仿真波形中观察到例 5-17 中连线 net3 上的信号，对其定义 keep 属性。

【例 5-17】

```
ARCHITECTURE fd1 OF f_adder IS
  . . .
SIGNAL net1,net2,net3  :  STD_LOGIC;
  attribute keep : boolean;  --由于“true”的类型是布尔类型 boolean
  attribute keep  of net3 : signal is true;
BEGIN
```

首先对按照例 5-17 改变后的程序例 5-4 进行综合（全程编译），然后编辑对应的仿真激励文件。为了建立仿真文件，首先进入图 4-13 所示的对话框中，在 Node Finder 对话框中的 Filter 栏选择 Post-synthesis 选项，单击 List 按钮后，如图 5-8 所示。向.vwf 文件窗口拖入所有需要的端口信号：ain、bin、cin、cout、sum 和 net3。启动仿真处理后即可得到如图 5-9 所示的波形图。从图中可以看到 net3 的电平变化情况。

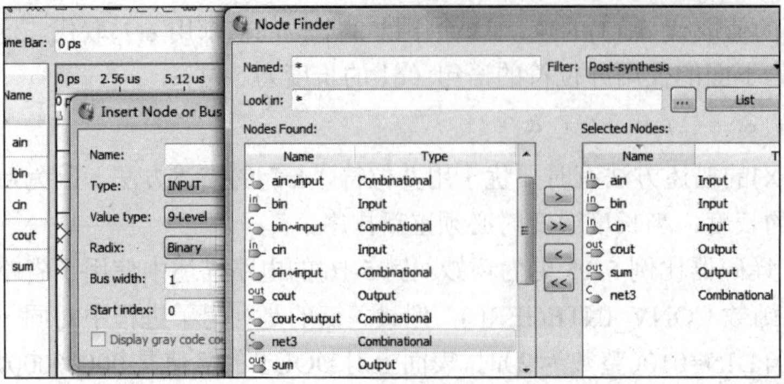

图 5-8　向仿真激励信号波形编辑窗口调入信号 net1

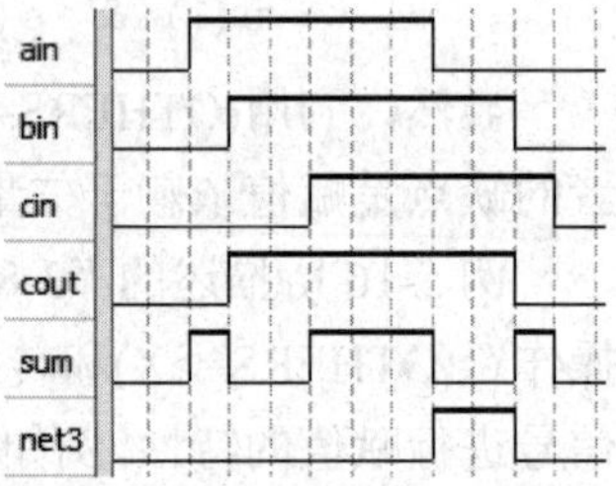

图 5-9　例 5-17 生成的仿真波形

未被引入端口的在内部定义的信号被综合器删除或优化掉的情况多出现于组合逻辑模块，而触发器或寄存器输出口的内部信号一般情况下不会被优化掉，所以通常能在仿真波形文件中观察到它们的变化情况。

5.4　SignalProbe 使用方法

在对 FPGA 开发项目的硬件测试过程中，为了解某项设计内部的某个或某些信号，通常的方法是增加一些外部引出端口，将这些内部信号引到外部以利于测试，待测试结束后再删去这些引脚设置。然而此类方法的缺点是，当引出仅用于测试的引脚时已改变了原设计的布线布局，导致删去这些引脚后的系统功能未必能还原到原来的功能结构。为此，可以利用 Quartus 的 SignalProbe 信号探测功能，它能在不改变原设计布局的条件下利用 FPGA 内空闲的连线和端口将用户需要的内部信号引出 FPGA。

这个功能与使用 keep 属性不同。使用 keep 属性仅仅是告诉综合器不要把某信号优化掉，以便在仿真文件中能调出来观察；而 SignalProbe 探测功能的使用是将不属于端口的、指定的内部信号引到器件外部，以便测试。当然，有时也必须与 keep 属性的应用联合起来，使得 SignalProbe 能在器件端口实测到内部某些有可能被优化掉的信号。

以下举例说明使用方法。这里仍以例 5-17 为例，使用 SignalProbe 功能，在器件端口上探测原来可能被优化掉的信号 net3。步骤如下。

1．按常规流程完成设计仿真和硬件测试

对于例 5-17，首先按常规流程进行编译和仿真测试，然后锁定引脚进行硬件测试。这里假设使用附录 A 的 KX 系列教学实验平台系统以及 KXC-10CL055 核心板。若选择实验电路模式 5（参见附录 A），则可用键 1、键 2、键 3 分别控制 ain、bin、cin，而发光管 D1、D2 分别显示输出信号 sum、cout，引脚分别锁定都可以通过查表附录 A.4 得到。

2．设置 SignalProbe Pins

选择 Tools→SignalProbe Pins 命令，弹出的对话框如图 5-10（最左上一页）所示。首先单击此对话框右侧的 Add 按钮，接着在弹出的 Add SignalProbe Pins 对话框中的 Pin location 一栏输入 net3 于本次实验的引脚号。由于采用了模式 5 实验电路，则可用发光管 D3 显示 net3 的信号，此 D3 对应的信号名是 PIO10，查表可得 EP3E16F484 FPGA 的引脚

号是 R10。接着在 SignalProbe pin name 栏输入为测试信号取的信号名，如 TEST_net3。

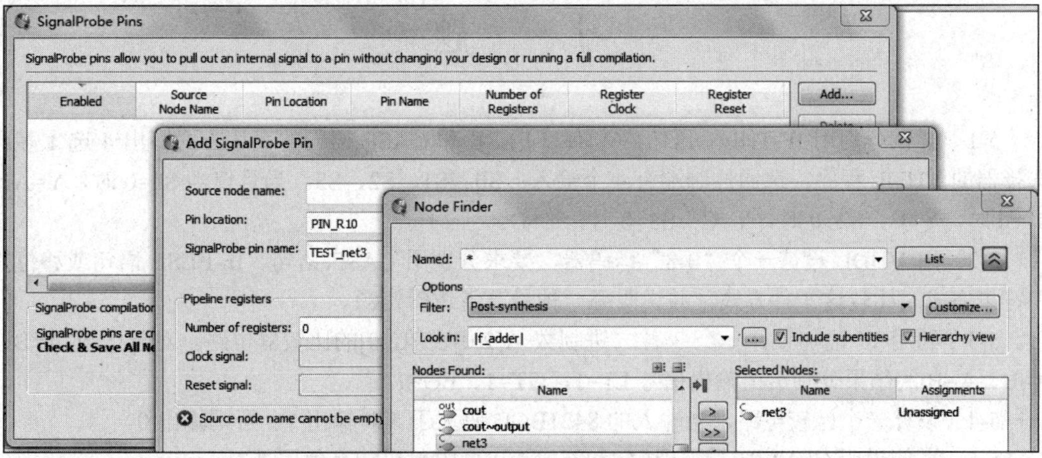

图 5-10　在 SignalProbe Pins 对话框中设置探测信号 net3

然后单击此对话框中的 Source node name 栏右侧的"…"按钮，进入如图 5-10（右侧）所示的 Node Finder 对话框。在此对话框的 Filter 栏选择 Post-synthesis 选项，再单击此对话框的 List 按钮，选择 net3 信号。注意这个 net3 必须使用 keep 属性才会产生。

图 5-11 所示的就是 SignalProbe Pins 对话框的设置情况。由于是组合电路，下面的 Clock 和 Registers 栏都空着。如果需要，可以按以上流程再加入第 2 个、第 3 个测试信号。

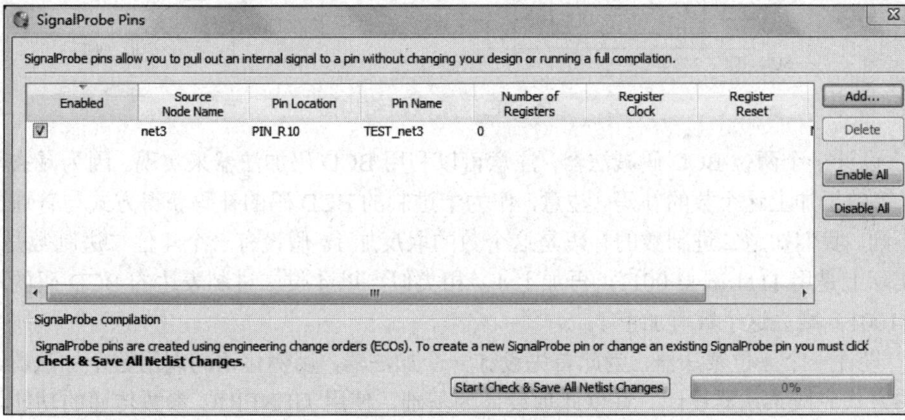

图 5-11　SignalProbe Pins 对话框设置情况

3. 编译 SignalProbe Pins 测试信息并下载测试

第 3 个步骤是编译这些设置好的信息。特别注意不可全程编译！

在图 5-11 所示的对话框中单击下方的 Start Check & Save All Netlist Changes 按钮（或在 Tools 下拉菜单中选择 Start→SignalProbe Compilation 命令）进行专项编译，即对工程硬件结构进行微量更改。编译成功后即可用一般形式下载设计文件于 FPGA 中。

如果是时序电路信号，在图 5-10 所示对话框中的 Clock 栏可以加入某时钟信号，这是对应探测信号输出的锁存时钟，也可不用。若用了，则需在以下的 Registers 栏输入信号锁存寄存器数；若为 1，则输出信号将随 Clock 延迟一个脉冲周期。

习　题

5-1　尝试分别用 IF-THEN 语句、WHEN-ELSE 和 CASE 语句的表达方式写出 4 选 1 多路选择器的 VHDL 程序，选通控制端有 4 个输入：S0、S1、S2、S3。当且仅当 S0=0 时，Y=A；S1=0 时，Y=B；S2=0 时，Y=C；S3=0 时，Y=D。

5-2　用 VHDL 设计一个“3-8”译码器，要求分别用 CASE 语句、IF-ELSE 语句或移位操作符来完成。比较这 3 种方式，并说明哪一种最节省逻辑资源。

5-3　利用 IF 语句设计一个 3 位二进制数 A[2:0]、B[2:0]的比较器电路。对于比较 A<B、A>B、A=B 的结果分别给出输出信号 LT=1、GT=1、EQ=1。

5-4　设计一个比较电路，当输入的 8421BCD 码大于 5 时输出 1，否则输出 0。

5-5　举例说明 GENERIC 说明语句和 GENERIC 映射语句有何用处。

5-6　给出全减器的 VHDL 描述。要求如下。

（1）首先设计半减器，然后用例化语句将它们连接起来，图 5-12 中 h_suber 是半减器，diff 是输出差，s_out 是借位输出，sub_in 是借位输入。

（2）根据图 5-12 设计全减器。以全减器为基本硬件，构成串行借位的 8 位减法器，要求用例化语句来完成此项设计（减法运算是 x－y－sub_in＝diffr）。

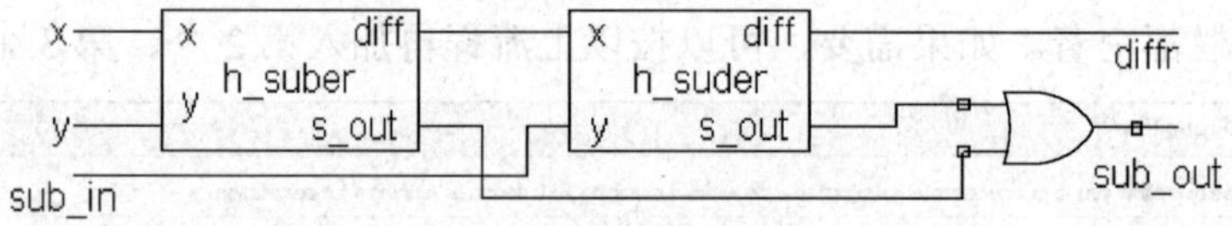

图 5-12　全减器结构图

5-7　设计一个两位 BCD 码减法器，注意可以利用 BCD 码加法器来实现。因为减去一个二进制数，等效于加上这个数的补码。注意，作为十进制的 BCD 码的补码获得方式与普通二进制数稍有不同。我们知道二进制数的补码是这个数的取反加 1。假设有一个 4 位二进制数是 0011，其取补实际上是用 1111 减去 0011，再加上 1。相类似，以 4 位二进制表达的 BCD 码的取补则是用 9（1001）减去这个数再加上 1。

5-8　设计一个 4 位乘法器，为此首先设计一个加法器，用例化语句调用这个加法器，用移位相加的方式完成乘法器设计。并以此项设计为基础，使用 GENERIC 参数传递的功能，设计一个 16 位乘法器。

5-9　设计一个 4 位 4 输入最大数值检测电路。

5-10　设计 VHDL 程序，实现两个 8 位二进制数相加，然后将和左移或右移 4 位，并分别将移位后的值存入变量 A 和 B 中。

5-11　用两种方法设计 8 位比较器，比较器的输入是两个待比较的 8 位数 A=[A7..A0]和 B=[B7..B0]，输出是 D、E、F。当 A=B 时，D=1；当 A>B 时，E=1；当 A<B 时，F=1。第一种设计方案是常规的比较器设计方法，即直接利用关系操作符进行编程设计；第二种设计方案是利用减法器来完成，通过减法运算后的符号和结果来判别两个被比较值的大小。对两种设计方案的资源耗用情况进行比较，并给予解释。

5-12　详细讨论并用示例说明 WITH-SELECT-WHEN 语句和 CASE 语句的异同点。用 WITH-SELECT-WHEN 语句描述 4 个 16 位输入和 1 个 16 位输出的 4 选 1 多路选择器。

实验与设计

实验 5-1 8 位加法器设计实验

实验目的：熟悉利用 Quartus 的原理图输入方法设计简单组合电路，掌握层次化设计的方法，并通过一个 8 位全加器的设计把握文本和原理图输入方式设计的详细流程。

实验原理：一个 8 位加法器可以由 8 个全加器构成，加法器间的进位可以由串行方式实现，即将低位加法器的进位输出 cout 与相邻的高位加法器的最低进位输入信号 cin 相接。

实验任务 1：按照 4.5 节完成半加器和全加器的设计，包括用文本或原理图输入、编译、综合、适配、仿真、实验系统的硬件测试，并将此全加器电路设置成一个元件符号入库。

实验任务 2：使用 keep 属性，在仿真波形中了解信号 net1 的输出情况。

实验任务 3：使用 keep 属性和 SignalProbe，在实验板上观察信号 net1 随输入的变化情况。

实验任务 4：建立一个更高层次的原理图或文本设计，利用以上获得的全加器构成 8 位加法器，并完成编译、综合、适配、仿真和硬件测试。

实验 5-2 高速硬件除法器设计

实验目的：了解和掌握硬件除法器的结构和工作原理，分析除法器的仿真波形和工作时序。

实验任务 1：用 VHDL 设计高速除法器。除法器的参考程序如例 5-18 所示。其中 A 和 B 分别为被除数和除数。输出结果分成两部分：QU 是商，RE 是余数。根据例 5-18，画出此硬件除法器的工作流程图，并说明其工作原理，特别是高速原理。

实验任务 2：给出例 5-18 的仿真时序波形图，并做出说明。在 FPGA 上验证其硬件功能。

【例 5-18】

```
library ieee;
use ieee.std_logic_1164.all;
use ieee.std_logic_unsigned.all;
entity DIV16 is
port(CLK : in std_logic;  A,B : in std_logic_vector(15 downto 0);
QU,RE  : out std_logic_vector(15 downto 0));
end DIV16;
architecture rtl of DIV16 is
begin
process(CLK)
variable AT, BT,P,Q  : std_logic_vector(15 downto 0);
begin
if  rising_edge(CLK)  then   AT:=A;  BT:=B;
   P:="0000000000000000";   Q:="0000000000000000";
for i in  QU'range  loop
p := P(14 downto 0) & AT(15); AT:=AT(14 downto 0)&'0'; P:=P-BT;
if P(15)='1' then Q(i):='0'; P:=P+BT; else Q(i):='1';  end if;
end loop;   end if;
```

```
QU <= Q;  RE <= P;
end process;
end rtl;
```

实验 5-3　移位相加型 8 位硬件乘法器设计

实验原理：乘法可以通过逐项移位相加原理来实现。图 5-13 是一个基于时序结构的 8 位移位相加型乘法器。从被乘数的最低位开始，若为 1，则乘数左移后与上一次的和相加；若为 0，则乘数左移后以全零相加，直至被乘数的最高位。从图 5-13 的电路图及其乘法操作的时序图（见图 5-14，示例中的相乘数为 C6H 和 FDH）上可以清楚地看出此乘法器的工作原理。

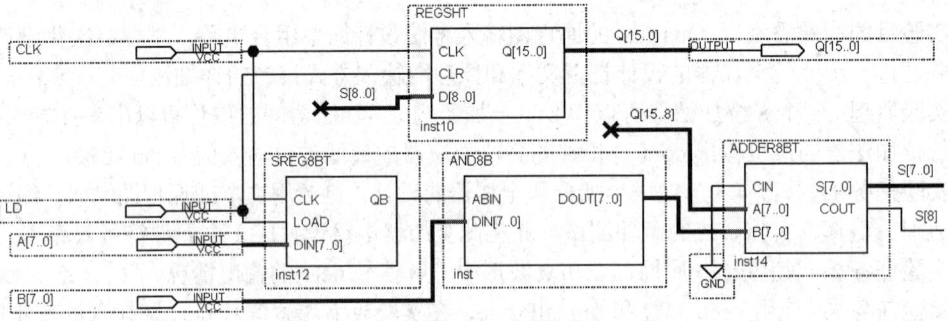

图 5-13　8 位乘法器逻辑原理图

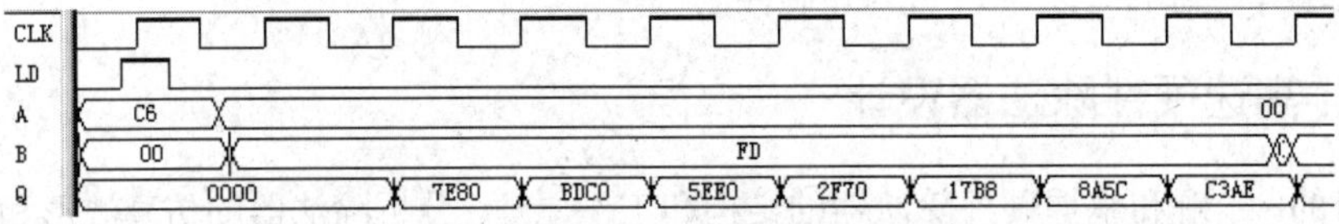

图 5-14　8 位移位相加乘法器运算逻辑波形图

为了更好地了解其工作原理，图 5-13 中没有加入控制电路。LD 信号的上跳沿及其高电平有两个功能，即模块 REGSHT 清零和被乘数 A[7..0]向移位寄存器 SREG8BT 加载；它的低电平则作为乘法使能信号。CLK 为乘法时钟信号。当被乘数被加载于 8 位右移寄存器 SREG8BT 后，随着每一时钟节拍，最低位在前，由低位至高位逐位移出。当被乘数的移出位为 1 时，1 位乘法器 AND8B 打开，8 位乘数 B[7..0]在同一节拍进入 8 位加法器，与上一次锁存在 REGSHT 中的高 8 位相加，其和在下一时钟节拍的上升沿被锁进此锁存器。而当被乘数的移出位为 0 时，此 AND8B 全零输出。如此往复，直至 8 个时钟脉冲后，最后乘积完整出现在 REGSHT 端口。在这里，1 位乘法器 AND8B 的功能类似于一个特殊的与门，即当 AND8B 的输入 ABIN 为 1 时，DOUT 直接输出 DIN，而当 ABIN 为 0 时，DOUT 输出全 0，即“00000000”。从仿真波形图（见图 5-14）可见，当 C6H 和 FDH 相乘时，第 1 个时钟上升沿后，其移位相加的结果（在 REGSHT 端口）是 7E80H，第 8 个时钟上升沿后，最终相乘结果是 C3AEH（=50094）。

实验任务 1：根据图 5-13，完成此项设计必须的 4 个元件的 VHDL 设计，并对它们分别仿真测试。再根据此图完成整体 VHDL 程序设计（包括元件例化），再仿真测试，并与图 5-14 比较。硬件验证中，CLK 用键控制，注意不能有抖动（实用无抖动键，或设计一个键消抖动模块）。

实验任务 2：从工作速度、逻辑资源占用等方面比较例 5-9 和此项设计的异同点。

实验 5-4　基于 VHDL 代码的频率计设计

实验目的：利用 VHDL 设计 8 位频率计。

实验原理：基本原理同实验 4-3。只是在本项实验中需使用 VHDL 来设计，不涉及任何 74 系列宏模块的应用。根据频率的定义和频率测量的基本原理，测定信号的频率时必须有一个脉宽为 1 s 的输入信号脉冲计数允许的信号。1 s 计数结束后，计数值被锁入锁存器，计数器清零，为下一测频计数周期做好准备。

实验任务 1：测频控制信号可以由一个独立的发生器来产生（参考例 5-19），即图 5-15 中的 FTCTRL。根据测频原理，测频控制时序如图 5-16 所示。设计要求 FTCTRL 的计数使能信号 CNT_EN 能产生一个 1 s 脉宽的周期信号，并对频率计中的 32 位二进制计数器 COUNTER32B（见图 5-15）的 ENABL 使能端进行同步控制。当 CNT_EN 为高电平时允许计数；为低电平时停止计数，并保持其所计的脉冲数。在停止计数期间，需要一个锁存信号 LOAD 的上跳沿将计数器在前一秒钟的计数值锁存进锁存器 REG32B 中，并由外部的十六进制 7 段译码器译出，显示计数值。锁存信号后，必须有一清零信号 RST_CNT 对计数器清零，为下一秒的计数操作做准备。对例 5-19 仿真测试，验证其功能。

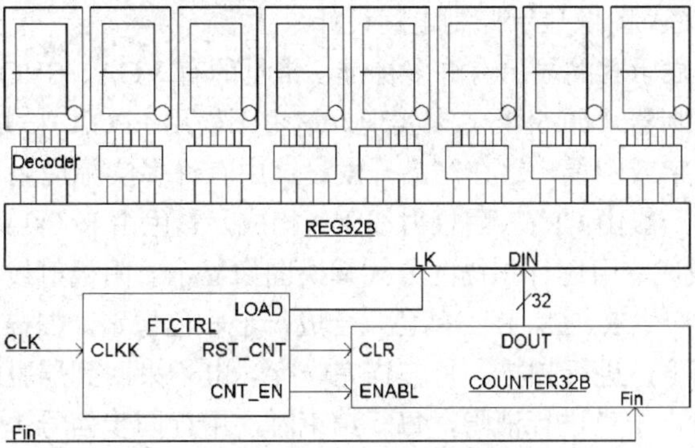

图 5-15　频率计电路框图

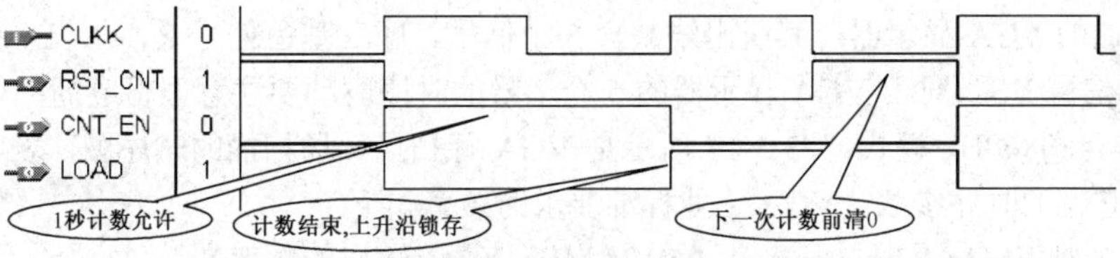

图 5-16　频率计测频控制器 FTCTRL 测控时序图

用 VHDL 设计另外两个模块：REG32B 和 COUNTER32B，并对它们单独仿真测试。根据图 5-15 完成 VHDL 设计，程序中例化这 3 个模块。最后完成频率计设计、仿真和硬件实现，并给出其测频时序波形及其分析。

【例 5-19】

```
LIBRARY IEEE;                                       --测频控制电路
USE IEEE.STD_LOGIC_1164.ALL;
USE IEEE.STD_LOGIC_UNSIGNED.ALL;
ENTITY FTCTRL IS
   PORT (CLKK : IN STD_LOGIC;                       --1 Hz
      CNT_EN, RST_CNT : OUT STD_LOGIC;              --计数器时钟使能和计数器清零
       Load : OUT STD_LOGIC);                       --输出锁存信号
 END FTCTRL;
ARCHITECTURE behav OF FTCTRL IS
   SIGNAL Div2CLK : STD_LOGIC;
```

```
BEGIN
  PROCESS(CLKK)    BEGIN
    IF CLKK'EVENT AND CLKK='1' THEN  Div2CLK<=NOT Div2CLK;--1 Hz 时钟 2 分频
    END IF;
    END PROCESS;
    PROCESS (CLKK, Div2CLK)    BEGIN
 IF CLKK='0' AND Div2CLK='0' THEN RST_CNT<='1';  --产生计数器清零信号
      ELSE RST_CNT <= '0';  END IF;
    END PROCESS;
    Load  <= NOT Div2CLK;    CNT_EN <= Div2CLK;
END behav;
```

实验任务 2：将频率计改为 8 位十进制频率计。

实验 5-5　VGA 彩条信号显示控制电路设计

实验目的：学习 VGA 图像显示控制电路设计。

实验原理：计算机显示器的显示有许多标准，常见的有 VGA、SVGA 等。一般这些显示控制都使用专用的显示控制器（如 6845）来实现。这里不妨用 FPGA 来实现 VGA 图像显示控制器，显示一些图形、文字或图像，这在产品开发设计中有许多实际应用。

常见的彩色显示器一般由 CRT（阴极射线管）构成，彩色由 R（红：red）、G（绿：green）、B（蓝：blue）三基色组成，用逐行扫描的方式解决图像显示。阴极射线枪发射出电子束打在涂有荧光粉的荧光屏上，产生 R、G、B 三基色，合成一个彩色像素。扫描是从屏幕的左上方开始的，从左到右，从上到下，进行扫描。每扫描完一行，电子束回到屏幕的左边下一行的起始位置，在这期间，CRT 对电子束进行消隐，每行结束时，用行同步信号进行行同步；扫描完所有行，用场同步信号进行场同步，并使扫描回到屏幕的左上方，同时进行场消隐，预备下一场的扫描。

对于普通的 VGA 显示器，其引出线共含 5 个信号，即三基色信号 R、G、B；行同步信号 HS；场同步信号 VS。对于 VGA 显示器的 5 个信号的时序驱动要注意严格遵循“VGA 工业标准”，即 640×480×60Hz 模式。图 5-17 所示是 VGA 行扫描、场扫描的时序图，表 5-4、表 5-5 分别列出了它们的时序参数。VGA 工业标准要求的频率如下。

- 时钟频率（lock frequency）：25.175 MHz（像素输出的频率）。
- 行频（line frequency）：31469 Hz。
- 场频（field frequency）：59.94 Hz（每秒图像刷新频率）。

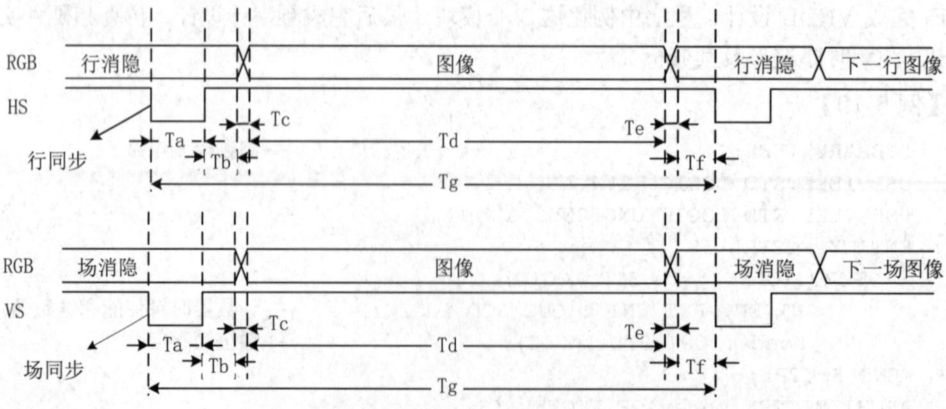

图 5-17　VGA 行扫描、场扫描时序示意图

表 5-4 行扫描时序要求（单位：像素，即输出一个像素 Pixel 的时间间隔）

对应位置	Tf	Ta（行同步头）	Tb	Tc	Td（行图像）	Te	Tg（行周期）
时间	8	96	40	8	640	8	800

表 5-5 场扫描时序要求（单位：行，即输出一行 Line 的时间间隔）

对应位置	Tf	Ta（场同步头）	Tb	Tc	Td（场图像）	Te	Tg（场周期）
时间	2	2	25	8	480	8	525

VGA 工业标准显示模式要求：行同步、场同步都为负极性，即同步头脉冲要求是负脉冲。设计 VGA 图像显示控制要注意两个问题：一个是时序驱动，这是完成设计的关键，时序稍有偏差，显示必然不正常；另一个是 VGA 信号的电平驱动（注意 VGA 信号的驱动电平是模拟信号），详细情况可参考相关资料。对于一些 VGA 显示器来说，HS 和 VS 的极性可正可负，显示器内可自动转换为正极性逻辑。在此以正极性为例，说明本示例中的 CRT 工作过程，R、G、B 为正极性信号，即高电平有效。

当 VS=0、HS=0 时，CRT 显示的内容为亮，此过程即正向扫描过程，约需 26 μs。当一行扫描完毕，行同步 HS=1，约需 6 μs。其间，CRT 扫描产生消隐，电子束回到 CRT 左边下一行的起始位置（X=0，Y=1）；当扫描完 480 行后，CRT 的场同步 VS=1，产生场同步使扫描线回到 CRT 的第一行第一列（X=0，Y=0）处（约为两个行周期）。HS 和 VS 的时序图如图 5-18 所示：T1 为行同步消隐（约为 6 μs）；T2 为行显示时间（约为 26 μs）；T3 为场同步消隐（两行周期）；T4 为场显示时间（480 行周期）。

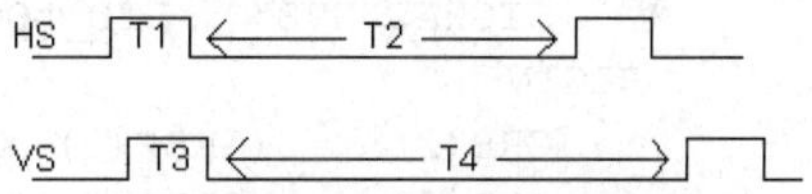

图 5-18 HS 和 VS 的时序图

为了节省存储空间，本示例中仅采用 3 位数字信号表达 R、G、B（纯数字方式）：三基色信号。因此仅可显示 8 种颜色，表 5-6 是此 8 色对应的编码电平。例 5-20 程序设计的彩条信号发生器可通过外部控制产生如下 3 种显示模式，共 6 种显示变化（见表 5-7）。

表 5-6 颜色编码

颜 色	黑	蓝	红	品	绿	青	黄	白
R	0	0	0	0	1	1	1	1
G	0	0	1	1	0	0	1	1
B	0	1	0	1	0	1	0	1

表 5-7 彩条信号发生器 3 种显示模式

序 号	显 示 模 式	说 明	
1	横彩条	1：白黄青绿品红蓝黑	2：黑蓝红品绿青黄白
2	竖彩条	1：白黄青绿品红蓝黑	2：黑蓝红品绿青黄白
3	棋盘格	1：棋盘格显示模式 1	2：棋盘格显示模式 2

图 5-19 是对应例 5-20 的 VGA 图像显示控制器接口电路图。首先按照图 5-19 的方式将 VGA 显示器插入教学实验平台系统的 VGA 接口。将编译文件下载进 FPGA 后，即可控制键 K1，每按一次键换一种显示模式，6 次一循环，其循环显示模式分别为：横彩条 1、横彩条 2、竖彩条 1、竖彩

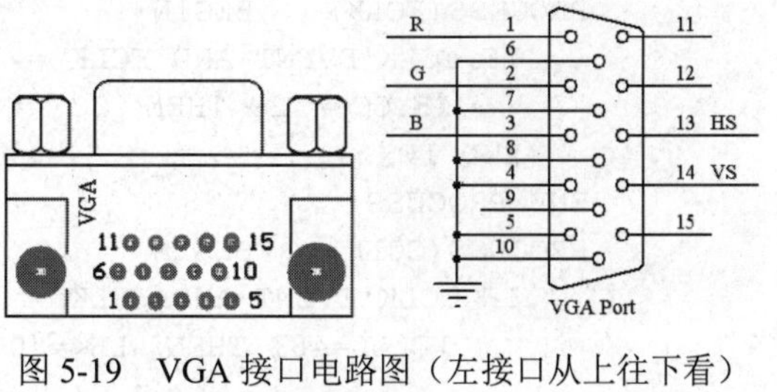

图 5-19 VGA 接口电路图（左接口从上往下看）

条 2、棋盘格 1 和棋盘格 2。时钟信号必须是 20 MHz，如果是 12 MHz 或 50 MHz，则必须改变程序中的分频控制，对此例 5-20 已做了标注。

【例 5-20】

```
LIBRARY IEEE;-- VGA 彩条信号发生器
USE IEEE.STD_LOGIC_1164.ALL;
USE IEEE.STD_LOGIC_UNSIGNED.ALL;
ENTITY COLOR IS
    PORT (CLK, MD : IN STD_LOGIC;
       HS, VS, R, G, B : OUT STD_LOGIC);      -- 行场同步及红、绿、蓝控制
END COLOR;
ARCHITECTURE behav OF COLOR IS
    SIGNAL HS1,VS1,FCLK,CCLK     : STD_LOGIC;
    SIGNAL MMD : STD_LOGIC_VECTOR(1 DOWNTO 0);             -- 方式选择
    SIGNAL FS  : STD_LOGIC_VECTOR (3 DOWNTO 0);
    SIGNAL CC  : STD_LOGIC_VECTOR(4 DOWNTO 0);             -- 行同步/横彩条生成
    SIGNAL LL  : STD_LOGIC_VECTOR(8 DOWNTO 0);             -- 场同步/竖彩条生成
    SIGNAL GRBX : STD_LOGIC_VECTOR(3 DOWNTO 1);            -- X 横彩条
    SIGNAL GRBY : STD_LOGIC_VECTOR(3 DOWNTO 1);            -- Y 竖彩条
    SIGNAL GRBP : STD_LOGIC_VECTOR(3 DOWNTO 1);
    SIGNAL GRB  : STD_LOGIC_VECTOR(3 DOWNTO 1);
BEGIN
    GRB(2) <= (GRBP(2) XOR MD) AND HS1 AND VS1;
    GRB(3) <= (GRBP(3) XOR MD) AND HS1 AND VS1;
    GRB(1) <= (GRBP(1) XOR MD) AND HS1 AND VS1;
    PROCESS(MD)   BEGIN
       IF MD'EVENT AND MD = '0' THEN
         IF MMD = "10" THEN  MMD <= "00";
          ELSE  MMD <= MMD + 1; END IF;                    -- 3 种模式
       END IF;
    END PROCESS;
    PROCESS(MMD)   BEGIN
       IF MMD = "00" THEN    GRBP <= GRBX;                 -- 选择横彩条
       ELSIF MMD = "01" THEN  GRBP <= GRBY;                -- 选择竖彩条
       ELSIF MMD = "10" THEN  GRBP <= GRBX XOR GRBY; -- 产生棋盘格
        ELSE  GRBP <= "000";  END IF;
    END PROCESS;
    PROCESS(CLK)   BEGIN
       IF CLK'EVENT AND CLK = '1' THEN             -- 13MHz 13分频
          IF FS = 13 THEN FS <= "0000"; ELSE FS <= (FS + 1); END IF;
       END IF;
    END PROCESS;
    FCLK <= FS(3); CCLK <= CC(4);
    PROCESS(FCLK)   BEGIN
       IF FCLK'EVENT AND FCLK = '1' THEN
          IF CC = 29 THEN  CC <= "00000";  ELSE  CC<=CC+1;   END IF;
       END IF;
    END PROCESS;
    PROCESS(CCLK)   BEGIN
       IF CCLK'EVENT AND CCLK = '0' THEN
          IF LL=481 THEN  LL<="000000000";  ELSE  LL<=LL+1; END IF;
```

```
        END IF;
    END PROCESS;
    PROCESS(CC,LL)    BEGIN
        IF CC > 23 THEN  HS1 <= '0';            --行同步
        ELSE HS1 <= '1';  END IF;
        IF LL > 479 THEN  VS1 <= '0';           --场同步
        ELSE  VS1 <= '1';   END IF;
    END PROCESS;
    PROCESS(CC, LL)      BEGIN
          IF CC < 3  THEN GRBX <= "111";        -- 横彩条
        ELSIF CC < 6  THEN GRBX <= "110";
        ELSIF CC < 9  THEN GRBX <= "101";
        ELSIF CC < 13 THEN GRBX <= "100";
        ELSIF CC < 15 THEN GRBX <= "011";
        ELSIF CC < 18 THEN GRBX <= "010";
        ELSIF CC < 21 THEN GRBX <= "001";
         ELSE GRBX <= "000";        END IF;
          IF LL <  60 THEN GRBY <= "111";       -- 竖彩条
        ELSIF LL < 130 THEN GRBY <= "110";
        ELSIF LL < 180 THEN GRBY <= "101";
        ELSIF LL < 240 THEN GRBY <= "100";
        ELSIF LL < 300 THEN GRBY <= "011";
        ELSIF LL < 360 THEN GRBY <= "010";
        ELSIF LL < 420 THEN GRBY <= "001";
        ELSE GRBY <= "000";           END IF;
    END PROCESS;
    HS<=HS1; VS<=VS1; R<=GRB(2); G<=GRB(3); B<=GRB(1);
END behav;
```

实验任务 1：根据 VGA 的工作时序，详细分析并说明例 5-20 程序的设计原理，给出仿真波形，并进行分析说明。然后完成 VGA 彩条信号显示的硬件验证实验。演示示例：下载后，接上 VGA 显示器，连续按键 1 即显示不同模式的彩条图像。

实验任务 2：设计可显示横彩条与棋盘格相间的 VGA 彩条信号的发生器。

实验任务 3：设计可显示英语字母的 VGA 信号发生器电路。

实验任务 4：设计可显示移动彩色斑点的 VGA 信号发生器电路。

实验 5-6 不同类型的移位寄存器设计实验

实验目的：学习设计不同类型的移位寄存器。

实验任务 1：首先在 Quartus 上分别对例 3-21 的移位寄存器进行仿真，然后在 FPGA 上进行硬件验证，最后利用移位操作符设计与例 3-21 功能相同的移位寄存器，比较这两种模块。

实验任务 2：用 VHDL 分别设计并进串出/并出型、串进串出/并出型 8 位移位寄存器。给出仿真波形和功能说明，然后在 FPGA 上进行硬件测试。

实验任务 3：用移位操作符设计一个纯组合电路的 8 位移位器。要求能控制移位方向和移位位数，以及移位显示，如移空位用 1 填补的方式，或不同循环移位方式等。

第 6 章　IP 核的应用

Quartus 中的 IP 核应用最为典型的是 LPM 的应用。LPM 是 library of parameterized modules（参数化模块库）的缩写，Intel-Altera 提供的参数化宏功能 Megafunction/MegaCore 模块和 LPM 模块均基于 Intel-Altera FPGA 的结构做了优化设计。在许多设计中，必须利用 IP 模块才可以使用一些 FPGA 器件中的特定硬件功能模块。如各类片上存储器、DSP 模块、LVDS 驱动器及嵌入式锁相环模块等。这些能以图形或 HDL 代码形式方便调用的宏功能块，使基于 EDA 技术的电子设计的效率和系统性能有很大的提高。设计者可以根据实际电路的需要，选择 IP 库中的适当模块，并为其设定适当的参数来满足自己的设计需要，从而在自己的项目中十分方便地调用优秀电子工程技术人员的硬件设计成果。Quartus 中的 IP 模块内容丰富，每一模块的功能、参数含义、使用方法、硬件描述语言模块参数设置及调用方法都可以在 Quartus 的 Help 中查阅。

6.1　调用计数器宏模块示例

本节通过介绍 LPM 计数器 LPN_COUNTER 的调用和测试的流程，给出 IP Catalog 中 MegaWizard Plug-In Manager 管理器对同类宏模块的一般使用方法，此流程具有示范意义。对于之后介绍的其他模块则主要介绍调用方法上的不同之处和不同特性的仿真测试方法。

6.1.1　计数器 LPM 模块文本代码的调用

在介绍测试和使用方法前，先介绍此模块的文本文件调用流程。

（1）打开 LPM 宏功能块调用管理器。首先建立一个文件夹，如 D:\LPM_MD。选择 Tools→IP Catalog 命令，打开图 6-1 所示的对话框，可以看到栏中有各类功能的 LPM 模块选项。在 Library→Basic Functions→Arithmetic 菜单中展示了许多 LPM 算术模块选项。选择计数器 LPM_COUNTER，单击 Add 按钮，弹出如图 6-2 所示的对话框，在其中输入此模块文件存放的路径和文件名：D:\LPM_MD\CNT4B，选中 VHDL 单选按钮，单击 OK 按钮。注意此时的 Device Family 选择的是 Cyclone 10 LP。

如果不清楚 LPM_COUNTER 在那类库中，也可以直接搜索“counter”找到 LPM_COUNTER。

（2）单击 OK 按钮后打开如图 6-3 所示的 MegaWizard Plug-In Manager 对话框。在对话框中选择 4 位计数器，再选中 Create an 'updown' input port to allow me to do both (1 counts up; 0 counts down)单选按钮使计数器有加减控制功能。

（3）单击 Next 按钮，打开如图 6-4 所示的对话框。在此若选中 Plain binary 单选按钮则表示是普通二进制计数器；现在选中 Modulus, with a count modulus of 12 单选按钮，即模 12 计数器，从 0 计到 11（4'b1011）。然后选中 Clock Enable（时钟使能控制）和 Carry-out

（进位输出）复选框。

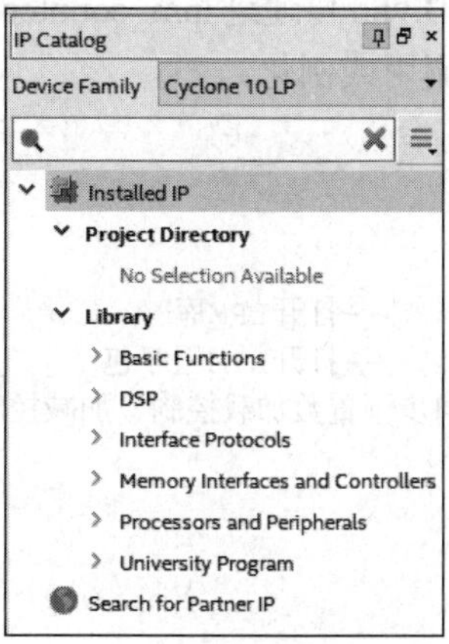

图 6-1　定制新的宏功能块

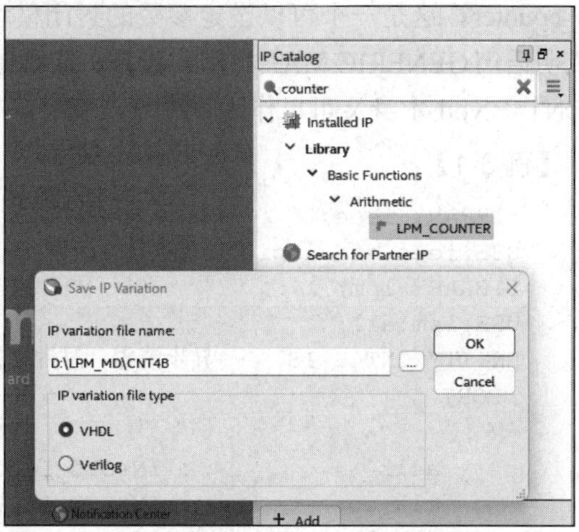

图 6-2　设定 LPM 宏功能块

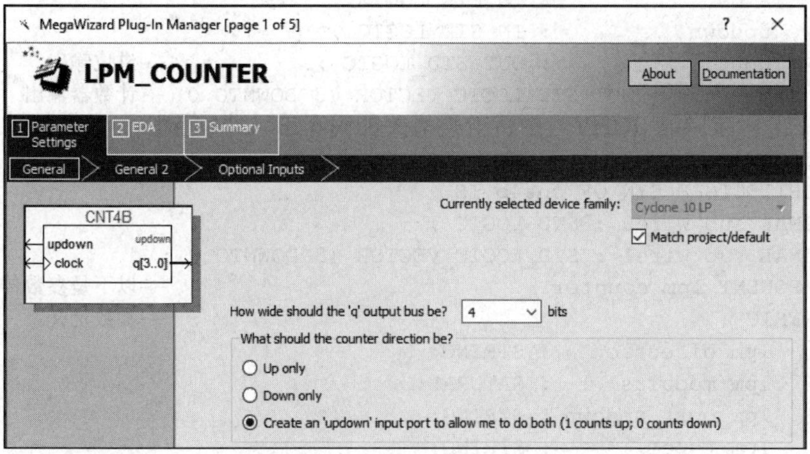

图 6-3　设置 4 位可加减计数器

（4）单击 Next 按钮，打开如图 6-5 所示的对话框。在此选中 Load（4 位数据加载控制）和 Clear（异步清零控制）复选框。最后单击 Next 按钮结束设置。

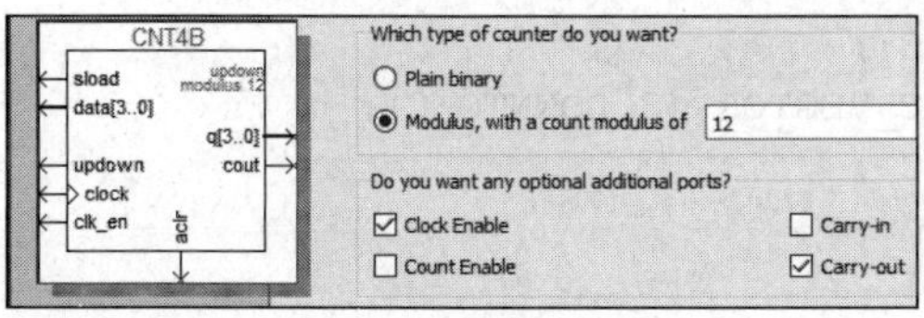

图 6-4　设定计数器（含时钟使能和进位输出）

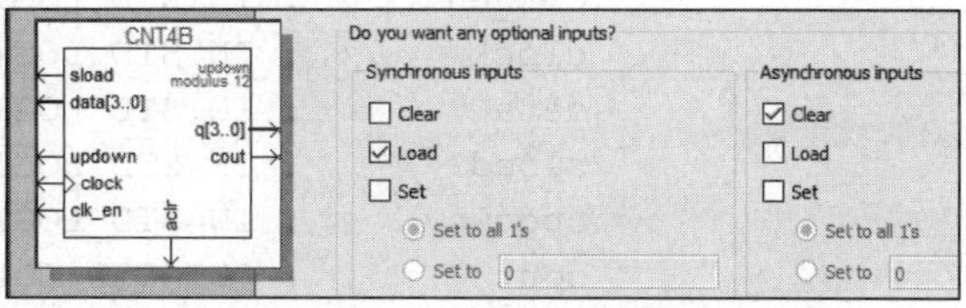

图 6-5　加入 4 位并行数据预置功能

以上的流程设置生成了 LPM 计数器的 VHDL 文件 CNT4B.vhd，可被高一层次的 VHDL 程序作为计数器元件调用。

6.1.2　LPM 计数器代码与参数传递语句应用

利用 Quartus 打开刚才生成的 VHDL 文件 CNT4B.vhd，如例 6-1 所示，其实只是个调用更低一层的计数器元件模块的代码文件。从中可以看出更核心的计数器模块是 lpm_counter。这是一个可以设定参数的封闭模块，用户看不到内部设计，只能通过参数传递说明语句 GENERIC MAP 将用户设定的参数通过文件 CNT4B.vhd 传递进 lpm_counter 中。而 CNT4B.vhd 本身又可以作为一个底层元件，被上一层设计调用或例化。

【例 6-1】

```
LIBRARY ieee;
USE ieee.std_logic_1164.all;
LIBRARY lpm;                                                 --打开LPM库
USE lpm.all;                                                 --打开LPM程序包
ENTITY CNT4B IS   --异步清零、时钟使能、时钟输入、同步预置数加载控制、加减控制
 PORT
 (
     aclr            : IN STD_LOGIC ;
     clk_en          : IN STD_LOGIC ;
     clock           : IN STD_LOGIC ;
     data            : IN STD_LOGIC_VECTOR (3 DOWNTO 0); --4位预置数
     sload           : IN STD_LOGIC ;
     updown          : IN STD_LOGIC ;
     cout            : OUT STD_LOGIC ;                       --进位输出
     q         : OUT STD_LOGIC_VECTOR (3 DOWNTO 0) --计数器输出
 );
END CNT4B;
ARCHITECTURE SYN OF cnt4b IS
SIGNAL sub_wire0 : STD_LOGIC ;
SIGNAL sub_wire1 : STD_LOGIC_VECTOR (3 DOWNTO 0);
COMPONENT lpm_counter                                        --以下是参数传递说明语句
GENERIC (                                                    --参数定义
     lpm_direction   : STRING;
     lpm_modulus     : NATURAL;
     lpm_port_updown : STRING;
     lpm_type        : STRING;
     lpm_width       : NATURAL
);
PORT (
         aclr        : IN STD_LOGIC ;
         clk_en      : IN STD_LOGIC ;
         clock       : IN STD_LOGIC ;
         data        : IN STD_LOGIC_VECTOR (3 DOWNTO 0);
         sload       : IN STD_LOGIC ;
         updown      : IN STD_LOGIC ;
         cout        : OUT STD_LOGIC ;
         q           : OUT STD_LOGIC_VECTOR (3 DOWNTO 0)
);
END COMPONENT;
BEGIN
cout    <= sub_wire0;
q    <= sub_wire1(3 DOWNTO 0);
LPM_COUNTER_component : LPM_COUNTER
GENERIC MAP (                                                --参数传递例化语句
     lpm_direction => "UNUSED",                              --单方向计数参数未用
```

```
        lpm_modulus => 12,                  --定义模12计数器
        lpm_port_updown => "PORT_USED", --使用加减计数
        lpm_type => "LPM_COUNTER",          --计数器类型
        lpm_width => 4                      --计数位宽
    )
    PORT MAP (
        aclr => aclr,
        clk_en => clk_en,
        clock => clock,
        data => data,
        sload => sload,
        updown => updown,
        cout => sub_wire0,
        q => sub_wire1
    );
    END SYN;
```

读者可以通过此程序中给出的说明，了解此类元件的调用方法。其实只要看懂了程序，就不必利用以上的工具 MegaWizard Plug-In Manager 管理器来一步步设置了，可以直接写出符合相关参数设置要求的 LPM 模块的调用程序代码。

lpm_counter 元件以及其他同类 LPM 元件具有的端口、需要 GENERIC MAP 传递的参数等，都通过查阅 Quartus 的帮助中的 Magafunctions/LPM 项。

例 6-1 是 Quartus 根据以上设置自动生成的文件。例 6-1 中，lpm_counter 是可以从 LPM 库中调用的宏模块元件名，而 lpm_counter_component 则是在此文件中为使用和调用 lpm_counter 取的例化名，即参数传递语句中的宏模块元件例化名；其中的 lpm_direction 等称为宏模块参数名，是被调用的元件（lpm_counter）文件中已定义的参数名，而"UNUSED"等是参数值，它们可以是整数、操作表达式、字符串或在当前模块中已定义的参数。使用时注意 GENERIC 语句只能将参数传递到比当前层次仅低一层的元件文件中，即当前的例化文件中，不能更深入进去。

为了能调用计数器文件 CNT4B.vhd，并测试和用硬件实现它，必须设计一个顶层程序来例化它。例 6-2 就是这个程序（CNT4BIT.vhd），它只是对 CNT4B.vhd 进行了例化。

【例 6-2】

```
LIBRARY ieee;
USE ieee.std_logic_1164.all;
ENTITY CNT4BIT IS
    PORT (CLK,RST,ENA ,SLD,UD : IN std_logic;
        DIN  : IN std_logic_vector(3 DOWNTO 0);  COUT : OUT std_logic;
        DOUT  : OUT std_logic_vector(3 DOWNTO 0));
END ENTITY CNT4BIT;
ARCHITECTURE translated OF CNT4BIT IS
    COMPONENT CNT4B
    PORT (aclr,clk_en,clock,sload,updown  : IN STD_LOGIC;
    data : IN STD_LOGIC_VECTOR (3 DOWNTO 0);
    cout : OUT STD_LOGIC;
    q: OUT STD_LOGIC_VECTOR (3 DOWNTO 0));
    END COMPONENT;
    BEGIN
    U1 : CNT4B PORT MAP (sload => SLD, clk_en => ENA,aclr => RST,
```

```
        cout=>COUT, clock=>CLK, data=>DIN, updown=>UD, q=>DOUT);
END ARCHITECTURE translated;
```

6.1.3 创建工程与仿真测试

首先将例 6-2 的 CNT4BIT.vhd 设定为顶层工程文件，然后对其仿真。图 6-6 是其仿真波形，注意第 4 个 SLD 加载信号在没有 CLK 上升沿处发生时，无法进行加载，显然是由于它是对时钟同步的控制信号。从波形中可以了解此计数器模块的功能和性能。下面请读者自行根据图 6-6 所示波形详细讨论例 6-2 所示计数器的功能。

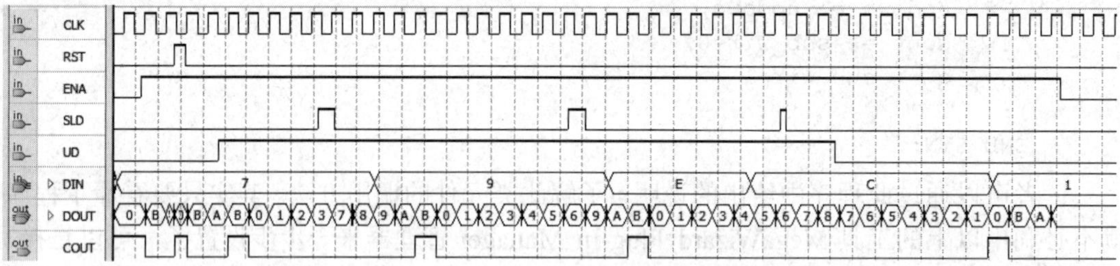

图 6-6 CNT4BIT.vhd 的仿真波形

其实完全可以利用此计数器宏模块的原理图文件 CNT4B.bsf，通过在原理图工程中调用此元件来测试它。

6.2 利用属性控制乘法器构建的示例

此节探讨 VHDL 代码表述的乘法器。例 6-3 是 8×8 位的有符号数乘法器的 VHDL 描述。图 6-7 是此程序的仿真波形图，读者不妨从中了解乘法器对有符号数的运算规律。程序中属性定义语句的功能是限定构建此乘法器的电路使用逻辑单元（关键词是 LOGIC）来完成。综合后的报告表明，此乘法器耗用了 95 个逻辑宏单元如图 6-8 所示。

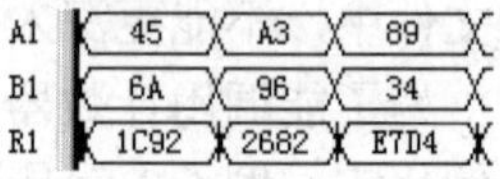

图 6-7 例 6-3 的仿真波形图

【例 6-3】

```
LIBRARY IEEE;
USE IEEE.STD_LOGIC_1164.ALL;
USE IEEE.STD_LOGIC_ARITH.ALL;
ENTITY MULT8 IS
PORT (A1,B1 : IN  SIGNED(7 DOWNTO 0);
          R1 : OUT SIGNED(15 DOWNTO 0));
END;
ARCHITECTURE bhv OF MULT8 IS
attribute multstyle : string;
attribute multstyle of R1 : signal is "LOGIC";--使用逻辑资源构建乘法器
BEGIN
  R1 <= A1 * B1;
END bhv;
```

在实际开发中，最常用的方法是直接调用 FPGA 内部已嵌入的硬件乘法器，此类乘法器常用于 DSP 技术中，故称 DSP 模块。为了能调用 DSP 模块，可将例 6-3 中属性定义中的 LOGIC 用 DSP 替换。替换后的程序的编译报告如图 6-9 所示。图中显示只使用了 1 个 9 位 DSP 模块，未使用逻辑宏单元，这显然节省了大量逻辑资源。

Flow Status	Successful - Sat Mar 27 23:38:53 2021
Quartus Prime Version	18.1.0 Build 625 09/12/2018 SJ Standard Edition
Revision Name	MULT8
Top-level Entity Name	MULT8
Family	Cyclone 10 LP
Device	10CL006YU256C8G
Timing Models	Final
Total logic elements	95 / 6,272 (2 %)
Total registers	0
Total pins	64 / 177 (36 %)
Total virtual pins	0
Total memory bits	0 / 276,480 (0 %)
Embedded Multiplier 9-bit elements	1 / 30 (3 %)
Total PLLs	0 / 2 (0 %)

图 6-8　完全用逻辑宏单元构建乘法器的编译报告

Flow Status	Successful - Sat Mar 27 23:42:52 2021
Quartus Prime Version	18.1.0 Build 625 09/12/2018 SJ Standard Edition
Revision Name	MULT8
Top-level Entity Name	MULT8
Family	Cyclone 10 LP
Device	10CL006YU256C8G
Timing Models	Final
Total logic elements	0 / 6,272 (0 %)
Total registers	0
Total pins	64 / 177 (36 %)
Total virtual pins	0
Total memory bits	0 / 276,480 (0 %)
Embedded Multiplier 9-bit elements	2 / 30 (7 %)
Total PLLs	0 / 2 (0 %)

图 6-9　调用了 DSP 模块的编译报告

为了利用 DSP 模块，也可以通过 Quartus 来设置。方法是选择 Assignments→Settings 命令，进入 Settings 窗口，在左栏选择 Compiler Settings 选项，在其对话框中单击 Advanced Settings (Synthesis…)按钮，弹出一个 Advanced Analysis & Synthesis Settings 对话框，将 Auto DSP Block Replacement 项设置为 On，即设置乘法器用 DSP 乘法器模块构建，如图 6-10 所示。

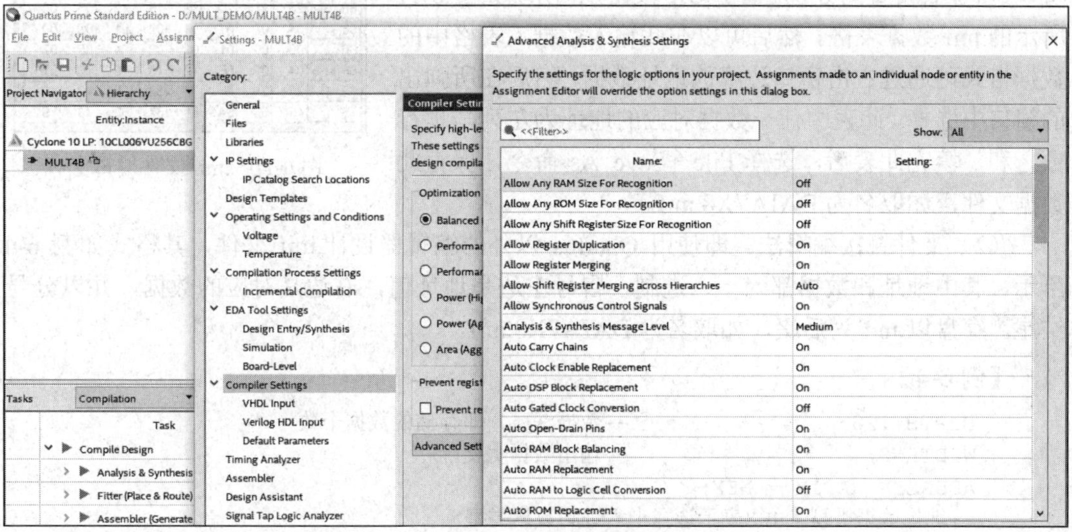

图 6-10　设置乘法器用 DSP 乘法器模块构建

6.3　片内 RAM IP 用法

在涉及 RAM 和 ROM 等片内存储器应用的设计开发中，调用 IP Catalog 中 On-Chip Memory 类存储器 IP 模块是最方便、最经济、最高效和性能最容易满足设计要求的途径。以下介绍利用 Quartus 调用片内 RAM IP 的相关技术，包括仿真测试、初始化配置文件生成、例化程序表述、相关属性应用以及存储器的 VHDL 语言描述等。

6.3.1 初始化文件及其生成

所谓存储器的初始化文件，就是可配置于片内 RAM IP 或片内 ROM IP 中的数据或程序代码。在设计中，通过 EDA 工具设计或设定的存储器中的代码文件必须由 EDA 软件在统一编译的时候自动调入，所以此类代码文件，即初始化文件的格式必须满足一定的要求。以下介绍 3 种格式的初始化文件及生成方法。其中 Memory Initialization File（.mif）格式和 Hexadecimal（Intel-Format）File（.hex）格式是 Quartus 能直接调用或生成的两种初始化文件的格式；而更具一般性的.dat 格式文件可通过 VHDL 代码直接调用。

1．.mif 格式文件

生成.mif 格式的文件有多种方法，具体如下。

（1）直接编辑法。首先在 Quartus 中打开.mif 文件编辑窗口，即选择 File→New 命令，并在 New 窗口中选择 Memory Files 栏（见图 4-1）的 Memory Initialization File 选项，单击 OK 按钮后产生.mif 数据文件大小选择窗口。在此根据存储器的地址和数据宽度选择参数。如果对应地址线为 7 位，将 Number 设置为 128；对应数据宽为 8 位，将 Word size 设置为 8 位。单击 OK 按钮，将出现如图 6-11 所示的.mif 数据表格。然后可以在此输入数据。表格中的数据格式可通过右击窗口边缘的地址数据，然后在所弹出的窗口中选择。此表中任一数据对应的地址为左列与顶行数之和，填完此表后，选择 File→Save As 命令，保存此数据文件，如取名为 DATA7X8.mif。

DATA7X8.mif

Addr	+0	+1	+2	+3	+4	+5	+6	+7
00	80	86	8C	92	98	9E	A5	AA
08	B0	B6	BC	C1	C6	CB	D0	D5
10	DA	DE	E2	E6	EA	ED	F0	F3
18	F5	F8	FA	FB	FD	FE	FE	FF
20	FF	FF	FE	FE	FD	FB	FA	F8
28	F5	F3	F0	ED	EA	E6	E2	DE
30	DA	D5	D0	CB	C6	C1	BC	B6
38	B0	AA	A5	9E	98	92	8C	86
40	7F	79	73	6D	67	61	5A	55
48	4F	49	43	3E	39	34	2F	2A
50	25	21	1D	19	15	12	0F	0C
58	0A	07	05	04	02	01	01	00
60	00	00	01	01	02	04	05	07
68	0A	0C	0F	12	15	19	1D	21
70	25	2A	2F	34	39	3E	43	49
78	4F	55	5A	61	67	6D	73	79

图 6-11 .mif 文件编辑窗口

（2）文件直接编辑法。即使用 Quartus 以外的编辑器设计.mif 文件，其格式如例 6-4 所示，其中地址和数据都为十六进制，冒号左边是地址值，右边是对应的数据，并以分号结尾。存盘以.mif 为后缀，如取名为 DATA7X8.mif。

【例 6-4】

```
DEPTH=128;                  --数据深度，即存储的数据个数
WIDTH=8;                    --输出数据宽度
ADDRESS_RADIX = HEX;
--地址数据类型，HEX表示选择十六进制数据类型
DATA_RADIX = HEX;           --存储数据类型
CONTENT                     --此为关键词
BEGIN                       --此为关键词
0000      :      0080;
0001      :      0086;
0002      :      008C;
      ... --数据略去
007E      :     0073;
007F      :     0079;
END;
```

（3）高级语言生成。.mif 文件也可以用 C 或 MATLAB 等高级语言生成。

（4）专用.mif 文件生成器。参考附录 A 介绍的.mif 文件生成器的用法来生成不同波形、不同数据格式、不同符号（有符号或无符号）、不同相位的.mif 文件。例如，某 ROM 的数据线宽度为 8 位，地址线宽为 7 位，即可以放置 128 个 8 位数据。或者说，如果需要一个周期可分为 128 个点、每个点精度为 8 位二进制数、初相位为 0 的正弦信号波形数据，则此初始化配置文件应该如图 6-12 所示的设置。

如以文件名 DATA7X8.mif 存盘。用记事本打开此文件将如图 6-13 所示。

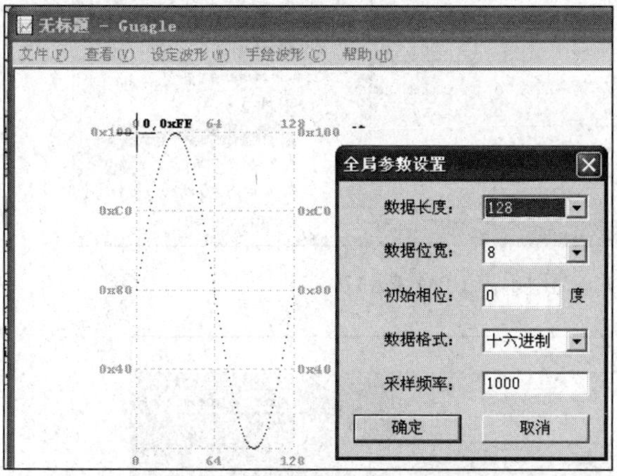

图 6-12　利用.mif 文件生成器生成.mif 正弦波文件

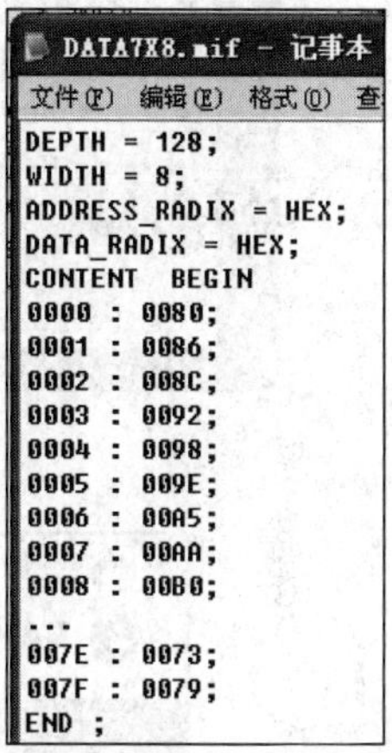


```
DEPTH = 128;
WIDTH = 8;
ADDRESS_RADIX = HEX;
DATA_RADIX = HEX;
CONTENT  BEGIN
0000 : 0080;
0001 : 0086;
0002 : 008C;
0003 : 0092;
0004 : 0098;
0005 : 009E;
0006 : 00A5;
0007 : 00AA;
0008 : 00B0;
...
007E : 0073;
007F : 0079;
END ;
```

图 6-13　打开.mif 文件

2. .hex 格式文件

建立.hex 格式文件也有多种方法，例如，可类似以上介绍的那样在 New 窗口中选择 Hexadecimal（Intel-Format）File 选项（见图 4-1），最后保存为.hex 格式文件；或是用诸如单片机编译器来产生，方法是利用汇编程序编辑器将数据编辑于汇编程序中，然后用汇编编译器生成.hex 格式文件。这里提到的.hex 格式文件生成的第二种方法很容易应用到 51 单片机或 CPU 设计中或程序 ROM 调用应用程序的设计技术中。

6.3.2　片内 RAM IP 的设置与调用

假设创建工程取名为 RAMMD，在 Quartus 主界面的右侧 IP Catalog 中展开 Library→Basic Functions→On Chip Memory 菜单，进入图 6-14 所示的片内 RAM/ROM IP 模块编辑调用窗口。在这里选择单口 RAM 模块：RAM: 1-PORT。文件可取名为 RAM1P，设存盘在 D:\LPM_MD 中。选择语言为 VHDL。

单击 Next 按钮，打开如图 6-15 所示的对话框。选择数据位为 8 和数据深度为 128，即 7 位地址线。再选择双时钟方式（选中图 6-15 中的 Dual clock: use separate 'input' and 'output' clocks 单选按钮）。

再单击 Next 按钮，打开如图 6-16 所示的对话框。在这里取消选中'q' output port 复选框，即选择时钟只控制锁存输入信号。以后可以看出这样的选择十分重要。

单击 Next 按钮，打开如图 6-17 所示的对话框。这里的选项有 3 个，即 Old Data、New Data 和 Don’t Care。即询问当允许写入时，读出的数据是新写入的数据（New Data）还是写入前的数据（Old Data），还是无所谓（Don't Care）。这里选择 Old Data 选项。

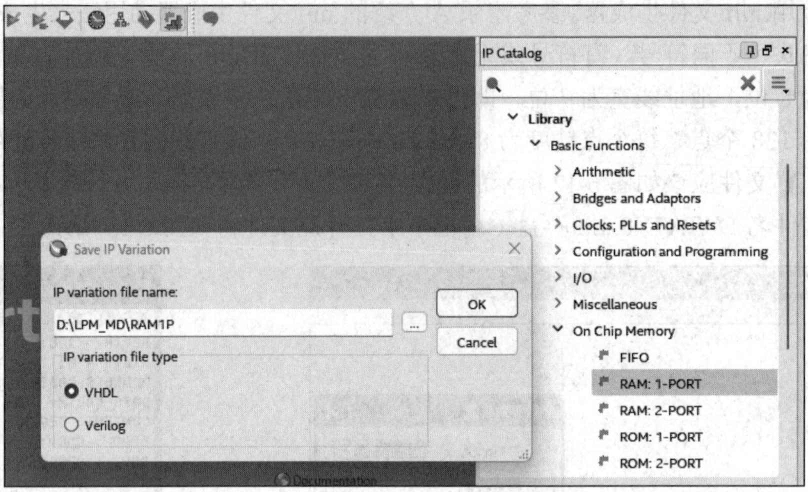

图 6-14　调用单口 LPM_RAM

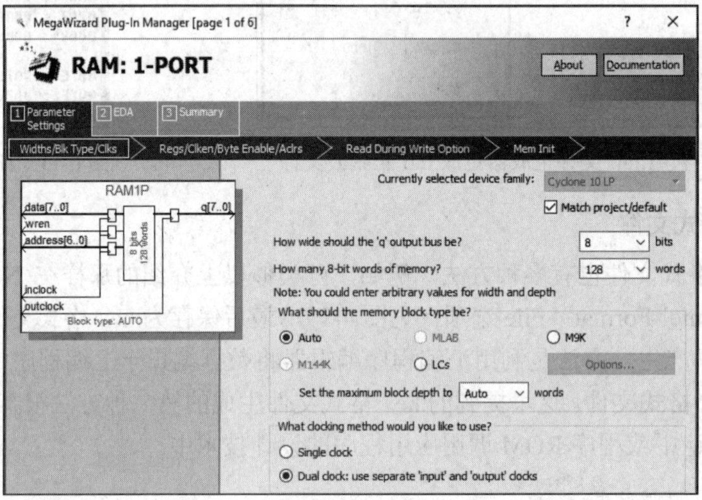

图 6-15　设定 RAM 参数

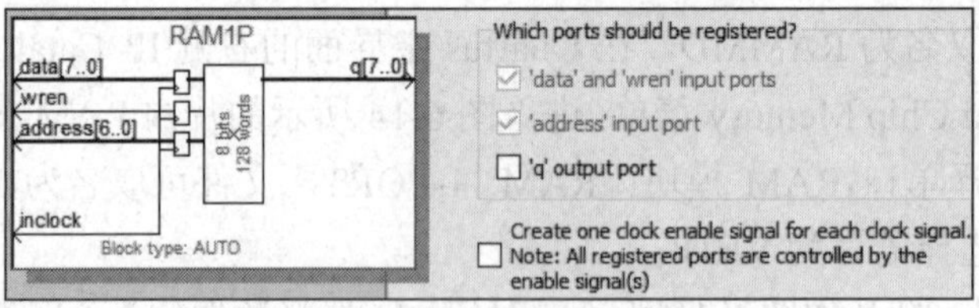

图 6-16　设定 RAM 仅输入时钟控制

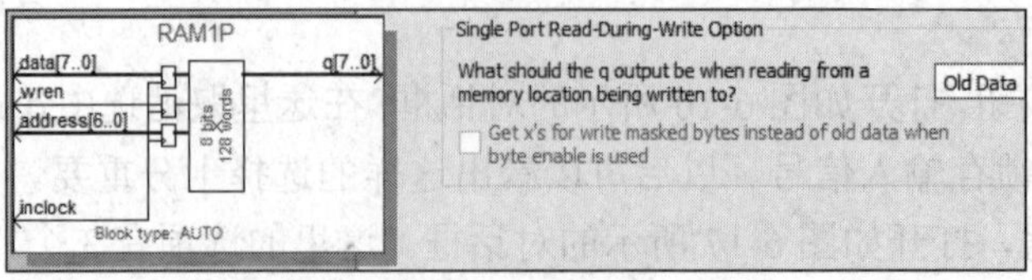

图 6-17　设定在写入同时读出原数据

继续单击 Next 按钮，打开如图 6-18 所示的对话框。在 Do you want to specify the initial content of the mezmory 栏中选中 Yes, use this file for the memory content date 单选按钮，并单击 Browse 按钮，选择指定路径上的初始化文件 DATA7X8.mif。

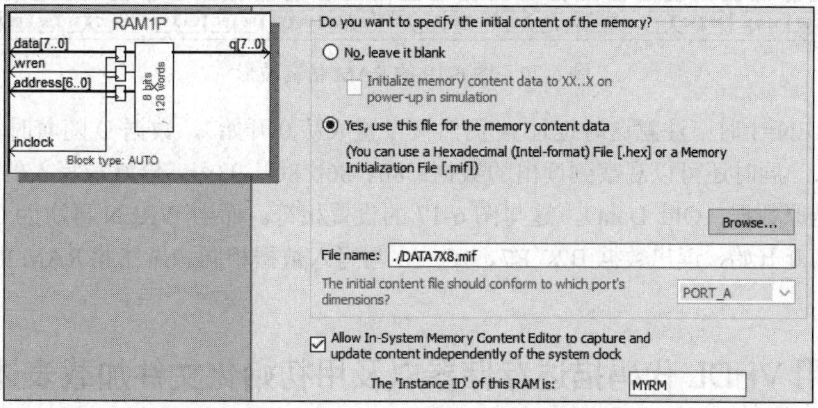

图 6-18　设定初始化文件和允许在系统编辑

其实对于 RAM 来说，在普通应用中不一定非得加初始化文件。但若是特殊应用，如第 9 章中介绍的 CPU 设计，则有重要作用。这时，如果选择调入初始化文件，则系统于每次开电后，将自动向此 RAM: 1-PORT 加载此.mif 文件，于是 RAM 也可作为 ROM 来使用。

若选中图 6-18 中的 Allow In-System Memory Content Editor 复选框，并在 The 'Instance ID' of this RAM is 文本框中输入 4 字文字，如 MYRM，作为此 RAM 的 ID 名称。通过这个设置，可以允许 Quartus 通过 JTAG 口对下载于 FPGA 中的此 RAM 进行“在系统”测试和读写。如果需要读写多个嵌入的片内 RAM IP 或片内 ROM IP，此 ID 号 MYRM 就作为此 RAM 的识别名称。最后单击 Finish 按钮完成 RAM 定制。调入顶层原理图后连接好的端口引脚如图 6-19 所示。

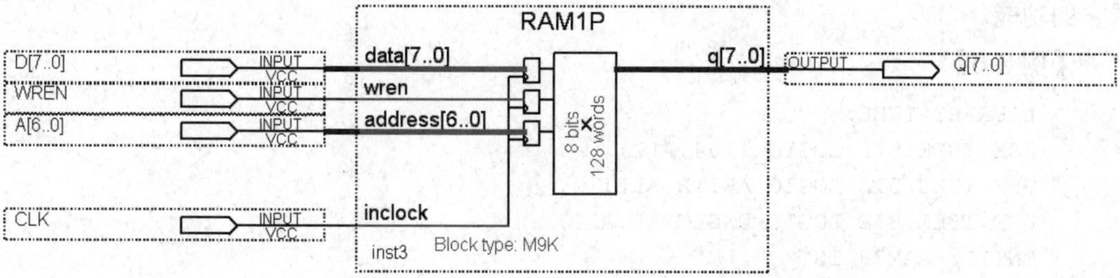

图 6-19　在原理图上连接好的 RAM 模块

6.3.3　测试片内 RAM

对图 6-19 所示的 RAM 模块进行测试，是为了了解对它的数据读写控制是否正常。图 6-20 是此模块的仿真波形图。地址 A 是从 0 开始的，当写允许 WREN=0 时，读出 RAM 中的数据。随着地址的递增，对应每一个时钟上升沿，RAM 中的数据被读出，它们分别是 80、86、8C、92…，正好与图 6-11 和图 6-13 的数据相符，说明初始化数据能被正常调入。

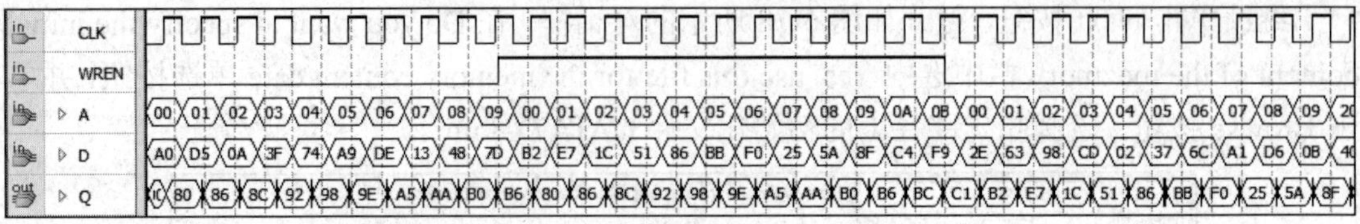

图 6-20　图 6-19 的 RAM 仿真波形

当 WREN=1 时（注意这时地址 A 仍然被设置成从 0 开始），数据 D 随着时钟上升沿，就会被写入。同时还可以观察到读出的数据：80、86、8C、92…，恰好与写入的数据相同，即读出的是原数据（Old Data），这与图 6-17 的设置相符。而当 WREN 再次为 0 时，由于地址再次从 0 开始，读出数据 B2、E7、1C…，与写入数据相同。显然此 RAM 的各项功能符合要求。

6.3.4　用 VHDL 代码描述存储器以及用初始化文件加载表述

以上是用现成模块片内 RAM IP 来实现 RAM 调用的，但也可以用 VHDL 代码直接表述 RAM，包括在代码中调用初始化文件。例如对第 5 章的例 5-10 不做任何约束，直接综合，也能编译出相应的存储器 RAM。

关于存储器中初始化文件（相当于在存储器中烧入数据）调入的问题，对于 LPM 模块，可以利用以上方法和图 6-18 的设置十分方便地解决。但对于例 5-10，是使用存储器配置初始化文件的属性定义。设 DATA7X8.mif 是放在当前工程文件夹中的.mif 文件，其格式大小与所定义的存储器相匹配。

具体使用方法如例 6-5 所示。例 6-5 是对例 5-10 的修改，其中加入了初始化文件的属性定义语句，请注意它们放置的位置。为了证明此初始化文件通过综合后确实已进入存储器中，需对其进行仿真。所以建议读者按照图 6-20 的地址设置方式对例 6-5 进行仿真，测试它的功能。

【例 6-5】

```
LIBRARY IEEE;
USE IEEE.STD_LOGIC_1164.ALL;
USE IEEE.STD_LOGIC_ARITH.ALL;
USE IEEE.STD_LOGIC_UNSIGNED.ALL;
ENTITY RAM78 IS
PORT (CLK,WREN : IN STD_LOGIC;
         A : IN STD_LOGIC_VECTOR(6 DOWNTO 0);
      DIN  : IN STD_LOGIC_VECTOR(7 DOWNTO 0);
         Q : OUT STD_LOGIC_VECTOR(7 DOWNTO 0));
END;
ARCHITECTURE bhv OF RAM78 IS
TYPE G_ARRAY IS ARRAY(0 TO 127) OF STD_LOGIC_VECTOR(7 DOWNTO 0);
SIGNAL MEM : G_ARRAY;  --定义信号MEM的数据类型是用户新定义的类型G_ARRAY
  attribute ram_init_file : string;
  attribute ram_init_file of MEM :
  SIGNAL IS  "DATA7X8.mif";   --加载初始化文件
BEGIN
```

```
  PROCESS (CLK)      BEGIN
     IF  RISING_EDGE(CLK)  THEN
     IF  WREN='1' THEN   MEM(CONV_INTEGER(A))<= DIN;  END IF;
     END IF;
  IF (RISING_EDGE(CLK)) THEN  Q<=MEM(CONV_INTEGER(A));   END IF;
 END PROCESS;
END BHV;
```

若用 VHDL 代码形式来调用片内 RAM 模块，模块名是 altsyncram，用户看不到它的内部情况，只能通过例化方式编辑调用它。

6.3.5　片内存储器设计的结构控制

以不同的 VHDL 表述方式构建片内存储器将获得不同结构的存储器，如以逻辑宏单元构建的存储器或以嵌入式 RAM 单元构建的存储器。后者对于含有大量 RAM 单元的 FPGA 来说，具有最好的资源利用率，以及最简洁高速的存储器硬件结构。

在进行 VHDL 描述时需要考虑使用的 FPGA 的片内存储器模块的结构特性。例 6-5 和例 6-6 描述的片内存储器的功能基本是一样的，唯一差别在于对存储器输出的处理上，前者是同步输出的，而后者是异步的，与时钟无关。但 Cyclone 10 LP 中的存储器块是同步输出结构的，这直接导致后者只能使用逻辑单元来实现存储器，从两者的编译报告（见图 6-21 和图 6-22）中可以清晰地看出。

【例 6-6】

```
LIBRARY IEEE;
USE IEEE.STD_LOGIC_1164.ALL;
USE IEEE.STD_LOGIC_ARITH.ALL;
USE IEEE.STD_LOGIC_UNSIGNED.ALL;
ENTITY RAM78A IS
PORT (CLK,WREN : IN STD_LOGIC;
      A : IN STD_LOGIC_VECTOR(6 DOWNTO 0);
    DIN  : IN STD_LOGIC_VECTOR(7 DOWNTO 0);
       Q : OUT STD_LOGIC_VECTOR(7 DOWNTO 0));
END;
ARCHITECTURE bhv OF RAM78A IS
TYPE G_ARRAY IS ARRAY(0 TO 127) OF STD_LOGIC_VECTOR(7 DOWNTO 0);
SIGNAL MEM : G_ARRAY;  --定义信号MEM的数据类型是用户新定义的类型G_ARRAY
  attribute ram_init_file : string;
  attribute ram_init_file of MEM :
  SIGNAL IS  "DATA7X8.mif";   --加载初始化文件
BEGIN
  PROCESS (CLK)      BEGIN
     IF  RISING_EDGE(CLK)  THEN
     IF  WREN='1' THEN   MEM(CONV_INTEGER(A))<= DIN;  END IF;
     END IF;
 END PROCESS;
   Q<=MEM(CONV_INTEGER(A));
END BHV;
```

Top-level Entity Name	RAM78
Family	Cyclone 10 LP
Device	10CL055YF484C8G
Timing Models	Final
Total logic elements	0 / 55,856 (0 %)
Total registers	0
Total pins	25 / 322 (8 %)
Total virtual pins	0
Total memory bits	1,024 / 2,396,160 (< 1 %)
Embedded Multiplier 9-bit elements	0 / 312 (0 %)
Total PLLs	0 / 4 (0 %)

图 6-21　例 6-5 的编译报告

Top-level Entity Name	RAM78A
Family	Cyclone 10 LP
Device	10CL055YF484C8G
Timing Models	Final
Total logic elements	1,335 / 55,856 (2 %)
Total registers	1024
Total pins	25 / 322 (8 %)
Total virtual pins	0
Total memory bits	0 / 2,396,160 (0 %)
Embedded Multiplier 9-bit elements	0 / 312 (0 %)
Total PLLs	0 / 4 (0 %)

图 6-22　例 6-6 的编译报告

6.4 片内 ROM IP 使用示例

除了作为数据和程序存储单元外，ROM 还有许多用途，如数字信号发生器的波形数据存储器、查表式计算器的核心工作单元等。本节将围绕一个简单应用示例展开介绍。

6.4.1 简易正弦信号发生器设计

首先是调用 ROM，这完全可以仿照以上调用 RAM 的流程对 ROM: 1-PORT 进行定制和调用，不过为了设计方便，可以先创建一个原理图工程文件（假设此工程名为 SIN_GNT），然后进入此工程的原理图编辑窗口，双击后进入原件放置对话框，单击 MegaWizard Plug-In Manager 按钮。在图 6-14 所示窗口内的右栏选择 Memory Compiler 菜单下的 ROM:1-PORT 选项，设置文件名为 ROM78，FPGA 仍然是第 4 章中选用的 KXC-10CL055 核心板上的 Cyclone Ⅳ E 系列的 10CL055F484（10CL055F23C8），文本表述选择 VHDL。

定制调用此 ROM 模块的参数设置和初始化文件的配置如图 6-23 所示。正弦波数据初始化文件仍然使用上一节使用过的 DATA7X8.mif。

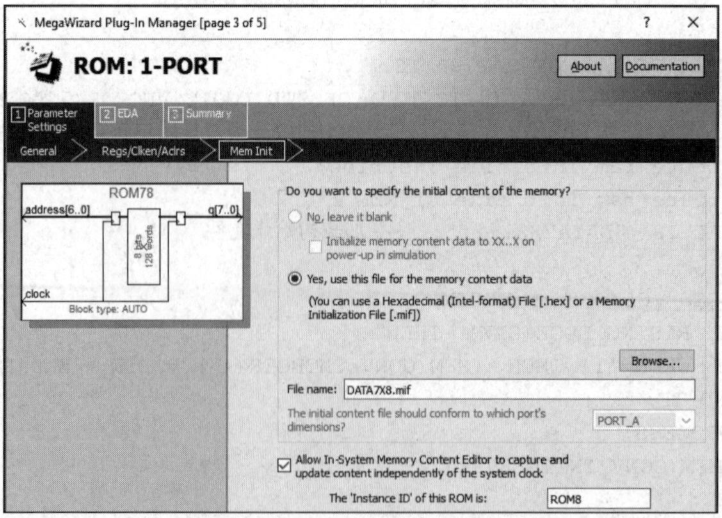

图 6-23　加入初始化配置文件并允许在系统访问 ROM 内容

然后根据已定制完成的片内 ROM IP 设计一个简易的正弦信号发生器。

如图 6-24 所示的简易正弦信号发生器的结构由如下 4 个部分组成。

- 计数器或地址信号发生器，这里根据以上 ROM 的参数，选择 7 位输出。
- 正弦信号数据存储器 ROM（7 位地址线，8 位数据线），含有 128 个 8 位波形数据（一个正弦波形周期），即片内 ROM IP：ROM78。
- 顶层原理图设计。
- 8 位 D/A（设此示例的实验器件选择 DAC0832）。

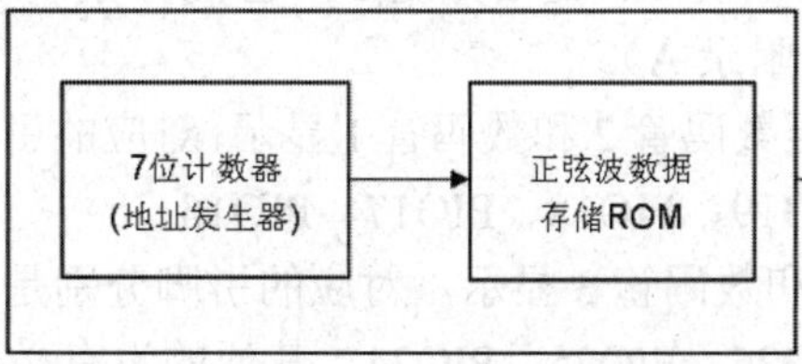

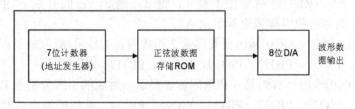

图 6-24　正弦信号发生器结构框图

在图 6-24 所示的信号发生器结构图中，顶层文件是原理图工程 SIN_GNT，它包含两个部分：ROM 的地址信号发生器，由 7 位计数器担任；正弦数据 ROM，由 ROM: 1-PORT 模块构成。地址发生器的时钟 CLK 的输入频率 f_0、每周期的波形数据点数（在此选择 128 点）以及 D/A 输出的频率 f 三者之间的关系是 $f=f_0/128$。图 6-25 是此正弦信号发生器的顶层设计原理图。图 6-25 中包含作为 ROM 的地址信号发生器的 7 位计数器模块和 LMP_ROM 的 ROM78 模块。此后的设计流程包括编辑顶层设计文件、创建工程、全程编译、观察 RTL 电路图、仿真、了解时序分析结果、引脚锁定、再次编译并下载，以及对 FPGA 的存储单元在系统读写测试和嵌入式逻辑分析仪测试等。

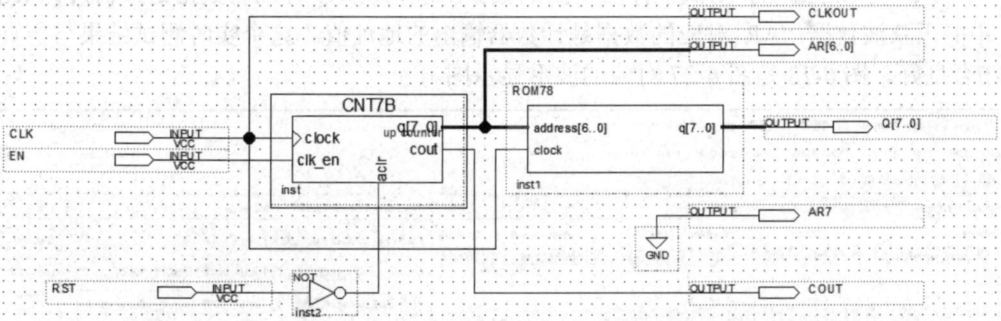

图 6-25　正弦信号发生器电路原理图

图 6-26 所示是仿真结果。由波形可见，随着每一个时钟上升沿的到来，输出端口将正弦波数据依次输出。输出的数据与图 6-11 和图 6-13 所示的加载文件数据相符。

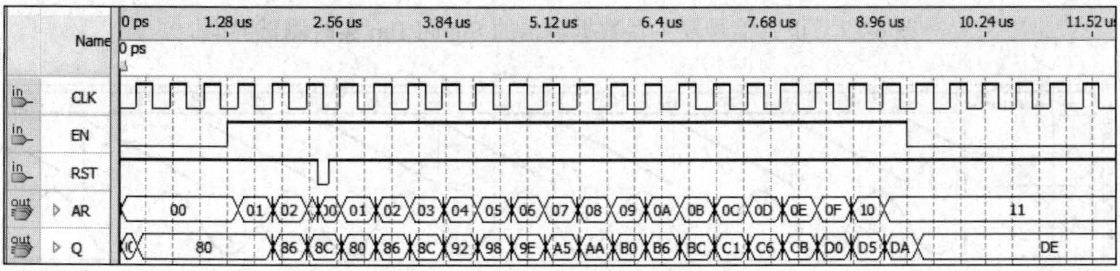

图 6-26　图 6-25 电路仿真波形

6.4.2　正弦信号发生器硬件实现和测试

若选择附录 A 的 KX 系列教学实验平台系统和康芯的 KXC-10CL055 核心板，则 FPGA 是 10CL055。

首先手动控制 CLK 生成时钟，对系统进行测试。不妨选择模式 5 实验电路。FPGA 锁定的情况可以进行如下安排。

- CLK、EN、RST 分别受控于键 1、键 2、键 3，它们分别对应 PIO0、PIO1、PIO2（具体对应引脚请查看附录 A）。
- AR7 和 AR[6]～AR[0]输出至数码管 2 和数码管 1 显示，对应的引脚分别是 PIO23、PIO22、PIO21、PIO20、PIO19、PIO18、PIO17、PIO16。
- Q[7]～Q[0]输出至数码管 4 和数码管 3 显示，对应的引脚分别是 PIO31、PIO30、PIO29、PIO28、PIO27、PIO26、PIO25、PIO24。其他的没有必要锁定特定引脚。

编译下载至 FPGA 后，控制键 2、键 3 为高电平，连续按键 1（CLK），可以看到数码管上的数据变化，数码管 2 和数码管 1 显示的是计数器输出的地址码，数码管 4 和数码管 3 显示的是 ROM78 输出的数据。整个数据变化可以与图 6-26 做比较。

如果将时钟 CLK 接 KX 系列教学实验平台系统上的 FPGA 的专用时钟输入口 CLKB1（请查附录 A），用短线外接时钟，频率可选 65536 Hz。或直接接核心板上的 20 MHz 有源时钟。此外，若接外部 DAC，即可通过示波器观察输出的波形。

如果不准备用或没有 DAC 和示波器来观察波形，则可以使用 Signal Tap 测试和观察输出波形。Signal Tap 的参数设置：采样深度是 4K；采样时钟是信号源的时钟 CLK（65536 Hz）；触发信号是计数使能控制 EN，触发模式是 EN=1 触发采样。

图 6-27 是 Signal Tap 测试采样后得到的数据情况，其中 Q 对应的数据是来自片内 ROM IP 中的正弦波数据；AR 对应的数据是计数器输出的地址值。这个实时测试结果与仿真情况吻合良好。图 6-28 是图 6-27 对应的波形显示图。

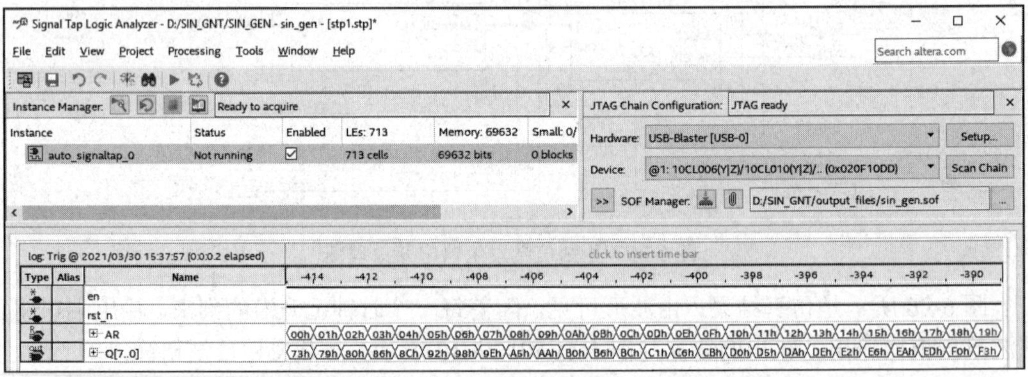

图 6-27　正弦信号发生器数据输出的 Signal Tap 实时测试界面

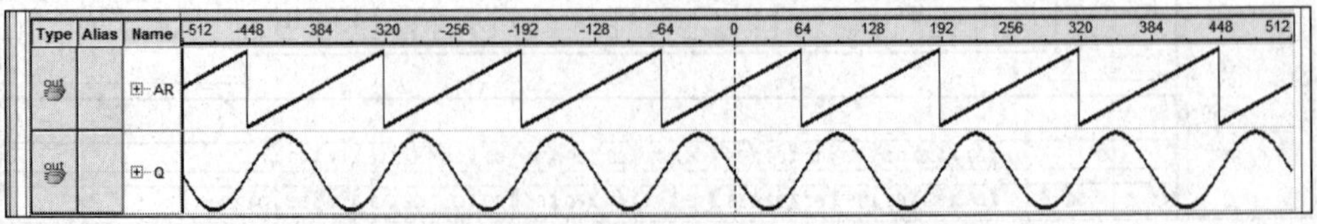

图 6-28　正弦信号发生器的 Signal Tap 波形显示图

6.5 在系统存储器数据读写编辑器应用

对于 Cyclone 4E/V/10 LP 等系列的 FPGA，只要对使用的片内 ROM IP 或片内 RAM IP 等存储器模块做适当设置，就能利用 Quartus 的在系统存储器读写编辑器（In-System Memory Content Editor），直接通过 JTAG 口读取或改写 FPGA 内处于工作状态的存储器中的数据，读取过程不影响 FPGA 的正常工作。

此编辑器的功能有许多，如在系统了解 ROM 中加载的数据、读取基于 FPGA 内的 RAM 中采样获得的数据以及对嵌入在由 FPGA 资源构建的 CPU 中的数据 RAM 和程序 ROM 中的信息读取和数据修改等。

这里以 6.4 节的设计项目为例，简要说明此工具的具体功能和用法。

（1）打开在系统存储单元编辑窗口。通过 USB-Blaster 使计算机与开发板上 FPGA 的 JTAG 口处于正常连接状态。打开 6.4 节中的工程 SIN_GNT，下载 SOF 文件。选择菜单 Tools→In-System Memory Content Editor 命令，弹出的编辑窗口如图 6-29 所示。

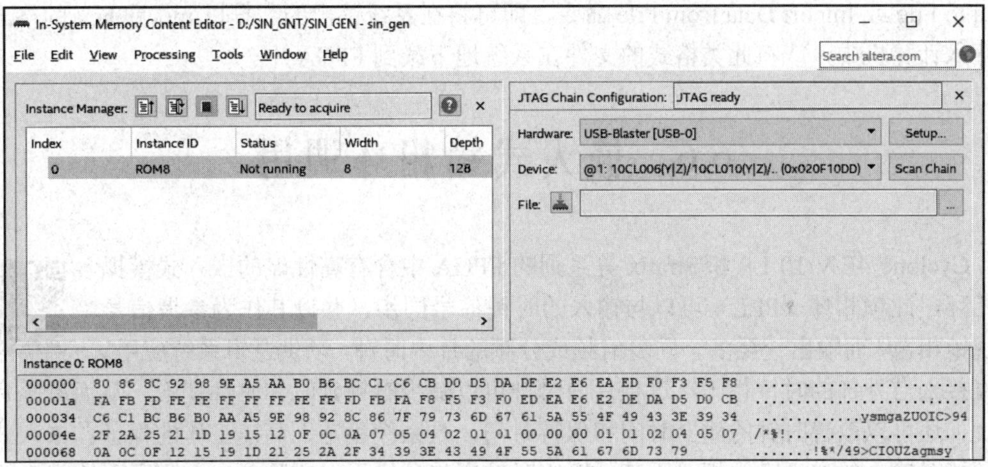

图 6-29 In-System Memory Content Editor 编辑窗口（从 FPGA 中的 ROM 读取波形数据）

单击右上角的 Setup 按钮，在弹出的 Hardware Setup 对话框中选择 Hardware Settings 选项卡，再双击此选项卡中的 USB-Blaster 选项，之后单击 Close 按钮，关闭对话框。这时将出现如图 6-29 所示的窗口右侧的显示情况，即显示出 USB-Blaster 和器件的型号。

（2）读取 ROM 中的数据。先选中窗口左上角的 ID 名称 ROM8（此名称正是图 6-23 所示窗口中设置的 ID 名称），再单击上方的一个向上的小箭头按钮，或在 Processing 快捷菜单中选择 Read Data from In-System Memory 命令，即出现如图 6-29 所示的数据，这些数据是在系统正常工作的情况下通过 FPGA 的 JTAG 口从 FPGA 内部 ROM 中读出的波形数据，它们应该与加载进去的文件 DATA7X8.mif 中的数据完全相同。

（3）写数据。方法类似读数据，首先在图 6-29 或图 6-30 所示的窗口编辑波形数据。如将最前面的几个 8 位二进制数据都改为 11H，再选中窗口左上角的 ID 名称 ROM8，单击上方的一个向下的小箭头按钮，或在 Processing 快捷菜单中选择 Write Data to In-System Memory 命令，即可将编辑后所有的数据（见图 6-30）通过 JTAG 口下载于 FPGA 中的片内 ROM IP 中，这时可以从示波器和 Signal Tap 上同步观察到波形的变化。

```
Instance 0: ROM8
000000  11 11 11 11 11 11 11 AA B0 B6 BC C1 C6 CB D0 D5 DA DE E2 E6 EA ED F0 F3 F5 F8
00001a  FA FB FD FE FE FF FF FF FE FE FD FB FA F8 F5 F3 F0 ED EA E6 E2 DE DA D5 D0 CB
000034  C6 C1 BC B6 B0 AA A5 9E 98 92 8C 86 7F 79 73 6D 67 61 5A 55 4F 49 43 3E 39 34
00004e  2F 2A 25 21 1D 19 15 12 0F 0C 0A 07 05 04 02 01 01 00 00 00 01 01 02 04 05 07
000068  0A 0C 0F 12 15 19 1D 21 25 2A 2F 34 39 3E 43 49 4F 55 5A 61 67 6D 73 79
```

图 6-30　在此将编辑好的数据载入 FPGA 中的 ROM 内

图 6-31 所示为 Signal Tap 在此时的实时波形。

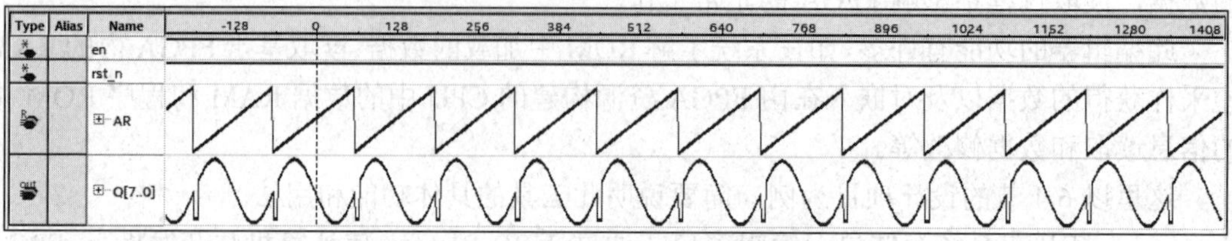

图 6-31　Signal Tap 测得的数据波形

（4）输入输出数据文件。用以上相同的方法通过选择 Processing 快捷菜单中的 Export Data to File 或 Import Data from File 命令，即可将在系统读出的数据以.mif 或.hex 的格式文件存入计算机中，或将此类格式的文件在系统地下载到 FPGA 中。

6.6　嵌入式锁相环调用

Cyclone 4E/V/10 LP 和 Stratix 等系列的 FPGA 中含有高性能的嵌入式模拟锁相环，此锁相环（PLL）可以与输入的时钟信号同步，并以其作为参考信号实现锁相，从而输出一至多个同步倍频或分频的片内时钟，以供逻辑系统应用。与直接来自外部的时钟相比，这种片内时钟可以减少时钟延时和时钟变形，从而减少片外干扰；还可以改善时钟的建立时间和保持时间，是系统稳定、高速工作的保证。嵌入式锁相环能对输入的参考时钟相对于某一输出时钟同步独立乘以或除以一个因子而输出含小数的精确频率，或直接输入所需要输出的频率，并提供任意相移和输出信号占空比。

6.6.1　建立嵌入式锁相环元件

建立片内锁相环（PLL）模块的步骤如下。

（1）为了在已建工程项目的顶层设计中加入一个锁相环，在 Quartus 主界面右侧的 IP Catalog 的搜索栏中输入“PLL”，选择 PLL 项下的 ALTPLL，如图 6-32 所示。再选择 VHDL 语言方式，最后输入设计文件存放的路径和文件名，如 D:\LPM_MD\PLL50M.vhd。单击 OK 按钮，弹出如图 6-33 所示的对话框。

（2）在图 6-33 所示窗口中设置输入时钟频率 inclk0=50 MHz。这是因为 KXC-10CL055 核心板上配置了此晶振，时钟信号进入两个专用时钟输入脚。

一般锁相环的输入时钟频率要求不要低于 10 MHz（对于不同器件，输入频率的下限稍有不同，使用时注意了解相关的资料），但也不能过高，以免影响电磁兼容性能。

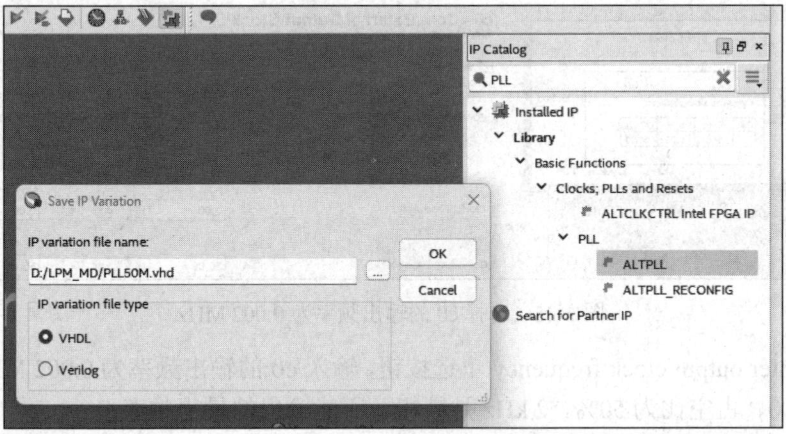

图 6-32　选择锁相环 ALTPLL

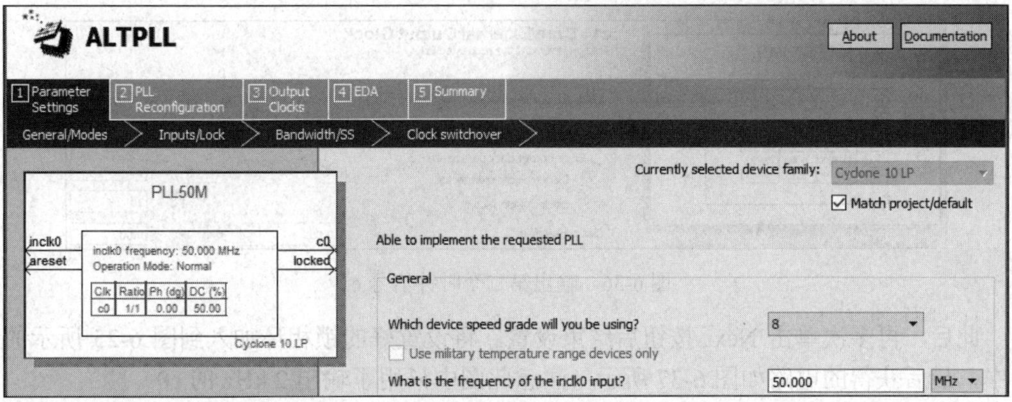

图 6-33　选择输入参考时钟 inclk0 为 50 MHz

（3）在如图 6-34 所示窗口选择锁相环的工作模式（选择内部反馈通道的通用模式）。主要选择 PLL 的控制信号，如 PLL 的使能控制 pfdena（高电平有效）、异步复位 areset、锁相标志输出 locked 等，通过此信号可以了解是否失锁（这些信号也可不用）。

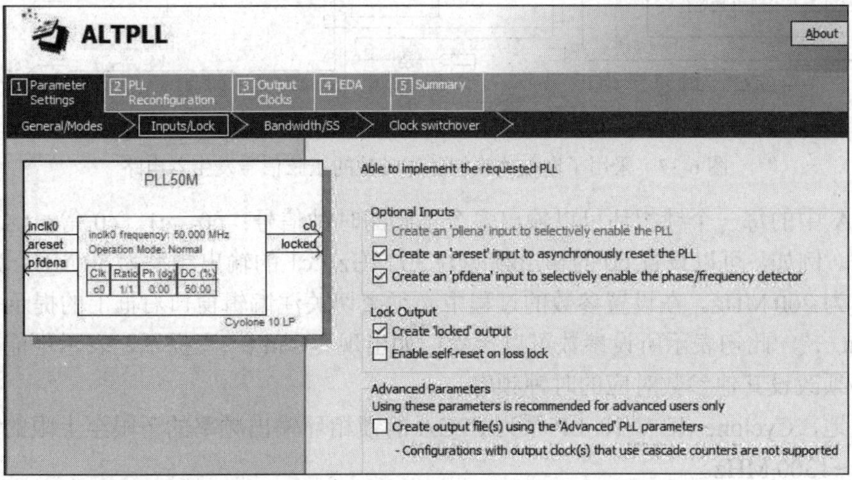

图 6-34　选择锁相环的控制信号

（4）单击 Next 按钮，在不同的窗口进行设置。进入图 6-35 所示窗口。

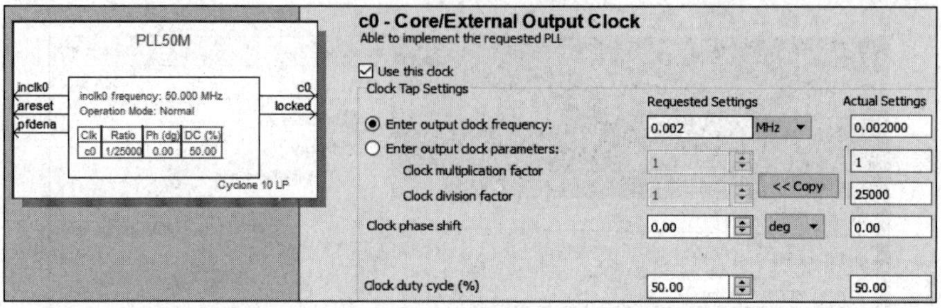

图 6-35　选择 c0 的输出频率为 0.002 MHz

选中 Enter output clock frequency 单选按钮，输入 c0 的输出频率为 0.002 MHz（2 kHz）、相移默认为 0、占空比为 50%。2 kHz 是锁相环所能输出的最小频率。

在此后出现的对话框中，还可以设置多个输出端口，以输出多个不同频率的时钟；例如，图 6-36 所示的由 c1 输出第二个时钟信号，选择的频率是 195 MHz。

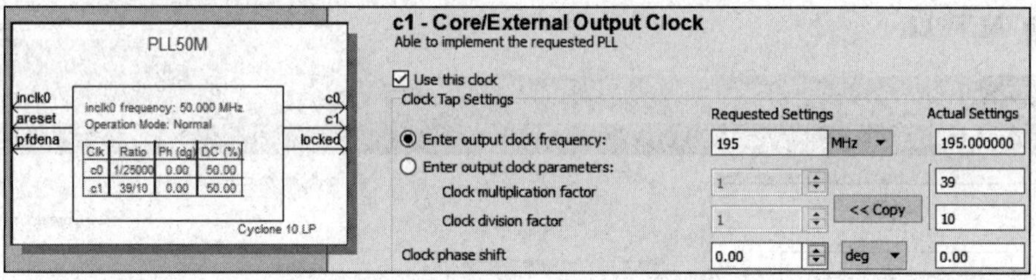

图 6-36　输出第二个时钟信号 c1

此后，再多次单击 Next 按钮后结束设置。将设置好的锁相环加入到图 6-25 所示的电路中，最后获得的电路如图 6-37 所示（注意此图中只用了输出 2 kHz 的 c0）。

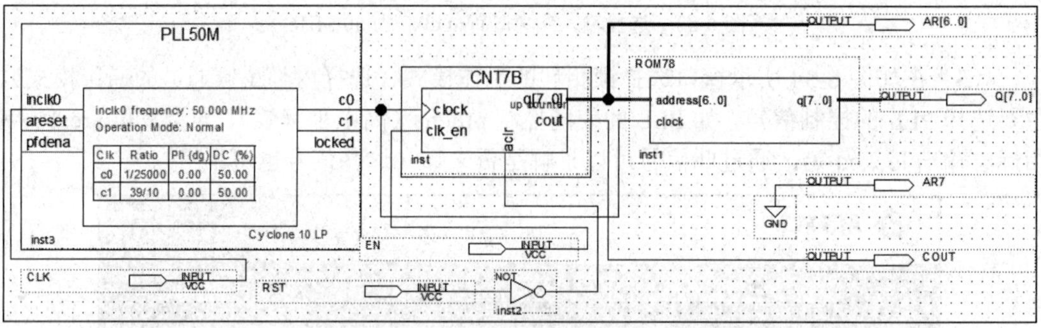

图 6-37　采用了嵌入式锁相环作时钟的正弦信号发生器电路

FPGA 中的每一个锁相环可以输出多个不同的时钟信号：c0、c1、e0 等，这要看具体器件系列。例如，可以设置 c0 的输出频率为 30 MHz、c1 的输出频率为 50 MHz 以及 e0 的输出频率为 200 MHz。在设置参数的过程中必须密切关注编辑窗口右框上的提示“Able to implement…”，此句表示所设参数可以接受；如出现“Can't…”提示，表示不能接受所设参数，必须改设其他参数对应的时钟频率。

一般地，Cyclone 4E/V/10 LP 系列 FPGA 的锁相环输出频率的下限至上限的频域大致为 2 kHz～1300 MHz。

FPGA 中的锁相环的应用应该注意以下几点。

- 不同的 FPGA 器件，其锁相环输入时钟频率的下限不同，注意了解相关资料。

- 在仿真时先删除锁相环电路。因为锁相的时钟输入需要一个锁相跟踪时间，这个时间不确定。因此，如果电路中含有锁相环，则仿真的激励信号长度很难设定。
- 通常情况下，锁相环须放在工程的顶层文件中使用。
- 在硬件设置中，FPGA 中锁相环的参考时钟的引入脚不是随意的，只能是专用时钟输入脚，相关情况可参考相关系列 FPGA 的 DATA Book。
- 锁相环的输入时钟必须来自外部，不能从 FPGA 内部某点引入锁相环。
- 锁相环的工作电压也是特定的，如由 VCCA_PLL1 输入，电平为 VCCINT（1.2 V），电源质量要求高，因此要求有良好的抗干扰措施。普通情况下，设置的锁相环若为单频率输出，并希望将输出信号引到片外，可通过普通 I/O 口输出。

6.6.2　测试锁相环

也可以单独对调用的锁相环进行测试。对于输入时钟 inclk0 的激励频率的大小要注意，其周期一般不能大于 60 ns（此值通常需具体决定），即 inclk0 的输入频率要足够高。在时序仿真中应注意，输入时钟 inclk0 的时间区域也要足够长，因为对于每一正常输出频率都有一个锁相捕捉时间。因此若 inclk0 的时间域太短，将可能看不到输出信号。将已设置好的锁相环调入系统的方法有两种：图形法（以上已介绍）和 HDL 方法。

6.7　In-System Sources and Probes Editor 用法

在第 4 章与本章分别介绍了两种硬件系统测试工具，即嵌入式逻辑分析仪 Signal Tap 和存储器内容在系统编辑器 In-System Memory Content Editor。这两个工具为逻辑系统的设计、测试与调试带来了极大的便利。然而它们仍然存在一些不足之处，例如，Signal Tap 要占据大量的存储单元作为数据缓存，在工作时只能单向收集和显示硬件系统的信息，而不能与系统进行双向对话式测试，而且（特别是在电路原理图条件下）通常限制观察已设定端口引脚的信号；至于 In-System Memory Content Editor，虽然能与系统进行双向对话式测试，但对象只限于存储器。

本节将介绍一种硬件系统的测试调试工具，它能有效地克服以上两种工具的不足，特别是利用该工具对系统进行硬件测试的所有信号都不必通过 I/O 端口引到引脚处，所有测试信号都在内部引入测试系统，或通过测试系统给出激励信号；所有这一切都由 FPGA 的 JTAG 口通信。这就是在系统信号与源编辑器 In-System Sources and Probes Editor。

这里仍以图 6-25 所示的正弦信号发生器设计为例说明此编辑器的使用方法。KX 系列教学实验平台系统上的核心板为 KXC-10CL055，FPGA 是 Cyclone 10 LP 型的 10CL055YF484C8G。

（1）在顶层设计中嵌入 In-System Sources and Probes 模块。先打开以图 6-25 所示电路为工程的电路原理图编辑界面。进入元件调用对话框，单击 MegaWizard Plug-In Manager 按钮，选中 Create a new custom megafunction variation 单选按钮，定制一个新的模块。

单击 Next 按钮，在出现的对话框左栏中单击 JTAG 通信项 JTAG-accessible Extensions，选择 In-System Sources and Probes 选项。再于右上方选择 VHDL 语言方式。最后输入此模块文件名，如 JTAG1。

（2）设定参数。单击 Next 按钮后进入 In-System Sources and Probes 对话框，如图 6-38 所示。设置这个取名为 JTAG1 模块的测试口 probe 为 16 位，信号输出源 source 是 3 位。最后单击 Finish 按钮，结束设置。

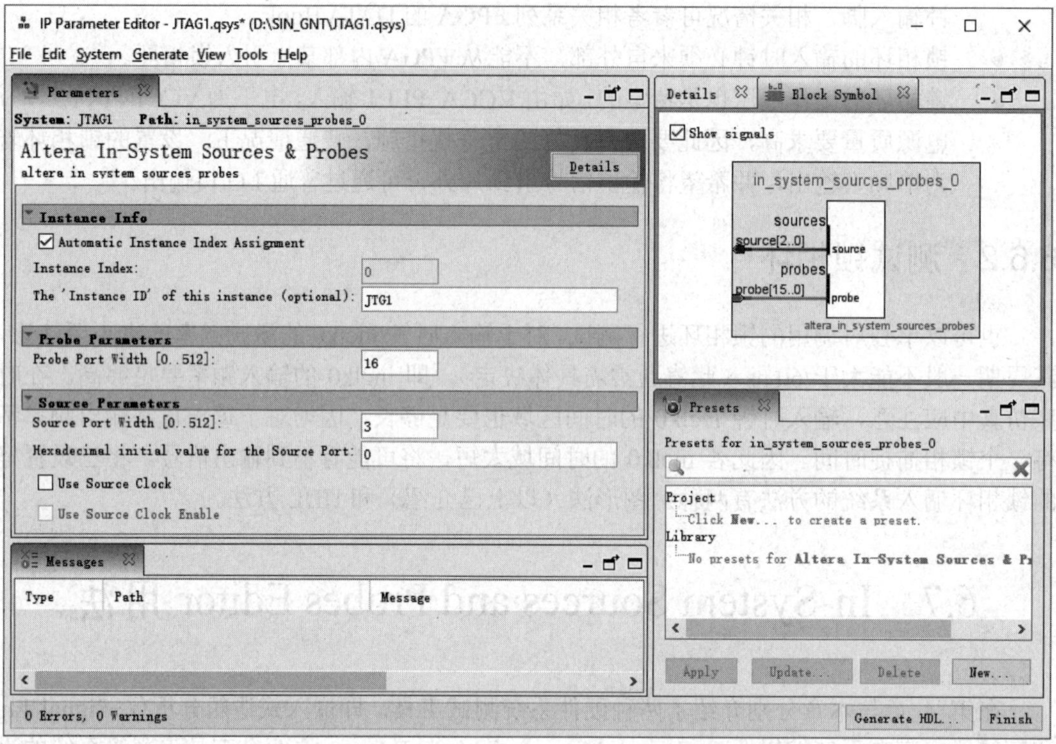

图 6-38　为 In-System Sources and Probes 模块设置参数

（3）与需要测试的电路系统连接好。将设定好的 JTAG1 模块加入进图 6-25 电路原理图，并进行信号连接。最后结果如图 6-39 所示。图中显示，JTAG1 模块的数据探测口通过 WIRE 连接线分别将 probe 的低 8 位与 ROM 输出端相连，将高 7 位与 7 位计数器输出相连，将最高位 PB[15]与计数器进位输出相连；信号发生源 S[2..0]的 3 位则分别与 RST、EN、CLK 相连。这些信号还分别输出至实验平台上的 3 个发光管，以便直接观察控制信号。对于附录 A.1 节介绍的系统，选择模式 5（参考附录 A）进行锁定。

在实际情况中，探测口 probe 与控制源 source 通常与系统内部的电路相接（不一定接在端口上）。例如需要测试一个 CPU，可以将 probe 与多条数据总线相连，而 source 可以与某些单步控制信号相连。这时 source 信号就相当于多个可任意设定的电平控制键。整个控制通过 JTAG 口可在计算机界面上进行。

（4）调用 In-System Sources and Probes Editor。使用此编辑器的方法与在系统存储器中内容编辑器的用法类似：选择 Tools→In-System Sources and Probes Editor 命令。对于弹出的编辑窗口（见图 6-40，也可在工程目录中找到相关文件），单击右上角的 Setup 按钮，在之后弹出的 Hardware Setup 对话框中选择 Hardware Settings 选项卡，再双击此选项卡中的 USB-Blaster 选项，之后单击 Close 按钮，关闭对话框。此时在窗口右上角的 Hardware 栏出现了 USB-Blaster[USB-0]，而在下一栏的器件栏显示出测得的 FPGA 型号名。这说明此编辑器已通过 JTAG 口与 FPGA 完成了通信联系。下面就可以对指定的信号进行测试和控制了（在这之前要对整个电路进行编译，然后下载进 FPGA）。

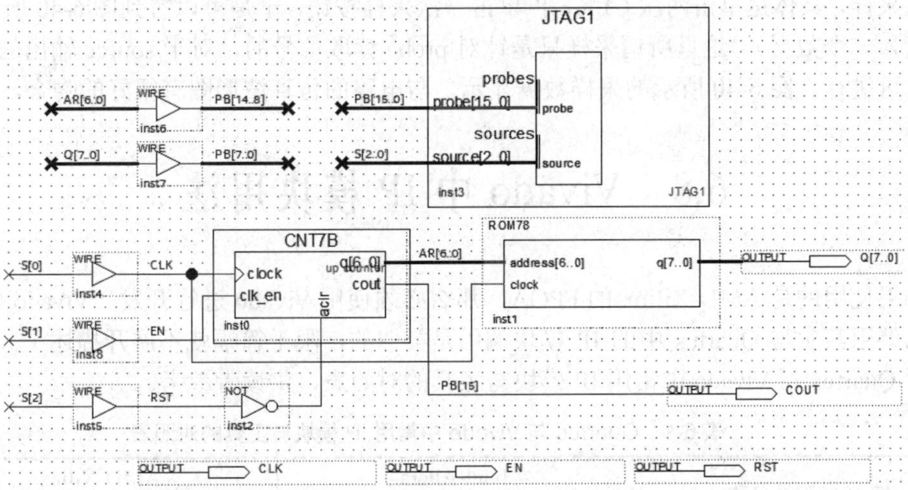

图 6-39 在电路中加入 In-System Sources and Probes 测试模块

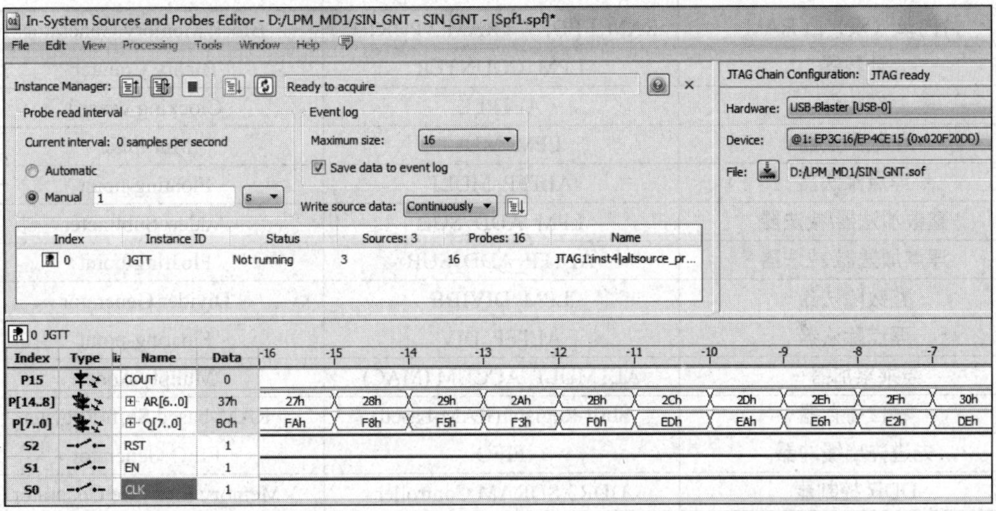

图 6-40 In-System Sources and Probes Editor 的测试情况

当所需考察信号较多时，通常要对信号进行整理归类和改名。若要将信号 P7 至 P0（即来自探测口 probe 的数据）改名，则按住 Ctrl 键，用鼠标单击选择所需的信号，再右击所选中的块后，在弹出的快捷菜单中选择 Group 命令，然后再改名为 Q[7..0]，其结果如图 6-40 所示。如果还希望默认的二进制数以十六进制数格式表达，可右击 Q[7..0]总线表述处，在弹出的下拉菜单中选择 Bus Display Format 选项；再于下级菜单选择 Hexedecimal 选项即可。此外，还可在图 6-40 所示对话框的 Maximum size 栏输入能一次观察的数据范围，如 16。

以相同方法处理 AR[6..0]信号。

对于图 6-40 左下方的 S2、S1、S0，即可控制 source 输出的信号，已对照图 6-39 所示电路，分别改名为 RST、EN、CLK。若用鼠标单击 Data 栏的数据，则能交替输出对应信号的不同电平，在实验板上可以看到对应的发光管的亮和灭。这里首先选择 RST 和 EN 为'1'；再连续单击 CLK 信号，每两次等于一个时钟脉冲。

最后可以通过单击图 6-40 所示窗口上方的不同按钮，选择一次性采样或连续采样（若是单次采样，具体是单击两次 CLK，再单击一次采样按钮，于是可以看到图 6-40 所示窗口内被读入一个数据）。这里所谓采样只是针对 probe 读取信号的，对于 source 输出的信号，则随时可进行。图 6-40 所示的采样数据显示，与电路的仿真波形图有很好的吻合。

6.8　Vivado 中 IP 模块用法

如果使用的是 AMD-Xilinx 的 FPGA，那么必须使用 Vivado 进行开发。Vivado 中的 IP 模块的调用其实与 Quartus 中的 IP 模块调用是类似的，限于篇幅就不展开描述了。表 6-1 列出了 Quartus 与 Vivado 中常用 IP 模块与工具的对照表，供读者参考。

表 6-1　Quartus 与 Vivado 中常用 IP 模块与工具的对照表

IP 核或工具名称	Intel-Altera	AMD-Xilinx
	Quartus Prime Standard 18.1	Vivado 2022.2
片内单（双）口 ROM	ROM:1 PORT（ROM:2 PORT）	Block Memory Generator
片内单（双）口 RAM	RAM:1 PORT（RAM:2 PORT）	Block Memory Generator
计数器	LPM_COUNTER	Binary Counter
锁相环	ALTPLL	Clocking wizard
整数乘法器	LPM_MULT	Multiplier
浮点乘法器	ALTFP_MULT	Floating-point
整数加法器/减法器	LPM_ADD_SUB	Adder/ Subtracter
浮点加法器/减法器	ALTFP_ADD_SUB	Floating-point
整数除法器	LPM_DIVIDE	Divider Generator
浮点除法器	ALTFP_DIV	Floating-point
乘累加器	ALTMULT_ACCUM (MAC)	Multply Adder
移位寄存器	Shift Register(RAM-based)	RAM-based Shift Register
先进先出缓冲器	FIFO	FIFO Generator
DDR 控制器	DDR3 SDRAM Controller	Memory Interface Generator
数字滤波器	FIR	FIR Compiler
快速傅里叶变换器	FFT	Fast Fourler Transform
数控振荡器	NCO	DDS compiler
嵌入式逻辑分析仪	SignalTap	iLA
虚拟输入输出（虚拟 IO）	IN-System Source and Probe	VIO

6.9　DDS 实现原理与应用

DDS（direct digital synthesizer）即直接数字合成器，是一种频率合成技术，具有较高的频率分辨率，可以实现快速的频率切换，并在改变时能够保持相位的连续，很容易实现频率、相位和幅度的数控调制。因此在现代电子系统及设备的频率源设计中，尤其在通信领域，直接数字频率合成器的应用尤为广泛。本节将介绍 DDS 的工作原理及其硬件实现。

6.9.1 DDS 原理

对于正弦信号发生器，它的输出可以描述为

$$S_{\text{out}} = A\sin\omega t = A\sin(2\pi f_{\text{out}}t) \tag{6-1}$$

其中，S_{out} 指该信号发生器的输出信号波形；f_{out} 指输出信号对应的频率。上式的表述对于时间 t 是连续的，为了用数字逻辑实现该表达式，必须进行离散化处理，用基准时钟 clk 进行抽样，令正弦信号的相位 θ

$$\theta = 2\pi f_{\text{out}}t \tag{6-2}$$

在一个 clk 周期 T_{clk}，相位 θ 的变化量为

$$\Delta\theta = 2\pi f_{\text{out}}T_{\text{clk}} = \frac{2\pi f_{\text{out}}}{f_{\text{clk}}} \tag{6-3}$$

其中，f_{clk} 指 clk 的频率对于 2π 可以理解成“满”相位，为了对 $\Delta\theta$ 进行数字量化，把 2π 切割成 2^N 份，由此每个 clk 周期的相位增量 $\Delta\theta$ 用量化值 $B_{\Delta\theta}$ 来表述：$B_{\Delta\theta} \approx \frac{\Delta\theta}{2\pi}\cdot 2^N$，且 $B_{\Delta\theta}$ 为整数。与式（6-3）联立，可得

$$\frac{B_{\Delta\theta}}{2^N} = \frac{f_{\text{out}}}{f_{\text{clk}}},\quad B_{\Delta\theta} = 2^N\cdot\frac{f_{\text{out}}}{f_{\text{clk}}} \tag{6-4}$$

显然，信号发生器的输出可描述为

$$S_{\text{out}} = A\sin(\theta_{k-1} + \Delta\theta) = A\sin\left[\frac{2\pi}{2^N}\cdot\left(B_{\theta_{k-1}} + B_{\Delta\theta}\right)\right] = Af_{\sin}\left(B_{\theta_{k-1}} + B_{\Delta\theta}\right) \tag{6-5}$$

其中，θ_{k-1} 指前一个 clk 周期的相位值，同样得出

$$B_{\theta_{k-1}} \approx \frac{\theta_{k-1}}{2\pi}\cdot 2^N \tag{6-6}$$

由上面的推导可以看出，只要对相位的量化值进行简单的累加运算，就可以得到正弦信号的当前相位值，而用于累加的相位增量量化值 $B_{\Delta\theta}$ 决定了信号的输出频率 f_{out}，并呈简单的线性关系。

直接数字合成器 DDS 就是根据上述原理而设计的数控频率合成器。图 6-41 所示是一个基本的 DDS 结构，主要由相位累加器、相位调制器、正弦 ROM 查找表和 DAC 构成。图中的相位累加器、相位调制器、正弦 ROM 查找表是 DDS 结构中的数字部分，由于具有数控频率合成的功能，或可称为数字控制振荡器（numerically controlled oscillators，NCO）。

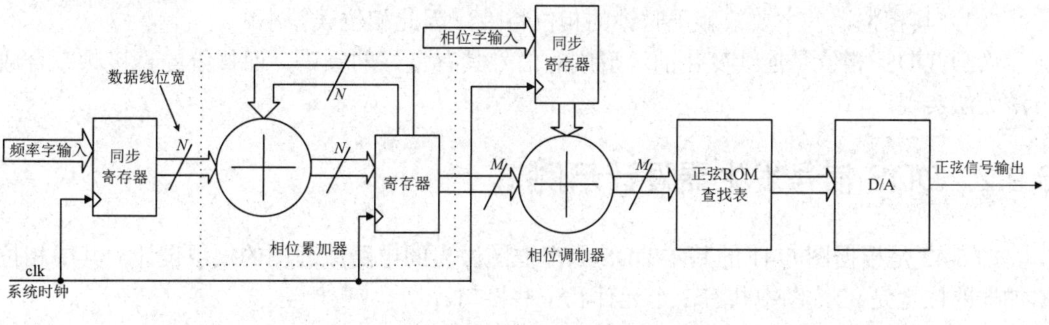

图 6-41 基本 DDS 结构

相位累加器是整个 DDS 的核心，在这里完成上文原理推导中的相位累加功能。相位累加器的输入是相位增量 $B_{\Delta\theta}$，而 $B_{\Delta\theta}$ 与输出频率 f_{out} 是简单的线性关系：$B_{\Delta\theta}=2^N\cdot\frac{f_{out}}{f_{clk}}$。相位累加器的输入又可称为频率字输入。事实上当系统基准时钟 f_{clk} 是 2^N 时，$B_{\Delta\theta}$ 就等于 f_{out}。频率字输入在图 6-41 中还经过了一组同步寄存器，使得当频率字改变时不会干扰相位累加器的正常工作。

相位调制器接收相位累加器的相位输出，在这里加上一个相位偏移值，主要用于信号的相位调制，如 PSK（相移键控）等，在不使用时可以去掉该部分，或者加一个固定的相位字常数输入。相位字输入最好也用同步寄存器保持同步。注意，相位字输入的数据宽度 M 与频率字输入 N 往往是不相等的：$M<N$。

正弦波形数据存储 ROM（查找表）完成 $f_{\sin}(B_\theta)$ 的查表转换，也可以理解成相位到幅度的转换，它的输入是相位调制器的输出，事实上就是 ROM 的地址值；输出送往 D/A，转化成模拟信号。由于相位调制器的输出数据位宽 M 也是 ROM 的地址位宽，因此在实际的 DDS 结构中 N 往往很大，而 M 为 10 位左右。M 太大会导致 ROM 容量的成倍上升，而输出精度受 D/A 位数的限制未必有大的改善。

基本 DDS 结构的常用参量计算如下。

（1）DDS 的输出频率 f_{out}。由以上原理推导的公式中可得

$$f_{out}=\frac{B_{\Delta\theta}}{2^N}\cdot f_{clk} \tag{6-7}$$

其中，$B_{\Delta\theta}$ 为频率输入字，即频率控制字，它与系统时钟频率呈正比；f_{clk} 为系统基准时钟的频率值；N 为相位累加器的数据位宽，也是频率输入字的数据位宽。

（2）DDS 的频率分辨率 Δf。DDS 的频率分辨率 Δf 也即频率最小步进值，可用频率输入值步进一个最小间隔对应的频率输出变化量来衡量。由式（6-7）得到

$$\Delta f=\frac{f_{clk}}{2^N} \tag{6-8}$$

由式（6-7）可见，利用 DDS 技术，可以实现输出任意频率和指定精度的正弦信号发生器；而且也可做任意波形发生器，即只要改变 ROM 查找表中的波形数据就可实现。

DDS 的特点有如下 4 个。

（1）频率分辨率在相位累加器的位数 N 足够大时，理论上可以获得相应的分辨精度，这是传统方法难以实现的。

（2）DDS 是一个全数字结构的开环系统，无反馈环节，因此速度快，可达毫微秒量级。

（3）其相位误差主要依赖于时钟的相位特性，因此相位误差小。

（4）DDS 相位是连续变化的，形成的信号具有良好的频谱，而传统的直接频率合成方法无法实现。

6.9.2 DDS 信号发生器设计示例

图 6-42 是根据图 6-41 的基本 DDS 原理框图做出的电路原理图的顶层设计，其中相位累加器的位宽是 32，图中共有 3 个元件和一些接口。

对图 6-42 电路的说明如下。

（1）32 位加法器 ADDER32。由 LPM_ADD_SUB 宏模块构成。设置了 2 阶流水线结

构，使其在时钟控制下有更高的运算速度和输入数据稳定性。

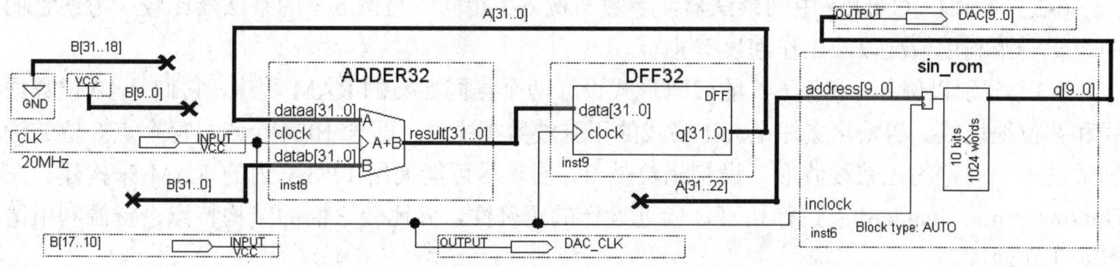

图 6-42　DDS 信号发生器电路顶层原理图

（2）32 位寄存器 DFF32。由 LPM_FF 宏模块担任。ADDER32 与 DFF32 构成一个 32 位相位累加器。其高 10 位 A[31..22]作为波形数据 ROM 的地址。

（3）正弦波形数据 ROM。正弦波形数据 ROM 模块 sin_rom 的地址线和数据线位宽都是 10 位。这就是说，其中的一个周期的正弦波数据有 1024 个，每个数据有 10 位。其输出可以接一个 10 位的高速 DAC；如果只有 8 位 DAC，可截去低 2 位输出。ROM 中的 mif 数据文件可用附录 A.3 节介绍的软件工具获得。

（4）频率控制字输入 B[17..10]。本来的频率控制字是 32 位的，但为了方便实验验证，把高于 17 和低于 10 的输入位预先设置成 0 或 1。对于附录 A.1 节的系统，此 8 位数据 B[17..10]可由键 1 和键 2 控制输入（选择实验电路模式 1）。

频率控制字 B[31..0]与由 DAC[9..0]驱动的 DAC 的正弦信号的频率的关系，可以由式（6-7）算出，即

$$f_{\text{out}} = \frac{\text{B[31..0]}}{2^{32}} \cdot f_{\text{clk}} \tag{6-9}$$

其中，f_{out} 为 DAC 输出的正弦波信号频率；f_{clk} 为 CLK 的时钟频率，直接输入是 20 MHz，接入锁相环后可达到更高频率。频率上限要看 DAC 的速度。如果接高速的 DAC，如 10 位的 DAC900，输出上限速度可达 180 MHz。但应该注意，DAC900 需要一个与数据输入频率相同的工作时钟驱动，这就是图 6-42 中的 DAC_CLK。它用作外部 DAC 的工作时钟。

图 6-43 是图 6-42 所示电路的仿真波形。尽管这个波形只是局部的，但也能看出 DDS 的部分性能。即随着频率控制字 B[17..10]的加大，电路中 ROM 的数据输出的速度也将提高。如当 B[17..10]=1FH、56H、F5H 时，DAC 输出数据的速度有很大不同。

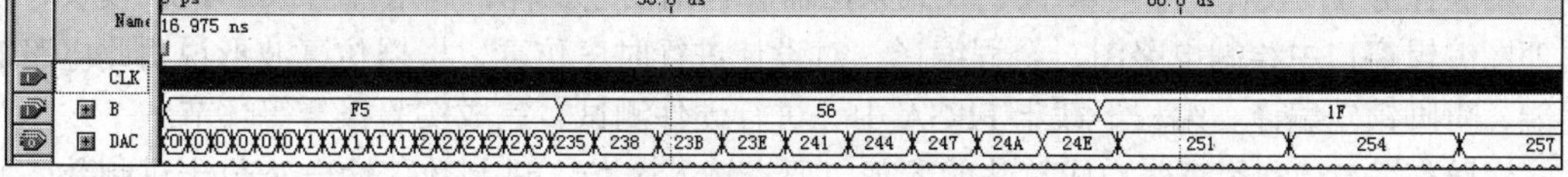

图 6-43　图 6-42 的仿真波形

（5）如果外部 DAC 是 DAC0832，只需将 DAC[9..2]输出给 0832 即可。

习　题

6-1　使用 Quartus Prime Standard 中的 IP Catalog 调用计数器 lpm_counter，生成调用该模块

的 VHDL 代码，其中参数自定。

6-2　调用 IP Catalog 中的乘法器，参数与例 6-3 相同。与例 6-3 的乘法器比较，考察它们的逻辑资源利用情况以及工作速度等指标。

6-3　分别以例 6-5 和例 6-6 的代码形式设计两个相同参数的 RAM 程序，它们是 10 位数据线和 8 位地址线。初始化文件是.mif 格式的正弦波数据文件，即含 1024 个点，每个点 8 位二进制数的一个周期的正弦波波形，设初相位是 0。要求尽可能调用 FPGA 内的 RAM 来构建。在 Quartus Prime Standard 上进行仿真，验证设计的正确性，并比较它们的结构特点、资源利用情况及工作速度。

6-4　修改例 6-6，用 generic 语句定义例 6-6 中数据线宽和存储单元的深度的参数，再设计一个顶层文件例化例 6-6。此顶层文件能将参数传入底层模块例 6-6。顶层文件的参数设数据宽度=16，存储深度 msize=1024。

6-5　建立一个 VHDL 顶层设计工程，调用片内 RAM IP，结构参数与习题 6-3 相同，初始化文件是.hex 格式的正弦波数据文件。给出设计的仿真波形。

实验与设计

实验 6-1　查表式硬件运算器设计

实验原理： 对于高速测控系统，影响测控速度最大的因素可能是在测得必要的数据并经过复杂的运算后，才能发出控制指令。因此数据的运算速度决定了此系统的工作速度。可以用多种方法来解决运算速度问题，如用高速计算机、纯硬件运算器、ROM 查表式运算器等。用高速计算机属于软件解决方案，用纯硬件运算器属于硬件解决方案，而用 ROM 查找表运算器属于查表式运算解决方案。预先将一切可能出现的且需要计算的数据都计算好，装入 ROM 中（根据精度要求选择 ROM 的数据位宽和存储量的大小），然后将 ROM 的地址线作为测得的数据的输入口。测控系统一旦得到所测的数据，并将数据作为地址信号输入 ROM 后，即可获得答案。这个过程的时间很短，只等于 ROM 的数据读出周期。所以这种方案的“运算”速度较高。

实验任务 1： 设计一个 4×4 位查表式乘法器。包括创建工程、调用片内 ROM IP 模块、在原理图编辑窗口中绘制电路图、全程编译、对设计进行时序仿真、根据仿真波形说明此电路的功能、引脚锁定编译、编程下载于 FPGA 中、进行硬件测试、完成实验报告等环节。

实验任务 2： 利用查表完成算法的原理，要求输入 8 位二进制数、输出 3 位十进制数，并要求每一位能直接驱动共阴极 7 段数码管显示。完成完整的实验流程。

实验 6-2　正弦信号发生器设计

实验目的： 进一步熟悉 Quartus 及其片内 ROM IP 与 FPGA 硬件资源的使用方法。

实验任务 1： 实验原理参考本章 6.4 节相关内容。根据图 6-25，在 Quartus 上完成简易正弦信号发生器设计，包括建立工程、生成正弦信号波形数据、仿真等。完成 FPGA 中 ROM 的在系统数据读写测试，并利用示波器观察输出的波形。最后完成 EPCS4 配置器件的编程。信号输出的 D/A 使用 DAC0832。

实验任务 2：针对图 6-25 所示的电路，通过 Signal Tap 观察波形。最后在实验系统上实测，包括利用 In-System Sources and Probes Editor 测试。

实验任务 3：设计一任意波形信号发生器，可以使用 LPM 双口 RAM 担任波形数据存储器，利用单片机产生所需要的波形数据，然后输向 FPGA 中的 RAM。

实验 6-3　简易逻辑分析仪设计

实验原理：逻辑分析仪就是一个多通道逻辑信号或逻辑数据采样、显示与分析的电子设备。逻辑分析仪可以将数字系统中的脉冲信号、逻辑控制信号、总线数据甚至毛刺脉冲都同步高速地采集进该仪器中的高速 RAM 中暂存，以备显示和分析。因此逻辑分析仪在数字系统，甚至计算机的设计开发和研究中都提供了必不可少的帮助。本实验只是利用 RAM 和一些辅助器件设计一个简易的数字信号采集电路模块。但只要进一步配置好必要的控制电路和通信接口，就能构成一台实用的设备。

如图 6-44 所示是一个 8 通道逻辑数据采集电路，主要由 3 个功能模块构成：一个片内 RAM IP、一个 10 位计数器 LPM_COUNTER 和一个锁存器 74244。RAM0 是一个 8 位片内 RAM IP，存储 1024 个字节，有 10 根地址线 address[9..0]，它的 data[7..0]和 q[7..0]分别是 8 位数据输入和输出总线口；wren 是写入允许控制，高电平有效；inclock 是数据输入锁存时钟；inclocken 是此时钟的使能控制线，高电平有效。

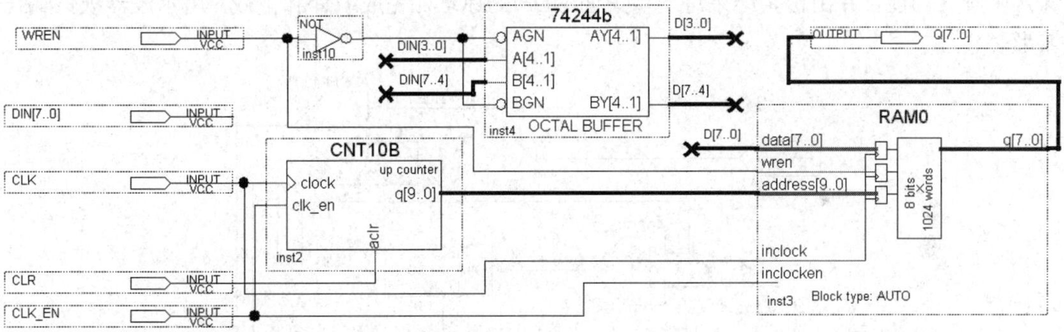

图 6-44　逻辑数据采样电路顶层设计

对图 6-44 电路的时序仿真报告波形如图 6-45 所示。在编辑仿真激励文件时，注意输入信号 CLK、CLK_EN、CLR、WREN 和输入总线数据 DIN[7..0]的激励信号波形的设置及时序安排。

由图 6-45 所示的波形可以看到，在 RAM 数据读出时间段，能正确地将写入的数据完整地按地址输出。这表明图 6-44 所示的电路能成为一个 8 通道的数字信号采集系统。

实验任务 1：完成图 6-44 所示的完整设计（包括加入锁相环）和仿真，并进行硬件测试。首先根据实验系统的基本情况进行引脚锁定、编译，然后下载。被测的 8 路逻辑信号可以来自实验系统上的时钟信号源。利用 Quartus 的在系统存储器内容编辑器 In-System Memory Content Editor，或使用 Quartus 的 Signal Tap 测试采样的波形数据，也可使用 In-System Sources and Probes 来显示采样的数据，而且可以利用其 Sources 信号在 FPGA 内部直接控制 WREN 等信号。

实验任务 2：对电路做一些改进，如为不同的触发方式加入一些逻辑控制，则容易将其设计成为一个 8 通道、深度 1024 位的简易逻辑分析仪。

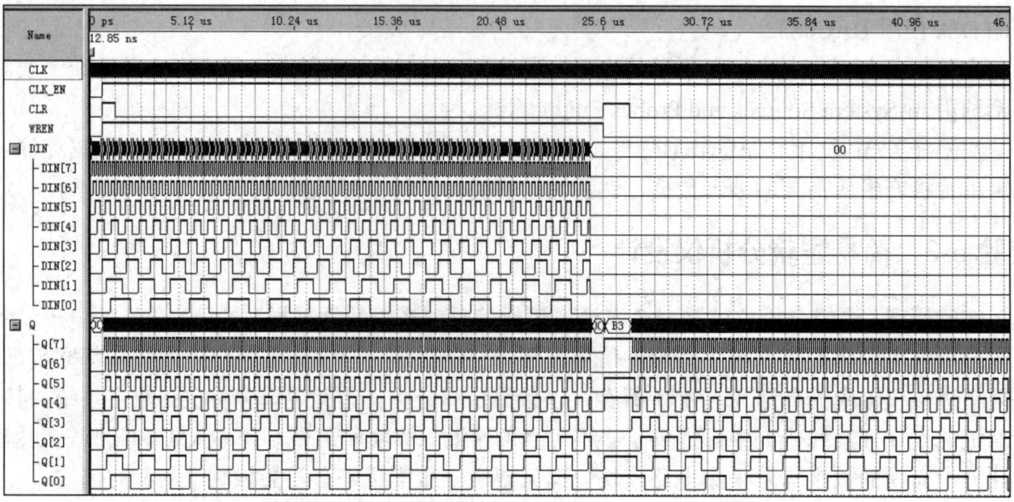

图 6-45　逻辑数据采样电路时序仿真波形

实验 6-4　DDS 正弦信号发生器设计

实验目的： 学习利用 DDS 理论，在 FPGA 中实现直接数字频率综合器 DDS 的设计。

实验任务 1： 详细叙述 DDS 的工作原理，根据图 6-46 所示原理图完成整体设计和仿真测试，深入了解其功能，并由仿真结果进一步说明 DDS 的原理。完成编译和下载，用示波器观察输出波形。

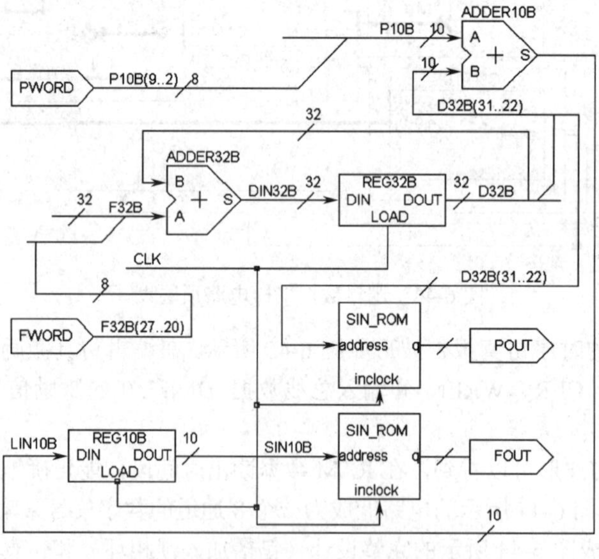

图 6-46　DDS 正弦信号发生器顶层原理图

实验任务 2： 要求系统时钟来自嵌入式锁相环。注意，若用 Signal Tap 观察波形，注意采样频率的选择。

实验任务 3： 将图 6-46 所示的顶层原理图表述为 VHDL 程序，重复实验任务 1 的内容。

实验任务 4： 在图 6-46 所示的设计中增加一些元件，设计成扫频信号源，扫频速率、扫频频域、扫频步幅可设置。所有控制可以用单片机完成，如使用 8051 核来完成。

实验任务 5： 将此设计改成频率可数控的正交信号发生器，即使电路输出两路信号，且相互正交，一路为正弦（sin）信号，一路为余弦（cos）信号，它们所对应 ROM 波形数据相差 90 度，可用附录 A.3 节介绍的软件生成。

实验任务 6： 利用此电路设计一个 FSK 信号发生器，并硬件实现。用示波器和 Signal Tap 观察输出波形。

实验 6-5　移相信号发生器设计

实验原理： 图 6-46 是基于 DDS 模型的数字移相信号发生器的电路模型图。FWORD 是 8 位频率控制字，控制输出信号的频率；PWORD 是 8 位相移控制字，控制输出信号的相移量；ADDER32B 和 ADDER10B 分别为 32 位和 10 位加法器；SIN_ROM 是存放正弦波数据的 ROM，10 位数据线，10 位地址线，设其中的数据文件是 LUT10X10.mif，可由附录 A.3 节中的软件或用 MATLAB 生成；REG32B 和 REG10B 分别是 32 位和 10 位寄存器；POUT 和 FOUT 均为 10 位输出，可以分别与两个高速 D/A 相接，并分别输出参考信号和可移相正弦信号。图 6-46 所示的相移信号发生器与图 6-42 的不同之处是多了一个波形数据 ROM，它的地址线没有经过移相用的 10 位加法器，而直接来自相位累加器，所以用于基准正弦信号输出。

实验任务 1： 完成 10 位输出数据宽度的移相信号发生器的设计，要求使用锁相环，设计正弦波形数据.mif 文件；给出仿真波形。最后进行硬件测试。对于附录 A.1 节的系统，需要使用含双路 DAC0832 的扩展模块，或基于高速 DAC 的双路 DAC900。

实验任务 2： 修改设计，增加幅度控制电路（如可以用一个乘法器控制输出幅度）。

实验思考题 1： 如果频率控制字宽度直接用 32 位，相位控制字宽度直接用 10 位，输出仍为 10 位，时钟为 20 MHz（通过锁相环产生），请计算频率、相位和幅度三者分别的步进精度，并给出输出频率的上下限。

实验思考题 2： 给出基于此项设计的李萨如图信号发生器的设计方案。

实验报告： 根据以上的实验要求、实验内容和思考题写出实验报告。

实验 6-6　VGA 简单图像显示控制模块设计

实验原理： 参考实验 5-5。图 6-47 所示是 VGA 图像显示控制模块顶层设计原理图。其中锁相环输出 25 MHz 时钟，imgROM1 是图像数据 ROM，注意其数据线宽为 3，恰好放置 R、G、B 三像素信号数据，因此此图像的每一像素仅能显示 8 种颜色。vgaV 是显示扫描模块，程序是例 6-7。

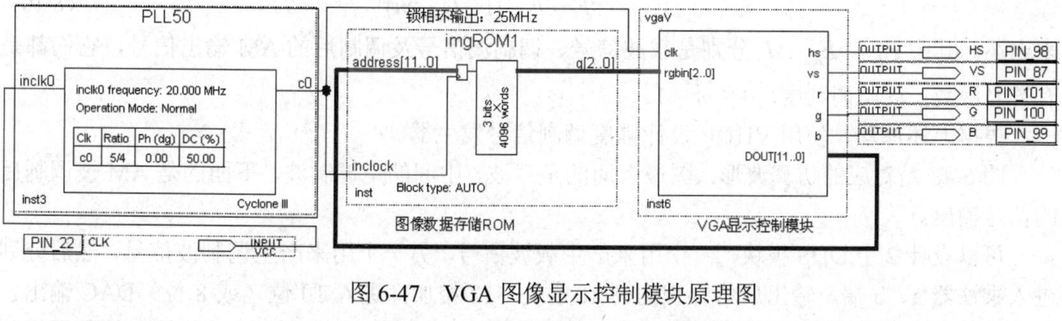

图 6-47　VGA 图像显示控制模块原理图

实验任务 1： 设计与生成图像数据；根据 imgROM1 的接口，定制放置图像数据的 ROM。

实验任务 2： 硬件验证例 6-7 和图 6-47，电路图脚锁定方式同实验 5-5。

实验任务 3： 为了显示更大的图像，将 imgROM1 规模加大，修改例 6-7 程序，并设计纯逻辑硬件控制的动画游戏。

【例 6-7】

```
LIBRARY ieee;                                    --图像显示顶层程序
USE ieee.std_logic_1164.all;
ENTITY vgaV IS
  Port (clk50MHz :  IN  STD_LOGIC;
        hs, vs, r, g, b :  OUT  STD_LOGIC);
END vgaV;
ARCHITECTURE modelstru OF vgaV IS
  component vga640480                           --VGA显示控制模块
   PORT(clk : IN STD_LOGIC;
     rgbin : IN STD_LOGIC_VECTOR(2 downto 0);
     hs, vs, r, g, b : OUT STD_LOGIC;
     hcntout, vcntout : OUT STD_LOGIC_VECTOR(9 downto 0));
end component;
component imgrom                                 --图像数据ROM，数据线3位；地址线12位
   PORT(inclock : IN STD_LOGIC;
     address : IN STD_LOGIC_VECTOR(11 downto 0);
     q : OUT STD_LOGIC_VECTOR(2 downto 0));
end component;
signal   rgb :  STD_LOGIC_VECTOR(2 downto 0);
signal   clk25MHz : std_logic;
signal   romaddr :  STD_LOGIC_VECTOR(11 downto 0);
signal   hpos, vpos  :  std_logic_vector(9 downto 0);
BEGIN
romaddr <= vpos(5 downto 0) & hpos(5 downto 0);
process(clk50MHz) begin
if clk50MHz'event and clk50MHz='1' then clk25MHz<=not clk25MHz; end if;
end process;
i_vga640480 : vga640480 PORT MAP(clk => clk25MHz,rgbin => rgb, hs => hs,
vs => vs, r => r, g => g, b => b, hcntout => hpos, vcntout => vpos);
i_rom : imgrom PORT MAP(inclock => clk25MHz, address => romaddr, q => rgb);
end;
```

实验 6-7　AM 幅度调制信号发生器设计

实验原理：AM 幅度调制函数信号表达式可用

$$F = F_{dr} \cdot (1 + F_{am} \cdot m) \tag{6-10}$$

来表述。其中 F_{dr}、F_{am}、F 分别是载波信号、调制波信号及调制后的 AM 输出信号，它们都是有符号函数；m 是调制度：$0 < m < 1$。

根据上述原理，使用 VHDL 设计幅度调制信号发生器。

图 6-48 是对应的仿真波形：图最上面的是载波，中间的是调制波，下面的是 AM 被调制后的信号输出。

可以设计 2 个 DDS 模块，一个用来产生载波信号，另一个用来产生调制波信号，然后分别进入乘法器 a、b 端。输出后将乘积的高 10 位与 512 相加，进入 10 位（或 8 位）DAC 输出。采用 4 位 AM 口输入的数据控制调制波信号频率，3 位数据控制调制度，8 位输入的数据控制载波信号频率。使用的正弦 ROM 表格中均为有符号数据，数字乘法器和加法器都是有符号器件，在 Quartus 中调用相关 IP 模块时请注意符号问题。

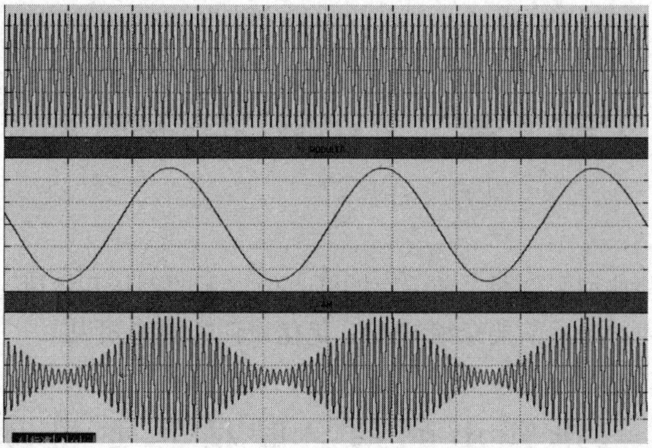

图 6-48　AM 模型仿真波形

实验任务 1：参照 AM 幅度调制函数信号表达式，给出对应的 VHDL 设计，最后在 EDA 实验系统和扩展模块（高速 DAC 模块）上进行硬件验证。设计要求，载波频率、调制波频率和调制度都可设置。编程中还要注意小数和有符号数的表述和运算。

实验任务 2：根据同样思路设计频率调制 FM 信号发生器，实现 2ASK、2PSK 调制器。

第 7 章　VHDL 设计深入

本章将通过一些典型示例对之前尚存的疑点做深入的剖析和探讨，进一步揭示 VHDL 程序设计的内在规律。最后简要介绍 VHDL 优化设计方面的知识。

7.1　进程中的信号赋值与变量赋值

准确理解和把握一个进程中的信号或变量赋值行为的特点以及它们功能上的异同点，对利用 VHDL 进行正确的电路设计十分重要。

下面对信号和变量这两种数据对象在赋值上的异同点做一些分析比较。一般地，从硬件电路系统来看，变量和信号相当于逻辑电路系统中的连线和连线上的信号值；常量相当于电路中的恒定电平，如 GND 或 VCC 接口。

表 7-1 就赋值语句的基本用法、适用范围和行为特性等方面对信号与变量做了比较。

表 7-1　信号与变量赋值语句功能的比较

比 较 对 象	信号 SIGNAL	变量 VARIABLE
基本用法	用于作为电路中的信号连线	用于作为进程中局部数据存储单元
适用范围	在整个结构体内的任何地方都能适用	只能在所定义的进程中使用
行为特性	在进程的最后才对信号赋值，有延时	立即赋值，无延时
与 Verilog 对比	信号赋值类似于非阻塞式赋值	变量赋值类似于阻塞式赋值

对于表 7-1 中前面两项（即基本用法和适用范围），即关于信号和变量的区别，已在前文做了比较详尽的说明，而且也比较容易理解。对于了解 Verilog 的读者，第 4 项的对比也能帮助进一步地认识信号与变量赋值的不同点。至于第 3 项的行为特性就不是很容易理解了。对于初学者，这是 VHDL 学习的难点，也是学习的重点。为了更具体、更高效地了解信号与变量的特性并掌握其用法，以下通过示例来说明。

试比较例 7-1 和例 7-2（注意，此二例与例 7-3 和例 7-4 中实体与库的描述部分同例 3-6 相同）。事实上例 7-2 与例 3-6 完全相同，是典型的 D 触发器的 VHDL 描述，综合后的电路如图 7-1 所示。例 7-1 仅仅是将例 7-2 中定义的信号换成了变量，其综合的结果与例 7-2 完全一样，也是图 7-1 所示的 D 触发器。另外，注意例 7-1 的语句 Q <= Q1 只能放在进程内，而例 7-2 的同一语句放在进程内外都可以。

这两个示例表明，在不完整的条件语句中，单独的变量赋值语句与信号赋值语句都能综合出相同的时序电路，此时变量已不是简单的数据临时储存结构了。

再来比较例 7-3 和例 7-4。它们唯一的区别是对进程中的 A 和 B 定义了不同的数据对象：前者定义为信号而后者定义为变量。然而，它们的综合结果也有很大的不同：前者综合的电路是图 7-2，后者综合的电路是图 7-1，与例 7-2 的结果完全一样。

在此，例 7-3 和例 7-4 对信号与变量的不同特性做了很好的展示说明，这有助于深入理解表 7-1 中关于信号与变量行为特性的说明。

【例 7-1】使用变量赋值的时序模块设计

```
ARCHITECTURE bhv OF DFF1 IS
  BEGIN
  PROCESS (CLK)
    VARIABLE Q1 : STD_LOGIC;
BEGIN
IF  CLK'EVENT AND CLK='1'
THEN Q1 := D;  END IF;
Q <= Q1;
END PROCESS;
END;
```

【例 7-2】使用信号赋值的时序模块设计

```
ARCHITECTURE bhv OF DFF1 IS
SIGNAL Q1 : STD_LOGIC;
BEGIN
PROCESS (CLK)
BEGIN
 IF  CLK'EVENT AND CLK='1'
THEN  Q1 <= D;  END IF;
END PROCESS;
 Q <= Q1;
END;
```

【例 7-3】

```
ARCHITECTURE bhv OF DFF1 IS
SIGNAL A,B : STD_LOGIC;
BEGIN
PROCESS (CLK)
BEGIN
IF  CLK'EVENT AND CLK='1'  THEN
A <= D;    B <= A;
Q <= B;
END IF;
END PROCESS;
END;
```

【例 7-4】

```
ARCHITECTURE bhv OF DFF1 IS
BEGIN
PROCESS (CLK)
VARIABLE A,B : STD_LOGIC;
BEGIN
IF  CLK'EVENT AND CLK='1'  THEN
 A := D;      B := A;
 Q <= B;
END IF;
END PROCESS;
END;
```

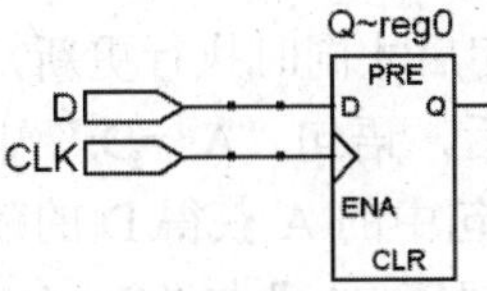

图 7-1　D 触发器电路

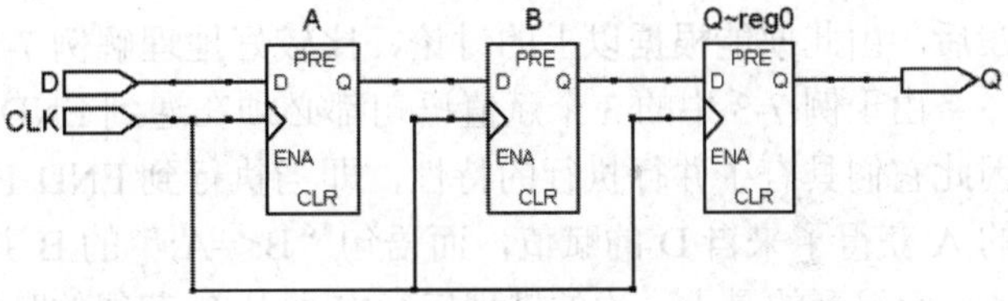

图 7-2　例 7-3 的 RTL 电路图

对于进程中的赋值行为应该注意以下 3 点。

（1）信号的赋值需要有一个δ延时，例如，当执行到例 7-3 中的表达式 A<=D 时，D 向 A 的赋值是在一个δ延时后发生的，此时 A 并未得到更新，即 A 并未获得 D 的值，只是刚刚启动了一个延时为δ的模拟定时器，只有在延时δ后，A 才能被更新，获得 D 的赋值。

（2）进程中的赋值特点是所有赋值语句，包括信号赋值和变量赋值，都必须在一个δ延时内完成（变量在δ延时前即已完成赋值），即一个进程的运行时间固定为一个δ延时。一方面，在进程中的所有信号赋值语句在进程启动的一瞬间立即启动各自的延时为δ的定时器，预备在定时结束后分别执行赋值操作；但另一方面，在顺序执行到“END PROCESS;”语句时，δ延时才结束，因此这时在进程中的所有信号赋值操作是同时完成赋值的（即令赋值对象的值发生更新），即在进程中的顺序赋值是以并行的方式“同时”完成的，并且在执行到 END PROCESS 语句时才发生。因此不难理解，执行赋值操作和完成赋值是两个不同的概念。对于类似于 C 的软件语言，执行或完成一条语句的赋值是没有区别的，但对于 VHDL 的信号的赋值有很大的不同。“执行赋值”只是一个过程，它具有顺序的特征；而“完成赋值”是一种结果，它的发生具有 VHDL 的信号赋值最有特色的并行行为特征。

（3）当在进程中存在同一信号有多个赋值源（即对同一信号发生多次赋值）时，实际完成赋值，即赋值对象的值发生更新的信号是最接近 END PROCESS 语句的信号。

如上所述，由于进程中的顺序赋值部分没有时间的流逝，因此在顺序语句部分，无论有多少语句，都必须在到达“END PROCESS;”语句时，δ延迟才能发生，VHDL 仿真过程的模拟器时钟才能向前推进。为了更好地理解，首先考察例 7-5。

设例 7-5 的进程在 5 ns+δ时刻被启动，在此后的δ时间进程中，所有行为都必须执行完。在 5 ns+δ时刻，信号 e1 被赋值为 1010（注意并没有即刻获得此值的更新），变量 c1 被赋值为 0011（此时确实已被更新为 0011）；然而信号 e1 的值在 5 ns+2δ时刻才被更新，而变量 c1 在赋值的瞬间即被更新，即在 5 ns+δ时刻，其值就变成 0011。尽管 c1 的赋值语句排在 e1 之后（假定是第 10 行），但 c1 获得 0011 值的时刻比 e1 获得 1010 值的时刻早一个δ时刻。

【例 7-5】

```
PROCESS(in1, in2, …)                        --此进程在5 ns+δ 时刻被启动
VARIABLE c1, …: STD_LOGIC_VECTOR(3 DOWNTO 0);
  BEGIN
...
        e1 <= "1010";                       --第3行
            ...
        c1 := "0011";                       --第10行
            ...
END PROCESS;                                --在5 ns+2δ 时刻结束进程
```

从表面看，对 e1 和 c1“执行赋值”是有严格顺序性的，即先执行 e1 的赋值操作，后执行 c1 的赋值操作；但“完成赋值”，即更新的情况并非一致。实际情况是 c1 在前而 e1 在后。由此便能根据以上的讨论，比较好地理解例 7-3 的信号赋值现象了。

由于例 7-3 中的 3 个赋值语句都必须在遇到 END PROCESS 语句后才同时执行更新，因此它们具有了并行执行的特性，即当执行到 END PROCESS 语句后，语句“A<=D;”中的 A 获得了来自 D 的赋值，而语句“B<=A;”的 B 并未通过上一语句中的 A 获得 D 的赋值，而得到的是上一次的进程运行中 A 从 D 获得的赋值。同理，语句“B<=A;”与“Q<=B;”中 B 的情况也与 A 相同。因此在进程的一次运行中，D 不可能通过信号赋值的方式将值传到 Q，使 Q 得到更新。在实际运行中，A 被更新的值是当前时钟上升沿以前的值；B 被更新的值是上一时钟周期的 A，而 Q 被更新的值也是上一时钟周期的 B。显然此程序的综合结果只能是图 7-2 所示的电路。

例 7-4 就不同了。由于 A、B 是变量，它们具有临时保留数据的特性，而且它们的赋值更新是立即发生的，因而有了明显的顺序性。当 3 条赋值语句顺序执行时，变量 A 和 B 就有了传递数据的功能。语句执行中，先将 D 的值传给 A，再通过 A 传给 B，最后在一个δ时刻后由 B 传给 Q。在这些过程中，A 和 B 只担当了 D 数据的暂存单元。Q 最终被更新的值即当前时钟有效边沿前的 D。由此来看，例 7-4 的综合结果确实应该是图 7-1 所示的单个 D 触发器。当然，如果按以下方式倒置例 7-4 中的 3 个赋值语句的顺序，根据变量和信号的赋值特点，一定能达到综合出图 7-2 电路的目的。

```
Q1 <= B;
B := A;
A := D1;
```

下面通过比较例 7-6 和例 7-7 进一步了解顺序语句中信号与变量之间的差别。从例 7-6

和例 7-7 的程序结构看，其意图是要设计一个 4 选 1 多路选择器，对应的电路理应是一个纯组合电路，其中的 a 和 b 是通道选通控制信号。

【例 7-6】

```
LIBRARY IEEE;
USE IEEE.STD_LOGIC_1164.ALL;
ENTITY mux4 IS
PORT (i0, i1, i2, i3, a, b : IN STD_LOGIC;  q : OUT STD_LOGIC);
END mux4;
ARCHITECTURE body_mux4 OF mux4 IS
signal muxval : integer range 7 downto 0;
BEGIN
process(i0,i1,i2,i3,a,b) begin
   muxval <= 0;
if (a = '1') then  muxval <= muxval + 1; end if;
if (b = '1') then  muxval <= muxval + 2; end if;
case muxval is
    when 0 => q <= i0;
    when 1 => q <= i1;
    when 2 => q <= i2;
    when 3 => q <= i3;
    when others => null;
end case;
end process;
END body_mux4;
```

【例 7-7】

```
LIBRARY IEEE;
USE IEEE.STD_LOGIC_1164.ALL;
ENTITY mux4 IS
PORT (i0, i1, i2, i3, a, b : IN STD_LOGIC;   q : OUT STD_LOGIC);
END mux4;
ARCHITECTURE body_mux4 OF mux4 IS
BEGIN
process(i0,i1,i2,i3,a,b)
variable muxval : integer range 7 downto 0;
begin
                   muxval := 0;
if (a = '1') then  muxval := muxval + 1;  end if;
if (b = '1') then  muxval := muxval + 2;  end if;
case muxval is
    when 0 => q <= i0;
    when 1 => q <= i1;
    when 2 => q <= i2;
    when 3 => q <= i3;
    when others => null;
end case;
end process;
END body_mux4;
```

例 7-6 和例 7-7 的主要不同在于，前者将标识符 muxval 定义为信号，后者将其定义为变量。结果综合出了完全不同的电路，因而产生了迥异的时序波形。它们的工作时序分别如图 7-3 和图 7-4 所示。可以看出，例 7-6 对应的工作时序表明，仿真未获得正确的输出结果，显然此例的设计是错误的；而例 7-7 对应的仿真波形显示出了输出 q 的正确时序结果，证明电路设计是正确的。那么，问题出在哪里呢？

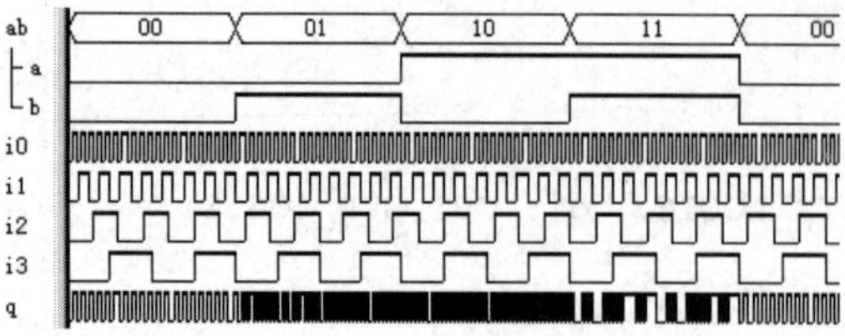

图 7-3　例 7-6 的错误工作时序

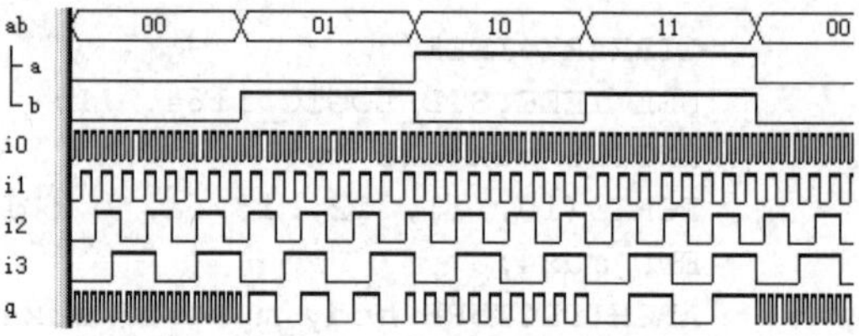

图 7-4　例 7-7 的正确工作时序

例 7-6 中，信号 muxval 在进程中有 3 次赋值操作，即有 3 个赋值源：muxval<=0、muxval<=muxval+1 和 muxval<=muxval+2；但根据进程中信号的赋值规则，前两个赋值语句中的赋值目标信号 muxval 都不可能得到更新，只有最后的 muxval<=muxval+2 语句中的 muxval 的值能得到更新。然而，由于传输符号右边的 muxval 始终未得到任何确定的初始值，即语句 muxval<=0 并未完成赋值，因此 muxval 始终是个未知值。结果只能被综合成随 b 和 a（a 和 b 被综合成了时钟输入信号）变动的时序电路，导致 muxval 成为一个不确定的信号。结果在进程最后的 CASE 语句中，无法通过判断 muxval 的值来确定选通输入，即对 q 的赋值，这在图 7-3 中十分清晰。

例 7-7 就不一样了。程序首先将 muxval 定义为变量，根据变量顺序赋值以及暂存数据的规则，首先执行了语句 muxval:=0（muxval 即刻被更新），从而使两个 IF 语句中的 muxval 都能得到确定的初值。另一方面，当 IF 语句不满足条件时，即当 a 或 b 不等于'1'时，由于 muxval 已经在第一条赋值语句中被更新为确定的值（即初值 0）了，因此尽管两个 IF 语句从表面上看很像不完整的条件语句，但都不可能被综合成时序电路。显然例 7-7 是一个纯组合电路，它们也就有了图 7-4 所示的正确波形输出。

7.2　含高阻输出的电路设计

本节通过几例含高阻态端口的实用电路的介绍，进一步阐明信号赋值与变量赋值、顺序语句和并行语句、进程结构以及不完整条件语句的要点和特点。

7.2.1　三态门设计

这里先介绍三态门的设计。引入三态门有许多实际的应用，如 CPU 设计中的数据和地址总线的构建、RAM 或堆栈的数据端口的设计等。利用 VHDL 在 FPGA 开发设计中引入三态控制电路也是可以实现的。在设计中，如果用 STD_LOGIC 数据类型的'Z'对一个变量赋值，即会引入三态门，并在控制下可使其输出呈高阻态，这等效于使三态门禁止输出。

例 7-8 程序是一个 8 位三态控制门电路的描述。当使能控制信号为'1'时，8 位数据输出；当其为'0'时输出呈高阻态，语句中将高阻态数据"ZZZZZZZZ"向输出端口赋值，其综合结果如图 7-5 所示。

【例 7-8】

```
LIBRARY IEEE;
```

```
USE IEEE.STD_LOGIC_1164.ALL;
ENTITY tri_s IS
  port (enable : IN STD_LOGIC;
        datain :  IN STD_LOGIC_VECTOR(7 DOWNTO 0);
        dataout : OUT STD_LOGIC_VECTOR(7 DOWNTO 0));
END tri_s;
ARCHITECTURE bhv OF tri_s IS
BEGIN
PROCESS(enable,datain)    BEGIN
   IF enable='1' THEN   dataout <= datain;
     ELSE dataout <="ZZZZZZZZ";  END IF;
END PROCESS;
END bhv;
```

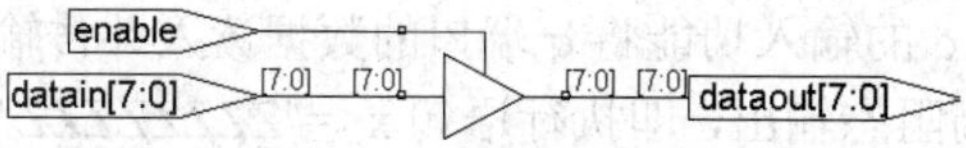

图 7-5　8 位三态控制门电路

一般地，可以首先将某信号定义为 STD_LOGIC 数据类型，将'Z'赋给这个信号来获得三态控制门电路。一个'Z'表示一个逻辑位，这是由于 STD_LOGIC 数据类型中含有元素'Z'。对于 VHDL 综合前的行为仿真与综合后功能仿真结果有可能是不同的，有时虽然能通过综合，但却不能获得正确的时序仿真结果。此外还应注意，虽然对于一般关键词，VHDL 语法规定不区分大小写，但当把表示高阻态的'Z'值赋给一个数据类型为 STD_LOGIC 的变量或信号时，'Z'必须是大写，这是因为在 IEEE 库中对数据类型 STD_LOGIC 的预定义已经将高阻态确定为大写'Z'（注意在单引号中）。

在以原理图为顶层设计的电路中使用三态门比较简单，只需调用三态门元件即可。

7.2.2　双向端口的设计方法

用 INOUT 端口模式设计双向端口也必须考虑三态的使用，因为双向端口的设计与三态端口的设计十分相似，都必须考虑端口的三态控制。这是由于双向端口在完成输入功能时，必须使原来呈输出模式的端口呈高阻态，否则待输入的外部数据势必会与端口处原有电平发生“线与”，导致无法将外部数据正确地读入以实现“双向”功能。读者可重点考察当不完整条件语句出现时对电路构成的影响。下面来比较例 7-9 和例 7-10 两个双向端口的 VHDL 设计实例。

【例 7-9】

```
library ieee;
use ieee.std_logic_1164.all;
entity tri_state is
port (control : in std_logic;
      in1: in std_logic_vector(7 downto 0);
       q : inout std_logic_vector(7 downto 0);
       x : out std_logic_vector(7 downto 0));
end tri_state;
architecture body_tri of tri_state is
begin
process(control,q,in1)  begin
```

```
if (control='0') then  x<=q; else  q<=in1;   x<="ZZZZZZZZ"; end if;
end process;
end body_tri;
```

【例 7-10】

```
... --以上部分同上例
process(control,q,in1)   begin
if (control='0') then  x <= q;   q <="ZZZZZZZZ";
                     else  q <= in1;  x <="ZZZZZZZZ";
end if;
end process;
end body_tri;
```

例 7-9 和例 7-10 都将 q 定义为双向端口，而把 x 定义为三态门输出口。它们的区别仅在于前者（例 7-9）利用 q 的输入功能将 q 端口的数据读入并传输给 x（即执行 x<=q）时，没有将 q 的端口设置成高阻态输出，即执行语句 x<="ZZZZZZZZ"，从而导致了如图 7-6 所示的综合结果，这是一个错误的逻辑电路。图 7-6 显示，尽管在程序的实体部分已经明确地定义了 q 为双向端口，但显示在电路中的综合结果却只有一个输出端口，而且在电路中还插入了一个锁存器。例 7-9 变成时序电路的原因十分简单：表面上看，其中的 IF 语句是一个完整的条件语句，但这仅是对 x 而言的，对 q 并非如此。即在 control 的两种不同条件下（'1'和'0'）都给出了 x 的输出数据，而 q 只在 control 为'1'时才执行赋值命令；而当 control 为'0'时，没有给出 q 的操作说明，显然这是一个非完整条件语句，必然导致时序器件的出现。

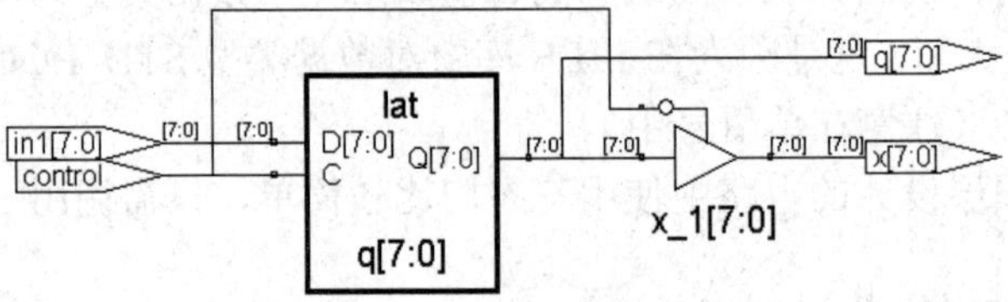

图 7-6　例 7-9 错误的综合结果

例 7-10 则不同，例中仅增加了语句 q<="ZZZZZZZZ"，就解决了以下问题。

（1）使 q 在 IF 语句中满足所有条件，从而避免了时序元件的引入。

（2）在 q 执行输入功能时，将其设定为高阻态输出，使 q 成为真正的双向端口。

例 7-10 综合后的电路如图 7-7 所示。图 7-7 所示电路中未见时序模块，control 对两个三态门进行反相控制，q 是双向端口，而 x 呈三态输出。

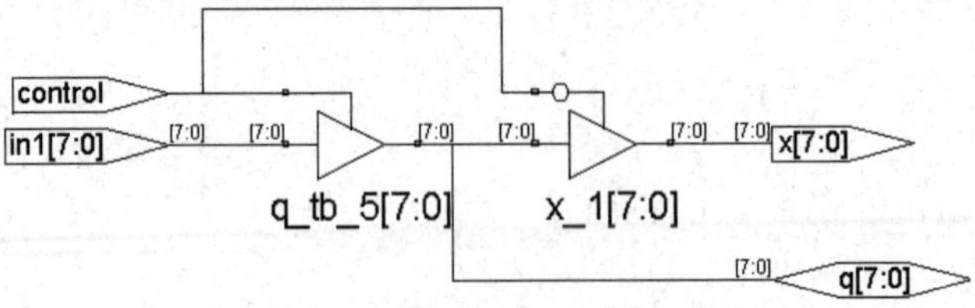

图 7-7　例 7-10 的综合结果

7.2.3　三态总线电路设计

为构成芯片内部的总线系统，必须设计三态总线驱动器电路，这可以有多种表达方法，但必须注意信号多驱动源的处理问题。例 7-11 和例 7-12 都试图描述一个 8 位 4 通道的三态总线驱动器，但其中一个程序是错误的。

【例 7-11】

```
LIBRARY IEEE;
USE IEEE.STD_LOGIC_1164.ALL;
ENTITY tristate2 IS
    port (input3, input2, input1, input0 :
               IN STD_LOGIC_VECTOR (7 DOWNTO 0);
    enable : IN STD_LOGIC_VECTOR(1 DOWNTO 0);
    output : OUT STD_LOGIC_VECTOR (7 DOWNTO 0));
END tristate2;
ARCHITECTURE multiple_drivers OF tristate2 IS
BEGIN
PROCESS(enable,input3, input2, input1, input0)   BEGIN
      IF enable = "00" THEN output <= input3;
         ELSE output <=(OTHERS =>'Z');         END IF;
      IF enable = "01" THEN output <= input2;
         ELSE output <=(OTHERS =>'Z');         END IF;
      IF enable = "10" THEN output <= input1;
         ELSE output <=(OTHERS =>'Z');         END IF;
      IF enable = "11" THEN output <= input0;
         ELSE output <=(OTHERS =>'Z');         END IF;
END PROCESS;
END multiple_drivers;
```

【例 7-12】

```
library ieee;
use ieee.std_logic_1164.all;
entity tri2 is
port (ctl : in  std_logic_vector(1 downto 0);
       datain1, datain2, datain3, datain4:
            in std_logic_vector(7 downto 0);
      q : out std_logic_vector(7 downto 0));
end tri2;
architecture body_tri of tri2 is
begin
 q <= datain1   when ctl="00" else  (others =>'Z');
 q <= datain2   when ctl="01" else  (others =>'Z');
 q <= datain3   when ctl="10" else  (others =>'Z');
 q <= datain4   when ctl="11" else  (others =>'Z');
end body_tri;
```

例 7-11 在一个进程结构中放了 4 个顺序执行的 IF 语句，并且是完整的条件描述句。若纯粹从语句上分析，通常会认为将产生 4 个 8 位的三态控制通道，且输出只有一个信号端 output，即一个 4 通道的三态总线控制电路。但事实并非如此。

如果考虑到前面曾对进程语句中关于信号赋值特点的讨论，就会发现例 7-11 中的输出信号 output 在任何条件下都有 4 个激励源，即赋值源。它们不可能都被顺序赋值更新。这是因为在进程中，顺序等价的语句，包括赋值语句和 IF 语句等，当它们列于同一进程敏感表中的输入信号同时变化时(即使不是这样，综合器对进程也会自动考虑这一可能的情况)，只可能对进程结束前的那一条赋值语句（含 IF 语句等）进行赋值操作，而忽略其上所有的等价语句。这就是说，例 7-11 虽然语法正确，能通过综合，却不能实现原有的设计意图。

显然，这是一个错误的设计方案。

从例 7-11 综合后的电路（见图 7-8）也能清晰看出，除了 input0，其余 3 个 8 位输入端都悬空，没能用上。显然是因为 input0 恰好被安排作为进程中 output 的最后一个激励信号。此例进一步诠释了表 7-1 关于信号的行为特性。

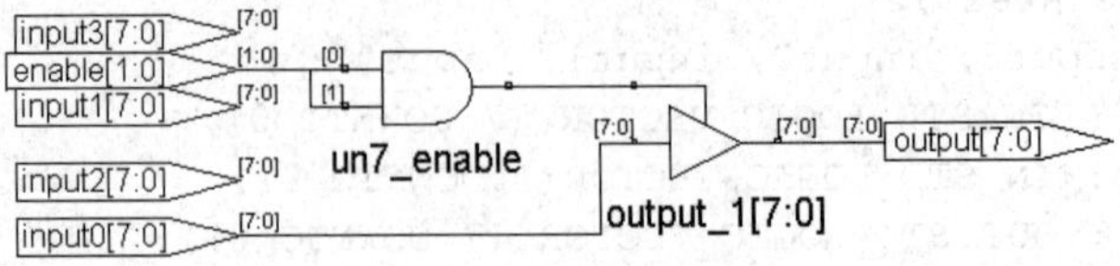

图 7-8　例 7-11 错误的综合结果

再来看例 7-12。由于在此例结构体中使用了 4 个并列的 WHEN-ELSE 并行语句，因此便能综合出正确的电路结构。这是因为在结构体中的每一条并行语句都等同于一个独立运行的进程，它们的地位是平等的，它们独立且不冲突地监测各并行语句中作为敏感信号的输入值 ctl。即当 ctl 变化时，4 条 WHEN-ELSE 语句中始终只有一条语句被执行。然而例 7-11 中的 4 条 IF 语句却只能执行最后一条。

例 7-12 表明，若要设计出能产生独立控制的多通道的电路结构，使用并行语句结构更加方便、直观、正确。这不难理解，如果将例 7-11 中的 4 个 IF 语句放在 4 个并列的 PROCESS 进程语句中，就一定能综合出与例 7-12 相同的正确结果来。

事实上，如果不细看会认为例 7-12 的结构是错误的，因为对于同一信号有 4 个并行赋值源，在实际电路上完全可能发生“线与”。但应注意，此例中，在 else 后使用高阻态赋值(others =>'Z')、高阻态“线与”是没有关系的，但如果将(others =>'Z')改成(others =>'0')或其他，就不一样了，综合必定无法通过。

7.3　资 源 优 化

在 ASIC 设计中，硬件设计资源及所谓面积（area）是一个重要的技术指标。对于 FPGA，其芯片面积（逻辑资源）是固定的，但有资源利用率问题，这里的“面积”优化是一种习惯上的说法，指的是 FPGA 的资源利用优化。FPGA 资源的优化具有一定的实用意义，具体如下。

- 通过优化，可以使用规模更小的可编程器件，从而降低系统成本，提高性价比。
- 对于某些 PLD 器件，当耗用资源过多时会严重影响优化的实现。
- 为以后的技术升级，需要留下更多的可编程资源，方便添加产品的功能。
- 对于多数可编程逻辑器件，资源耗用太多会使器件功耗显著上升。

面积优化的实现有多种方法，其中比较典型的是资源共享优化。

7.3.1 资源共享

在设计数字系统时经常会碰到一个问题：同样结构的模块需要被反复调用，但该结构模块需要占用较多的资源，这类模块往往是基于组合电路的算术模块，如乘法器、宽位加法器等。系统的组合逻辑资源大部分被它们占用，由于它们的存在，不得不使用规模更大、成本更高的器件。下面是一个典型的示例。

在例 7-13 中使用了两个 4×4 乘法器：A0×B 和 A1×B。该设计可用图 7-9 来描述其 RTL 结构：整个设计除两个乘法器以外就只剩一个多路选择器了。乘法器在设计中的面积占有率最大。如果仔细观察该电路的结构可以发现，当 s=0 时使用了乘法器 0，没有使用乘法器 1，而当 s=1 时只使用了乘法器 1，乘法器 0 是闲置的。同时输入 B 一直被接入乘法器模块并被使用，s 信号选择 0 或 1 的唯一区别是乘法器中一端的输入发生了变化，在 A0 信号和 A1 信号之间切换。据此分析，可以设法去掉一个乘法器，让剩下的乘法器共享利用，即不论 s 信号是什么，乘法器都在使用，或者说不同的 s 选择共享一个乘法器。图 7-10 即为优化的 RTL 图，对应例 7-14。

【例 7-13】

```
LIBRARY ieee;
USE ieee.std_logic_1164.all;
USE ieee.std_logic_unsigned.all;
USE ieee.std_logic_arith.all;
ENTITY multmux IS
   PORT (A0, A1, B  : IN  std_logic_vector(3 downto 0);
                 s  : IN  std_logic;
                 R  : OUT std_logic_vector(7 downto 0));
END multmux;
ARCHITECTURE rtl OF multmux IS
BEGIN
   process(A0,A1,B,s)   begin
      if(s='0') then  R<=A0 * B;  else  R<=A1 * B;  end if;
   end process;
END rtl;
```

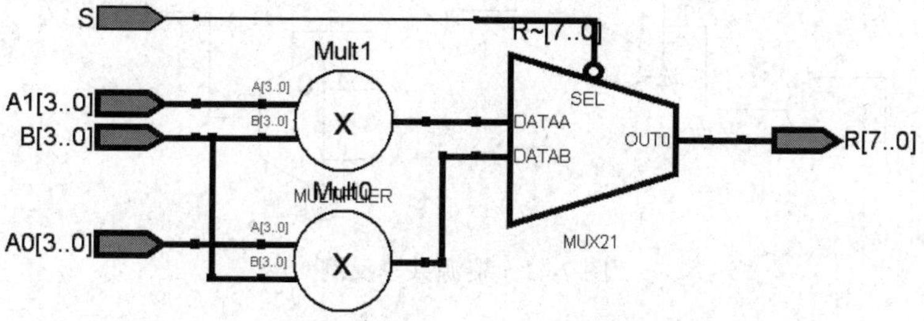

图 7-9　先乘后选择的设计方法 RTL 结构

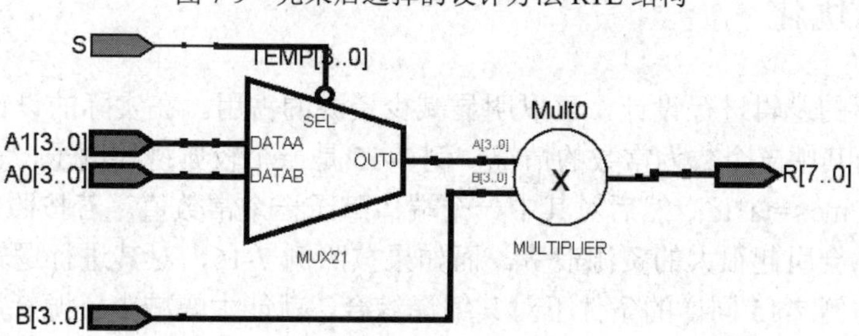

图 7-10　先选择后乘的设计方法 RTL 结构

【例 7-14】

```
...  --以上部分与例7-13相同
ARCHITECTURE rtl OF muxmult IS
```

```
    signal temp : std_logic_vector(3 downto 0);
BEGIN
    process(A0,A1,B,s)    BEGIN
        if(s='0') then    temp<=A0;    else  temp<=A1;    end if;
        R <= temp * B;
    END process;
END rtl;
```

图 7-10 中，使用 s 信号选择 A0、A1 作为乘法器的输入，B 信号固定作为共享乘法器的输入。与图 7-9 相比，在逻辑结果上没有任何改变，然而却节省了一个代价高昂的乘法器，使得整个设计占用的面积几乎减少了一半。

这里介绍的内容只是资源优化的一个特例。但是此类资源优化思路具有一般性意义，它主要针对数据通路中耗费逻辑资源比较多的模块，通过选择、复用的方式共享使用该模块，以减少该模块的使用个数，达到减少资源使用、优化面积的目的。这也对应 HDL 特定目标的编码风格。

但是，并不是在任何情况下都能实现资源优化的。若对图 7-11 中输入与门之类的模块使用资源共享，通常是无意义的，有时甚至会增加资源的使用（多路选择器的面积显然要大于与门）。而对于多位乘法器、快速进位加法器等算术模块，使用资源共享技术往往能大大优化资源。现在许多 HDL 综合器，如 Quartus 和 Synplify Pro 等，通过设置就能自动识别设计中需要资源共享的逻辑结构，自动进行资源共享。

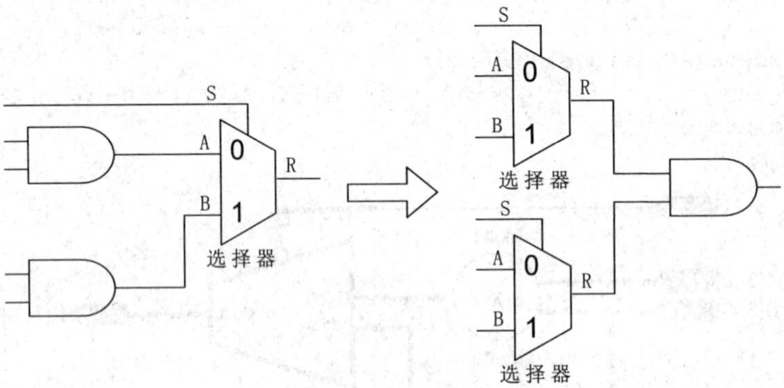

图 7-11　资源共享反例

7.3.2　逻辑优化

使用优化后的逻辑进行设计，可以明显减少资源的占用。在实际的设计中常常会遇到两个数相乘，而其中一个数为常数的情况。例 7-15 是一个较典型的例子，它构建了一个两输入的乘法器：mc<=ta*tb；然后对其中一个端口赋予一个常数值。若按照例 7-15 的设计方法处理，显然会引起很大的资源浪费。而如果按照例 7-16，对其进行逻辑优化，采用常数乘法器，在与例 7-15 同样的条件下对其编译综合，就能大幅减少资源耗用。当然，对于 Quartus 等综合器来说都能自动调整，故无此差异，但其设计编码风格值得关注。

【例 7-15】

```
LIBRARY ieee;
USE ieee.std_logic_1164.all;
```

```
use ieee.std_logic_unsigned.all;
use ieee.std_logic_arith.all;
ENTITY mult1 IS
   PORT(clk : in std_logic;
         ma : In std_logic_vector(11 downto 0);
         mc : out std_logic_vector(23 downto 0));
END mult1;
ARCHITECTURE rtl OF mult1 IS
   signal ta, tb : std_logic_vector(11 downto 0);
BEGIN
process(clk)  begin
   if(clk'event and clk='1') then
      ta<=ma;  tb<="100110111001";  mc<=ta * tb;   end if;
end process;
END rtl;
```

【例 7-16】

```
... --以上同例7-15
ARCHITECTURE rtl OF mult1 IS
   signal ta : std_logic_vector(11 downto 0);
   constant tb : std_logic_vector(11 downto 0):="100110111001";
BEGIN
process(clk) begin
   if(clk'event and clk='1') then  ta<=ma; mc<=ta*tb;  end if;
end process;
END rtl;
```

7.3.3 串行化

串行化是指把原来耗用资源巨大、单时钟周期内完成的并行执行的逻辑块分割开来，提取出相同的逻辑模块（一般为组合逻辑块），在时间上复用该逻辑模块，用多个时钟周期完成相同的功能，其代价是工作速度大为降低。事实上，诸如用 CPU 完成的操作可以看作是逻辑串行化的典型示例，它总是在时间上（表现在 CPU 上为指令周期）反复使用 ALU 单元来完成复杂的操作。例 7-17 描述了一个乘法累加器，其位宽为 16 位，功能是对 8 个 16 位数据进行乘法和加法运算，即：

$$\text{yout} = a_0b_0 + a_1b_1 + a_2b_2 + a_3b_3$$

【例 7-17】

```
LIBRARY ieee;
USE ieee.std_logic_1164.all;
use ieee.std_logic_unsigned.all;
use ieee.std_logic_arith.all;
ENTITY pmultadd IS
   PORT(a0,a1,a2,a3 : in std_logic_vector(7 downto 0);
        b0,b1,b2,b3 : in std_logic_vector(7 downto 0);
        yout : out std_logic_vector(15 downto 0);
        clk : in std_logic);
END pmultadd;
ARCHITECTURE p_arch OF pmultadd IS
BEGIN
```

```
process(clk) begin
   if(clk'event and clk = '1') then
      yout <= ((a0*b0)+(a1*b1))+((a2*b2)+(a3*b3));  end if;
end process;
END p_arch;
```

例 7-17 采用并行逻辑设计。由其 RTL 图可以看出，共耗用了 4 个 8 位乘法器和一些加法器，在 Quartus 中适配于 10CL055 器件，共耗用 460 个 LC。如果把上述设计用串行化的方式进行实现，只需用一个 8 位乘法器和一个 16 位加法器（两输入的），程序见例 7-18。从综合后的电路可以看出，串行化后，电路逻辑明显复杂了，加入了许多时序电路进行控制，比如 3 位二进制计数器，并且增加了两个大的选择器，但资源使用却要小得多，例 7-18 使用了相同的 Quartus 综合/适配设置，LC 的耗用数为 186 个。

【例 7-18】

```
   ...--以上部分与例7-17相同
clk, start : in std_logic);
END pmultadd;
ARCHITECTURE s_arch OF pmultadd IS
   signal cnt : std_logic_vector(2 downto 0);
   signal tmpa, tmpb : std_logic_vector(7 downto 0);
   signal  tmp, ytmp : std_logic_vector(15 downto 0);
  BEGIN
tmpa <= a0 when cnt = 0 else
        a1 when cnt = 1 else
        a2 when cnt = 2 else
        a3 when cnt = 3 else    a0;
tmpb <= b0 when cnt = 0 else
        b1 when cnt = 1 else
        b2 when cnt = 2 else
        b3 when cnt = 3 else    b0;
tmp <= tmpa * tmpb;
process(clk) begin
   if(clk'event and clk = '1') then
      if (start='1') then  cnt<="000"; ytmp<=(others=>'0');
      elsif (cnt<4) then  cnt<=cnt+1;  ytmp<=ytmp+tmp;
      elsif (cnt=4) then  yout<=ytmp;
      end if;    end if;
end process;
END s_arch;
```

应该注意，串行化后需要使用 5 个 clk 周期才完成一次运算，还需附加运算控制信号（start）；而对于并行设计，每个 clk 周期都可完成一次运算且不需要运算控制信号。

7.4　速 度 优 化

对大多数设计来说，速度优化比资源优化更重要，需要优先考虑。速度优化涉及的因素比较多，如 FPGA 的结构特性、HDL 综合器性能、系统电路特性、PCB 制板情况等，也包括 VHDL 的编码形式或风格。本节主要讨论电路结构描述方面的速度优化方法。

7.4.1　流水线设计

流水线（pipelining）技术在速度优化中是最常用的技术之一。它能显著地提高设计电路的运行速度上限。在现代微处理器如微机中的 Intel CPU 就使用了多级流水线技术（主要指执行指令流水线），数字信号处理器、高速数字系统、高速 ADC/DAC 器件等的设计几乎都离不开流水线技术，甚至有的新型单片机设计中也采用了流水线技术，以期达到高速特性（通常每个时钟周期执行一条指令）。

事实上在设计中加入流水线，并不会减少原设计中的总延时，有时甚至还会增加插入的寄存器的延时及信号同步的时间差，但却可以提高总体的运行速度。其实这并不矛盾，图 7-12 是一个未使用流水线的设计，在设计中存在一个延时较大的组合逻辑块。显然，该设计从输入到输出需经过的时间至少为 T_a，也就是说时钟信号 clk 周期不能小于 T_a。图 7-13 是对图 7-12 设计的改进，使用了两级流水线。在设计中表现为把延时较大的组合逻辑块切割成两块延时大致相等的组合逻辑块，它们的延时分别为 T_1、T_2。设置为 $T_1 \approx T_2$，与 T_a 存在关系式：$T_a = T_1 + T_2$。在这两个逻辑块中插入了寄存器。

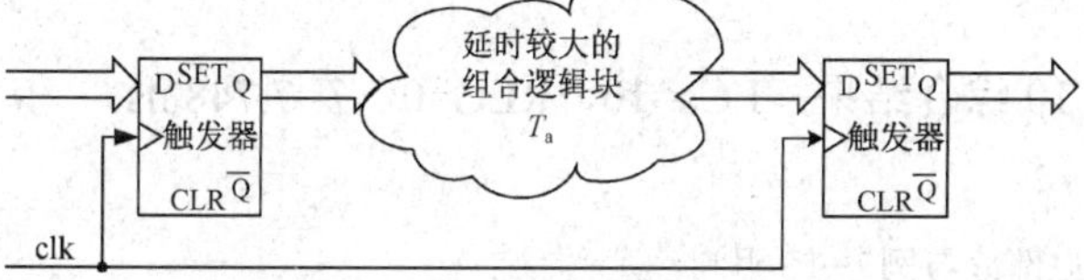

图 7-12　未使用流水线

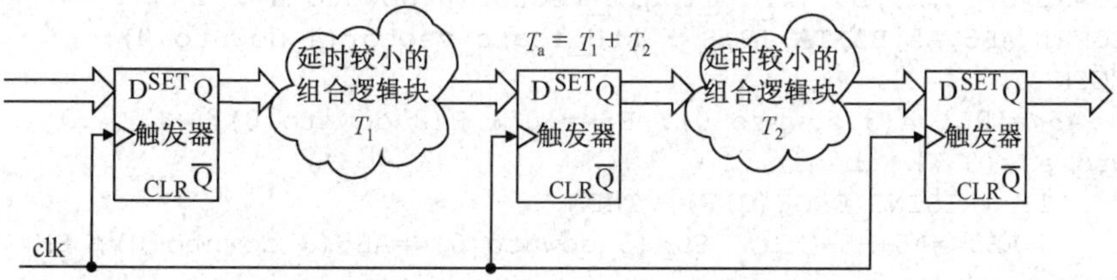

图 7-13　使用流水线结构

但是对于图 7-13 中流水线的第 1 级（指输入寄存器至插入的寄存器之间的新的组合逻辑设计），时钟信号 clk 的周期可以接近 T_1，即第 1 级的最高工作频率 F_{max1} 可以约等于 $1/T_1$；同样，第 2 级的 F_{max2} 也可以约等于 $1/T_1$。由此可以得出，图 7-13 中的设计的最高频率为：$F_{max} \approx F_{max1} \approx F_{max2} \approx 1/T_1$。显然，最高工作频率比图 7-12 设计的速度提升了近一倍。

图 7-13 中流水线的工作原理是这样的：一个信号从输入到输出需要经过两个寄存器（不考虑输入寄存器），共需时间为 $T_1+T_2+2T_{reg}$（T_{reg} 为寄存器延时），时间约为 T_a。但是每隔 T_1 时间，输出寄存器就输出一个结果，输入寄存器输入一个新的数据。这时两个逻辑块处理的不是同一个信号，资源被优化利用了，而寄存器对信号数据做了暂存。显然，流水线工作可以用图 7-14 来表示。

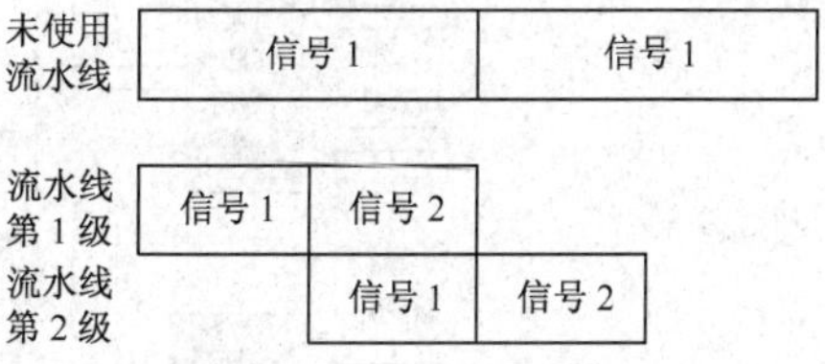

图 7-14　流水线工作图示

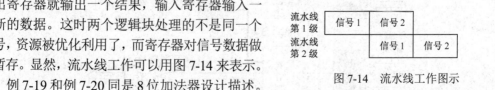

例 7-19 和例 7-20 同是 8 位加法器设计描述。前者是普通加法器描述方式；后者是二级流水线描述方式，其结构如图 7-15 所示。将 8 位加法分成两个 4 位加法操作，其中用锁存器隔离。基本原理与图 7-13 和图 7-14 介绍的原

理相同。

【例 7-19】

```
LIBRARY ieee; --普通加法器，
USE ieee.std_logic_1164.all;
USE ieee.std_logic_unsigned.all;
USE ieee.std_logic_arith.all;
ENTITY ADDER8 IS
   PORT (A, B : IN std_logic_vector(7 downto 0);
        CLK,CIN  : IN  std_logic;      COUT  : OUT  std_logic;
            SUM  : OUT std_logic_vector(7 downto 0));
END ADDER8;
ARCHITECTURE  rtl  OF ADDER8  IS
SIGNAL SUMC,A0,B0 : std_logic_vector(8 downto 0);
BEGIN
   A0<='0'& A; B0<='0' & B;
  process(CLK)   begin
     IF (RISING_EDGE(CLK)) THEN   SUMC <= A0+B0+CIN;  END IF;
  end process;
   COUT<=SUMC(8); SUM<=SUMC(7 downto 0);
END rtl;
```

例 7-19 的 EP3C10 综合结果：LCs=10，REG=0，*T*=7.748 ns。

【例 7-20】

```
   ...--以上部分与例7-19相同
ARCHITECTURE rtl OF ADDER8  IS    --流水线加法器
SIGNAL SUMC,A9,B9 : std_logic_vector(8 downto 0);
SIGNAL AB5,A5,B5,TA,TB,S : std_logic_vector(4 downto 0);
BEGIN
   A5<='0'& A(3 downto 0); B5<='0'& B(3 downto 0);
 process(CLK)   begin
     IF (RISING_EDGE(CLK)) THEN
       AB5<=A5+B5+CIN;  SUM(3 downto 0)<=AB5(3 downto 0); END IF;
   end process;
 process(CLK)   begin
     IF (RISING_EDGE(CLK)) THEN
     S<=('0'& A(7 downto 4))+('0'& B(7 downto 4))+ AB5(4); END IF;
   end process;
     COUT<=S(4); SUM(7 downto 4)<=S(3 downto 0);
END rtl;
```

例 7-20 的 EP3C10 综合结果：CLK=275 MHz，*T*=3.63 ns，LCs=24，REG=22。

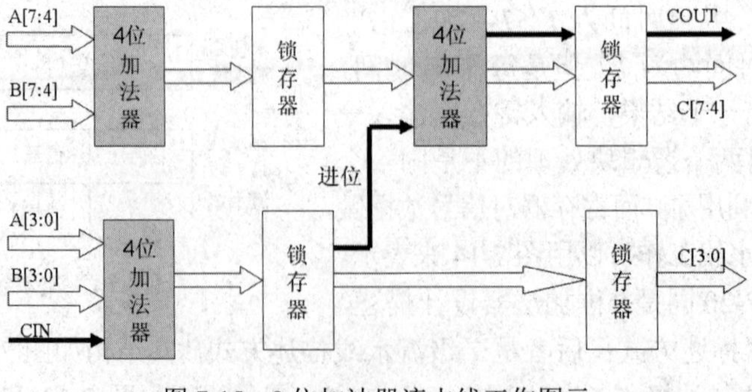

图 7-15　8 位加法器流水线工作图示

可以利用 Quartus 对以下两个示例的工作时序、逻辑耗用和时钟速度进行比较。图 7-16 和图 7-17 分别是例 7-19 和例 7-20 的时序仿真波形图。以 A9H+78H 为例，图 7-16 所示波形显示，此结果在一个时钟后出现，等于 121H（最高位的 1 作为进位信号 COUT 输出），而图 7-17 所示波形显示，结果需要两个时钟才输出。

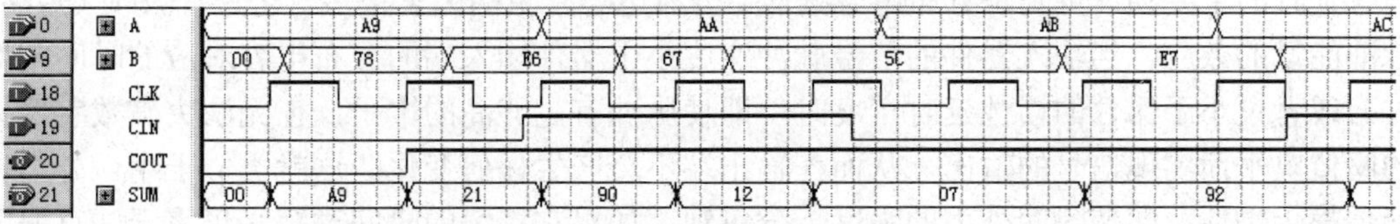

图 7-16　例 7-19 的时序仿真波形

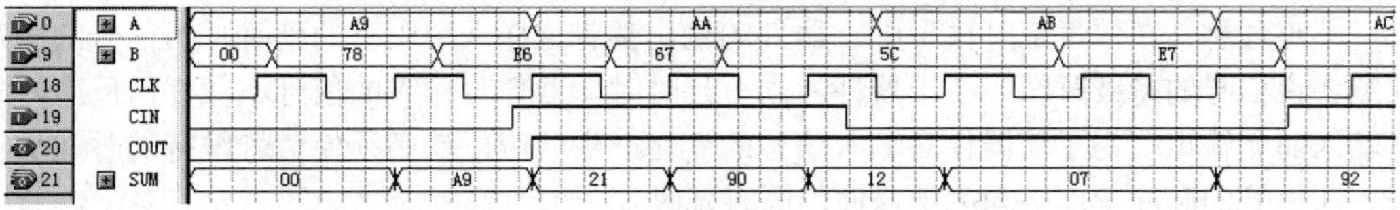

图 7-17　例 7-20 的时序仿真波形

7.4.2　关键路径法

关键路径是指设计中从输入到输出经过的延时最长的逻辑路径。优化关键路径是一种提高设计工作速度的有效方法。一般地，从输入到输出的延时取决于信号所经过的延时最大（或称最长）路径，而与其他延时小的路径无关。图 7-18 中 $T_{d1}>T_{d2}$ 且 $T_{d1}>T_{d3}$，所以关键路径为延时 T_{d1} 的模块。减少该模块的延时，从输入到输出的总延时就能得到改善。在优化设计过程中关键路径法可以反复使用，直到不再能减少关键路径延时为止。HDL 综合器及设计分析器通常都提供关键路径的信息以便设计者改进设计、提高速度。Quartus 中的时序分析器可以帮助找到延时最长的关键路径。设计者若要对一个结构已定的设计进行速度优化，关键路径法是首选的方法，它可以与其他优化技巧配合使用。

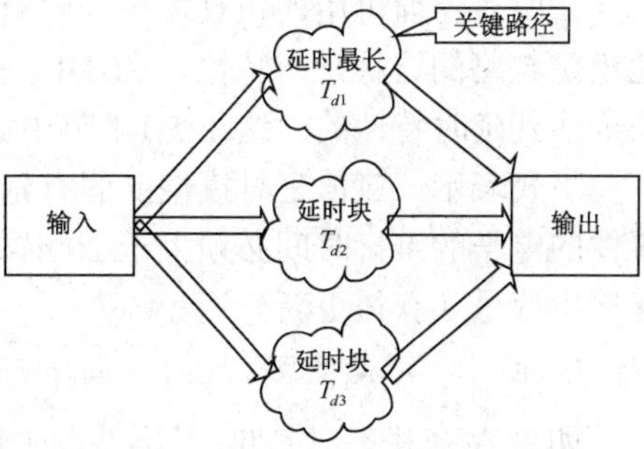

图 7-18　关键路径示意

7.5　仿 真 延 时

延时是 VHDL 仿真中重要的特性设置，为建立精确的延时模型，可以使用 VHDL 仿真器得到接近实际的精确结果。在 FPGA 开发过程中，源文件一般不需要建立延时模型，因为 EDA 软件可以使用仿真器对选定的 FPGA 适配所得的时序仿真文件进行精确仿真。VHDL 中有两类延时模型能用于行为仿真建模，即固有延时和传输延时。本节介绍对 VHDL 进行行为仿真时必须考虑的信号延时情况，同时对前面多次出现的 δ 延时的概念做进一步的说明。

7.5.1　固有延时

固有延时（inertial delay）也称为惯性延时，是任何电子器件都存在的一种延时特性。固有延时的主要物理机制是分布电容效应。分布电容产生的因素很多，它具有吸收（短路）脉冲能量的效应。当输入器件的信号脉冲宽度小于器件输入端的分布电容对应的时间常数时，或者说小于器件的惯性延时宽度时，即使脉冲有足够高的电平，也无法突破数字器件的阈值电平而实现信号的输出，从而在输出端不会产生任何变化。这就类似于用一外力推动一静止物体，即使瞬间外力的强度十分可观，如果它持续的时间过短，仍将无法克服物体的静止惯性而将其推动。

不难理解，在惯性延时模型中，器件的输出都有这样一个固有的延时。当信号的脉宽（或者说信号的持续时间）小于器件的固有延时时，器件对输入的信号不做任何反应，即有输入而无输出。为了使器件对输入信号的变化产生响应，就必须使信号维持的时间足够长，即信号的脉冲宽度必须大于器件的固有延时。

在 VHDL 仿真和综合器中，有一个默认的固有延时量，它在数学上是一个无穷小量，被称为δ延时，或称仿真δ。这个延时量的设置仅为了仿真（计算），它是 VHDL 仿真器的最小分辨时间，并不能完全代表器件实际的惯性延时情况。在 VHDL 程序的语句中如果没有指明延时的类型与延时量，就意味着默认采用了这个固有延时量δ延时。在许多情况下，这一固有延时量近似地反映了实际器件的行为。

在所有当前可用的仿真器中，固有模式是最通用的一种，为了在行为仿真中比较逼真地模仿电路的这种延时特性，VHDL 中含有固有延时模型的赋值语句是用关键词 AFTER 来描述其延时特性的。这在 5.1.1 节中已做了介绍。

下式表示一赋值延时模型的固有延时是 20 ns，即表明当 A 有一个事件后，其导致这一事件的电平的维持时间必须大于 20 ns，在固有延时定时器被启动 20 ns 后，B 端口才有可能输出信号（获得更新）。

```
B <=  A AFTER 20ns;--固有延时模型
```

如果 A 在稳态时是'0'，有事件发生后，A 由'0'变为'1'，并假设 A 的维持时间是 10 ns，则以上的固有延时模型的信号波形如图 7-19 所示。按照 20 ns 延时量，输出信号 B 的上升沿应该出现在 30 ns 处，其下降沿出现在 40 ns 处。但实际上，B 的输出信号没有任何变化，显然正是由于在固有延时模型的赋值语句中 A 的维持时间小于 20 ns。

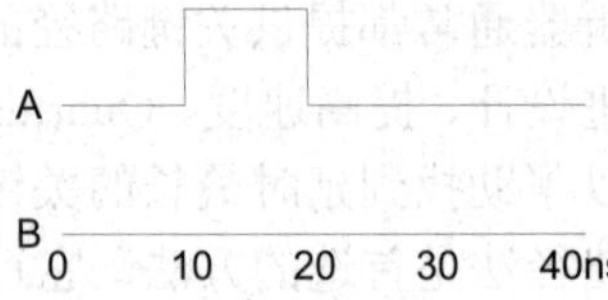

图 7-19　固有延时输入输出波形

7.5.2　传输延时

另一种延时模型是传输模型（transport delay）。传输延时与固有延时相比，不同之处在于传输延时表达的是输入与输出之间的一种绝对延时关系。传输延时并不考虑信号持续的时间，它仅表示信号传输推迟或延迟了一个时间段，这个时间段即为传输延时。对于器件来说，传输延时是由半导体延时特性决定的；对于连线来说，传输延时是由导线的介质结构、传输阻抗特性和信号频率特性决定的。传输延时对延时器件、PCB 板上的连线延时和 ASIC 上的通道延时的建模特别有用。

表达传输延时的语句可如以下例句所示：

```
B <= TRANSPORT A AFTER 20 ns;          --传输延时模型
```

其中关键词 TRANSPORT 表示语句后的延时量为传输延时量。

对于此模型，仍然设 A 的持续时间为 10 ns，其输入输出波形如图 7-20 所示。图中，与 A 的输入波形相比，B 的输出波形正好延时了 20 ns，尽管 A 的脉宽只有 10 ns，但在 30 ns 和 40 ns 处仍然能看到对应的 B 的输出信号。

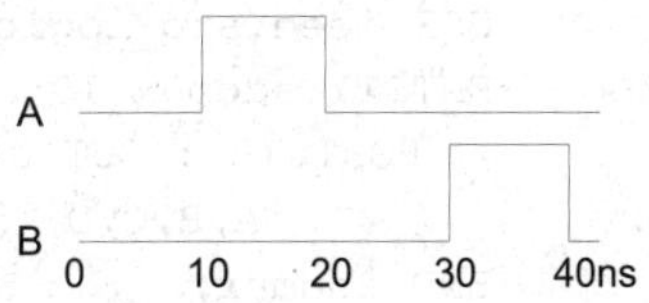

图 7-20　传输延时输入输出波形

应该注意，虽然产生传输延时与固有延时的物理机制不一样，但在行为仿真中，传输延时与固有延时造成的延时效应是一样的。在综合过程中，综合器将忽略 AFTER 后的所有延时设置，而对 TRANSPORT 语句也仅做普通赋值语句处理。

7.5.3　仿真 δ

前面曾提到过功能仿真的概念，由于综合器不支持延时语句，在综合后的功能仿真中，仿真器仅对设计的逻辑行为进行了模拟测定，而没有考虑器件的延时特性，给出的结果也仅是逻辑功能。按理说，功能仿真就是假设器件间的延迟时间为零的仿真。然而事实并非如此，无论是行为仿真还是功能仿真，都是利用计算机进行软件仿真，即使在并行语句的仿真执行上也是有先后的。在零延时条件下，当作为敏感量的输入信号发生变化时，并行语句执行的先后次序无法确定，而不同的执行次序会得出不同的仿真结果，最后将导致矛盾的和错误的仿真结果。这种错误仿真的根本原因在于零延时假设在客观世界中是不存在的。

为了解决这一矛盾，VHDL 仿真器和综合器将自动为系统中的信号赋值配置一足够小而又能满足逻辑排序的延时量，即仿真软件的最小分辨时间，这个延时量就称为仿真 δ（simulation delta），或称 δ 延时，从而使并行语句和顺序语句中的并列赋值逻辑得以正确执行。由此可见，在行为仿真、功能仿真乃至综合中，引入 δ 延时是必需的。仿真中，δ 延时的引入由 EDA 工具自动完成，无须设计者介入。

习　题

7-1　什么是固有延时？什么是惯性延时？

7-2　说明信号和变量的功能特点，以及应用上的异同点。

7-3　从不完整的条件语句产生时序模块的原理看，例 7-7 和例 7-8 从表面上看包含不完整条件语句，试说明为什么它们的综合结果都是组合电路。

7-4　设计一个求补码的程序，输入数据是一个有符号的 8 位二进制数。

7-5　设计一个比较电路，当输入的 8421BCD 码大于 5 时输出 1，否则输出 0。

7-6　用原理图或 VHDL 代码输入方式分别设计一个周期性产生二进制序列 01001011001 的序列发生器，用移位寄存器或用同步时序电路实现，并用时序仿真器验证其功能。

7-7　将例 7-11 中的 4 个 IF 语句分别用 4 个并列进程语句表达出来。

7-8　利用资源共享的面积优化方法对例 7-21 程序进行优化（仅要求在面积上优化）。

【例 7-21】

```
LIBRARY ieee;
USE ieee.std_logic_1164.all;
USE ieee.std_logic_unsigned.all;
USE ieee.std_logic_arith.all;
ENTITY addmux IS
  PORT (R : OUT std_logic_vector(7 downto 0);  sel : IN  std_logic;
       A,B,C,D  : IN  std_logic_vector(7 downto 0) );
END addmux;
ARCHITECTURE rtl OF addmux IS
BEGIN
   process(A,B,C,D,sel)    BEGIN
     if(sel='0') then  R<=A+B;  else   R<=C+D;  end if;
   END process;
END rtl;
```

7-9　设计一个连续乘法器，输入为 a0、a1、a2、a3，位宽均为 8 位，输出 rout 为 32 位，完成：rout=a0 * a1 * a2 * a3，试实现之。对此设计进行优化，判断以下实现方法中哪种方法更好。

（1）rout = ((a0 * a1) * a2) * a3。

（2）rout = (a0 * a1) * (a2 * a3)。

7-10　为提高速度，对习题 7-9 中的前一种方法加上流水线技术进行实现。

7-11　试对以上的习题进行解答，通过设置 Quartus 相关选项的方式来提高速度、减小面积。

7-12　试通过优化逻辑的方式对图 7-21 所示的结构进行改进，给出 VHDL 代码和结构图。

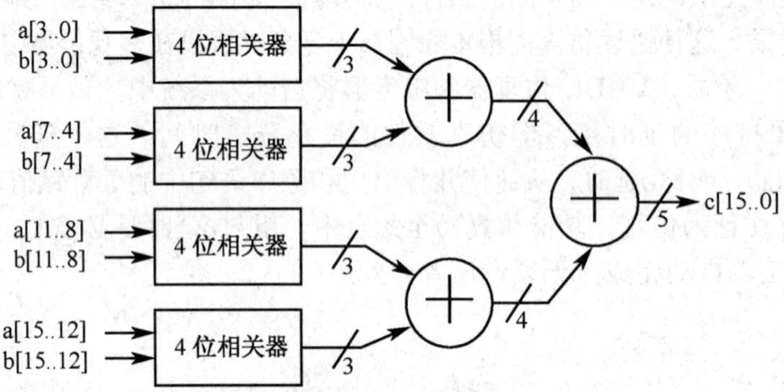

图 7-21　习题 7-12 结构图

7-13　参考例 7-20，设计一个 16 位加法器，含有 3 级流水线结构。与只含一级寄存器的同样加法器（即无流水线结构的，参见例 7-19）在运行速度上进行比较。

7-14　设计一个 3 级流水线结构的 8 位乘法器，与只有一级锁存结构的 8 位乘法器的工作速度进行比较。从仿真时钟速度与 FPGA 实测速度两方面进行比较，并讨论实验结果。

实验与设计

实验 7-1　4×4 阵列键盘键信号检测电路设计

实验目的：用 VHDL 设计能识别 4×4 阵列键盘的实用电路。

实验原理：4×4 阵列键盘十分常用，图 7-22 是此键盘电路原理图；图 7-23 是此键盘的 10 芯接口原理图（这种接口安排十分容易与附录 A 系统上的接口相接），注意此项设计要求输入端有上拉电阻。假设其有两个 4 位口，A[3:0]和 B[3:0]都有上拉电阻。在应用中，当按下某键后，为了辨别和读取键信息，一种比较常用的方法是向 A 口扫描输入一组分别只含一个“0”的 4 位数据，如 1110、1101、1011 等。若有键按下，则 B 口一定会输出对应的数据，这时，只要结合 A、B 口的数据，就能判断出键的位置。如当键 S0 按下，对于输入的 A=1110 时，那么输出的 B=0111。于是{B,A}=0111_1110 就成了 S0 的代码。

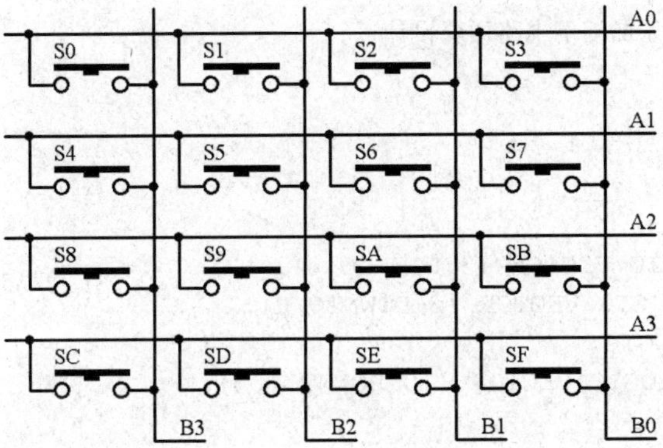

图 7-22　4×4 键盘电路

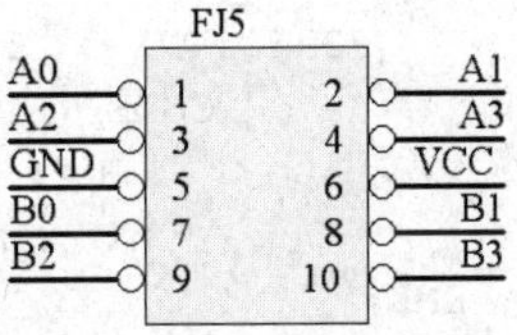

图 7-23　10 芯接口原理图

实验任务 1：根据以上原理分析，写出相应的 VHDL 程序，仿真并详细说明程序的结构功能，并在 FPGA 上硬件验证。

实验任务 2：改编程序，并为程序增加一个显示译码器，使得按下键时输出此键的键码值，松开键后不做任何显示。

实验 7-2　乐曲硬件演奏电路设计

实验原理：乐曲硬件演奏电路顶层模块如图 7-24 所示，其中有 6 个子模块。与利用微处理器（CPU 或 MCU）来实现乐曲演奏相比，本实验设计项目是“梁祝”乐曲演奏电路的硬件实现。组成乐曲的每个音符的发音频率值及其持续的时间是乐曲能连续演奏所需的两个基本要素。问题是如何来获取这两个要素所对应的数值以及通过纯硬件的手段来利用这些数值实现乐曲的演奏效果。下面首先从几个方面来了解图 7-24 的工作原理。

（1）音符的频率可以由图 7-24 中的 SPKER 获得。这可以看成一个数控分频器。由其 CLK 端输入一具有较高频率（1 MHz）的时钟，通过 SPKER 分频后，经由 D 触发器构成的分频电路，由 SPK_KX 口输出。由于直接从数控分频器中出来的输出信号是脉宽极窄的信号，为了能驱动蜂鸣器，需另加一个 D 触发器分频以均衡其占空比，但这时的频率将是原来的 1/2。SPKER 对 CLK 输入信号的分频比由输入的 11 位预置数 TN[10..0]决定。SPK_KX 的输出频率将决定每一音符的音调，这样，分频计数器的预置值 TN[10..0]与输出频率就有了对应关系，而输出的频率又与音乐音符的发声有对应关系，例如，在 F_CODE 模块（例 7-22）中若取 TN[10..0]=11'H40C，将由 SPK_KX 发出音符为“3”音的信号频率。详细的对应关系可以参考图 7-25 的音阶基频对照图。

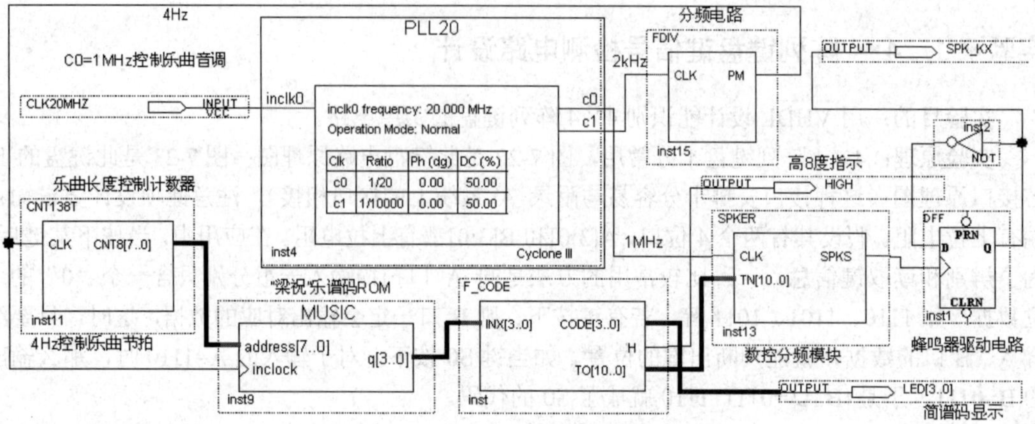

图 7-24　乐曲演奏电路顶层设计

【例 7-22】

```
LIBRARY IEEE;
USE IEEE.STD_LOGIC_1164.ALL;
ENTITY F_CODE IS
    PORT (INX :  IN  STD_LOGIC_VECTOR (3 DOWNTO 0);
           CODE  : OUT  STD_LOGIC_VECTOR (3 DOWNTO 0);
               H   : OUT STD_LOGIC;
              TO   : OUT  STD_LOGIC_VECTOR (10 DOWNTO 0));
END;
ARCHITECTURE one OF F_CODE IS
BEGIN
    Search : PROCESS(INX)
    BEGIN
        CASE INX IS     --译码电路，查表方式，控制音调的预置数
  WHEN "0000" => TO<="11111111111" ; CODE<="0000"; H<='0';-- 2047;
  WHEN "0001" => TO<="01100000101" ; CODE<="0001"; H<='0';-- 773;
  WHEN "0010" => TO<="01110010000" ; CODE<="0010"; H<='0';-- 912;
  WHEN "0011" => TO<="10000001100" ; CODE<="0011"; H<='0';--1036;
  WHEN "0101" => TO<="10010101101" ; CODE<="0101"; H<='0';--1197;
  WHEN "0110" => TO<="10100001010" ; CODE<="0110"; H<='0';--1290;
  WHEN "0111" => TO<="10101011100" ; CODE<="0111"; H<='0';--1372;
  WHEN "1000" => TO<="10110000010" ; CODE<="0001"; H<='1';--1410;
  WHEN "1001" => TO<="10111001000" ; CODE<="0010"; H<='1';--1480;
  WHEN "1010" => TO<="11000000110" ; CODE<="0011"; H<='1';--1542;
  WHEN "1100" => TO<="11001010110" ; CODE<="0101"; H<='1';--1622;
  WHEN "1101" => TO<="11010000100" ; CODE<="0110"; H<='1';--1668;
  WHEN "1111" => TO<="11011000000" ; CODE<="0001"; H<='1';--1728;
  WHEN OTHERS => TO<="11111111111" ; CODE<="0000"; H<='0';-- 2047;
  END CASE;
  END PROCESS;
END;
```

（2）音符的持续时间需根据乐曲的速度及每个音符的节拍数来确定，图 7-24 中模块 F_CODE 的功能首先是为模块 SPKER（11 位数控分频器）提供决定所发音符的分频预置数，而此数在 SPKER 输入口停留的时间即为此音符的节拍长度。模块 F_CODE 是乐曲简谱码对应的分频预置数查表电路，例 7-22 程序中的数据是根据图 7-25 得到的，程序中设置了“梁祝”乐

曲全部音符所对应的分频预置数，共 13 个，每一音符的停留时间则由音乐节拍和音调发生查表模块 MUSIC 中简谱码和工作时钟 inclock 的频率决定，在此为 4 Hz。这 4 Hz 频率来自分频模块 FDIV，模块 MUSIC 是一个 LPM_ROM。它的输入频率来自锁相环 PLL20 的 2 kHz 输出频率。而模块 F_CODE 的 13 个值的输出由对应于 MUSIC 模块输出的 q[3..0]及 4 位输入值 INX[3..0]确定，而 INX[3..0]最多有 16 种可选值。输向模块 F_CODE 中 INX[3..0]的值在 SPKER 中对应的输出频率值与持续的时间由模块 MUSIC 决定。

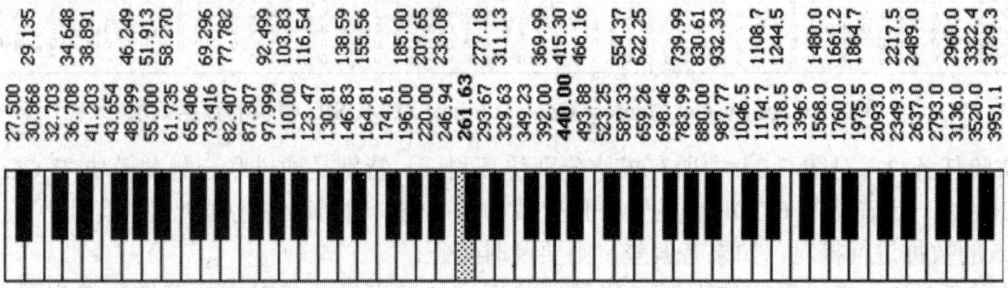

图 7-25　电子琴音阶基频对照图（单位：Hz）

（3）模块 CNT138T 是一个 8 位二进制计数器，设置计数至 138，作为音符数据 ROM 的地址发生器。这个计数器的计数频率为 4 Hz，即每一计数值的停留时间为 0.25 s，恰为当全音符设为 1 s 时的 4 分音符持续时间。例如，“梁祝”乐曲的第一个音符为“3”，此音在逻辑中停留了 4 个时钟节拍，即 1 s 时间，相应地，所对应的“3”音符分频预置值为 11'H40C，在 SPKER 的输入端停留了 1 s。计数器 CNT138T 按 4 Hz 的时钟速率做加法计数时，即随地址值递增时，音符数据 ROM 模块 MUSIC 中的音符数据将从 ROM 中通过 q[3..0]端口输向 F_CODE 模块，乐曲就开始连续自然地演奏起来了。CNT138T 的节拍是 139，正好等于 ROM 中的简谱码数，所以可以确保循环演奏。对于其他乐曲，此计数最大值要根据情况更改。

实验任务 1：定制音符数据 ROM MUSIC。该 ROM 中对应“梁祝”乐曲的音符数据已列于例 7-23 中。注意该例数据表中的数据位宽、深度和数据的表达类型。此外，为了节省篇幅，例 7-23 中的数据都横排了，实际程序中必须以每一分号为一行来展开。最后对该 ROM 进行仿真，确认例 7-23 中的音符数据已经进入 ROM 中。图 7-26 是利用 In-System Memory Content Editor 读取 FPGA 上 MUSIC ROM 中的数据，请与例 7-23 的数据进行比较。

【例 7-23】

```
        WIDTH = 4;                         --“梁祝”乐曲演奏数据
        DEPTH = 256;                       --实际深度139
        ADDRESS_RADIX = DEC;               --地址数据类型是十进制
        DATA_RADIX = DEC;                  --输出数据的类型也是十进制
        CONTENT  BEGIN                     --注意实用文件中要展开以下数据，每一组占一行
    00: 3 ; 01: 3 ; 02: 3 ; 03: 3; 04: 5;  05: 5; 06: 5; 07: 6; 08: 8; 09: 8;
    10: 8 ; 11: 9 ; 12: 6 ; 13: 8; 14: 5;  15: 5; 16:12; 17: 12;18: 12;19:15;
    20:13 ; 21:12 ; 22:10 ; 23:12; 24: 9;  25: 9; 26: 9; 27: 9; 28: 9; 29: 9;
    30: 9 ; 31: 0 ; 32: 9 ; 33: 9; 34: 9;  35:10; 36: 7; 37: 7; 38: 6; 39: 6;
    40: 5 ; 41: 5 ; 42: 5 ; 43: 6; 44: 8;  45: 8; 46: 9; 47: 9; 48: 3; 49: 3;
    50: 8 ; 51: 8 ; 52: 6 ; 53: 5; 54: 6;  55: 8; 56: 5; 57: 5; 58: 5; 59: 5;
    60: 5 ; 61: 5 ; 62: 5 ; 63: 5; 64:10;  65:10; 66:10; 67:12; 68: 7; 69: 7;
    70: 9 ; 71: 9 ; 72: 6 ; 73: 8; 74: 5;  75: 5; 76: 5; 77: 5; 78: 5; 79: 5;
    80: 3 ; 81: 5 ; 82: 3 ; 83: 3; 84: 5;  85: 6; 86: 7; 87: 9; 88: 6; 89: 6;
    90: 6 ; 91: 6 ; 92: 6 ; 93: 6; 94: 5;  95: 6; 96: 8; 97: 8; 98: 8; 99: 9;
    100:12;101:12 ;102:12 ;103:10;104: 9; 105: 9;106:10;107: 9;108: 8;109: 8;
```

```
110: 6;111: 5 ;112: 3 ;113: 3;114: 3;  115: 3;116: 8;117: 8;118: 8;119: 8;
120: 6;121: 8 ;122: 6 ;123: 5;124: 3;  125: 5;126: 6;127: 8;128: 5;129: 5;
130: 5;131: 5 ;132: 5 ;133: 5;134: 5;  135: 5;136: 0;137: 0;138: 0;
END;
```

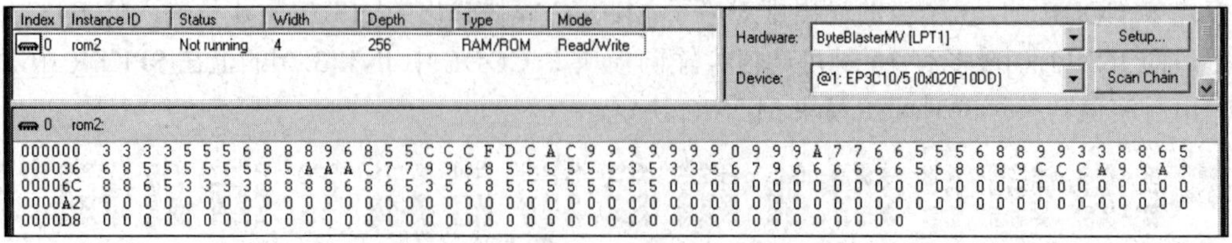

图 7-26　In-System Memory Content Editor 对 MUSIC 模块的数据读取

实验任务 2：对图 7-24 中所有模块分别仿真测试，特别是通过联合测试模块 F_CODE 和 SPKER，进一步确认 F_CODE 中的音符预置数的精确性，因为这些数据决定了音准。可以根据图 7-25 的数据进行核对，如果有偏差，则要及时修正。

实验任务 3：完成系统仿真调试和硬件验证。与演奏发音相对应的简谱码输出显示可由 LED[3:0]输出在数码管显示；HIGH 为高八度音指示，可由发光管指示。

实验任务 4：在模块 MUSIC 填入新的乐曲。注意适当改变 CNT138T 的计数长度。

实验任务 5：争取在一个 ROM 上装多首歌曲，可手动或自动选择歌曲。

实验任务 6：根据此项实验设计一个电子琴，有 16 个键。用 4×4 键盘。

实验任务 7：为以上的电子琴增加一到两个 RAM，用以记录弹琴时的节拍、音符和对应的分频预置数。然后通过控制功能可以自动重播曾经弹奏的乐曲。

实验 7-3　PS2 键盘控制模型电子琴电路设计

实验目的：学习对 PS2 键盘数据程序的设计，掌握 PS2 键盘应用技术。

实验原理：图 7-27 是 PS2 键盘控制模型电子琴电路顶层设计。除了 PS2 通信模块 PS2_PIANO（例 7-24），以及 CODE3 模块等稍有不同外，此电路其他模块电路功能与图 7-24 完全相同，工作原理也类似。对此不再重复说明。

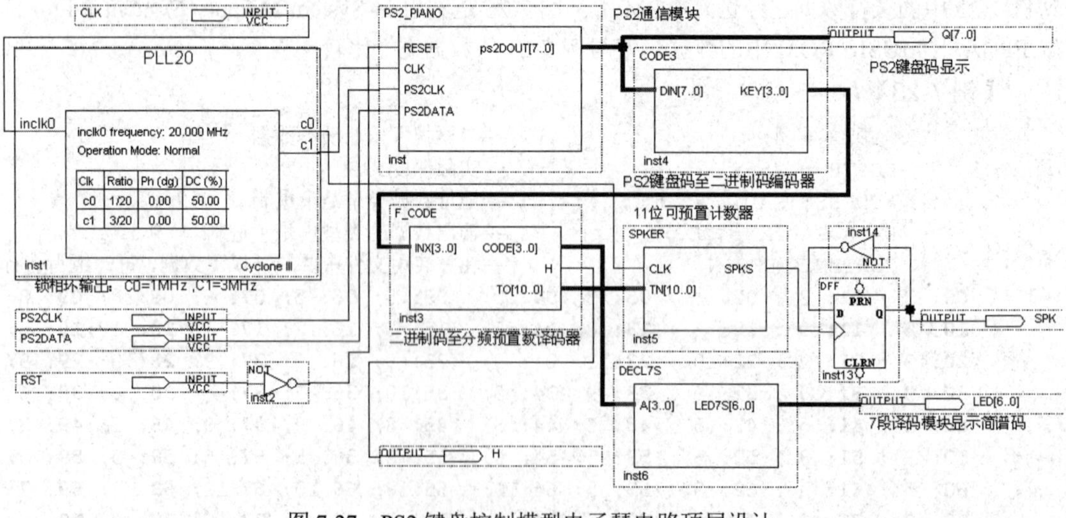

图 7-27　PS2 键盘控制模型电子琴电路顶层设计

【例 7-24】

```
library ieee;
```

```
use ieee.std_logic_1164.all;
use ieee.std_logic_arith.all;
use ieee.std_logic_unsigned.all;
entity ps2_PIANO is
port(clk,ps2clk,ps2data : in std_logic;
            keycode : out std_logic_vector(7 downto 0);
keydown, keyup,  dataerror : out std_logic);
end ps2_PIANO;
architecture behave of ps2_PIANO is
signal shiftdata, kbcodereg: std_logic_vector(7 downto 0);
signal datacoming,kbclkfall, kbclkreg, parity, isfo : std_logic;
signal cnt : std_logic_vector(3 downto 0);
begin
process(clk)  begin
  if rising_edge(clk) then   kbclkreg<=ps2clk;
    kbclkfall<=kbclkreg and (not ps2clk);end if;
end process;
process(clk)  begin
  if rising_edge(clk) then
    if kbclkfall='1' and datacoming='0' and ps2data='0' then
       datacoming<='1';  cnt<="0000";   parity<='0';
      elsif kbclkfall='1' and datacoming='1' then
        if cnt=9 then
          if ps2data='1' then datacoming<='0'; dataerror<='0';
            else dataerror<='1';   end if;
              cnt<=cnt+1;
        elsif cnt=8 then
          if ps2data=parity  then  dataerror<='0';
          else dataerror<='1';end if;
            cnt<=cnt+1;
      else shiftdata<=ps2data & shiftdata(7 downto 1);
          parity<=parity xor ps2data;  cnt<=cnt+1;  end if;
      end if;
  end if;
end process;
process(clk)   begin
if rising_edge(clk) then
    if cnt=10 then
      if shiftdata="11110000"  then   isfo<='1';
        elsif shiftdata /= "11100000" then
          if isfo='1' then keyup<='1'; keycode<=shiftdata;
            else keydown<='1'; keycode<=shiftdata;  end if;
        end if;
      else keyup<='0';    keydown<='0';   end if;
  end if;
end process;
end behave;
```

图 7-28 是 PS2 键盘键控与输出码对照表。PS2 键盘接口是一个 6 脚连接器。其中 4 个脚分别是时钟端口、数据端口、+5 V 电源端口和电源接地端口。PS2 键盘依靠 PS2 端口提供+5 V 电源。PS2 是双端口双向通信模式，即遵循双向同步通信协议。通信的双方通过时钟口同步，然后通过数据口进行数据通信。通信中，主机若要控制另一方通信选择，把时钟拉至低电平即可。

Key	A	B	C	D	E	F	G	H	I	J	K	L	M	N	O
Data	1C	32	21	23	24	2B	34	33	43	3B	42	4B	3A	31	44
Key	P	Q	R	S	T	U	V	W	X	Y	Z	0	1	2	3
Data	4D	15	2D	1B	2C	3C	2A	1D	22	35	1A	45	16	1E	26
Key	4	5	6	7	8	9	`	-	=	\	]	;	'	,	.
Data	25	2E	36	3D	3E	46	0E	4E	55	5D	5B	4C	52	41	49
Key	/	[	F1	F2	F3	F4	F5	F6	F7	F8	F9	F10	F11	F12	KP0
Data	4A	54	05	06	04	0C	03	0B	83	0A	01	09	78	07	70
Key	KP1	KP2	KP3	KP4	KP5	KP6	KP7	KP8	KP9	KP.	KP-	KP+	KP/	KP*	END
Data	69	72	7A	6B	73	74	6C	75	7D	71	7B	79	4A	7C	69
Key	BKSP	SPACE	TAB	CAPS	L SHFT	L CTRL	L CUI	L ALT	R SHFT	R CTRL	R CUI				
Data	66	29	0D	58	12	14	1F	11	59	14	27				
Key	R ALT	APPS	ENTER	ESC	INSERT	HOME	PG UP	DELETE	PG DN	NUM					
Data	11	2F	5A	76	70	6C	7D	71	7A	77					
Key	U ARROW	L ARROW	D ARROW	R ARROW	KP EN	SCROLL	PRNT SCRN	PAUSE							
Data	75	6B	72	74	5A	7E	12 7C	14							

图 7-28　PS2 键盘键控与输出码对照表

PS2 通信过程中，数据以帧为单位进行传输，每帧包含 11～12 位数据，具体方式如下。

（1）数据的第 1 个位为起始位，逻辑恒为 0。

（2）接下来是 8 个数据位，低位在前；时钟下降沿读取。

（3）然后是一个奇偶校验位，作奇校验；接下来的第 11 位是停止位，恒为 1。

（4）必要时增加一个答应位，用于主机对设备的通信。

通信过程中当 PS2 设备等待发送数据时，首先检查时钟端以便确认其电平。如果为低电平，则认为是主机抑制了通信，此时必须缓存待发送的数据，直到获得总线控制权；如果时钟信号为高电平，则 PS2 设备将数据发送给主机。由于 PS2 通信协议是一种双向同步串行通信协议，数据可以从主机发往设备，也可以由设备发往主机。实际应用中，PS2 键盘作为一种输入设备，都是由键盘往主机发送数据，主机读取数据。这时由 PS2 键盘产生时钟信号，发送数据时按照数据帧格式顺序发送。其中数据位在时钟为高电平时准备好，主机在时钟的下降沿就可以读取数据。通常情况下只有键盘向主机发送数据，PS2 键盘的两个工作端口都是单向输出口。对于 PS2 通信的详细情况可参考相关资料。

实验任务 1： 查阅 PS2 键盘通信协议资料，首先验证图 7-27 中 PS2_PIANO 模块中的 PS2 通信程序例 7-24，再根据电路原理图完成模型电子琴设计。

实验任务 2： 修改例 7-24，要求此电子琴在弹奏过程中按键有音，而松键后无音。

实验任务 3： 为此模型电子琴增加一到两个 RAM，用以记录弹琴时的节拍、音符和对应的分频预置数。当演奏乐曲后，可以通过控制功能自动重播曾经弹奏的乐曲。

实验任务 4： 为此电子琴设计一个 VGA 显示模块，显示出琴键图像。当按下电子琴某键后，VGA 所显示的琴键键盘出现对应的变化。

实验任务 5： 查阅 PS2 鼠标相关通信协议的资料，或改写 PS2_PIANO 模块的程序，实现 FPGA 核心板上的 PS2 鼠标通信控制。然后设计 VGA 显示图像，使鼠标移动图像显示于 VGA 上。

实验 7-4　直流电机综合测控系统设计

实验目的： 学习直流电机 PWM 的 FPGA 控制。掌握 PWM 控制的工作原理，对直流电机进行速度控制、旋转方向控制、变速控制。

实验原理：一般的脉宽调制 PWM 信号是通过模拟比较器产生的，比较器的一端接给定的参考电压，另一端接周期性线性增加的锯齿波电压。当锯齿波电压小于参考电压时输出低电平，当锯齿波电压大于参考电压时输出高电平。改变参考电压就可以改变 PWM 波形中高电平的宽度。若用单片机产生 PWM 信号波形，需要通过 D/A 转换器产生锯齿波电压和设置参考电压，通过外接模拟比较器输出 PWM 波形，因此外围电路比较复杂。

FPGA 中的数字 PWM 控制与一般的模拟 PWM 控制不同。用 FPGA 产生 PWM 波形，只需 FPGA 内部资源就可以实现。用数字比较器代替模拟比较器，其一端接设定值计数器输出，另一端接线性递增计数器输出。当线性计数器的计数值小于设定值时输出低电平，当计数值大于设定值时输出高电平。与模拟控制相比，省去了外接的 D/A 转换器和模拟比较器，FPGA 外部连线很少、电路更加简单、便于控制。脉宽调制式细分驱动电路的关键是脉宽调制，转速的波动随着 PWM 脉宽细分数的增大而减小。

图 7-29 是直流电机控制电路顶层设计，主要由 3 个部分组成。

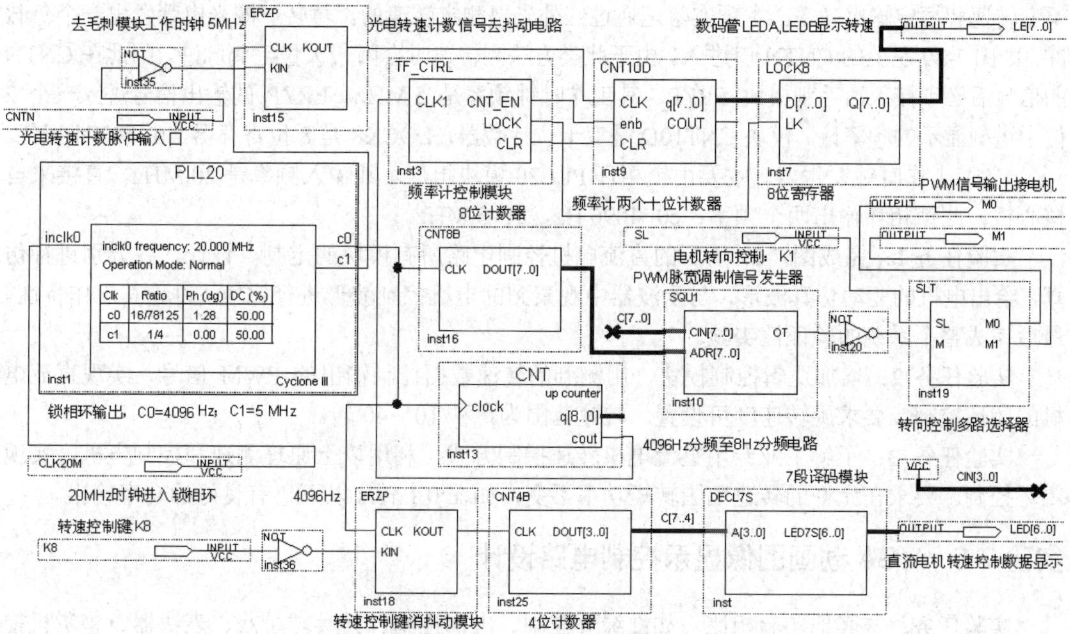

图 7-29　直流电机驱动控制电路顶层设计

（1）PWM 脉宽调制信号发生模块 SQU1（例 7-25）。此模块是 FPGA 中的 PWM 脉宽调制信号产生电路。它的输出接一个电机转向控制电路模块，此模块输出的两个端口接直流电机。通过控制 SL 端（键 K1），可以改变电机转向。SQU1 的输入端之一来自模块 CNT8B。这是一个 8 位计数器，输出的数据相当于锯齿波信号，此信号的频率就是输出 PWM 波的频率，它由来自锁相环的 C0 的频率决定，频率选择 4096 Hz。SQU1 模块的另一端来自键控的 8 位数据，其中低 4 位 CIN[3..0]恒定为 1111，高 4 位由计数器 CNT4B 产生，计数器的时钟来自实验箱上的键，于是可以通过手动按键控制电机的转速。

【例 7-25】

```
LIBRARY IEEE;
USE IEEE.STD_LOGIC_1164.ALL;
USE IEEE.STD_LOGIC_UNSIGNED.ALL;
```

```
ENTITY SQU1 IS
  PORT (CIN,ADR : IN STD_LOGIC_VECTOR(7 DOWNTO 0);
           OT  : OUT STD_LOGIC);
END SQU1;
ARCHITECTURE BHV OF SQU1 IS
  BEGIN
 PROCESS(CIN)  BEGIN
   IF (ADR<CIN)  THEN OT<='0'; ELSE  OT<='1';  END IF;
 END PROCESS;
END BHV;
```

若控制转速的键是有抖动的，可以加一个消抖动模块 ERZP（注意其控制时钟的频率选择），程序是实验 4-6 的例 4-6。为了在实验板上看到键输入的控制数据，在计数器前加了 7 段译码模块 DECL7S。如果用附录 A 的系统，选择模式 5，则无须此译码模块。

（2）电机转速测试系统。电机转速的测定很重要，一方面可以直观了解电机的转动情况，更重要的是可以据此构成电机的闭环控制，即设定电机的某一转速后，确保负载变动时仍旧保持不变转速和恒定输出功率。本项实验是通过红外光电测定转速的。每转一圈光电管发出一个负脉冲，由图 7-29 左上的 CNTN 口进入。由于此类方法测转速时会附带大量毛刺脉冲，因此在 CNTN 的信号后必须接入消毛刺模块 ERZP，其工作时钟频率是 5 MHz。ERZP 的输出信号进入一个 2 位十进制显示的频率计。模块 CNT10D 是双十位计数器，LOCK8 是 8 位寄存器，由 74374 担任。

（3）工作时钟发生器。主要由锁相环 PLL20 模块担任。其输入频率是 20 MHz，直接来自核心板；此锁相环输出两个频率：c0=4096 Hz，c1=5 MHz。

实验任务 1：完成图 7-29 所示的直流电机控制电路所有模块的定制、设计，并分别进行仿真，给出电机的驱动仿真波形，与示波器中观察到的电机控制波形进行比较。讨论其工作特性。最后完成整个系统的验证性实验。

实验任务 2：增加逻辑控制模块，用测到的转速数据控制输出的 PWM 信号，实现直流电机的闭环控制，要求旋转速度可设置。转速范围为每秒 10～40 转。

实验任务 3：了解工业专用直流电机转速控制方式，利用以上原理测速和控制电机，实现闭环控制。要求在允许的转速范围转矩功率不变，如在 0.1 转/s 以下仍有良好的功率输出。

实验 7-5　VGA 动画图像显示控制电路设计

实验任务：与其他实验相比，如红绿灯控制、电梯控制、乒乓球游戏、表决器、售货机控制等，VGA 显示控制方面的设计更能体现 EDA 技术的优势和设计技巧，也更能提高学生的兴趣和自主创新能力。

根据实验 5-5 和实验 6-6，可以在显示静态图像和文字的基础上，进一步完善功能、增加显示的内容和显示方式，例如对于电子琴实验，在弹琴时可以配上 VGA 显示，图像可以是一排琴键，当实际按键时，VGA 也将同步显示琴键的按动，同时显示出对应的音符。又如设计一个俄罗斯方块游戏，用 PS2 键盘控制游戏，并显示计分和时间；再如设计一个 CPU，同步在 VGA 上显示出此 CPU 运行时内部各寄存器、数据总线和控制总线的数据变化等。相关演示示例有鼠标控制的 VGA 显示游戏等。

第 8 章　状态机设计技术

有限状态机及其设计技术是实用数字系统设计中的重要组成部分，也是实现高效率、高可靠性和高速控制逻辑系统的重要途径。有限状态机应用广泛，特别是对那些操作和控制流程非常明确的系统设计，在数字通信、自动化控制、CPU 设计以及家电设计等领域都拥有重要的和不可或缺的地位。尽管到目前为止，有限状态机的设计理论并没有增加多少新的内容，然而面对先进的 EDA 工具、日益发展的大规模集成电路技术和强大的硬件描述语言，有限状态机在其具体的设计和优化技术以及实现方法上却有了许多崭新的内容。

本章重点介绍用 Verilog 设计不同类型有限状态机的方法，同时考虑 EDA 工具和设计实现中许多必须重点关注的问题，如优化、毛刺的处理及编码方式等方面的问题。

8.1　VHDL 状态机的一般形式

就理论而言，任何时序模型都可以归结为一个状态机。如只含一个 D 触发器的二分频电路或一个普通的 4 位二进制计数器都可算作一个状态机；前者是两状态型状态机，后者是 16 状态型状态机，只是都属于一般状态机的特殊形式，而且它们并非基于明确自觉的状态机设计方案下的时序模块。从一般意义上讲，可以有不同表达方式、不同功能和不同优化形式的 VHDL 状态机，但基于现代数字系统设计技术自觉意义上的状态机的 VHDL 表述形态和表述风格还是具有一定的格律化的。它们有相对固定的语句和程序表达方式。只要把握了这些固定的语句表达部分，就能根据实际需要写出各种不同风格和面向不同实用目的的 VHDL 状态机。据此，综合器能从不同表述形态的 VHDL 代码中轻易地识别出状态机，并加以多方面的优化。不断涌现的优秀的 EDA 设计工具已使状态机的设计和优化的自动化到了相当高的程度。

8.1.1　状态机的特点与优势

这里首先从数字系统设计的一些具体的技术层面来讨论设计状态机的目的。

往往有这种情形，面对同一个设计目标的不同形式的逻辑设计方案，如果利用有限状态机的设计方案来描述和实现将可能是最佳选择。大量实践也已证明，无论与基于 HDL 的其他设计方案相比，还是与可完成相似功能的 CPU 相比，在一些简单的控制方面，有限状态机都有其巨大的优越性，这主要表现在以下几个方面。

（1）高效的过程控制模型。状态机克服了纯硬件数字系统顺序方式控制不灵活的缺点。状态机的工作方式是根据控制信号并按照预先设定的状态进行顺序运行的。状态机是纯硬件数字系统中的顺序控制模型，因此状态机在其运行方式上类似于控制灵活和方便的 CPU，是高速、高效过程控制的首选。

（2）容易利用现成的 EDA 工具进行优化设计。由于状态机构建简单，设计方案相对固定，特别是可以做一些独具特色的规范、固定的表述，这一切为 HDL 综合器尽可能自动地发挥其强大的优化功能提供了便利条件。而且，性能良好的综合器都具备许多可控或自动的优化状态机的功能，如编码方式选择、安全状态机生成等。

（3）系统性能稳定。状态机容易构成性能良好的同步时序逻辑模块，这对于解决大规模逻辑电路设计中令人深感棘手的竞争冒险现象无疑是一个上佳的选择。因此，与其他的设计方案相比，在消除电路中的毛刺现象、强化系统工作稳定性方面，同步状态机的设计方案将使设计者拥有更多可供选择的解决方案。

（4）高速性能。在高速通信和顺序控制方面，状态机更有其巨大的优势。然而就运行速度而言，尽管 CPU 和状态机都是按照时钟节拍以顺序时序方式工作的，但 CPU 是按照指令周期，以逐条执行指令的方式运行的；每执行一条指令，通常只能完成一项单独的操作，而一个指令周期须由多个机器周期构成，一个机器周期又由多个时钟节拍构成，一个含有运算和控制的完整设计程序往往需要成百上千条指令。相比之下，状态机状态变换周期只有一个时钟周期。而且由于在每一状态中，状态机可以并行同步完成许多运算和控制操作，因此，一个完整的 HDL 模块控制结构即使由多个并行的状态机构成，其状态数也是十分有限的。如超高速串行或并行 A/D、D/A 器件的控制，硬件串行通信模块 RS232、PS2、USB、SPI 的实现，FPGA 高速配置电路的设计，自动化控制领域中的高速过程控制系统、通信领域中的许多功能模块的构建等。

（5）高可靠性能。其常应用于要求高可靠性的特殊环境中的电子系统中，原因如下。首先，状态机由纯硬件电路构成，它的运行不依赖软件指令的逐条执行；其次，状态机的设计中能使用各种完整的容错技术；最后，当状态机进入非法状态并从中跳出，进入正常状态所耗时间十分短暂，通常只有 2～3 个时钟周期，数十纳秒，尚不足以对系统的运行构成损害。

8.1.2 VHDL 状态机的一般结构

用 VHDL 设计的状态机根据不同的分类标准可以分为多种不同的形式，具体如下。

- 从信号输出方式上分，有 Mealy 型和 Moore 型两种状态机。
- 从描述结构上分，有单进程状态机和多进程状态机。
- 从状态表达方式上分，有符号化状态机和确定状态编码的状态机。
- 从状态机编码方式上分，有顺序编码、一位热码编码或其他编码方式状态机。

然而，最一般和最常用的状态机结构中通常都包含了说明部分、主控时序进程、主控组合进程、辅助进程等几个部分，下面分别给予说明。

1. 说明部分

说明部分使用 TYPE 语句定义新的数据类型，第 3 章中已指出此数据类型为枚举型，其元素通常使用状态机的状态名来定义。状态变量（如现态和次态）应定义为信号，便于信息传递，并将状态变量的数据类型定义为含有既定状态元素的新定义的数据类型。说明部分一般放在结构体的 ARCHITECTURE 和 BEGIN 之间。通常表述如下：

```
TYPE FSM_ST IS (s0,s1,s2,s3);
SIGNAL current_state, next_state: FSM_ST;
```

其中新定义的数据类型名是 FSM_ST，其类型的元素分别为 s0、s1、s2、s3，使其恰好表达状态机的 4 个状态。定义为信号 SIGNAL 的状态变量是现态信号 current_state 和次态信号 next_state。它们的数据类型被定义为 FSM_ST，因此状态变量 current_state 和 next_state 的取值范围在数据类型 FSM_ST 所限定的 4 个元素中。换言之，也可以将信号 current_state 和 next_state 看成两个容器，在任一时刻，它们只能分别装有 s0、s1、s2、s3 中的任何一个状态元素。此外，由于状态变量的取值是文字符号，因此以上语句定义的状态机属于符号化状态机。

2．主控时序进程

所谓主控时序进程，是指负责状态机运转和在时钟驱动下负责状态转换的进程。状态机是随外部时钟信号以同步时序方式工作的。因此，状态机中必须包含一个对工作时钟信号敏感的进程，用作状态机的“驱动泵”。时钟 clk 相当于这个“驱动泵”中电机的驱动功率电源。当时钟发生有效跳变时，状态机的状态才发生改变。状态机向下一状态（包括可能再次进入本状态）转换的实现仅取决于时钟信号的到来。许多情况下，主控时序进程不负责下一状态的具体状态取值，如 s0、s1、s2、s3 中的某一状态值。

当时钟的有效跳变到来时，时序进程只是机械地将代表次态的信号 next_state 中的内容送入现态的信号 current_state 中，而信号 next_state 中的内容完全由其他进程根据实际情况来决定。当然，在此时序进程中也可以放置一些同步或异步清零或置位方面的控制信号。总体来说，主控时序进程的设计比较固定、单一和简单。

3．主控组合进程

如果将状态机比喻为一台机床，那么主控时序进程即为此机床的驱动电机，clk 信号为此电机的功率导线，而主控组合进程则为机床的机械加工部分。它本身的运转有赖于电机的驱动，它的具体工作方式则依赖于机床操作者的控制。图 8-1 所示是一个状态机的一般结构框图。其中 COM 进程为一个主控组合进程，它通过信号 current_state 中的状态值进入相应的状态，并在此状态中根据外部的信号（指令），如 state_inputs 等向内或/和向外发出控制信号，如 comb_outputs，同时确定下一状态的走向，即向次态信号 next_state 中赋入相应的状态值。此状态值将通过 next_state 传给图中的 REG 时序进程，直至下一个时钟脉冲的到来再进入下一状态转换周期。

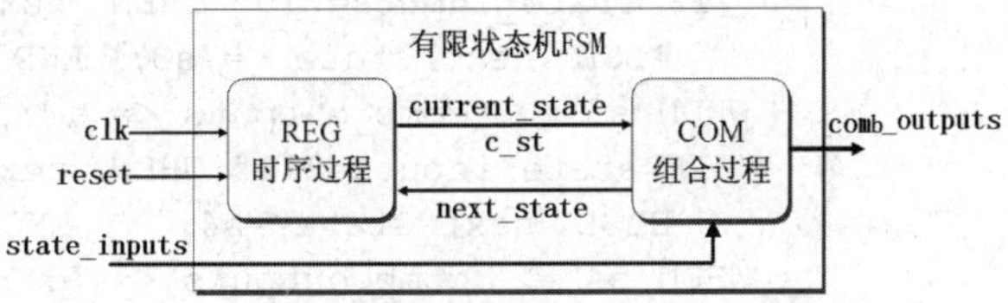

图 8-1　状态机一般结构示图

因此，主控组合进程也可称为状态译码进程，其任务是根据外部输入的控制信号，以及来自状态机内部其他非主控的组合或时序进程的信号，或/和当前状态的状态值，确定下一状态（next_state）的取向，即 next_state 的取值内容，以及确定对外输出或对内部其他组合或时序进程输出控制信号的内容。

4．辅助进程

辅助进程是用于配合状态机工作的组合进程或时序进程。例如，为了完成某种算法的进程，或用于配合状态机工作的其他时序进程，或为了稳定输出设置的数据锁存等。

例 8-1 描述的状态机是由两个主控进程构成的，其中含有主控时序进程和主控组合进程，其结构可用图 8-1 来表示。注意为了便于在仿真波形图上显示，在程序中将现态信号

current_state 简述为 c_st。而例 8-2 所示的现态表述为 cs 也是同样目的。

【例 8-1】

```
LIBRARY IEEE;
USE IEEE.STD_LOGIC_1164.ALL;
ENTITY FSM_EXP IS
PORT (clk,reset    : IN STD_LOGIC;                     --状态机工作时钟和复位信号
 state_inputs : IN STD_LOGIC_VECTOR(0 TO 1); --来自外部的状态机控制信号
 comb_outputs : OUT INTEGER RANGE 0 TO 15);  --状态机向外部发出的控制信号
END FSM_EXP;
ARCHITECTURE behv OF FSM_EXP IS
TYPE FSM_ST IS (s0, s1, s2, s3, s4);             --数据类型定义，定义状态符号
SIGNAL c_st, next_state: FSM_ST; --将现态和次态定义为新的数据类型FSM_ST
BEGIN
 REG: PROCESS (reset,clk)   BEGIN                --主控时序进程
   IF reset='0' THEN   c_st<=s0;  --检测异步复位信号，复位信号后回到初态s0
    ELSIF clk='1' AND clk'EVENT THEN  c_st <= next_state;  END IF;
  END PROCESS REG;
COM:PROCESS(c_st, state_Inputs)   BEGIN          --主控组合进程
    CASE c_st IS
      WHEN s0 => comb_outputs<= 5;               --进入状态s0后输出5
        IF state_inputs="00" THEN  next_state<=s0;
           ELSE  next_state<=s1;  END IF;
      WHEN s1 =>  comb_outputs<= 8;
        IF state_inputs="01" THEN  next_state<=s1;
          ELSE  next_state<=s2;   END IF;
      WHEN s2 =>   comb_outputs<= 12;
        IF state_inputs="10" THEN  next_state <= s0;
          ELSE  next_state <= s3;  END IF;
      WHEN s3 => comb_outputs <= 14;
        IF state_inputs="11" THEN  next_state <= s3;
          ELSE  next_state<=s4;     END IF;
      WHEN s4 =>  comb_outputs <= 9; next_state <= s0;
      WHEN OTHERS =>  next_state <= s0;
    END case;
  END PROCESS COM;
END behv;
```

【例 8-2】

```
LIBRARY IEEE;
USE IEEE.STD_LOGIC_1164.ALL;
ENTITY ADC0809 IS
    PORT (D  : IN STD_LOGIC_VECTOR(7 DOWNTO 0); --来自ADC0809转换好的8位数据
         CLK ,RST : IN STD_LOGIC;         --状态机工作时钟和系统复位控制
EOC : IN STD_LOGIC;                       --转换状态指示，低电平表示正在转换
ALE : OUT STD_LOGIC;                      --8个模拟信号通道地址锁存信号
START, OE   : OUT STD_LOGIC;              --转换启动信号和数据输出三态控制信号
      ADDA, LOCK_T   : OUT STD_LOGIC;   --信号通道控制信号和锁存测试信号
      Q  : OUT STD_LOGIC_VECTOR(7 DOWNTO 0));
END ADC0809;
ARCHITECTURE behav OF ADC0809 IS
TYPE states IS (s0, s1, s2, s3,s4);  --定义各状态
```

```
  SIGNAL cs, next_state: states :=s0;
  SIGNAL REGL        : STD_LOGIC_VECTOR(7 DOWNTO 0);
  SIGNAL LOCK    : STD_LOGIC;
 BEGIN
   ADDA <= '0';  LOCK_T<=LOCK;      --地址ADDA置0
 COM:  PROCESS(cs,EOC)  BEGIN         --组合进程，规定各状态转换方式
  CASE cs IS
  WHEN s0 => ALE<='0';START<='0';OE<='0';LOCK<='0';next_state <= s1;
  WHEN s1=> ALE<='1';START<='1';OE<='0';LOCK<='0';next_state <= s2;
  WHEN s2=> ALE<='0';START<='0';OE<='0';LOCK<='0';
    IF (EOC='1') THEN next_state <= s3;  --EOC=1表明转换结束
  ELSE next_state <= s2;  END IF;         --转换未结束，继续等待
   WHEN s3=> ALE<='0';START<='0';OE<='1';LOCK<='0';next_state <= s4;
  WHEN s4=> ALE<='0';START<='0';OE<='1';LOCK<='1';next_state <= s0;
  WHEN OTHERS => ALE<='0';START<='0';OE<='0';LOCK<='0';next_state <= s0;
  END CASE;
 END PROCESS COM;
 REG: PROCESS (CLK,RST)   BEGIN             --时序进程
   IF RST='1'  THEN  cs <= s0;
       ELSIF  CLK'EVENT AND CLK='1'  THEN  cs <= next_state;   END IF;
  END PROCESS REG;
  LATCH1:  PROCESS (LOCK)  BEGIN --锁存器进程
       IF LOCK='1' AND LOCK'EVENT THEN   REGL <= D;   END IF;
     END PROCESS LATCH1;
          Q <= REGL;
 END behav;
```

在此例的模块说明部分定义了5个文字参数符号，代表5个状态。对于此程序，如果异步清零信号reset有过一个复位脉冲，当前状态即可被异步设置为s0；与此同时，启动组合进程，执行条件分支语句。图8-2是此状态机的工作时序，图8-3是对应的状态转换图。读者可以结合例8-1，通过分析波形图（见图8-2）和状态图（见图8-3），进一步了解状态机的工作特性。需要特别注意，reset信号是低电平有效，而clk是上升沿有效，所以reset有效脉冲后的第1个时钟脉冲是图8-2中第3个clk脉冲。如图8-2所示，此脉冲的上升沿到来后，现态c_st即进入状态s1，同时输出8，即1000。

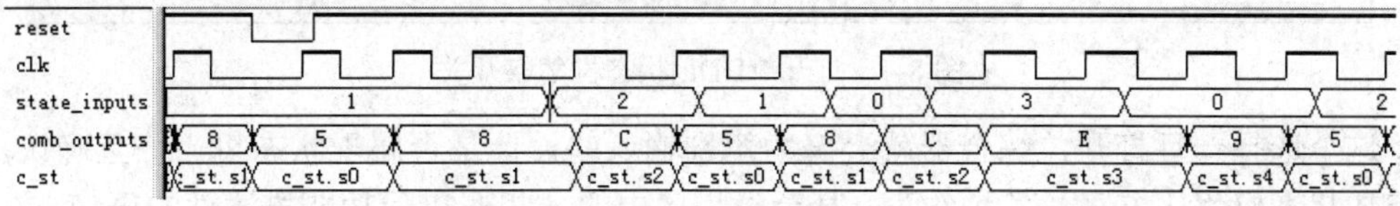

图8-2　例8-1状态机的工作时序

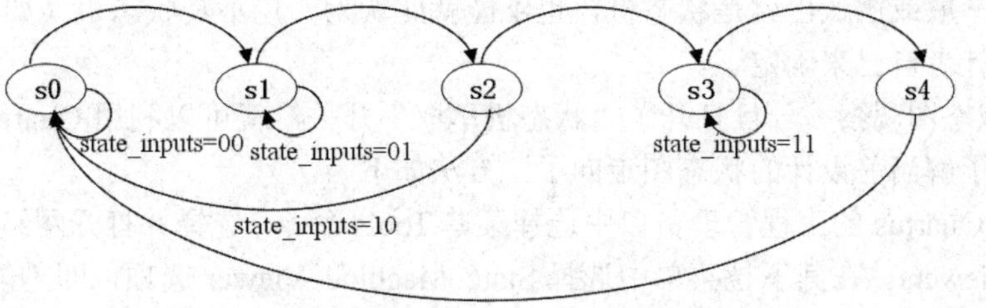

图8-3　例8-1状态机的状态转换图

一般地，就状态转换这一行为来说，时序进程在时钟上升沿到来时，将首先完成状态转换的赋值操作。它只负责将当前状态转换为下一状态，而不管将要转换的状态究竟是哪一状态。即如果外部控制信号 state_inputs 不变，只有当来自时序进程的信号 c_st 改变时，组合进程才开始动作。在此进程中，将根据 c_st 的值和来自外部的控制码 state_inputs 来决定（当下一时钟边沿到来后）时序进程的状态转换方向。设计者通常可以通过输出值间接了解状态机内部的运行情况，同时可以利用来自外部的控制信号 state_inputs 随意改变状态机的状态变化模式和状态转变方向。

如果希望输出的信号具有寄存器锁存功能，则需要为此输出加入第 3 个进程。

8.1.3　状态机设计初始约束与表述

关于 VHDL 状态机的表述结构和综合器的相关设置约束，应注意以下几点。

（1）打开“状态机萃取”开关。如果确定自己描述的是状态机，并且希望综合器按状态机方式编译和优化，编译前不要忘了打开综合器的“状态机萃取”开关。方法是首先在 Quartus 的工程管理窗口中选择菜单 Assignments→Settings 命令，打开 Settings 设置控制窗口。在 Category 栏中选择 Analysis & Synthesis Settings 选项，然后单击 More Settings 按钮，接着在弹出的对话框下方的 Existing option settings 栏中单击状态机萃取选择项：Extract VHDL State Machines，如图 8-4 所示，最后在其 Setting 栏中选择 On 选项。

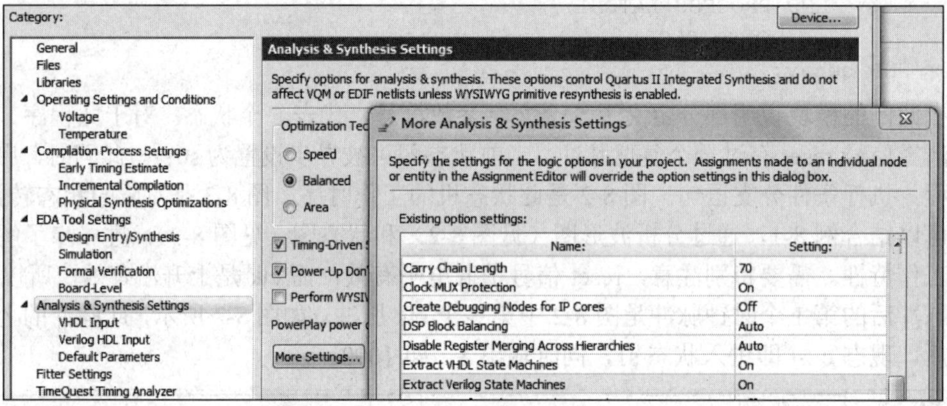

图 8-4　打开 VHDL 状态机萃取开关

这个选择一旦打开，综合器就会努力辨别输入的设计是否属于状态机。一旦确认，就会施加状态机优化方案和各种约束，甚至对程序中的一些非实际功能描述性的语句、设置，或表达方式上的矛盾都不予理会。当然也要注意，状态机的形态有很多，综合器如果对某些设计无法萃取或辨认出就是状态机，也不能就此认为一定不是状态机（如异步状态机），这就要靠设计者自己来确定了。

（2）状态图观察。一旦打开了“状态机萃取”开关，就可以利用 Quartus 的状态图观察器直观地了解当前设计的状态图走向了。方法如下。

首先在 Quartus 的工程管理窗口中选择菜单 Tools 命令，选择并打开网络文件观察器选项 Netlist Viewers。在其下拉菜单中选择 State Machine Viewer 选项，即刻能看到如图 8-3 所示的状态图及其相关资料。当然，如上所述，综合器未必能辨认出所有的状态机，所以，当 Netlist Viewers 无法画出程序对应的状态图时，也不能肯定此程序就一定不是状态机，特别是异步状态机。

8.2 Moore 型状态机的设计

前文提到，从信号的输出方式上分，有 Moore 型和 Mealy 型两类状态机。若从输出时序上看，前者属于同步输出状态机，而后者属于异步输出状态机（注意工作时序方式都属于同步时序）。Mealy 型状态机的输出是当前状态和所有输入信号的函数，它的输出是在输入变化后立即发生的，不依赖时钟的同步。Moore 型状态机的输出则仅为当前状态的函数，这类状态机在输入发生变化时还必须等待时钟的到来，时钟使状态发生变化时才导致输出的变化，所以比 Mealy 型状态机要多等待一个时钟周期。

若从 Mealy 型状态机的一般定义看，例 8-1 属于 Mealy 型状态机。这是因为其输出的变化不单纯取决于状态的变化，也与输入信号有关。但从另一角度看，图 8-2 显示，当输入信号 state_inputs 从 0 变到 3 时，输出 comb_outputs 并没有从 C 立即变到 E，而是直到下一个时钟脉冲的上升沿到来时才发生这种变化，即输出并不随输入的变化而立即变化，还必须等待时钟边沿的到来。所以从这个角度看，例 8-1 又属于 Moore 型状态机，也有人称为 Mealy-Moore 混合型状态机。

换一种方式来考察，不妨以例 8-1 的进入状态 s2 的语句去判断。程序显示，一旦进入状态 s2，即刻无条件执行语句 comb_outputs<=12，表明 comb_outputs 输出 12 仅与状态有关，所以是 Moore 型状态机。但之所以能进入 s2，进而输出 12，则是因为在上一状态 s1 中，输入信号 state_inputs 不等于"01"，显然，comb_outputs 在 s2 状态输出 12，与状态 s2 和输入信号 state_inputs 的变化都有关，所以又应该是 Mealy 型状态机。

其实，单纯地讨论某状态机究竟属于 Moore 型还是 Mealy 型，或是孰优孰劣，都没有什么实际意义，本节的目的仅仅是通过一些讨论和分析，为读者展示一些常用状态机的表述风格、各自的特点以及它们的设计方法，以便在设计中有更多的选择。

8.2.1 多进程状态机

以下介绍 Moore 型状态机的一个应用实例，即用状态机设计一个 A/D 采样控制器。若想对 ADC 进行采样控制，传统方法多数是用单片机完成。其优点是编程简单、控制灵活，但缺点也很明显，即速度太慢，特别是对于采样速度要求高的 A/D，或是需要快速控制的 A/D，如串行 A/D 等。CPU 不相称的慢速极大地限制了 A/D 性能的正常发挥。

为了便于说明和实验验证，以十分常用的 ADC0809 为例，说明控制器的设计方法。用状态机对 ADC0809 进行采样控制首先必须了解其工作时序，然后据此做出状态图，最后写出相应的 VHDL 代码。图 8-5 和图 8-6 分别是 ADC0809 的工作时序和芯片引脚图、采样控制状态图。时序图中，START 为转换启动控制信号，高电平有效；ALE 为模拟信号输入选通端口地址锁存信号，上升沿有效；一旦 START 有效后，状态信号 EOC 即变为低电平，表示进入转换状态，转换时间约 100 μs。转换结束后，EOC 变为高电平，控制器可以据此了解转换情况。此后外部控制可以使 OE 由低电平变为高电平（输出有效），此时，ADC0809 的输出数据总线 D[7..0]从原来的高阻态变为输出数据有效。

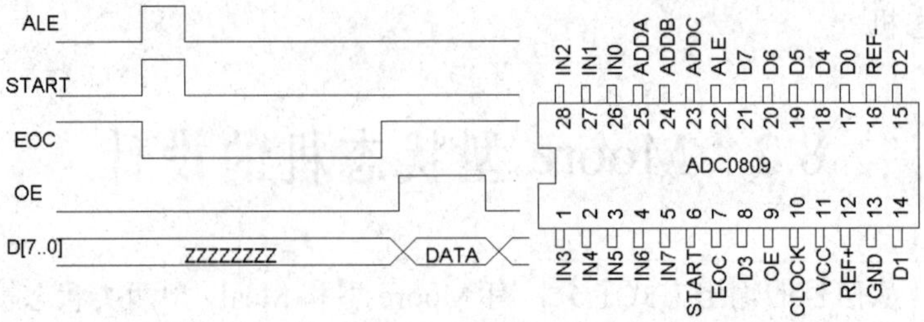

图 8-5　ADC0809 工作时序和芯片引脚图

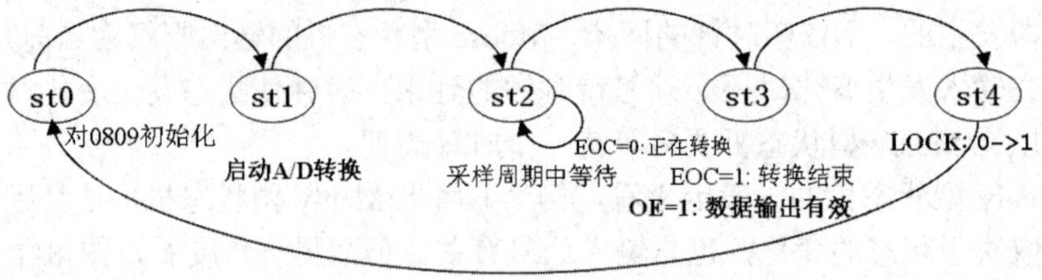

图 8-6　ADC0809 采样控制状态图

由图 8-6 也可以看到，在状态 st2 中需要对 ADC0809 工作状态信号 EOC 进行监测。如果为低电平，表示转换尚未结束，仍需要停留在 st2 状态中等待，直到变成高电平后才说明转换结束，于是在下一时钟脉冲到来时转向状态 st3。在状态 st3，由状态机向 ADC0809 发出转换好的 8 位数据输出允许命令，这一状态周期同时作为数据输出稳定周期，以便能在下一状态中向锁存器中锁入可靠的数据。在状态 st4，由状态机向锁存器发出锁存信号（LOCK 的上升沿），将 ADC0809 输出的数据进行锁存。ADC0809 采样控制器的 VHDL 代码如例 8-2 所示，其程序结构可以用图 8-7 所示的模块图描述。

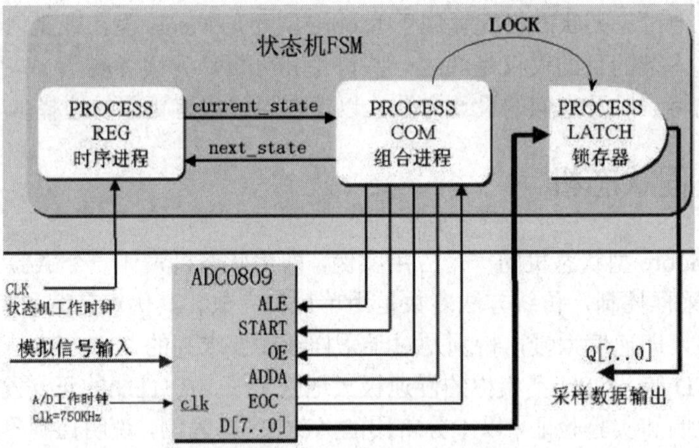

图 8-7　采样状态机结构框图

程序含 3 个进程结构，图 8-7 中的 REG 进程是时序进程，它在时钟信号 CLK 的驱动下，不断将 next_state 中的内容（状态元素）赋给现态信号 cs，并由此信号将状态变量传输给 COM 组合进程结构。

COM 组合进程有两个主要功能。

（1）状态译码器功能。即根据从现态 cs 信号中获得的状态变量，以及来自 ADC0809 的状态信号 EOC，决定下一状态的转移方向，即确定次态的状态变量。

（2）采样控制功能。即根据 cs 中的状态变量确定对 ADC0809 的控制信号 ALE、START、OE 等。当采样结束后还要通过 LOCK 向锁存器进程 LATCH 发出锁存信号，以便将由 ADC0809 的 D[7..0]数据输出口输出的 8 位已转换好的数据锁存起来。

例 8-2 描述的状态机属于一个多进程结构的 Moore 型机，由两个主控进程，外加一个辅助进程（即锁存器进程 LATCH）构成。层次清晰，各进程结构分工明确。

在一个完整的采样周期中，状态机中最先被启动的是以 CLK 为敏感信号的时序进程，接着组合进程被启动，因为它们以信号 cs 为敏感信号。最后被启动的是锁存器进程，它是在状态机进入状态 st4 后才被启动的，即此时 LOCK 产生了一个上升沿信号，从而启动进程 LATCH，将 ADC0809 在本采样周期输出的 8 位数据锁存到寄存器中，以便外部电路能从 Q 端读到稳定正确的数据。当然也可以另外再做一个控制电路，将转换好的数据直接存入 RAM 或 FIFO，而不是简单的锁存器中。

图 8-8 所示是这个状态机的工作时序图，显示了一个完整的采样周期。图中，复位信号后即进入状态 s0。第二个时钟上升沿到来后，状态机进入状态 s1（即 cs=s1），由 START、ALE 发出启动采样和地址选通的控制信号。之后，EOC 由高电平变为低电平，ADC0809 的 8 位数据输出端口呈现高阻态“ZZ”。在状态 s2，等待了 CLK 数个时钟周期之后，EOC 变为高电平，表示转换结束；进入状态 s3，此状态的输出允许 OE 被设置成高电平，此时 ADC0809 的数据输出端 D[7..0]输出已经转换好的数据 5EH。在状态 s4，LOCK_T 发出一个脉冲，其上升沿立即将 D 端口的 5EH 锁入 Q 和 REGL 中。

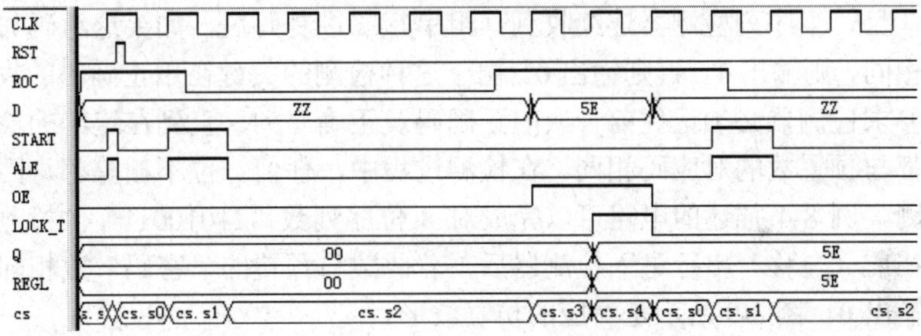

图 8-8　ADC0809 采样状态机工作时序

为了方便观察仿真，输出口增加了内部锁存信号 LOCK_T。图 8-8 的仿真波形中应该注意激励信号的编辑。图中的所有输入信号（即激励信号）都必须根据图 8-5 的 ADC 控制时序人为设定，若设定不对，就无法得到正确的输出波形。

这里的 LOCK_T 是由内部 LOCK 信号引出的测试信号，当然也可以使用属性定义语句 keep 等方法在仿真激励文件中直接调入内部信号 LOCK。为了在仿真图中更好地显示仿真结点，将状态符号都做了改变，如 st1 改为 s1，current_state 简述为 cs。

其实，例 8-2 中的组合进程可以分成两个组合进程：一个负责状态译码和状态转换，另一个负责控制信号的对外输出，从而构成一个 3 进程结构的有限状态机（例 8-3），其功能与前者完全一样，但程序结构更加清晰，功能分工更明确。

【例 8-3】

```
COM1: PROCESS(cs,EOC) BEGIN
  CASE cs IS
  WHEN s0=> next_state <= s1;
  WHEN s1=> next_state <= s2;
```

```
    WHEN s2=> IF (EOC='1')THEN next_state <= s3;
               ELSE next_state <= s2; END IF;
    WHEN s3=> next_state <= s4; --开启OE
    WHEN s4=> next_state <= s0;
    WHEN OTHERS => next_state <= s0;
    END CASE;
  END PROCESS COM1;
  COM2: PROCESS(cs) BEGIN
    CASE cs IS
    WHEN s0=>ALE<='0';START<='0';LOCK<='0';OE<='0';
    WHEN s1=>ALE<='1';START<='1';LOCK<='0';OE<='0';
    WHEN s2=>ALE<='0';START<='0';LOCK<='0';OE<='0';
    WHEN s3=>ALE<='0';START<='0';LOCK<='0';OE<='1';
    WHEN s4=>ALE<='0';START<='0';LOCK<='1';OE<='1';
    WHEN OTHERS => ALE<='0';START<='0';LOCK<='0';
    END CASE;
  END PROCESS COM2;
```

8.2.2　序列检测器之状态机设计

这里再举一例从另一侧面说明 Moore 型状态机的使用方法。状态机用于序列检测器的设计比其他方法更能显示其优越性。序列检测器可用于检测一组或多组由二进制码组成的脉冲序列信号，当序列检测器连续收到一组串行二进制码后，如果这组码与检测器中预先设置的码相同，则输出 1，否则输出 0。由于这种检测的关键在于正确码的收到必须是连续的，这就要求检测器必须记住前一次的正确码及正确序列，直到在连续的检测中所收到的每一位码都与预置数的对应码相同。在检测过程中，任何一位不相等都将回到初始状态重新开始检测。例 8-4 描述的电路可以完成对 8 位序列数“11010011”的检测，当这一串序列数高位在前（左移）串行进入检测器后，若此数与预置的“密码”数相同，则输出 1，否则仍然输出 0。图 8-9 所示是对应的仿真波形。

【例 8-4】

```
LIBRARY IEEE;
USE IEEE.STD_LOGIC_1164.ALL;
ENTITY SCHK IS
  PORT(DIN,CLK, RST  : IN STD_LOGIC;  --串行输入数据位/工作时钟/复位信号
          SOUT : OUT STD_LOGIC);       --检测结果输出
END SCHK;
ARCHITECTURE behav OF SCHK IS
TYPE states IS (s0, s1, s2, s3,s4, s5, s6, s7, s8); --定义各状态
    SIGNAL ST, NST: states :=s0;  --设定现态变量和次态变量
   BEGIN
  COM:  PROCESS(ST, DIN)    BEGIN      --组合进程，规定各状态转换方式
CASE ST  IS  --11010011
  WHEN s0=>  IF DIN = '1' THEN NST <= s1; ELSE NST<=s0; END IF;
  WHEN s1=>  IF DIN = '1' THEN NST <= s2; ELSE NST<=s0; END IF;
  WHEN s2=>  IF DIN = '0' THEN NST <= s3; ELSE NST<=s2; END IF;
  WHEN s3=>  IF DIN = '1' THEN NST <= s4; ELSE NST<=s0; END IF;
  WHEN s4=>  IF DIN = '0' THEN NST <= s5; ELSE NST<=s2; END IF;
  WHEN s5=>  IF DIN = '0' THEN NST <= s6; ELSE NST<=s1; END IF;
```

```
    WHEN s6=>  IF DIN = '1' THEN NST <= s7; ELSE NST<=s0; END IF;
    WHEN s7=>  IF DIN = '1' THEN NST <= s8; ELSE NST<=s0; END IF;
    WHEN s8=>  IF DIN = '0' THEN NST <= s3; ELSE NST<=s2; END IF;
    WHEN OTHERS =>  NST<=s0;
    END CASE;
    END PROCESS;
    REG: PROCESS (CLK,RST)    BEGIN   --时序进程
      IF RST='1'  THEN  ST <= s0;
          ELSIF   CLK'EVENT AND CLK='1'  THEN  ST <= NST;   END IF;
       END PROCESS REG;
          SOUT  <=  '1' WHEN ST=s8 ELSE  '0';
  END behav;
```

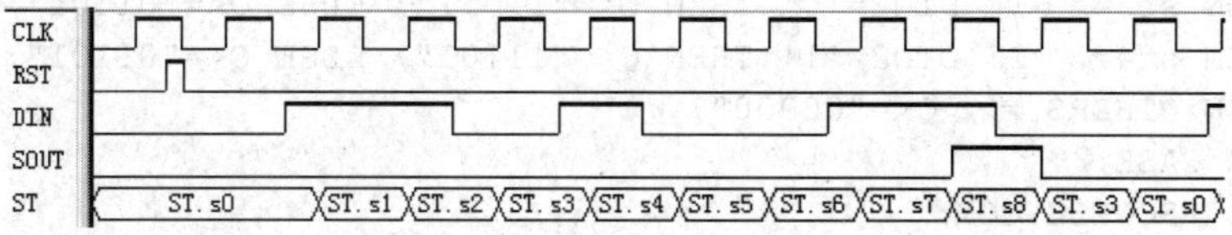

图 8-9　例 8-4 所描述的序列检测器时序仿真波形

图 8-9 的波形显示，当有正确序列进入时，到了状态 s8 时，输出序列正确标志 SOUT=1。而当下一位数据为 0 时，即 DIN=0 时，进入状态 s3。这是因为测出的数据 110 恰好与原序列数的头 3 位相同。

8.3　Mealy 型状态机的设计

与 Moore 型状态机相比，Mealy 型机的输出变化要领先一个周期，即一旦输入信号或状态发生变化，输出信号即刻发生变化。Moore 型机和 Mealy 型机在设计上基本相同，稍有不同之处是 Mealy 型机的组合进程结构中的输出信号是当前状态和当前输入的函数。

首先来考察一个双进程结构的 Mealy 型状态机示例（例 8-5），REGCOM 进程是时序与组合混合型进程，它将状态机的主控时序电路和主控状态译码电路同时用一个进程来表达；进程 COM 则负责根据状态和输入信号给出不同的对外的控制信号输出。

【例 8-5】

```
LIBRARY IEEE;
USE IEEE.STD_LOGIC_1164.ALL;
ENTITY MEALY1 IS
PORT(CLK, DIN1,DIN2,RST : IN STD_LOGIC; --串行输入数据位/工作时钟/复位信号
          Q : OUT STD_LOGIC_VECTOR(4 DOWNTO 0));   --检测结果输出
END MEALY1;
ARCHITECTURE behav OF MEALY1 IS
TYPE states IS (st0, st1, st2, st3,st4);                 --定义各状态
SIGNAL PST : states;
BEGIN
REGCOM: PROCESS(CLK,RST,PST, DIN1)    BEGIN
IF RST='1' THEN PST <=st0;   ELSIF  RISING_EDGE(CLK)  THEN
CASE PST  IS
  WHEN st0=>  IF DIN1='1' THEN PST<=st1; ELSE PST<=st0; END IF;
```

```
    WHEN st1=>  IF DIN1='1' THEN PST<=st2; ELSE PST<=st1; END IF;
    WHEN st2=>  IF DIN1='1' THEN PST<=st3; ELSE PST<=st2; END IF;
    WHEN st3=>  IF DIN1='1' THEN PST<=st4; ELSE PST<=st3; END IF;
    WHEN st4=>  IF DIN1='0' THEN PST<=st0; ELSE PST<=st4; END IF;
    WHEN OTHERS =>  PST<=st0;
    END CASE; END IF;
    END PROCESS REGCOM;
  COM: PROCESS (PST,DIN2)   BEGIN
    CASE PST IS
    WHEN st0=>  IF DIN2='1' THEN Q<="10000"; ELSE Q<="01010"; END IF;
    WHEN st1=>  IF DIN2='0' THEN Q<="10111"; ELSE Q<="10100"; END IF;
    WHEN st2=>  IF DIN2='1' THEN Q<="10101"; ELSE Q<="10011"; END IF;
    WHEN st3=>  IF DIN2='0' THEN Q<="11011"; ELSE Q<="01001"; END IF;
    WHEN st4=>  IF DIN2='1' THEN Q<="11101"; ELSE Q<="01101"; END IF;
    WHEN OTHERS =>  Q<="00000";
    END CASE;
    END PROCESS COM;
  END;
```

这是一个比较通用的 Mealy 型状态机模型，由程序可知，其中各状态的转换方式由输入信号 DIN1 控制；对外的控制信号码输出则由 DIN2 控制。

图 8-10 是例 8-5 的仿真时序波形图，图中的 PST 是现态转换情况。根据程序设定，当复位后，且 DIN1=0 时，都处于状态 st0，输出码 0AH；而当 DIN1 都为 1 时，每一个时钟上升沿后都转入下一状态，直到状态 st4，同时输出设定的控制码。直到 DIN1 为 0，才回到初始态 st0。此外，此例中可以看到输出信号有毛刺。

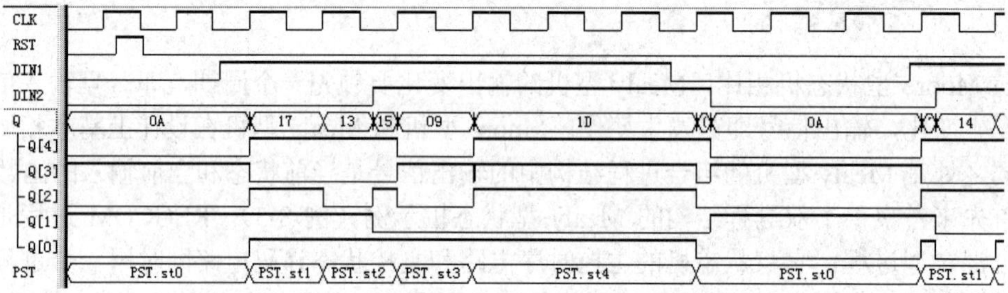

图 8-10　例 8-5 所描述的双进程 Mealy 型机仿真波形

为了排除毛刺，可以通过选择可能的优化设置，将例 8-5 的输出通过寄存器锁存，滤除毛刺。因此可以将此例改为单进程结构的 Mealy 型机。例 8-6 即为改进后的程序，它除结构不同外，对输入输出的设定没有其他改变。

【例 8-6】

```
        ... --以上部分与例8-5相同
  PROCESS(CLK,RST,PST, DIN1,DIN2)    BEGIN
  IF RST='1' THEN PST <=st0;  ELSIF RISING_EDGE(CLK)   THEN
  CASE PST  IS
    WHEN st0=>  IF DIN1='1' THEN PST <= st1; ELSE PST<=st0; END IF;
              IF DIN2='1' THEN Q <= "10000"; ELSE Q<="01010"; END IF;
    WHEN st1=>  IF DIN1='1' THEN PST <= st2; ELSE PST<=st1; END IF;
          IF DIN2='0' THEN Q <= "10111"; ELSE Q<="10100"; END IF;
    WHEN st2=>  IF DIN1='1' THEN PST <= st3; ELSE PST<=st2; END IF;
          IF DIN2='1' THEN Q <= "10101"; ELSE Q<="10011"; END IF;
```

```
    WHEN st3=>  IF DIN1='1' THEN PST <= st4; ELSE PST<=st3; END IF;
          IF DIN2='0' THEN Q <= "11011"; ELSE Q<="01001"; END IF;
    WHEN st4=>  IF DIN1='0' THEN PST <= st0; ELSE PST<=st4; END IF;
          IF DIN2='1' THEN Q <= "11101"; ELSE Q<="01101"; END IF;
    WHEN OTHERS =>  PST<=st0; Q<="00000";
    END CASE;
   END IF;
  END PROCESS;
  END;
```

由于此状态机的输出信号与时钟同步，因此其仿真波形，特别是随状态改变而输出的数据与例 8-5 的波形不尽相同。这是因为每一待输出的数据必须等到时钟边沿到来后才能输出，而在时钟边沿未到时，如果数据输出控制信号 DIN2 发生改变，则必定影响时钟后的输出数据。这就是尽管两程序的设计意图相同、状态图（见图 8-11）相同，而对应的波形图（见图 8-10 和图 8-12）中输出码却有所不同的原因。

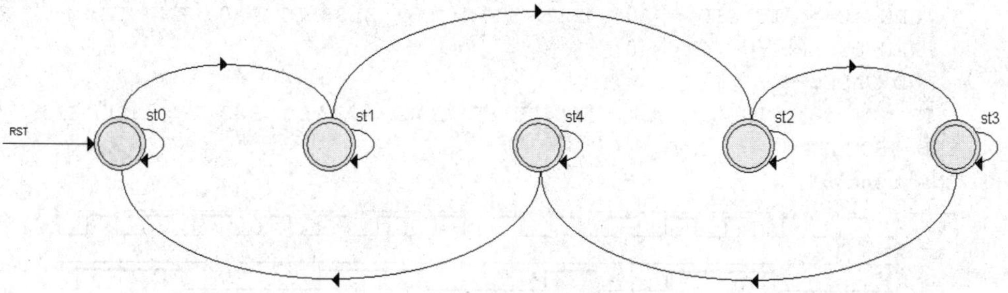

图 8-11　例 8-5、例 8-6 的状态图

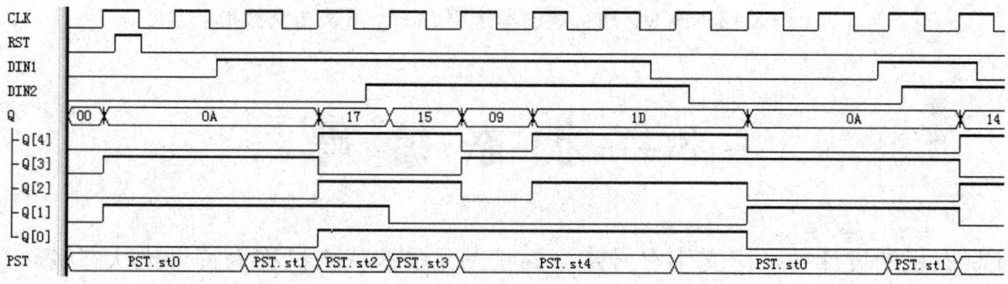

图 8-12　例 8-6 之单进程 Mealy 型机仿真波形

将描述序列检测器的例 8-4 的双进程结构 Moore 型机写成单进程的 Mealy 型机即为以下的例 8-7。对应的仿真波形如图 8-13 所示。与图 8-9 的波形相比，不同之处仅在于 SOUT 的输出延迟了一个时钟。这种延迟输出具有滤波作用。如果 SOUT 是一个多位复杂算法的组合逻辑输出，必定会有许多毛刺，如果这些信号用在特定场合，就有可能引起不良后果（当然，在许多情况下输出信号有毛刺未必都会有害处）。所以若利用例 8-7 的形式则可有所改善。

【例 8-7】

```
LIBRARY IEEE;
LIBRARY IEEE; --11010011
USE IEEE.STD_LOGIC_1164.ALL;
ENTITY  SCHK IS
  PORT(DIN,CLK, RST  : IN STD_LOGIC;   SOUT : OUT STD_LOGIC);
```

```
END SCHK;
ARCHITECTURE behav OF SCHK IS
TYPE states IS (s0, s1, s2, s3,s4, s5, s6, s7, s8); --定义各状态
 SIGNAL ST : states :=s0;
      BEGIN
PROCESS(CLK,RST,ST, DIN)    BEGIN
 IF RST='1'  THEN  ST <= s0; ELSIF   CLK'EVENT AND CLK='1'  THEN
CASE ST  IS
  WHEN s0=>  IF DIN = '1' THEN ST <= s1; ELSE ST<=s0; END IF;
  WHEN s1=>  IF DIN = '1' THEN ST <= s2; ELSE ST<=s0; END IF;
  WHEN s2=>  IF DIN = '0' THEN ST <= s3; ELSE ST<=s0; END IF;
  WHEN s3=>  IF DIN = '1' THEN ST <= s4; ELSE ST<=s0; END IF;
  WHEN s4=>  IF DIN = '0' THEN ST <= s5; ELSE ST<=s0; END IF;
  WHEN s5=>  IF DIN = '0' THEN ST <= s6; ELSE ST<=s0; END IF;
  WHEN s6=>  IF DIN = '1' THEN ST <= s7; ELSE ST<=s0; END IF;
  WHEN s7=>  IF DIN = '1' THEN ST <= s8; ELSE ST<=s0; END IF;
  WHEN s8=>  IF DIN = '0' THEN ST <= s3; ELSE ST<=s0; END IF;
  WHEN OTHERS =>  ST<=s0;
  END CASE;
  IF (ST=s8)  THEN  SOUT<='1'; ELSE  SOUT<='0';   END IF;  END IF;
END PROCESS;
END behav;
```

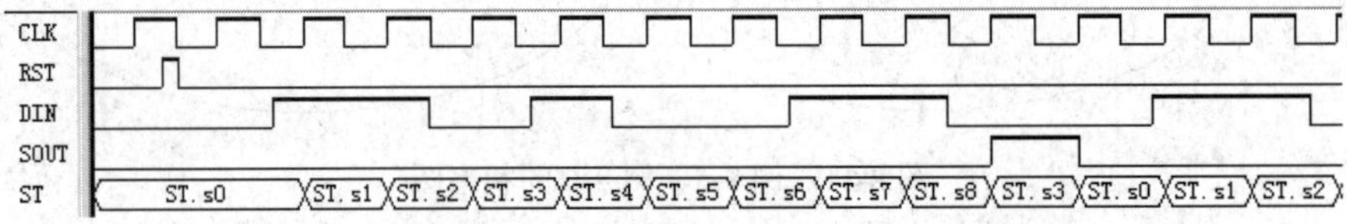

图 8-13　例 8-7 所描述的单进程 Mealy 型机仿真波形

8.4　状 态 编 码

在状态机的设计中，用文字符号定义各状态元素的状态机称为符号化状态机，其状态元素，如 s0、s1 等的具体编码由 VHDL 状态机的综合器根据预设的约束来确定。状态机的状态编码方式有多种，这要根据实际情况来决定。可以人为控制，也可由综合器自动对编码方式进行选择和干预。为了满足一些特殊需要，在状态机设计中，可直接将各状态用具体的二进制数来定义，而不使用文字符号，即直接编码方式。下面讨论状态机直接编码或非符号化编码定义方式及其他编码方式。

8.4.1　直接输出型编码

这类编码方式最典型的应用实例就是计数器。计数器本质上就是一个主控时序进程与一个主控组合进程合二为一的状态机，它的计数输出就是各状态的状态码。图 8-14 就是作为状态机特殊形式下的 n 位二进制加法计数器。其计数进制数（或模 n）由比较器输入口的“计数控制常数”决定。此计数器的计数输出即为此状态机状态码输出，当计数值等于“计数控制常数”时，如 m，比较器即输出一控制信号对寄存器的异步复位端发出清零信

号，而此计数器即可称模 *m* 计数器。若比较器输出值控制计数器的同步清零，则为模 *m*+1 计数器。

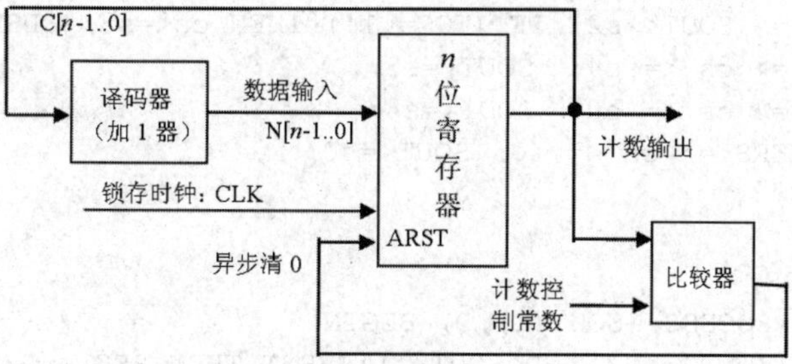

图 8-14　加法计数器一般模型

至于状态机，将状态编码直接输出作为控制信号，即 output=state，要求对状态机各状态的编码做特殊的安排，以适应控制对象的要求。这种状态机称为状态码直接输出型状态机。表 8-1 是 8.2 节中讨论的 ADC0809 采样控制状态机的状态编码表，这是根据 ADC0809 逻辑控制时序编出的，如参考时序波形（见图 8-8）。表 8-1 中的 B 是特设的标志码，用于区别状态 s0 和 s2。

表 8-1　控制信号状态编码表

状　态	状态编码					
	START	ALE	OE	LOCK	B	功能说明
s0	0	0	0	0	0	初始态
s1	1	1	0	0	0	启动转换
s2	0	0	0	0	1	若测得 EOC=1 时，转入下一状态 s3
s3	0	0	1	0	0	输出转换好的数据
s4	0	0	1	1	0	利用 LOCK 的上升沿将转换好的数据锁存

根据 8.2 节，这个状态机由 5 个状态组成，从状态 s0 到 s4 各状态的编码可分别设为 00000、11000、00001、00100、00110。每一位的编码值都赋予了实际的控制功能。

直接输出型编码方式就是所谓用户自定义型状态机编码方式。根据状态编码表给出的状态机，示例程序如例 8-8 所示，功能和时序与例 8-2 相同。例 8-8 是通过对 s0、s1 等状态元素定义常数数据类型的方法实现用户自定义编码的。

【例 8-8】

```
    ... --以上部分与例8-2相同
  ARCHITECTURE behav OF ADC0809 IS
   SIGNAL cs ,SOUT: STD_LOGIC_VECTOR(4 DOWNTO 0);
    CONSTANT s0 : STD_LOGIC_VECTOR(4 DOWNTO 0):= "00000";
    CONSTANT s1 : STD_LOGIC_VECTOR(4 DOWNTO 0):= "11000";
    CONSTANT s2 : STD_LOGIC_VECTOR(4 DOWNTO 0):= "00001";
    CONSTANT s3 : STD_LOGIC_VECTOR(4 DOWNTO 0):= "00100";
    CONSTANT s4 : STD_LOGIC_VECTOR(4 DOWNTO 0):= "00110";
    SIGNAL  REGL  : STD_LOGIC_VECTOR(7 DOWNTO 0);
    BEGIN
       Q <= REGL;  ADDA <= '0';
  PROCESS(cs,EOC)  BEGIN
     IF RST='1'  THEN  cs<=s0;  ELSIF  CLK'EVENT AND CLK='1'   THEN
```

```
      CASE cs IS
        WHEN s0 => cs <= s1;  SOUT<=s0;
        WHEN s1 => cs <= s2;  SOUT<=s1;
        WHEN s2 => SOUT<=s2; IF (EOC='1') THEN cs<=s3; ELSE cs<=s2; END IF;
        WHEN s3 => cs <= s4;  SOUT<=s3;
        WHEN s4 => cs <= s0;  SOUT<=s4;
        WHEN OTHERS => cs <= s0; SOUT<=s0;
        END CASE;
    END IF;
     END PROCESS;
      LATCH1:  PROCESS (SOUT(1),D) BEGIN
            IF SOUT(1)='1' AND SOUT(1)'EVENT THEN REGL<=D;  END IF;
        END PROCESS LATCH1;
     LOCK_T<=SOUT(1);  START<=SOUT(4); ALE<=SOUT(3);  OE<=SOUT(2);
    END behav;
```

也可以使用其他方式来实现用户自定义编码。如利用状态机编码属性语句定义各状态编码。格式如例 8-9 所示，其中定义了 s1="11000"、s2="00001"等。

【例 8-9】

```
ARCHITECTURE behav OF ADC0809 IS
type STAT is (s0,s1,s2,s3,s4);
attribute enum_encoding : string;
attribute enum_encoding of STAT : type is "00000 11000 00001 00100 00110";
SIGNAL cs, next_state: STAT;
```

这种利用状态位直接输出型编码方式的状态机的优点是输出速度快，不大可能出现毛刺现象（因为控制输出信号直接来自构成状态编码的触发器）。缺点是程序可读性差，用于状态译码的组合逻辑资源比其他以相同触发器数量构成的状态要多，而且控制非法状态出现的容错技术要求较高。

8.4.2 顺序编码

这种编码方式最为简单，在传统设计技术中最为常用，所使用的触发器数量最少，剩余的非法状态也最少，容错技术最为简单。以 8.4.1 节的 5 状态机为例，若使用顺序编码方式，只需 3 个触发器即可，可以节省较多的触发器，其状态编码方式可做如表 8-2 所示的改变。

表 8-2　编码方式

状　　态	顺 序 编 码	一位热码编码	约翰逊码编码
State0	000	100000	0000
State1	001	010000	1000
State2	010	001000	1100
State3	011	000100	1110
State4	100	000010	1111
State5	101	000001	0111

然而这种顺序编码方式的缺点与优点一样多，如常常会占用状态转换译码组合逻辑较

多的资源，特别是有的相邻状态或不相邻的状态转换时涉及多个触发器的同时状态转换，因此将耗用更长的转换时间（相对于以下讨论的一位热码编码方式），而且容易出现毛刺现象，如图 3-13 所示。这对于触发器资源丰富而组合逻辑资源相对珍贵的 FPGA 器件意义不大，也不合适。当选择符号化状态机设计时，Quartus 一般并不默认选择顺序编码形式。设计者若有必要，可以通过后文介绍的方法实现顺序编码状态机的设计。

8.4.3　一位热码编码

一位热码编码（one-hot encoding，也翻译成独热码）方式如表 8-2 所示，就是用 n 个触发器来实现具有 n 个状态的状态机。状态机中的每一个状态都由其中一个触发器的状态表示。即当处于该状态时，对应的触发器为 1，其余的触发器都置 0。例如，6 个状态的状态机需有 6 个触发器，其对应状态编码如表 8-2 所示。一位热码编码方式尽管用了较多的触发器，但其简单的编码方式大为简化了状态译码逻辑，提高了状态转换速度，增强了状态机的工作稳定性，这对于含有较多的时序逻辑资源的 FPGA 器件来说是比较好的解决方案。因此一位热码编码方式是状态机最常用的编码方式。现在，许多面向 FPGA 设计的综合器都有默认将符号化状态机自动优化设置成为一位热码状态的功能。对于 CPLD，可通过选择开关决定使用顺序编码还是一位热码方式。还有一些其他的编码方式，如格雷码、约翰逊码（Johnson-encoded：将最低位取反后反馈到最高位）等，都各有特点。

8.4.4　状态编码设置

确定状态机的编码方式可以有多种途径。以下介绍几种以供参考。在确定编码方式前不要忘了打开“状态机萃取”开关，以便编译时计算机可自动考虑编码设置。

1. 用户自定义方式

所谓用户自定义方式，就是将需要的编码方式直接写在程序中，不需要 EDA 软件工具进行干预。例如，以上 8.4.1 节讨论的就是一种自定义编码方式，而且是状态编码直接输出型状态机。因此用户自定义编码型的状态机的编码设计方法并无特色，只是要控制好综合器，使其不要干预程序的编码方式，而让程序按照自己的书面表述方式编译。这就需要预先做好设置，即设置为用户自定义编码方式“User-Encoded”。

2. 直接设置方法

编码方式也可以在 Quartus 的相关对话框（见图 8-4）上直接设置。使用方法是，在 Assignments 菜单中选择 Settings 命令，然后在 Category 栏中选择 Analysis & Synthesis Settings 选项，在出现的窗口中单击 More Settings 按钮；然后在弹出的 More Analysis & Synthesis Settings 对话框中的 Existing option settings 列表框中选择 State Machine Processings 选项，在其下拉菜单中选择需要的编码方式。

3. 用属性定义语句设置

就是直接在 VHDL 程序中使用属性定义语句指示编译器按照要求选择编码方式。这种方法最简洁。这里以例 8-7 的序列检测器程序为例来说明。具体格式如例 8-10 所示。其中的表述"one-hot"就是对编码的约束语句。当然，即使有了属性语句，在编译前仍然需要打开“状态机萃取”开关。

【例 8-10】

```
ARCHITECTURE behav OF SCHK IS
TYPE states IS (s0, s1, s2, s3,s4, s5, s6, s7, s8);
attribute enum_encoding : string;
attribute enum_encoding of states : type is "one-hot";
SIGNAL ST : states :=s0;
BEGIN
```

表 8-3 给出了 Quartus 所能提供的所有常用编码属性设置说明。只要套上相关的语句，就能得到对应的编码形式。表 8-3 中还给出了例 8-10 对应于编码属性的逻辑宏单元和寄存器的耗用情况。

表 8-3　编码方式属性定义及资源耗用参考

编 码 方 式	编码方式属性定义	逻辑宏单元数 LCs	触发器数 REGs
一位热码	type is "one-hot"	11	10
用户自定义码	type is "user"	12	5
格雷码	type is "gray"	8	5
顺序码	type is "sequential"	10	5
约翰逊码	type is "johnson"	23	6
默认编码	type is "default"	11	10
最简码	type is "compact"	9	5
安全一位热码	type is "safe, one-hot"	18	10

以一位热码为例，综合与适配后，它占用了 11 个逻辑宏单元，在这 11 个宏单元中共占用了 10 个时序元件，即 D 触发器。为什么是 10 个 D 触发器呢？这是因为此程序共有 9 个状态元素：s0~s8。"one-hot"编码要占 9 个 D 触发器，由于例 8-10 属于单进程的 Mealy 型机，其输出信号需要锁存，所以又要占用一个触发器。

另外，从表 8-3 中还能看出，当选用默认型编码"default"时，计算机自动选择"one-hot"型编码。表 8-3 中的"safe, one-hot"是安全状态机属性选择。其中的"user"型编码就是按照程序书面表达的编码方式综合。需要指出，表 8-3 中不同的编码方式的选择对应于不同的逻辑单元的占用率，并没有一般性意义，因为这只是针对例 8-10 某种特定设计项目的特殊情况，仅做参考。

8.5　安全状态机设计

在有限状态机的技术指标中，除了满足需求的功能特性和速度等基本指标外，安全性和稳定性也是对状态机性能考核的重要内容。实用状态机和实验室状态机的本质区别也在于此。一个忽视了可靠容错性能的状态机在实用中将存在巨大隐患。

在状态机设计中，无论使用枚举数据类型还是直接指定状态编码的程序，特别是使用了一位热码编码方式后，总是不可避免地出现大量剩余状态，即未被定义的编码组合。这些状态在状态机的正常运行中是不需要出现的，通常称为非法状态。在状态机的设计中，如果没有对这些非法状态进行合理的处理，在外界不确定的干扰下，或是随机上电后，状态机都有可能进入不可预测的非法状态，其后果是对外界出现短暂失控，或是完全无法摆脱非法状态而失去正常的功能，除非使用复位控制信号 Reset。因此，对于重要且稳定性要求高的控制电路，状态机的剩余状态的处理，即状态机系统容错技术的应用是设计者必须慎重考虑的问题。

另外，剩余状态的处理会不同程度地耗用逻辑资源，这就要求设计者在选用状态机结构、状态编码方式、容错技术及系统的工作速度与资源利用率等诸多方面做权衡比较，以适应自己的设计要求。

以例 8-1 为例，该程序共定义了 5 个合法状态（有效状态），即 s0、s1、s2、s3 和 s4。如果使用顺序编码方式指定状态，则最少需 3 个触发器，这样最多有 8 种可能的状态。编码方式如表 8-4 所示，最后 3 个状态 s5、s6、s7 都是非法状态，对应的编码都是非法状态码。如果要使此 5 状态的状态机有可靠的工作性能，必须设法使系统在任何不利情况下落入这些非法状态后还能返回正常的状态转移路径中。为了使状态机能可靠运行，有多种方法可以利用。

表 8-4　剩余状态

状态	顺序编码	状态	顺序编码	状态	顺序编码	状态	顺序编码
s0	000	s2	010	s4	100	s6	110
s1	001	s3	011	s5	101	s7	111

8.5.1　程序直接导引法

这种方法就是在状态元素定义中针对所有的状态，包括多余状态都做出定义，并在以后的语句中加以处理。即在语句中对每一个非法状态都做出明确的状态转换指示，如在原来的 CASE 语句中增加诸如以下语句：

```
TYPE states IS (s0, s1, s2, s3,s4, s5, s6, s7); --定义所有状态
 ...
WHEN s5 =>  next_state<=s0;
WHEN s6 =>  next_state<=s0;
WHEN s7 =>  next_state<=s0;
WHEN OTHERS =>  next_state<=s0;
```

以上剩余状态的转向设置中，也不一定都将其指向初始态 s0，只要导向专门用于处理出错恢复的状态中就可以了。直接引导方法的优点是直观可靠，但缺点是可处理的非法状态少，如果非法状态太多，则耗用逻辑资源太大。所以只适用于顺序编码类状态机。

这时读者或许会想，按照 WHEN OTHERS 语句字面的含义，它本身就能排除所有其他未定义的状态编码，上面的 3 条语句好像是多余的。需要提醒的是，对于不同的综合器，WHEN OTHERS 语句的功能也并非一致，多数综合器并不会如 WHEN OTHERS 语句指示的那样，将所有剩余状态都转向初始态或指定态，特别对于一位热码编码（但又必须加上此句）。所以建议不要依赖于这种方法来避免非法状态。

8.5.2　状态编码监测法

对于采用一位热码编码来设计状态机的方式，其剩余状态数将随有效状态数的增加呈指数方式剧增。例如，对于 6 状态的状态机来说，将有 58 种剩余状态，总状态数达 64 个，即对于有 n 个合法状态的状态机，其合法与非法状态之和的最大可能状态数有 $m=2^n$ 个。如

前文所述，选用一位热码编码方式的重要目的之一就是要减少状态转换间译码数据的变化，提高变化速度。但如果使用以上介绍的剩余状态处理方法，势必导致耗用太多的逻辑资源。所以，可以选择以下的方法来解决一位热码编码方式产生过多的剩余状态的问题。

鉴于一位热码编码方式的特点，正常的状态只可能有一个触发器的状态为 1，其余所有触发器的状态皆为 0，即任何多于一个触发器为 1 的状态都属于非法状态。据此，可以在状态机设计程序中加入对状态编码中“1”的个数是否大于 1 的监测判断逻辑。当发现有多个触发器状态为 1 时，产生一个警告信号 alarm，系统可根据此信号是否有效来决定是否调整状态转向或复位。对此情况的监测逻辑可以有多种形式。

如果某程序中的 6 个状态使用了一位热码编码，则应在进程之外放置如下所示的并行赋值语句。当 alarm 为高电平时，表明状态机进入了非法状态，可由此信号启动状态机复位操作。对于更多状态的状态机的报警程序也类似于此程序，即依次类推地增加。

```
alarm<=(st0 AND(st1 OR st2 OR st3 OR st4 OR st5))OR(st1 AND(st0 OR st2 OR…
```

当然也可将任一状态的编码相加，大于 1，则必为非法状态，于是发出警告信号。即当 alarm 为高电平时，表明状态机进入了非法状态，可以由此信号启动状态机复位操作。对于更多状态的状态机的报警程序也类似于此。即设计一个逻辑监测模块，如只要出现表 8-2 所示的 5 个状态码以外的码，必为非法，即可复位。这样的逻辑模块所耗用的逻辑资源不会太大。这是一种排除法。

其实无论采用怎样的编码方式，状态机的非法状态总是有限的，所以利用状态码监测法从非法状态中返回正常工作情况总是可以实现的。相比之下，CPU 系统就没有这么幸运了。因为 CPU 跑飞后进入死机的状态是无限的。所以在无人复位情况下，用任何方式都不可能绝对保证 CPU 的恢复。

8.5.3　借助 EDA 优化控制工具生成安全状态机

更便捷的安全状态机的设计可以利用如图 8-4 所示的对话框直接选择安全状态机，即先在 Existing option settings 列表框中选择 Safe State Machine 选项，再于此栏选择 On 选项。但需注意，对于此项设计选择，不要忘记通过仿真验证综合出的电路确实增加了安全措施。

另外一个办法是用属性定义语句来实现：

```
attribute enum_encoding of states : type is "safe,one-hot";
```

习　　题

8-1　举两个例子说明哪些常用时序电路是状态机比较典型的特殊形式，并说明它们属于什么类型的状态机（编码类型、时序类型和结构类型）。

8-2　修改例 8-1，将其主控组合进程分解为两个进程，一个负责状态转换，另一个负责输出控制信号。

8-3　改写例 8-1，用宏定义语句定义状态变量，给出仿真波形（含状态变量），并与图 8-2 做比较。注意设置适当的状态机约束条件。

8-4　为例 8-2 的 LOCK 信号增加 keep 属性，再给出此设计的仿真波形（注意删去 LOCK_T）。

8-5　给出例 8-3 的完整程序。

8-6　基于 Mealy 类型设计 ADC0809 采样控制的状态机。

8-7　以例 8-6 作为考察示例，按照表 8-3，分别对此例设置不同的编码形式和安全状态机设置。给出不同约束条件下的资源利用情况（如 LCs、REGs 等），详细讨论并比较不同情况下的状态机资源利用、可靠性等方面的问题。

实验与设计

实验 8-1　序列检测器设计

实验目的：用状态机实现序列检测器的设计，了解一般状态机的设计与应用。

实验任务：根据 8.2.2 节有关的原理介绍，利用 Quartus 对例 8-4 进行文本编辑输入、仿真测试，并给出仿真波形，了解控制信号的时序，最后进行引脚锁定并完成硬件测试实验。可以首先设计一个左移移位寄存器。对此序列检测器硬件检测时预置一个 8 位二进制数作为待检测码，随着时钟逐位输入序列检测器，8 个脉冲后检测输出结果。

实验思考题：如果待检测预置数以右移方式进入序列检测器，写出该检测器的 VHDL 代码（双进程有限状态机），并提出测试该序列检测器的实验方案。

实验 8-2　并行 ADC 采样控制电路实现与硬件验证

实验目的：学习设计状态机对 A/D 转换器 0809 采样的控制电路。

实验原理：ADC0809 的采样控制原理已在 8.2.1 节中做了详细说明（实验程序用例 8-2）。ADC0809 是 CMOS 的 8 位 A/D 转换器，片内有 8 路模拟开关，可控制 8 个模拟量中的一个进入转换器中。转换时间约 100 μs，含锁存控制的 8 路多路开关，输出由三态缓冲器控制，单 5 V 电源供电。主要控制信号如图 8-5 所示。START 是转换启动信号，高电平有效；ALE 是 3 位通道选择地址（ADDC、ADDB、ADDA）信号的锁存信号。当模拟量送至某一输入端（如 IN0 或 IN1 等）时，由 3 位地址信号选择，而地址信号由 ALE 锁存；EOC 是转换情况状态信号，当启动转换约 100 μs 后，EOC 产生一个负脉冲，表示转换结束；在 EOC 的上升沿后，若输出使能信号 OE 为高电平，则控制打开三态缓冲器，把转换好的 8 位数据结果输送至数据总线。至此，ADC0809 的一次转换结束。

实验任务 1：利用 Quartus 对例 8-2 进行文本编辑输入和仿真测试，并给出仿真波形。最后进行引脚锁定并进行测试，硬件验证例 8-2 电路对 ADC0809 的控制功能。为此，图 8-15 给出了此项实验的原理图顶层设计。其中的模块 ADC0809 即例 8-2 程序。图中的锁相环输入 20 MHz，设置两个时钟输出：c0 输出 5 MHz，作为状态机工作时钟；c1 输出 500 kHz，作为 ADC0809 的工作时钟。

建议仿真前先除去锁相环。ADC/DAC 板可选扩展模块。如果实验使用附录 A 的系统，可以选择含有 0809 的 ADC/DAC 扩展板。待采样的外部电压可以来自 ADC/DAC 板上的电位器，其信号已接入 ADC0809 的 IN0 口。实验操作：当旋转电位器时可以看到数码管显示的采样数据。

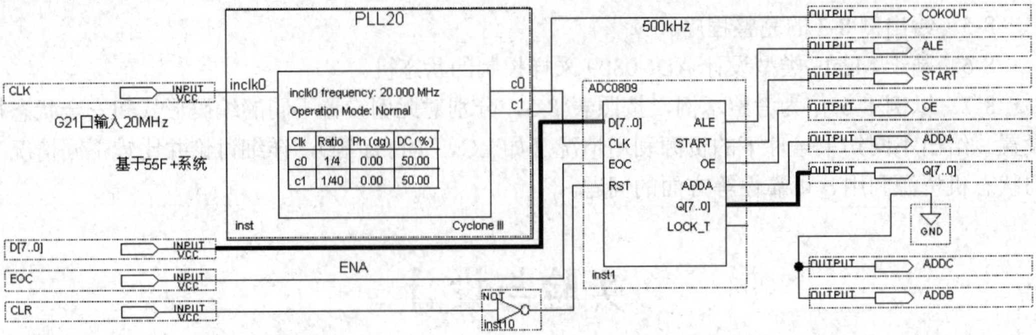

图 8-15　ADC0809 采样控制实验电路

实验任务 2：采用不同的编码形式设计此例。例如，在不改变原代码功能的条件下将例 8-2 表达成用状态码直接输出型的状态机（如用例 8-8 取代图 8-15 中的 ADC0809 模块，重复以上实验），或用其他编码形式设计此状态机，然后进行硬件验证和讨论。

实验任务 3：利用多种方法设计安全可靠的状态机，并对这些方法做比较，总结安全状态机设计的经验。

实验任务 4：利用以上的设计完成一简易数字电压表设计。测试电压范围是 0～5 V（可直接利用 ADC 扩展模块上的电位器输出电压），精度为 1/256；在数码管上用十进制数显示，如 3.1 V 等。提示：首先找到 ADC 转换的十六进制数与满度电压的对应关系，如可利用查表式计算技术获得相关的数据，利用 ROM 存储计算表格。当 ADC 转换好的 8 位二进制数作为 ROM 的地址信号输入 ROM 后，ROM 的数据线将能直接输出对应的电压值显示。

实验 8-3　数据采集模块设计

实验目的：掌握 LPM_RAM 模块的定制、调用和使用方法；熟悉 ADC 和 DAC 与 FPGA 接口电路设计；了解 HDL 文本描述与原理图混合设计方法。学习串行 ADC 的用法。

实验原理：主要内容参考实验 8-2 和图 8-15。本设计项目是利用 FPGA 直接控制 ADC0809 对模拟信号进行采样，然后将转换好的二进制数据迅速存储到 RAM 存储器中，在完成对模拟信号一个或数个周期的采样后，通过 DAC 由示波器直接显示出来，或将 RAM 中的数据显示在液晶上。电路系统可以绘成图 8-16 所示的电路原理图。其中元件功能描述如下。

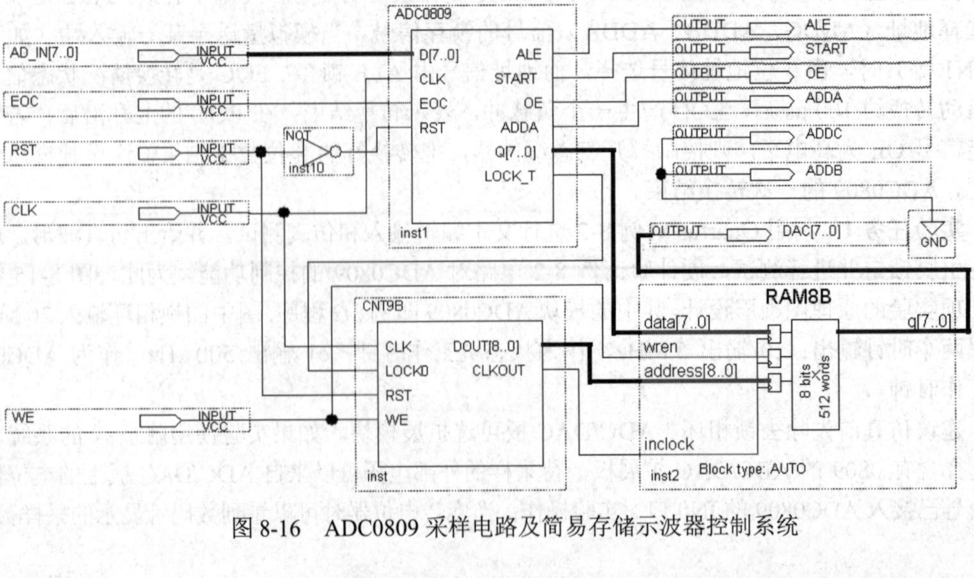

图 8-16　ADC0809 采样电路及简易存储示波器控制系统

（1）元件 ADC0809。程序与模块功能与图 8-15 的同名模块相同。

（2）元件 CNT9B。CNT9B 中有一个用于 RAM 的 9 位地址计数器，此计数器的工作时钟（与输出时钟 CLKOUT 同步）由 RAM 的写允许 WE 控制。当 WE=1 时，工作时钟是 LOCK0；LOCK0 来自 ADC0809 采样控制器的 LOCK_T（每一采样周期产生一个锁存脉冲），这时处于采样允许阶段，RAM 的地址锁存时钟 inclock=CLKOUT= LOCK0；每一个 LOCK0 的脉冲通过 ADC0809 采到一个数据，同时将此数据锁入 RAM（RAM8B 模块）中。而当 WE= 0 时，处于采样禁止阶段，此时允许读出 RAM 中的数据，工作时钟等于 CLK，而 CLKOUT=CLK，即采样状态机的工作时钟（一般取 65536 Hz）。

由于 CLK 的频率比较高，所以扫描 RAM 地址的速度很快，这时在 RAM 数据输出口 Q[7..0] 处可以接上 DAC0832 扩展模块，通过它就能从示波器上看到刚才通过 ADC0809 采入的波形数据。

（3）元件 RAM8B。这是 LPM_RAM，8 位数据线，9 位地址线。wren 是写使能，高电平有效。

实验任务 1：由于 ADDA=0，模拟信号（可用 ADC 扩展模块的电位器产生被测模拟信号）将由 ADC0809 的 IN0 口进入以完成此项设计。给出仿真波形及其分析，将设计结果在硬件上实现。用 Quartus 的 In-System Memory Content Editor 了解锁入 RAM 中的数据。此外，对图 8-16 电路进行仿真，检查此项设计的 START 信号是否有毛刺，如果有则改进设计。

实验任务 2：对图 8-16 电路完成设计和仿真后锁定引脚，进行硬件测试。参考实验 8-2 的引脚锁定。WE 用键 K1 控制。由于使用了 ADC0832 和相关的运放，需要接上±12 V 电源。实验中首先使 WE=1，即键 K1 置高电平，允许采样，通过调节实验板上的电位器（此时的模拟信号是手动产生的），将转换好的数据锁入 RAM 中；然后按键 K1，使 WE=0，工作时钟可选择 1024 Hz（或更高频率），即能从示波器中看见被存于 RAM 中的数据，或通过 RAM 内容在系统编辑器观察 RAM 中的数据。

实验任务 3：在程序中设置 ADDA=1，模拟信号将由 IN1 口进入，即输入模拟信号来自外部信号源的模拟连续信号。

实验任务 4：仅按照以上方法会发现示波器显示的波形并不理想，原因是从 RAM 中扫描出的数据不是一个完整的波形周期。试设计一状态机，结合被锁入 RAM 中的某些数据，改进元件 CNT9B，使之存入 RAM 中的数据和通过 D/A 在示波器上扫描出的数据都是前后衔接的完整波形。

实验任务 5：在图 8-16 的电路中增加一个锯齿波发生器，扫描时钟与地址发生器的时钟一致。锯齿波数据通过另一个 D/A 输出，控制示波器的 X 端（不用示波器内的锯齿波信号），而 Y 端由原来的 D/A 给出 RAM 中的采样信息，由此完成一个比较完整的存储示波器的显示控制。

实验任务 6：修改图 8-16 的电路（如将 RAM 改成 12 位等），以便适应将 ADC0809 模块改成对串行高速 ADS7816 进行控制的状态机模块，然后重复完成以上各实验任务的要求。如果要按照图 8-16 的方式，将采样所得的数据通过 DAC 输出至示波器显示，可取高 8 位输出。

实验 8-4　五功能智能逻辑笔设计

实验目的：学习用 VHDL 状态机设计实用电路。

实验原理：图 8-17 是 5 功能智能逻辑笔电平信号采样电路。它有 3 个端口与 FPGA 相接：VO1、VO2 和 TEST。VO1 和 VO2 输入进 FPGA，TEST 由 FPGA 输出。此信号从 FPGA 端口通过一个 TTL 两反向器与 TEST 相接，因为 FPGA 输出的 3.3 V 电平不够高，所以驱动力也不够。

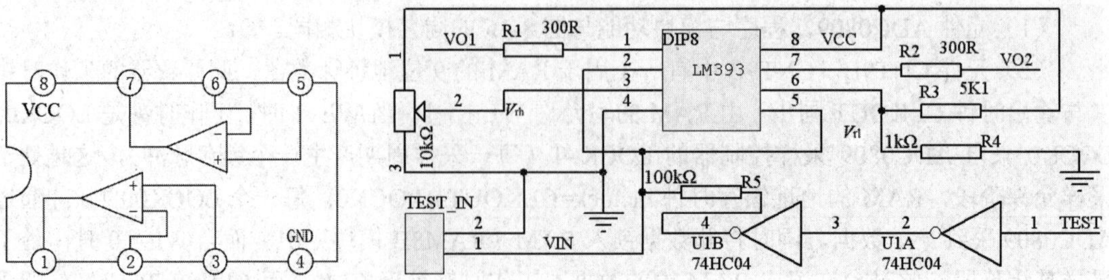

图 8-17　5 功能智能逻辑笔电平信号采样电路（左侧是 LM393 引脚图）

设计前首先查阅有关 LM393 的资料，它是一个双比较器。图 8-17 左侧所示的 LM393 元件的第 3、6 脚是二比较器的两个输入端。左端 3 脚接参考电压 V_{rh}=2.6 V，作为高电平的分界线；右端 6 脚接参考电压 V_{rl}=0.9 V，作为低电平的分界线。

另外请注意，电平测试口 VIN 除与两个比较器的输入端 2 和 5 相连外，还通过一个 100 kΩ 的电阻与 FPGA 的输出口相接。这是测试高阻态必需的电阻。另外，接输出电平 VO1 和 VO2 口处都应该分别接 5K1 上拉电阻与 3.3 V 电平，因为 FPGA 的 I/O 高电平是 3.3 V。

通过 FPGA 的状态机对 TEST 分别输出 1 或 0，结合来自 VO1 和 VO2 测试到的电平组合，完全可以判断出测试端 VIN 的逻辑信号是高电平、低电平、中电平、高阻态还是连续脉冲信号。

可以这样来定义：测到的电平 V_{in} 大于 V_{rh}，判定为高电平 1；小于 V_{rl}，则判定为低电平 0；若所测结论是 $V_{rl} < V_{in} < V_{rh}$，则判定为中电平，即不稳定电平；再若 TEST 输出 1 时判定为高电平，TEST 输出 0 时判定为低电平，则最终判定为高阻态；又若高低电平不断变化，则判为连续脉冲。建议状态机的工作时钟频率不要太高，可以在 250 Hz 左右。

实验任务： 设计的 5 功能逻辑笔要求能测高电平（大于 2.5 V）、低电平（低于 1 V）、中电平（低于 2.5 V，大于 1 V）、高阻态以及脉冲（即快速变化的电平）。要求用 4 个发光管分别显示其中 4 种结果，而当有脉冲时，4 个发光管同时发亮。请注意所谓的“中电平”反映的是一个不稳定的电平，可以借此判断被测电路可能有问题。也可以用一个点阵液晶显示结果，如显示 H、L、M、Z、P。讨论电路中 R5 电阻的大小对测试结果的影响。

实验 8-5　串行 ADC/DAC 采样或信号输出控制电路设计

通过网络查阅一些常用串行 ADC 器件，包括它们的工作性能、使用方法、时序特点。设计出对应的电路，然后用状态机对其控制，最后比较用状态机和 CPU 的优缺点。以下给出的参考器件多数是 DSP 系统中常用的器件。因此这些控制电路设计很有实用意义。它们主要有：（1）TLV2541，12 位 ADC，SPI 串行通信接口，200KSPS 速率；（2）TLV1572，10 位 ADC，SPI 口，1.25MSPS 高速；（3）TLV5637，双通道 10 位串行 DAC；（4）ADC0832（8 位）；ADS7816（12 位高速）等。

TLV5637 是双通道 DAC，比较适合于实现之前提出的几个需要双通道 DAC 输出的实验，如基于 DDS 的移相信号发生器、李萨如图信号发生器、存储示波器等。

第 9 章　16/32 位 CPU 创新设计

本章将先以一款具有一定实用意义的 16 位复杂指令集微处理器系统为例，展开基于 EDA 技术的 CPU 创新设计，详细介绍其工作原理和设计方法，再以 RISC-V（32 位基本整数指令集版本）为例介绍 32 位 RISC（reduced instruction set computer，精简指令集计算机）处理器的设计方法。

对于 16 位 CPU 设计，主要包括此系统的结构设计、基本组成部件设计、指令系统设计、优化方案及相关的仿真测试，直至在 FPGA 上执行硬件实现和调试运行。这里为此 CPU 命名为 KX9016。

从结构、性能和实用性方面看，KX9016 的特色有以下 5 点。

（1）系统优化特别容易，包括指令功能优化、速度优化和整个系统的设计优化。

（2）适应性强。整个体系结构和指令系统能方便地为特定的工作对象量身定做。

（3）由于全部由逻辑单元构建，结构单一，因此设计 ASIC 专用芯片版图简单。

（4）速度高。由于状态机具有并行和顺序同时进行的工作特点，容易构建高速指令。

（5）工作可靠性好。在随机的强电磁干扰信号下，一般计算机都有可能跳出正常运行状态，出现所谓死机现象而无法自动恢复。这是执行软件指令导致的不可抗拒的现象，而利用微程序工作的计算机在运行时，实际上是在同时运行两套软件程序，所以其不可靠性加倍；相比之下，KX9016 的指令系统及译码控制系统完全由状态机担任，而用 VHDL 表述的状态机是可以通过 HDL 综合器的优化而自动生成安全状态机的。

RISC-V 是当今流行的开放指令集 RISC 架构，结构简约，短小精悍，其具有 32 位基本整数指令集，非常适合用于 CPU 设计教学，本章将做简单介绍。

9.1　KX9016 的结构与特色

KX9016 的顶层结构如图 9-1 所示，根据此图完成的实际电路设计如图 9-2 所示。这是一个采用单总线系统结构的 CISC（complex instruction set computer，复杂指令集计算机）16 位 CPU。此处理器中包含了各种最基本的功能模块：由寄存器阵列构建的 8 个 16 位的寄存器 R0～R7、一个运算器 ALU、一个移位器 Shifter、一个输出缓冲寄存器 OutReg、一个程序计数器 ProgCnt、一个地址寄存器 AddrReg、一个工作寄存器 OpReg、一个比较器 Comp、一个指令寄存器 InstrReg 和一个控制器。还有一些对外部设备的输入/输出电路模块。所有这些模块共用一组 16 位的三态数据总线，在其上传送指令信息和数据信息。系统的控制信息由控制器通过单独的通道分别向各功能模块发出。

控制器模块中包含了此 CPU 的所有指令系统硬件设计电路，全部由状态机描述。控制器负责通过总线从外部程序存储器读取指令，通过指令寄存器进入控制器，控制器根据指令的要求向外部各功能模块发出对应的控制信号。为节省资源，图 9-1 中的程序计数器可以仅仅是一个普通的寄存器，因为可以通过控制器将加 1 计数的任务让 ALU 来完成。在计数完成后将结果通过移位器和输出缓冲寄存器锁入程序寄存器中。当然，在这个过程中，控制器可选择移位器对数据是直通状态。

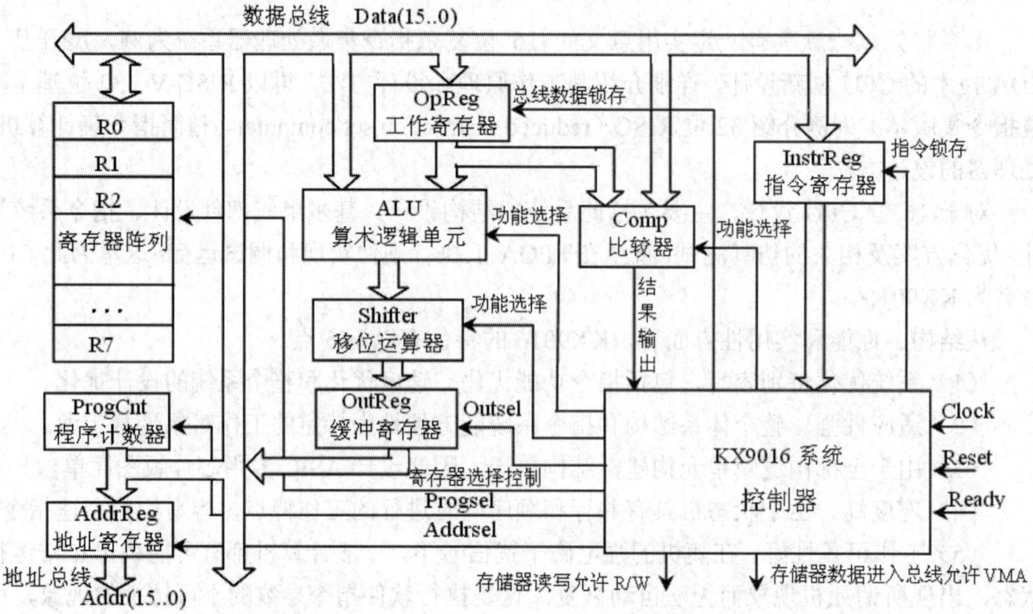

图 9-1　16 位 KX9016 CPU 结构图

由 R0～R7 组成的 8 个寄存器构建的寄存器阵列的优势是节省资源、使用方便和功能强大。它们共用一个三态开关，由控制器选择与数据总线相连。这些寄存器地位平等。

此 CPU 的工作寄存器分别为比较器和 ALU 提供一组操作数的缓存单元，而另一操作数则直接来自数据总线，而没有像一般 CPU 那样设置另一个操作数缓冲寄存器。

这种省资源、高效率的特色在其他许多方面都有所表现。如从图 9-1 可见，有一组电路结构是这样的：将 ALU、移位器和缓冲寄存器串接起来，由控制器统一控制来共同完成原本需要更复杂模块完成的任务。例如，若需要缓存总线上的某个数据，控制器可以选择 ALU 和移位器为直通状态；而若仅需要移位时，可使 ALU 为直通状态。注意，这个缓冲寄存器向总线输出的输出端上含有三态开关，由控制器决定是否向总线释放此寄存器的数据。

又如，这里的移位器采用纯组合电路，速度高且省去一个寄存器，因为输出口的缓冲寄存器可以帮助存储数据。移位器采用纯组合电路的另一好处是，如果某项运算同时需要计算和移位，不但不需要传统情况下的两条指令来完成，甚至一条指令也用不完，因为只需一个状态，即一个并行微操作就实现了，速度显然很高。此外，此电路结构中比较器也很有特色。比较器的功能由控制器直接控制，而其输出结果直接进入控制器，速度快；而传统 CPU 的比较结果通常需经过总线或特定寄存器才能获得，反应速度要慢些。

此 CPU 还有一个高速结构特点，即各功能模块全部由控制器通过单独的通道直接控制，并行工作特色明显，而不像传统 CPU 那样通过数据总线或控制总线来传输控制信息。

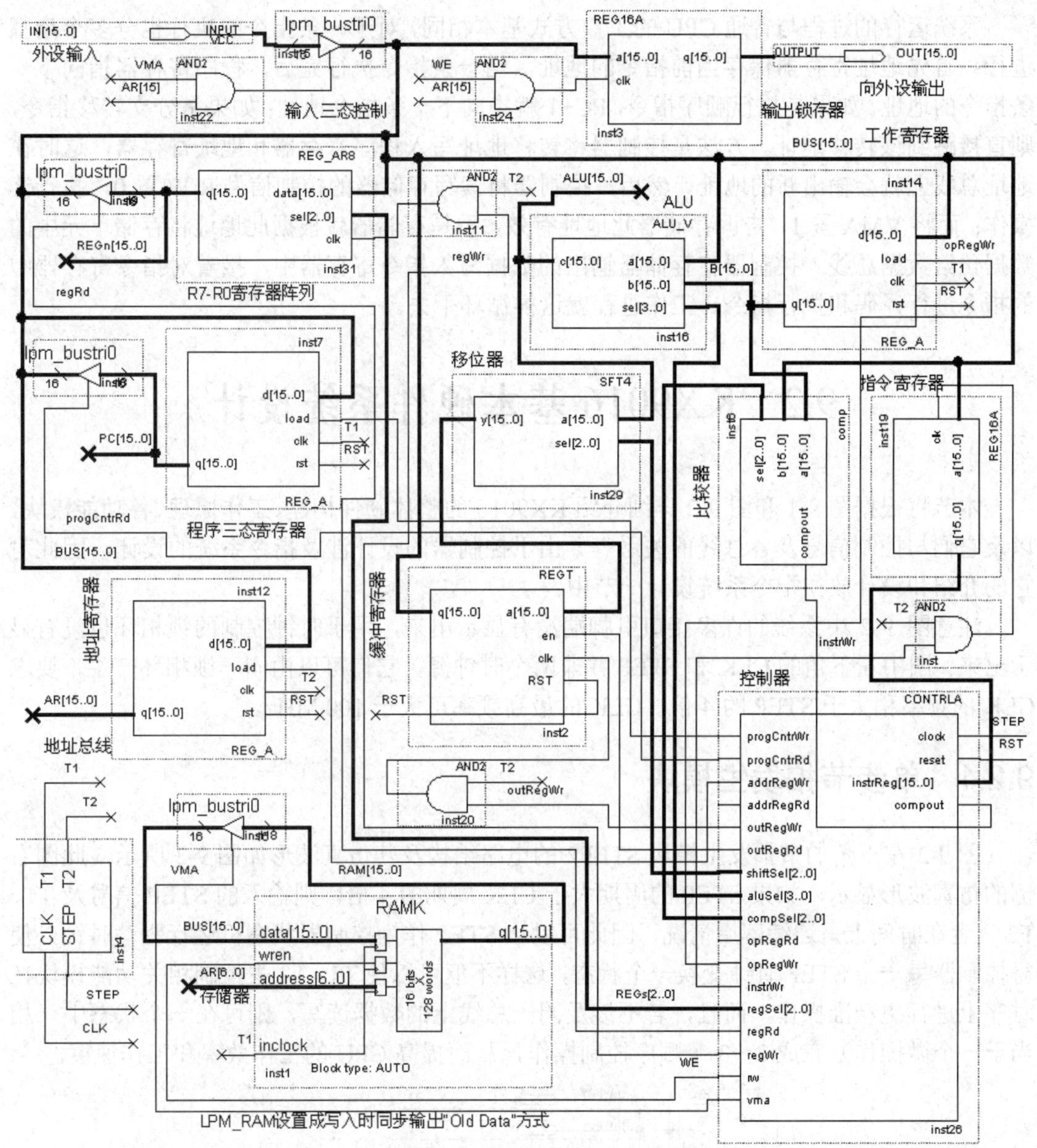

图 9-2　KX9016 顶层结构图

此系统只安排了一个地址寄存器，因此程序存储器与数据存储器共用一套地址，程序和数据可以只放在一个存储器中。如果利用 FPGA 中的嵌入式 RAM 模块，即调用 LPM_RAM 来担任这个存储器是很方便的事情。因为尽管是 RAM，但 FPGA 上电后，其程序会自动从配置 Flash ROM 向 FPGA 中的 RAM 加载，而此 RAM 在工作中又可随机读写，从而使基于 KX9016 的系统可以在 FPGA 中实现单片系统 SOC。

这种单片存储器系统对于传统的外部存储器显然是不可行的，因为还没有一个单片存储器既能保证程序掉电后不丢失，又能接受 CPU 的高速数据的随机存取。

可以采用自顶向下的方法进行设计。系统由 CPU 和存储器通过一组双向数据总线连接，系统中所有向总线输出数据的模块，其输出口都使用三态总线控制器隔离。地址总线则是单向的，所以不必加三态控制器。

系统运行的过程与普通 CPU 的工作方式基本相同，对于一条指令的执行也分多个步骤进行：首先地址寄存器保存当前指令的地址，当一条指令执行完后，程序寄存器指向下一条指令的地址。如果是执行顺序指令，PC+1 就指向下一条指令地址；如果是分支转移指令，则直接跳到该转移地址。方法是控制器将转移地址写入程序寄存器和地址寄存器，这时在地址总线上就会输出新的地址。然后，控制器将读写存储器的控制信号 R/W 置 0，执行读操作；而将 VMA 置 1，告诉存储器此地址有效，于是存储器就根据此地址将存储单元中的数据传给数据总线。控制器将存储器输出的数据写入指令寄存器中，接着对指令寄存器中的指令进行译码和执行指令，工作进程就这样循环下去。

9.2　KX9016 基本硬件系统设计

本节将根据图 9-1 和图 9-2 详细介绍 KX9016 的整体硬件构建、工作原理、各功能模块，以及它们与控制信号及各总线的关系等。由于控制器的设计涉及指令系统的设计，因此对它的介绍和设计放在指令系统设计一节中。

注意图 9-2 中系统的许多接口引脚端没有显示出来，用于时钟控制的锁相环也没有显示出来。图中左下角的 CLK 和 STEP 并非两个时钟源，它们可以由同一锁相环产生，要求 CLK 的频率稍大于 STEP 的 4 倍。CLK 的最高频率可大于 100 MHz。

9.2.1　单步节拍发生模块

图 9-2 左下角的节拍发生模块 STEP2 的电路结构及其仿真波形如图 9-3 所示，此图右侧的仿真波形显示，如果 STEP 的周期大于 CLK 周期的 4 倍，则输入的 STEP 信号及 T1、T2 三者在时间上呈连续落后情况，因此可以让 STEP 作为控制器状态机运行驱动时钟，使得控制器每一个 STEP 时钟变换一个状态，这样不但可以使 T1、T2 去控制相关功能模块在时序上进行更精准操作，而且，若不涉及同一总线上的数据读写，则可在一个状态中（相当于一个微操作）完成 2～3 个顺序控制操作，从而提高 CPU 的工作效率和工作速度。

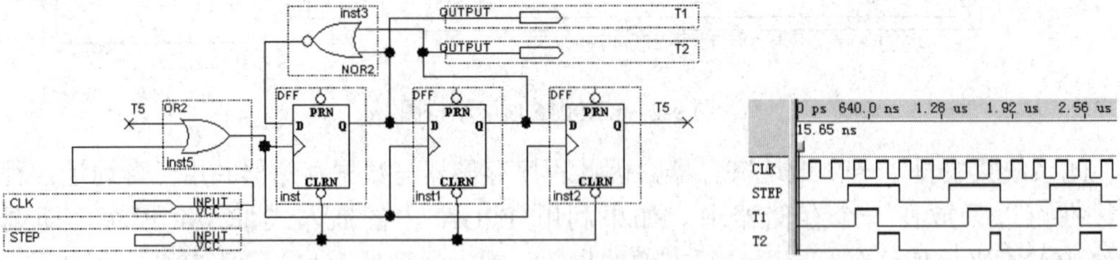

图 9-3　节拍脉冲发生器 STEP2 的电路及其仿真波形图

9.2.2　运算器

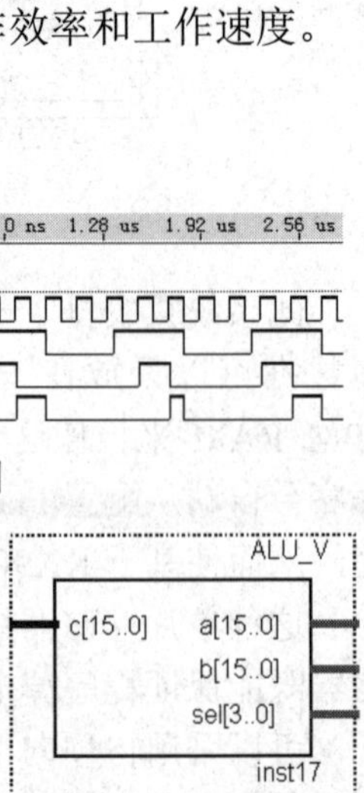

图 9-4　ALU 模块符号

算术逻辑单元 ALU 的模块符号如图 9-4 所示。a[15..0]和 b[15..0]是运算器的操作数输入端口，a[15..0]直接与数据总线相接；b[15..0]与工作寄存器的输出相接；c[15..0]为运算器运算结果输出端口，直接与移位器输入口连接。4 位控制信号 sel[3..0]来自控制器，用于选择运算器的运算功能。运算器 ALU 的 VHDL 程序如例 9-1 所示。

【例 9-1】

```
library IEEE;
use IEEE.std_logic_1164.all;
use IEEE.std_logic_unsigned.all;
entity ALU_V is
  port(a, b : in std_logic_vector(15 downto 0);
  sel : in std_logic_vector(3 downto 0);
    c : out std_logic_vector(15 downto 0));
end ALU_V;
architecture rtl of ALU_V is
   constant alupass : std_logic_vector(3 downto 0) := "0000";
   constant andOp : std_logic_vector(3 downto 0) := "0001";
   constant orOp : std_logic_vector(3 downto 0) := "0010";
   constant notOp : std_logic_vector(3 downto 0) := "0011";
   constant xorOp : std_logic_vector(3 downto 0) := "0100";
   constant plus : std_logic_vector(3 downto 0) := "0101";
   constant alusub : std_logic_vector(3 downto 0) := "0110";
   constant inc : std_logic_vector(3 downto 0) := "0111";
   constant dec : std_logic_vector(3 downto 0) := "1000";
   constant zero : std_logic_vector(3 downto 0) := "1001";
begin
   process(a, b, sel) begin
    case sel is
     when alupass => c <= a;                                  --总线数据直通ALU
     when andOp =>   c <= a and b;                            --逻辑与操作
     when orOp =>    c <= a or b;                             --逻辑或操作
     when xorOp =>   c <= a xor b;                            --逻辑异或操作
     when notOp =>   c <= not a;                              --取反操作
     when plus =>    c <= a + b;                              --算术加操作
     when alusub =>  c <= a - b;                              --算术减操作
     when inc =>     c <= a + "0000000000000001";             --加1操作
     when dec =>     c <= a - "0000000000000001";             --减1操作
     when zero =>    c <= "0000000000000000";                 --输出清零
     when others =>  c <= "0000000000000000";
   end case;  end process;
end rtl;
```

9.2.3 比较器

比较器的实体名为 comp，此模块对两个 16 位输入值进行比较，输出结果是 1 位，即 1 或 0，这取决于比较对象的类型和值。比较器模块符号如图 9-5 所示。

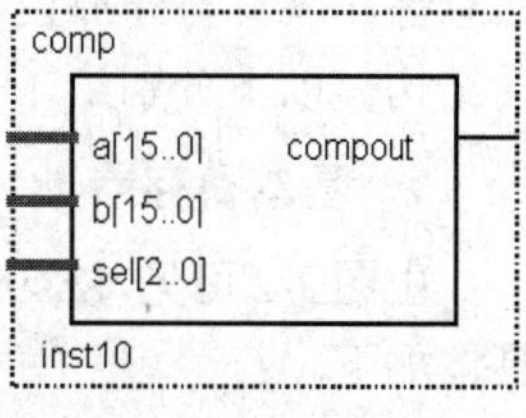

图 9-5　比较器模块符号

对两个数进行比较的类型方式及输出值含义取决于来自控制器的选择信号 sel[2..0]的值。例如，欲比较输入端口 a 和 b 的值是否相等，控制器须先将 eq="000"传到端口 sel，如果 a 和 b 的值相等，则 compout 的值为 1；如果不相等，则为 0。显然，两个输入值的比较操作将得到一个位的结果，这个位是执行指令时用来控制进程中的操作流程的。

比较器程序代码如例 9-2 所示。程序中含有 case 语句，针对每一个来自控制器的 sel 的 case 选项；还含有一个 if 语句，如果条件为真，输出 1；否则，输出 0。

【例 9-2】

```
library IEEE;
use IEEE.std_logic_1164.all;
use IEEE.std_logic_arith.all;
use IEEE.std_logic_unsigned.all;
entity comp is
     port(a, b: in std_logic_vector(15 downto 0);
            sel : in std_logic_vector (2 downto 0);
            compout : out std_logic);
end comp;
architecture rtl of comp is
      constant  eq: std_logic_vector (2 downto 0):= "000";
      constant neq: std_logic_vector (2 downto 0):= "001";
      constant  gt: std_logic_vector (2 downto 0):= "010";
      constant gte: std_logic_vector (2 downto 0):= "011";
      constant  lt: std_logic_vector (2 downto 0):= "100";
      constant lte: std_logic_vector (2 downto 0):= "101";
begin
  process(a, b, sel) begin
   case sel is
    when  eq => if  a=b then compout<='1'; else  compout<='0'; end if;
    when neq => if a/=b then compout<='1'; else compout<='0'; end if;
    when  gt => if a >b then compout<='1'; else compout<='0'; end if;
    when gte => if a>=b then compout<='1'; else compout<='0'; end if;
    when  lt => if  a<b then compout<='1'; else  compout<='0'; end if;
    when lte => if a<=b then compout<='1'; else compout<='0'; end if;
    when others => compout<='0';
   end case;
  end process;
end rtl;
```

9.2.4　基本寄存器与寄存器阵列组

在 CPU 中，寄存器常被用来暂存各种信息，如数据信息、地址信息、指令信息、控制信息等，以及与外部设备交换信息。图 9-1 中的 CPU 结构中的寄存器有多种用途及多种不同结构。以下分别给予介绍。

1. 基本寄存器

由图 9-2 可见，KX9016 使用了 3 种不同受控方式的寄存器，具体如下。

（1）只有锁存控制时钟的寄存器。这是最简单的寄存器（见图 9-6），在此 CPU 中担任缓冲寄存器和指令寄存器。程序如例 9-3 所示，它也可以直接调用 LPM_FF 模块来取代。

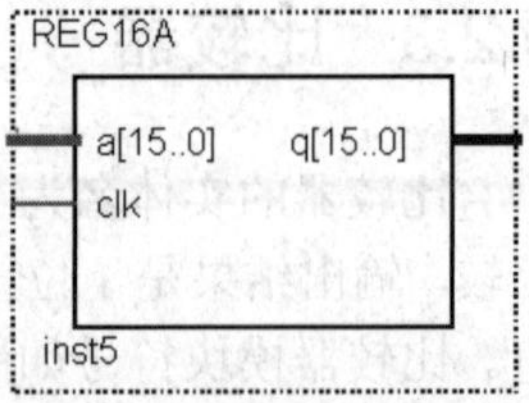

图 9-6　基本寄存器

对于指令寄存器的锁存时钟端，注意图 9-2 中还接了一个与门。它一端接来自控制器的指令写允许 instrWr 信号，另一端接节拍时钟信号 T2。

【例 9-3】

```
library IEEE;
use IEEE.std_logic_1164.all;
entity REG16A is
  port(a : in std_logic_vector(15 downto 0);
      clk : in std_logic;
      q : out std_logic_vector(15 downto 0));
end REG16A;
architecture BHV of REG16A is
begin
 process(clk,a)  begin
   if rising_edge(clk) then q <= a; end if;
 end process;
end BHV;
```

同样，对于输出寄存器的锁存时钟端，电路中也接了一个与门，但一端接 RAM 的写允许控制信号 WE，另一端接地址信号的最高位 AR[15]，设计输出指令时要注意控制信号。

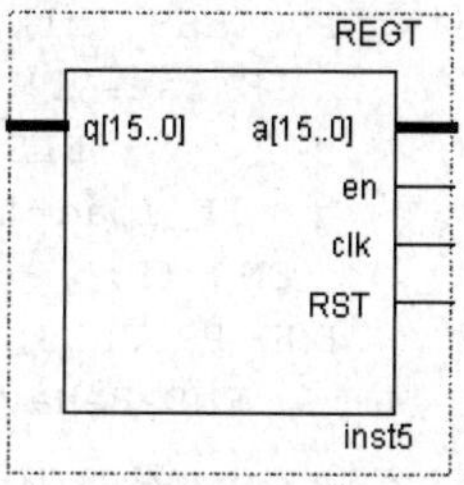

图 9-7　含三态门的寄存器

（2）含三态输出控制的寄存器（见图 9-7）。此寄存器没有对应的 LPM 模块，它实际上就是例 9-3 的寄存器在输出端加上一个三态控制门，其程序如例 9-4 所示。在系统中此寄存器担任运算结果寄存器。注意此寄存器的数据输入口接移位器的数据输出口，输出口接数据总线；三态输出允许控制端接来自控制器的读寄存器允许信号 outRegRd；锁存时钟端也同样接了一个与门，与门的一端接寄存器写允许控制信号 outRegWr，另一端接 T2，设计运算或移位指令时要注意这些控制信号。

【例 9-4】

```
library IEEE;
use IEEE.std_logic_1164.all;
use IEEE.std_logic_unsigned.all;
entity REGT is
 port(a : in std_logic_vector (15 downto 0);
   clk,RST, en : in std_logic;
    q : out std_logic_vector(15 downto 0));
end REGT;
architecture rtl of REGT is
  signal vl : std_logic_vector (15 downto 0);
   begin
 process(clk,a,RST)  begin
   IF RST='1' THEN vl <= "0000000000000000";
   ELSIF rising_edge(clk) THEN vl <= a; END IF;
 end process;
 process(en, vl) begin
   if en = '1' then q<=vl; else   q <= "ZZZZZZZZZZZZZZZZ"; end if;
 end process;
end rtl;
```

（3）含清零和数据锁存同步使能控制的寄存器（见图 9-8），程序如例 9-5 所示。这个寄存器的功能相当于在图 9-6 的寄存器基础上再加上一个清零的功能，并在其时钟端加一个与门，而与门的一端接允许控制 load，另一端接 clk。

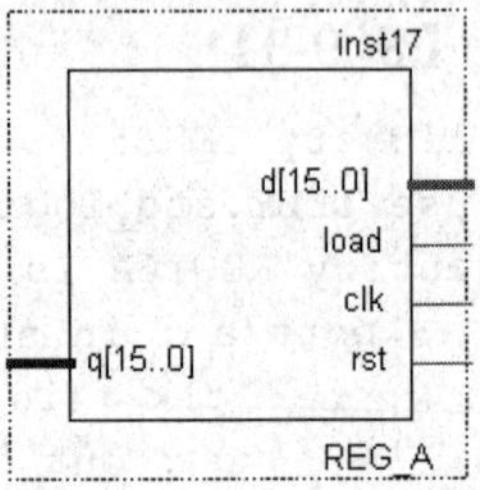

图 9-8　含加载使能的寄存器

【例 9-5】

```
      LIBRARY IEEE;
      USE IEEE.std_logic_1164.ALL;
      USE IEEE.std_logic_unsigned. ALL;
      ENTITY REG_A IS
      PORT (rst,clk, load: IN std_logic;
            d: IN std_logic_vector (15 downto 0);
            q: OUT std_logic_vector (15 downto 0));
      END REG_A;
      ARCHITECTURE Behavioral OF REG_A IS
      BEGIN
  PROCESS (clk,rst)     BEGIN
    IF rst='1' THEN   q<=(OTHERS=>'0');
          ELSIF rising_edge(CLK) THEN
    IF load='1' THEN  q<=d;  END IF;
   END IF;
  END PROCESS;
      END Behavioral;
```

在此 CPU 系统中此寄存器有 3 个角色：地址寄存器、PC 寄存器和工作寄存器。

对于地址寄存器，其数据输出口接地址总线，数据输入口接数据总线；同步加载允许 load 端接来自控制器的地址寄存器写允许信号 addrRegWr；锁存时钟端 clk 接 T2。

对于 PC 寄存器，其数据输出口接三态门输入口，三态门输出至数据总线；三态门的控制端接来自控制器的 PC 值读允许信号 progCntrRd；数据输入口直接接数据总线；同步加载允许 load 端接来自控制器的 progCntrWr 信号；锁存时钟端 clk 接 T1。为了提高 CPU 的工作效率，其实可以用一个如图 9-9 所示的计数器来替代这个寄存器。

对于工作寄存器，其数据输出口接 ALU 和比较器的一个数据输入端；数据输入口接数据总线；同步加载允许 load 端接来自控制器的 opRegWr 信号；锁存时钟端 clk 接 T1。

2．寄存器阵列

寄存器阵列是 KX9016 中最有特色的寄存器。寄存器阵列符号 REG_AR8 如图 9-10 所示。在执行指令时，此寄存器中存储指令所处理的立即数，可对寄存器进行读或写操作。此类寄存器组相当于一个 8×16 位的 RAM。对此寄存器的读写操作与对 RAM 的读写操作相同，如向 REG_AR8 的一个单元写入数据时，首先输入寄存器选择信号 sel 作为单元地址，即此寄存器的地址码；当 clk 上升沿到来时，输入数据就被写入该单元中。

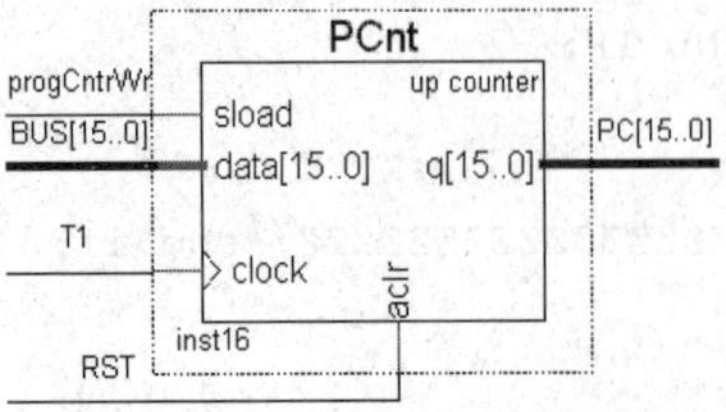

图 9-9　计算器替代电路

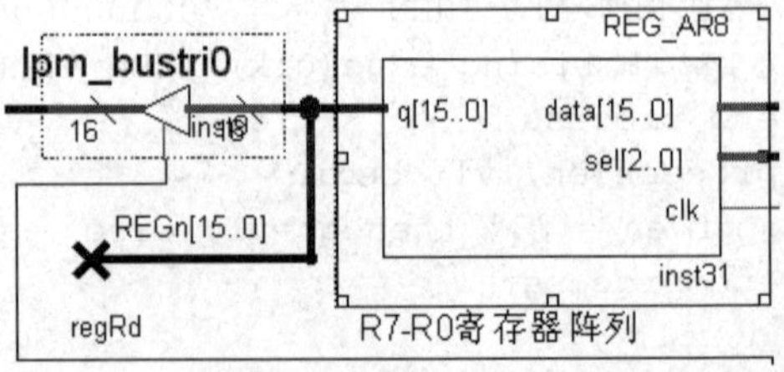

图 9-10　寄存器阵列元件与三态控制门电路

若需从 REG_AR8 的一个单元，即某一寄存器中读出数据时，也必须首先输入对应的 sel 选择数据作为读的单元地址，然后使其输出端接的三态输出允许控制信号为 1，这时此单元的数据就会输出至总线。此寄存器的 VHDL 表述如例 9-6 所示。程序首先定义了一个二维寄存器变量 ramdata。在过程语句中，它模拟 RAM 存储数据，在时钟有效时，将输入的数据按指定地址（即 sel）锁入二维寄存器变量 ramdata 中；而在赋值语句中，其动作正好相反，它模拟从 RAM 中按地址 sel 读取数据再输出。

【例 9-6】

```
library IEEE;
use IEEE.std_logic_1164.all;
use IEEE.std_logic_unsigned.all;
entity REG_AR8 is
    port(data : in  std_logic_vector(15 downto 0);
         sel : in std_logic_vector(2 downto 0);
         clk : in std_logic;  q : out std_logic_vector(15 downto 0));
end REG_AR8;
architecture rtl of REG_AR8 is
   type t_ram is array (0 to 7) of  std_logic_vector(15 downto 0);
   signal  ramdata : t_ram;
   signal temp_data :  std_logic_vector(15 downto 0);
begin
   process(clk,sel)  begin
    if rising_edge(clk) then ramdata(conv_integer(sel))<=data; end if;
   end process;
   process(sel)  begin
    temp_data<=ramdata(conv_integer(sel));
   end process;
      q <= temp_data;
end rtl;
```

此寄存器阵列模块的接口情况是这样的，由图 9-2 可见，此寄存器的数据输入口接数据总线；输出口接三态门输入端，三态门的控制端接来自控制器的 regRd 信号，三态门输出与总线相接；寄存器组选择信号 sel[2..0]接来自控制器的 regSel[2..0]；寄存器的时钟 clk 端接一个与门，与门的一端接寄存器写允许控制信号 regWr，另一端接 T2。

其实可以很容易地用一个数据宽为 16，深度为 8（即 3 位地址线宽）的 LPM_RAM 模块来替代这个寄存器阵列，这样可至少节省 128 个逻辑宏单元。图 9-11 所示电路就是这个替代方案，其中注明了此 LPM_RAM 模块与外围电路的接口方式。由于这是最小深度的 RAM，因此可将地址线的高二位置 0。

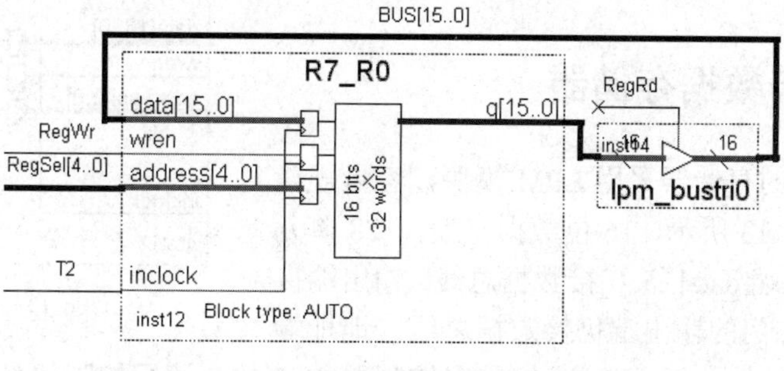

图 9-11　用 LPM_RAM 替代寄存器阵列的电路

9.2.5　移位器

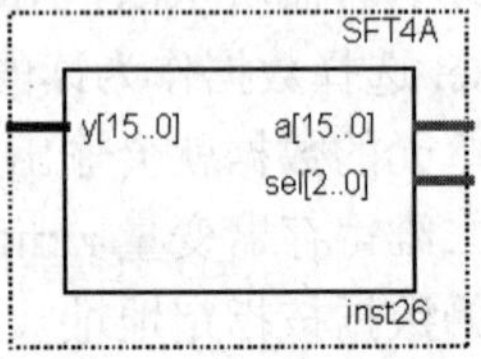

图 9-12　移位器符号

移位器模块如图 9-12 所示，它在 CPU 中实现移位和循环操作。移位器输入信号 sel 决定执行哪一种移位方式。移位器对输入的 16 位数据的移位操作类型有 4 种：左移或右移、循环左移和循环右移。此移位器还有一个功能就是通过控制，允许输入数据直接输出，即数据直通，不执行任何移位操作；ALU 也有这样的功能。这个功能使 CPU 的许多操作十分方便，不但可以提高速度，而且节省了硬件资源。移位器的代码如例 9-7 所示。在系统中移位器的接口比较清晰，在此就不再叙述了。特别注意这个移位器在 KX9016 这样的结构中作为组合电路的必要性（因此它不可能有使用 LPM 模块的替代方案）。

【例 9-7】

```
library IEEE;
use IEEE.std_logic_1164.all;
use IEEE.std_logic_arith.all;
entity SFT4 is
  port (a : in std_logic_vector (15 downto 0);
         sel : in std_logic_vector (2 downto 0);
         y : out std_logic_vector (15 downto 0));
end SFT4;
architecture rtl of SFT4 is
  constant shftpass : std_logic_vector (2 downto 0) := "000";
  constant      sftl : std_logic_vector (2 downto 0) := "001";
  constant     sftr : std_logic_vector (2 downto 0) := "010";
  constant     rotl : std_logic_vector (2 downto 0) := "011";
  constant     rotr : std_logic_vector (2 downto 0) := "100";
begin
     process(a, sel) begin
      case sel is
       when shftpass =>  y<= a;                          --数据直通
       when sftl =>      y<= a(14 downto 0) & '0';        --左移
       when sftr =>      y<= '0' & a(15 downto 1);        --右移
       when rotl =>      y<= a(14 downto 0) & a(15);      --循环左移
       when rotr =>      y<= a(0) & a(15 downto 1);       --循环右移
       when others =>   y<= "0000000000000000";
      end case;
    end process;
end rtl;
```

9.2.6　程序与数据存储器

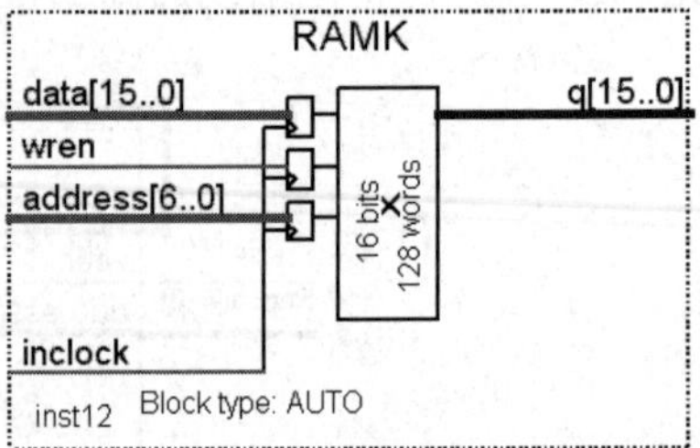

图 9-13　存储器符号

此 CPU 接口的存储器采用 LPM 模块，容量规格和端口选择如图 9-13 所示，16 位数据宽度，128 单元深度。其数据输入端 data[15..0]接数据总线；输出端接三态控制门，三态门的输出端仍接数据总线；地址端口 address[6..0]接地址总线；wren 接来自控制器的 RAM 读写控制信号 rw；时钟输入端

inclock 接 T1。

注意在此项目的实验测试示例中，LPM_RAM 模块在写数据设置上选择了写允许信号 wren 有效时，同时读出原数据 Old Data。RAM 的这项选择将使其每写入一个数据，同时向输出口输出同一 RAM 单元写入新数据前的老数据，即 Old Data。这个性能可以在此后的 CPU 仿真波形中看到。

9.3　KX9016 指令系统设计

如果要设计一款专用处理器，必须确定此处理器的工作（或控制）对象是什么、需要完成哪些任务、需要怎样的 CPU 程序功能，从而确定此处理器的 CPU 应该具有哪些功能，并针对这些功能采用哪些指令，然后再确定指令的具体格式。

本节将重点介绍针对 KX9016 的指令格式、指令设计方案、指令系统要求、软件编程加载方法，以及控制器的原理和设计。最后以实例形式给出指令设计的详细流程。

9.3.1　指令格式

若作为专业处理器，这里假设最多 30 条指令就能包括 KX9016 所有可能的操作。所以可以设定所有的指令都包含 5 位操作码，使控制器用于判别具体指令类别。

设单字指令在其低 6 位中包含两个 3 位来指示寄存器名，如 R3（011）、R4（100）。其中一个 3 位指示源操作数寄存器，另一个 3 位指示目的操作数寄存器。某些指令，如 INC（加 1）指令，只用到其中的一部分；但是另外一些单字指令，如 MOVE（转移）指令，用到从一个寄存器传送到另外一个寄存器的功能，这就要用到两个操作数。

设双字指令中第 1 个字中包含目标寄存器的地址，第 2 个字中包含指令地址或者立即操作数。它们的常用指令格式如下。

（1）单字指令。16 位指令的高 5 位是操作码，低 6 位指示源操作数寄存器和目的操作数寄存器。指令码格式如图 9-14 所示。当然，也可以利用其他闲置的位为单字指令设置 3 个操作数寄存器，例如，可以设计这样一条加法指令“ADD Rd, Rs1,Rs2;”。具体指令如“ADD R1, R2, R3;”，即将 R1、R2 寄存器的内容相加后存入寄存器 R3。于是可以用第 3 个 3 位来指示此寄存器名。此时，若加法指令的操作码是 01101，则对于这条指令的指令码可以是：01101 00 **011** 010 001 = 68D1H。显然，指令设计完全可以不拘一格。

操作码						源操作数			目的操作数		
Opcode						SRC			DST		
15	14	13	12	11		5	4	3	2	1	0

图 9-14　单字指令格式

（2）双字指令。第 1 个 16 位字中包含操作码和目标寄存器的地址，第 2 个字中包含了指令地址或操作数。指令码格式如图 9-15 所示。例如，立即装载指令 LDR 可以有这样的表述：

```
LDR  R1, #0015H
```

操作码						目的操作数		
Opcode						DST		
15	14	13	12	11		2	1	0

16 位 操作数															
15	14	13	12	11	10	9	8	7	6	5	4	3	2	1	0

图 9-15　双字指令格式

这条指令表示将十六进制数 0015H 装载到寄存器 R1 中。设这条指令的高 5 位操作码是 00100，在低 3 位中指示寄存器 R1 的目的操作数代码是 001。于是指令码如图 9-16 所示，这条指令的十六进制指令码就是 2001H、0015H。

操作码						目的操作数		
0	0	1	0	0		0	0	1

0	0	0	0	0	0	0	0	0	0	0	1	0	1	0	1
0				0				1				5			

图 9-16　双字指令

在控制器对此双字指令进行译码时，第一个字的操作数决定了该指令的长度为两个字，因而在装载第二个字后，才成为完整的指令。

9.3.2　指令操作码

本章为 KX9016 处理器预设的指令、指令名称和相应的操作码已列于表 9-1 中，此表展示的主要指令有数据存/取、数据搬运、算术运算、逻辑运算、移位运算和控制转移类。如果需要还可以加入其他功能的指令，甚至为此增加操作码位数。

表 9-1　KX9016 预设指令及其功能表

操 作 码	指　　令	功　　能	操 作 码	指　　令	功　　能
00000	NOP	空操作	01111	IN	外设数据输入指令
00001	LD	装载数据到寄存器	10000	JMPLTI	小于时转移到立即数地址
00010	STA	将寄存器的数存入存储器	10001	JMPGT	大于时转移
00011	MOV	在寄存器间传送操作数	10010	OUT	数据输出指令
00100	LDR	将立即数装入寄存器	10011	MTAD	16 位乘法累加
00101	JMPI	转移到由立即数指定的地址	10100	MULT	16 位乘法
00110	JMPGTI	大于时转移至立即数地址	10101	JMP	无条件转移
00111	INC	加 1 后放回寄存器	10110	JMPEQ	等于时转移
01000	DEC	减 1 后放回寄存器	10111	JMPEQI	等于时转移到立即数地址
01001	AND	两个寄存器间与操作	11000	DIV	32 位除法
01010	OR	两个寄存器间或操作	11001	JMPLTE	小于等于时转移
01011	XOR	两个寄存器间异或操作	11010	SHL	左逻辑移位
01100	NOT	寄存器求反	11011	SHR	右逻辑移位
01101	ADD	两个寄存器加运算	11100	ROTR	循环右移
01110	SUB	两个寄存器减运算	11101	ROTL	循环左移

表 9-2 给出了由几条指令组成的程序示例。在这些指令中有单字指令和双字指令，操作码都是 5 位。对于源操作数寄存器 SRC 和目的操作数寄存器 DST，分别用 3 位二进制数

表示，指示出寄存器的编号。双字指令中的第 2 个字是立即数操作数。表中的“x”表示可以是任意值，可取为 0。

表 9-2　汇编程序示例

指令	机器码	字长	操作码	闲置码	源操作数	目的操作数	功能说明
LDR　R1, 0025H	2001H	2	00100	xxxxx	xxx	001	立即数 0025H 送入 R1
	0025H		0000 0000 0010 0101				
LDR　R2, 0047H	2002H	2	00100	xxxxx	xxx	010	立即数 0047H 送入 R2
	0047H		0000 0000 0100 0111				
LDR　R6, 0036H	2006H	2	00100	xxxxx	xxx	110	立即数 0036H 送入 R6
	0036H		0000 0000 0011 0110				
LD　R3, [R1]	080BH	1	00001	xxxxx	001	011	从 R1 指定的 RAM 存储单元读取数据并送入 R3
STA　[R2], R3	101AH	1	00010	xxxxx	011	010	将 R3 的内容存入 R2 指定 RAM 单元
JMPGTI　R1, R6, [0000]	300EH	2	00110	xxxxx	001	110	若 R1>R6，则转向地址[0000H]
	0000H		0000 0000 0000 0000				
INC　R1	3801H	1	00111	xxxxx	xxx	001	R1+1→R1
INC　R2	3802H	1	00111	xxxxx	xxx	010	R2+1→R2
JMPI [0006]	2800H	2	00101	xxxxx	xxx	xxx	绝对地址转移指令：转向地址 0006H
	0006H		0000 0000 0000 0110				

表 9-2 的汇编程序的功能是将 RAM 地址区域 0025H 至 0036H 段的数据块，搬运到地址区域以 0047H 开头的 RAM 存储区域中。

此系统的存储器可分成两个部分，第一部分是指令区，第二部分是数据区。指令部分包含了将被执行的指令，开头地址是 0000H。CPU 指令从 0000H 开始到 000DH 结束。实际程序可以将此汇编程序代码与 0025H 至 0036H 段的数据块一并安排在 RAM 的初始化配置文件.mif 中。

9.3.3　软件程序设计实例

为了便于说明和实验演示，本章列出的控制器的 VHDL 代码（例 9-8）中只包含了 7 条指令。现将这 7 条指令组织成的一个简单的汇编程序示例列于表 9-3 中。

【例 9-8】

```
library IEEE;
use IEEE.std_logic_1164.all;--以下的加粗文字是加入加法指令后的程序变化，以上有示例
entity CONTRLA is   --这里的clock对应图中的STEP
port(clock : in std_logic;  reset : in std_logic;     --时钟和复位
instrReg : in std_logic_vector(15 downto 0);       --指令寄存器操作码输入
compout : in std_logic;                             --比较器结果输入
progCntrWr : out std_logic;  --程序寄存器同步加载允许，但需T1的上升沿有效
progCntrRd : out std_logic;  --程序寄存器数据输出至总线三态开关允许控制
```

```
addrRegWr : out std_logic;    --地址寄存器允许总线数据锁入，但需T2有效
addrRegRd : out std_logic;    --地址寄存器读入总线允许
outRegWr : out std_logic;     --输出寄存器允许总线数据写入，但需T2有效
outRegRd : out std_logic;     --输出寄存器数据进入总线允许，即打开三态门
shiftSel : out std_logic_vector(2 downto 0);     --移位器功能选择
aluSel : out std_logic_vector (3 downto 0);      --ALU功能选择
compSel : out std_logic_vector(2 downto 0);      --比较器功能选择
opRegRd : out std_logic;      --工作寄存器读出允许
opRegWr : out std_logic;      --总线数据允许锁入工作寄存器，但需T1有效
instrWr : out std_logic;      --总线数据允许锁入指令寄存器，但需T2有效
regSel : out std_logic_vector(2 downto 0);       --寄存器阵列选择
regRd : out std_logic;        --寄存器阵列数据输出至总线三态开关允许控制
regWr : out std_logic;        --总线上数据允许写入寄存器阵列，但需T2有效
rw : out std_logic;           --rw=1，RAM写允许；rw=0，RAM读允许
vma : out std_logic);         --存储器RAM数据输出至总线三态开关允许控制
end CONTRLA;
architecture rtl of CONTRLA is
constant shftpass: STD_LOGIC_VECTOR(2 DOWNTO 0) := "000";  --移位器直通
constant alupass : STD_LOGIC_VECTOR(3 DOWNTO 0) := "0000"; --ALU直通
constant  zero : STD_LOGIC_VECTOR(3 DOWNTO 0) := "1001";  --寄存器清零
constant   inc : STD_LOGIC_VECTOR(3 DOWNTO 0) := "0111";  --加1
constant  plus : STD_LOGIC_VECTOR(3 DOWNTO 0)  := "0101";     --做加法
type state is (reset1, reset2, reset3, execute, nop, load, store,
load2, load3, load4, store2, store3, store4, incPc, incPc2, incPc3,
loadI2,loadI3, loadI4,loadI5, loadI6, inc2, inc3,inc4,move1,move2,
add2,add3,add4);    -- 在状态机中增加3个做加法微操作的状态变量元素
signal current_state, next_state : state;    --定义现态和次态状态变量
begin
COM: process(current_state, instrReg, compout)  begin        --组合进程
progCntrWr<='0'; progCntrRd<='0'; addrRegWr<='0'; addrRegRd<='0';
outRegWr<='0'; outRegRd<='0'; shiftSel<=shftpass; aluSel<=alupass;
opRegRd<='0';  opRegWr<='0';  instrWr<='0'; regSel<="000";
regRd<='0'; regWr<='0'; rw<='0'; vma<='0';
case current_state is
when reset1=> aluSel<=zero; shiftSel<=shftpass;
outRegWr<='1'; next_state<=reset2;
when reset2=> outRegRd<='1';  progCntrWr<='1';
addrRegWr<='1'; next_state<=reset3;
when reset3=> vma<='1'; rw<='0'; instrWr<='1'; next_state<=execute;
when execute=>
      case instrReg(15 downto 11) is           --不同指令识别分支处理
        when "00000" => next_state <= incPc;  -- NOP指令
        when "00001" => next_state <= load2;  -- LD指令
        when "00010" => next_state <= store2; -- STA指令
        when "00100" => progcntrRd <= '1'; alusel <= inc;
              shiftsel <= shftpass; next_state<=loadI2;       --LDR指令
        when "00111" => next_state <= inc2;    -- INC指令
          when "01101" => next_state <= add2; --增加一个加法ADD指令分支
        when "00011" => next_state <= move1;  --MOVE指令
        when others =>next_state <= incPc;    --转PC加1
      end case;
```

```
when load2=> regSel<=instrReg(5 downto 3); regRd<='1';
addrregWr<='1'; next_state<=load3;
when load3=>  vma<='1'; rw<='0'; regSel<=instrReg(2 downto 0);
    regWr<='1'; next_state<=incPc;
WHEN add2 => regSel<=instrReg(5 downto 3);   --选择寄存器阵列的R1
regRd<='1';  --允许R1寄存器数据进入总线
next_state<=add3; opRegWr<='1';--将此数据锁入工作寄存器。此4步在一个STEP完成
WHEN add3 => regSel<=instrReg(2 downto 0);   --选择寄存器阵列的R2
regRd<='1'; alusel<=plus; --允许R2寄存器数据进入总线，同时选择ALU做加法
shiftsel<=shftpass; outRegWr<='1';--使ALU输出直通移位器，同时将数据锁入
--输出寄存器
next_state<=add4;          --此时相加结果尚未进入总线。此5步在一个STEP脉冲完成
WHEN add4 => regSel<="011";              --选择寄存器阵列的R3
outRegRd<='1'; regWr<='1';--允许输出寄存器的数据进入总线，将此数据锁入工作
--寄存器R3
next_state<= incPc; --加法操作结束，最后转入做PC加1操作的状态
when move1 => regSel<=instrReg(5 downto 3); regRd<='1'; alusel <= alupass;
shiftsel<=shftpass; outregWr<='1'; next_state<=move2;
when move2 => regSel<=instrReg(2 downto 0); outRegRd<='1';
regWr<='1'; next_state<=incPc;
when store2 => regSel <= instrReg(2 downto 0); regRd <= '1';
addrregWr <= '1'; next_state <= store3;
when store3 => regSel <= instrReg(5 downto 3); regRd <= '1';
rw <= '1'; next_state <= incPc;
when loadI2 => progcntrRd <= '1'; alusel<=inc; shiftsel<=shftpass;
 outregWr <= '1'; next_state<=loadI3;
when loadI3 => outregRd <= '1'; next_state<=loadI4;
when loadI4 => outregRd <= '1'; progcntrWr<='1'; addrregWr<='1';
next_state <= loadI5;
when loadI5 => vma <= '1'; rw <= '0'; next_state <= loadI6;
when loadI6 => vma <= '1'; rw <= '0';   regSel<=instrReg(2 downto 0);
 regWr <= '1'; next_state <= incPc;
when inc2 => regSel<=instrReg(2 downto 0); regRd<='1'; alusel<=inc;
               shiftsel<=shftpass; outregWr<='1'; next_state<=inc3;
when inc3 => outregRd <= '1'; next_state <= inc4;
when inc4 => outregRd <= '1'; regsel <= instrReg(2 downto 0);
 regWr <= '1'; next_state <= incPc;
when incPc => progcntrRd<='1'; alusel<=inc; shiftsel<=shftpass;
 outregWr<='1'; next_state<=incPc2;
when incPc2 => outregRd<='1'; progcntrWr <= '1'; addrregWr<='1';
               next_state <= incPc3;
when incPc3 => outregRd<='0'; vma<='1'; rw<='0';  instrWr<='1';
next_state<=execute;
when others => next_state <= incPc;
end case;
end process;
REG: process(clock, reset)  begin  --时序进程
if reset = '1' then  current_state <= reset1;
elsif  rising_edge(clock) then  current_state<=next_state; end if;
end process;
end rtl;
```

表 9-3　7 条指令的汇编程序示例

地　址	机 器 码	指　令	功 能 说 明
0000H 0001H	2001H 0032H	LDR　R1, 0032H	将立即数 0032H 送入寄存器 R1
0002H 0003H	2002H 0011H	LDR　R2, 0011H	将立即数 0011H 送入寄存器 R2
0004H	680AH	ADD　R1, R2, R3	将寄存器 R1 和 R2 的内容相加后送入 R3
0005H	1819H	MOV　R1, R3	将寄存器 R3 的内容送入 R1
0006H	3802H	INC　R2	R2 + 1→R2
0007H	101AH	STA　[R2],　R3	将 R3 的内容存入 R2 指定地址的 RAM 单元
0008H	080BH	LD　R3, [R1]	将 R1 指定地址的 RAM 单元的数据送入 R3
0009H	0000H	NOP	空操作

该程序的功能是将置于 R1 和 R2 寄存器的两个数据相加后放到 R3 中，再将 R3 的内容转移到 R1，并将 R2 的内容加 1 后放回到 R2。再将 R3 的内容存入 R2 指定地址的 RAM 单元中，并将 R1 指定地址的 RAM 单元的数据放到 R3 单元中。

表 9-3 中列出了对应的地址，这 7 条指令的一般形式如下。

- 立即数装载指令的一般形式是“LDR Rd, Data”。其中的 Rd 代表 R7～R0 中任何一个寄存器，Data 是 16 位立即数。
- 根据例 9-8 的控制器代码程序，此加法指令的一般形式是“ADD Rs1, Rs2, R3”。其中的 Rs1 和 Rs2 代表 R7～R0 中任何一对不同的寄存器，而目标寄存器 R3 是固定的。以下 Rs、Rd 等也是相同情况。
- 数据搬运指令的一般形式是“MOV　Rd1, Rs2”。
- 加 1 指令的一般形式是“INC　Rs”。
- 存储指令的一般形式是“STA　[Rd], Rs”。
- 取数指令的一般形式是“LD　Rd, [Rs]”。

若希望 KX9016 能正常执行表 9-3 中的程序，必须将表 9-3 中汇编程序对应的机器码按左侧的地址写入图 9-2 中的 LPM_RAM 中。最方便的方法就是将这些机器码按序编辑在.mif 格式的文件中，然后按路径设置于原理图中的 LPM_RAM 中。

根据表 9-3 制作的.mif 文件取名为 RAM_16.mif，其内容如下。注意在地址 0012H 和 0043H 处安排了两个数据，分别是 1524H 和 A6C7H。以便在仿真中用于印证某些指令功能和 Cyclone 4E 系列 FPGA 中的 RAM 模块的特性。

```
WIDTH = 16;
DEPTH = 256;
ADDRESS_RADIX = HEX;
DATA_RADIX = HEX;
CONTENT BEGIN
00   : 2001;
01   : 0032;
02   : 2002;
03   : 0011;
04   : 680A;
05   : 1819;
06   : 3802;
```

```
07   : 101A;
08   : 080B;
09   : 0000;
0A   : 0000;
0B   : 0000;
0C   : 0000;
0D   : 0000;
0E   : 0000;
0F   : 0000;
10   : 0000;
11   : 0000;
12   : 1524;
13   : 0000;
...
41   : 0000;
42   : 0000;
43   : A6C7;
...
4F   : 0000;
END;
```

在第 6 章中已经介绍了编辑.mif 文件的多种方式及将它载入 RAM 中的流程。如果仅用于仿真，只需在全程编译中将此文件编译进去即可。

如果是为了硬件调试和测试 CPU，可以向 FPGA 下载编译后的 SOF 文件，或利用在系统存储器编辑器直接向 RAM 下载此文件，按复位键后即可执行程序。为了能单步运行，可以用开发板上的按键模拟 CLK 时钟。也可以用 In-System Sources and Probes 来产生时钟信号，并收集 CPU 工作中输出的必要的数据和信号。如果是用于实用系统，最好将 SOF 文件通过 JTAG 口编程于 FPGA 的配置 Flash EPCS16 中。

9.3.4　KX9016 系统控制器设计

KX9016 系统的关键功能模块是控制器，它由一个完整的混合型状态机构成，负责对运行程序中所有指令的译码、各种“微操作”命令的生成和 CPU 中各个功能模块的控制。这 7 条指令的控制器程序如例 9-8 所示。

1．程序结构

例 9-8 程序的端口描述的 port 语句部分是此程序的第一部分，其中的每一输入或输出信号都有注释，这有助于读者对照图 9-2 的电路理解控制器对 CPU 其他模块的控制关系，以及程序中各指令在不同状态中对外部模块实现控制的原理，并能正确利用这些控制信号编制新指令。例 9-8 程序的第二部分用 constant 语句定义了 5 个常数，以便读懂相关的语句。注意其中定义 shftpass 和 alupass 都等于 0，两个 0 的二进制矢量位的含义是不同的；程序的第 3 部分为状态机的两个状态变量可能包含的所有的状态元素定义了名称；程序的第 4 部分为状态机的现态 current_state 和次态 next_state 信号定义了 state 类型。

程序的第 5 部分是核心部分，是一个组合进程 COM，它包含了所有指令的译码和对外控制的操作行为。在这个进程的一开始，首先对各相关控制信号做初始化设置，主要是对相关寄存器清零、关闭写操作和各三态总线开关，以便使总线处于随时可输送数据的状态。

如语句 regRd<= '0'将关闭寄存器阵列输出口上的三态开关，禁止其中的数据进入总线。注意，由于而是处于组合进程结构内部，这部分语句不属于 CPU 初始化操作的核心动作，而是属于常规动作。即各条指令执行的每一状态结束后都必须回过来重复执行一遍它们所有的语句。而实现 CPU 初始化的各 reset 状态语句只在按复位键后执行一遍。

程序的第六部分是状态变换的核心部分，这部分能分成 3 个功能模块，具体如下。

（1）CPU 复位模块。这部分由 reset1～reset3 这 3 个状态构成，每一状态需要一个 STEP 周期，最终完成 CPU 复位。在计算机正常运行过程中不会再次进入这 3 个状态。

（2）指令辨认分支模块。当进入执行状态 execute 时，由此状态的 case 语句从来自指令寄存器的高 5 位指令操作码辨认出指令类型，于是在下一 STEP 周期中跳到对应指令的处理状态序列中。

（3）指令处理状态序列。例如对于 LD 指令，从 load2 到 incPc3 所引导的状态处理语句全部属于对具体指令动作进行译码与控制的语句，每一个状态就是一个指令微操作。

程序的余下部分是一个时序进程，结构与功能比较简单。

2．指令的语句结构

在例 9-8 中，对于一条指令具体的操作行为，除了在执行状态 execute 时的操作码识别外，主要分两个状态部分，即指令控制行为状态和 PC 处理状态。后者是公共状态，它像一段子程序，任何指令在完成了自己的控制操作状态序列后都必须进入 PC 处理状态。

例如加法指令 ADD，它的控制操作状态序列由 add2、add3、add4 引导的 3 个状态组成。每一个状态时间是一个 STEP，每一个 STEP 有两个节拍，即 T1、T2。完成后将转入 incPc、incPc2、incPc3 这 3 个状态组成的 PC 处理状态序列，最后回到 COM 进程入口端。由此可见，一个加法指令要经历 7 个状态，至少 14 个时钟节拍（假设 STEP 脉冲的占空比接近 100%）。如果此 CPU 的时钟频率是 200 MHz，则此 16 位数相加的加法指令的指令周期约 70 ns。比普通 51 单片机的速度高得多，因为对于 12 MHz 时钟频率的 51 单片机来说，一条 8 位相加的加法指令需要一个机器周期（12 个时钟周期），即 1000 ns 的执行时间。

3．CPU 复位操作

由例 9-8 的时序过程可见，程序从 CPU 复位开始，当 reset 为高电平时，CPU 被复位，程序运行中，reset 须保持低电平。复位过程经过了从 reset1 到 reset3 共 3 个状态，在此期间控制器对各个部件和控制信号进行初始化。当进行到 reset3 时，本应检测存储器就绪信号 ready 后才能进入正常执行状态，但考虑到使用了 LPM 存储器，它的速度与逻辑单元的速度基本一致甚至更高，所以就省去了这个步骤。以下对 CPU 的复位过程加以说明。

复位包括将程序计数器 PC 清零，指向第 1 条指令。由于这里的 PC 只是一个普通的寄存器，没有清零和自动加 1 的功能，因此需要通过 ALU 来完成对 PC 内容的修改。

具体初始化过程如下。

（1）reset1。ALU 清零操作，ALU 输出的数据通过移位寄存器 shift 输出；aluSel<= zero，使 ALU 输出 0000H；shiftSel<=shftpass，移位器设为直通状态；outRegWr<='1'，将移位器的输出写入缓冲寄存器 outReg 中。

（2）reset2。outRegRd<='1'，使缓冲寄存器的内容送至数据总线；progCntrWr<='1'，使缓冲寄存器的内容写入程序计数器 PC；addrRegWr<='1'，将总线的数据写入地址寄存器。

（3）reset3。rw<='0'，即读程序存储器有效（从存储器中读出指令）；vma<='1'，即存储器数据允许进入总线；instrWr<='1'，将总线上的指令操作码锁入指令寄存器中。最后进

入程序执行状态。

9.3.5　指令设计实例详解

这里以设计一条加法指令为例，详细说明 KX9016 指令的设计方法与流程。加法指令需要加入的所有相关语句已经在例 9-8 程序中加了粗黑，很容易辨别。其他指令的加入可如法炮制。具体流程如下。

（1）确定功能。首先确定这条加法指令的具体功能。设指令表达式如下：

```
ADD  Rs1, Rs2, R3
```

这条指令的功能是将寄存器 Rs1 和 Rs2 中的数据相加后放到寄存器 R3 中，Rs1 和 Rs2 是任何一对不同的寄存器，R3 寄存器是固定的。

（2）确定指令的操作码。根据表 9-1，这条指令的最高 5 位的操作码取 01101。

（3）设定相关常数。为了在例 9-8 中加入一条与新指令相关的语句，必须在原有程序中多处加入相关语句。如果不是大改动，通常的指令无须改变控制器的端口信号。为了提高程序的可读性，先定义一些要用到的常数，如在例 9-8 的常数定义段中定义常数 plus 等于 0101。这是因为需要向 ALU 模块发出功能选择编码 0101，以便 ALU 做加法运算。

（4）增加状态元素。完成加法指令，肯定要涉及多个状态的转换，所以需要在参数定义语句中加入几个状态元素名称，如 add1、add2、add3、add4 等。可以先多写几个，待确定了做加法的状态数后再删去多余的元素名。

（5）加入指令操作码译码语句。在例 9-8 程序的 execute 状态内的 case 语句下加一条加法指令操作码 01101 的识别分支语句。即：when "01101"=>next_state<=add2。此后就可以在以下的状态转换语句的任何位置插入实现加法的状态语句了。第一条语句的状态名称必须是“add2”。此后究竟要加几条语句，这要看完成整个加法操作的需要了。

（6）加入完成实际指令功能的状态转换语句。究竟加入哪些语句，加多少条，每一状态语句中加入什么控制语句，这要看对 CPU 电路系统各模块控制的结果，也挑战指令设计者如何处理并行和顺序控制问题的能力。通常，状态与状态之间的语句在时序上有先后顺序控制关系；而同一状态中的所有控制语句都是并行的。但如果对状态语句的时序操作得好，在一个状态中同样可以实现顺序控制。因为一个 STEP 周期对应一个状态，而在这一状态中，有 T1、T2 两个有先后的节拍脉冲，利用它们的先后关系，同样可以完成一些顺序工作，从而提高指令的效率。因为指令占用的状态越少，指令的执行速度就越快。当然，这也有赖于控制器以外的功能模块足够丰富、功能足够强大等因素。

这里相关的状态语句已在程序中加了粗黑，并对所有语句的功能做了详细注释，读者可以对照图 9-2 的电路，逐条理解这些语句的用处，这里不再重复。

（7）处理 PC。任何指令在完成了自身的所有控制功能后，都要在最后一个状态转跳到 PC 处理状态语句上，进行加 1 操作，即要加上语句：next_state<= incPc。

至此，加法指令相关的所有语句都已完成加入，其他类型指令的加入也类似。显然，若选择加法指令表达式为“ADD　Rs1, Rs2, R3”，则其指令码为 680AH。注意，如果改变了控制器以外的模块的功能、控制方式和结构，那么对例 9-8 的程序就要做较大变动了。

9.4　KX9016 的时序仿真与硬件测试

本节首先通过时序仿真在整体上测试 KX9016 CPU 在执行指令的过程中软硬件的工作情况，以便了解整个系统的软硬件运行是否满足原设计要求。Quartus 的仿真工具完全可以依据指定目标器件的硬件时序特性严格给出整个硬件系统的工作时序信息，因此，只要仿真的对象选择正确、观察的信息充分完整、给出的激励信号恰当，那么如果系统的工作情况能经得起时序仿真的考察，也基本能经得起实际硬件的验证。

最后，在时序仿真通过后可按照附录 A 介绍的 FPGA 实验系统的要求，为 KX9016 电路加上配合实测的模块，如锁相环、复位延时模块等；再将 KX9016 系统的各端口，如时钟、复位、输出显示等端口，锁定于适当的引脚；将编译后的 SOF 文件下载到开发板后进行硬件测试，以便在硬件环境中确认 KX9016 系统的软硬件工作性能。

9.4.1　时序仿真与指令执行波形分析

KX9016 的验证程序采用表 9-3 的程序。将程序代码加载于存储器的方法前面已详细介绍，本节的重点是分析获得的仿真波形（注意，仿真中必须卸去锁相环）。

由于这段测试程序对应的仿真波形图比较长，因此只截取了其中两段完成几个具体指令的时序波形。图 9-17 给出了加法和数据搬运指令运行的完整波形，而图 9-18 则给出了向存储器存数与取数指令运行的完整波形。读者应该在同时参阅图 9-2 的电路、表 9-3 的软件代码以及例 9-8 的 HDL 硬件控制程序的情况下，详细分析仿真波形图。

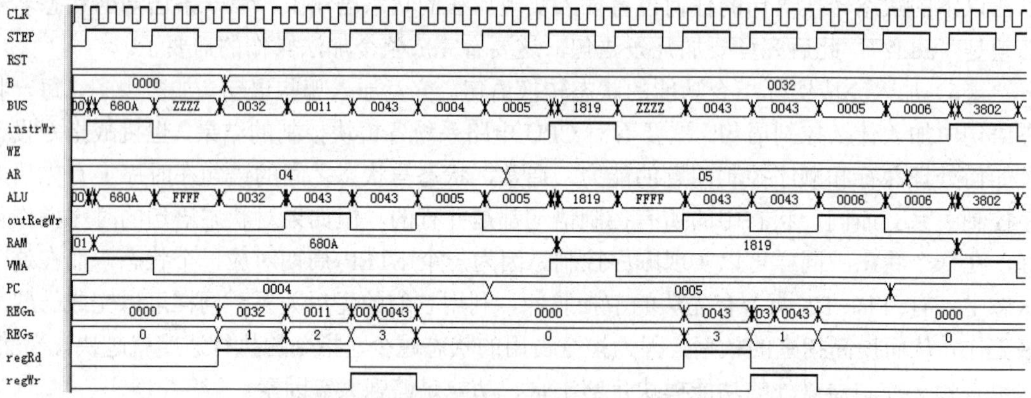

图 9-17　KX9016 的仿真波形（含 ADD 指令和 MOV 指令的时序）

首先来观察图 9-17 的加法指令执行情况。当 instrWr 出现高电平时，ADD 指令的操作码 680A 出现在总线 BUS 上，同时也被锁入指令寄存器中，进入控制器进行译码，也就是说此刻 ADD 指令才算正式被执行。此时图形下方的 PC 早已是 4，这是因为在上一条指令的 PC 处理状态运行中已对 PC 加 1 了。注意这一时刻 RAM 输出口的数据也是 680A，而信号 VMA 为高电平。说明在 VMA 打开三态门后，RAM 中的 680A 经总线被锁入指令寄存器。从总线上出现 680A 到出现下一指令的操作码 1819 为止，这段时间约含 7 个 STEP 周期，是 ADD 指令的完整指令周期。

在图 9-17 中可以看到，当阵列寄存器读总线数据的信号 regRd 第一次出现高电平时，将此时总线上的数据 0032 锁进寄存器 R1 中，因为此时波形信号 REGs 显示“1”；与此同时，此数据被锁入工作寄存器（此时 B 信号出现了 0032）。可以看到波形中 B 出现的 0032 要晚于总线上出现此数据的时间。

下一个 STEP 周期中，REGs 输出了 2，REGn 出现了数据 0011，且 regRd 为高电平。这说明将原来已存于 R2 中的 0011 送入总线。果然，此时总线 BUS 上也出现了 0011。

由于总线与工作寄存器是和加法器直接相连的，因此 ALU 的波形信号立即输出了相加后的和：0043。与此同时，outRegWr 也是高电平，于是 ALU 输出的 0043 在这个 STEP 周期中 T2 的上升沿后被锁入缓冲寄存器。缓冲寄存器的这个数据在下一 STEP 周期被释放到总线 BUS 上，与此同时，在 regWr 为高电平的情况下被锁入 R3 中。

此后进入 PC 处理状态，当前的 PC 值 4 被送到总线，经 ALU 后加 1 等于 5。在下一个 STEP 中这个 5 被置于 PC 中，从而进入下一条指令的执行周期。从波形图可以看到，这个 5 先进 PC，后进地址寄存器 AR。其他指令运行时序的分析也与此类同。

图 9-18 给出了 RAM 存取指令的执行时序。STA 存数指令从 instrWr 出现高电平、总线 BUS 出现此指令的操作码 101A 开始。

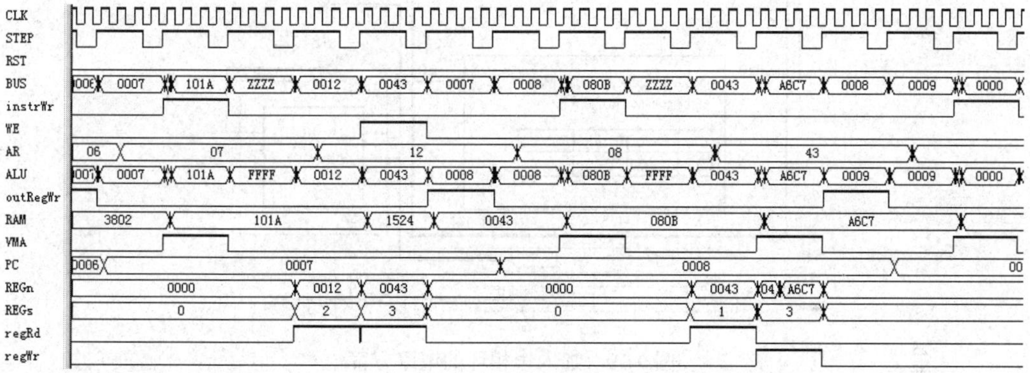

图 9-18　KX9016 的仿真波形（含 STA 指令和 LD 指令的时序）

这条指令的执行有一个值得关注的地方，就是 RAM 写允许信号 WE 为高电平时的时序。这时总线 BUS 上出现了希望写入 RAM 的数据 0043，而地址寄存器 AR 显示的地址是 12H。显然，根据 RAM 的时序特点，只要有 T1，此数据就能够被写入 RAM 的 12H 单元中。然而与此同时，RAM 端口上却输出了另一个数据 1524。这个数据之前一直存放在 12H 单元中。这种情况对于传统 RAM 存储器是不可思议的，因为写入 RAM 的数据一定会将原来的数据覆盖掉。但参阅第 6 章图 6-17 对 LPM_RAM 的设置后，就容易理解是在设置中选择了 Old Data 的缘故。1524 就是 Old Data。

对于从 RAM 中取数的指令 LD，其操作码是 080B。从波形图可以看出，在此操作码被锁入指令寄存器后的第 3 个 STEP 脉冲，已将 RAM 中地址为 0043 单元的数据 A6C7 读入总线，并在同一 STEP 中稍后一个 CLK 时钟（T2），将此数锁入寄存器 R3 中。这里将其他指令时序的详细分析留给读者。

9.4.2　CPU 工作情况的硬件测试

在 EDA 设计中，尽管时序仿真的结果与硬件行为已对应得足够好，但始终无法替代硬件验证，特别是与外界一些在仿真中难以模拟和无法预测的信号。

硬件功能的测试与验证有许多方法，它们常常不能相互代替。因此希望能使用尽可能多的工具和方法测试和验证数字系统的功能与硬件行为，特别是对于类似 CPU 这样的复杂数字系统，更需要在真实环境下谨慎测试。以下从几种硬件测试工具的应用方面分别讨论。

1. 用 Signal Tap 测试与分析

Signal Tap 的用法已在前面做了介绍。但要注意，由于是硬件测试，若用法不得当，或信号安排不对，或采样时钟频率不相称等因素都有可能无法得到正确结果。

为了能正确使用 Signal Tap，在图 9-2 电路中加入了如图 9-19 所示的电路。此电路的 STEP 脉冲可手动输出，这样可以在逻辑分析仪的波形观察界面上，按需要逐个状态地观察波形和数据的变化。图中的锁相环输出 4 kHz 的频率，用作 CLK 及键消抖动工作时钟。STEP 可由实验系统上的按键来产生（复位信号无须消抖动）。图中的 ERZP 是消抖动模块。当然，若参与实验的按键无抖动，如使用附录 A 介绍的系统，并选择诸如模式 5 或模式 3 等实验电路进行测试，就可以不用消抖动模块。

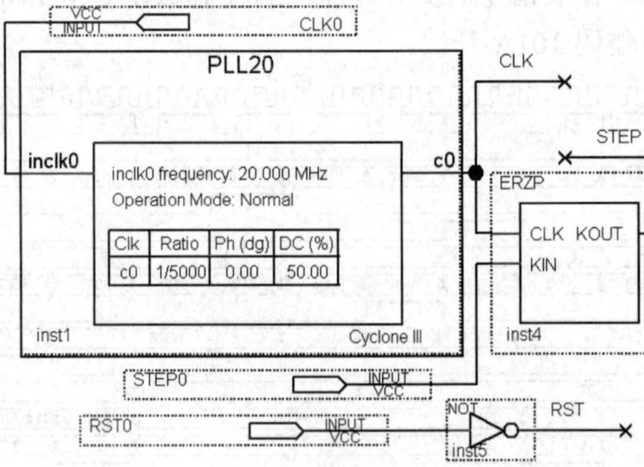

图 9-19　加入锁相环的电路方案

Signal Tap 对 KX9016 执行从 RAM 写数据指令的实时测试波形如图 9-20 所示。在这种时序情况下，逻辑分析仪一次只能显示最多两个 STEP 周期的采样波形。

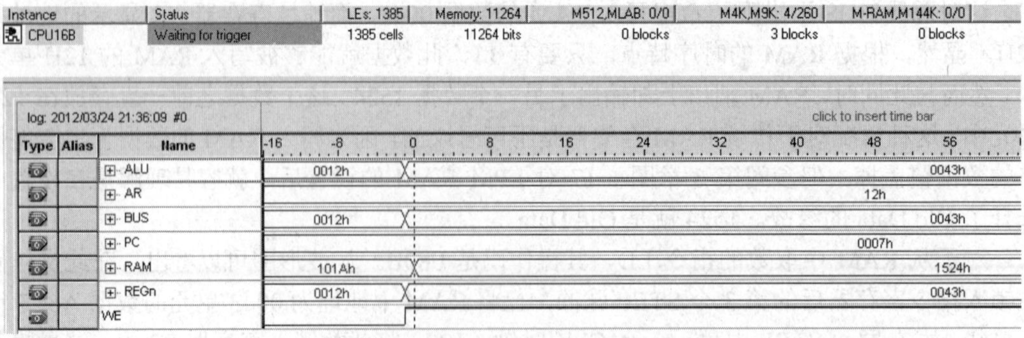

图 9-20　嵌入式锁相环对 KX9016 执行从 RAM 写数据指令的实时测试波形

图 9-20 的实时测试波形显示了存数指令 STA 在对 RAM 发出写允许信号 WE（=1）前后两个 STEP 周期的主要通道上的数据情况。虚线以左的是 WE=1 以前的信号，以右是进入写操作的时序。对于图 9-20 的虚线左右的数据变化情况与图 9-18 的第 4、第 5 个 STEP 脉冲的时序进行比较，可以发现，时序和数据完全相同。

2．利用 In-System Memory Content Editor 进行实时测试

利用 In-System Memory Content Editor 可以了解 CPU 在运行过程中其内部 RAM 中数据的实时变化情况。图 9-21 所示是利用 In-System Memory Content Editor 读取 KX9016 内 LPM_RAM 数据的情况。从图 9-21 可见，在前面部分的数据是程序的指令编码，0012H 单元的数据是 0043H，这就是执行了存数指令后的结果。另外，在 0043H 单元有数据 A6C7H，这是在执行了取数指令 LD 后将要取出放到 R3 的数据，这可以从图 9-21 中看出。

0　RAM8:

000000	20 01	00 32	20 02	00 11	68 0A	18 19	38 02	10 1A	08 0B	00 00	00 00	00 00	00 00	00 00	00 00	00 00
000010	00 00	00 00	00 43	00 00	00 00	00 00	00 00	00 00	00 00	00 00	00 00	B3 B4	B5 B6	B7 B8	D1 D2	D3 D4
000020	D5 D6	D7 D8	D9 DA	E1 E2	E3 E4	E5 E6	20 08	20 09	20 0A	20 0B	20 0C	20 0D	20 0E	20 0F	20 10	20 11
000030	D5 D6	D7 D8	D1 23	E1 E2	E3 E4	E5 E6	20 08	20 09	20 0A	20 0B	20 0C	00 00	00 00	00 00	00 00	00 00
000040	00 00	00 00	00 00	A6 C7	00 00	00 00	00 00	00 00	00 00	00 00	00 00	00 00	00 00	00 00	00 00	00 00

图 9-21　In-System Memory Content Editor 对 KX9016 内 RAM 数据变化的实测情况

此外，还可以在图 9-2 中增加一些通信和控制模块，使 CPU 工作时的时序控制信号和相关数据传送到外部显示器以实时显示出来。这些显示器可以是各类液晶显示器；这也值得作为创新设计的一些项目。

3．利用 In-System Sources & Probes 进行实时测试

实际上，相比于 Signal Tap，In-System Sources and Probes 在测试中除了具有双向对话控制的优势，还能同时观察到此 CPU 多个 STEP 周期的时序变化情况。

在使用 In-System Sources and Probes 的测试中，KX9016 系统的时钟电路也是图 9-19 的电路。在图 9-2 的 KX9016 系统中加入的 In-System Sources and Probes 模块如图 9-22 所示，其中设置了 78 个探测端口（probe），可以对所有有关的控制信号和数据线进行采样观察；CPU 的复位信号也由图中 JTAG_SP 模块的 S[0]产生，即用鼠标在 In-System Sources and Probes 的编辑界面单击产生。为了实际看到由 S/P 模块产生的信号，可以将 S[0]信号通过实验板上的发光管显示出来。

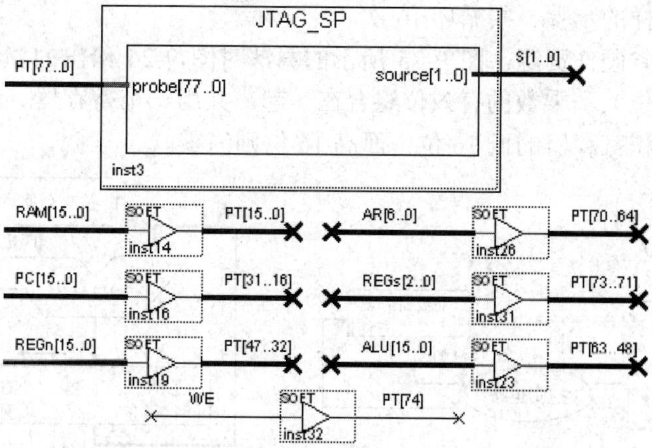

图 9-22　S/P 模块对 KX9016 端口的连接情况

图 9-23 是 S/P 在系统测试模块对此 CPU 执行 STA 指令时的实时测试情况。对照图 9-18 的仿真波形图，在 RAM 写允许信号 WE 为高电平的 STEP 周期内，以及其之前的 4 个 STEP 周期所对应的波形情况，即共 5 个 STEP 周期的波形，可以发现，图 9-23 展示的数据和时序完全一致。对于 CPU 测试，S/P 在系统测试工具这方面优势明显。当然，应该承认，在测毛刺信号和波形信号方面仍非 Signal Tap 莫属。

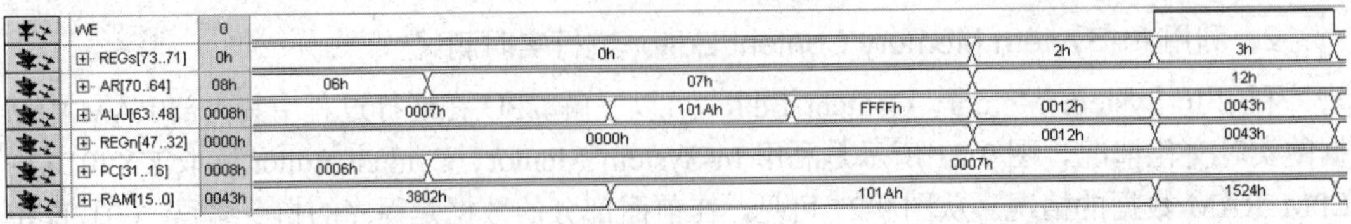

图 9-23　在系统 S/P 模块对 KX9016 执行从 RAM 写数据指令 STA 的实时测试波形

9.5　KX9016 应用程序设计实例和系统优化

当 KX9016 CPU 的硬件结构和指令系统确定以后，就可以在此硬件平台和所设计的指令系统的基础上进行应用程序设计。在实际应用中，加、减、乘、除是常用的算术运算，因此为 KX9016 增加乘法和除法运算指令十分必要。事实上，利用已有加减、移位和分支转移指令，编写一段应用程序完全可以实现乘法和除法运算。以下将介绍通过加法器和移位运算器实现 16 位乘法和 16 位除法的运算。通过对乘法和除法运算算法的改进，可以减少硬件资源的占用、减少循环次数、提高运算速度。因此，在设计应用程序时，对程序算法的优化是非常重要的。当然，也可利用这个流程将软件程序转化为硬件指令。本节最后探讨 KX9016 系统的功能模块优化、硬件系统优化以及指令设计优化等方案。

9.5.1　乘法算法及其硬件实现

在图 9-24 所示的算法中，初始化时先对 16 位被乘数寄存器和 16 位乘数寄存器赋值，并将 32 位乘积寄存器清零。如果乘数的最低有效位为 1，则将被乘数寄存器中的值累加到乘积寄存器中。如果不为 1，则转而执行下一步，将乘积寄存器右移一位，然后将乘数寄存器右移一位。这样的步骤一共循环 16 次。

为了进一步节省硬件资源，图 9-25 所示的算法对图 9-24 给出的算法进行了改进。将乘积的有效位（低位）和乘数的有效位组合在一起，共用一个寄存器。这种算法在初始化时，将乘数赋给乘积寄存器的低 16 位，而高 16 位则清零。

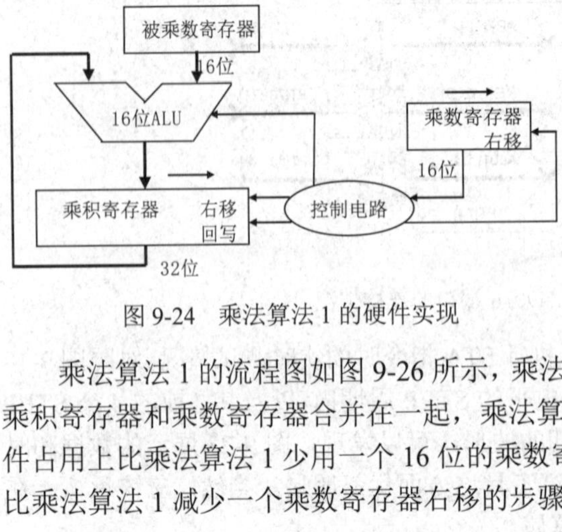

图 9-24　乘法算法 1 的硬件实现

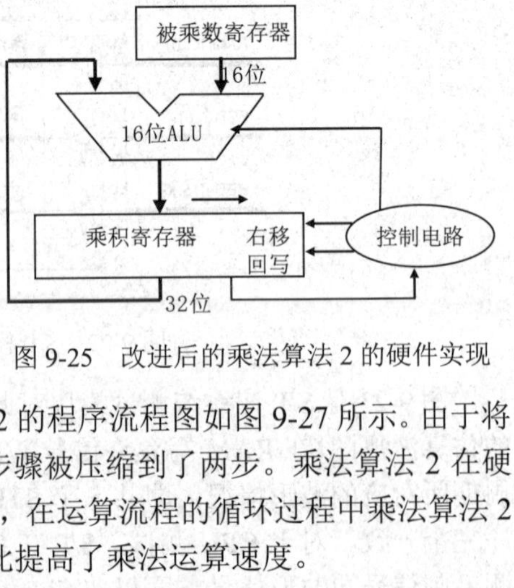

图 9-25　改进后的乘法算法 2 的硬件实现

乘法算法 1 的流程图如图 9-26 所示，乘法算法 2 的程序流程图如图 9-27 所示。由于将乘积寄存器和乘数寄存器合并在一起，乘法算法的步骤被压缩到了两步。乘法算法 2 在硬件占用上比乘法算法 1 少用一个 16 位的乘数寄存器，在运算流程的循环过程中乘法算法 2 比乘法算法 1 减少一个乘数寄存器右移的步骤，因此提高了乘法运算速度。

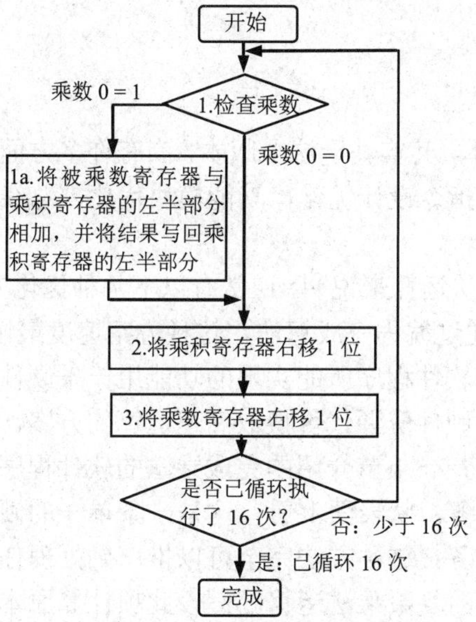

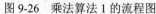

图 9-26　乘法算法 1 的流程图

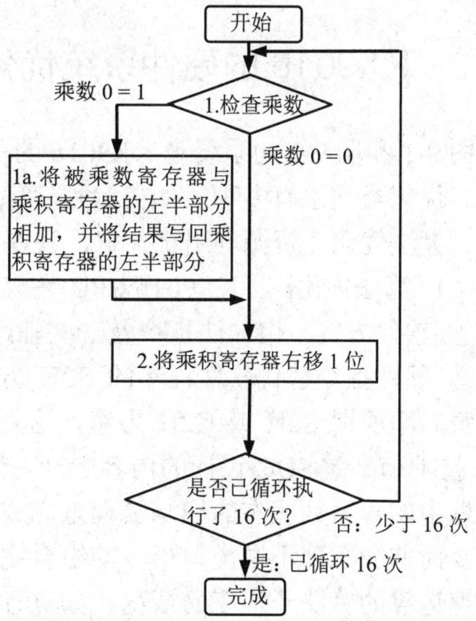

图 9-27　乘法算法 2 的流程图

9.5.2　除法算法及其硬件实现

为了完成除法运算，在初始化时将 32 位被除数存入余数寄存器、除数存入 16 位除数寄存器，并将 16 位商寄存器清零。计算开始时，先将余数寄存器左移一位，然后将余数寄存器的左半部分与除数寄存器相减，并将结果写回余数寄存器的左半部分。检查余数寄存器的内容，若余数大于等于零，则将余数寄存器左移 1 位，并将新的最低位置 1；若余数小于零，则将余数寄存器的左半部分与除数寄存器相加，并将结果写回余数寄存器的左半部分，恢复其原值，再将余数寄存器左移 1 位，并将最低位清零。以上的运算共循环 16 次。除法算法 1 的硬件结构如图 9-28 所示。为了提高运算效率，图 9-29 是改进后的除法算法硬件结构，这里将商寄存器和余数寄存器合并在一起，共用一个 32 位的寄存器。

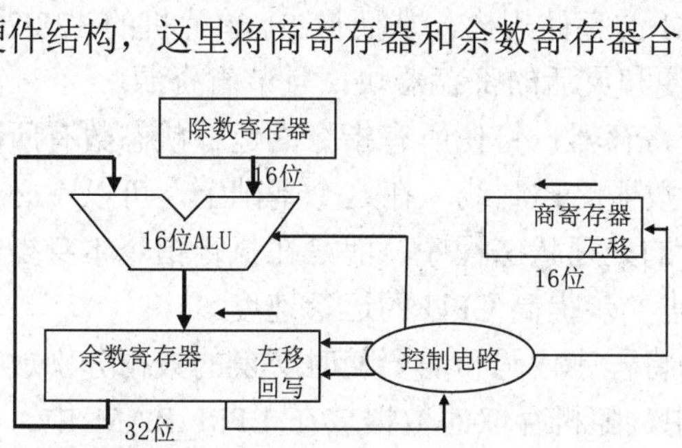

图 9-28　除法算法 1 的硬件结构

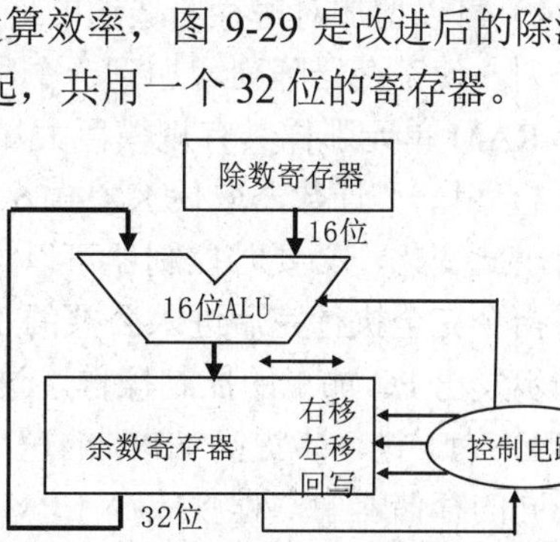

图 9-29　除法算法 2 的硬件结构

改进后的算法开始时与前面一样，先要将余数寄存器左移一位。这样做的结果是将保存在余数寄存器左半部分的余数和右半部分的商同时左移一位；这样一来，每次循环只需两步就够了。将两个寄存器组合在一起，并对循环中的操作顺序执行，在此调整后，余数向左移动的次数会比正确的次数多一次。因此，最后还要将寄存器左半部分的余数向右回移一次。

9.5.3　KX9016 的硬件系统优化

图 9-1 和图 9-2 的系统是 KX9016 的基本版本，其实基于这个版本，尚有许多方面值得优化。优化类别也有多种，如控制程序优化，即指令设计优化、功能模块优化、总线方式优化、算法优化、资源利用优化等。现举例如下。

（1）算法优化。以 KX9016 CPU 完成一次乘法运算来说明，通常有以下几种优化方案。

① 软件方案。用加法指令及一些辅助指令通过编程完成算法，这种方案速度最慢。

② 硬件指令替代软件程序的 S2H 方案。将软件程序所能实现的功能用一条硬件指令来代替，即所谓 S2H 或 C2H 方案，这是一个以硬件资源代价换取高速运算的方案，也是 EDA 技术和高效 SOC 设计的内容之一。例如，将 9.5.1 节介绍的完成乘法的软件程序变成控制器中的一系列状态的控制流程来完成运算任务，从表面上看，这是一条单一的硬件乘法指令而非一系列不同类型指令的组合完成的任务。这种方法完全可以推广到处理任何需要高速运算的算法子程序的情况，如进行 16 位的复数乘法运算。假设此项计算原本涉及 10 条汇编软件指令，每条指令在控制器中需要经历平均像 ADD 指令一样的 7 个状态。根据 9.3.5 节所述，这 7 个状态中有 4 个状态是公共状态，包括 1 个操作码辨认状态、3 个 PC 加 1 状态，实际工作只有 3 个状态。如果将这 10 条汇编指令放在控制器中直接作为状态来运行，则可省去所有公共状态，而只需约 30 个状态即可完成计算任务。

③ 调用专用乘法器硬件模块。为 KX9016 系统单独设立一个硬件乘法器，这个乘法器直接调用 FPGA 中的嵌入式 DSP 模块（即 LPM 硬件乘法器模块）来构建，其运算速度可大幅提高。一个 16 位或 32 位乘法运算最快仅需两三个状态，不到 1 ns 的时间即可完成计算。这个方案甚至可以使结构简单的 KX9016 完成一些 DSP 算法。

利用 LPM 的 DSP 模块完成乘法还有一个方便之处，就是非常容易实现有符号数乘法。有符号数据的乘法与加法是通信领域中信号处理方面的算法需要经常面对的问题。

（2）可以增加对寄存器选通的地址线宽度，用图 9-10 所示的 LPM_RAM 模块取代寄存器阵列，使寄存器阵列增加到一个内部 RAM 的存储规模，从而像 51 单片机的 128/256 个内部 RAM 单元那样具有规模巨大、使用方便和灵活的寄存器块，且节省资源。

（3）用一个计数器取代 KX9016 中的 PC 寄存器，将使所有指令的运行状态数有所减少。对于此变化，必要时控制器可以增加对计数器的控制线。在这个基础上，可以不必在每一条指令完全执行完后进入公共的 PC 加 1 的处理状态程序，而是在执行指令本身操作时就同步发出 PC 加 1 的控制操作。这样可以进一步提高 CPU 的运行速度。

（4）为了进一步提高 CPU 的速度，可以将程序代码和需要随时交换的数据分别放在两个不同的存储器中，程序放在 LPM_ROM 中，随机存取的数据放在 LPM_RAM 中。再增加一条专用的指令总线（可与地址总线合并），将控制器与 LPM_ROM 连起来。

（5）对于图 9-2 系统的情况，执行一次移位指令只能完成一位移位操作。如果希望执行一次移位指令就能移位指定位数的移位操作，从而优化指令功能，就要改进移位器的功能和控制器的控制方式，当然，指令内容和形式也都要随之改变。

（6）优化设计 STEP2 脉冲发生模块。从图 9-3 的时序图可见，只有在 STEP 的高电平区域，才有可能出现指定的时钟脉冲序列。如果像 KX9016 那样，只需要每个 STEP 产生 T1、T2 两个序列脉冲，那么，假设 STEP 的占空比是 50%，则要求 CLK 的频率比 STEP 的频率至少高 4 倍，而且在 STEP=0 的期间，CPU 完全没有运行，处于怠工状态，从而大大降低了 CPU 的工作速度。除非 STEP 的占空比能接近 100%，则 CLK 的频率可稍高于 STEP 的两倍。所以应该为 STEP2 模块设计一个新电路，使在收到 STEP 的上升沿之后的一个周期内，只会出现两个脉冲的序列。究竟选择 CPU 系统适应一个 STEP 周期中脉冲序列尽可能少还是多（为使一个状态中可以顺序完成更多的任务），这要综合权衡。

（7）为了完成宽位加减法，需要改进现有的 ALU，使之能处理和记录低位的进位/借位及高位的进位/借位问题。

其实，关于 KX9016 的改进和优化设计还有许多方面值得探索。作为数字系统硬件设计练习项目，读者可对其提出更好的方案。

9.6　32 位 RISC-V 处理器设计

RISC-V 是美国加州大学伯克利分校研究团队提出的一种开放指令集处理器架构，也是第 5 代 RISC 架构，因此称为 RISC-V（RISC five），按 BSD License 方式进行发行。RISC-V 原先只是作为一个教学用的 CPU 架构，但它特有的简单与精巧，使其很快被工业界所接受，成立了 RISC-V 基金会，进行了全球推广。RISC-V 的基本指令集具有很少的指令数，这一点使它很容易被设计者所接受，但它的扩展是庞杂的，而且还在发展中。RISC-V 最初是 32 位 CPU 架构，现在已经发展为具有 64 位、128 位指令集的 CPU 架构，同时也有 16 位压缩指令集，但本节中只介绍 32 位基本指令集及其相关内容。有兴趣的读者可以在 RISC-V 官方网站上发现更多内容。

现今主流的 x86、ARM 指令集架构都是长期发展的产物，因为需要维持软件的兼容性，不得不继承一些陈旧的指令集设计，使指令集过于复杂而难以学习。RISC-V 不同于 x86、ARM 架构，是一种全新设计的 CPU 架构，而且足够简单，EDA 技术的学习者可以很快上手进行自己的 CPU 设计。

如果读者已经完全了解了 KX9016 的设计过程，可以很容易理解 RISC-V 的基本结构与工作原理，甚至可以部分重用 KX9016 的 HDL 代码。

9.6.1　RISC-V 基本结构与基本整数指令集 RV32I

RISC-V 的 32 位基本整数指令集 RV32I 是 RISC-V 处理器的必备指令集，无论何种类型的 RISC-V 处理器都具有该指令集，同时也决定了 RISC-V 处理器的基本结构。

RV32I 共有 6 种指令类型，分别为 R、I、S、B、U、J 类型，其指令格式如表 9-4 所示。

表 9-4　RV32I 指令类型与格式

格式	含义	31～25		24～20	19～15	14～12	11～7		6～0
R-type	Register	funct7		rs2	rs1	funct3	rd		opcode
I-type	Immediate	imm[11:0]			rs1	funct3	rd		opcode
S-type	Store	imm[11:5]		rs2	rs1	funct3	imm[4:0]		opcode
B-type	Branch	imm[12]	imm[10:5]	rs2	rs1	funct3	imm[4:1]	imm[11]	opcode
U-type	Upper Immediate	imm[31:12]					rd		opcode
J-type	Jump	imm[20]	imm[10:1]	imm[11]	imm[19:12]		rd		opcode

所有 RV32I 指令的指令码长度均为 32 位。操作码 opcode 占用 7 位指令码，源操作寄存器 rs1、rs2 与目的操作寄存器 rd 均指向 RISC-V CPU 中的 32 个 32 位通用寄存器，各占用 5 位指令码。立即数 imm 在不同类型的指令中长度有所不同。而 funct3 与 funct7 是指令的功能选择码，funct3 占用 3 位指令码，funct7 占用 7 位指令码。

与 KX9016 对比可以发现，R 类型指令格式接近 KX9016 的单字节指令，而 I 类型接近 KX9016 的双字节指令。只是 KX9016 的通用寄存器是 8 个 16 位寄存器，而 RISC-V 的通用寄存器是 32 个 32 位寄存器，也一样可以使用 FPGA 内嵌的 RAM 模块来进行实现。另外 KX9016 单种指令格式中，存在多种操作数寻址方式混合，而 RV32I 为了设计简化，把各种操作数寻址方式用不同类型的指令码格式以作区分。

在通用寄存器的设计上，RISC-V 也进行了简化，它的通用寄存器在物理实现时只有 31 个，另外一个被固定设置为 0，如表 9-5 所示，这样做可以大大减少指令的数量。

表 9-5　RV32I 通用寄存器

索　引	名　称	别　名	功能描述
R0	x0	zero	硬连线 0
R1	x1	ra	返回地址
R2	x2	sp	堆栈指针
R3	x3	gp	全局指针
R4	x4	tp	线程指针
R5～R7	x5～x7	t0～t2	临时变量
R8	x8	s0/fp	保存的寄存器，帧指针
R9	x9	s1	保存的寄存器
R10～R11	x10～x11	a0～a1	函数参数，返回值
R12～R17	x12～x17	a2～a7	函数参数
R18～R27	x18～x27	s2～s11	保存的寄存器
R28～R31	x28～x31	t3～t6	临时变量

程序计数器 PC 在 RISC-V 中是一个 32 位隐含的寄存器，分支、转跳、返回、调用指令都会修改 PC 值，在功能上与 KX9016 的 PC 类似。但 RISC-V 在存储空间设计上采用哈弗结构，即数据存储空间与指令存储空间是分离的，这个更为高效。数据总线位宽、指令总线位宽、数据地址位宽、指令地址位宽均为 32 位，且采用小端模式。

RISC-V 中没有专门的堆栈寄存器，除了硬连线为 0 的通用寄存器 x0，任何一个通用寄存器都可以作为堆栈指针寄存器，编译器一般把 x2 作为堆栈寄存器。也没有 CPU 状态寄存器，因此没有 Z、AC、C、OV 等计算结果标志，从而在中断或者调用函数时，无须保存状态寄存器内容，简化了 CPU 的设计。

但 RSIC-V 有控制状态寄存器 CSR，CSR 是 RISC-V CPU 设计中比较复杂的部分，功能可以按照用户需要进行定制。CSR 不是一个寄存器，而是一个 CSR 寄存器地址空间内所有寄存器的统称。某些特定功能的 CSR 的地址已经被定义，不能随意使用。

表 9-6 显示了所有的 RV32I 的指令，总共只有 33 条指令。在表中列的指令均不涉及外部储存器的访问，因此没有 S 类型的指令。一般情况下，实用完整的 RISC-V CPU 系统具有外部存储器与 CSR 寄存器，对应外部存储器访问有 8 条存储器放问指令：LB（取字节）、LH（取半字）、LW（取字）、LBU（去无符号字节）、LHU（取无符号半字）、SB（存字节）、

SH（存半字）、SW（存字）；对应 CSR 访问有 6 条指令：CSRRW（CSR 原子写）、CSRRS（CSR 原子读并置位）、CSRRC（CSR 原子读并清零）、CSRRWI（CSR 位原子写）、CSRRSI（CSR 位原子读并置位）、CSRRCI（CSR 位原子读并清零）。

表 9-6　RV32I 基本整数指令集

RV32I 基本指令	格　式	Opcode	funct7	funct3		功 能 描 述
SLL rd,rs1,rs2	R	0110011	0000000	001	--	逻辑左移
SLLI rd,rs1,shamt	I	0010011	0000000	001	--	逻辑左移（立即数）
SRL rd,rs1,rs2	R	0110011	0000000	101	--	逻辑右移
SRLI rd,rs1,shamt	I	0010011	0000000	101	--	逻辑右移（立即数）
SRA rd,rs1,rs2	R	0110011	0100000	101	--	算术右移
SRAI rs,rs1,shamt	I	0010011	0100000	101	--	算术右移（立即数）
ADD rd,rs1,rs2	R	0110011	0000000	000	--	加
ADDI rd,rs1,imm	I	0010011	--	000	--	加立即数
SUB rd,rs1,rs2	R	0110011	0100000	000	--	减
LUI rd,imm	U	0110111	--	--	--	装载高 20 位立即数
AUIPC rd,imm	U	0010111	--	--	--	加高 20 位立即数 至 PC 且取回
XOR rd,rs1,rs2	R	0110011	0000000	100	--	异或
XORI rd,rs1,imm	I	0010011	--	100	--	异或立即数
OR　rd,rs1,rs2	R	0110011	0000000	110	--	逻辑或
ORI rd,rs1,imm	I	0010011	--	110	--	逻辑或立即数
AND rd,rs1,rs2	R	0110011	0000000	111	--	逻辑与
ANDI rd,rs1,imm	I	0010011	--	111	--	逻辑与立即数
SLT rd,rs1,rs2	R	0110011	0000000	010	--	比较置数<
SLTI rd,rs1,imm	I	0010011	--	010	--	立即数比较置数<
SLTU rd,rs1,rs2	R	0110011	0000000	011	--	无符号比较置数<
SLTIU rd,rs1,imm	I	0010011	--	011	--	无符号立即数比较置数<
BEQ rs1,rs2,imm	B	1100011	--	000	--	分支=
BNE rs1,rs2,imm	B	1100011	--	001	--	分支≠
BLT rs1,rs2,imm	B	1100011	--	100	--	分支<
BGE rs1,rs2,imm	B	1100011	--	101	--	分支≥
BLTU rs1,rs2,imm	B	1100011	--	110	--	分支无符号<
BGEU rs1,rs2,imm	B	1100011	--	111	--	分支无符号≥
JAL rd,imm	J	1101111	--	--	--	跳转&PC 暂存
JALR rd,rs1,imm	I	1100111	--	000	--	寄存器跳转&PC 暂存
FENCE	I	0001111	--	000	0	同步数据访问
FENCE.I	I	0001111	--	001	1	同步指令与数据
ECALL	I	1110011	--	000	0	CALL 调用
EBREAK	I	1110011	--	000	1	BREAK 打断

通过对 RV32I 指令编码的分析，可以参考 KX9016 的 ALU 与移位器的设计，为 RV32I 定制 ALU。该 ALU 应该同时完成加法、逻辑运算与移位运算。减法指令、比较指令都可

以使用 ALU 的加法功能。其实，细心的读者可能发现 RV32I 中没有 MOV 指令，无须奇怪，因为通用寄存器 x0 是硬连线 0，所以从 x2 传送数据到 x10，仅仅使用下列指令即可：

```
ADD x10, x2, x0
```

对于控制器的设计，可以采用状态机的方式，但更为高效的是结合流水线优化进行设计，由于 RV32I 的指令数较少，控制器的设计相对于其他 32 位处理器设计会简单很多。

环境调用指令 CALL 与环境中断指令都不是函数调用指令，而是用于调试器的。函数调用需要使用 JAL 指令。JAL 除了正常的跳转功能，如果在跳转前先把下一条指令的地址保存到 ra，则可以实现函数调用的返回，这也是 RISC-V 在设计上的精巧之处。

9.6.2　32 位乘法指令集 RV32M

RV32M 是 RISC-V 对于 32 位整数乘法和除法的指令集扩展，可以完成有符号乘法、无符号乘法、有符号数乘无符号数、除法、取余数等操作，如表 9-7 所示。因为两个 32 位数相乘会得到 64 位的结果，这样一个乘法操作会产生对两个 32 位寄存器的读写，这种读写会增加 CPU 设计的复杂性，因此 RV32I 采用两条指令来获得该 64 位结果。

表 9-7　RV32M 整数乘除指令集

类　别	RV32M（乘除）	格　式	Opcode	funct	功 能 描 述
乘法 Multiply	MUL　rd,rs1,rs2	R	0110011	000	乘
	MULH　rd,rs1,rs2	R	0110011	001	乘取高位
	MULHSU　rd,rs1,rs2	R	0110011	010	有符号与无符号乘取高位
	MULHU　rd,rs1,rs2	R	0110011	011	无符号乘取高位
除法 Divide	DIV　rd,rs1,rs2	R	0110011	100	除
	DIVU　rd,rs1,rs2	R	0110011	101	无符号除
取余 Remainder	REM　rd,rs1,rs2	R	0110011	110	取余
	REMU　rd,rs1,rs2	R	0110011	111	无符号取余

在 RV32M 指令集中还有求余数的操作，有些时候这种计算也常常被使用，因此专门设计了两条指令。RV32M 的指令格式都是 R 类型的指令，指令的实现可以参照 KX9016 扩展乘法和除法指令的例子。

9.6.3　16 位压缩指令集 RVC

为了用于低成本、小体积的嵌入式应用，RISC-V 专门设计了压缩指令集 RV32C（或者简称为 RVC），采用 16 位指令码进行编码，以便减少存储程序代码的 Flash 容量。不同于 ARM、MIPS 的独立 16 位压缩指令集设计，RV32C 只是 RISC-V 32 位指令的简单编码缩减，通过减少操作数、只使用 16 个通用寄存器等方式压缩指令编码。编译器、汇编器的设计者无须专门为 RVC 指令进行设计。从 32 位指令代码转为 RVC 指令代码由最后的目标代码生成时，自动转换。

表 9-8 显示了 RVC 指令类型与指令码编码格式，可以发现这些类型基本与 RISC-V 32 位指令的指令类型是对应的。表 9-9 列出了部分 RVC 指令与 RISC-V 32 位指令的对应关系。

表 9-8 RVC 指令类型与格式

格　式	含　义	15～13	12	11	10～6	5	4～2	1～0
CR	寄存器	funct4		rd/rs1		rs2		op
CI	立即数	funct3	imm	rd/rs1		imm		op
CSS	堆栈相对存储	funct3	imm			rs2’		op
CIW	宽立即数	funct3	imm				rd’	op
CL	装载	funct3	imm		rs1’	imm	rd’	op
CS	存储	funct3	imm		rs1’	imm	rs2’	op
CB	分支	funct3	offset		rs1’	offset		op
CJ	跳转	funct3	Jump target					op

表 9-9 部分 RVC 及与 32 位指令对照

RVC	RISC-V 32 位等效指令	功 能 表 述
C.LW rd',rs1',imm	LW rd',rs1',imm*4	字加载
C.LWSP rd,imm	LW rd,sp,imm*4	SP 指针相关字加载
C.SW rs1',rs2',imm	SW rs1',rs2',imm*4	字存储
C.SWSP rs2,imm	SW rs2,sp,imm*4	SP 指针相关字存储
C.ADD rd,rs1	ADD rd,rd,rs1	加
C.ANDI rd,imm	ANDI rd,rd,imm	加立即数
C.OR rd,rs1	OR rd,rd,rs1	或
C.XOR rd,rs1	AND rd,rd,rs1	异或

如果设计用于 MCU 的 RISC-V CPU，一般来说，需要同时选择 RV32I、RV32M、RV32C 指令集进行实现。如果只是在 FPGA 上验证 RISC-V 处理器，那么可以不实现 RV32C，这样的 CPU 仅需要实现 41 条指令。

习　题

9-1 修改 CPU，为其增加一个状态寄存器 FLAG，它可以保存进位标志和零标志。

9-2 修改 CPU，为其加入一条带进位加法指令 ADDC，给出 ADDC 指令的运算流程，对控制器的控制程序做相应的修改。详细说明指令“MOVE R1,R2”的执行过程。

9-3 详细说明此 CPU 中 PC←PC+1 操作是如何执行的，并列举动用了哪些控制信号和模块。

9-4 根据图 9-25 和图 9-27 的电路结构和流程图，设计乘法应用程序，在 Quartus 上仿真验证程序功能，并在 KX9016 上硬件调试运行，最后把它做成一条乘法指令。

9-5 根据习题 9-4 的要求和图 9-28、图 9-29 的电路结构和流程图，分别设计除法程序和指令。

9-6 参考相关资料，试说明例 9-8 控制器程序中两个进程各自的作用及相互间的关系。

实验与设计

实验 9-1　16 位 CPU 验证性设计综合实验

实验目的：理解 16 位 CPU 的结构和功能；学习各类典型指令的执行流程；学习掌握部件单元电路的设计技术；掌握应用程序在用 FPGA 所设计的 CPU 上仿真和软硬件综合调试方法。

实验任务 1：根据图 9-2 电路图，以原理图方式正确无误地编辑并建立此 16 位 CPU 的完整电路；根据表 9-2 的汇编程序编辑此程序的机器码及对应的.mif 文件，以待加载到 LPM_RAM 中。

实验任务 2：根据 9.4 节进行设计和测试。参考仿真波形图（见图 9-17 和图 9-18），对 CPU 电路进行仿真。注意在这之前，把含程序机器码和相关数据的.mif 文件编辑好，以待调用。

根据仿真情况逐步调整系统设计，排除各种软硬件错误，特别是把 CPU 中各个部件模块的功能调整好，使之最后获得的仿真波形与图 9-17 和图 9-18 一致。

实验任务 3：根据图 9-19 建立硬件测试电路。然后利用 Signal Tap 对下载于 FPGA 中的 CPU 模块进行实测。尽量获得与时序仿真波形基本一致的实时测试波形。

实验任务 4：根据图 9-22 调入 In-System Sources and Probes 测试模块，多设置一些 Probes 端口，争取将尽可能多的数据线和控制信号线加入，以便更详细地实时了解此 CPU 的工作情况，包括对每一个指令执行详细的控制时序情况、相关模块的数据传输和处理情况、控制器的工作情况等。将获得的波形与时序仿真波形进行对照。记录所有 7 条指令的执行情况。

在实测中还要使用 In-System Memory Content Editor 工具及时了解 LPM_RAM 中的数据及相关数据的变化情况，最后完成实验报告。

实验 9-2　新指令设计及程序测试实验

实验目的：学习为实用 CPU 设计各种新的指令，学习调试和测试新指令的运行情况。

实验任务 1：参考表 9-1、9.3.5 节及例 9-8 程序，设计两条新指令，即转跳指令 JMPGTI 和 JMPI。然后将它们的相关程序嵌入例 9-8 的控制器程序中，并通过以上设计实验已建立好的 CPU 电路，对这两个指令进行仿真测试，直至调试正确。

实验任务 2：根据表 9-2 的程序，编辑程序机器码和.mif 文件，设此文件名是 ram_16.mif。此文件中还要包括指定区域待搬运的数据块。文件数据及对应地址如图 9-30 所示。最后在 CPU 上运行调试这个程序，包括软件仿真和硬件测试。这是一个数据块搬运程序，硬件实测中用 In-System Sources and Probes 和 In-System Memory Content Editor 工具最方便直观。图 9-31 所示是用 In-System Memory Content Editor 实测到的数据块搬运前 RAM 中所有数据的情况。试给出执行搬运程序后 In-System Memory Content Editor 实测到的数据图。

实验任务 3：在图 9-2 所示的顶层电路中加入适当控制输出的电路模块，将此 CPU 在 FPGA 中运行时产生的主要数据输出至不同类型的液晶显示器（如彩色数字液晶等）。

实验任务 4：参考表 9-1，分别设计新指令 XOR 和 ROTL。在 CPU 上调试嵌入例 9-8 程序的这些新指令的程序，直至获得正确的仿真波形。最后利用已有指令，编写一段应用程序进一步测试这两条指令。

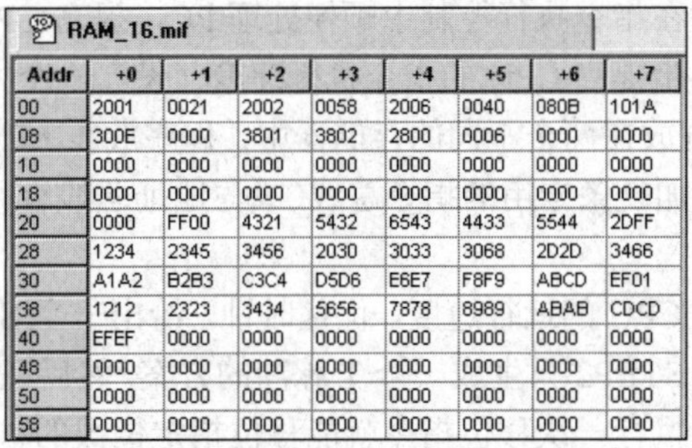

Addr	+0	+1	+2	+3	+4	+5	+6	+7
00	2001	0021	2002	0058	2006	0040	080B	101A
08	300E	0000	3801	3802	2800	0006	0000	0000
10	0000	0000	0000	0000	0000	0000	0000	0000
18	0000	0000	0000	0000	0000	0000	0000	0000
20	0000	FF00	4321	5432	6543	4433	5544	2DFF
28	1234	2345	3456	2030	3033	3068	2D2D	3466
30	A1A2	B2B3	C3C4	D5D6	E6E7	F8F9	ABCD	EF01
38	1212	2323	3434	5656	7878	8989	ABAB	CDCD
40	EFEF	0000	0000	0000	0000	0000	0000	0000
48	0000	0000	0000	0000	0000	0000	0000	0000
50	0000	0000	0000	0000	0000	0000	0000	0000
58	0000	0000	0000	0000	0000	0000	0000	0000

图 9-30　编辑 ram_16.mif 文件

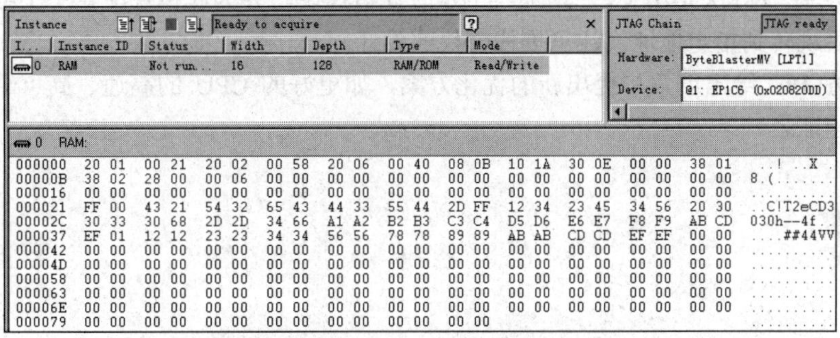

图 9-31　用 In-System Memory Content Editor 读取的数据

实验 9-3　16 位 CPU 的优化设计与创新

实验目的：深入了解 CPU 设计的优化技术，学习为实现 CPU 高速运算的硬件实现方法以及为节省资源、降低成本的巧妙安排，启迪创新意识，培养自主创新能力。

实验任务 1：学习将软件汇编程序向单一硬件指令转化的设计技术，即所谓 S2H。参考 9.3.3 节中存储器初始化文件 RAM_16.mif，根据图 9-24～图 9-26 所示的流程，首先设计一个乘法汇编程序，然后在此 CPU 上运行测试这段程序，给出详细的时序仿真波形。最后根据此程序的功能，将其转化成 VHDL 语言，嵌入例 9-8 的控制器程序中，形成一条单一硬件乘法指令。测试这条指令的功能，将计算结果与汇编软件程序运行的结果比较。比较这条单一乘法指令与乘法软件程序的运行速度及系统资源耗用情况。

实验任务 2：根据实验任务 1 的要求和流程，先设计 16 位复数乘法汇编程序，再于此基础上设计一条 16 位复数的硬件乘法指令，实现 S2H。并给出时序仿真、硬件测试和比较结果。

实验任务 3：为图 9-2 的 CPU 电路单独增加一个硬件乘法器模块及相关功能模块。这个乘法器可利用 LPM 的 DSP 模块来实现。编制一条新的乘法指令，要求能完成 16 位有符号数据的乘法运算。给出时序仿真和硬件测试结果。考查这条乘法指令的运算速度（几个 STEP，耗时多少）。

实验任务 4：用 LPM_RAM 替换图 9-2 的 CPU 电路中的阵列寄存器。增加对此寄存器（RAM 模块）选通的地址线宽度，设为 6，设计与此寄存器相适应的数据交换指令，并编写一段程序显示此大规模寄存器的优势，顺便了解一下逻辑宏单元的耗用情况。

实验任务 5：用一个计数器取代图 9-2 中的程序寄存器，构建新的 PC 计数器，这样就可以在 PC 计数器内部获得计数改变，而不必通过 ALU 和总线（除非遇到转跳指令）。修改例 9-8

的程序，以便控制器能适应新的控制对象。在程序修改中尽可能减少 PC 处理的状态，甚至取消专门的 PC 处理状态，而在指令执行控制中顺便处理 PC，提高 CPU 运行速度。

实验任务 6：为了进一步提高 CPU 的指令执行速度，设计一个方案，比如可以将程序代码和需要随时交换的数据分别放在两个不同的存储器中，程序放在 LPM_ROM 中，随机存取的数据放在 LPM_RAM 中。再增加一条专用的指令总线（或与地址总线合并），将控制器与 LPM_ROM 连起来。

实验任务 7：为了提高 CPU 的运行速度，优化时钟，给出一个 STEP2 脉冲发生模块的优化设计方案。当然也可以考虑 STEP2 只生成一个 T 脉冲的方案。然后证明设计方案是行之有效的。

实验任务 8：为了实现执行一次移位指令就能移位指定位数的移位操作，修改 CPU 中的必要模块，包括移位器、控制器等，并设计对应的移位指令。

实验任务 9：为 KX9016 CPU 增加一个定时计数模块，并为此模块配置一个中断控制器，使定时中断后跳转到指定地址。注意堆栈模块的设计。

实验任务 10：给出创意，提出新的优化方案，如更好的 CPU 的高速、高可靠、低成本设计方案，并验证之。

第 10 章　VHDL 仿真

在 Quartus 的各个版本中，Quartus Ⅱ 9.x 以及以前的版本都是内置门级波形仿真器，这种只能针对综合后的门级网表文件进行各类仿真的门级仿真器，不适合进行大规模数字逻辑系统专业级的仿真验证。因此，Intel-Altera 已将 Quartus Ⅱ 9.1 后版本的软件中曾经一贯内置的波形仿真器移除了。与 Quartus Ⅱ中原来的门级仿真器不同，专业的 HDL 仿真器可以支持几乎所有的 HDL 语句语法，以及各种类型、多个设计层次的仿真。显然，学习这类业界广泛支持的专业仿真器的使用方法十分重要。

本章简要介绍 Siemens EDA（原 Mentor Graphics）公司的 ModelSim 的使用方法，以及它与 Quartus Prime Standard 18.1 版本之间的接口方式。作为专业仿真器，ModelSim 在 EDA 领域早已被广泛使用，甚至 Quartus II 13.1 版本和 18.1 版本的波形仿真器也用到了 ModelSim ASE 版本。

ModelSim 是一个基于单内核的 Verilog/VHDL/SystemVerilog/System C 混合仿真器，是 Siemens EDA（原 Mentor Graphics）的子公司 Model Technology 的产品。ModelSim 可以在同一个设计中单独或混合使用 VHDL、Verilog HDL 和 SystemVerilog HDL；允许 Verilog 模块调用语句来调用 VHDL 的实体，或反之。由于 ModelSim 是编译型仿真器，使用编译后的 HDL 库进行仿真，因此在进行仿真前，必须编译所有待仿真的 HDL 文件成为 HDL 仿真库。这样不仅可以在编译时获得优化，提高仿真速度和仿真效率，同时也支持了多语言混合仿真。

作为专业仿真器，ModelSim 提供了易于使用的 EDA 工具接口，可以方便地与其他 EDA 工具（如 Quartus）相连。ModelSim 可以帮助 Quartus 完成多个层次的 HDL 仿真，如系统级或行为级仿真、RTL 级仿真（即对可综合的 VHDL/Verilog 文件直接进入 ModelSim 进行功能仿真）、综合后门级仿真、适配后门级仿真（时序仿真）等。

ModelSim 针对不同的使用者与应用环境分成多个版本，常见的有 ModelSim SE、ModelSim AE、ModelSim ASE 等。本章给出的示例是结合 Intel-Altera 的 Quartus Prime Standard 18.1 版本来介绍的，因此，涉及的 ModelSim 的版本为 ModelSim-Altera Starter Edition（简称 ModelSim ASE 版本）。该版本是 Mentor 为 Intel-Altera 公司做的入门级的 OEM 版本，不需要额外配置 license，它已编译好了 Intel-Altera 的 FPGA 的一些器件库，可以直接与 Quartus 软件相接，但在功能上做了一些限制，如代码总行数限制。对于一般的使用者，ModelSim ASE 版本已经足够用了；如果是大型设计，可以使用需要 license 授权的 ModelSim AE（Altera OEM 版）或 ModelSim SE 等其他版本。ModelSim SE 是 ModelSim 各个版本中功能最为强大的版本，但与 ModelSim ASE、ModelSim AE 相比，没有编译好的 Intel-Altera 相关的器件仿真库，在与 Quartus 相连接时，需要另外编译 Intel-Altera FPGA 相关仿真库。

本章主要介绍基于 Quartus Prime Standard 18.1 版本及对应的 ModelSim ASE 版本的 VHDL 的一般仿真流程、Test Bench（测试平台）及其示例，以及与 Test Bench 相关的 Verilog HDL 专用仿真语句的用法。

10.1　VHDL 仿真流程

基于 EDA 工具的关于 Verilog 设计的仿真，可以称为 Verilog 仿真。Verilog 仿真有多种形式和目标，例如，功能仿真可在早期对系统的设计可行性进行快速评估和测试，在短时间内以极低的代价对多种方案进行测试比较、系统模拟和方案论证，以期获得最佳系统设计方案；而时序仿真则可获得与实际目标器件电气性能最为接近的设计模拟结果。时序仿真与功能仿真最大的差异在于时序仿真是结合模拟对象的时延特性的，而功能仿真仅仅对电路逻辑功能进行验证，忽略实际电路固有的时延。从仿真的真实度来说，显然时序仿真更好。但时序仿真是建立在已知模拟对象的时序模型的前提下，而且在仿真过程中需要处理延时参数，往往导致时序仿真耗时较多，同时时序模型参数的精度与准确性也严重影响仿真结果。

时序仿真与功能仿真是从是否考虑电路时延特性而对 VHDL 仿真类型的分类。事实上，一项 VHDL 描述的较大规模的数字系统的最后完成，一般都需要经历多层次的仿真测试过程。从电路逻辑描述层次的角度对 VHDL 仿真还有另外一种分类，其中包括针对系统的系统级与行为级仿真、针对具体分模块的 RTL 仿真以及针对综合后网表进行的门级仿真

图 10-1 所示为硬件描述语言对现代数字逻辑系统的描述层次，对这些层次分类的理解有助于了解 VHDL 仿真的目标。对于现代数字系统，如果从系统的角度进行描述而忽略电路的实际构成，则此层次的描述被称为系统级建模；如果从设计模型的功能行为的实现出发而不考虑具体的电路构成，则此层次上的描述可以称为行为级描述；如果从信号的传输、寄存器的设置，也就是从寄存器传输的角度对系统进行描述，则称为寄存器传输级描述（即 RTL 描述）；如果考虑最基本的门级元件（如与非门、或门等）构成系统，则此类描述称为门级描述；如果从比基本门更为基础的 MOS 开关、晶体管、电阻开始，对构成的数字逻辑进行描述，则称为开关级（或管子级）描述；由此再深入一步，如果以基本电子物理模型，如载流子迁移或能级模型角度来描述数字逻辑，则可称为物理级描述。就 HDL 描述的数字系统而言，通常不考虑物理级描述，物理级描述只有在模拟电路建模时才会用到。

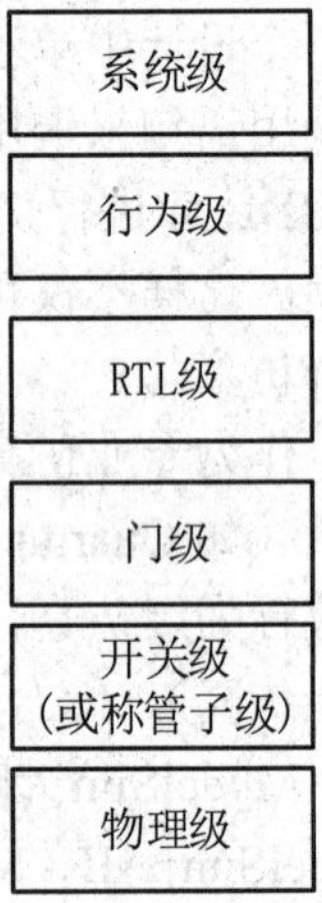

图 10-1　HDL 系统设计描述层次

VHDL 主要的描述层次是门级及门级以上的各层次。VHDL 的源程序可以直接用于仿真。

能够完成 VHDL 仿真功能的软件工具称为 VHDL 仿真器。VHDL 仿真器对于程序代码的仿真处理有不同的实现方法，大致有以下 3 种。

（1）解释型仿真方式。解释型仿真方式采用了早期的 HDL 仿真器的仿真方式，直接逐句读取 HDL 源程序，逐句解释执行模拟。这种方式的仿真速度慢、效率低。

（2）编译型模拟方式。目前常用的仿真器，如 ModelSim，就采用编译型仿真方式。经过编译后，在基本保持原有描述风格的基础上生成仿真数据（即仿真库）。在仿真时，对这些数据进行分析和执行。这种方式能较好地保留原设计系统的基本信息，故便于做交互

式的、有 DEBUG 功能的仿真模拟系统。这为用户检查、调试和修改其源程序描述提供了很大的便利，而且还可以以断点、单步等方式调试 VHDL 程序。

（3）编译后执行方式。另一种需要编译的仿真方式，是将源程序结构描述展开成纯行为模型，并编译成目标程序，然后通过语言编译器编译成类似机器码形式的可执行文件，再运行此执行文件以实现仿真模拟。这种方式以验证一个完整电路系统的全部功能为目的，采用详细的、功能齐全的输入激励波形，用较多的模拟周期进行模拟。基于 System C 的仿真往往采用这种方式。

如图 10-2 所示，为了实现 VHDL 仿真，首先可用文本编辑器完成 VHDL 源程序的设计，送入 VHDL 仿真器中的编译器进行编译。VHDL 编译器首先对 VHDL 源文件进行语法及语义检查，然后将其转换为中间数据格式。中间数据格式可以是 VHDL 源程序描述的一种仿真器内部表达形式，能够保存完整的语义信息，以及仿真器调试功能所需的各种附加信息。中间数据结果将送给仿真数据库保存。

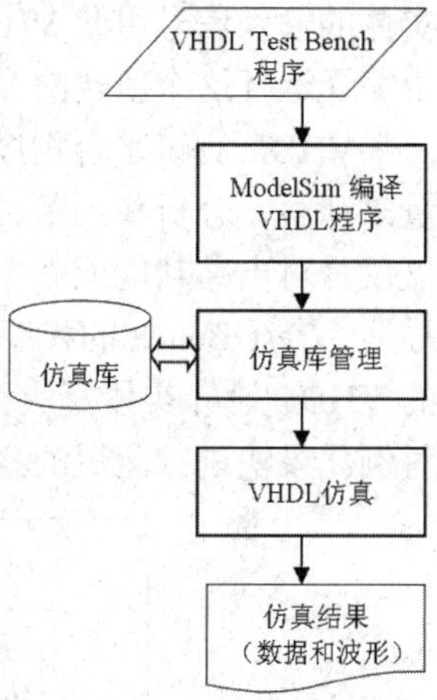

图 10-2　VHDL 仿真流程

除了由 VHDL 源代码编译而来的中间数据，仿真数据库（简称仿真库）还有一些默认的仿真数据，可以是 VHDL 的基本仿真库，也可以是针对具体器件的仿真模型库（这些库中有可能包含时延信息）。VHDL 仿真器一般都有一套仿真库的管理机制，可以让仿真器在仿真时快速有效地调用到相应的仿真库数据。一般而言，设计者的 VHDL 源代码编译过来的仿真库是 WORK 库。

VHDL 仿真器对设计的数字逻辑系统进行模拟的结果以波形或者数据形式来显示。在仿真过程中，设计者可以干预仿真的过程，改变仿真的输入激励，或者改变仿真结果的输出方式。同样，也允许设计者在给定激励、预设结果匹配方法的前提下，完全不干预仿真器的仿真过程。Test Bench 就是给定激励、预设结果匹配方法的一种有效手段。VHDL 仿真可以从不同层次进行，如可以考虑延时或者不考虑延时等。最终仿真结果的正确与否，需设计者自行判断。

对于大型设计，采用 VHDL 仿真器对源代码进行仿真可以节省大量时间，因为大型设计的综合、布局、布线要花费计算机很长时间，不可能针对某个具体器件内部的结构特点和参数在有限的时间内进行多次综合、适配和时序仿真。而且大型设计一般都是模块化设计，在设计完成之前可进行分模块的 VHDL 源代码仿真模拟。

10.2　VHDL 测试基准实例

VHDL 测试平台，也称为测试基准（Test Bench），是指用来测试一个 HDL 实体的程序。VHDL 测试平台本身也由 VHDL 程序代码组成，它用各种方法产生激励信号，通过元件例化语句以及端口映射，将激励信号传送给被测试的 VHDL 设计实体，然后将输出信号波形由仿真工具软件写到文件中，或直接用波形浏览器显示输出波形。

VHDL 测试平台 Test Bench 的主要功能有 4 种，具体如下。

（1）例化待验证的模块实体。

（2）通过 VHDL 程序的行为描述，为待测模块实体提供激励信号。

（3）收集待测模块实体的输出结果，必要时将该结果与预置的所期望的理想结果进行比较，并给出报告。

（4）根据比较结果自动判断模块的内部功能结构是否正确。

显然，若对一个设计模块实体进行仿真，首先需编写一个被称为 Test Bench 的 VHDL 程序，在此程序中将这个先前已完成的待测试的设计实体进行例化，然后在程序中对这个实体的输入信号用此 VHDL 程序（Test Bench）加上激励波形表述。最后在 VHDL 仿真器中编译运行这个新建的 VHDL Test Bench 程序，即可对此设计实体进行仿真测试。

VHDL 测试平台程序一般不需要定义输入/输出端口，测试结果全部通过内部信号或变量来观察、分析和判断。在某些场合（如 Test Bench 程序中），如果设计者的 VHDL 程序仅仅是对电路功能或者电路外加激励的描述，则完全可以使用不可综合的 VHDL 语句进行描述。Test Bench 的程序结构如图 10-3 所示，程序中主要包含两个部分：第一部分是待测的 VHDL 设计实体模块程序，它是通过例化语句加入 Test Bench 程序中的；第二部分是针对例化模块进行测试的激励信号描述和对待测模块输出信号的监测和判断程序。

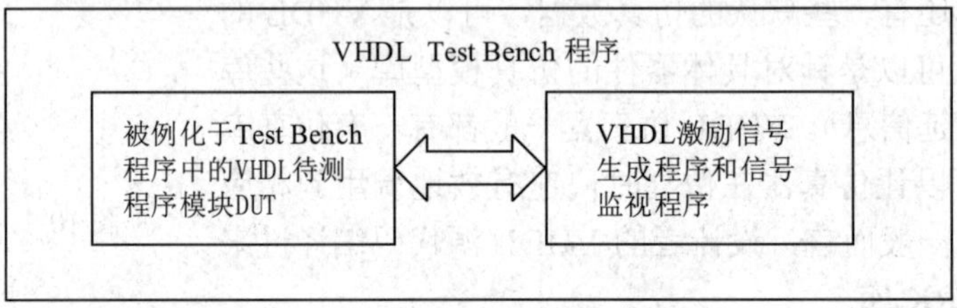

图 10-3　VHDL Test Bench 结构

例 10-1 是针对待测计数器程序例 3-19 的 Test Bench 程序。注意这个 VHDL 程序的 ENTITY 实体描述语句没有描述端口信号。其中只有对例 3-19 的例化语句和针对此模块的激励信号的描述。各语句的用意已在程序中做了注释。对例 10-1 的仿真流程将在下一节介绍。

例 10-1 程序的 Test Bench 文件名为 CNT10_TB.vhd。

【例 10-1】

```
LIBRARY IEEE;
USE IEEE.STD_LOGIC_1164.ALL;
USE IEEE.STD_LOGIC_UNSIGNED.ALL;
ENTITY CNT10_TB IS
END CNT10_TB;
ARCHITECTURE ONE OF CNT10_TB IS
  COMPONENT CNT10
  PORT (CLK,RST,EN,LOAD : IN STD_LOGIC;
        DATA : IN STD_LOGIC_VECTOR(3 DOWNTO 0);
        DOUT : OUT STD_LOGIC_VECTOR(3 DOWNTO 0);
        COUT : OUT STD_LOGIC);
  END COMPONENT;
SIGNAL  CLK  : STD_LOGIC :='0';   --定义向CNT10时钟端口输入的时钟信号
SIGNAL  RST  : STD_LOGIC :='1';   --定义向CNT10复位端口输入的复位信号
SIGNAL  EN   : STD_LOGIC :='0';   --定义向CNT10时钟使能端口输入的使能信号
```

```
SIGNAL  LOAD : STD_LOGIC :='1';  --定义控制CNT10加载的信号
SIGNAL  DATA : STD_LOGIC_VECTOR(3 DOWNTO 0);
SIGNAL  DOUT : STD_LOGIC_VECTOR(3 DOWNTO 0);
SIGNAL  COUT : STD_LOGIC;
CONSTANT CLK_P : TIME := 30 ns;
               --定义时间类型常数是CLK_P=30 ns，注意30与ns间应该有空格!
BEGIN
 U1:  CNT10  PORT MAP(CLK=>CLK, RST=>RST, EN=>EN, LOAD=>LOAD,
            DATA=>DATA, DOUT=>DOUT, COUT=>COUT);      --例化待测试模块
 PROCESS  BEGIN  --产生时钟信号的进程，这是一个没有敏感信号的永久自动启动的进程
  CLK<='0';     WAIT FOR  CLK_P;   --CLK首先输出0，30 ns后输出1
  CLK<='1';     WAIT FOR  CLK_P;   --再过30ns后返回
END PROCESS;
  RST  <= '1', '0' AFTER 110 ns, '1' AFTER 114 ns;     --RST的电平控制
  EN   <= '0', '1' AFTER 40 ns;                        --EN电平控制
  LOAD <= '1', '0' AFTER 910 ns, '1' AFTER 940 ns;
  DATA <= "0100", "0110" AFTER 400 ns,                 --加载数据输出
                 "0111" AFTER 700 ns, "0100" AFTER 1000 ns;
END ONE;
```

实际上许多 EDA 工具，包括综合器或仿真器，或诸如 Quartus、MATLAB 等大型软件都可以根据被测试的实体自动生成 Test Bench，或者是一个测试基准文件框架，然后由设计者在此基础上加入自己的激励波形及其他各种测试手段。例如，在图 4-14 和图 4-15 所示的波形图编辑窗口中建立好激励波形并准备启动仿真器仿真时，也可以选择生成 Test Bench 文件。方法是在 Simulation 选项的下拉菜单中选择 Generate Modelsim Testbench and Script 命令。

编写例 10-1 所示的简单类型的 Test Bench 程序应该注意以下几点。

（1）整个程序的结构与常规 VHDL 程序基本相同，只是在 ENTITY 语句中不必写出端口描述。

（2）为待测模块的所有输入信号定义产生激励信号的信号名和数据类型，且要求其数据类型必须是 SIGNAL 类型，用作输出；这是因为这些信号是与待测模块的输入信号相连的。

如例 10-1 中为待测模块的输入信号 CLK、EN、RST、LOAD、DATA 定义了同名信号和初始值，但数据类型都是 SIGNAL。当然也可用完全不同的名称。

（3）为待测模块的所有输出信号定义信号名和数据类型，这些信号是与待测模块的输出信号相连的。定义的名称可用其他名称。

10.3 VHDL Test Bench 测试流程

为了使读者熟悉 ModelSim 的具体仿真过程，下面以例 10-1 的 Test Bench 程序 CNT10_TB.vhd 为例介绍仿真流程。

1. 安装 ModelSim

实际上，以 Quartus Prime Standard 18.1 为例，在安装 Quartus 时就已经安装好了 ModelSim-Altera Starter 仿真软件（ModelSim ASE），而且已经与 Quartus 自动连接完毕。

路径和查看方法可参考图 4-10。

2. 为 Test Bench 仿真设置参数

首先在 Quartus Prime 平台为例 3-19 创建一个工程 CNT10，并将例 10-1 的 Test Bench 程序编辑后与例 3-19 程序存入同一文件夹中。然后为 Test Bench 设置相关参数。

在 Quartus 的工程管理窗口的 Assignments 菜单中选择 Settings 选项，在弹出的对话框左栏 Category 中选择 EDA Tool Settings 选项中的 Simulation 选项。具体情况如图 10-4 所示。

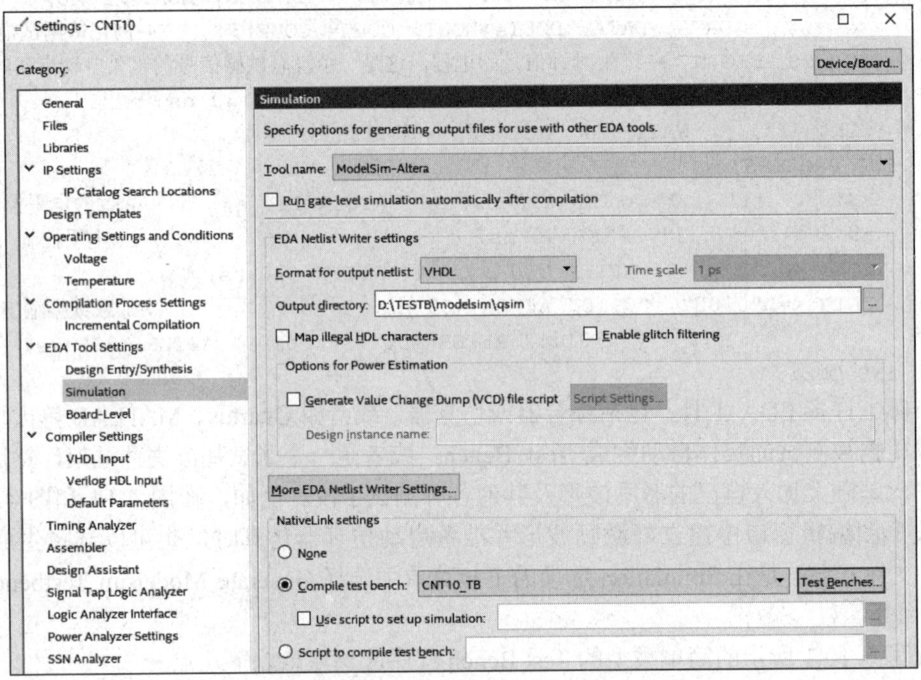

图 10-4　选择仿真工具名称和输出网表语言形式

在图 10-4 所示窗口的 Tool name 栏输入仿真软件名：ModelSim-Altera（或默认）。在 Format for output netlist（输出网表文件）栏选择 VHDL 选项；在 NativeLink settings 栏选中 Compile test bench 单选按钮，并单击右侧的 Test Benches 按钮，在弹出的窗口中设置相关参数。

单击 Test Benches 按钮后弹出 Test Benches 窗口，单击 New 按钮，即弹出 New Test Bench Settings 窗口，如图 10-5 所示。在 Test bench name 栏输入 Test Bench 名称，此处可以随便取名，如仍然取名 CNT10_TB；在 Top level module in test bench 栏输入 Test Bench 程序的模块名，即 CNT10_TB；在下面的 Design instance name in test bench 栏输入 Test Bench 程序中例化的待测模块名 CNT10 对应的例化名 U1。再于下面的 Simulation period 栏中选中 End simulation at 单选按钮，在其中输入 2 微秒。这是仿真周期，具体数据应该根据 Test Bench 程序中激励信号程序描述情况来定，通常可以稍长一点。

最后在 File name 栏根据路径选择，或直接输入 Test Bench 程序文件名，并单击右侧 Add 按钮，将文件加入。设置完成后即可逐步退出对话框。

如果这时尚无具体的 Test Bench 程序内容，可以利用 Quartus 产生 Test Bench 程序的模板，再添加具体内容。方法：首先在 Quartus 工程管理窗口上的 Processing 菜单中选择 Start →Start Test Bench Template Writer 命令。

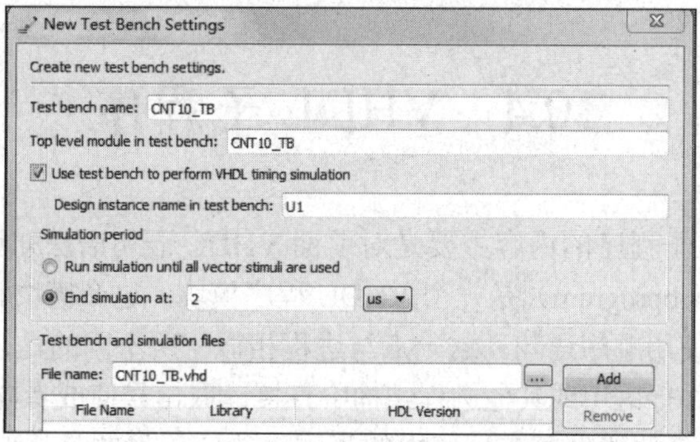

图 10-5　为 Test Bench 仿真设置参数

这时 Test Bench 程序模板文件就已经生成，程序名是 CNT10.vht。此文件被放在当前工程目录的 simulation/modelsim/文件夹中。在此模板上完成所有必需的程序编辑后，将后缀改为.vhd，即可用于仿真。当然，例 10-1 本身就是一个好的模板。

3．启动 Test Bench 仿真

按照以上流程完成设置后，即可启动对这个工程（CNT10 工程）进行全程编译。方法与第 4 章介绍的流程相同。全程编译中，Quartus 不仅针对工程设计文件 CNT10.vhd 进行编译和综合，同时也对 Test Bench 程序进行处理，包括检查文件的错误，Test Bench 程序中的激励信号程序生成 ModelSim 用于完成时序仿真的网表文件。

对当前工程完成全程编译和综合后，即可启动 ModelSim 对 Test Bench 程序的编译和仿真。方法是在 Quartus 的工程管理窗口的 Tools 菜单中选择启动仿真的选项，即 Run Simulation 选项。此选项有两个子选项，即 RTL Simulation 和 Gate Level Simulation。前者对应功能仿真，是直接对 Test Bench 程序代码，特别是例化模块 CNT10 代码进行仿真；而后者是门级仿真，对应时序仿真，是对例化模块 CNT10 基于目标 FPGA 综合与适配后的文件进行的仿真，因此其输出结果包含了 CNT10 设计在指定 FPGA 目标器件的时序信息。

若选择后者进行仿真，将弹出一个 Gate Level Simulation 选择窗口，对时序模式 Timing mode 进行选择，通常选择默认值。

4．分析 Test Bench 仿真结果

图 10-6 所示的波形是选择了 RTL Simulation 选项的结果，即功能仿真的结果。可以将 Test Bench 程序代码与此波形图对照起来分析，特别是对照图 10-6 下面的时间轴。对于总线数据，如 DOUT、DATA，可以用鼠标右键单击后选择弹出窗口的 Radix 选项来确定显示的数据格式。

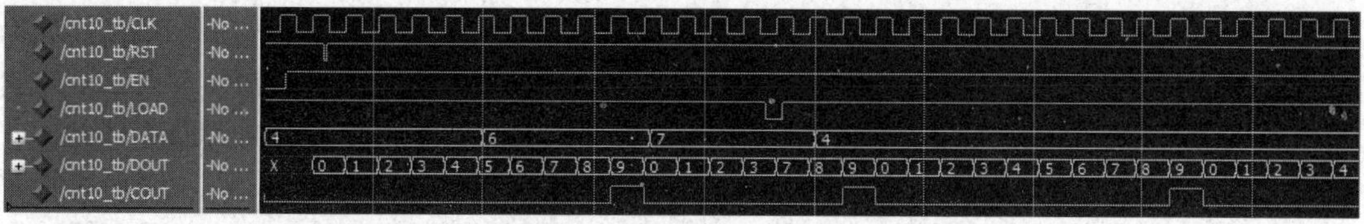

图 10-6　Test Bench 输出的仿真波形

图 10-6 中，DOUT 和 DATA 输出数据的格式都是十六进制数。注意 RST 的清零和 EN 的时钟允许功能，以及 LOAD 的加载数据功能。图 10-6 显示，当 LOAD 为 0，且恰好包括了时钟的有效边沿时，即将 DATA 的 7 加载进计数器中。

10.4　VHDL 子程序

本节关于 VHDL 子程序的内容主要是对前面 VHDL 语句语法知识做一点补遗。

VHDL 子程序（subprogram）是一个 VHDL 程序模块，这个模块利用顺序语句来定义和完成算法，因此只能使用顺序语句。这一点与进程相似，所不同的是，子程序不能像进程那样可以从本结构体的并行语句或其他进程结构中直接读取信号值或者向信号赋值。

VHDL 子程序与其他软件语言程序中的子程序的应用目的是相似的，即能更有效地完成重复性的工作。子程序的使用方式包括通过子程序调用及与子程序的界面端口进行通信。子程序可以在 VHDL 程序的 3 个不同位置进行定义，即在程序包、结构体和进程中定义。但由于只有在程序包中定义的子程序才可被其他不同的设计所调用，因此一般将子程序放在程序包中。VHDL 子程序具有可重载的特点，即允许有许多重名的子程序，但这些子程序的参数类型及返回值数据类型是不同的。

子程序有两种类型，即过程 PROCEDURE 和函数 FUNCTION。应该特别注意，综合后的子程序将映射（对应）于目标芯片中的一个相应的电路模块，且每一次语句调用都将产生对应于具有相同结构的不同的硬件模块。这与软件语言的子程序有很大不同。

10.4.1　函数

在 VHDL 中有多种函数形式，有用于不同目的的用户自定义函数和在库中现成的具有专用功能的预定义函数等，如转换函数、决断函数等。转换函数用于从一种数据类型到另一种数据类型的转换，如在元件例化语句中利用转换函数可允许不同数据类型的信号和端口之间进行映射；决断函数用于在多驱动信号时解决信号竞争问题。

函数的语句表达格式如下：

```
FUNCTION 函数名(参数表)RETURN  数据类型                    --函数首
FUNCTION  函数名(参数表)RETURN  数据类型 IS                 --函数体
    [ 说明部分 ]
    BEGIN
    顺序语句;
    END FUNCTION  函数名;
```

一般地，函数定义应由两部分组成，即函数首和函数体，在进程或结构体中不必定义函数首，而在程序包中必须定义函数首。

函数首由函数名、参数表和返回值的数据类型 3 部分组成，如果将所定义的函数组织成程序包入库的话，定义函数首是必需的，这时的函数首就相当于一个入库货物名称与货物位置表，入库的是函数体。函数首的名称即为函数的名称，需放在关键词 FUNCTION 之后，此名称可以是普通的标识符，也可以是运算符。运算符必须加上双引号，这就是所谓的运算符重载。运算符重载就是对 VHDL 中现存的运算符进行重新定义，以在原来基础上获得新的功能。新功能的定义是靠函数体来完成的，函数的参数表是用来定义输出值的，所以不必以显式方式表示参数的方向，函数参量可以是信号或常数。参数名需放在关键词 CONSTANT 或 SIGNAL 之后。如果没有特别说明，则参数被默认为常数。如果要将一个已编制好的函数并入程序包，函数首必须放在程序包的说明部分，而函数体需放在程序包的包体内。如果只是在一个结构体中定义并调用函数，则仅需函数体即可。由此可见，函数首的作用只是作为程序包的有关此函数的一个接口界面。

以下例 10-2 是一个定义和应用函数的完整示例。

【例 10-2】

```
LIBRARY IEEE;
USE IEEE.STD_LOGIC_1164.ALL;
PACKAGE  packexp IS                                  --定义程序包
  FUNCTION  max(a,b : IN STD_LOGIC_VECTOR)   --定义函数首
    RETURN STD_LOGIC_VECTOR;
  FUNCTION  func1 (a,b,c : REAL)                 --定义函数首
    RETURN REAL;
  FUNCTION  "*"  (a ,b : INTEGER)                --定义函数首
    RETURN INTEGER;
  FUNCTION  as2  (SIGNAL  in1 ,in2 : REAL)   --定义函数首
    RETURN REAL;
 END;
PACKAGE  BODY packexp IS
  FUNCTION  max(a,b : IN STD_LOGIC_VECTOR)   --定义函数体
    RETURN STD_LOGIC_VECTOR IS
  BEGIN
    IF a > b THEN RETURN  a;
      ELSE        RETURN  b;
    END IF;
  END FUNCTION max;                                    --结束FUNCTION语句
 END;                                                        --结束PACKAGE  BODY语句
 LIBRARY IEEE;                                           --函数应用实例
 USE IEEE.STD_LOGIC_1164.ALL;
 USE WORK.packexp.ALL;
 ENTITY  axamp IS
   PORT(dat1,dat2 : IN STD_LOGIC_VECTOR(3 DOWNTO 0);
        dat3,dat4 : IN STD_LOGIC_VECTOR(3 DOWNTO 0);
        out1,out2 : OUT STD_LOGIC_VECTOR(3 DOWNTO 0));
  END;
  ARCHITECTURE bhv OF axamp IS
   BEGIN
    out1 <=  max(dat1,dat2);                   --用在赋值语句中的并行函数调用语句
   PROCESS(dat3,dat4)
   BEGIN
    out2 <= max(dat3,dat4);                    --顺序函数调用语句
   END PROCESS;
  END;
```

例 10-2 有 4 个不同的函数首，它们都放在程序包 packexp 的说明部分。第一个函数中的参量 a、b 的数据类型是标准位矢量类型，返回值是 a、b 中的最大值，其数据类型也是标准位矢量类型。第二个函数中的参量 a、b、c 的数据类型都是实数类型，返回值也是实数类型。第三个函数定义了一种新的乘法算符，即通过用此函数定义的算符“*”可以进行两个整数间的乘法，且返回值也是整数。值得注意的是，这个函数的函数名用的是以双引号相间的乘法算符。对于其他算符的重载定义也必须加双引号，如“+”。

最后一个函数定义的输入参量是信号。书写格式是在函数名后的括号中先写上参量目标类型 SIGNAL，以表示 in1 和 in2 是两个信号，最后写上两个信号的数据类型是实数 REAL，返回值也是实数类型。例 10-2 的 RTL 逻辑电路如图 10-7 所示。

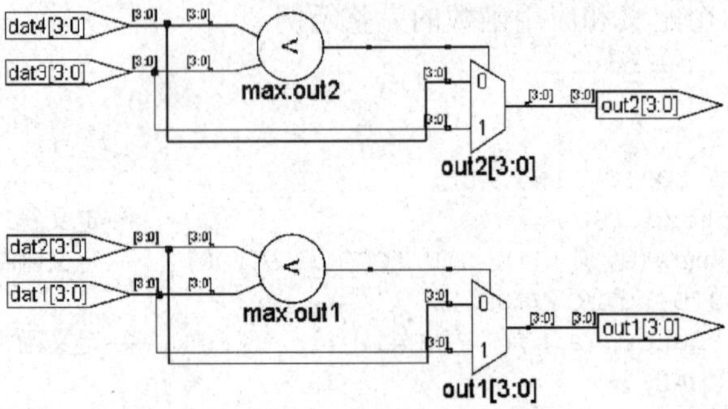

图 10-7　例 10-2 的逻辑电路图

函数体包含一个对数据类型、常数、变量等的局部说明，以及用以完成规定算法或转换的顺序语句部分。一旦函数被调用，就将执行这部分语句。

函数体需以关键词 END FUNCTION 以及函数名结尾。例 10-2 是一个将函数定义于程序包的实例，程序中段有一个对函数 max 的函数体的定义，其中以顺序语句描述了此函数的功能；下段给出了一个调用此函数的应用。例 10-3 在一个结构体内定义了一个完成某种算法的函数，并在进程 PROCESS 中调用了此函数，这个函数没有函数首。在进程中，输入端口信号位矢 a 被列为敏感信号，当 a 的 3 个位输入元素 a(0)、a(1)和 a(2)中的任何一位有变化时，将启动对函数 sam 的调用，并将函数的返回值赋给 m 输出。

【例 10-3】

```
LIBRARY IEEE;
USE IEEE.STD_LOGIC_1164.ALL;
ENTITY func IS
  PORT  (a :   IN STD_LOGIC_VECTOR (0 to 2);
         m :  OUT STD_LOGIC_VECTOR (0 to 2));
 END ENTITY func ;
 ARCHITECTURE demo OF func IS
 FUNCTION sam(x ,y ,z : STD_LOGIC)RETURN STD_LOGIC IS
 BEGIN
   RETURN (x AND y)OR y;
 END FUNCTION sam;
 BEGIN
   PROCESS (a)    BEGIN
    m(0)<= sam(a(0), a(1), a(2));
    m(1)<= sam(a(2), a(0), a(1));
    m(2)<= sam(a(1), a(2), a(0));
   END PROCESS;
 END ARCHITECTURE demo;
```

10.4.2　重载函数

VHDL 允许以相同的函数名定义函数，但要求函数中定义的操作数具有不同的数据类型，以便调用时用以分辨不同功能的同名函数。即同样名称的函数可以用不同的数据类型作为此函数的参数定义多次，以此定义的函数称为重载函数（overloaded function）。函数还允许用任意位矢长度来调用。

以下例 10-4 是一个完整的重载函数 max 的定义和调用的实例。

【例 10-4】

```
LIBRARY IEEE;
USE IEEE.STD_LOGIC_1164.ALL;
PACKAGE  packexp IS                                       --定义程序包
 FUNCTION  max(a,b : IN STD_LOGIC_VECTOR)                 --定义函数首
   RETURN STD_LOGIC_VECTOR;
 FUNCTION  max(a,b : IN BIT_VECTOR)                       --定义函数首
   RETURN BIT_VECTOR;
 FUNCTION  max(a,b : IN INTEGER)                          --定义函数首
   RETURN INTEGER;
 END;
PACKAGE BODY packexp IS
 FUNCTION  max(a,b : IN STD_LOGIC_VECTOR)                 --定义函数体
   RETURN STD_LOGIC_VECTOR IS
 BEGIN
   IF a > b THEN RETURN  a;
     ELSE         RETURN  b;    END IF;
  END FUNCTION max;                                       --结束FUNCTION语句
 FUNCTION  max(a,b : IN INTEGER)                          --定义函数体
   RETURN INTEGER IS
 BEGIN
   IF a > b THEN RETURN  a;
     ELSE         RETURN  b;    END IF;
  END FUNCTION max;                                       --结束FUNCTION语句
  FUNCTION  max(a,b : IN BIT_VECTOR)                      --定义函数体
   RETURN BIT_VECTOR IS
 BEGIN
   IF a > b THEN RETURN  a;
     ELSE         RETURN  b;    END IF;
  END FUNCTION max;                                       --结束FUNCTION语句
END;                                                      --结束PACKAGE BODY语句
   -- 以下是调用重载函数max的程序
LIBRARY IEEE;
USE IEEE.STD_LOGIC_1164.ALL;
 USE WORK.packexp.ALL;
ENTITY  axamp IS
  PORT(a1,b1 : IN STD_LOGIC_VECTOR(3 DOWNTO 0);
       a2,b2 : IN BIT_VECTOR(4 DOWNTO 0);
       a3,b3 : IN INTEGER RANGE 0 TO 15;
          c1 : OUT STD_LOGIC_VECTOR(3 DOWNTO 0);
          c2 : OUT BIT_VECTOR(4 DOWNTO 0);
          c3 : OUT INTEGER RANGE 0 TO 15);
 END;
ARCHITECTURE bhv OF axamp IS
  BEGIN
  c1 <=  max(a1,b1); --对函数max(a,b : IN STD_LOGIC_VECTOR)的调用
```

```
  c2 <=  max(a2,b2);  --对函数max(a,b : IN BIT_VECTOR)的调用
  c3 <=  max(a3,b3);  --对函数max(a,b : IN INTEGER)的调用
END;
```

VHDL 不允许不同数据类型的操作数间进行直接操作或运算，为此，在具有不同数据类型操作数构成的同名函数中，可定义运算符重载式的重载函数。例 10-5 中以加号“+”为函数名的函数即为运算符重载函数。

VHDL 的 IEEE 库中的 STD_LOGIC_UNSIGNED 程序包中预定义的操作符，如+、−、*、=、>=、<=、>、<、/=、AND 和 MOD 等，对相应的数据类型 INTEGRE、STD_LOGIC 和 STD_LOGIC_VECTOR 的操作做了重载，赋予了新的数据类型操作功能，即通过重新定义运算符的方式，允许被重载的运算符能够对新的数据类型进行操作，或者允许不同的数据类型之间用此运算符进行运算。

以下例 10-5 是程序包 STD_LOGIC_UNSIGNED 中的部分函数结构，其说明部分只列出了 4 个函数的函数首；在程序包体部分只列出了对应的部分内容，程序包体部分的 UNSIGNED()函数是从 IEEE.STD_LOGIC_ARITH 库中调用的，在程序包体中的最大整型数检出函数 maximum 只有函数体，没有函数首，这是因为它只在程序包体内调用。

【例 10-5】

```
LIBRARY IEEE;                                         --程序包首
USE IEEE.STD_LOGIC_1164.all;
USE IEEE.STD_LOGIC_ARITH.all;
PACKAGE STD_LOGIC_UNSIGNED is
function "+" (L : STD_LOGIC_VECTOR; R : INTEGER)
                return STD_LOGIC_VECTOR;
function "+" (L : INTEGER;  R : STD_LOGIC_VECTOR)
                return STD_LOGIC_VECTOR;
function "+" (L : STD_LOGIC_VECTOR; R : STD_LOGIC )
return STD_LOGIC_VECTOR;
function SHR (ARG : STD_LOGIC_VECTOR;
 COUNT : STD_LOGIC_VECTOR )return STD_LOGIC_VECTOR;
...
end STD_LOGIC_UNSIGNED;
--以下是程序包体
LIBRARY IEEE;
use IEEE.STD_LOGIC_1164.all;
use IEEE.STD_LOGIC_ARITH.all;
package body STD_LOGIC_UNSIGNED is
function maximum (L, R :  INTEGER)return  INTEGER  is
begin
   if L > R then  return L;
      else        return R;
   end if;
end;
function "+" (L : STD_LOGIC_VECTOR;  R : INTEGER)
return  STD_LOGIC_VECTOR  is
Variable result : STD_LOGIC_VECTOR (L'range);
Begin
 result :=    UNSIGNED(L)+ R;
 return std_logic_vector(result);
```

```
end;
...
end STD_LOGIC_UNSIGNED;
```

从上例中可以看到在程序包中完整的函数置位形式，并可注意到，在函数首的 3 个函数的函数名都是同名的，即都是以加法运算符“+”作为函数名，以这种方式定义函数即所谓运算符重载。对运算符重载，即对运算符重新定义的函数称为重载函数。

实际运用中，如果已用 USE 语句打开了程序包 STD_LOGIC_UNSIGNED，这时如果设计实体中有一个 STD_LOGIC_VECTOR 位矢和一个整数相加，程序就会自动调用第一个函数，并返回位矢类型的值；若有一个位矢与 STD_LOGIC 数据类型的数相加，则调用第 3 个函数，并以位矢类型的值返回。

10.4.3 决断函数

决断函数不可综合，主要用于 VHDL 仿真中解决信号被多个驱动源驱动时，驱动信号间的竞争问题。如一个内部总线被多个信号占用时，决断函数将对多个信号占用总线做出裁决，给总线驱动一个适当的信号值。在 VHDL 中，一个信号带多个驱动源时，没有附加决断条件是不合法的。当多个驱动源同时产生一个处理事项时，只有其中一个驱动源的信号值能赋给被驱动的信号。

决断函数输入一般是单一变量，多个驱动源的信号值组成非限定数组，例如，对于 2 个信号驱动源，其信号值组成的数组是 2 个元素长度；对于 3 个信号驱动源，其信号值组成的数组是 3 个元素长度；对于多个信号驱动源，其信号值组成的未限定数组可依次类推。但决断函数调用后返回的是单一信号值，称为决断信号值。

10.4.4 过程

VHDL 中，子程序的另外一种形式是过程（PROCEDURE），过程的语句格式如下：

```
PROCEDURE 过程名(参数表)                    -- 过程首
PROCEDURE 过程名(参数表)IS
    [说明部分]
    BIGIN                                   -- 过程体
      顺序语句;
     END PROCEDURE 过程名;
```

与函数的组成类似，过程由过程首和过程体构成。过程首也不是必需的，过程体可以独立存在和使用。即在进程或结构体中不必定义过程首，而在程序包中必须定义过程首。

过程首由过程名和参数表组成。参数表可以对常数、变量和信号 3 类数据对象目标做出说明，并用关键词 IN、OUT 和 INOUT 定义这些参数的工作模式，即信息的流向。如果没有指定模式，则默认为 IN。以下是 3 个过程首的定义示例：

```
PROCEDURE  pro1  (VARIABLE  a, b  :  INOUT REAL);
PROCEDURE  pro2  (CONSTANT  a1  :  IN INTEGER;
                    VARIABLE  b1  :  OUT INTEGER );
PROCEDURE  pro3  (SIGNAL sig  :  INOUT BIT);
```

过程 pro1 定义了两个实数双向变量 a 和 b ；过程 pro2 定义了两个参量，第 1 个是常数，它的数据类型为整数，流向模式是 IN，第 2 个参量是变量，信号模式和数据类型分别是 OUT 和整数；过程 pro3 中只定义了一个信号参量，即 sig，它的流向模式是双向 INOUT，数据类型是 BIT。

一般地，可在参量表中定义 3 种流向模式，即 IN、OUT 和 INOUT。如果只定义了 IN 模式而未定义目标参量类型，则默认为常量；若只定义了 INOUT 或 OUT，则默认目标参量类型是变量。

过程体是由顺序语句组成的，过程的调用即启动了对过程体的顺序语句的执行。与函数一样，过程体中的说明部分只是局部的，其中的各种定义只能适用于过程体内部。过程体的顺序语句部分可以包含任何顺序执行的语句。

在不同的调用环境中，可以有两种不同的语句方式对过程进行调用，即顺序语句方式和并行语句方式。对于前者，在一般的顺序语句自然执行过程中一个过程被执行，则属于顺序语句方式，因为这时它只相当于一条顺序语句的执行；对于后者，一个过程相当于一个小的进程，当这个过程处于并行语句环境中，其过程体中定义的任一 IN 或 INOUT 的目标参量（即数据对象：变量、信号、常数）发生改变时，将启动过程的调用，这时的调用是属于并行语句方式的。以下是两个过程体（例 10-6 和例 10-7）的使用示例。

【例 10-6】

```
PROCEDURE  prg1(VARIABLE value:INOUT BIT_VECTOR(0 TO 7))IS
BEGIN
 CASE value IS
  WHEN "0000" => value: "0101";
  WHEN "0101" => value: "0000";
  WHEN OTHERS => value: "1111";
 END CASE;
END PROCEDURE  prg1;
```

【例 10-7】

```
  PROCEDURE  comp (a, r : IN REAL;
                        m : IN INTEGER;
                     v1, v2: OUT REAL)IS
  VARIABLE cnt : INTEGER;
  BEGIN
  v1 := 1.6 * a;    v2 := 1.0;                  --赋初始值
  Q1 :  FOR  cnt  IN  1 TO m  LOOP
   v2 :=  v2 * v1;
EXIT  Q1  WHEN  v2 > v1;                        --当v2>v1，跳出循环LOOP
   END LOOP Q1
 ASSERT (v2 < v1)
     REPORT  "OUT OF RANGE"                     --输出错误报告
         SEVERITY  ERROR;
  END PROCEDURE  comp;
```

这个过程对具有双向模式变量的值 value 做了一个数据转换运算。

在以上过程 comp 的参量表中，定义 a 和 r 为输入模式，数据类型为实数；m 为输入模式，数据类型为整数。这 3 个参量都没有以显式方式定义它们的目标参量类型，显然，它们的默认类型都是常数。由于 v2、v1 定义为输出模式的实数，因此默认类型是变量。在过程 comp 的 LOOP 语句中，对 v2 进行循环计算直到 v2 大于 v1，EXIT 语句则中断运算，并由 REPORT 语句给出错误报告。

以下例 10-8 是四输入与非门过程函数定义与调用示例。

【例 10-8】

```
LIBRARY IEEE;
USE IEEE.STD_LOGIC_1164.ALL;
PACKAGE axamp IS                                              --过程首定义
 PROCEDURE nand4a (SIGNAL a,b,c,d : IN STD_LOGIC;
                  SIGNAL  y : OUT  STD_LOGIC);
 END axamp;
PACKAGE BODY axamp IS                                         --过程体定义
 PROCEDURE nand4a  (SIGNAL a,b,c,d : IN STD_LOGIC;
                  SIGNAL  y : OUT  STD_LOGIC) IS
 BEGIN
  y<= NOT(a AND b AND c AND d);
 RETURN;
END nand4a;
END axamp;
LIBRARY IEEE;                                                 --主程序
USE IEEE.STD_LOGIC_1164.ALL;
USE WORK.axamp.ALL;
 ENTITY EX IS
  PORT(e,f,g,h : IN STD_LOGIC;
            x : OUT  STD_LOGIC);
 END;
ARCHITECTURE bhv OF EX IS
    BEGIN
     nand4a(e,f,g,h,x);                                       --并行调用过程
END;
```

10.4.5 重载过程

两个或两个以上有相同的过程名和互不相同的参数数量及数据类型的过程称为重载过程（overloaded procedure），或称复用过程。类似于重载函数，重载过程也是依据参量类型来辨别究竟调用哪一个过程的。例 10-9 就是这样一个示例。

【例 10-9】

```
PROCEDURE  calcu (v1, v2 : IN REAL;
                  SIGNAL out1 : INOUT INTEGER);
PROCEDURE  calcu (v1, v2 : IN INTEGER;
                  SIGNAL out1 : INOUT REAL);
...
calcu (20.15, 1.42, signl);          --调用第一个重载过程calcu
calcu (23,  320, sign2 );            --调用第二个重载过程 calcu
...
```

例 10-9 中定义了两个重载过程，它们的过程名、参量数目及各参量的模式是相同的，但参量的数据类型是不同的。第一个过程中定义的两个输入参量 v1 和 v2 为实数型常数，out1 为 INOUT 模式的整数信号；而第二个过程中 v1、v2 则为整数常数，out1 为实数信号。所以在下面过程调用中将首先调用第一个过程。

如前文所述，在过程结构中的语句是顺序执行的，调用者在调用过程前应先将初始值

传递给过程的输入参数。一旦调用，即启动过程语句按顺序自上而下执行过程中的语句。执行结束后，将输出值返回到调用者的“OUT”和“INOUT”所定义的变量或信号中。

另外，从上例可见，过程的调用方式与函数完全不同。函数的调用是将所定义的函数作为语句中的一个因子，如一个操作数或一个赋值数据对象或信号等，而过程的调用是将所定义的过程作为一条语句来执行。

10.4.6　子程序调用语句

在进程中允许对子程序进行调用。对子程序的调用语句是顺序语句的一部分。子程序包括过程和函数，可以在 VHDL 的结构体或程序包中的任何位置对子程序进行调用。

从硬件角度讲，一个子程序的调用类似于一个元件模块的例化。也就是说，VHDL 综合器为子程序（函数和过程）的每一次调用都生成一个电路逻辑块。所不同的是，元件的例化将产生一个新的设计层次，而子程序调用只对应于当前层次的一个部分。

如前文所述，子程序的结构像程序包一样，也有子程序的说明部分（子程序首）和实际定义部分（子程序体）。子程序分成子程序首和子程序体的好处是，在一个大系统的开发过程中，子程序的界面，即子程序首是在公共程序包中定义的。这样一来，一部分开发者可以开发子程序体，另一部分开发者可以使用对应的公共子程序，即可以对程序包中的子程序做修改，而不会影响对程序包说明部分的使用（当然不是指同时）。这是因为对子程序体的修改并不会改变子程序首的各种界面参数和出入口方式的定义，也不会改变调用子程序的源程序的结构。

1. 过程调用

过程调用就是执行一个给定名字和参数的过程。调用过程的语句格式如下：

```
过程名[([形参名=> ]实参表达式
        { ,[形参名=> ]实参表达式}) ];
```

括号中的实参表达式称为实参，它可以是一个具体的数值，也可以是一个标识符，是当前调用程序中过程形参的接受体。在此调用格式中，形参名即为当前欲调用的过程中已说明的参数名，即与实参表达式相联系的形参名。被调用中的形参名与调用语句中的实参表达式的对应关系有位置关联法和名字关联法两种，位置关联法可以省去形参名。一个过程的调用将分别完成以下 3 个步骤。

（1）将 IN 和 INOUT 模式的实参值赋给欲调用的过程中与它们对应的形参。

（2）执行这个过程。

（3）将过程中 IN 和 INOUT 模式的形参值返回给对应的实参。

实际上，一个过程对应的硬件结构中，其标识形参的输入输出是与其内部逻辑相连的。例 10-10 是一个完整的设计，它在自定义的程序包中定义了一个数据类型的子类型，即对整数类型进行了约束，在进程中定义了一个名为 swap 的局部过程（没有放在程序包中），这个过程的功能是对一个数组中的两个元素进行比较，如果发现这两个元素的排序不符合要求，就进行交换，使得左边的元素值总是大于右边的元素值，连续调用 3 次 swap 后，就能将一个 3 元素的数组元素从左至右按序排列好，最大值排在左边。

【例 10-10】

```
PACKAGE data_types IS                                  --定义程序包
```

```
SUBTYPE data_element IS INTEGER RANGE 0 TO 3;          --定义数据类型
TYPE data_array IS ARRAY (1 TO 3) OF data_element;
END data_types;
USE WORK.data_types.ALL;     --打开以上建立在当前工作库的程序包data_types
ENTITY sort IS
    PORT (in_array : IN  data_array;
           out_array : OUT data_array);
END sort;
 ARCHITECTURE exmp OF sort IS
 BEGIN
 PROCESS (in_array)           --进程开始，设data_types为敏感信号
  PROCEDURE swap(data : INOUT data_array;
     low, high : IN INTEGER) IS           -- swap的形参名为data、low、high
    VARIABLE temp : data_element;
    BEGIN                                  --开始描述本过程的逻辑功能
      IF (data(low) > data(high)) THEN   --检测数据
          temp := data(low);   data(low) := data(high);
          data(high) := temp;       END IF;
  END swap;                                --过程swap定义结束
  VARIABLE my_array : data_array;          --在本进程中定义变量my_array
  BEGIN                                    --进程开始
   my_array := in_array;                   --将输入值读入变量
   swap(my_array,1,2);-- my_array、1、2是对应于data、low、high的实参
   swap(my_array, 2, 3);      --位置关联法调用，第2个元素与第3个元素交换
   swap(my_array, 1, 2);      --位置关联法调用，第1个元素与第2个元素再次交换
    out_array <= my_array;
 END PROCESS;
END exmp;
```

以下例 10-11 描述的是一个总线控制器电路，也是可直接进行综合的完整的设计，其中的过程体是定义在结构体中的，所以也未定义过程首。

【例 10-11】

```
ENTITY sort4 is
GENERIC (top : INTEGER :=3);
    PORT (a, b, c, d : IN BIT_VECTOR (0 TO top);
      ra, rb, rc, rd : OUT BIT_VECTOR (0 TO top));
END sort4;
ARCHITECTURE muxes OF sort4 IS
PROCEDURE sort2(x, y : INOUT BIT_VECTOR (0 TO top)) is
    VARIABLE tmp : BIT_VECTOR (0 TO top);
BEGIN
    IF x>y THEN  tmp := x;  x := y; y := tmp;    END IF;
END sort2;
BEGIN
 PROCESS (a, b, c, d)
    VARIABLE va, vb, vc, vd : BIT_VECTOR(0 TO top);
BEGIN
    va := a;   vb := b;   vc := c;    vd := d;
    sort2(va, vc);        sort2(vb, vd);
    sort2(va, vb);        sort2(vc, vd);        sort2(vb, vc);
    ra <= va;   rb <= vb;    rc <= vc;    rd <= vd;
```

```
    END PROCESS;
  END muxes;
```

2．函数调用

函数调用与过程调用十分相似，不同之处是调用函数将返回一个指定数据类型的值，函数的参量只能是输入值。以上诸如例 10-2、例 10-3 中都有函数调用实例。

10.4.7 RETURN 语句

返回语句 RETURN 有两种语句格式：

```
RETURN;                              -- 第一种语句格式
RETURN 表达式;                        -- 第二种语句格式
```

第一种语句格式只能用于过程，它只是结束过程，并不返回任何值；第二种语句格式只能用于函数，并且必须返回一个值。返回语句只能用于子程序体中。执行返回语句将结束子程序的执行，无条件地跳转至子程序的结束处，即对应的 END 语句处。函数语句中的表达式提供函数返回值。每一函数必须至少包含一个返回语句，并可以拥有多个返回语句，但是在函数调用时，只有其中一个返回语句可以将值返回。

以下例 10-12 是一个过程定义程序，它将完成一个 RS 触发器的功能。注意其中的时间延迟语句和 REPORT 语句是不可综合的。

【例 10-12】

```
PROCEDURE rs (SIGNAL s ,  r :  IN   STD_LOGIC;
              SIGNAL q , nq : INOUT STD_LOGIC) IS
 BEGIN
  IF (s ='1' AND r ='1') THEN
   REPORT "Forbidden state : s and r are quual to '1'";
   RETURN;
   ELSE
   q <= s AND nq  AFTER 5 ns;          nq <= s AND  q  AFTER 5 ns;
  END IF;
END PROCEDURE rs;
```

当信号 s 和 r 同时为 1 时，在 IF 语句中的 RETURN 语句将中断过程。

以下的例 10-13 中定义的函数 opt 的返回值由输入参量 opr 决定，当 opr 为高电平时，返回相“与”值 a AND b；当 opr 为低电平时，返回相“或”值 a OR b。

【例 10-13】

```
FUNCTION opt (a, b, opr :STD_LOGIC)  RETURN  STD_LOGIC IS
BEGIN
IF (opr ='1') THEN   RETURN (a AND b);
                ELSE  RETURN (a OR b);   END IF;
END FUNCTION opt;
```

10.4.8 并行过程调用语句

并行过程调用语句可以作为一个并行语句直接出现在结构体中或块语句中。并行过程调用语句的功能等效于包含了同一个过程调用语句的进程。并行过程调用语句的语句调用格式与顺序过程调用语句是相同的，格式如下。

```
过程名(关联参量名);
```

以下的例 10-14 是一个说明性的例子，其中首先定义了一个完成半加器功能的过程，此后在一条并行语句中调用了这个过程，而在接下来的一条进程中也调用了同一过程。这两条语句是并行语句，且完成的功能是一样的。

【例 10-14】

```
  PROCEDURE adder(SIGNAL a, b :IN STD_LOGIC;          --过程名为adder
                  SIGNAL sum : OUT STD_LOGIC);
   ...
   adder(a1, b1, sum1);                               --并行过程调用
   ...           -- 在此，a1、b1、sum1为分别对应于a、b、sum的关联参量名
 PROCESS(c1, c2);                                     --进程语句执行
   BEGIN
   Adder(c1, c2, s1);--顺序过程调用，在此c1、c2、s1为分别对应于a、b、sum的关联
参量名
 END PROCESS;
```

并行过程的调用常用于获得被调用过程的多个并行工作的复制电路。例如，要同时检测出一系列有不同位宽的位矢信号，每一位矢量信号中的位只能有一个位是'1'，而其余的位都是'0'，否则报告出错。完成这一功能的一种办法是先设计一个具有这种对位矢信号检测功能的过程，然后对不同位宽的信号并行调用这一过程。

例 10-15 中首先设计了一个过程 check，用于确定一给定位宽的位矢是否只有一个位是'1'，如果不是，则将 check 中的输出参量 error 设置为“TRUE”（布尔量）。

【例 10-15】

```
PROCEDURE check(SIGNAL a : IN  STD_LOGIC_VECTOR;
        SIGNAL error : OUT BOOLEAN ) IS               --设计过程调用程序
VARIABLE found_one : BOOLEAN := FALSE;                --设初始值
BEGIN
FOR i IN a'RANGE LOOP          --对位矢量a所有的位元素进行循环检测
IF a(i) = '1' THEN             --发现a中有 '1'
IF found_one THEN              --若found_one为TRUE,则表明发现了一个以上的'1'
 ERROR <= TRUE;                --发现了一个以上的'1'，令found_one为TRUE
   RETURN;                     --结束过程
END IF;
Found_one := TRUE;             --在a中已发现了一个'1'
End IF;
End LOOP;                      --再检测a中的其他位
error <= NOT found_one;        --如果没有任何'1' 被发现，error 将被置TRUE
END PROCEDURE  check;
```

下例是对 4 个不同位宽的位矢量信号利用以上的过程进行检测的并行过程调用程序。

```
CHBLK: BLOCK
SIGNAL s1: STD_LOGIC_VECTOR (0 TO 0);     --过程调用前设定位矢尺寸
SIGNAL s2: STD_LOGIC_VECTOR (0 TO 1);
SIGNAL s3: STD_LOGIC_VECTOR (0 TO 2);
SIGNAL s4: STD_LOGIC_VECTOR (0 TO 3);
SIGNAL e1, e2, e3, e4: Boolean;
BEGIN
```

```
    check (s1, e1);                     --并行过程调用，关联参数名为s1、e1
    check (s2, e2);                     --并行过程调用，关联参数名为s2、e2
    check (s3, e3);                     --并行过程调用，关联参数名为s3、e3
    check (s4, e4);                     --并行过程调用，关联参数名为s4、e4
  END  BLOCK;
```

10.5　VHDL 程序包

已在设计实体中定义的数据类型、子程序或数据对象对于其他设计实体是不可用的，或者说是不可见的。为了使已定义的常数、数据类型、元件调用说明以及子程序等能被更多的设计实体方便地访问和共享，可以将它们收集在一个 VHDL 程序包中。多个程序包可以并入一个 VHDL 库中，使之适用于更一般的访问和调用范围。这一点对于大系统开发、多个或多组开发人员同步工作显得尤为重要。程序包主要由如下 4 种基本结构组成，一个程序包中至少应包含以下结构中的一种。

- 常数说明：如定义系统数据总线通道的宽度。
- VHDL 数据类型说明：主要用于定义在整个设计中通用的数据类型，如通用的地址总线数据类型定义等。
- 元件定义：元件定义主要规定在 VHDL 设计中参与文件例化的文件接口界面。
- 子程序：并入程序包的子程序有利于在设计中任一处进行方便的调用。

通常程序包中的内容应具有更大的适用面和良好的独立性，以供各种不同设计需求的调用，如 STD_LOGIC_1164 程序包定义的数据类型 STD_LOGIC 和 STD_LOGIC_VECTOR。一旦定义了一个程序包，各种独立的设计就能方便地调用。

定义程序包的一般语句结构如下：

```
PACKAGE  程序包名  IS                    --程序包首
   程序包首说明部分
END  程序包名;
PACKAGE BODY  程序包名  IS               --程序包体
程序包体说明部分以及包体内容
END  程序包名;
```

程序包的结构由程序包的说明部分（即程序包首）和程序包的内容部分（即程序包体）组成。一个完整的程序包中，程序包首名与程序包体名是同一个名字。

程序包首的说明部分可收集多个不同的 VHDL 设计所需的公共信息，其中包括数据类型说明、信号说明、子程序说明及元件说明等。所有这些信息虽然也可以在每一个设计实体中进行逐一单独的定义和说明，但如果将这些经常用到的且具有一般性的说明定义放在程序包中供随时调用，显然可以提高设计的效率和程序的可读性。

在程序包结构中，程序包体并非总是必需的。程序包首可以独立定义和使用。例 10-16 是一个程序包首，其程序包名是 pacl，在其中定义了一个新的数据类型 byte 和一个子类型 nibble；接着定义了一个数据类型为 byte 的常数 byte_ff 和一个数据类型为 nibble 的信号 addend；最后定义了一个元件和函数。

【例 10-16】

```
PACKAGE pacl IS                          -- 程序包首开始
```

```
  TYPE byte IS RANGE 0 TO 255;                          -- 定义数据类型byte
  SUBTYPE nibble IS byte RANGE 0 TO 15;                 -- 定义子类型nibble
CONSTANT byte_ff  : byte := 255;                        -- 定义常数byte_ff
SIGNAL addend : nibble;                                 -- 定义信号addend
COMPONENT byte_adder                                    -- 定义元件
PORT(a, b : IN byte;   c : OUT byte;  overflow : OUT BOOLEAN);
  END COMPONENT;
  FUNCTION my_function (a : IN byte)Return byte;        -- 定义函数
END pacl;                                               -- 程序包首结束
```

由于元件和函数必须有具体的内容，因此将这些内容安排在程序包体中。如果要使用这个程序包中的所有定义，可利用 USE 语句按如下方式获得访问此程序包的方法：

```
LIBRARY WORK;
USE WORK.pacl.ALL;
```

由于 WORK 库是默认打开的，因此可省去 LIBRARY WORK 语句，只要加入相应的 USE 语句即可。例 10-17 是另一个在当前 WORK 库中定义程序包并立即投入使用的示例。

【例 10-17】

```
PACKAGE  seven IS
   SUBTYPE segments is BIT_VECTOR(0 TO 6);
   TYPE bcd IS RANGE 0 TO 9;
END seven;
USE WORK.seven.ALL;                              -- WORK库默认是打开的
ENTITY decoder IS
   PORT (input: bcd; drive : out segments);
END decoder;
ARCHITECTURE simple OF decoder IS
BEGIN
   WITH input SELECT
     drive <= "1111110"  WHEN 0 ,
              "0110000"  WHEN 1 ,
              "1101101"  WHEN 2 ,
              "1111001"  WHEN 3 ,
              "0110011"  WHEN 4 ,
              "1011011"  WHEN 5 ,
              "1011111"  WHEN 6 ,
              "1110000"  WHEN 7 ,
              "1111111"  WHEN 8 ,
              "1111011"  WHEN 9 ,
              "0000000"  WHEN  OTHERS;
END simple;
```

此例是一个可以直接综合的 4 位 BCD 码向 7 段译码显示码转换的 VHDL 描述。此例在程序包 seven 中定义了两个新的数据类型 segments 和 bcd。在 7 段显示译码器 decoder 的实体描述中使用了这两个数据类型。

程序包体用于定义在程序包首中已定义的子程序的子程序体。程序包体说明部分的组成内容可以是 USE 语句（允许对其他程序包的调用）、子程序定义、子程序体、数据类型说明、子类型说明和常数说明等。对于没有具体子程序说明的程序包体可以省去。

如果仅仅是定义数据类型或定义数据对象等内容，程序包体是不必要的，程序包首可以独立地被使用；但在程序包中若有子程序说明时，则必须有对应的子程序包体。这时，子程序体必须放在程序包体中。程序包常用来封装属于多个设计单元分享的信息。常用的预定义的程序包有以下几种。

（1）STD_LOGIC_1164 程序包。

这是 IEEE 库中最常用的程序包，是 IEEE 的标准程序包。其中包含了一些数据类型、子类型和函数的定义，这些定义将 VHDL 扩展为一个能描述多值逻辑（即除具有'0'和'1'以外还有其他的逻辑量，如高阻态'Z' 、不定态'X'等）的硬件描述语言，很好地满足了实际数字系统的设计需求。STD_LOGIC_1164 程序包中用得最多和最广的是定义了满足工业标准的两个数据类型 STD_LOGIC 和 STD_LOGIC_VECTOR。

（2）STD_LOGIC_ARITH 程序包。

STD_LOGIC_ARITH 预先编译在 IEEE 库中，此程序包在 STD_LOGIC_1164 程序包的基础上扩展了 3 个数据类型，即 UNSIGNED、SIGNED 和 SMALL_INT，并为其定义了相关的算术运算符和数据类型转换函数。

（3）STD_LOGIC_UNSIGNED 和 STD_LOGIC_SIGNED 程序包。

它们都是 Synopsys 公司的程序包，都预先编译在 IEEE 库中。这些程序包重载了可用于 INTEGER 型及 STD_LOGIC 和 STD_LOGIC_VECTOR 型混合运算的运算符，并定义了一个由 STD_LOGIC_VECTOR 型到 INTEGER 型的转换函数。这两个程序包的区别是，STD_LOGIC_SIGNED 中定义的运算符考虑到了符号，是有符号数的运算。

（4）STANDARD 和 TEXTIO 程序包（这是 STD 库中的预编译程序包）。

STANDARD 程序包中定义了许多基本的数据类型、子类型和函数。TEXTIO 程序包中定义了支持文件操作的许多类型和子程序。在使用 TEXTIO 程序包之前，需加语句 USE STD.TEXTIO.ALL。TEXTIO 程序包主要供仿真器使用。

习　题

10-1　什么是 Test Bench？简述基于 Test Bench 的 VHDL 仿真流程。

10-2　如何使用 VHDL 语句生成异步复位激励信号和同步复位激励信号？

10-3　编写一个 VHDL 仿真用程序，产生一个 reset 复位激励信号，要求 reset 信号在仿真开始保持低电平，10 个时间单位后变成高电平，再过 100 个时间单位后恢复成低电平。

10-4　编写一个用于仿真的时钟发生 VHDL 程序，要求输出时钟激励信号 clk，周期为 50 ns。

10-5　试探索用多种方式在仿真时实现如同习题 10-4 所描述的时钟激励信号。

10-6　运算符重载函数通常要调用转换函数，以便能够利用已有的数据类型。下面给出一个新的数据类型 AGE，同时下面的转换函数已经实现。

```
function CONV_INTEGER(ARG: AGE)return INTEGER;
```

仿照本章中的相关示例，利用此函数编写一个“+”运算符重载函数，支持下面的运算：

```
SIGNAL  a, c : AGE;
...
c <= a + 20;
```

实验与设计

实验 10-1　在 ModelSim 上对 VHDL Test Bench 进行仿真

实验任务 1: 根据 10.2 节和 10.3 节的介绍和仿真流程，在 ModelSim 上对例 10-1 的 Test Bench 程序进行仿真，验证所有结果。

实验任务 2： 为了在 ModelSim 上对例 3-21 的移位寄存器、例 8-2 的 ADC 控制状态机和基于图 6-25 所示原理图的正弦信号发生器对应的 VHDL 程序（首先将原理图表达为 VHDL 程序。注意，此项设计包含 LPM 模块）进行仿真测试，首先分别为它们编写适当的 Test Bench 程序，然后根据 10.2 节和 10.3 节介绍的流程，分别在 ModelSim 上进行 RTL 仿真和门级仿真，并给出相应的实验报告，在报告中将所得的 RTL 和门级仿真结果与基于 Quartus 的仿真结果进行比较。

第11章　DSP Builder 系统设计方法

利用 EDA 技术完成硬件设计的途径有多种，前面介绍的是直接利用 Quartus 来完成的，其最典型的流程包括设计项目编辑、综合、仿真、适配及编程等。但是对于一些特定的设计项目，这个流程就会显得很不方便，甚至无能为力，如涉及复杂算法（如 DSP）及基于数字技术的模拟信号处理与产生方面的系统设计。设计者希望能使用工具软件从系统建模表述、各级仿真，到硬件系统实现，直至硬件系统的测试，只涉及运算模块，而与硬件描述语言（HDL）无直接关系。

Intel-Altera 推出的 DSP Builder 则很好地解决了这些问题。DSP Builder 可以帮助设计者完成基于 FPGA 的不同类型的应用系统设计。除了图形化的系统建模外，DSP Builder 还可以自动完成大部分的设计过程和仿真，直至把设计文件下载至 FPGA 开发板上。利用 MATLAB 与 DSP Builder 进行模块设计也是 SOPC 技术的一个组成部分。本章将详细介绍 MATLAB、DSP Builder 和 Quartus 三个工具软件联合开发的设计流程。

显然，尽管 DSP Builder 只能将 MATLAB 的系统模型文件转换为 VHDL，但由于整个设计流程，用户都不必与硬件描述语言直接接触，任何设计环节和整个 EDA 设计流程都在 MATLAB 层次上进行，从而使设计者完全避开了 HDL，却又能完美地完成复杂的硬件数字系统的设计和实现，这对于升级后的新版 DSP Builder 尤为如此。

11.1　MATLAB/DSP Builder 及其设计流程

DSP Builder 是一个系统级（或算法级）设计工具，它架构在多个软件工具之上，并把系统级（算法仿真建模）和 RTL 级（硬件实现）两个设计领域的设计工具连接起来，都放在了 MATLAB/Simulink 图形设计平台上，而将 Quartus 作为底层设计工具置于后台，最大程度地发挥了各种工具的优势。DSP Builder 依赖于 MathWorks 公司的数学分析工具 MATLAB/Simulink，以 Simulink 的 Blockset 出现。可以在 Simulink 环境中进行图形化设计和仿真，同时又通过 SignalCompiler 把 MATLAB/Simulink 的模型设计文件（.mdl）转换成相应的硬件描述语言 VHDL 设计文件，以及用于控制综合与编译的 TCL 脚本。对于综合以及此后的处理都由 Quartus II 来完成。

利用 MATLAB/Simulink、DSP Builder 和 Quartus 进行设计有两套设计流程，即自动流程和手动流程。基于这些设计工具的设计流程如图 11-1 所示。

设计流程的第一步是在 MATLAB/Simulink 中进行设计输入，即在 MATLAB 的 Simulink 环境中建立一个.mdl 模型文件，用图形方式调用 DSP Builder 和其他 Simulink 库中的图形模块，构成系统级或算法级设计框图（或称 Simulink 设计模型）；第二步是利用 Simulink 的图形化仿真、分析功能，分析此设计模型的正确性，完成模型仿真。这两步设计流程，与一般的 MATLAB/Simulink 建模过程几乎没有什么区别，所不同的是设计模型库采用 DSP Builder 的 Simulink 库而已，同样也涉及其他 EDA 软件。

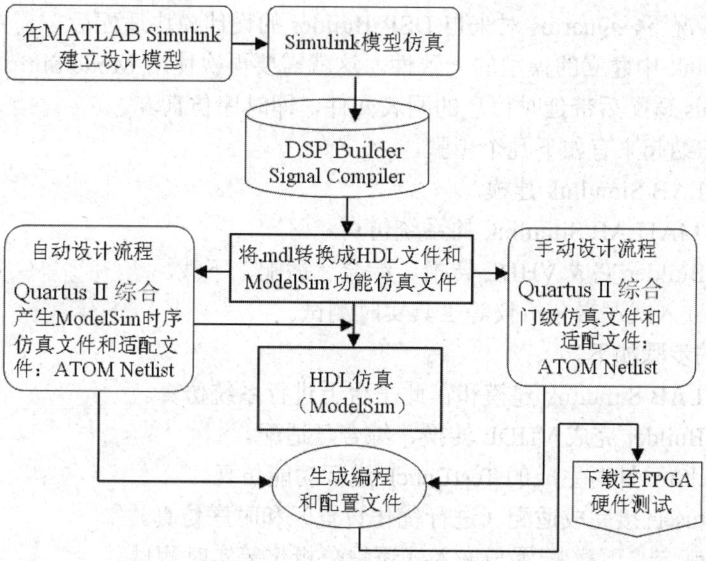

图 11-1 基于 MATLAB、DSP Builder 和 Quartus 等工具完成设计的流程图

第三步是 DSP Builder 设计实现的关键一步。由于 EDA 工具（如 Quartus、ModelSim）不能直接处理 MATLAB 的.mdl 文件，这就需要一个转换过程。通过 Signal Compiler 把 Simulink 的模型文件（后缀为.mdl）转换成通用的硬件描述语言代码文件。转换获得的 HDL 文件是基于 RTL 级的，即可综合的 VHDL 描述。

此后的步骤是对以上顶层设计产生的 VHDL 的 RTL 代码和仿真文件进行综合、编译适配以及仿真。为了满足不同用户的设计目的和设计要求，DSP Builder 提供了两种不同的设计流程，主要可以分为自动流程和手动流程。

如果采用自动流程，几乎可以忽略硬件的具体实现过程，即无须直接面对 Quartus、VHDL 和 ModelSim。即让 DSP Builder 在后台自动调用 Quartus 等软件，完成综合（Synthesis）、网表（ATOM Netlist）生成、Quartus 适配和基于 ModelSim 的 TestBench 仿真，直至在 MATLAB 中完成 FPGA 的配置下载及硬件实现和测试。

如果采用手动流程，DSP Builder 设计的模块以 IP 形式接入 Quartus，在 Quartus 中可以针对选定的具体器件进行适配，包括布线、布局、结构优化等操作，最后产生时序仿真文件和 FPGA 目标器件的编程与配置文件。在这一步，设计者可以在 Quartus 中完成对引脚的锁定，更改一些约束条件等。

如果用 DSP Builder 产生的设计模型只是庞大设计中的一个子模块，可以在设计中调用 DSP Builder 产生的 HDL 文件，以构成完整的设计。在此设计流程的最后一步，可以在 DSP Builder 中将编程与配置文件直接下载到 FPGA 用户板上，或者通过 Quartus 完成硬件的下载、测试。

在图 11-1 所示的流程中，HDL 仿真流程在设计中是不可或缺的。与 DSP Builder 可以配合使用的 HDL 仿真器是 ModelSim。DSP Builder 在生成 HDL 代码时，也可同时生成用于测试 DSP 模块的 Test Bench（测试平台）文件，DSP Builder 生成的 Test Bench 测试向量与该 DSP 模块在 Simulink 中的仿真激励相一致。通过 ModelSim 仿真此 Test Bench，以验证仿真结果与 Simulink 中设计模型的一致性。另外，DSP Builder 在产生 Test Bench 的同时，还产生了针对 ModelSim 仿真的 TCL 脚本来简化用户的操作，其中包含了来自 Simulink 平台上进行仿真的激励信号信息等，从而掩盖 ModelSim 仿真时的复杂性。

在大部分情况下，Quartus 对来自 DSP Builder 的设计模块适配后，需要再次验证适配后网表与 Simulink 中建立的模型的一致性。这就需要再次使用 ModelSim 进行仿真，这时仿真采用 Quartus 适配后带延时信息的网表文件，即时序仿真。

自动流程归纳起来有如下几个步骤。

（1）MATLAB/Simulink 建模。

（2）基于 MATLAB/Simulink 的系统仿真。

（3）DSP Builder 完成 VHDL 转换、综合、适配、下载。

（4）使用嵌入式逻辑分析仪等工具实时测试。

手动流程的步骤如下。

（1）MATLAB/Simulink 建模和在此平台上进行系统仿真。

（2）DSP Builder 完成 VHDL 转换、综合、适配。

（3）ModelSim 针对生成的 TestBench 进行功能仿真。

（4）Quartus 直接完成适配（进行优化设置）和时序仿真。

（5）引脚锁定，下载/配置与嵌入式逻辑分析仪等实时测试。

（6）对配置器件编程，设计完成。

11.2 正弦信号发生器设计

在开始本节内容前，先要准备好软件环境。首先安装 MATLAB（请查看 DSP Builder 的说明文件，需要对应的版本），然后安装 Quartus Prime Standard（建议 17.1 版本或 18.1 版本）和 DSP Builder，配置 License（许可证）文件，最后在 MATLAB 中启动 DSP Builder 安装脚本。

本节以一个简单的可控正弦波发生模块的设计为例，详细介绍基于 DSP Builder 的设计方法。图 11-2 所示是一个正弦波发生器 Simulink 模块图，作为本次设计的模型，它主要由 4 部分构成。IncCount 是阶梯信号发生模块，产生一个按时钟线性递增的地址信号，送往 sinLUT；sinLUT 是一个正弦函数值的查找表（look up table，LUT）模块，由递增的地址获得正弦波的量化值输出；由 sinLUT 输出的 8 位正弦波数据经过一个延时模块 Delay 后送往 Product 乘法模块，与 sinCtrl 相乘；由于 sinCtrl 是 1 位输入，sinCtrl 通过 Product 就完成了对正弦波输出有无的控制。sinOt 是整个正弦波发生器模块的输出端口，送往 D/A 即可获得正弦波的输出模拟信号。设计者在利用 DSP Builder 进行相关设计时，关键的设计过程都在 MATLAB 的图形仿真环境 Simulink 中进行。

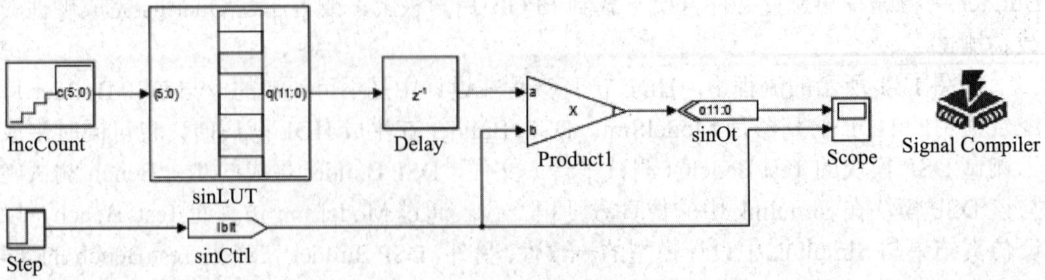

图 11-2 正弦波发生模块原理图

11.2.1　建立设计模型

首先需要建立一个新的设计模型，步骤如下。

1．打开 MATLAB 环境

MATLAB 环境界面如图 11-3 所示。MATLAB 的主窗口被分割成 3 个窗口：命令窗口（Command Window）、工作区（Workspace）和命令历史（Command History）。在命令窗口可以输入 MATLAB 命令，同时获得 MATLAB 对命令的响应信息、出错警告提示等。

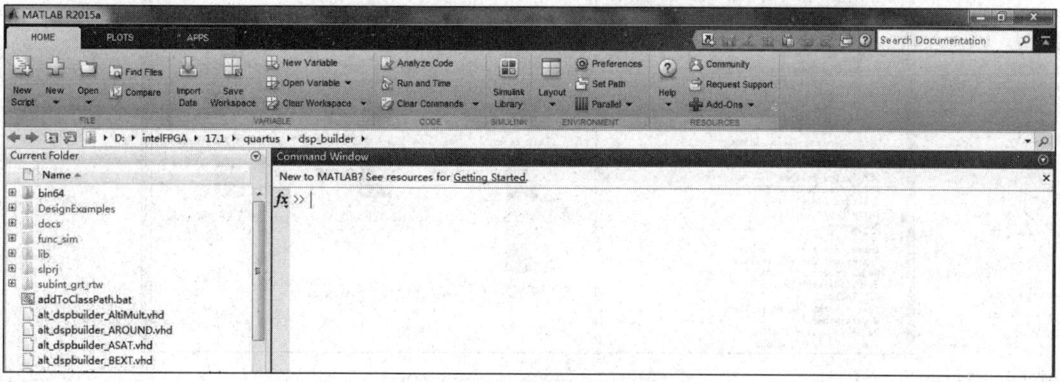

图 11-3　MATLAB 界面

2．建立工作库

在建立新的设计模型前，需新建一个文件夹，作为工作（work）目录，并把 MATLAB 当前的 work 目录切换到新建的文件夹下。这可以使用 Windows 在外部建立，也可以使用 MATLAB 命令来直接完成这些操作。例如，在 MATLAB 主窗口中的命令窗口中输入：

```
cd E:
    mkdir /myprj/sinwave
      cd /myprj/sinwave
```

其中 E:/myprj/sinwave 是新建的文件夹，用作 MATLAB 工作库；mkdir 是一个建立新目录的 MATLAB 命令；cd 是切换工作目录的 MATLAB 命令。具体过程可以参见图 11-4。通过改变 MATLAB 主界面中 Current Directory 的制定，同样可以改变 MATLAB 的当前工作目录。

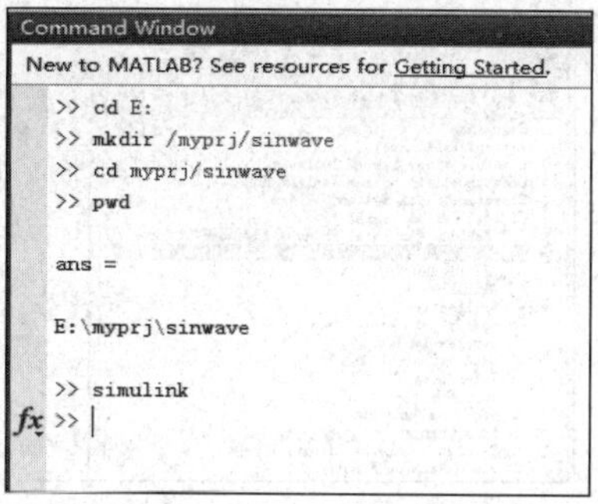

图 11-4　打开 Simulink

3．了解 Simulink 库管理器

当成功地把 MATLAB 当前目录切换到新建的设计目录后（即输入 cd myprj/sinwave），输入 pwd 命令，之后可以在 MATLAB 命令窗口输入 simulink 命令，开启 MATLAB 的图形化建模仿真环境 Simulink，如图 11-4 所示。如图 11-5 所示的是 Simulink 库管理器窗口（Simulink Library Browser）。

在库管理器的左侧是 Simulink Library 列表，其中 Simulink 库是 Simulink 的基本模型库。在库管理器的右侧是选中的 Library 中的组件、子模块列表。当安装完 DSP Builder 后，在 Simulink 的库管理器中可以看到 DSP Builder for Intel FPGAs – Standard Blockset 字样出

现在 Library 列表中。在以下的 DSP Builder 应用中，主要是使用该库中的组件、子模型来完成各项设计，再使用 Simulink 库来完成模型的仿真验证。特别注意，在 Simulink 库的所有子模块中，唯有来自 DSP Builder for Intel FPGAs – Standard Blockset 元件库中的元件模块构成的电路系统或算法模型能被 DSP Builder 转化为 HDL 程序代码。

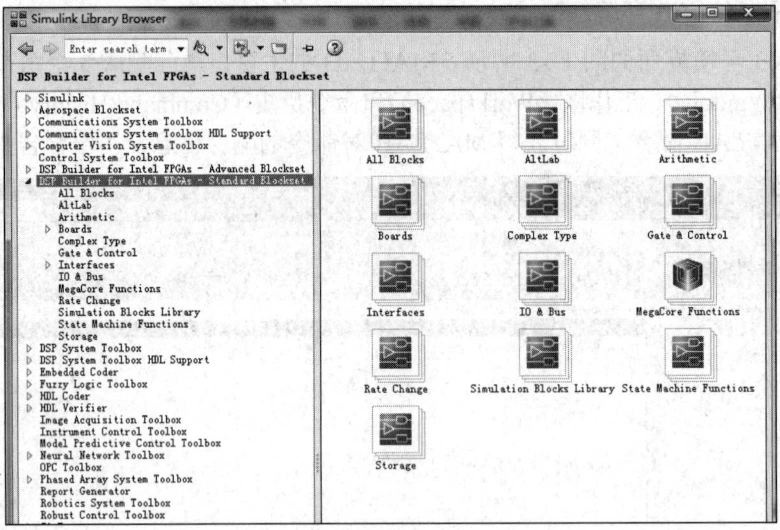

图 11-5　Simulink 库管理器

4．Simulink 的模型文件

在打开 Simulink 库管理器后，需要新建一个 Simulink 的模型文件（后缀为.mdl），在 Simulink 的库管理器中选择加号图像向下按钮命令，然后在弹出的子菜单中选择 New Model 选项，如图 11-6 左图所示，图 11-6 右图显示的就是打开的新模型窗口。

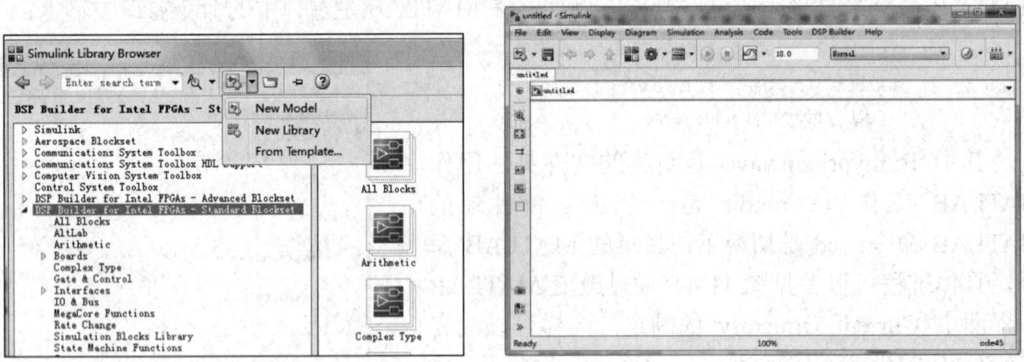

图 11-6　建立新模型

5．放置 Signal Compiler

单击 Simulink 库管理器左侧的库内树形列表中的 DSP Builder for Intel FPGAs – Standard Blockset 选项，展开 DSP Builder 库，这时会出现一长串树形列表（见图 11-5），对 DSP Builder 库的子模块（Block）进行了分组，再次单击其中的 AltLab 选项，展开 AltLab 列表，选中库管理器右侧的 Signal Compiler 组件（见图 11-7），按住鼠标右键拖动 Signal Compiler 到新模型窗口中。在 Simulink 库管理器中选中模块（Block）后，在库管理器上方的提示栏中会显示对应模块的说明及简单的功能介绍。

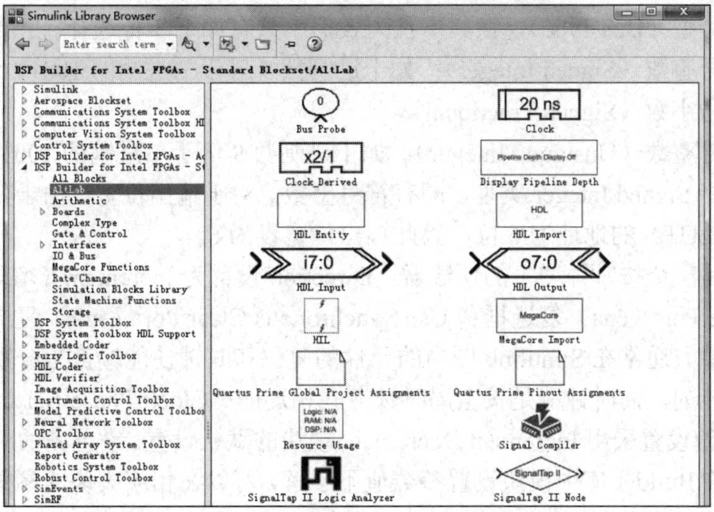

图 11-7　放置 Signal Compiler

6．放置 Increment Decrement

Increment Decrement 模块（见图 11-8）是 DSP Builder 库中的 Arithmetic 模块。选中 DSP Builder for Intel FPGAs – Standard Blockset 库中的 Arithmetic 选项，则在库管理器的右侧可以看到 Increment Decrement 模块。按照放置 Signal Compiler 的方法，把 Increment Decrement 模块拖到新建模型窗口中。

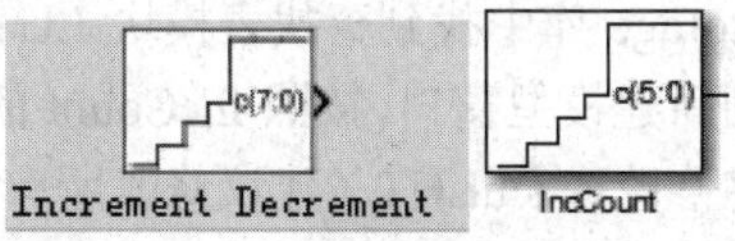

图 11-8　递增递减模块改名为 IncCount

7．设置 IncCount

单击新建模型窗口中的 Increment Decrement 模块下面的文字“Increment Decrement”，就可以修改文字内容，也就是可以修改模块名字。在这里不妨将其修改为 IncCount（见图 11-8），然后按照图 11-2 中的原理描述，把 IncCount 模块做成一个线性递增的地址发生器，这就需要对 IncCount 模块的参数进行相应的设置。双击新建模型窗口中的 IncCount 模块，打开 IncCount 的模块参数设置对话框 Source Block Parameters：IncCount，如图 11-9 所示。在参数设置对话框的上半部分是该模块的功能描述和使用说明；下半部分是参数设置部分。对于 Increment Decrement 模块，可设置的参数有总线类型（Bus Type）、输出位宽（Number Of Bits）、增减方向（Direction）、开始值（Starting Value）、时钟相位选择（Clock Phase Selection）。

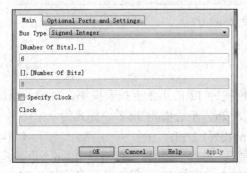

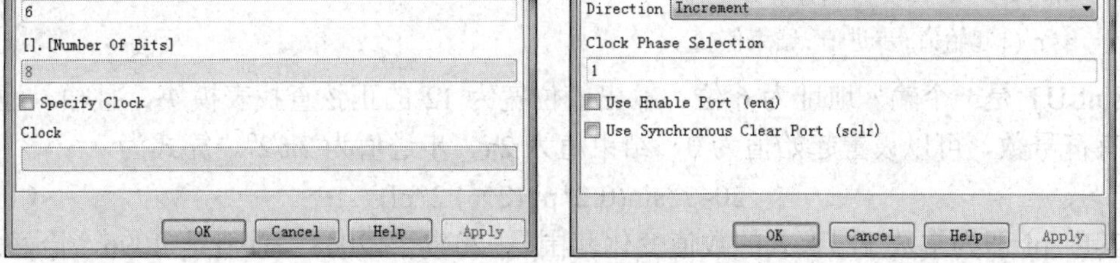

图 11-9　设置递增递减模块

对于总线类型（Bus Type），在其下拉列表框中共有如下 3 种选择。

- 有符号整数（Signed Integer）：如十进制数 9 等于二进制的 1001，等于−7。
- 有符号小数（Signed Fractional）。
- 无符号整数（Unsigned Integer）：如十进制数 9 等于二进制的 1001，等于 9。

在这里选择 Signed Integer 类型，即有符号整数。对于输出位宽，由于其后面连接的正弦查找表（SinLUT）的地址为 6 位，因此输出位宽设为 6。

IncCount 是一个按时钟增 1 的计数器，Direction 设置为 Increment（增量方式）。

Use Enable Port（ena）复选框和 Use Synchronous Clear Port（sclr）复选框分别是使能端和时钟复位端。通常在 Simulink 图中的元件的复位和时钟使能端都是分别默认接于低电平和高电平使能的，而时钟端是按全局时钟方式相连的。Clock Phase Selection 可设置为 1（二进制），其他设置采用 Increment Decrement 模块的默认设置。设置完的对话框如图 11-9 所示。若对 DSP Builder 库中模块设置参数值不了解，可以在相应模块的参数设置对话框中单击 Help 按钮。

8．放置正弦查找表（sinLUT）

在 DSP Builder for Intel FPGAs – Standard Blockset 库的 Storage 库中找到查找表模块 LUT，如图 11-10 所示。把 LUT 拖到新建模型窗口，按照 IncCount 的做法把新调入的 LUT 模块的名字修改成 sinLUT（建议修改所有加入的设计模块的名称）。

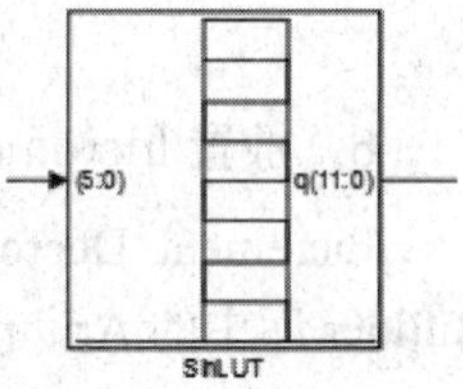

图 11-10　LUT 模块

双击 sinLUT 模块，打开模块参数设置对话框 Function Block Parameters：sinLUT，如图 11-11 所示。把查找表地址线位宽（Address Width）设置为 6；总线数据类型（Data Type）选择为有符号整数（Signed Integer）；输出位宽（Number Of Bits）设置为 12。在 MATLAB array 文本框中输入计算查找表内容的计算式，在此可以直接使用 sin（正弦）函数。

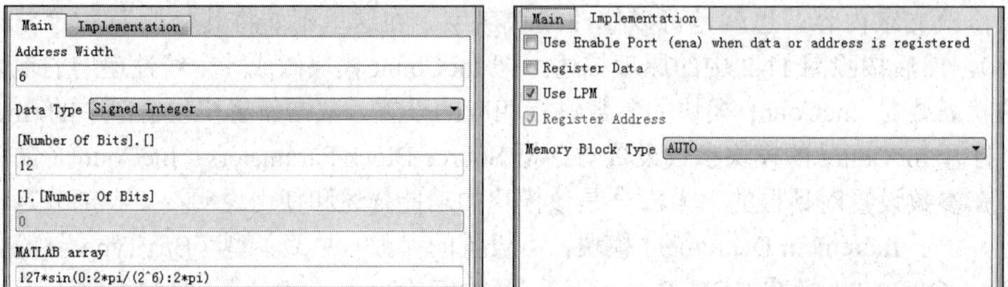

图 11-11　设置 sinLUT

在这里 sin 函数的调用格式如下：

```
sin([起始值:步进值:结束值])
```

sinLUT 是一个输入地址为 6 位、输出值位宽为 12 的正弦查找表模块，且输入地址总线为有符号数，可以设置起始值为 0、结束值为 2π、步进值为 $2\pi/2^6$。算式为

$$2047*\sin(0:2*pi/(2\char94 6):2*pi) \qquad (11\text{-}1)$$

其中 pi 即为常数 π。上式的数值变化范围是−2047～+2048，总值是 4096，恰好是 12 位二进制数最大值。但应注意，如果改变地址线宽，如改为 8，以上的 2 的 6 次方要改成 2

的 8 次方，即 2047*sin(0:2*pi/(2^8):2*pi)。

如果将 sinLUT 模块的总线数据类型设置为无符号整数（Unsigned Integer），且输出位宽（Number Of Bits）改为 10，若想得到完整满度的波形输出，式（11-1）应改为

$$511*\sin(0:2*pi/(2^6):2*pi) + 512 \tag{11-2}$$

选中 Use LPM 复选框，表示允许 Quartus 利用目标器件中的嵌入式 RAM 来构成 sinLUT，即将生成的正弦波数据放在嵌入式 RAM 构成的 ROM 中，这样可以节省大量逻辑资源；否则 sinLUT 就只能用芯片中的 LCs，即组合逻辑资源来构成了。设置好的 sinLUT 参数如图 11-11 所示。

9．放置 Delay 模块

在 Simulink 库管理器的 DSP Builder for Intel FPGAs－Standard Blockset 库中，选中 Storage 库下的 Delay 模块（见图 11-12 左图，改名为 Delay），放置到新建模型窗口。Delay 模块是一个延时环节，在这里可不修改其默认参数设置，即选择默认参数，如图 11-12 所示。

在 Delay 模块的参数设置对话框中，参数 Number Of Pipeline Stages 是流水线级数，即描述信号延时深度的参数。若为 1，信号传输函数为 1/z，表现为通过 Delay 模块的信号延时 1 个时钟周期；当为整数 *n*，其传输函数为 $1/z^n$，表现为通过 Delay 模块的信号将延时 *n* 个时钟周期。Delay 模块在硬件上可以采用寄存器（锁存器）来实现，这也就是为什么把 Delay 模块放在 Storage（存储单元）库中的原因。

Clock Phase Selection 参数主要用来控制采样。当设置为 1 时，表示每一主频脉冲后，数据都能通过，如果设置为 01，则每隔一个脉冲通过一个数据；若设置为 0011，表示每隔两个脉冲通过两个数据；0100 表示 Delay 在每隔第 2 个时钟时被使能通过，而在第 1、3、4 个时钟时被禁止通过。

到现在为止，已经在新建模型窗口中放置了 4 个模块，先按照图 11-2 所示把它们连接起来。把鼠标的指针移动到上述几个模块的输入输出端口上，指针就会变成十字形，这时按住鼠标左键，拖动鼠标就可以连线了。

10．放置端口 sinCtrl

在 Simulink 库管理器的 DSP Builder for Intel FPGAs – Standard Blockset 库中，选中 IO & Bus 选项，找到 Input 模块，放置在新建模型窗口中。修改 Input 模块的名字为 sinCtrl。sinCtrl 是一个 1 位输入端口。双击 sinCtrl 模块，打开模块参数设置对话框，设置 sinCtrl 的 Bus Type 参数为 Single Bit，如图 11-13 所示。此端口模块将在产生的 VHDL 文件中变成端口模式为 IN，数据类型为 STD_LOGIC 的端口信号。

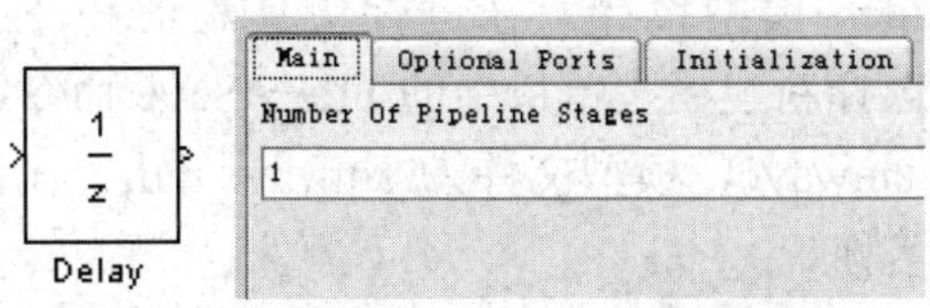

图 11-12　Delay 模块及其参数设置窗口

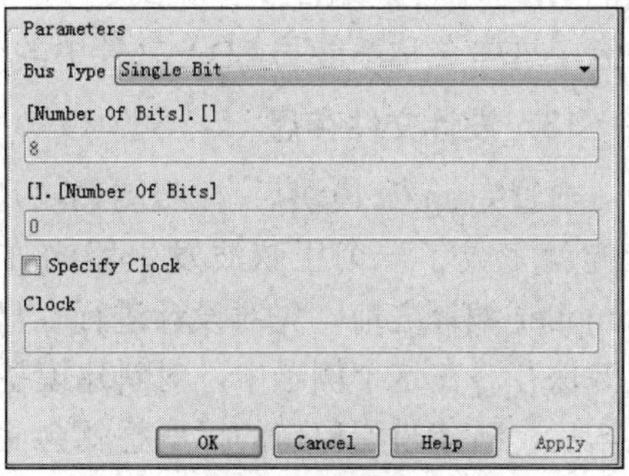

图 11-13　设置参数

11．放置 Product 模块

在 DSP Builder for Intel FPGAs – Standard Blockset 库中，选中 Arithmetic 选项，找到 Product 模块，将其拖到新建模型窗口中，并改名为 Product1。Product 有两个输入，一个是经过 Delay 的 sinLUT 输出，另一个是端口 sinCtrl。Product 模块的加入实现了 sinCtrl 对 sinLUT 模块输出的控制。双击 Product 模块，打开参数设置对话框，设置 Product1 的参数如图 11-14 所示。设置 Bus Type 参数为 Inferred（自动判断）。其中 Number of Pipeline Stages 指定该乘法器模块的流水线级数。对于另一复选框，可选择 Use Dedicated Circuitry，即选择 FPGA 中的专用模块来构建乘法器，如使用 Stratix、Cyclone 5 等器件中的专用 DSP 模块。这个乘法器的功能仅仅是一个多通道的与门，所以其他参数可不设。

12．放置输出端口 sinOt

在 DSP Builder for Intel FPGAs – Standard Blockset 库中，选中 IO & Bus 选项，找到 Output 模块，放置在新建模型窗口中，修改模块的名字为 sinOt。

sinOt 是一个 12 位输出端口，接向 FPGA 的输出端口，与外面的 12 位 D/A 转换器相接，通过 D/A 把 12 位数据转换成一路模拟信号。双击 sinOt 模块，打开模块参数设置对话框，设置 sinOt 的 Bus Type 参数为 Signed Integer，修改 Number Of Bits 参数为 12，如图 11-15 所示。该模块在 HDL 文件中将变成 OUT 端口模式的标准位矢量：

```
STD_LOGIC_VECTOR(11 DOWNTO 0)
```

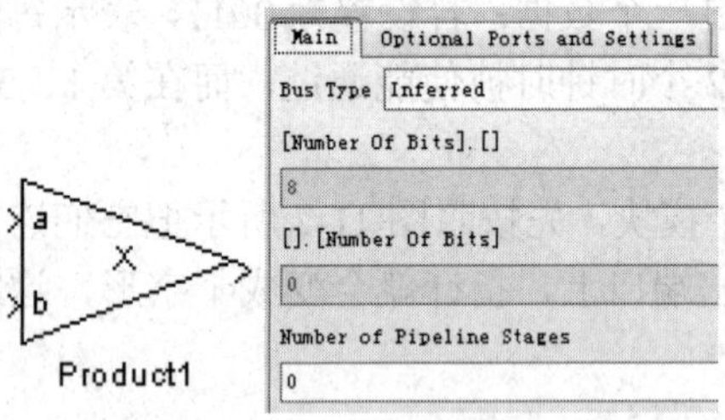

图 11-14　设置乘法单元

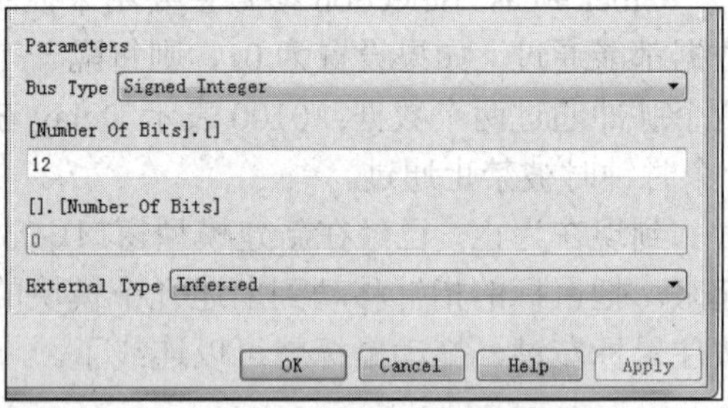

图 11-15　设置输出端口

如果选择 AltBus 模块，则其中的 Saturate Output 选项如果选择 On，则当输出大于有待表达的最大的正值或负值，则此输出即扩位到最大的正值或负值。若此选项选择为 Off，则最高位 MSB 被截去。此选项对输入端口或常数节点类型是无效的。

对于系统端口模块（如 sinCtrl、sinOt）的名称选取应该十分注意，因为它们将决定生成的 HDL 文件的端口名、仿真文件信号名等。这些名称中字母的大小写都是敏感的；还需注意，这些名称不能与 EDA 软件中的一些关键词或元件名相重，如 sinout。

13．设计文件存盘

放置完 sinOt 模块后，按照图 11-2 所示把新建模型窗口中的 DSP Builder 模块连接起来，这样就完成了一个正弦波发生器的 DSP Builder 模型设计。在进行仿真验证和 Signal Compiler 编译之前，先对设计进行存盘操作：选择新建模型窗口中的 File→Save 命令，取名并保存。在这个例子中，对新建模型取名为 sinwave，模型文件为 sinwave.mdl。在保存完毕后，新建模型窗口的标题栏就会显示模型名称。

对模型文件取名时，用英文字母开头，不使用空格、中文，文件名不要过长，且只有对文件存盘后，才能使用 Signal Compiler 进行编译，把.mdl 文件转换为 HDL 文件。不过

现在模型的正确性还是未知的，需要进行仿真验证。

11.2.2　Simulink 模型仿真

MATLAB 的 Simulink 环境具有强大的图形化仿真验证功能。用 DSP Builder 模块设计好一个新的模型后，可以直接在 Simulink 中进行算法级、系统级仿真验证。

对一个模型进行仿真，需要施加合适的激励，包括一定的仿真步进和仿真周期，还要添加合适的观察点和观察方式。

1. 加入仿真步进模块

首先加入一个 Step 模块，以模拟 sinCtrl 的按键使能操作。在 Simulink 库管理器中，展开 Simulink 库，选中其中的 Sources 库，把 Sources 库中的 Step 模块拖放到 sinwave 模型窗口中，如图 11-16 所示。参照图 11-2 所示，把 Step 模块与 sinCtrl 输入端口相接。

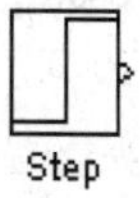

图 11-16　Step 模块

对于来自 DSP Builder for Intel FPGAs – Standard Blockset 库以外的模块，Signal Compiler 都不能将其变成硬件电路，即不会影响产生的 HDL 程序，但在启动 Simulink 仿真后能影响后面产生的仿真激励文件，Step 模块的情况正是如此。

2. 添加波形观察模块并设置参数

图 11-17　Scope 模型

在 Simulink 库管理器中，展开 Simulink 库，选中其中的 Sinks 库，把示波器模块 Scope 拖放到 sinwave 模型窗口中，如图 11-17 所示。双击该模块，打开的是一个 Scope 窗口，如图 11-18 所示。图中所示只有一个信号的波形观察窗口，而如果希望多观察几路信号，自然可以通过调用多个 Scope 模块的方法来实现，这里介绍通过修改 Scope 参数来实现。

单击 Scope 模块窗口上侧工具栏中的第二个工具按钮 Parameters（参数设置），打开 Scope 参数设置对话框，如图 11-19 所示。在 Scope 参数设置对话框中共有 3 个选项卡——General（通用）、History（历史）和 Style（风格）。在 General 选项卡中，改变 Number of axes 参数为 2。单击 OK 按钮确认后，可以看到 Scope 窗口中增加了两个波形观察窗口。每个观察窗口都可以分别观察信号波形，而且相互独立。然后将 sinCtrl 的信号接向 Scope 的另一端（见图 11-2），以进行信号比较。

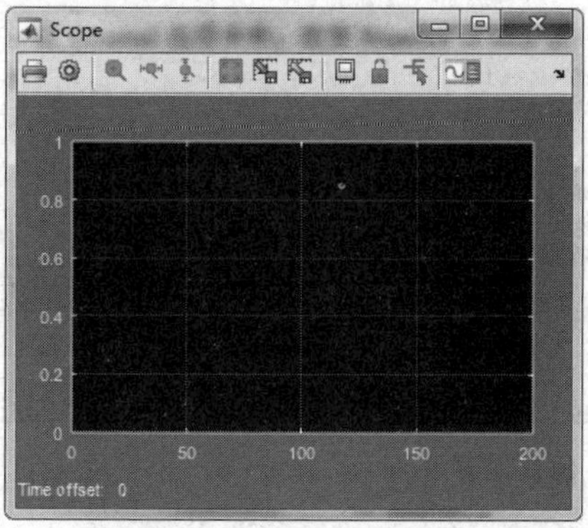

图 11-18　Scope 初始显示

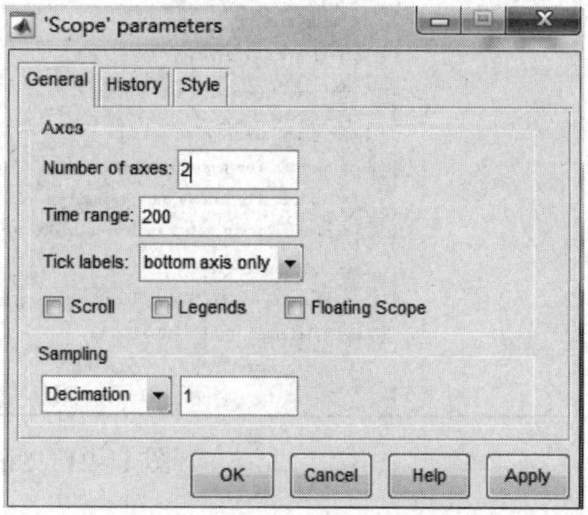

图 11-19　设置 Scope 参数

3. 设置仿真激励

按图 11-2 所示连接好 sinwave 模型的全图，便开始仿真。在仿真前还需要设置一下与仿真相关的参数。先设置模型的仿真激励。在 sinwave 文件的模型图中只有一个输入端口 sinCtrl，需要设置与此相连的 Step 模块：双击放置在 sinwave 模型窗口中的 Step 模块，设置对输入端口 sinCtrl 施加的激励。在打开的 Step 模块参数设置对话框中，可以看到下列参数（见图 11-20）：步进间隔（Step time）、初始值（Initial value）、终值（Final value）、采样时间（Sample time）。在此设置 Step time 为 50；Initial value 为 0，即初始时不输出正弦波；Final value 为 1；Sample time 为 1；选中 Interpret vector parameters as 1-D 和 Enable zero-crossing detection 复选框。

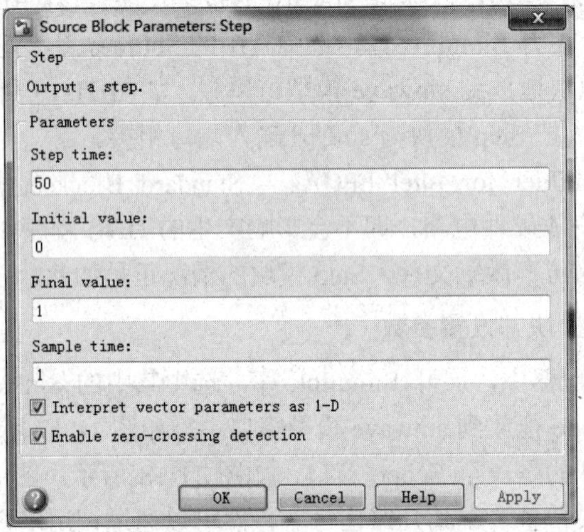

图 11-20　设置 Step 参数

在 sinwave 模型编辑窗口中，选择 Simulation→Model Configuration Parameters 命令，随后将弹出 sinwave 模型的仿真参数设置对话框，如图 11-21 所示。

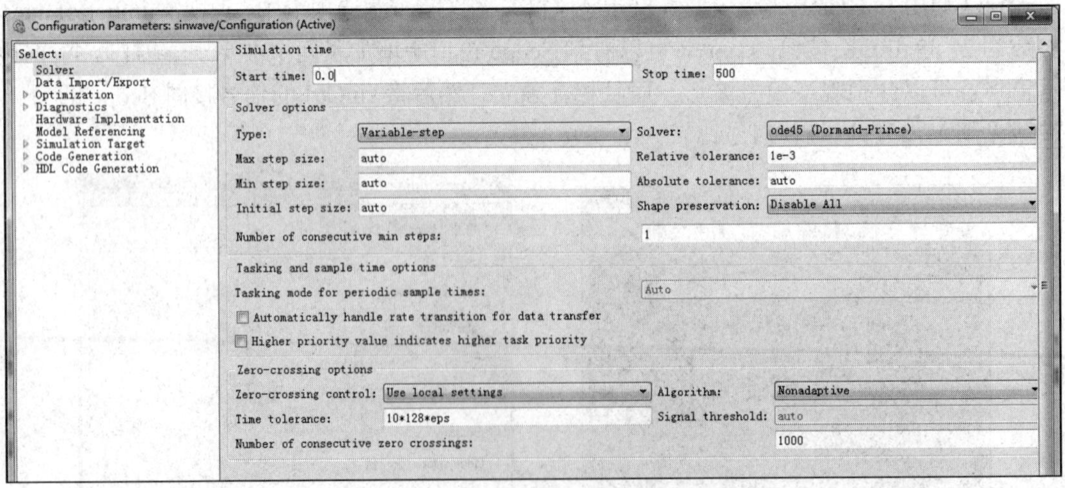

图 11-21　Simulink 仿真设置

设置仿真参数 Start time 为 0.0，Stop time 为 500，其他设置默认，然后单击 OK 按钮确认。为了能更好地在波形观察窗口中区分不同信号，可以在 sinwave 模型中对连接线进行命名。双击对应的连线，会出现一个可以输入文本的小框，在框中输入信号的名称即可。

4. 启动仿真

在 sinwave 模型编辑窗口中，选择 Simulation→Run 命令，开始仿真运算，如图 11-22 所示。等待仿真运算结束，双击 Scope 模块，打开 Scope 观察窗口。图 11-23 左侧显示了仿真结果，sinOt 信号是 sinwave 模型的输出（Scope 观察窗口中模拟了类似 D/A 的输出波形），sinCtrl 信号是 sinwave 模型的输入，可以看出 sinOt 受到了 sinCtrl 的控制。

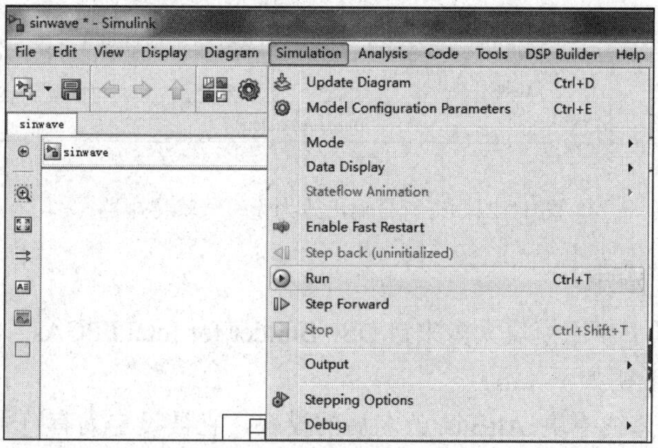

图 11-22　Simulink 仿真开始

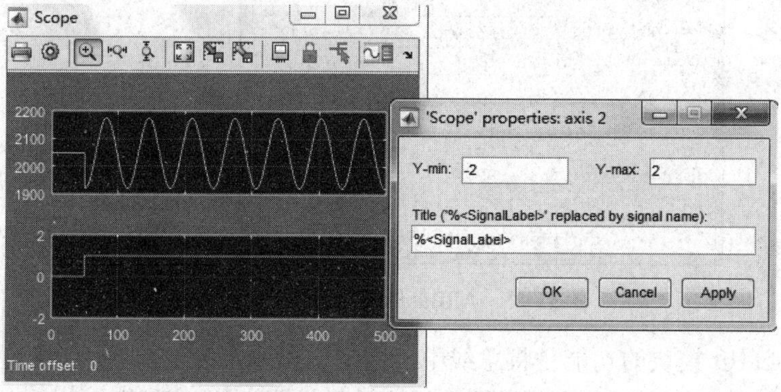

图 11-23　Scope 模块输出波形

当 sinCtrl 为 1 时，sinOt 输出波形是正弦波；当 sinCtrl 为 0 时，输出为 0。在 Scope 观察窗口中，可以使用工具栏中的按钮来放大或缩小波形，也可以在波形上单击鼠标右键，选择 Autoscale 命令，使波形自动适配波形观察窗口；或者通过单击鼠标右键并选择 Axes properties 命令来改变波形显示坐标，如图 11-23 右侧所示。

5. 设计成无符号数据输出

由图 11-23 可以看出，输出的正弦波是有符号数据，它在−127～+127 变化，但一般 D/A 器件的输入数据都是无符号数。因此，为了在硬件系统上对 D/A 的输出也能观察到此波形，必须对此输出做一些改进，以便输出无符号数。

最简单的方法是将图 11-23 中的波形向上平移 127，即对输出的数据加上 127 即可，也即对图 11-2 中的 sinLUT 的波形数据公式可以改为：127*sin(0:2*pi/(2^6):2*pi) + 128。

此外，图中相关模块的有符号设置全部改为无符号设置。

当然，也可以在原来电路的基础上增加一些模块。如图 11-24 所示就是改进后的电路，其功能即在原输出的有符号数据上加上了 128。原理是将乘法器输出的 8 位有符号数的最高位取反并以无符号数输出。以下将对图中出现的新模块的用法进行说明。

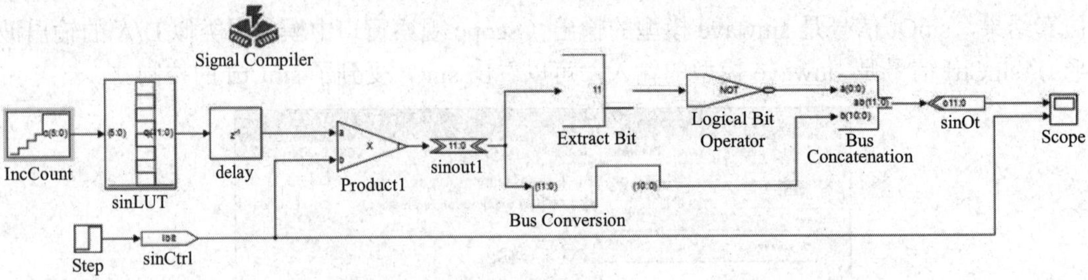

图 11-24　有符号输出改为无符号输出电路

6．各模块功能说明

图 11-24 中的以下新添模块大多来自 DSP Builder for Intel FPGAs – Standard Blockset 的 IO & Bus 库，具体说明如下。

- sinout1 是总线模块 AltBus 改名后的模块，它被设定为有符号内部节点模块，如图 11-25 所示，此模块在 VHDL 文件中将变成内部信号 Signal 定义。

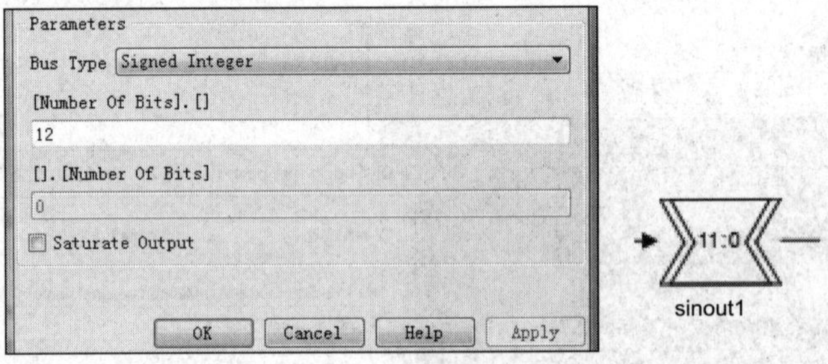

图 11-25　AltBus 模块 sinout1 的设置

- Extract Bit 模块的功能是将总线中一指定位提取出来。在这里它将 8 位输出总线的最高位提取出来，其参数设置和模块符号如图 11-26 所示。

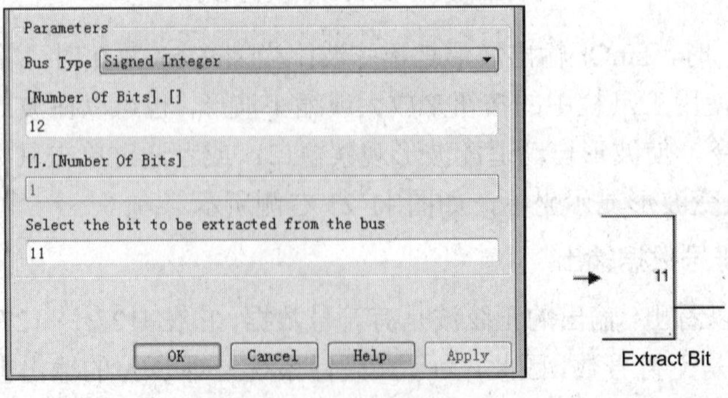

图 11-26　Extract Bit 模块设置

- Bus Conversion 是总线变换模块，其功能是将总线中指定数位提取出来。在这里它将 12 位输出总线的低 11 位提取出来，即将第 0 位～第 10 位提取输出，其参数设置和模块符号如图 11-27 所示。

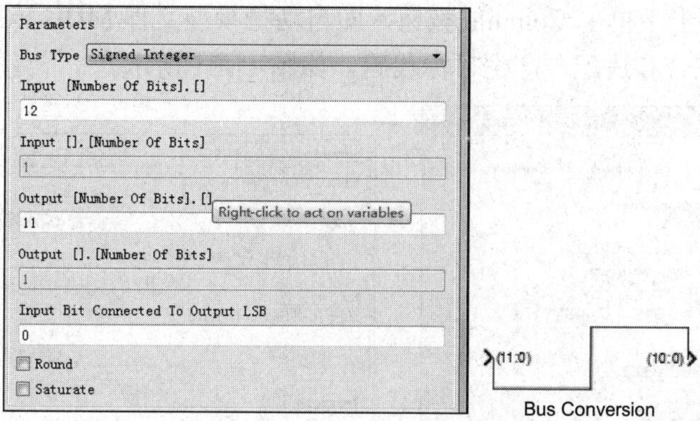

图 11-27 Bus Conversion 模块设置

- Bus Concatenation 是总线合并模块，其功能是将两个总线按要求合并成一个总线，其输出位宽数等于输入的两个总线位数之和，参数设置和模块符号如图 11-28 所示。
- sinOt 模块的设置基本不变，只是将有符号整数改成无符号整数输出。
- NOT 模块是反相器模块，是 Gate & Control 库的 Logical Bit Operator 模块，参数设置和模块符号如图 11-29 所示。

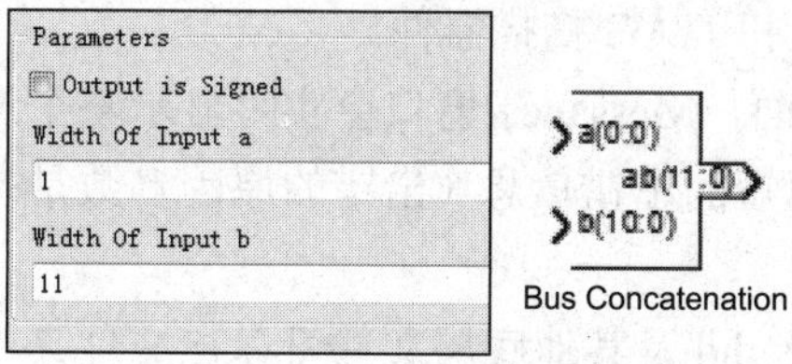

图 11-28 Bus Concatenation 模块设置

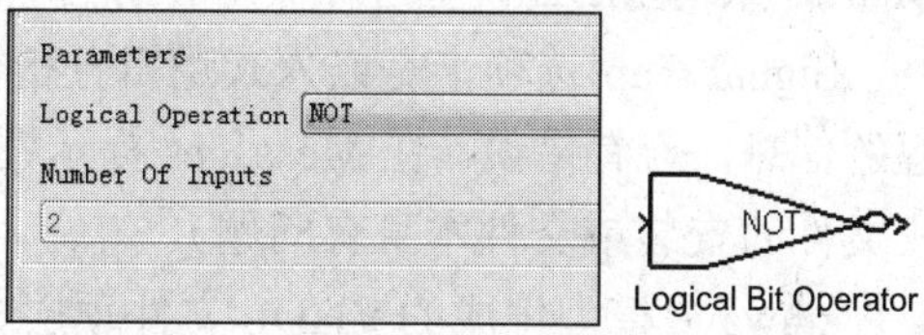

图 11-29 NOT 模块设置

11.2.3 Signal Compiler 使用方法

在 Simulink 中完成仿真验证后，就需要把设计转到硬件上加以实现。这是整个 DSP Builder 设计流程中最关键的一步，据此可以获得针对 FPGA 的 HDL 的 RTL 代码。

1. 分析当前的模型

双击 sinwave 模型中的 Signal Compiler 模块，将出现如图 11-30 所示的对话框。如果有警告（Warning）存在，同错误一样把警告信息显示在 Simulink 命令窗口。

Simulink 具有较为强大的错误定位能力，对许多错误可以在 Simulink 模型中直接定位，用不同的颜色提示有错误的 Simulink 模块（Block）。当 Signal Compiler 分析当前 DSP 模型有错误时，必须去除错误才能继续 DSP Builder 流程。

2. 设置 Signal Compiler

Signal Compiler 的设置都集中在项目设置选项部分，如图 11-30 所示。在 Family 下拉列表框中选择需要的器件系列，默认为 Stratix 系列器件并且可以修改，此处选择 Cyclone 5

系列，并在对话框中的 Device 中输入芯片的具体型号：5CSEMA5F31C6。

Use Board Block to Specify Device 复选框是一个特殊的选项，是针对 Intel-Altera 具体的 DSP 开发板的，这里不做选择。

在 Simple 选项卡下单击 Compile 按钮，即自动把模型文件 MDL 转换成 VHDL（特定目录中），并经过综合和适配，产生目标代码，如图 11-31 所示。

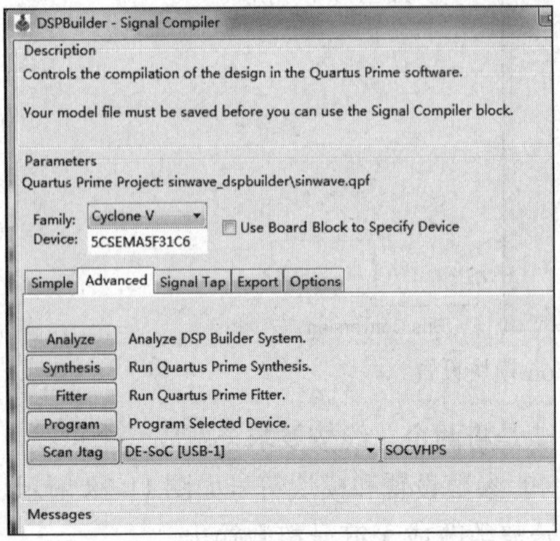

图 11-30　Signal Compiler 界面

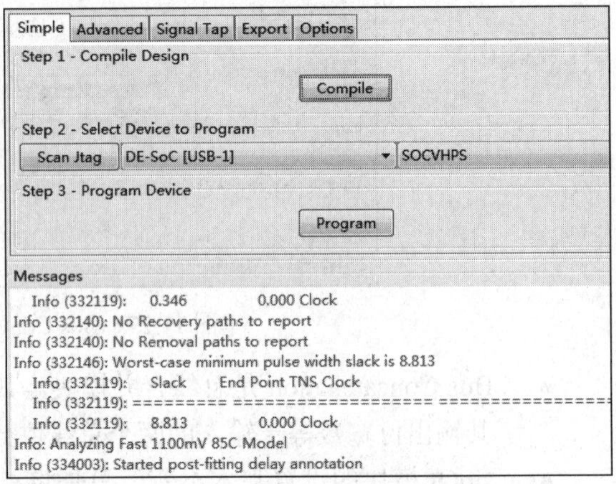

图 11-31　Sinout 工程处理信息

在 Advanced（高级）选项卡（见图 11-30）下共有 5 个选择，分别调用 DSP Builder 和 Quartus 来对 MDL 模型进行分析、综合、适配、编程和 JTAG 扫描器件。

Signal Tap 选项卡是嵌入式逻辑分析仪的设置界面，Messages 窗口会实时显示整个过程的信息，若有错误，在 Messages 提示框中会显示简短的出错信息（出错的原因多数是授权文件的安装或文件本身有问题）。

sinwave 模型生成的 VHDL 文件顶层文件 sinwave.vhd 及其他底层文件可以在文件夹中找到。如果要将生成的一系列 VHDL 文件放在特定文件夹中，可使用 Export 选项卡。

对于手动设计流程，适配步骤已没有必要，通常只须完成前面两个步骤即可。注意，当改变 Signal Compiler 后会导致整个 MDL 文件无法存盘，可以将其暂时删除后再存文件。

11.2.4　使用 ModelSim 进行 RTL 级仿真

在 Simulink 中进行的仿真是属于系统验证性质的，是对.mdl 文件进行的仿真，并没有对生成的 HDL 代码进行过仿真。事实上，生成的 HDL 代码描述的是 RTL 级的，是针对具体的硬件结构的，而在 MATLAB 的 Simulink 中的模型仿真是算法级（系统级）的。二者之间有可能存在软件理解上的差异。转换后的 HDL 代码实现可能与.mdl 模型描述的情况不完全相符，这就需要针对生成的 RTL 级 HDL 代码进行功能仿真。

为了获得用于 ModelSim 的 TestBench 仿真文件，需将图 11-7 所示列表中所能生成 TestBench 文件的模块拖入 sinwave 模型中，如图 11-32 所示。双击这个模块，在弹出的界面上顺序选择不同按钮即可产生当前设计模型对应的 VHDL 代码的 TestBench。但并非直接的 TestBench 文件，而是针对此文件的.tcl 命令文件 tb_sinout.tcl。

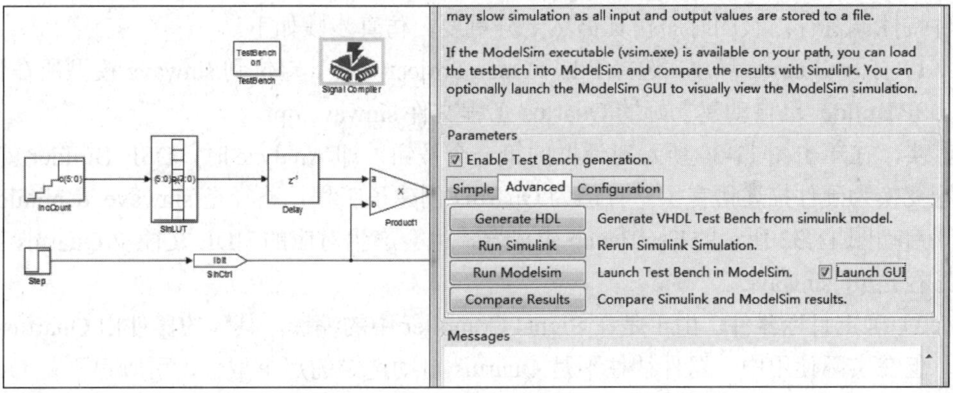

图 11-32　启动 TestBench 模块

在 DSP Builder 中直接调用 ModelSim ASE 进行仿真的步骤归纳如下。

（1）在 DSP Builder for Intel FPGAs – Standard Blockset 库中，选中 AltLab 库中的 TestBench 模块（见图 11-7），添加到设计文件中。据此可直接调用图形接口（GUI）形式的 ModelSim 仿真。

（2）双击 TestBench 模块（见图 11-32），选中 Enable Test Bench generation 复选框。选择 Advanced 选项卡，单击 Generate HDL 按钮，即对此模型生成对应的 VHDL 文件和 TestBench。单击 Run Simulink 按钮，生成测试激励和*.tcl 文件。还要选中 Launch GUI 复选框，再单击 Run Modelsim 按钮，即自动调用 ModelSim 进行 RTL 级的仿真。

（3）ModelSim 显示仿真结果。可以将输出波形的格式改为 Analog。右击波形名称 sinOt，在弹出的快捷菜单中选择 Radix→Decimal 命令，再选择 Format→Analog（automatic）命令，即可得图 11-33 所示的“模拟”信号波形。

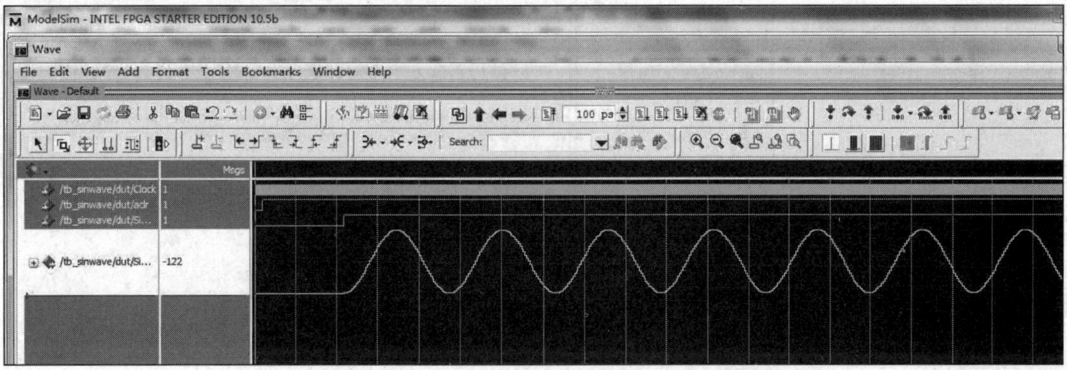

图 11-33　ModelSim 显示仿真结果波形

回到 Advanced 选项卡，单击 Compare Results 按钮，Messages 信息窗口中即输出 Exact Match，说明 Simulink 系统仿真与 Modelsim 的 RTL 仿真结果完全吻合。

有时可能会发现，通过 TestBench 模块进入 ModelSim 时总是无法通过，这可能是由之前的一些文件干扰所致，可以将当前文件夹中所有无关的文件全部删除后再试。

11.2.5　使用 Quartus 实现时序仿真

ModelSim 完成的 RTL 级仿真只是功能仿真，其仿真结果并不能精确地反映电路的全部硬件特性。进行门级的时序仿真仍然十分重要。仿真步骤如下。

（1）打开 Quartus 环境，选择 File→Open Project 命令，定位到 sinwave 模型所在目录。打开 DSP Builder 已自动建立好的 Quartus 工程文件 sinwave.qpf。

其实，在单击图 11-30 所示对话框的第一个按钮，即 Analyze 时，DSP Builder 就已经将模型变换为硬件描述语言了，且已为 Quartus 创建了工程，路径是/sinwave_dspbuilder/；但如果启动图 11-32 所示的 TestBench 生成器，也会产生对应的 HDL 文件及 Quartus 工程，文件路径是/tb_sinwave/。

（2）确定目标器件。由于是在 Signal Compiler 中的编译，具体的器件由 Quartus 自动决定，但在实际使用中，器件往往不是 Quartus 自动选定的那个型号，引脚也不是 Quartus 自动分配的引脚。这些都需要在 Quartus 中进行修改，所以这里需按照前面章节中叙述的方法选择器件型号。选择 Assignments→Device 命令，在相应的对话框中选择合适的器件（如 Cyclone 5 系列器件 5CSEMA5F31C6 或 10CL055YF484C8G），然后启动编译，即执行 Processing→Start Compilation 命令。

（3）建立.vwf 仿真文件。这时可以如同普通设计流程一样，为当前工程建立.vwf 仿真文件，并设定必要的激励波形。工程 sinwave 的仿真波形如图 11-34 所示。

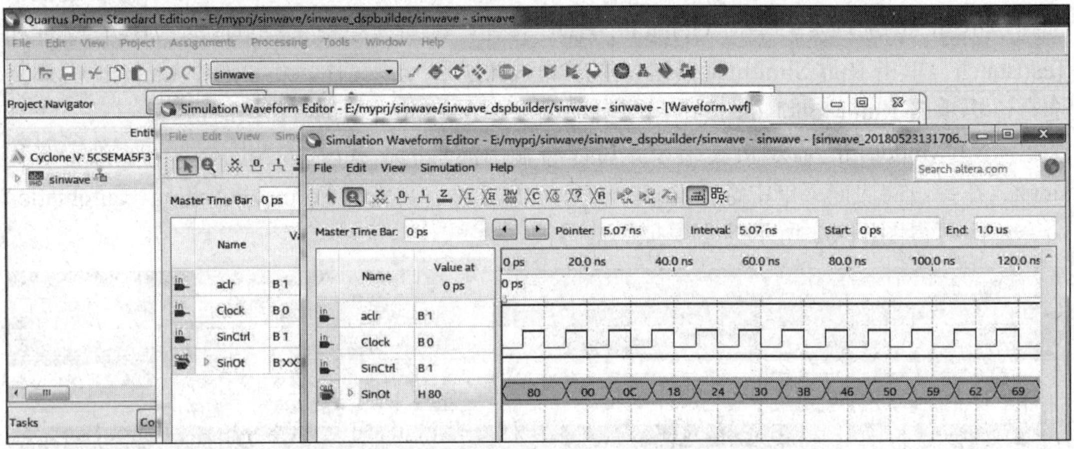

图 11-34　打开 Quartus 工程进行编译和时序仿真

11.2.6　硬件测试与硬件实现

1. 8 位普通 ADDA 硬件测试

对 MDL 模型 sinwave 进行硬件测试有两个途径：第一个途径是进入 11.2.5 节，按图 11-34 所示，用 Quartus 打开工程 sinwave，然后按照第 4 章中介绍的方法锁定引脚，编译后下载，最后进行硬件测试，其中包括利用 Signal Tap 进行测试；第二个测试途径更为方便，即直接利用 DSP Builder 进行引脚锁定和下载。

方法：首先将 AltLab 库中的 Quartus Pinout Assignments 模块放置到 sinwave.mdl 模型编辑窗口中，如图 11-35 所示。双击这个模块，可以看到这个模块的用法说明。

然后在 Pin Name 栏和 Pin Location 栏分别输入信号名和对应的引脚名。注意引脚名必须与模型中的端口名称完全一致，包括大小写，如图 11-36 所示。

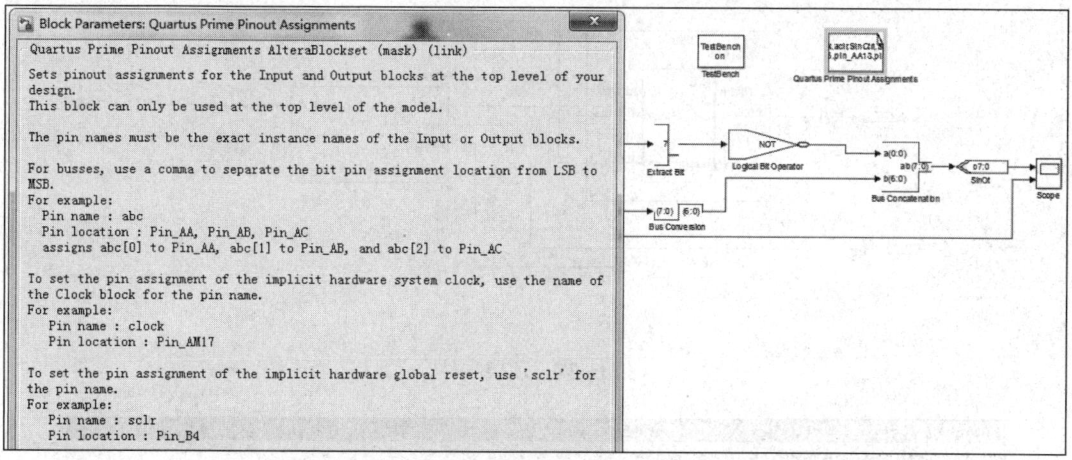

图 11-35　添加 Quartus Pinout Assignments 模块（普通 ADDA 引脚锁定）

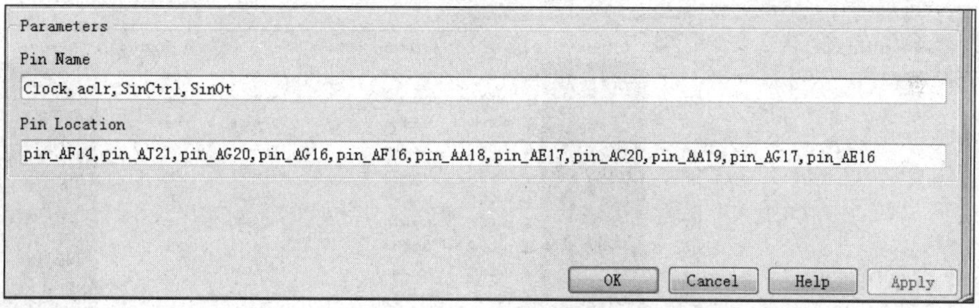

图 11-36　Quartus Pinout Assignments 模块分配引脚

其中的全局异步复位信号 aclr 是默认存在的（低电平有效），也需要为它配置引脚。详细的引脚配置情况如图 11-36 所示。

锁定引脚设置完成后存盘，再打开 Signal Compiler 工具，选择 Family 为 Cyclone 5，在 Device 栏中输入 5CAEMA5F31C6。单击 Compile 按钮进行编译。将 FPGA 开发板连接好。单击 Scan Jtag 按钮，测试到 USB-Blaster 下载电缆和 5CSEMA FPGA 器件。

单击 Program 按钮将设计下载到器件中（如果有错误，则会在 Signal Compiler 工具的 Messages 窗口显示出来）。然后把示波器接上（也可在数码管上观察），控制 FPGA 的开发板按键来控制波形的输出。

打开 Quartus 软件，打开工程，了解引脚锁定情况，会发现所有的引脚已经分配锁定好了，这就说明使用 DSP Builder 通过后台调用 Quartus 就可以完成整个工程的设计。

2. 12 位高速 ADDA 硬件模块测试

由于高速 ADDA 的工作频率是 180MHz，这么高的频率必须要调用 PLL 锁相环进行倍频，因此我们使用 Signal Compiler 工具。单击 Export 按钮，把 sinwave 模型生成的 VHDL 文件顶层文件 sinwave.vhd 及其他底层文件存到新建的文件夹 sinwave_exp 中，然后在 sinwave_exp 中建立空工程，打开一个新的原理图文件，打开 sinwave.vhd 文件并生成符号文件，然后调用宏模块 PLL。工程文件如图 11-37 和图 11-38 所示。

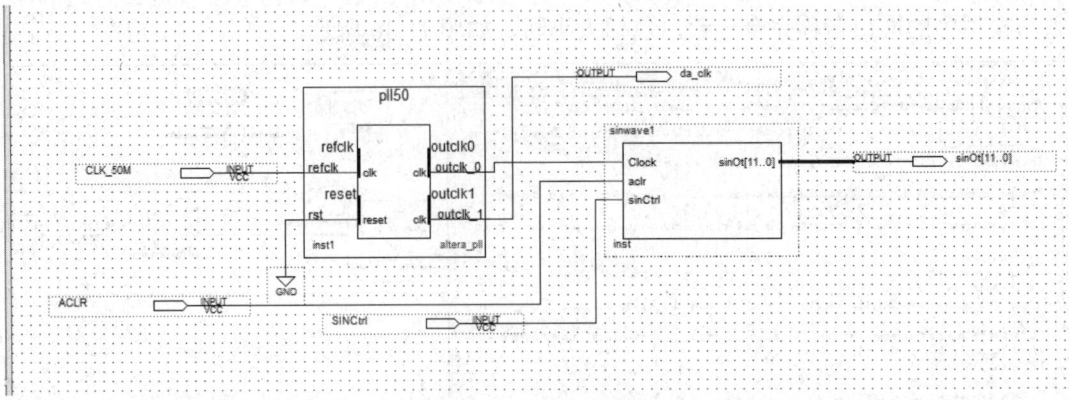

图 11-37　顶层文件

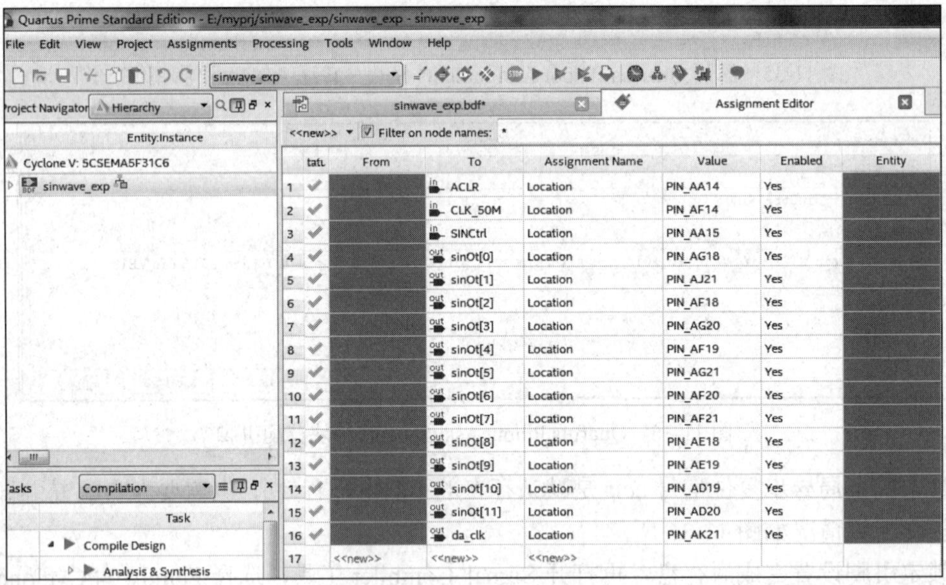

图 11-38　对应引脚图

11.3　DSP Builder 层次化设计

在 11.2 节已在 MATLAB/Simulink 中设计了一个简单的正弦波发生器。但在许多实用的领域中，如通信领域中，实际需要实现的电路模型往往要复杂得多，如果把所有模块放在同一个 Simulink 图中，设计图会显得非常复杂、庞大，不利于阅读和排错。这时，就必须采用层次化设计方法来设计模型了。本节介绍 DSP Builder 的层次化设计的基本步骤。

在 MATLAB 的 Simulink 建模时，可以使用 SubSystem 来完成子系统的封装和调用。以下以一个示例来具体说明 DSP Builder 的层次化设计方法。步骤如下。

（1）首先建立一个新的模型，命名为 subint 模型，仍然依照图 11-2 连接起来，并以文件名 subint 存盘。然后在 subint 模型窗口中，按住鼠标左键，再移动鼠标绘制线图，选中图中除了 Signal Compiler、Step 模块以外的所有模块（可以通过按住 Shift 键，用鼠标左键单击来改变模块的选择情况）。

（2）在选中的模块上单击鼠标右键，在弹出的快捷菜单中选择 Create Subsystem from Selection 命令，建立子系统，如图 11-39 所示。图 11-40 所示的是建立子系统后 subsint 模型的 Simulink 原理图。可以看到原来被选中的那些模块和连线都消失了，只剩下一个新建立的子系统模块 Subsystem。在新生成的 Subsystem 模块上共有两个端口，即 In1 和 Out1。

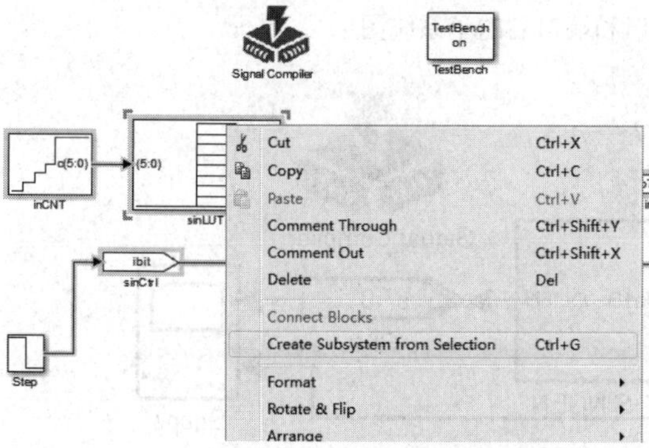

图 11-39　准备建立 Subsystem

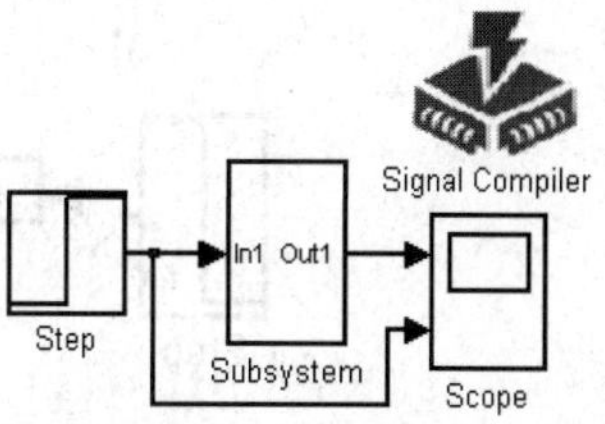

图 11-40　建立的 Subsystem

（3）修改子模块名。事实上图 11-40 显示的是 subint 模型的顶层（Top Level）模型原理图。这时用鼠标双击 Subsystem 子系统模块，就会弹出 subint/Subsystem 窗口，显示 Subsystem 子系统模块封装内的原理图，如图 11-41 所示。可以看出，封装后的模块自动增加了两个 Simulink 的端口。

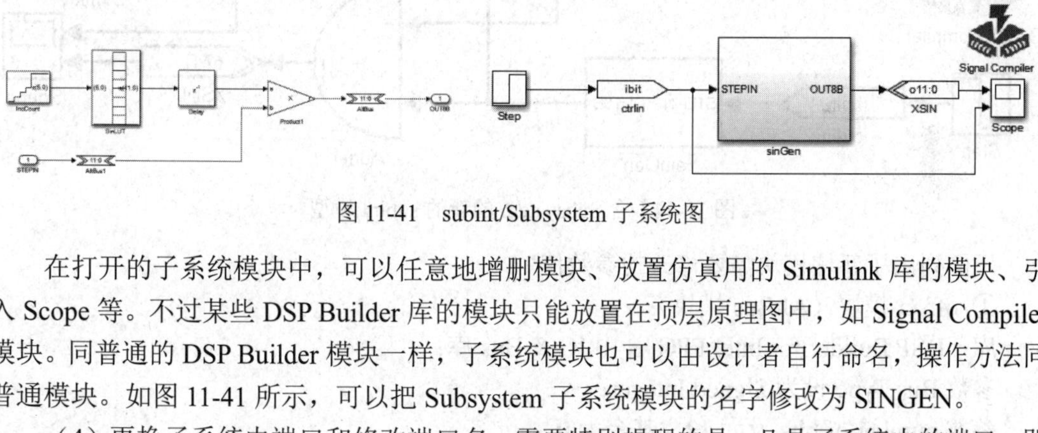

图 11-41　subint/Subsystem 子系统图

在打开的子系统模块中，可以任意地增删模块、放置仿真用的 Simulink 库的模块、引入 Scope 等。不过某些 DSP Builder 库的模块只能放置在顶层原理图中，如 Signal Compiler 模块。同普通的 DSP Builder 模块一样，子系统模块也可以由设计者自行命名，操作方法同普通模块。如图 11-41 所示，可以把 Subsystem 子系统模块的名字修改为 SINGEN。

（4）更换子系统内端口和修改端口名。需要特别提醒的是，凡是子系统内的端口，即与外部进行信息交流的输入/输出端口，都必须换成 AltBus，这是因为子系统与外部衔接的信号多数情况是顶层设计的内部模块。图 11-42 就是内部端口和端口名更改后的模型图。其中的输入/输出口都改成了 AltBus 模块，且其输入端口 In1 改为 STEPIN，输出端口 Out1 改为 OUT8B，子系统模块名改为 sinGen。

图 11-43 是 subint 模型顶层原理图。注意，图中的端口又加入了专门的输入/输出端口模块 Input 和 XSIN。这一点很重要，否则顶层系统无法转换成 VHDL 代码。

对于生成的子系统模块，可以当成一般的模块来使用，允许任意复制、删除，或者再组合其他的模块来生成更高一层的子系统。

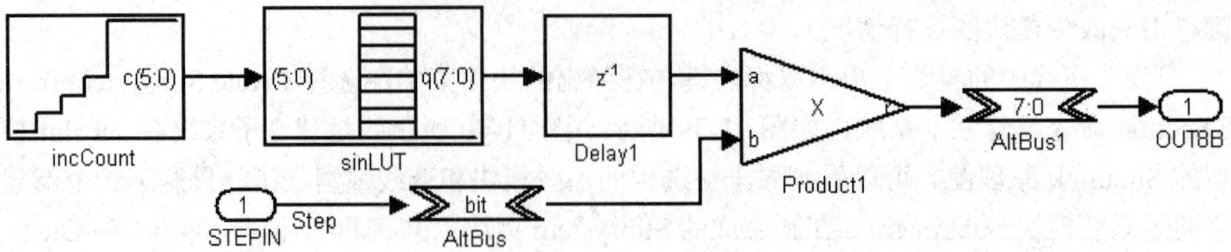

图 11-42　更改了端口和端口名的子系统图

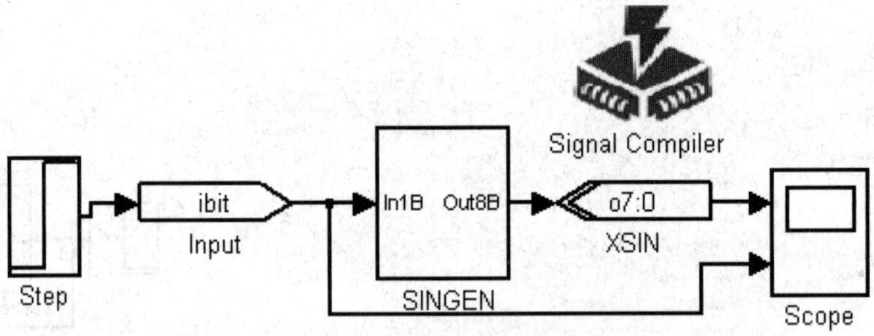

图 11-43　顶层设计图

（5）完成顶层设计。在图 11-43 的基础上，另外添加一些 DSP Builder 模块来构成一个实用的电路。图 11-44 就是最后的新的 subint 模型图。

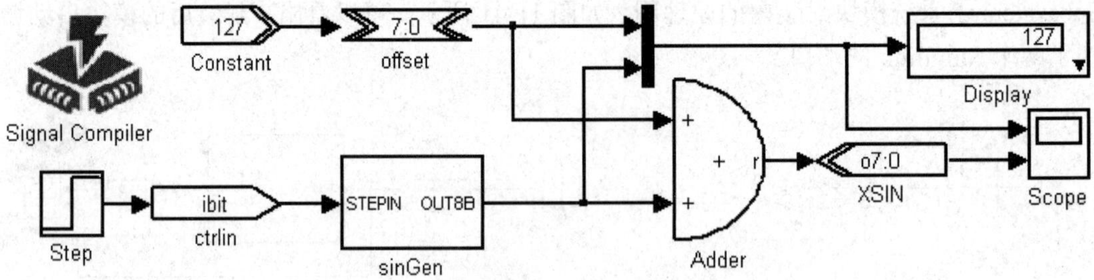

图 11-44　含 Subsystem 的新的 subint 模型

下面列出了新增模块需要修改的参数值。

① offset 模块（AltBus 模块）：

库：DSP Builder for Intel FPGAs 中 IO & Bus 库；

参数 Bus Type 设为 Signed Integer；

参数 number of bits 设为 12，其余为 0。

② Adder 模块（Parallel Adder Subtractor 模块）：

库：DSP Builder for Intel FPGAs 中 Arithmetic 库；

参数 Add(+)Sub(-)设为+；

参数 Number of Inputs 设为 2；

Clock Phase Selection 设 1；

使用 Enable Pipeline。

③ XSIN 模块（Output 模块）：

库：DSP Builder for Intel FPGAs 中 IO & Bus 库；

参数 Bus Type 设为 Unsigned Integer；

参数 number of bits 设为 12；
External Type 选择 Inferred。
④ ctrlin 模块（Input 模块）：
库：DSP Builder for Intel FPGAs 中 IO & Bus 库；
参数 Bus Type 设为 Single Bit。
⑤ Constant 模块（Constant 模块）：
库：DSP Builder for Intel FPGAs 中 IO & Bus 库；
参数 Bus Type 设为 Signed Integer；
参数 Constant Value 设为 2047；
其余默认。
⑥ Mux 模块：
库：Simulink 中 Signal Routing 库；
参数 Number of Inputs 设为 2；
参数 Display Option 选择 bar。
⑦ Display 模块：
库：Simulink 中 Sinks 库。

建立好 subint 模型后，按照 sinwave 模型的例子，给定合适的 Step 模块的激励参数，启动 sunint 模型的仿真。图 11-45 显示的就是 subint 模型的仿真波形。在图上可以看出，subint 模型在 sinwave 模型的基础上增加了波形的电压偏移，其功能与图 11-24 所示电路的功能是相同的。

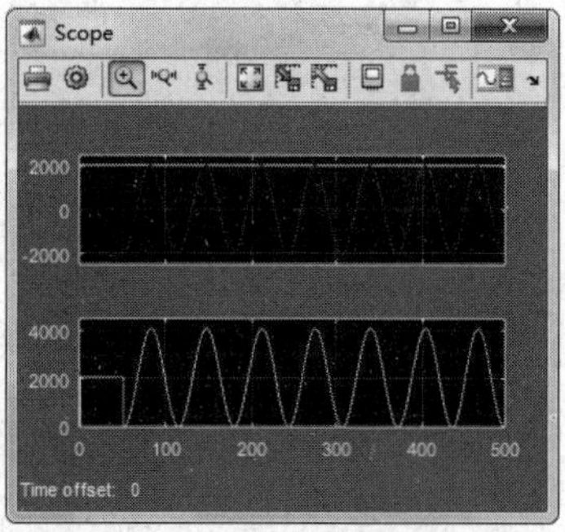

图 11-45　新的 subint 模型的仿真波形图

DSP Builder 通常将 MATLAB 模型转变生成多个 VHDL 目标文件，其中除 subint.vhd 顶层的 VHDL 文件外，还生成了 subint_GN.vhd，且对所有的*.mdl 编译后都产生*_GN.vhd，同时还把每一个单独的模块生成 VHDL 文件。

11.4　基于 DSP Builder 的 DDS 设计

DDS 的基本原理和设计方法已在第 6 章中讨论过了，本节首先介绍基于 MATLAB 和 DSP Builder 平台的 DDS 设计方法，然后给出几个基于 DDS 的实用系统的设计方法。

11.4.1　DDS 模块设计

图 11-46 所示是 DDS 的顶层设计，其子系统 Subdds 的结构如图 11-47 所示。设计流程：先在 Simulink 中新建一个模型，调用 DSP Builder 模块构成如图 11-47 所示的相应电路，再用层次设计方法做成模块 DDS 模型子系统 Subdds，然后完成如图 11-46 所示的 DDS 顶层电路模型的设计。

图 11-47 中，DDS 子系统 Subdds 共有 3 个输入，分别为 F[31..0]（32 位频率字输入）、P[31..0]（32 位相位字输入）和 A[11..0]（12 位幅度控制字输入），以及一个输出 Out1[11..0]（即 12 位 ddsout 输出）。通常由于 12 位高速 D/A 是无符号器件，在图 11-46 的输出口应

该增加一些转换电路，将输出的数据类型转换成无符号的类型。

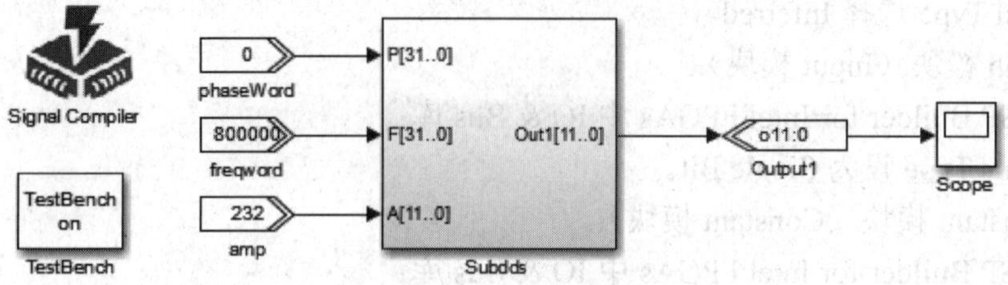

图 11-46　DDS 系统

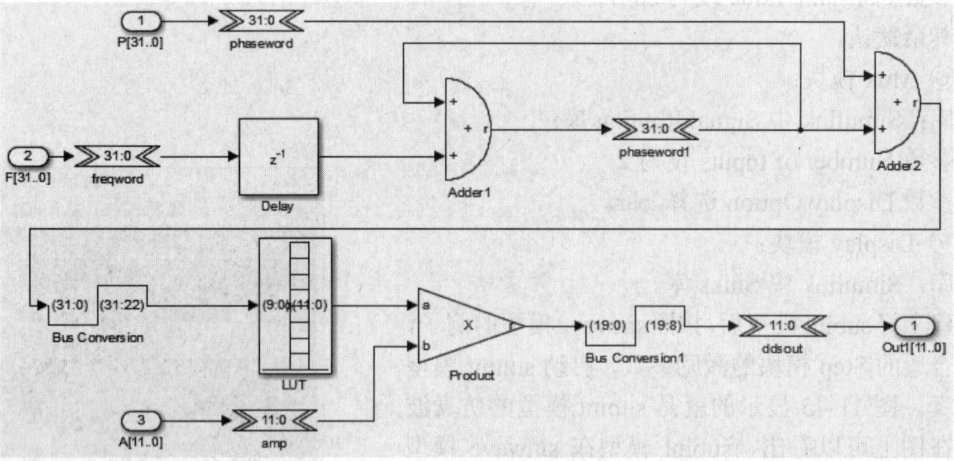

图 11-47　DDS 子系统 Subdds

设置 Simulink 的仿真停止时间（Stop Time）为 50000，仿真步进（Fixed Step Size）为 1e-3；相位、频率和幅度控制字输入按图 11-46 所示设置，则输出波形如图 11-48 所示，其相位、频率和幅度控制字分别为 0、800000 和 232。

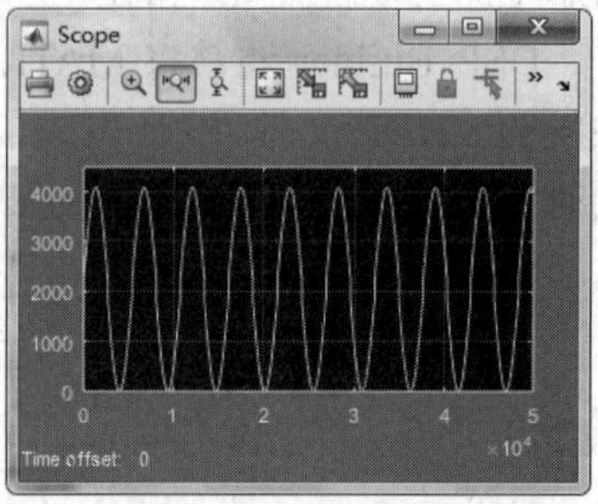

图 11-48　DDS 模型输出波形

子系统 Subdds 输入/输出模块的参数设置如下。

（1）freqword 模块（AltBus 模块）：

库：DSP Builder for Intel FPGAs 中 IO & Bus 库；

参数 Bus Type 设为 Signed Integer；

参数 number of bits 设为 32。

（2）phaseword 模块：

与 freqword 模块相同。

（3）amp 模块（AltBus 模块）：

与 freqword 模块相同，但参数 number of bits 设为 12。

（4）ddsout 模块（AltBus 模块）：

与 amp 模块相同。

由 Delay、Adder1 和 Phaseword1 模块构成相位累加器的参数如下。

（1）Adder1 模块（Parallel Adder Subtractor 模块）：

库：DSP Builder for Intel FPGAs 中 Arithmetic 库；

参数 Number of Inputs 设为 2；

Add(+)Sub(-)设为++；

选择 Enable Pipeline；

参数 Clock Phase Selection 设为 1。

（2）Delay 模块（Delay 模块）：

库：DSP Builder for Intel FPGAs 中 Storage 库；

参数 Depth 设为 1；

参数 Clock Phase Selection 设为 1 。

（3）Phaseword1 模块：

设置与 freqword 模块相同。

由于加法器模块中使用了 Pipeline（流水线），已经内含了寄存器，因而加法器出来后就不需要有延时模块存在了。

相位调整部分由 Adder2 模块和 Bus Conversion 模块构成，参数如下。

（1）Adder2 模块（Parallel Adder Subtractor 模块）：

与 Adder1 模块相同。

（2）Bus Conversion 模块（Bus Conversion 模块）：

库：DSP Builder for Intel FPGAs 中 IO & Bus 库；

参数 Input Bus Type 设为 Signed Integer；

参数 Input [number of bits].[]设为 32；

参数 Output[number of bits[.[]设为 10；

参数 Input Bit Connected …设为 22。

剩下的模块构成幅度控制部分，模块参数如下。

（1）Product 模块（Product 模块）：

库：DSP Builder for Intel FPGAs 中 Arithemtic 库；

参数 Number of Pipeline Stages 设为 2；

参数 Clock Phase Selection 设为 1，选择 Use LPM。

（2）Bus Conversion1 模块（Bus Conversion 模块）：

库：DSP Builder for Intel FPGAs 中 IO & Bus 库；

参数 Input Bus Type 设为 Signed Integer；

参数 Input [number of bits].[]设为 20；

参数 Output[number of bits[.[]设为 12；

参数 Input Bit Connected …设为 8。

（3）LUT 模块（LUT 模块）：

库：DSP Builder for Intel FPGAs 中 Storage 库；

参数 Data Type 设为 Signed Integer；

参数 Address Width 设为 10；

参数[number of bits].[]设为 12；

参数 MATLAB Array 设为 2047*sin([0:2*pi/(2^10):2*pi])+2048；

使用 Use LPM。

11.4.2　FSK 调制器设计

FSK 调制器实际上是 DDS 的简化应用模型。二进制数字频率调制（2FSK）是利用二进制数字基带信号控制载波进行频谱变换的过程。在发送端，产生不同频率的载波振荡来传输数字信息“1”或“0”；在接收端，把不同频率的载波振荡还原成相应的数字基带信号。相邻两个振荡波形的相位可能是连续的，也可能是不连续的，因此有相位连续的 FSK 及相位不连续的 FSK 之分。FSK 调制的方法有如下两种。

（1）直接调频法。用数字基带矩形脉冲控制一个振荡器的某些参数，直接改变振荡频率，输出不同频率的信号。

（2）频率键控法。用数字矩形脉冲控制电子开关在两个振荡器之间进行转换，从而输出不同频率的信号。

在此设计一个 FSK 模型，在调制方法上选择直接调制法。采用 DDS 方法来生成频率可控的正弦信号，利用数字基带信号控制 DDS 的频率字输入，实现 FSK 调制。

图 11-49 所示是一个简化的 DDS 结构，由 8 位累加器作为相位累加器，由 2 选 1 多路选择器来选择累加器的相位，相位是由数字基带信号控制的。

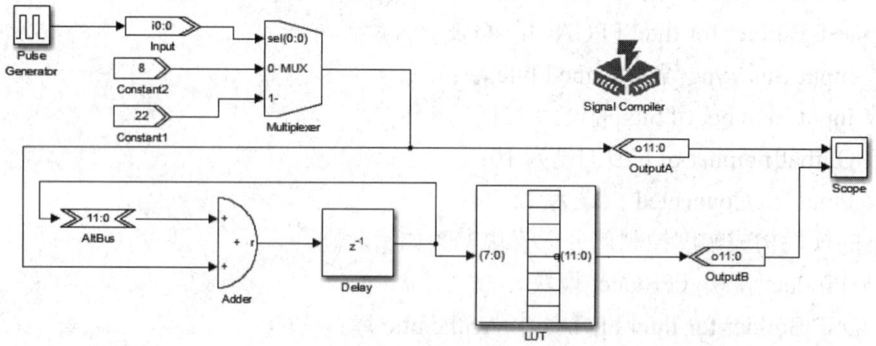

图 11-49　FSK 调制器模型

采用改变相位增量来控制频率的方法，可以产生相位连续的调制波形。在实际应用中，数据输出 OutputB 需要经过 DAC 进行数模转换，然后经低通滤波器后，产生最终的模拟输出信号。FSK 调制的仿真结果如图 11-50 所示，高电平控制时，正弦波的频率较高；而低电平时，正好相反。最后通过 Signal Compiler 及 Quartus 在 FPGA 上完成硬件实现后，可以在示波器上看到类似的波形输出。

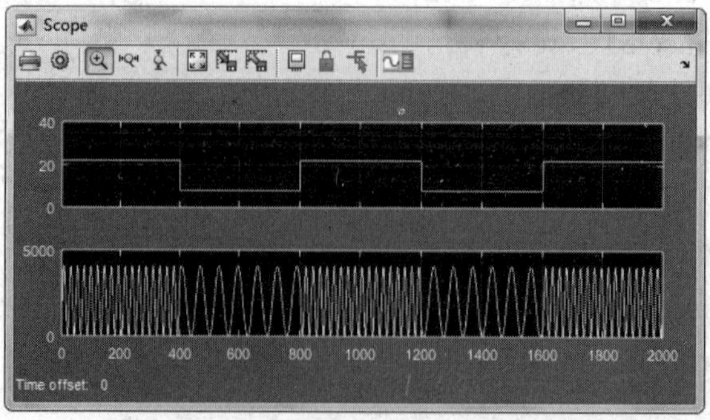

图 11-50　FSK 的 Simulink 仿真结果

图 11-49 中所有模块参数设置如下。

（1）Pulse Generator 模块（Pulse Generator 模块）：
库：Simulink 中 Sources 库；
参数 Pulse type 设为 time-based；
参数 Time 设为 Use simulation time；
参数 Amplitude 设为 1；
参数 Period 设为 800；
参数 Pulse width 设为 50，即 50%；
参数 Phase delay 设为 0；
使用 Interpret vector parameters as 1-D。

（2）Input 模块（Input 模块）：
库：DSP Builder for Intel FPGAs 中 IO & Bus 库；
参数 Bus Type 设为 Unsigned Integer；
参数[number of bits].[]设为 2。

（3）Constant2 模块（Constant 模块）：
库：DSP Builder for Intel FPGAs 中 IO & Bus 库；
参数 Constant Value 设为 8；
参数 Bus Type 设为 Unsigned Integer；
参数[number of bits].[]设为 12，其余默认。

（4）Constant1 模块：
与 Constant2 模块相同，但参数 Constant Value 设为 22。

（5）Multiplexer 模块（Multiplexer 模块）：
库：DSP Builder for Intel FPGAs 中 Gate & Control 库；
参数 Number of Input Data Lines 设为 2；
参数 Number of Pipeline Stages 设为 0，其余默认。

（6）AltBus 模块（AltBus 模块）：
库：DSP Builder for Intel FPGAs 中 IO & Bus 库；
参数 Bus Type 设为 Unsigned Integer；
参数 number of bits 设为 12，其余为 0；

（7）Adder 模块（Parallel Adder Subtractor 模块）：
库：DSP Builder for Intel FPGAs 中 Arithmetic；
参数 Number of Inputs 设为 2；
参数 Add (+) Sub (-)设为++；
参数 Clock Phase Selection 设为 1；
使用 Enable Pipeline。

（8）Delay 模块（Delay 模块）：
库：DSP Builder for Intel FPGAs – Standard Blockset 中 Storage 库；
参数 Number of Pipeline Stages 设为 1；
参数 Clock Phase Selection 设为 1。

（9）LUT 模块（LUT 模块）：
库：DSP Builder for Intel FPGAs 中 Storage 库；

参数 Data Type 设为 Signed Integer；

参数 Address Width 设为 8；

参数[number of bits].[]设为 12；

参数 MATLAB Array 设为 2047*sin([0:2*pi/(2^8):2*pi])+2048；

使用 Use LPM。

（10）OutputA/OutputB 模块（Output 模块）：

库：DSP Builder for Intel FPGAs 中 IO & Bus 库；

参数 Bus Type 设为 Unsigned Integer；

参数[number of bits].[]设为 12。

11.4.3 正交信号发生器设计

对于通信上的应用，往往需要得到一对正交的正弦信号，以便进行正交调制和正交解调。在用模拟的压控振荡器 VCO 时，输出一组完全正交的信号较为困难，而对于 DDS 而言，只要在基本 DDS 结构中增加一块 ROM 查找表，在两块 ROM 中分别放置一对正交信号即可（如一个放置 sin 表，另一个放置 cos 表）。

正交信号发生器的子系统如图 11-51 所示（注意其中的常数模块 CNT2 设定为 0），此系统输出的地址信号及两路正弦波信号的波形如图 11-52 所示。

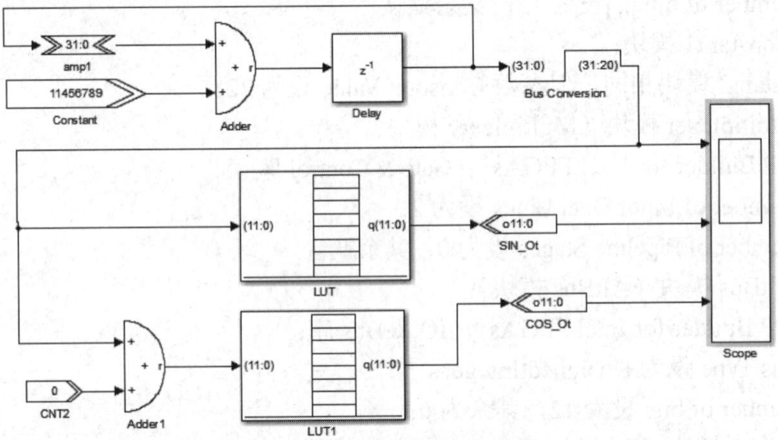

图 11-51　正交信号发生器 MDL 模型

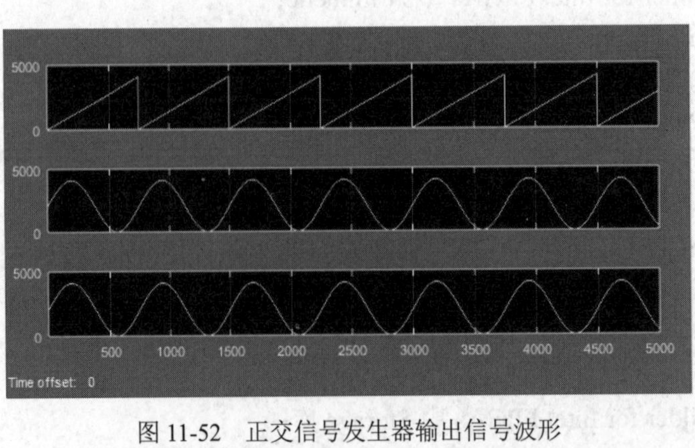

图 11-52　正交信号发生器输出信号波形

11.4.4 数控移相信号发生器设计

图 11-51 所示模型实际上同时也是一个基于 DDS 的数字移相信号发生器完整的设计。此模型输出的两路正弦信号的相位差将随 CNT2 中常数值的变换而变化，而输出频率则随 Constant 中数值变化。当然，在实际的硬件实现前也必须对输入/输出信号的有符号数据类型做一些转换。此外，如果要提高输出信号各项参数的指标，就必须增加各参数对应的功能模块和电路总线宽度。

11.4.5 幅度调制信号发生器设计

图 11-53 是用 MATLAB 和 DSP Builder 设计的幅度调制信号发生器 AM 电路，仿真编译后可以在 FPGA 上实现。图 11-54 所示是仿真波形，最上面的是载波，中间的是 AM 被调制后的波，下面是调制波。

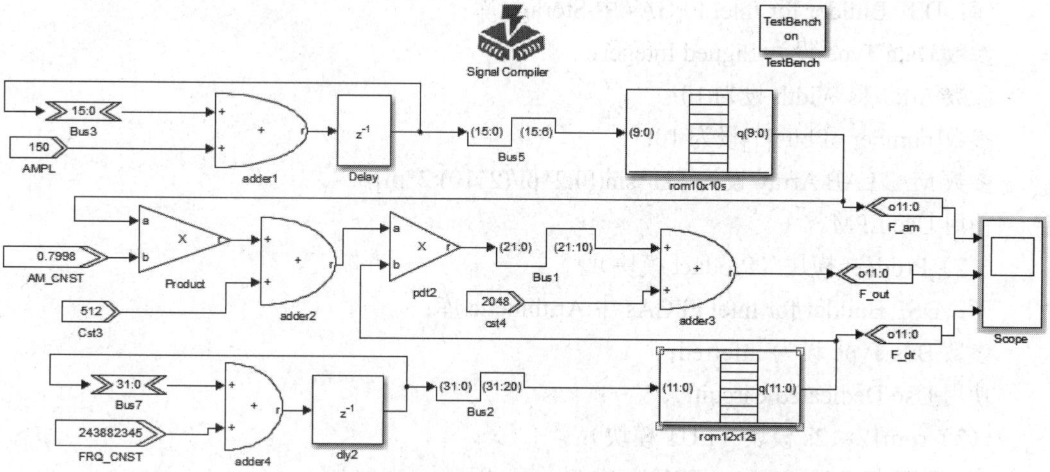

图 11-53 AM 发生器模型

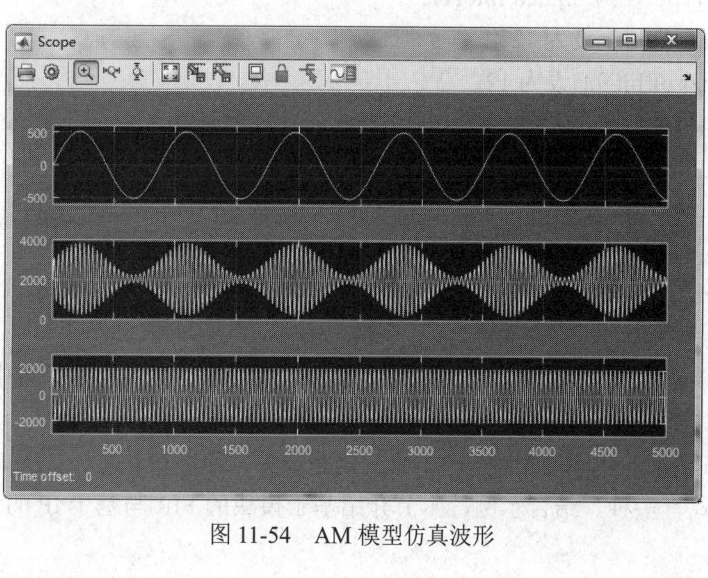

图 11-54 AM 模型仿真波形

式（11-3）是调制信号表达式，其中 F 是调制后的输出信号；F_{dr} 是载波信号；F_{am} 是调制信号；m 是调制度，$0<m<1$。F_{dr} 和 F_{am} 都是有符号函数。

$$F = F_{dr} \cdot (1 + F_{am} \cdot m) \tag{11-3}$$

根据式（11-3）可以做出图 11-53 所示的电路模型。其中元件 adder1、Delay、Bus5、Bus3、rom10×10s 构成一个 DDS 模块，产生调制信号 F_{am}，进入乘法器 Product 的 a 端；进入 b 端的是调制度 m（所取的调制度是 0.79）。

adder2 将乘积（乘积项取高 10 位整数）与 512 相加。由于是 10 位乘积，故 512 类似于式（11-3）中的 1。加法器输出的和进入第 2 个乘法器 pdt2 的 a 端。

元件 adder4、dly2、Bus2、Bus7、rom12×12s 构成另一个 DDS 模块，产生载波信号 F_{dr}，进入乘法器 pdt2 的 b 端。将乘积的高 12 位与 2048 相加，进入 12 位 DAC 输出。图 11-53 中，AMPL 输入的数据控制调制信号频率；FRQ_CNST 输入的数据控制载波信号频率。幅度调制信号发生器模型部分模块参数设置如下。

（1）rom10×10s 模块（LUT 模块）：

库：DSP Builder for Intel FPGAs 中 Storage 库；

参数 Data Type 设为 Signed Integer；

参数 Address Width 设为 10；

参数[number of bits].[]设为 10；

参数 MATLAB Array 设为 511*sin([0:2*pi/(2^10):2*pi])；

使用 Use LPM。

（2）Product 模块（Product 模块）：

库：DSP Builder for Intel FPGAs 中 Arithmetic 库；

参数 Bus Type 设为 Inferred；

使用 Use Dedicated Circuitry。

（3）rom12×12s 模块（LUT 模块）：

库：DSP Builder for Intel FPGAs 中 Storage 库；

参数 Data Type 设为 Signed Integer；

参数 Address Width 设为 12；

参数[number of bits].[]设为 12；

参数 MATLAB Array 设为 2047*sin([0:2*pi/(2^12):2*pi])；

使用 Use LPM。

11.5　FIR 数字滤波器设计

有限冲激响应（finite impulse response，FIR）滤波器在数字通信系统中被大量用于实现各种功能，如低通滤波、通带选择、抗混叠、抽取和内插等。

在 DSP Builder 的实际应用中，FIR 滤波器是最为常用的模块之一。DSP Builder 的 FIR 滤波器设计方式有多种，结合示例，本节介绍基于模块的 FIR 与基于 IP 的 FIR 设计方法。

11.5.1　FIR 滤波器原理

对于一个 FIR 滤波器系统，它的冲激响应总是有限长的，其系统函数可以记为

$$H(z)=\sum_{k=0}^{M} b_k z^{-k} \tag{11-4}$$

最基本的 FIR 滤波器可用表示为

$$y(n)=\sum_{i=0}^{L-1} x(n-i)h(i) \tag{11-5}$$

式中，$x(n-i)$ 是输入采样序列；$h(i)$ 是滤波器系数；L 是滤波器的阶数；$y(n)$ 表示滤波器的输出序列。也可以用卷积来表示输出序列 $y(n)$ 与 $x(n)$、$h(n)$ 的关系，即

$$y(n)=x(n)h(n) \tag{11-6}$$

图 11-55 中显示了一个典型的直接 I 型 3 阶 FIR 滤波器，其输出序列 $y(n)$ 满足等式

$$y(n)=h(0)x(n)+h(1)x(n-1)+h(2)x(n-2)+h(3)x(n-3) \tag{11-7}$$

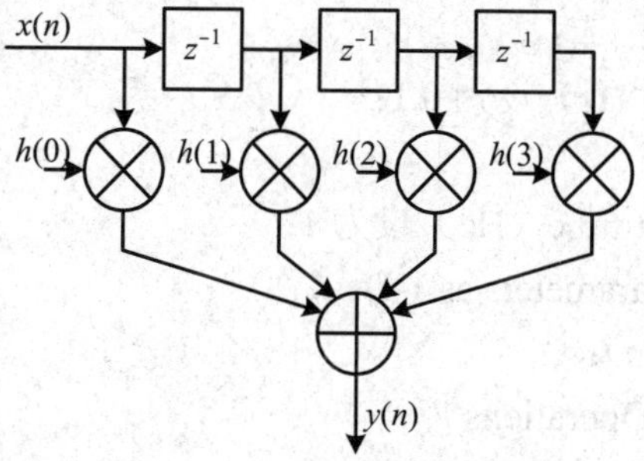

图 11-55　3 阶 FIR 滤波器结构

在这个 FIR 滤波器中，总共存在 3 个延时节、4 个乘法单元、一个 4 输入的加法器。如果采用普通的数字信号处理器（DSP）来实现，只能用串行的方式顺序地执行延时和乘加操作，不可能在一个 DSP 处理器指令周期内完成，因此必须用多个指令周期来完成。

但是，如果采用 FPGA 来实现，就可以采用并行结构，在一个时钟周期内得到一个 FIR 滤波器的输出，不难发现图 11-55 的电路结构是一种流水线结构，这种结构在硬件系统中有利于并行高速运行。

11.5.2　使用 DSP Builder 设计 FIR 滤波器

使用 DSP Builder 可以方便地在图形化环境中设计 FIR 数字滤波器，而且滤波器系数的计算可以借助 MATLAB 强大的计算能力和现成的滤波器设计工具来完成。

1．3 阶常数系数 FIR 滤波器设计

一个 3 阶 FIR 滤波器的 $h(n)$ 可以表示为

$$h(n)=C_q(h(0)x(n)+h(1)x(n-1)+h(2)x(n-2)+h(3)x(n-3)) \tag{11-8}$$

式（11-8）中，$h(0)=63$，$h(1)=127$，$h(2)=127$，$h(3)=63$；C_q 是量化时附加的因子。这里采用直接 I 型来实现该 FIR 滤波器。如果利用 MATLAB 设计好的直接 I 型 3 阶 FIR 滤波器模型图，可以参见图 11-56。

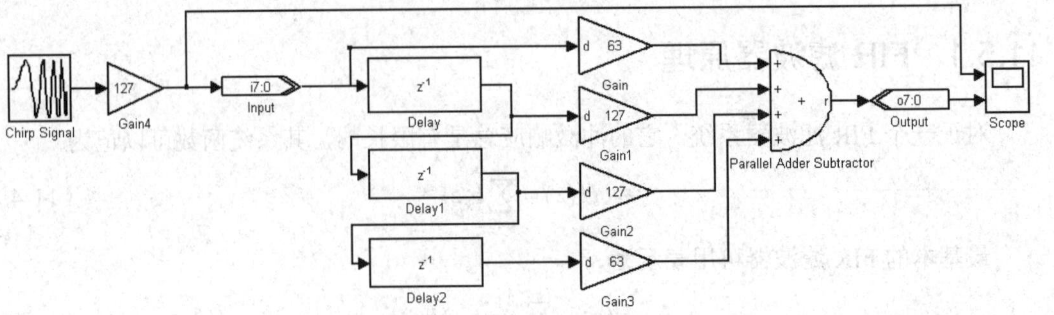

图 11-56　带有仿真信号模块的 3 阶滤波器模型

由于 FIR 滤波器的系数 $h(n)$ 已经给定，是一个常数，由图 11-56 中看到，在 DSP Builder 库中可以用 Gain（增益）模块来实现 $h(k)\ x(n-k)$ 的运算，用延时 Delay 模块来实现输入信号序列 $x(n)$ 的延时。设计完 3 阶 FIR 滤波器模型后，就可以添加 Simulink 模块进行仿真了，如图 11-56 所示。新增的仿真模块参数做如下设置。

（1）Chirp Signal 模块（Chirp Signal）：

库：Simulink 中 Sources 库；

参数 Initial Frequency（Hz）设为 0.1；

Target time 设为 50；

参数 Frequency at target time（Hz）设为 1；

使用 Interpret vectors parameters as 1-D。

（2）Gain4 模块（Gain）：

库：Simulink 中 Math Operations 库；

参数 Gain 设为 127；

Multiplication 设为 Element wise(K.*u)。

（3）Gain0、Gain1、Gain2、Gain3 模块（Gain）：

库：DSP Builder for Intel FPGAs 中 Arithmetic 库；

参数 Gain Value 分别设为 63、127、127、63；

其他默认。

（4）Scope 模块（Scope）：

库：Simulink 中 Sinks 库；

参数 Number of Axes 设为 2。

其中 Chirp Signal 模块为线性调频信号发生模块，生成一个 0.1～1 Hz 的线性调频信号。在该模型仿真中使用默认的仿真参数，仿真结果如图 11-57 所示。一个线性调频信号通过 3 阶 FIR 滤波器后，幅度发生了变化，即频率越高，幅度被衰减得越多。

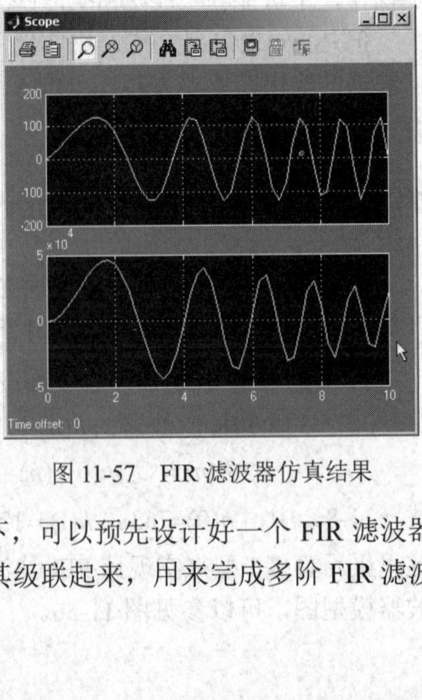

图 11-57　FIR 滤波器仿真结果

2．4 阶 FIR 滤波器节设计

对于直接 I 型的 FIR 滤波器（结构见图 11-58）是可以级联的，也就是说，在滤波器系数可变的情况下，可以预先设计好一个 FIR 滤波器节，在实际应用中通过不断地调用 FIR 滤波器节，将其级联起来，用来完成多阶 FIR 滤波器的设计。

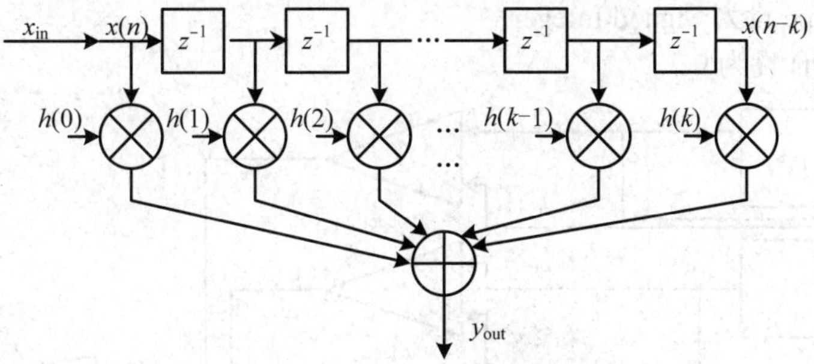

图 11-58　直接 I 型 FIR 滤波器结构

图 11-59 是一个直接 I 型的 4 阶 FIR 滤波器节的结构。为了使该滤波器节的调用更为方便，在 x_{in} 输入后插入了一个延时单元，由 3 阶滤波器演变成 4 阶的，不过常数系数项（z^0 系数项）$h(0)$恒为 0。由于在通信应用中，FIR 滤波器处理的往往是信号流，增加一个延时单元不会影响 FIR 滤波器处理的结果，只是系统延时增加了一个时钟周期。

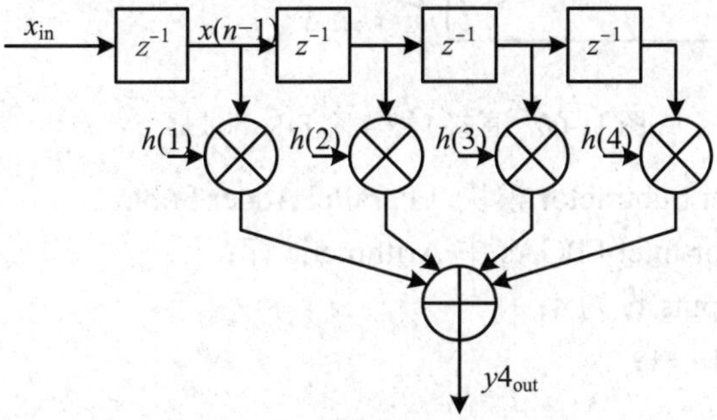

图 11-59　直接 I 型 4 阶 FIR 滤波器节结构

对于该 FIR 滤波器节，其系统函数可表示为

$$H(z) = h(1)z^{-1} + h(2)z^{-2} + h(3)z^{-3} + h(4)z^{-4} \tag{11-9}$$

由于浮点小数在 FPGA 中实现比较困难，实现的资源代价太大，在 DSP Builder 中不妨使用整数运算来实现，最后用位数舍取的方式得到结果。

为了使参数可变，FIR 滤波器系数 $h(1)$、$h(2)$、$h(3)$、$h(4)$ 也作为输入端口。在本设计中，输入序列 $x(n)$ 的位宽设为 9 位。图 11-60 显示的就是一个设计好的 4 阶 FIR 滤波器节结构，与图 11-56 所示的常数 FIR 滤波器相比，用 Product（乘）模块代替了 Gain（增益）模块。

图 11-60 中相关模块的参数设置如下。

（1）xin、hn1、hn2、hn3、hn4 模块（AltBus）：

库：DSP Builder for Intel　FPGAs 中 IO & Bus 库；

参数 Bus Type 设为 Signed Integer；

number of bits 设为 9。

（2）yn 模块（AltBus）：

库：DSP Builder for Intel　FPGAs 中 IO & Bus 库；

参数 Bus Type 设为 Signed Integer；

number of bits 设为 20。

（3）xn4 模块（AltBus）：

库：DSP Builder for Intel FPGAs 中 IO & Bus 库；

参数 Bus Type 设为 Signed Integer；

number of bits 设为 9。

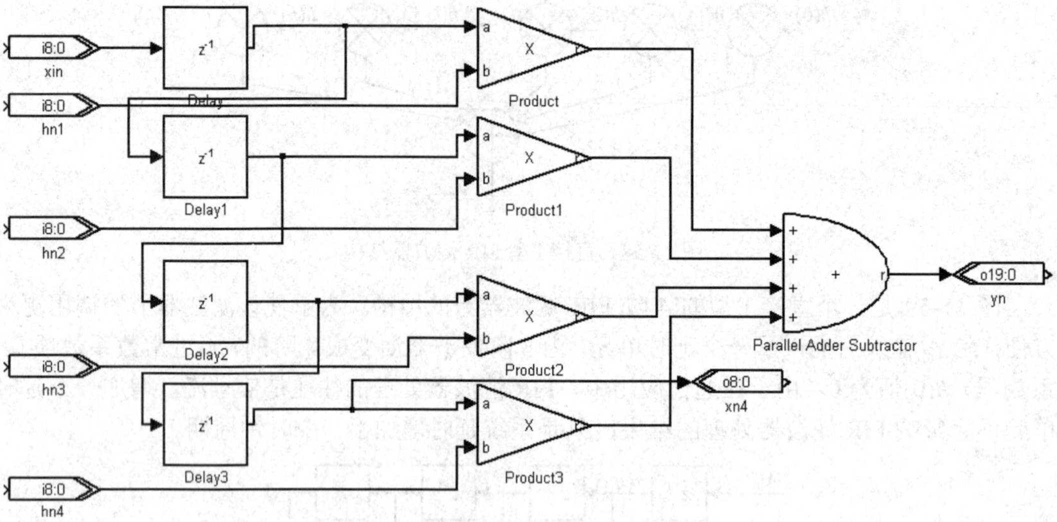

图 11-60　直接 I 型 4 阶 FIR 滤波器节结构

（4）Parallel Adder Subtractor 模块（Parallel Adder Subtractor）：

库：DSP Builder for Intel FPGAs 中 Arithmetic 库；

参数 Number of Inputs 设为 4；

Add(+)Sub(-)设为++++；

使用 Pipeline；

参数 Clock Phaese Selectioon 设为 1。

（5）Delay、Delay1、Delay2、Delay3 模块（Delay）：

库：DSP Builder for Intel FPGAs 中 Storage 库；

参数 Depth 设为 1；

Clock Phase Selection 设为 1。

（6）Product、Product1、Product2、Product3 模块（Product）：

库：DSP Builder for Intel FPGAs 中 Arithemtic 库；

参数 Pipeline 设为 2；

Clock Phase Selection 设为 1；

不选择 Use LPM。

3. 16 阶 FIR 滤波器模型设计

利用以上设计的 4 阶 FIR 滤波器节可以方便地搭成 4n 阶直接 I 型 FIR 滤波器（注意，$h(0)=0$）。比如要实现一个 16 阶的低通滤波器，可以调用 4 个 4 阶 FIR 滤波器节来实现。

为了设计 4 阶 FIR 滤波器节子系统，首先需要建立一个新的 DSP Builder 模型，复制前文已设计好的 4 阶 FIR 滤波器节 FIR4tap 模型到新模型。由 FIR4tap 模型建立子系统，并对端口信号进行修改，把子系统更名为 fir4tap，如图 11-61 所示。fir4tap 的内部结构与图 11-60 所示的电路基本相同。

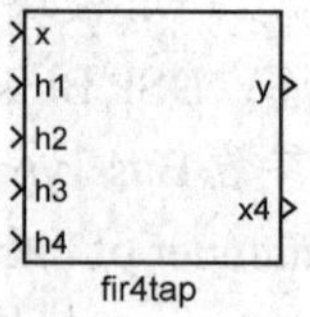

图 11-61　fir4tap 子系统

然后组成 16 阶 FIR 滤波器模型。为此复制 4 个 fir4tap，并将它们衔接起来，前一级的输出端口 $x4$ 接后一级的 x 输入端口。并附加上 16 个常数端口，作为 FIR 滤波器系数的输入。把 4 个子系统 fir4tap 的输出端口 y 连接起来，接入一个 4 输入端口的加法器，得到 FIR 滤波器的输出 yout。在此注意在完成子系统设计后，要按照前文所述的方式，修改其参数 Mask Type 为 SubSystem AlteraBlockSet。

设计好的 16 阶 FIR 滤波器如图 11-62 所示。

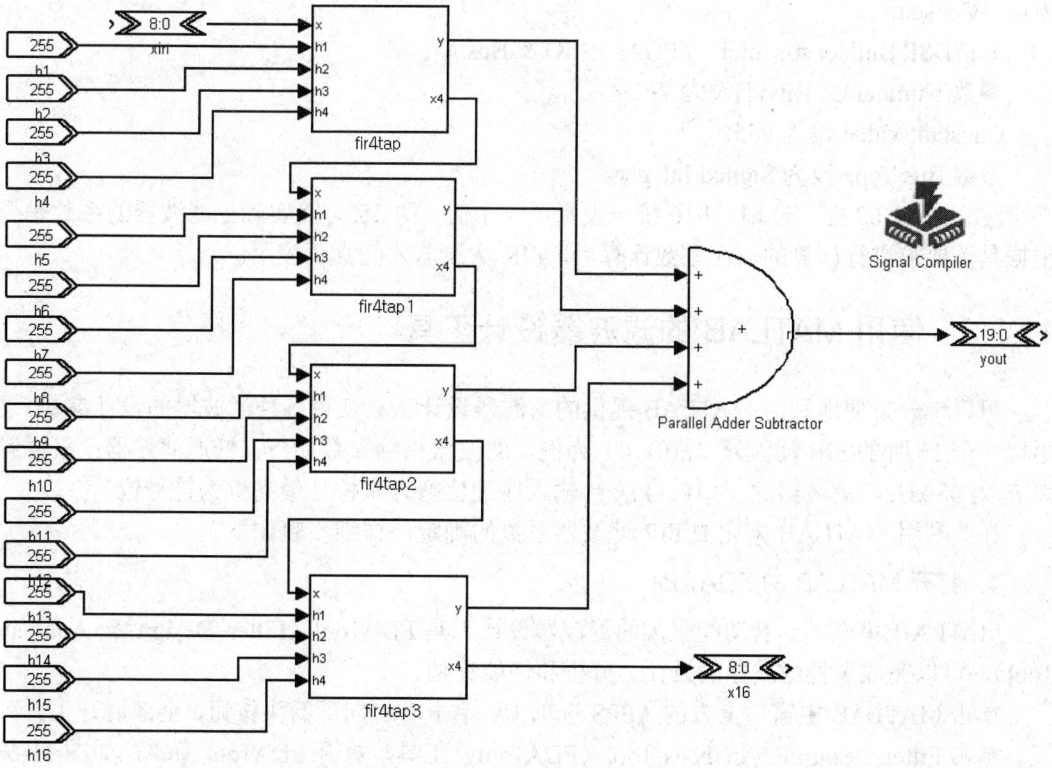

图 11-62　16 阶直接 I 型 FIR 滤波器模型

16 阶直接 I 型 FIR 滤波器模型中，新增加的模块做如下设置。

（1）xin 模块（AltBus）：

库：DSP Builder for Intel　FPGAs 中 IO & Bus 库；

参数 Bus Type 设为 Signed Integer；

number of bits 设为 9。

（2）yout 模块（AltBus）：

库：DSP Builder for Intel　FPGAs 中 IO & Bus 库；

参数 Bus Type 设为 Signed Integer；

number of bits 设为 20。

（3）x16 模块（AltBus）：

库：DSP Builder for Intel　FPGAs 中 IO & Bus 库；

参数 Bus Type 设为 Signed Integer；

number of bits 设为 9。

（4）Parallel Adder Subtractor 模块（Parallel Adder Subtractor）：

库：DSP Builder for Intel　FPGAs 中 Arithmetic 库；

参数 Number of Inputs 设为 4；

Add(+)Sub(-)设为++++；

使用 Pipeline；

参数 Clock Phaese Selectioon 设为 1。

（5）h1、h2、h3、h4、h5、h6、h7、h8、h9、h10、h11、h12、h13、h14、h15、h16 模块（Constant）：

库：DSP Builder for Intel　FPGAs 中 IO & Bus 库；

参数[Number Of Bits].[]设为 9；

Constant Value 设为 255；

参数 Bus Type 设为 Signed Integer。

注意图 11-62 中，对 h1～h16 统一设置了一个值，即 255，而实际上滤波器的系数是要根据具体要求进行计算的。在系数计算后，FIR 滤波器才能真正应用。

11.5.3　使用 MATLAB 的滤波器设计工具

可以十分方便地利用 MATLAB 提供的滤波器设计工具获得各种滤波器的设计参数。这里以一个 16 阶的 FIR 滤波器（$h(0)=0$）为例，滤波器指标参数如下：低通滤波器；采样频率 F_s 为 48 kHz，滤波器 F_c 为 10.8 kHz；输入序列位宽为 9 位（最高位为符号位）。

在此利用 MATLAB 来完成 FIR 滤波器系数的确定，详细步骤如下。

1. 打开 MATLAB 的 FDATool

MATLAB 集成了一套功能强大的滤波器设计工具 FDATool（Filter Design & Analysis Tool），可以完成多种滤波器的设计、分析和性能评估。

单击 MATLAB 主窗口上方的 APPS 选项卡，单击右边向下箭头按钮，全部展开工具列表。单击 Filter Design & Analysis Tool（FDATool）工具，打开 FDATool 窗口，如图 11-63 所示。

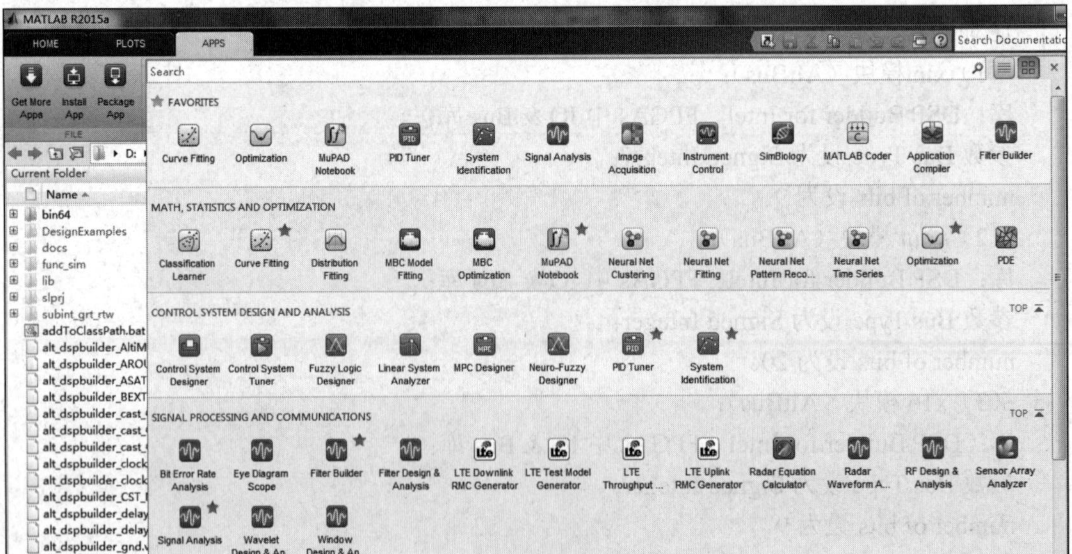

图 11-63　FDATool 界面

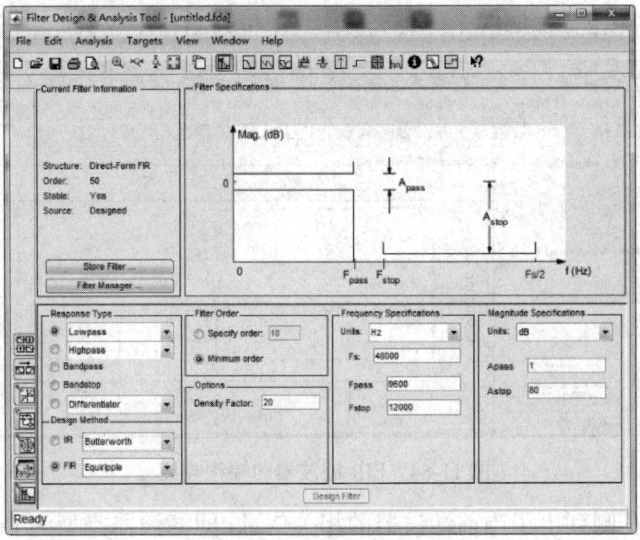

图 11-63 FDATool 界面（续）

2. 选择 Design Filter

FDATool 左下侧排列了一组工具按钮，功能介绍如下。

- 滤波器转换（TransForm Filer）。
- 实现模型（Create a Multirate Filter）。
- 设置量化参数（Set Quantization Parameters）。
- 实现模型（Realize Model）。
- 极点或零点编辑（Pole/Zero Editor）。
- 导入滤波器（Import Filter）。
- 设计滤波器（Design Filter）。

单击左下侧 Design Filter 按钮，进入设计滤波器界面，再进行如下设置：滤波器类型（Filter Type）为低通（Lowpass）；设计方法（Design Method）为 FIR，采用窗口法（Window）；滤波器阶数（Filter Order）为 15；窗口类型为 Kaiser，Beta 为 0.5；Fs 为 48000，Fc 为 10800。注意，在滤波器阶数选择时，此处设置的是 15 阶，而不是 16 阶。这是由于在前面设计的 16 阶 FIR 滤波器的常数系数项 $h(0)=0$。其系统函数 $H(z)$可以表示为

$$H(z)=\sum_{k=1}^{16} b_k z^{-k} \tag{11-10}$$

或可写成

$$H(z)=z^{-1}\sum_{k=0}^{15} b_k z^{-k} \tag{11-11}$$

即可以看成一个 15 阶的 FIR 滤波器的输出结果经过了一个延时单元 z^{-1}，所以在 FDATool 中把它当成 15 阶 FIR 滤波器来计算参数。

单击界面下方的 Design Filter 按钮，让 MATLAB 计算 FIR 滤波器系数并做相关分析。

3. 滤波器分析

计算完 FIR 滤波器系数后，往往需要对设计好的 FIR 滤波器进行相关的性能分析，以便了解是否满足设计要求。分析操作步骤如下。

在 FDATool 窗口中选择 Analysis→Magnitude Response 命令，启动幅频响应分析。

图 11-64 显示了滤波器的幅频响应，*X* 轴为频率（单位为 kHz），Y 轴为幅度值（单位为 dB）。

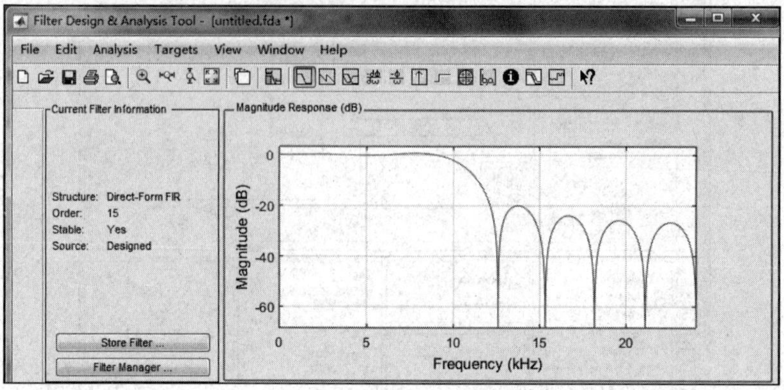

图 11-64　FIR 滤波器的幅频响应

在图 11-64 的左侧列出了当前滤波器的相关信息，即滤波器类型为 Direct-Form FIR（直接 I 型 FIR 滤波器）；滤波器阶数为 15。注意不是每一种 FIR 滤波器设计方法计算的滤波器都是直接 I 型结构的。如果在 DSP Builder 中设计的 FIR 滤波器为直接 I 型结构，那就必须保证在这里显示的 FIR 滤波器结构为 Direct-Form FIR。

选择 Analysis→Phase Response 命令，启动相频响应分析。图 11-65 显示了滤波器的相频响应，可以看到设计的 FIR 滤波器在通带内相位响应为线性的，即该滤波器是一个线性相位的滤波器。

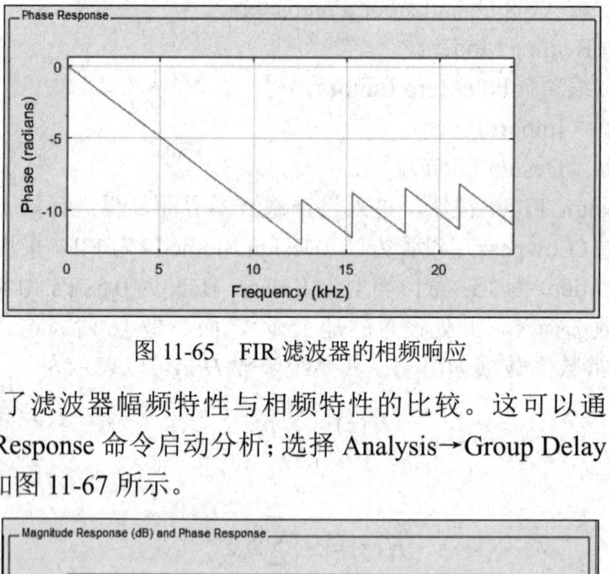

图 11-65　FIR 滤波器的相频响应

图 11-66 显示了滤波器幅频特性与相频特性的比较。这可以通过选择 Analysis→Magnitude & Phase Response 命令启动分析；选择 Analysis→Group Delay Response 命令启动群延时分析，波形如图 11-67 所示。

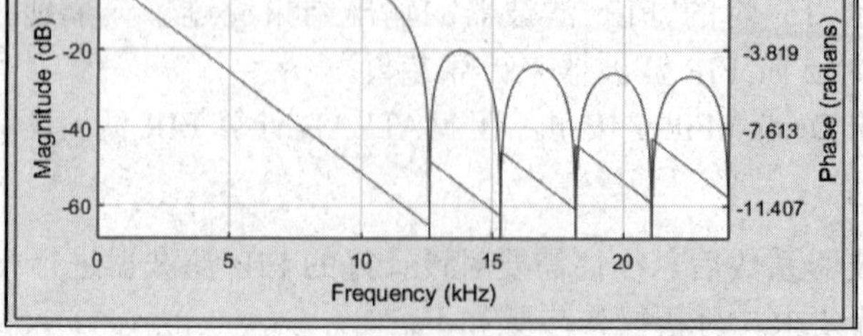

图 11-66　幅频响应与相频响应比较

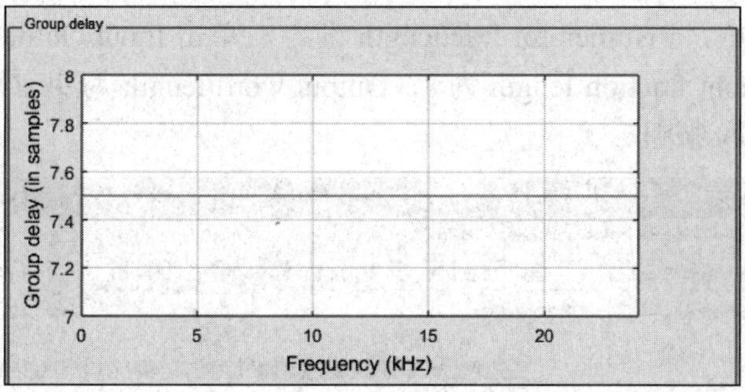

图 11-67　FIR 滤波器的群延时

在菜单 Analysis 下还有一些分析，如 Impulse Response（冲激响应）、Step Response（阶跃响应）、Pole/Zero Plot（零极点图）等。

由于直接 I 型 FIR 滤波器只有零点，因此在图 11-68 所示的零极点图中没有极点的存在。

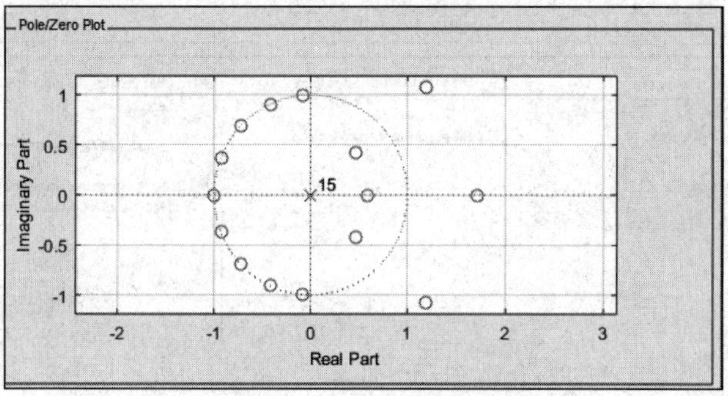

图 11-68　FIR 滤波器的零极点

求出的 FIR 滤波器的系数可以选择 Analysis→Filter Coefficients 命令来观察。图 11-69 列出了 FDATool 计算的 15 阶直接 I 型 FIR 滤波器部分系数。

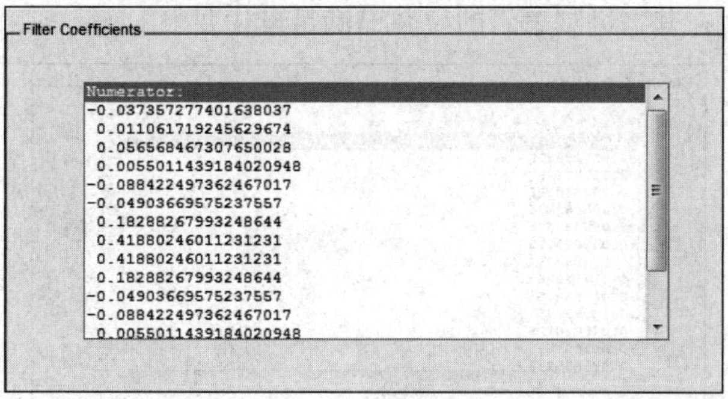

图 11-69　FIR 滤波器系数

4．量化

从图 11-69 可以看到，FDATool 计算出的值是一个有符号小数，而在 DSP Builder 下建立的 FIR 滤波器模型需要一个整数（有符号整数类型）作为滤波器系数。所以必须进行量化，并对得到的系数进行归一化。为此，单击 FDATool 左下侧的按钮进行量化参数设置。

在界面中的 Filter arithmetic 选项中选择 Fixed-point，在弹出的界面中将 Filter precision 设为 Specify all，如图 11-70 所示。将 Numerator word length 设为 9，取消选中 Best-precision fraction lengths 复选框，将 Numerator frac.length 设为 8；单击 Input/Output 选项卡，设置 Input word length 为 9，Input fraction length 为 8，Output word length 为 9，Output fraction length 为 8。最后单击 Apply 按钮。

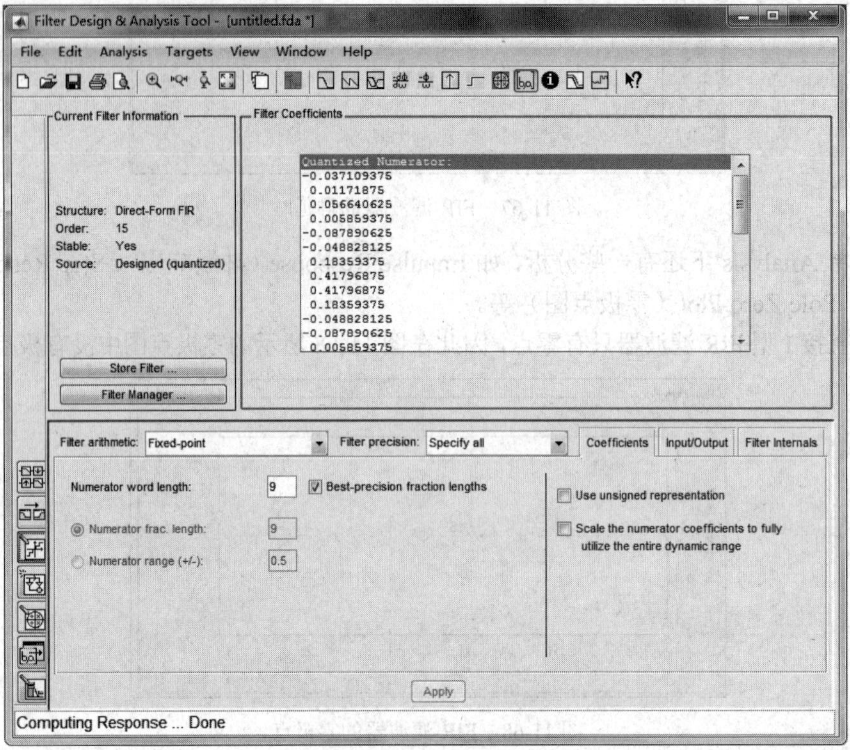

图 11-70　量化参数设置

在图 11-71 中显示了量化后的部分系数值。注意在这里系数仍是用小数表示的，不同于量化前的系数，现在其二进制表示的位数已满足量化要求。

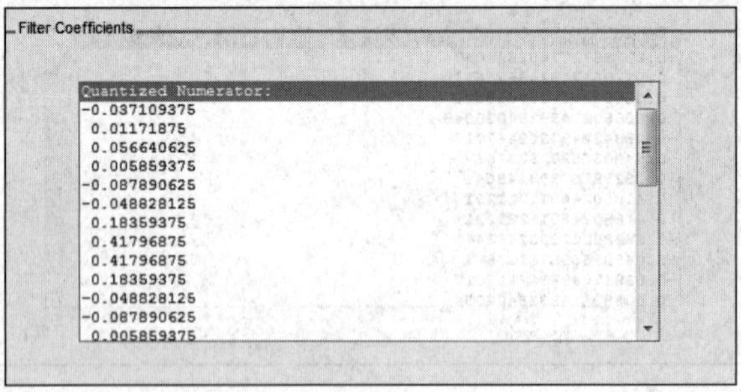

图 11-71　量化后系数

在量化后，设计的 FIR 滤波器的性能会有所改变，其幅频响应、相频响应也有所变化，如图 11-72 所示是量化后幅频、相频响应波形图。

5. 导出滤波器系数

为导出设计好的滤波器系数，在 FDATool 窗口中选择 File→Export 命令，打开导出（Export）对话框，如图 11-73 所示，选择导出到工作区（Workspace）。这时滤波器系数就存入了一个一维变量 Num，不过这时 Num 中的元素是以小数形式出现的，如下所示：

```
Num =
    -0.039    0.0117    0.0546   0.0039   -0.0898   -0.0507
     0.1835   0.4179    0.4179   0.1835   -0.0507  -0.0898
     0.0063    0.0546    0.0117 -0.0390
```

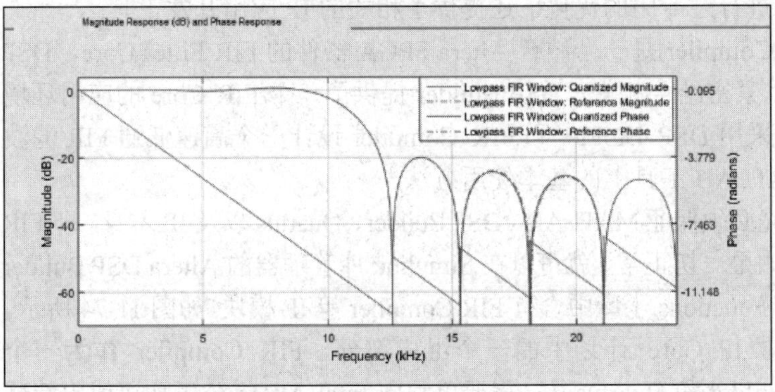

图 11-72　量化后幅频、相频响应

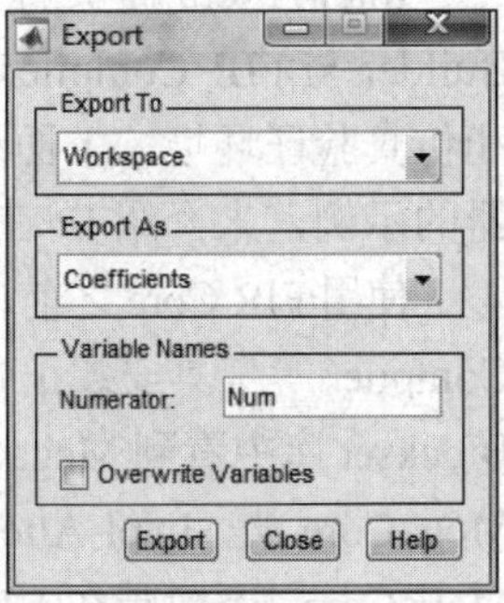

图 11-73　导出对话框

现在若要在 FIR 滤波器模型中使用这些数据，还需要将它们转化为整数。在 MATLAB 主窗口的命令窗口中输入：Num * (2^8)，得到如下结果：

```
>> Num*(2^8)
ans =
  Columns 1 through 10
    -10     3    14     1   -23   -13    47   107   107    47
  Columns 11 through 16
   -13   -23     1    14     3   -10
```

6. 修改 FIR 滤波器模型添加参数

修改图 11-62 所示的电路，把计算出的系数（−10、3、14、…、3、−10）逐个输入到 FIR 滤波器模型中的各常数模块（h1、h2、…、h16）。这样，一个 16 阶直接 I 型 FIR 低通滤波器就设计完成了。

7. 导出滤波器系数的另一种方法

在 FIR 滤波器阶数较大时，若按照以上导出滤波器系数的方法，则会不太方便，而且在设计要求有所变化时，系数修改极为不利。对此，可以按照以下方法来导出。

把 FIR 滤波器模型中的 h1～h16 模块的参数 Constant Value（常数值）设置为 Num(*n*)*(2^8)。其中 Num 同上文所述，是 FDATool 的系数导出，*n* 用具体的数字来代替，如 h1 模块设置为 Num(1)*(2^8)，h2 模块设置为 Num(2)*(2^8)。

最后利用 Singal Compiler 选定器件系列，把模型转换成 HDL 文件，用 Quartus 进行综合、适配，并锁定管脚和下载至 FPGA 中，就可以完成硬件实现了。

11.5.4　使用 FIR IP Core 设计 FIR 滤波器

对于一个面向市场和实际工程应用的系统设计，开发效率十分重要。然而对于一般的设计者，在短期内不可能全面了解 FIR 滤波器（指在 FPGA 上实现）相关的优化技术，也没有必要了解过多的细节。此外，FIR 滤波器滤波系数的确定，即 FIR 滤波器的设计方法，也是比较烦琐的，需要花费大量的精力和时间才能设计出在速度、资源利用、性能上都满足要求的滤波器。此外，虽然 DSP Builder 提供了大量的基本 DSP 模块，但是要了解用哪些模块构建一个高效的 FIR 滤波器仍然不是一件简单的事情。

但是，如果采用预先设计好的 FIR IP 核，则能很容易地解决以上问题。对于 IP，在速度、资源利用、性能上往往进行过专门的优化，还提供了相关的 IP 应用开发工具。

Intel-Altera 提供的 FIR Compiler 是一个结合 Altera FPGA 器件的 FIR Filter Core，DSP Builder 与 FIR Compiler 可以紧密结合起来。DSP Builder 提供了一个 FIR Core 的应用环境和仿真验证环境。下面通过采用 DSP Builder 和 FIR Compiler 设计一个高速低通 FIR 滤波器的示例，来介绍 IP 在 MATLAB 工具上的基本使用方法。

使用 FIR Core 之前，首先必须保证 MATLAB、DSP Builder、Quartus 以及 IP 本身，即 FIR Compiler 等工具安装正确。如果一切正常，就可以在 Simulink 库管理器的 Altera DSP Builder Blockset 库中看到 MegaCore Functions 子库中含有 FIR Compiler 等 IP 模块，如图 11-74 所示。MegaCore 是 Intel-Altera 的 IP Core 计划中的一个组成部分，FIR Compiler 作为一个 MegaCore，不附带在 DSP Builder 和 Quartus 中，需要单独向 Intel-Altera 公司购买或申请试用版。现在最新的 FIR Compiler 的版本可以支持 Quartus 和 DSP Builder。

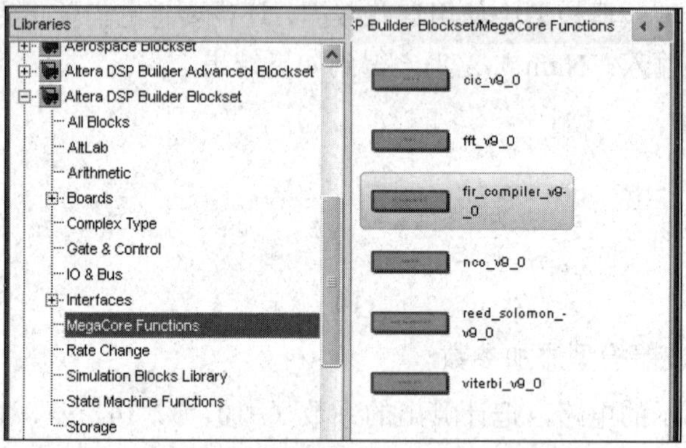

图 11-74　IP Core 模块库

从图 11-74 可以看到，FIR Filter Core 在 DSP Builder 中是以模块的方式出现的，可以使用调用 DSP Builder 模块的方式来使用。步骤如下。

1．FIR 滤波器核的使用

为了调用 FIR Core，在 Simulink 环境中新建一个模型，放置 Signal Compiler 模块和 FIR 模块。注意，在 DSP Builder 中使用 FIR Compiler 时，需要有 Signal Compiler 的支持，所以在使用配置 FIR 模块时，必须放置 Signal Compiler 模块。

2．配置 FIR 滤波器器核

为了确定 FIR 滤波器的设计指标，双击新模型中的 FIR 模块，弹出功能选择窗口，如图 11-75 所示。单击 Parameterize 按钮，打开 FIR 滤波器核的参数设置窗口，进行 FIR 滤波器参数的配置，如图 11-76 所示。在此，只要把设计要求直接输入对应的设置框，并单击 Apply 按钮，FIR 滤波器的系数就自动计算完成，并在窗口中显示所设计的 FIR 滤波器的幅频特性。

图 11-75　设置 FIR Core 参数

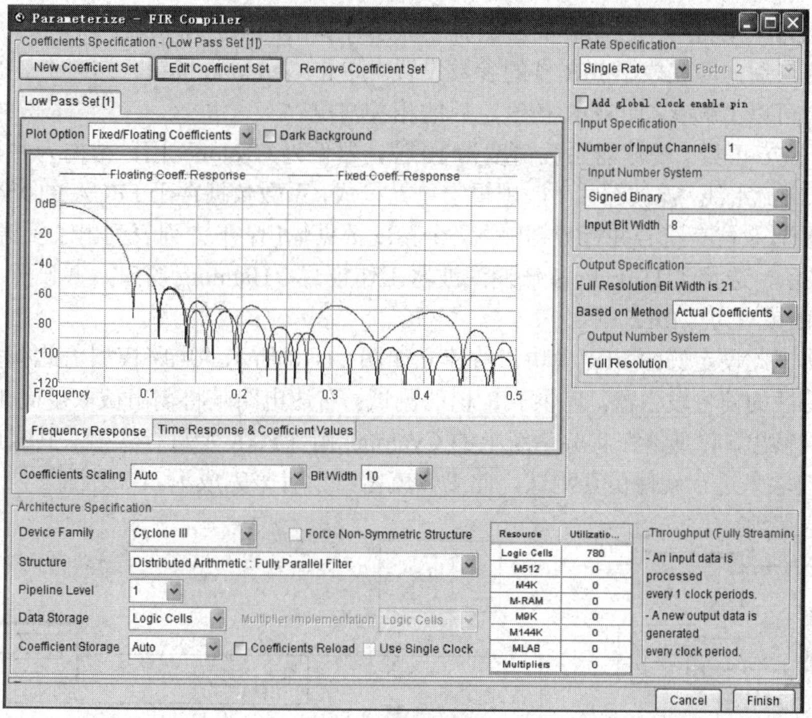

图 11-76　确定 FIR 滤波器系数

除了将设计指标输入外，还有一些选项可以设置。单击上方的 Edit Coefficient Set 按钮，出现如图 11-77 所示的窗口。在此可以做一些设置，比如 FIR 设计时采用的窗口类型，在这里设为 Hanning 窗口。设计者不用关心这些窗口类型在 FIR 滤波器设计的具体实现算法，只要观察不同的窗口（Window Type）对 FIR 滤波器性能的影响的仿真情况即可，然后选定其中一种最符合设计性能要求的窗口类型。

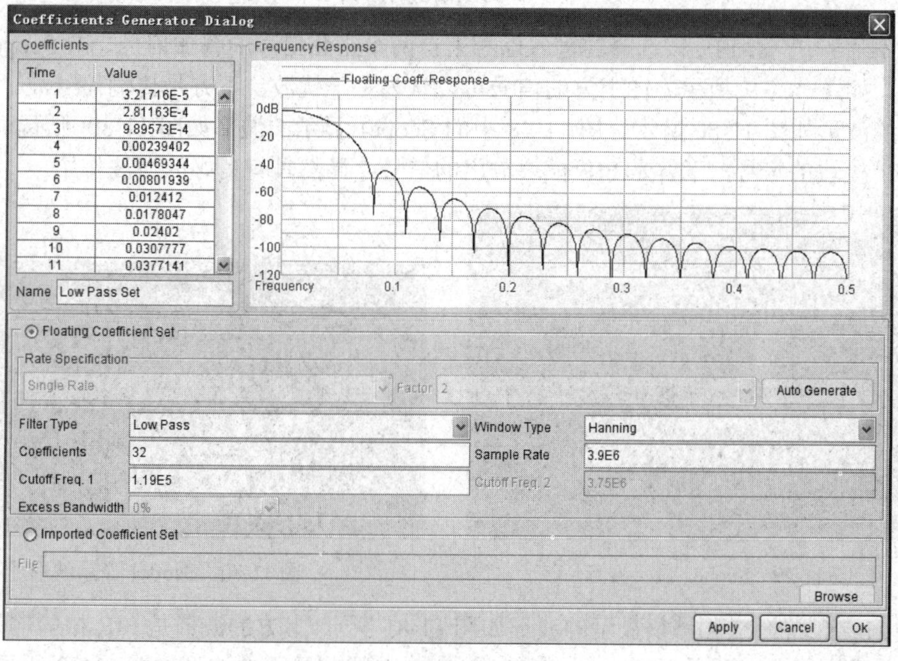

图 11-77　确定 FIR 工作方式

单击 Apply 按钮后，在图中的左侧就会显示计算出的滤波器系数。

关闭窗口后，即完成了 FIR 核的参数设置。单击 Generate 按钮，这时会弹出一个信息窗口，从中可以了解有关此 FIR 核设定后的相关情况。

由图 11-76 可见，滤波器系数精度为 10 位，器件为 Cyclone Ⅲ，结构为并行滤波器结构，选择 1 级流水线，滤波器由 LC 逻辑宏单元构成，系数数据存于 FPGA 的 M4K 模块中，1 个输入通道，8 位有符号并行数据输入，全精度数据输出；下方列表列出了资源占用情况。图 11-77 显示，选择了 Low Pass 低通滤波器工作模式、Hanning 窗口，并设置采样频率为 3.9E6、截止频率为 1.19E5 等。

为了测试此设定好的 FIR 模块，特建立如图 11-78 所示的电路模型。此模型的左边是不同性能特性的信号发生器，以供 FIR 核的测试。右边电路是将输出截取了高 10 位，并转化成无符号输出，以便能在实验系统上的 Cyclone Ⅲ FPGA 上进行实测。其实此模型也能利用 HIL 模块来进行硬件仿真测试，此工作就留给读者来完成了。

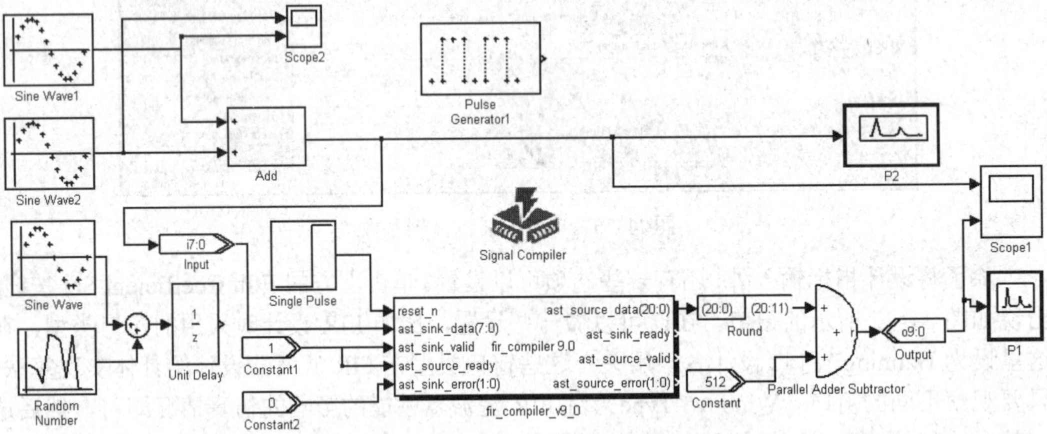

图 11-78　FIR 滤波器核的测试电路模型

图 11-78 中，对 FIR 核选择的输入信号来自两个正弦信号的叠加信号，即 Scope2 的显示波形，如图 11-79 所示。图上方的信号可以认为是干扰波，下方是传输信号波。它们叠加以后的波形如图 11-80 所示。图 11-78 中的 Scope1 显示的波形如图 11-80 所示，上方是输入 FIR 模块的信号，下方是 FIR 模块输出的信号，显然具有良好的滤波作用。

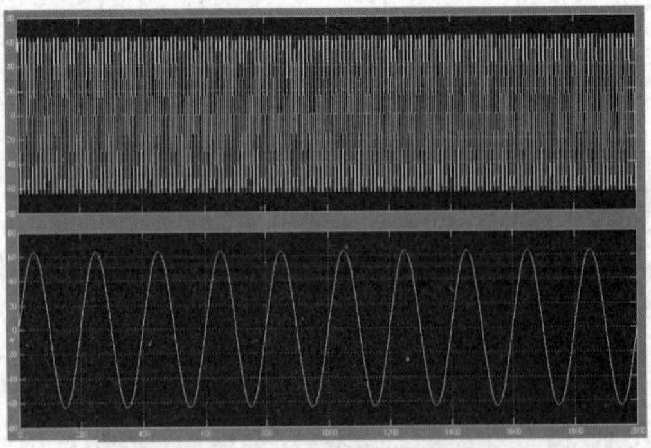

图 11-79　Scope2 显示波形

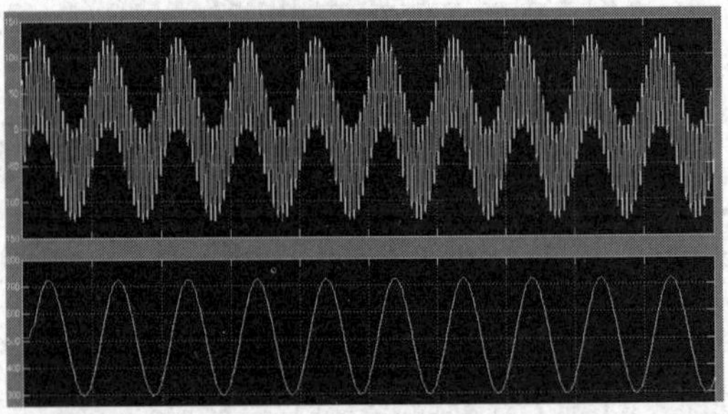

图 11-80　Scope1 显示波形

图 11-78 中的 P2 频谱仪显示的波形如图 11-81 所示，上方的波形是 FIR 核的输入信号，下方的波形是输入信号的频谱。图 11-78 中的 P1 频谱仪显示的波形如图 11-82 所示，上方

波形是 FIR 核的输出信号，下方波形是输入信号的频谱。显然，高频率的信号已被滤除。

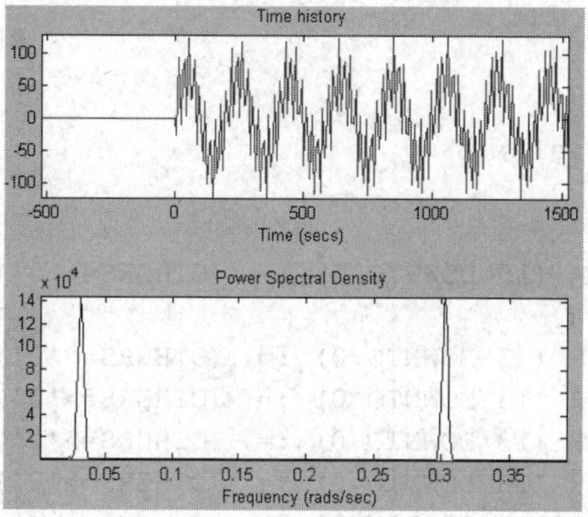

图 11-81 P2 频谱仪显示波形

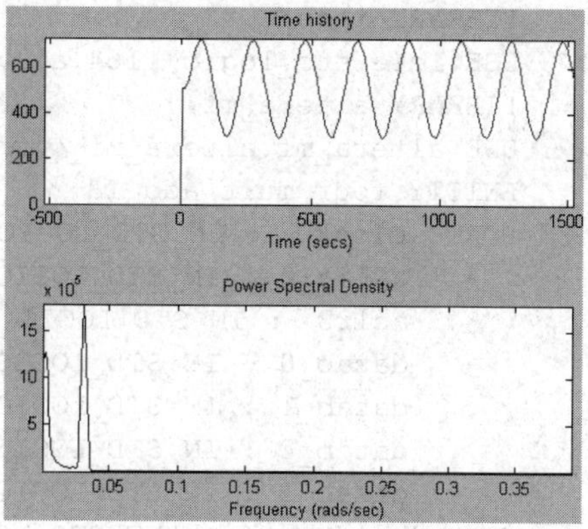

图 11-82 P1 频谱仪显示波形

11.6 HDL 模块插入仿真及其设计

在 Simulink 平台上可以利用 Altera DSP Builder 库的 HDL Import 模块将 HDL 文本设计变成 DSP Builder 设计模块，参与这个模型的软件仿真、硬件仿真、VHDL 转换和硬件实现。本节通过一个实例说明 HDL 插入模块设计方法。

1. 完成 VHDL 设计

此例是一个 FIR 滤波器，其 VHDL 描述如例 11-1、例 11-2 和例 11-3 所示，其中例 11-1 是顶层设计，实体名是 fir_vhdl。注意这里的 3 个程序仅给出了实体。完整的设计文件可通过以下路径找到相关示例：Altera\DSP Builder\DesignExamples\Tutorials\BlackBox\HDLImport。

【例 11-1】

```
library ieee;
use ieee.std_logic_1164.all;
use ieee.std_logic_signed.all;
Entity fir_vhdl is
Port(clock   :  in std_logic;  sclr  :  in std_logic:='0';
    data_in  :  in std_logic_vector(15 downto 0);
    data_out :  out std_logic_vector(32 downto 0));
end fir_vhdl;
```

【例 11-2】

```
LIBRARY ieee;
USE ieee.std_logic_1164.all;
LIBRARY lpm;
USE lpm.lpm_components.all;
ENTITY final_add IS
PORT (data, datab : IN STD_LOGIC_VECTOR (32 DOWNTO 0);
      Clock, aclr : IN STD_LOGIC;
      Result : OUT STD_LOGIC_VECTOR (32 DOWNTO 0));
END final_add;
```

【例 11-3】

```
LIBRARY ieee;
USE ieee.std_logic_1164.all;
LIBRARY altera_mf;
USE altera_mf.altera_mf_components.all;
ENTITY four_mult_add IS
PORT( clock0  : IN STD_LOGIC   := '1';
      dataa_0 : IN STD_LOGIC_VECTOR (15 DOWNTO 0) :=  (OTHERS=>'0');
      aclr3  : IN STD_LOGIC   := '0';
      datab_0 : IN STD_LOGIC_VECTOR (13 DOWNTO 0) :=  (OTHERS=>'0');
      datab_1 : IN STD_LOGIC_VECTOR (13 DOWNTO 0) :=  (OTHERS=>'0');
      datab_2 : IN STD_LOGIC_VECTOR (13 DOWNTO 0) :=  (OTHERS=>'0');
      datab_3 : IN STD_LOGIC_VECTOR (13 DOWNTO 0) :=  (OTHERS=>'0');
      shiftouta : OUT STD_LOGIC_VECTOR (15 DOWNTO 0);
      result : OUT STD_LOGIC_VECTOR (31 DOWNTO 0));
END four_mult_add;
```

2．调入 HDL Import 模块

选择如图 11-83 所示的窗口，将 HDL Import 模块拖入 Simulink 模型编辑窗口，即如图 11-83 所示的电路中。

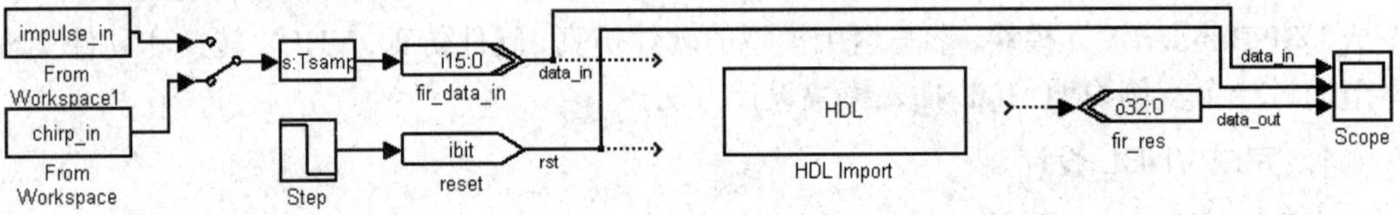

图 11-83　在一个 Simulink 空模型中调入一个 HDL Import 模块

3．加入 VHDL 设计文件

双击图 11-83 所示的 HDL 模块，即弹出如图 11-84 所示的窗口。在图 11-84 所示的窗口中单击 Add 按钮，在弹出的窗口（见图 11-85）中选中已设计好的 3 个 VHDL 文件，将它们加入图 11-84 所示的栏中。然后再输入顶层设计的实体名 fir_vhdl。最后单击 Compile 按钮，进行编译。完成后关闭窗口。

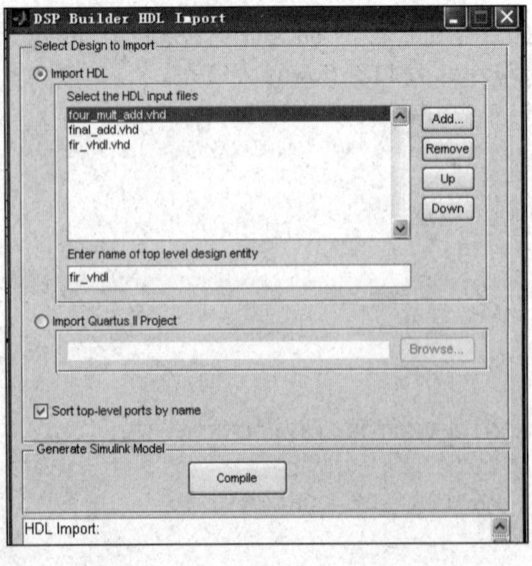

图 11-84　浏览到 3 个 VHDL 文件

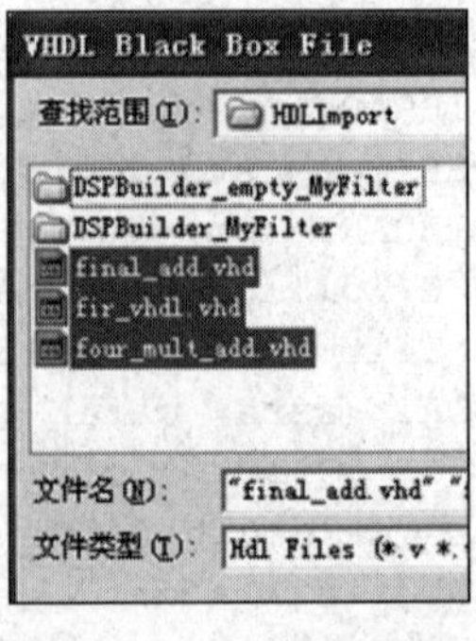

图 11-85　加入 3 个 FIR 设计文件

4．仿真

HDL Import 模块生成后，按图 11-86 所示连接好以进行仿真。图 11-86 中 fir_vhdl 的输入信号是扫频信号源。

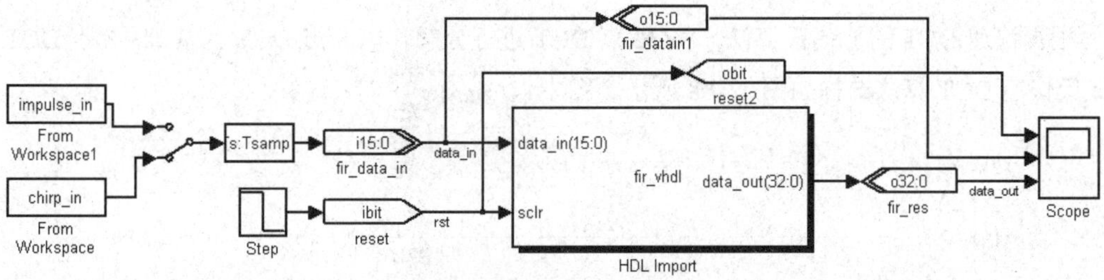

图 11-86　构成一个完整设计

仿真波形如图 11-87 所示。上面的波形是输入的扫频信号，下面的波形是滤波后的输出信号，波形幅度随输入信号频率的提高而降低，滤波性能明显。

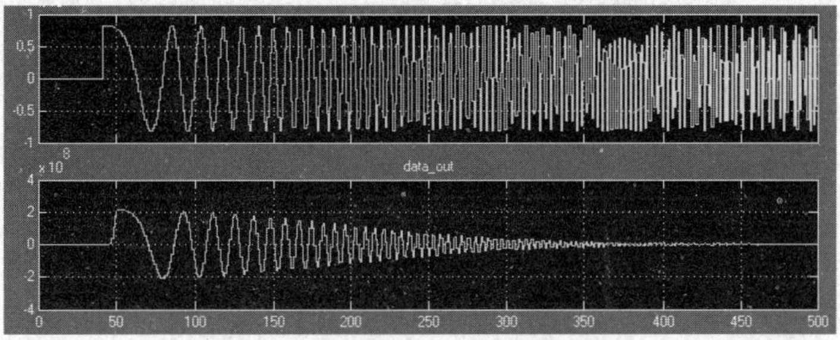

图 11-87　图 11-86 模型的仿真波形

此后就可以利用 Signal Compiler 将其进行转换、综合和适配。

习　　题

11-1　说明 MATLAB、DSP Builder 和 Quartus 间的关系，给出 DSP Builder 的设计流程。

11-2　把图 11-2 所示的设计模型通过 Signal Compiler 转化为 HDL 文件，并用 ModelSim 进行功能仿真。

11-3　DSP Builder 子系统模块与 Simulink 的 Subsystem 是什么关系，对于可以用 Signal Compiler 编译的 DSP Builder 子系统，在 Subsystem 的基础上还需要什么设置？

11-4　在手动流程中能完成哪几个层次的仿真？各有什么作用？

11-5　简述使用 FDATool 设计 FIR 滤波器的主要步骤。

11-6　讨论在 FPGA 上实现 FIR 滤波器时的系数量化问题及结果的截断问题。

11-7　FFT 涉及复数运算，在实际使用过程中输入、输出往往为实数序列。对于实数序列，可以使用与 FFT 类似的变换，即离散余弦变换（DCT）。DCT 被广泛用于图像、音频压缩等领域。在音频处理中，经常用到一维 8 点 DCT 变换。MP3 解码算法中合成子带滤波器组使用的修正的 $DCT_{32\to64}$（MDCT）公式为

$$x[i]=\sum_{k=0}^{31}X[k]*\cos\left[\frac{i+16}{64}\pi(2k+1)\right],\ i=0\cdots63 \tag{11-12}$$

因为 DCT 变换是周期性的，计算 $DCT_{32\to32}$ 就可以得到 $DCT_{32\to64}$ 的所有值。

$DCT_{32\to32}$ 的公式为

$$x[i]=\sum_{k=0}^{31}X[k]*\cos\left[\frac{i*\pi}{64}\pi(2k+1)\right],\ i=0\cdots31 \tag{11-13}$$

根据快速 DCT 的 Lee 氏算法，将 32 点 DCT 进行分解，以 8 点 DCT 为基础。8 点 DCT 的 Lee 氏快速 DCT 算法结构如图 11-88 所示。图中 $C_k^i=\cos(\pi\frac{i}{k})$ 。

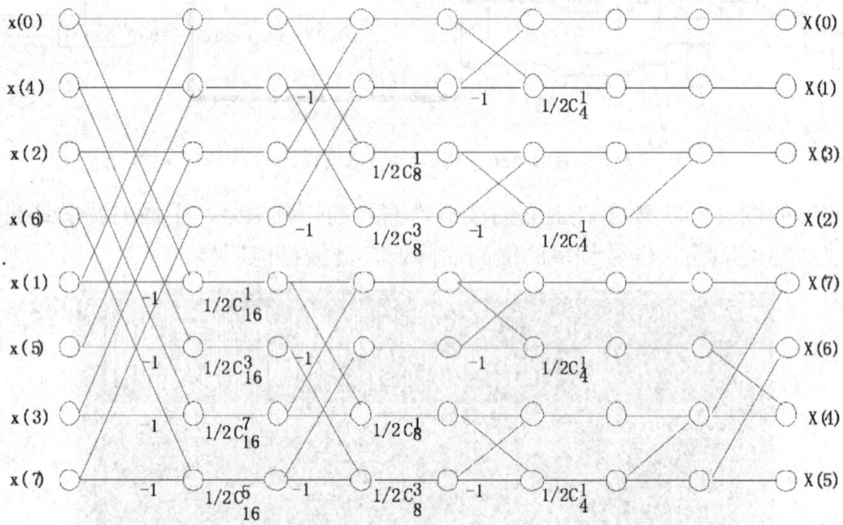

图 11-88　Lee 氏快速 DCT 算法

试用 Simulink/DSP Builder 建立该 DCT 模型。

实验与设计

实验 11-1　利用 MATLAB/DSP Builder 设计基本电路模块

实验目的： 熟悉利用 MATLAB 和 DSP Builder 进行基本电路模型设计方法，包括手动流程和自动流程，学习不同的硬件设计仿真技术。

实验任务 1： 首先利用 MATLAB、DSP Builder 等工具分别完成如下设计。

（1）图 11-24 所示的正弦信号发生器（有符号数据类型）。

（2）图 11-24 所示的正弦信号发生器（无符号数据类型）。

（3）含有子系统的信号发生器（见图 11-44）。

包括 MATLAB 建模、系统仿真、Signal Compiler 转换、基于 ModelSim 的 TestBench 功能仿真、Quartus 适配、时序仿真、在 Simulink 编辑窗口进行引脚锁定、编程下载与硬件实现和测试。

实验任务 2： 设计一个幅度调制器模型，电路模型如图 11-89 所示，两个输入信号源分别是正弦信号发生器和随机信号发生器。图 11-90 所示是输出波形。

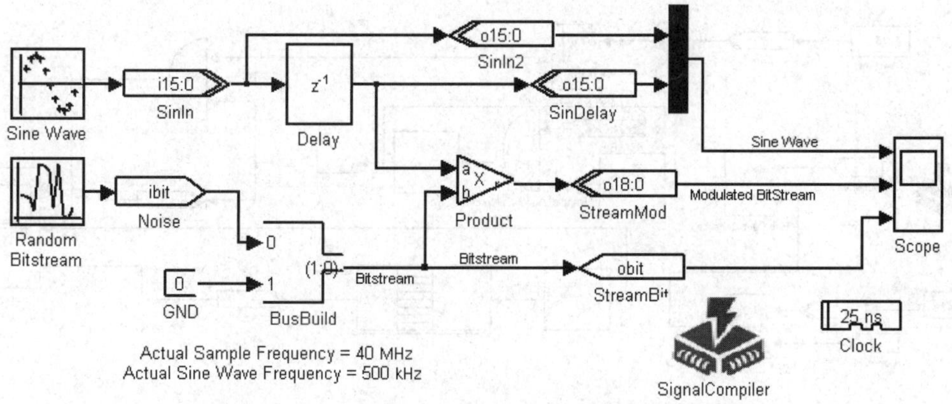

图 11-89　正弦调制信号模型

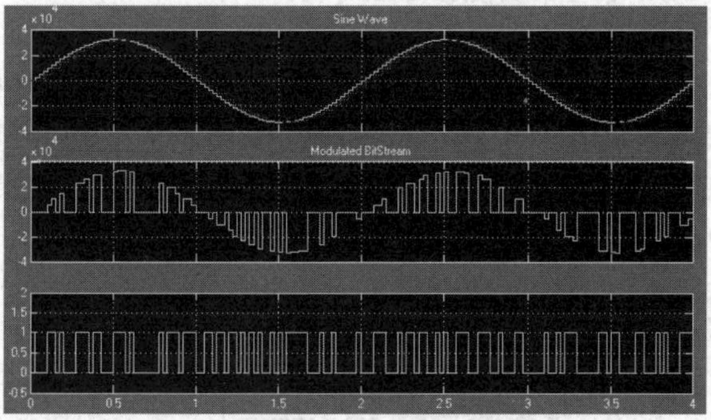

图 11-90　正弦调制信号仿真波形

实验报告：根据以上实验任务写出实验报告，包括设计原理、模型设计、各层次仿真分析结果、硬件测试和详细实验过程记录。

实验 11-2　基于 DSP Builder 的 DDS 应用模型设计

实验目的：掌握利用 MATLAB/Simulink、DSP Builder 和 Quartus 设计 DDS、FSK、PSK、移相信号发生器等实用模块或系统的硬件实现技术。

实验任务 1：参照 11.4 节给出的模型和设计方法，给出 DDS 模型的完整设计，包括 MATLAB 建模、Simulink 仿真、TestBench 仿真、FPGA 硬件实现和测试。

具体电路也可参考图 11-91 所示的电路，该电路模块全部采用无符号整数数据类型。其中相移输入字 pword 和频率输入字 fword 都是 8 位，D/A 为 10 位。tragout 是未做移相的地址信号，是 10 位锯齿信号输出，因此可作为正弦信号移相输出的参考信号。

实验任务 2：参照相关章节给出的模型，完成数控正交信号发生器的设计，最后在 FPGA 开发板和双高速 D/A 系统上验证，用双踪示波器验证输出信号的正交关系。

实验任务 3：参照相关章节的设计模型，设计一个载波抑制双边带调幅电路（提示：在幅度控制信号输入端加入待调制信号，注意待调制信号没有直流分量）。

实验任务 4：利用 DDS 模型，设计一个普通调幅（AM）电路。已知 FPGA 开发板上时钟为 20 MHz，载波为 1 MHz，待调制信号为 50 Hz～8 kHz，调制度为 30%（提示：在实验任务 4 的基础上，待调制信号加上直流偏置）。

实验任务 5：参照相关章节的模型和设计原理，给出 2FSK 调制器的完整设计。

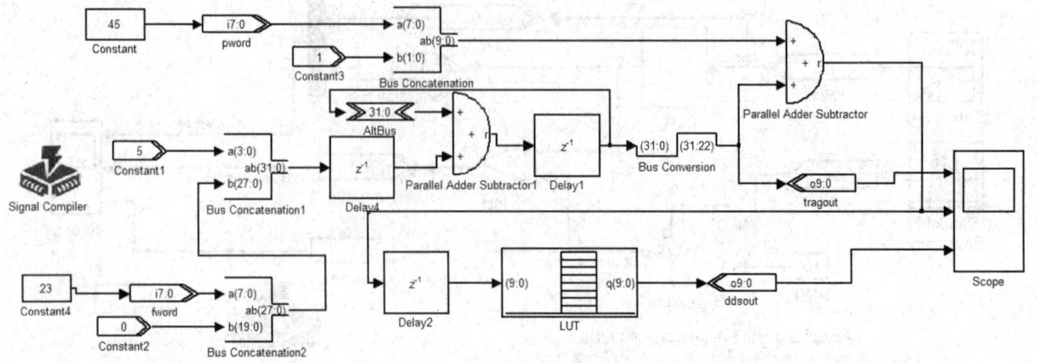

图 11-91　端口数据类型和位数变换后的 DDS 模型

实验任务 6：利用 DDS 模型来实现 2ASK 功能。

实验任务 7：利用 DDS 模型设计一个 2PSK 调制器。

实验任务 8：将图 11-91 稍加修改即可得到如图 11-92 所示的数字移相信号发生器，此模型可以直接在 FPGA 开发板上实现，即在原 tragout 输出口处增加了 10 位地址线、10 位数据线的正弦信号数据 ROM 和 LUT1，通过它们输出作为基准信号的正弦波。把两路正弦信号接入示波器，可以看到随相位字 pword 输入的改变而改变的李萨如图形。

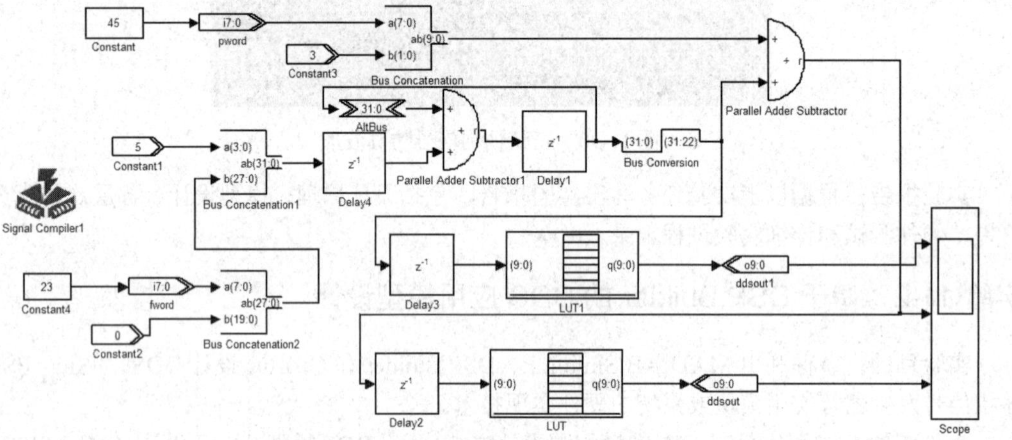

图 11-92　数字移相信号发生器

为了在实验板上容易演示，相位字和频率字都选择了 8 位，其余位置为 0。如果希望获得更好的控制和更高的输出精度，可通过单片机来给出完整的频率字和相位字。

实验任务 9：为了提高频带的利用率，QAM（正交载波调制）在数字通信中应用广泛，试用 DDS 设计一个 16QAM 调制器，电路模型可以参考图 11-93。

实验任务 10：利用 Intel-Altera 公司提供的 DDS IP Core（NCO Compiler），设计 2FSK 调制电路。

实验思考题 1：根据图 11-91，给出该 DDS 模型的最小频率步进值（按 32 位频率字计算）和相位步进值（按 10 位相位字计算），说明 Delay2 模块的作用。

实验思考题 2：根据图 11-91，说明如果要保证 LUT 输出的每周期波形的点数不少于 16 点，则 Delay 模块（FWord）的输入值不应该大于（或小于）多少。

实验报告：根据以上要求和实验任务，记录并分析所有实验结果，完成实验报告。

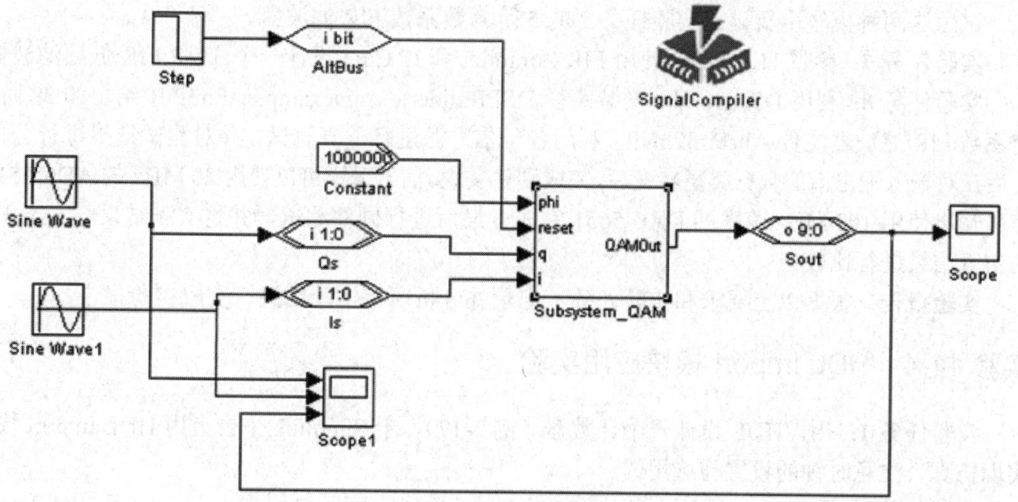

图 11-93　QAM 模型

实验 11-3　FIR 数字滤波器设计实验

实验目的：学习并掌握利用 MATLAB/Simulink、DSP Builder 和 Quartus 设计不同类型的 FIR 滤波器，包括建模、参数计算、系统仿真、综合、时序仿真、硬件实现与测试。

实验任务 1：根据 11.5.2 节，完成一个 3 阶常数系数 FIR 滤波器设计。

实验任务 2：设计一个 5 阶常数系数 FIR 滤波器。已知其系统函数为

$$h(n)=C_q(h(0)x(n)+h(1)x(n-1)+h(2)x(n-2)+h(3)x(n-3)+h(4)x(n-4)+h(5)x(n-5)) \quad (11\text{-}14)$$

式中，$h(0)$=25，$h(1)$=93，$h(2)$=212，$h(3)$=212，$h(4)$=93，$h(5)$=25，C_q=0.04。

试参照 11.2.1 节建立一个模型，并给出 Simulink 仿真结果。

实验任务 3：按照 11.5 节的方法，完成 16 阶直接 I 型滤波器模型设计。

实验任务 4：设计一个 64 阶的直接 I 型滤波器模型，设计参数如下：高通滤波器；采样频率 F_s 为 48 kHz，滤波器 F_c 为 10.8 kHz；输入序列位宽为 9 位（最高位为符号位）。

实验任务 5：在一般应用中，需要设计的 FIR 滤波器往往是线性相位的，其滤波器系数是对称的，可以通过优化滤波器结构来减少 FIR 滤波器实现的运算量。比如对于实验任务 2，就是一个线性相位的 FIR 滤波器，其中

$$h(0)=h(5)=25，h(1)=h(4)=93，h(2)=h(3)=212 \quad (11\text{-}15)$$

那么就有

$$h(n)=C_q[h(0)(x(n)+x(n-5))+h(1)(x(n-1)+x(n-4))+h(2)(x(n-2)+x(n-3))] \quad (11\text{-}16)$$

试按照上式重新构建线性相位 FIR 滤波器模型。

实验任务 6：在 DSP Builder 中也可以使用 Shift Taps 模块和 Multiply Add 模块来设计 FIR 滤波器，如图 11-94 中构成的滤波器。

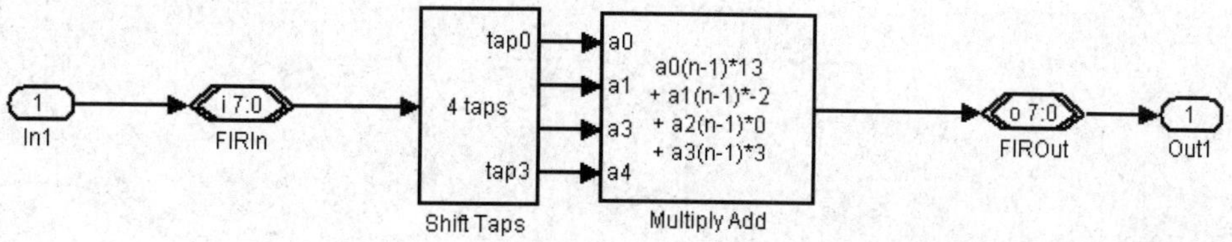

图 11-94　Shift Taps 模块和 Multiply Add 模块应用

试用这两种模块重新设计实验任务 2 的 5 阶常数系数 FIR 滤波器。

实验任务 7：参照 11.5.4 节，使用 FIR Compiler 和 IP Core 设计一个 32 阶 FIR 低通滤波器。

实验任务 8：利用 DSP Builder 安装路径\DSPBuilder\designexamples\Fir32\中给出的 32 阶固定系数 FIR 滤波器文件 AltrFir32.mdl，利用各种信号源进行仿真测试，并对测试结果进行分析。之后在对输入输出口的数据类型转变后，完成硬件实现。信号采样可以使用 20 MHz 的 ADC 5510，信号输出使用 100 MHz 速率的 DAC 5651 完成。最后进行硬件测试，并将实测结果与 Simulink 的仿真结果进行比较。

实验报告：根据以上要求和实验任务，记录并分析所有实验结果，完成实验报告。

实验 11-4　HDL Import 模块应用实验

实验任务 1：用 VHDL 设计一个计数器（例 3-17），于 Simulink 平台上用 HDL Import 模块实现仿真（注意时钟的设置与选用）。

实验任务 2：用 VHDL 设计一个 32×32 位复数乘法器，再于 Simulink 平台上用 HDL Import 模块实现仿真。

附录 A　EDA 教学实验平台系统及相关软件

本书中给出的所有 Verilog HDL 示例及绝大多数实验设计项目测试和验证的 EDA 软件平台是 Quartus Prime 18.1 Standard（与 Quartus II 13.1 的用法基本相同）；而实验涉及的硬件平台是杭州康芯公司提供的 EDA 教学实验平台（见图 A-1），其 FPGA 核心板主要来自康芯公司的 KX 系列。为了使读者熟悉 Intel-Altera 公司不同系列 FPGA 的性能与用法，以及考虑到教学与实验系统的延续性，在涉及 FPGA 硬件实验方面的示例中，本书主要选择了 Cyclone 10 LP 型和 Cyclone 4E 型 FPGA，对应图 A-4 所示的不同核心板。

本书给出的大量的实验和设计项目涉及许多不同类型的扩展模块，主系统平台（图 A-1 的中心模块）上有许多标准接口。以其为核心，对于不同的实验设计项目，可接插上对应的接口模块，如 HDMI 输入输出模块、网口、Wi-Fi、GPS 模块、彩色液晶模块、USB 模块、电机模块、LTE 通信模块、各类 ADC/DAC 模块、SD 卡、PS2 键盘和鼠标等。这些模块可以是现成的，也可以根据主系统平台的标准接口和创新要求由读者、教师或学生自行开发。

图 A-1　EDA 教学实验平台

为了方便读者在家中或者学校宿舍也能跟随书中例子做实验，书中的大部分例子（尤其是基础部分的例子）也可以使用廉价的便携式学习板 HX1006A，该板子采用 Cyclone 10 LP 系列的 FPGA 芯片，板载 USB-Blaster 下载器，USB 直接供电，紧凑小巧但功能强大。KX10C06（即 HX1006B）与 HX1006A 基本相同，只在接口上略有区别。两个学习板如图 A-2 所示。

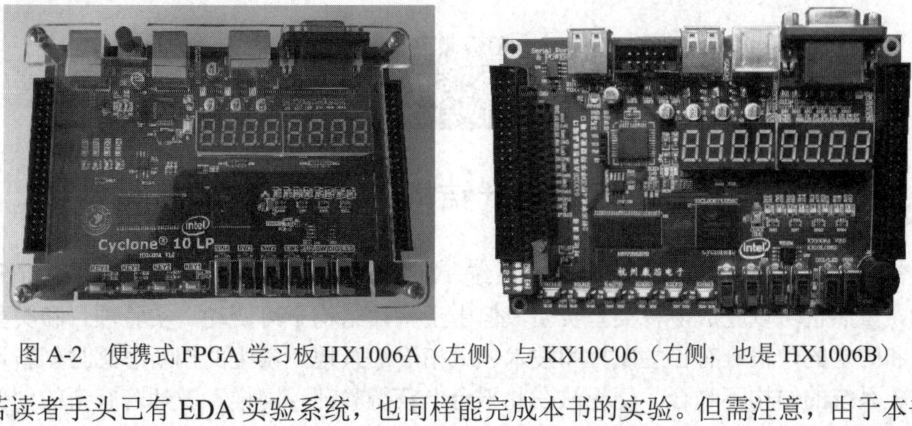

图 A-2　便携式 FPGA 学习板 HX1006A（左侧）与 KX10C06（右侧，也是 HX1006B）

若读者手头已有 EDA 实验系统，也同样能完成本书的实验。但需注意，由于本书的示例和实验项目是以 Cyclone 10 LP 型 FPGA 作为主要目标器件的，如果是较低版本的 FPGA，如 Cyclone II 或 Cyclone III 等系列，除了引脚和封装，还需改变 LPM 存储器和锁相环等 IP 模块的设置。

本书实验选用的 FPGA 是以 Cyclone 4E/Cyclone 10 LP 型 FPGA 为主，具备足够的 I/O 引脚。针对基于 Quartus 平台的时序仿真或 Signal Tap 的硬件测试都必须对所测引脚加入 I/O 端口才能被引入仿真或测试界面，然而对于不得不测试较多信号的大设计项目，如第 9 章的 CPU 设计，较少 I/O 端口的 FPGA 就不适合作为目标器件，除非选用 In-System Sources and Probes 来进行硬件测试（早期的 FPGA 系列可能不支持使用这一测试功能）。

为能更好地完成书中的实验设计项目，下面将简述 EDA 教学实验平台系统和相关模块的基本情况，以备读者查用或仿制，或调整自己原有的 EDA 实验设备。

A.1　KX 系列 EDA-FPGA 教学综合实验平台

KX 系列 EDA-FPGA 教学综合实验平台系统是由 4 个既独立又相关的部分组成的，它们是含有 FPGA 和必要支撑电路的核心板、适用于自主创新实验与开发的模块化自由插件电路系统、彩色大尺寸液晶屏以及适用于初学者快速高效入门学习的动态配置 I/O 控制系统。这 4 部分可以综合应用，方便而高效地完成不同类型、不同层次和不同学科分支领域（如数字逻辑电路实验、FPGA 应用与实践、计算机组成原理实验、EDA 技术实验、计算机接口、DSP 实验、SOC 片上系统、自动化控制等）的 EDA 相关实验与开发。下面 3 个方面集中体现了 KX 系列系统的显著特征。

（1）模块化结构，支持兼容 Intel-Altera、安路、高云、紫光同创、AMD-Xilinx 的 FPGA 器件，便于开展模块化自主创新实验设计。核心板等模块可更换、可升级，资源利用充分且节约。

（2）动态配置 I/O 可进行高效实验控制。智能切换实验电路模式，让有限的 I/O“流动”起来，不局限于同一“岗位”。由浅入深、递交式教学，增量实验数目，涵盖实验项目，极力满足基础实验需求。

（3）预留升级通道，扩展模块自选或自定。扩展模块根据教学要求自选或定制，亦可自制。

KX 系列 EDA-FPGA 教学综合实验平台以及配套核心板的详细介绍可扫描下面的二维码获取。

A.1.1　模块化自主创新实验设计结构

通常，诸如 EDA、单片机及嵌入式系统、DSP、SOPC 等传统实验平台多数是整体结构型的，虽然也可以完成多种类型实验，但由于整体结构不可变动，实验项目和类型是预先设定和固定的，很难有自主发挥和技术领域拓展的余地，学生的创新思想与创新设计如果与实验系统的结构不吻合，便无法在此平台上获得验证；同样，教师若有新的创新型实验项目，也无法即刻融入固定结构的实验系统供学生实验和发挥。因此，此类平台不具备可持续拓展的潜力，也没有自我更新和随需要升级的能力。

因此，考虑到本书给出的设计类示例和实验数量大、种类广，且涉及的技术门类较多，如包括一般数字系统设计、EDA 技术、SOPC、计算机接口、计算机组成与设计、各类 IP 的应用、基于 MCU 核与 8088/8086 IBM 系统核的 SOC 片上系统设计、数字通信模块的设计、机电控制等，故选择 KX 系列模块自由组合型创新设计综合实验开发系统作为本书实验设计硬件实现平台（见图 A-1 所示系统的右侧，上面可根据需要换插其他模块），能较好地适应实验类型多和技术领域跨度宽的实际要求。

这种模块化实验开发系统的主要优势可归纳为如下几个方面。

- 由于系统的各实验功能模块可自由组合、增减，故不仅可实现的实验项目多、类型广，更重要的是很容易实现形式多样的创新设计。
- 由于各类实验模块功能集中、结构经典、接口灵活，对于任何一项具体实验设计，都能给学生独立系统设计的体验，甚至可以脱离系统平台。
- 面对不同的专业特点、不同的实践要求和不同的教学对象，教师甚至学生自己可以动手为此平台开发并增加新的实验和创新设计模块。
- 由于系统上的各接口以及插件模块的接口都是统一标准的，可提供所有接口电路，因此此系统可以通过增加相应的模块而随时升级。

A.1.2　动态配置 I/O 高效实验控制系统

以上的模块化自主创新实验设计结构主要是面向 EDA 技术学习已有较好实践基础的学生，更有利于深入学习和创新实践。而对于初学者，如果仅仅需要验证或学习一些并不复杂的设计项目，则希望实验控制尽可能简单，尽可能少地动用系统资源，甚至尽可能少地动用各种陌生的开关插件，也就是说，尽快高效简洁地获得实验结果。此外，传统的手工插线方式虽然灵活，但是由于插线长、多、乱，也会严重影响系统速度、系统可靠性和电磁兼容性能，不适合以高速见长的 FPGA/SOPC 等电子系统的实验与设计。

为此，KX 系列主系统板上配置了动态配置 I/O 控制电路（位于图 A-1 的左下方）。该电路结构能仅通过一个键的控制，实现纯电子方式切换，选择十余种面向不同实验需要的针对 FPGA 目标芯片的硬件电路连接结构（下方二维码列出了部分可随意变换的实验电路图），并且毫不影响系统工作速度，大大提高了实验系统的连线灵活性，避免了传统情况下由于大量实验连接线导致的低效率、电路低可靠性以及实验目标系统的低速性。利用这个系统，实验者能很快上手，无须接插任何连线，就能在此实验系统上简洁而快速地完成大量不同类型的实验，迅速熟悉 FPGA 的硬件开发技术，为利用以上介绍的模块化自主创新实验结构，完成更高层次的创新实验奠定基础。

动态配置 I/O 控制系统（见图 A-3）具有可重构实验电路结构功能。标准版主要特性如下：提供 11 套实验电路模式，其中包括动态扫描实验电路；FPGA 的 PIO 可在不同模式下锁定不同位置；8 组数码管，可选带译码器式、七段译码式、动态扫描式，可同时接收 32 位二进制数据，十六进制显示；20 组 LED，其中 12 组可并行式、串行式、4 位累加式；8 组按键，可选消抖动式、非消抖动式、单脉冲式、高低电平式、琴键式、一键锁定、4 位式，可同时输出 32 位二进制数据；蜂鸣器、2 组 PS2 座、温度传感器；USB 与 PC 通信接口；1.77 寸彩屏，实验模式、输入信号及输入时钟信号显示；一键选择从高到低 20 MHz-0.5 Hz，加核心板 50 MHz，共 20 组时钟源供选择。

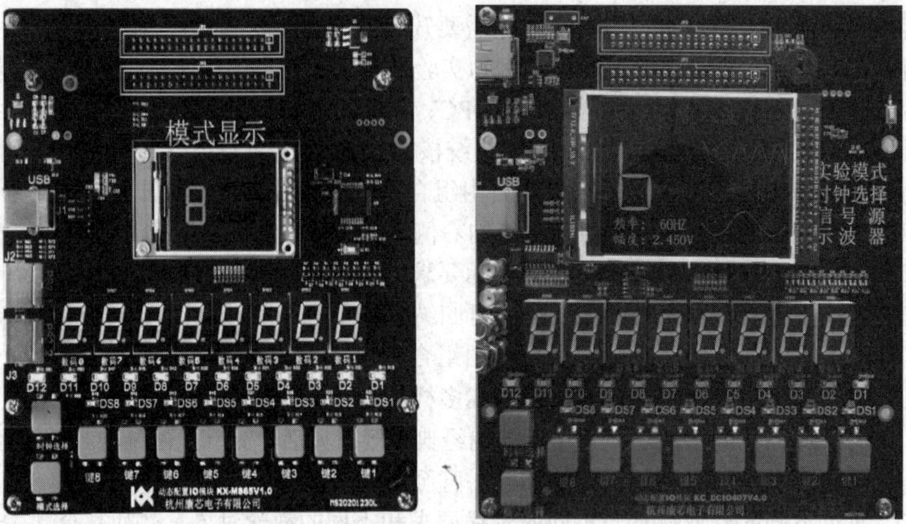

图 A-3　动态配置 I/O 控制系统（左：标准版，右：增强版）

增强版提供的实验电路模式在标准版基础上，增加 B、C 模式至 13 套。其中 B 模式增加信号源输入和输出功能；模式 C 增加 USB 2.0 功能。同时液晶更换成 2.8 寸，删除比较陈旧的 PS2 接口。

动态配置 I/O 控制系统可重构实验电路图可扫描下面的二维码获取。

A.1.3　不同厂家不同功能类型的 FPGA 核心板

不同的实验实践者或学习者，以及不同的实验需要与开发目的，对核心板将会有不同的要求，这包括不同厂家、不同系列、不同封装、不同逻辑规模的 FPGA，以及不同的接口功能模块（如不同的 ADC、DAC、网络接口、显示方式、各类通信模块、DDR/SDR/Flash、时钟源，不同频率的有源晶体振荡器，等等）。为了方便这些需求，KX 系列系统安排了这样一个通用电路结构（位于图 A-1 的左上方），在上面可以插不同厂家不同类型的核心板。这些核心板根据需要可以有多种选择（见图 A-4）。

（1）Intel-Altera FPGA：Cyclone 10 系列 10CL055YF484，LE：55856 个；M9K 模块：260 个；容量：2340 Kb；18×18 乘法器：156 个。板载 USB Cable、USB-Blaster 编程器。掉电配置 16 Mb/64 Mb。SPI FLASH 64/128 Mbit。256 Mb SDRAM 或 2 Gb DDR3。50 MHz 时钟源。4 组 LED。4 组非消抖动按键。7 组 40 芯，共 252/216 个 I/O 脚扩展。USB-UART。TF 卡座。

Cyclone 10 10CL055 增强版增加 USB 3.0 接口、千兆网口、HDMI 输出接口、立体声接口、摄像头接口。

（2）Intel-Altera FPGA：Cyclone 10 系列 10CL006YU256，LE：6272 个；M9K 模块：30 个，容量：270 Kb；18×18 乘法器：15 个。板载 USB Cable、USB-Blaster 编程器。SPI FLASH 64 Mbit。50 MHz 时钟源。4 组 LED。4 组非消抖动按键。4 组 40 芯或 5 组。USB-UART。TF 卡座。

（3）AMD-Xilinx FPGA：Artix-7 系列 XC7A75T-FGG484，LC：75520 个；CLB：94400

个；BRAM：892 Kb；DSP：180。

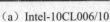

（a）Intel-10CL006/10

（b）安路-EG4S20B

（c）高云-GW2A-LV18

（d）Intel-10CL055

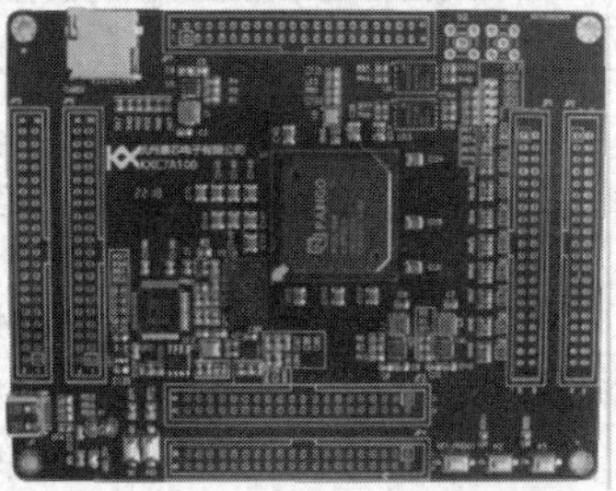

（e）紫光同创-PG2L100H

（f）XILINX-XC7A75/35

（g）XILINX-XC7A75 光纤通信

（h）Intel-10CL055 增强版

图 A-4　KX 系列系统核心板

XC7A5 光纤通信版增加 2 组 GTP 串行高速收发器。

（4）安路 FPGA：EG4 系列 EG4S20BG256，LUTs：19600 个；RAM：156.8 Kb；BRAM：1088 Kb；SRA SDRAM：2M×32 bit；18×18 乘法器：29 个。

（5）高云 FPGA：GW2A18 系列 GW2A-LV18PG256，LUT4：20736 个；寄存器：15552；S-SRAM：41742；B-RAM：828 Kb；18×18 乘法器：48 个。

（6）紫光同创 FPGA：PG2L 系列 PG2L100H_FBG676，LUT4：99900 个；DRAM：1273600b；FF：133200；专用 ADC：1 个。

A.1.4　引脚对照表

核心板 FPGA 扩展至 KX 系列教学实验开发平台系统的引脚对照表可扫描二维码获得。

A.2　部分实验扩展模块

KX 系列系统中的标准扩展模块较多，为了满足不同专业的实验需求，还需扩展外设模块，比如 ADC、DAC、显示屏、电机、通信、计算机类等外设，表 A-1 所示扩展模块是目前可提供的模块列表，其他模块还在不断更新中，用户也可根据自己需求自行设计，也可以向杭州康芯公司定制模块。

表 A-1　部分实验扩展模块列表

序　号	扩展模块名称	序　号	扩展模块名称
1	流水灯+交通灯	14	高速 12 位并行 ADC+双通道 10 位 DAC
2	16×16 LED 点阵	15	8 位 AD+8 位双通道 DA
3	20×4 字符液晶	16	93C46+24C01+逻辑笔
4	128×64 点阵液晶	17	HDMI 输出模块
5	800×480 TFT7 寸电容触摸屏	18	HDMI 输入模块
6	2.8 寸 TFT 液晶	19	音频输入/输出、麦克输入语音处理
7	4×4 矩阵键盘	20	TF+CPLD+VGA+2 组 PS2
8	36 组 LED 行列灯	21	500 万像素摄像头
9	36 组非消抖动单脉冲按键	22	CAN 模块
10	WIFI 模块	23	直流电机+步进电机
11	基于 W5200 网口	24	ARM（树莓派）
12	GPS 通信模块	25	GPS 通信
13	高速 12 并行 ADC+12 位并行 DAC	26	16 组 LED+16 组开关

A.3　MIF 文件生成器使用方法

本书中给出的一些有关 LPM RAM 或 ROM 的设计项目都将用到 MIF 格式初始化文件，这里介绍康芯公司为本书读者提供的免费的 MIF 文件生成软件 Mif_Maker 的使用方法。

双击打开 Mif_Maker 2018，如图 A-5 所示。首先对所需的 MIF 文件对应的波形参数进行设置，如图 A-6 所示，选择“查看”→“全局参数”命令，打开“全局参数设置”对话框，在其中选择波形参数：数据长度为 256（存储器的深度），输出数据位宽为 8，数据表示格式为十六进制，初始相位为 120 度。还有符号类型（有符号数或无符号数）的选择，如实验中的 AM 信号发生器的设计需要有符号正弦波数据。单击“确定”按钮后，将出现一波形编辑窗口。然后再选择波形类型。选择“设定波形”→“正弦波”命令，如图 A-7 所示。

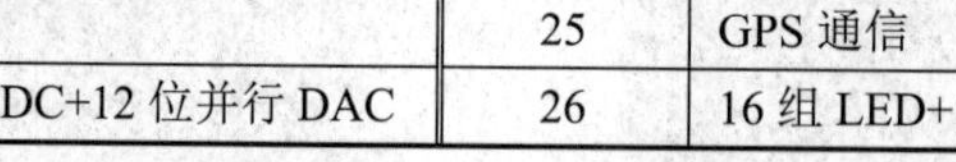

图 A-5　打开 Mif_Maker2018

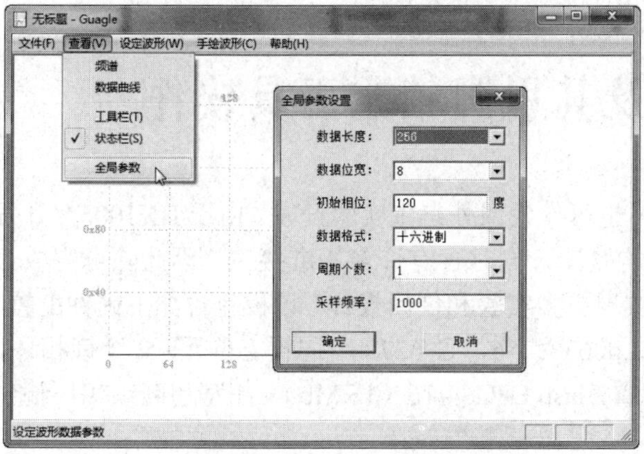

图 A-6　设定波形参数

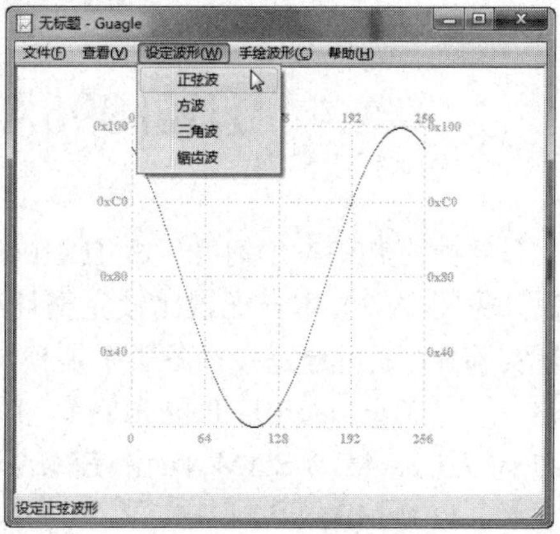

图 A-7　选择波形类型

这时，图 A-7 将出现正弦波形。如果要编辑任意波形，可以选择“手绘波形”菜单，在其子菜单中选择“线条”命令，表示可以手动绘制线条。然后即可在图形编辑窗中原来的正弦波形上绘制任意波形，如图 A-8 所示。最后选择“文件”→“保存”命令，将此编辑好的波形文件以 MIF 格式保存，如图 A-9 所示，如取名为 wave2.mif。如果要了解编辑波形的频谱情况，可以选择“查看”→“频谱”命令。如图 A-10 所示的锯齿波的归一化频谱显示于图 A-11 上。

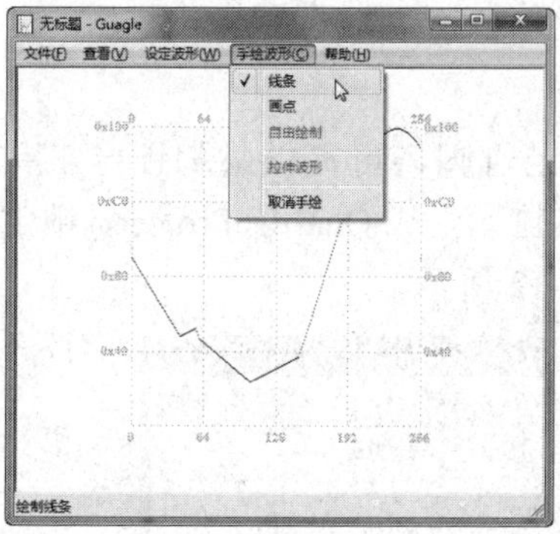

图 A-8　手动编辑波形

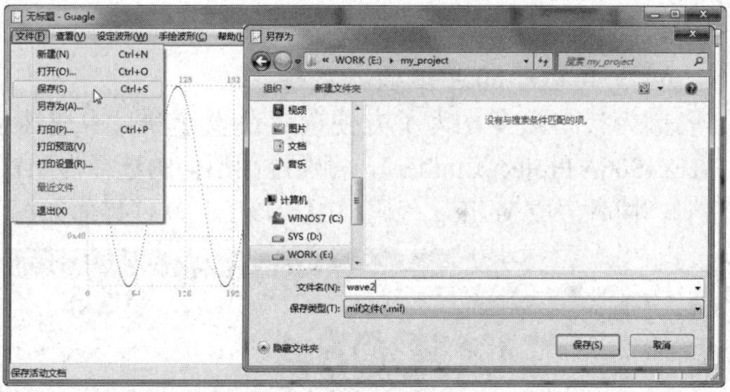

图 A-9　存储波形文件

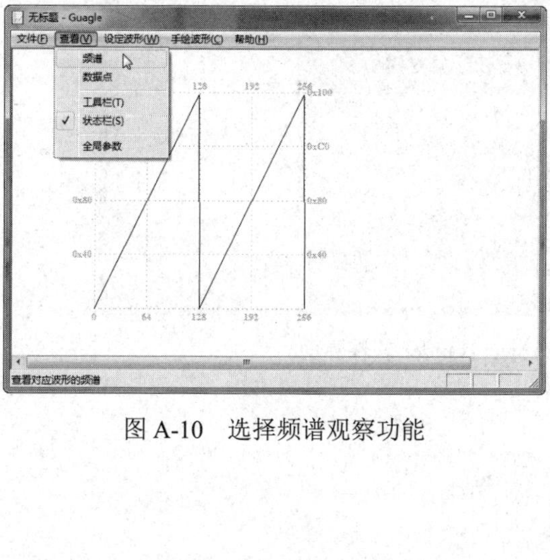

图 A-10　选择频谱观察功能

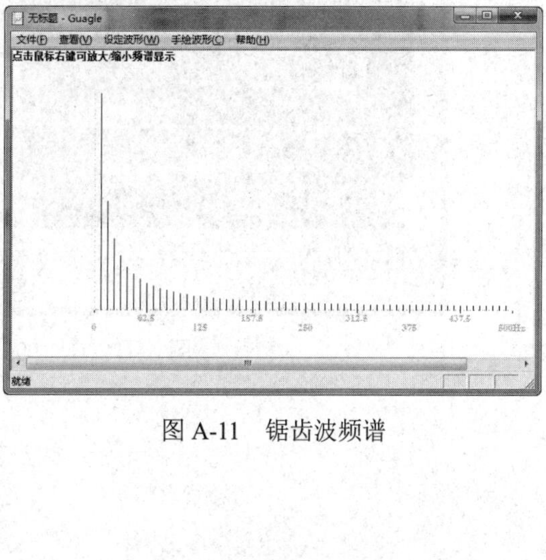

图 A-11　锯齿波频谱

A.4　HX1006A 及其引脚锁定工具软件

便携式 FPGA 学习开发板 HX1006A 也可作为课外自主实验开发。由于 HX1006A 开发板（见图 A-2）本身配置比较完整且结构紧凑，同时含有许多标准接口，因此除可完成大量实验外，还可通过接插各类扩展模块实现更多实验和创新设计。该板包含如下硬件配置。

（1）Cyclone 10 LP 型 FPGA，10CL006YU256，含 6272 个逻辑宏单元、2 个锁相环，约 90 万门、43 万 RAM 单元；FPGA 配置 Flash EPCS4/16（16 Mb），超宽超高锁相环输出频率：1300 MHz 至 2 kHz。

（2）8 个动态扫描数码管，8 个双色 LED，混合电压源：1.2V、2.5V、3.3V、5V 混合电压源，6 个按键，4 个输入开关，1 个 4 位拨码开关，蜂鸣器；USB 电源线，RS23 通信线。

（3）标准接口系列 1：VGA 显示器接口、PS2 键盘接口、PS2 鼠标接口、USB 转 UART 接口。

（4）标准接口系列 2：USB 电源接口、JTAG 编程接口。

（5）标准接口系列 3：标配了 2 组 40 芯外扩口，提供 5V、3.3V 电源，可用 2×36 个 I/O，兼容市场上大多数扩展板。

（6）板载 256Mbits SDRAM、W25Q64 SPI NOR FLASH、支持 SPI 和 SD 模式的 Micro SD 卡。

（7）可运行 8051 IP 核。

因为接口众多，为了方便读者在设计项目中快速锁定引脚，可提供引脚锁定工具（HX1006A Project Builder），可通过图形化的选择与配置，自动生成 Quartus Project，锁定引脚，同时生成 Verilog 代码模版。该工具软件界面如图 A-12 所示。

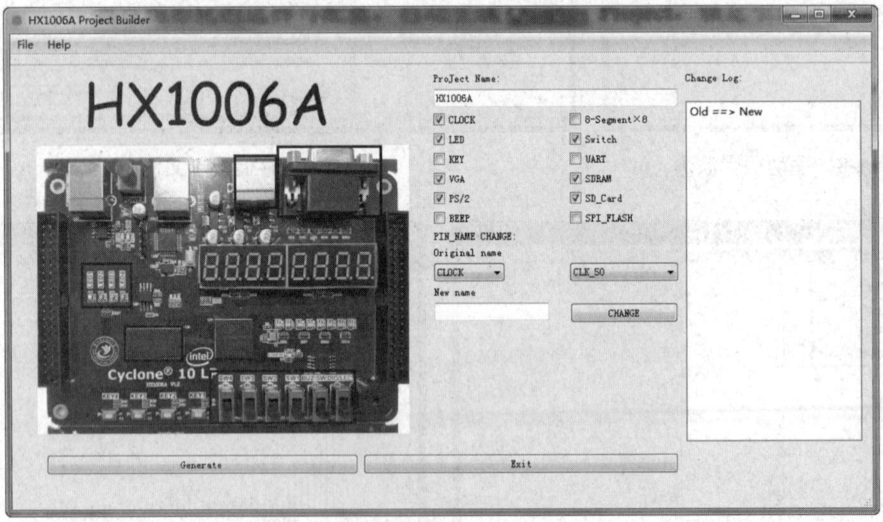

图 A-12　HX1006A Project Builder 软件界面

参考文献

[1] IEEE Computer Society. IEEE Std 1076—2008: IEEE Standard VHDL Language Reference Manual [M]. IEEE, 2009.

[2] IEEE Computer Society. IEEE Std 1076—1993: IEEE Standard VHDL Language Reference Manual [M]. IEEE, 1994.

[3] 潘松，黄继业．EDA 技术实用教程——Verilog HDL 版[M]．6 版．北京：科学出版社，2018.

[4] 孟宪元，钱伟康．FPGA 现代数字系统设计——基于 Xilinx 可编程逻辑器件与 Vivado 平台[M]．北京：清华大学出版社，2019.

[5] 袁玉卓，曾凯锋，梅雪松．FPGA 设计与验证[M]．北京：北京航空航天大学出版社，2021.

[6] 任文平，申东娅，何乐生，等．基于 FPGA 技术的工程应用与实践[M]．北京：科学出版社，2018.

[7] 杜勇．Intel FPGA 数字信号处理设计（基础版）[M]．北京：电子工业出版社，2022.

[8] 天野英晴．FPGA 原理和结构[M]．赵谦，译．北京：人民邮电出版社，2019.

[9] 刘军，阿东，张洋．原子教你玩 FPGA——基于 Intel Cyclone IV[M]．北京：北京航空航天大学出版社，2019.

[10] 袁玉卓，曾凯锋，梅雪松．FPGA 自学笔记——设计与验证[M]．北京：北京航空航天大学出版社，2017.

[11] 薛一鸣，文娟．FPGA 数字系统设计[M]．北京：清华大学出版社，2019.

[12] 胡安・何塞・罗德里格斯・安蒂纳．FPGA 基础、高级功能与工业电子应用[M]．王志华，张春，殷明超，等译．北京：机械工业出版社，2020.

[13] 但果．冯博华．医用 FPGA 开发——基于 Xilinx 和 VHDL[M]．北京：电子工业出版社，2021.

[14] Samir Palnitkar．Verilog HDL 数字设计与综合（第二版）（本科教学版）[M]．夏宇闻，胡燕祥，刁岚松，等译．北京：电子工业出版社，2022.

[15] 花汉兵，吴少琴．EDA 技术与设计[M]．北京：电子工业出版社，2019.

[16] 威廉姆・J. 戴利，R. 柯蒂斯・哈丁，托・M. 阿莫特．基于 VHDL 的数字系统设计方法[M]．廖栋梁，李卫，杜智超，等译．北京：机械工业出版社，2018.

[17] 蒋璇，臧春华．数字系统设计与 PLD 应用技术[M]．北京：电子工业出版社．2001.

[18] 潘松，潘明，黄继业．现代计算机组成原理[M]．2 版．北京：科学出版社．2013.

[19] 潘松，王国栋．VHDL 实用教程（修订版）[M]．成都：成都电子科技大学出版社，2001.

[20] 王金明．数字系统设计与 Verilog HDL[M]．3 版．北京：电子工业出版社，2009.

[21] 王锁萍，电子设计自动化（EDA）教程[M]．成都：成都电子科技大学出版社，

2000.

[22] 徐志军，徐光辉．CPLD/FPGA 的开发与应用[M]．北京：电子工业出版社，2002.

[23] 曾繁泰，侯亚宁，崔元明．可编程器件应用导论[M]．北京：清华大学出版社，2001.

[24] 詹仙宁，田耘．VHDL 开放精解与实例剖析[M]．北京：电子工业出版社，2009.

[25] 朱明程．XILINX 数字系统现场集成技术[M]．南京：东南大学出版社，2001.

[26] Altera. Corporation. Altera Digital Library[G]. Altera, 2002.

[27] Douglas L Perry. VHDL: Programming by Example[M]. Fourth Edition. New York:McGraw-Hill Companies, 2002.

[28] J R Armstrong，F G Gray. VHDL 设计表示和综合[M]．李宗伯，王蓉晖，译．北京：机械工业出版社，2002.

[29] S Sjoholm，L Lindh．用 VHDL 设计电子线路[M]．边计年，薛宏熙，译．北京：清华大学出版社，2000.

[30] Xilinx Inc. Data Book 2001[G]. Xilinx, 2001.

[31] Xilinx Inc. 7 Series FPGAs Configurable Logic Block User Guide (UG474) [EB/OL]. https://docs.xilinx.com/v/u/en-US/ug474_7Series_CLB. Xilinx, 2016.